城市燃气工人技术培训教材

燃气净化工

（初、中级工）

总主编 卢永昌
主　编 王大成
副主编 席德粹

中国建筑工业出版社

(京) 新登字 035 号

"城市燃气工人技术培训教材"一套共9册,《燃气净化工》是其中的一册。本书叙述燃气净化有关知识,分两篇:第一篇初级工,第二篇中级工。分别介绍冷凝鼓风、终冷洗苯、粗苯脱苯及回收、终脱萘、脱硫、硫铵生产、生物脱酚等7个工种的生产技能与知识。初级工介绍生产工艺流程,设备及工艺管线布置,生产过程的一般知识,原料及产品性质、要求、规格、用途,设备规格、性能及使用维护常识,设备开停车顺序,工序操作指标,一般事故的处理与预防,岗位操作规程等内容。中级工介绍生产原理,各种操作因素与效率的相互关系,产品性质与用途,主要设备构造与原理,设备开停工操作的组织与指挥,设备检修与试车,事故的原因、判断、处理与预防,工段技术经济指标,班组生产技术管理知识。

城市燃气工人技术培训教材

燃气净化工

(初、中级工)

总主编 卢永昌
主　编 王大成
副主编 席德粹

*

中国建筑工业出版社出版、发行(北京西郊百万庄)
新 华 书 店 经 销
中国建筑工业出版社印刷厂印刷(北京阜外南礼士路)

*

开本:787×1092毫米 1/16 印张:27$\frac{1}{4}$ 字数:660千字
1996年3月第一版　1996年3月第一次印刷
印数:1—10,200册　定价:28.00元
ISBN 7-112-02753-5
TU・2112 (7860)

版权所有　翻印必究
如有印装质量问题,可寄本社调换
(邮政编码100037)

出版说明

为适应社会主义市场经济的需要，尽快提高我国城市燃气行业职工队伍的技术素质，满足当前开展的技术等级培训和岗位培训的需要，建设部人事教育劳动司委托中国城市煤气协会、中国市政工程华北设计研究院组织编写了这套"城市燃气工人技术等级培训教材"。

本套教材以《城市煤气热力工人技术等级标准》(CJJ24—89)为编写依据，符合建设部颁发的《城市燃气工人技术等级培训大纲》要求，内容覆盖了我国燃气行业的制气、燃气净化、燃气输配、液化石油气供应、燃气应用器具等五大专业的23个主要技术工种，每一工种分别按初级工、中级工、高级工三个等级编写，突出针对性、实用性和先进性，是开展工人技术等级培训、上岗培训和工人考工、自学的必读教材，也可供技工学校、职业高中学生学习参考。本套教材在编写中力求以应会为核心，应知应会相结合，全面提高燃气工人上岗操作技能和技术素质。

本套教材共9册（其中含《培训大纲》1册），由中国建筑工业出版社出版。在使用过程中如发现问题和不足之处，请及时函告我司职业技术教育处和城市燃气工人技术培训教材编委会，以便修正。

建设部人事教育劳动司

1995年5月

城市燃气工人技术培训教材编委会成员

主任委员：

李先遽　李　秀　刘慈慰　郑民纲　卢永昌　孙玉珩

委　员：

李俊明　黄立民　徐　良　李龙龄　郑宏洁　崔桂忱
王大成　江孝禔　盛新东　刘兴业　段常贵　胡　昱
艾效逸

总主编：

卢永昌

前 言

本套培训教材包括《城市燃气工人技术等级培训大纲》、《燃气制气工》、《燃气净化工》、《燃气输配工》、《液化石油气工》、《燃气应用设备工》、《燃气高级工》、《燃气常识》、《燃气工通用基础知识》等9册。

《燃气净化工》的第一篇为燃气净化初级工,第二篇为燃气净化中级工。每篇编写有冷凝鼓风、终冷洗苯、粗苯回收、终脱萘、脱硫、硫铵、生物脱酚等7个工种的应会、应知的工艺技能培训内容。使用本书培训或自学时,应按《城市燃气工人技术等级培训大纲》的规定,同时学习《燃气常识》和《燃气工通用基础知识》的有关内容。

本书由天津市第二煤气厂、上海市煤气公司、上海市吴淞炼焦煤气厂的高级工程师、工程师编写。第一篇的第一章:许瑞宁、王禄祥、郑扬远、王以存、李象贤;第二章、第三章、第四章:王以存、王禄祥、郑扬远、李象贤;第五章:陈自怡;第六章:蒲凤萍;第七章:陈自怡。第二篇的第一章、第二章、第三章:范宇、王禄祥、李象贤;第四章:傅剑琴、王禄祥、李象贤;第五章:陈自怡;第六章:蒲凤萍;第七章:陈自怡。王大成任主编、席德粹任副主编。

卢永昌为本套教材制定编写纲目并为本书定稿,金昆参加本书定稿修改工作。

孙玉珩、齐玉江、刘世强为本套教材的编写顺利进行做了大量工作,徐良、曹开朗为编写本套教材的启动作出了贡献。

本书是为我国城市燃气行业第一次编写的燃气净化专业各工种的初级工和中级工的系列培训教材,难免有深浅不当和疏漏错误之处,恳请读者赐教指正。

目 录

第一篇 燃气净化初级工

第一章 冷凝鼓风初级工 …………… (3)
第一课 冷凝鼓风生产工艺流程 …… (3)
一、冷凝鼓风生产工艺流程 ………… (3)
二、冷凝鼓风设备布置 ……………… (5)
三、冷凝鼓风工艺管线布置 ………… (6)
第二课 冷却冷凝一般知识 ………… (7)
一、粗煤气冷却过程的一般知识 …… (7)
二、焦油冷凝过程的一般知识 ……… (7)
三、焦油氨水分离过程的一般知识 … (9)
四、电捕焦油器脱焦油过程的
    一般知识 ………………………… (10)
第三课 冷凝鼓风工段主要设备性能 …… (12)
一、煤气鼓风机规格、性能及其使用
    与维护 …………………………… (12)
二、初冷器规格、性能及其使用
    与维护 …………………………… (14)
三、电捕焦油器规格、性能及其使用
    与维护 …………………………… (16)
四、焦油泵、氨水泵规格、性能及使用
    与维护 …………………………… (18)
五、机械化焦油氨水澄清槽的规格、
    性能及使用与维护 ……………… (20)
第四课 冷凝鼓风工段阀门的使用
         与保养 …………………………… (22)
一、阀门的名称、规格 ……………… (22)
二、各类阀门的安装位置及作用 …… (23)
三、各类阀门的使用方法与保养规则 … (23)
第五课 冷凝鼓风工段仪表及自动化
         装置的使用与保养 ……………… (24)
一、仪表的种类及安装位置 ………… (24)
二、自动调节系统 …………………… (26)
三、仪表的刻度及单位 ……………… (30)

四、信号及自动保护（联锁） ……… (31)
五、仪表及自动化装置的保养 ……… (31)
六、冷凝鼓风工段控制测量仪表一
    览表 ……………………………… (32)
第六课 冷凝鼓风设备开车与停车
         顺序 ……………………………… (36)
一、鼓风机开车顺序与停车顺序 …… (36)
二、初冷器开车与停车顺序 ………… (37)
三、电捕焦油器开车与停车顺序 …… (38)
四、泵房各类泵的开车与停车顺序 … (38)
五、机械化氨水澄清槽开车与停车
    顺序 ……………………………… (39)
六、各类管线的开通与停止使用顺序 …… (39)
第七课 冷凝鼓风工段操作指标 …… (39)
一、初冷器工艺操作指标 …………… (39)
二、鼓风机工艺操作指标 …………… (40)
三、氨水、焦油和焦油渣分离工艺操作
    指标 ……………………………… (40)
四、电捕焦油器工艺操作指标 ……… (41)
第八课 冷凝鼓风工段一般事故
         的处理 …………………………… (41)
一、冷凝泵房一般事故的处理与
    预防方法 ………………………… (41)
二、鼓风机一般事故的处理与预防
    方法 ……………………………… (42)
三、初冷器一般事故的处理与预防
    方法 ……………………………… (43)
四、电捕焦油器一般事故的处理与
    预防方法 ………………………… (44)
五、停电、停水、停汽事故的处理 … (44)

第九课　冷凝鼓风工段操作规程………(45)
一、各岗位操作规程………………(45)
二、各岗位安全规程………………(52)
三、各岗位设备、管线、阀门使用与
　　维护保养规程………………(52)
四、各岗位初级工岗位责任………(53)

第二章　终冷洗苯初级工…………(55)
第一课　终冷洗苯（吸苯）生产
　　　　工艺流程………………(55)
一、终冷初脱萘生产工艺流程……(55)
二、洗苯（吸苯）生产工艺流程
　　………………………………(57)
三、终冷洗苯工序设备布置………(57)
四、终冷洗苯工序工艺管线布置…(58)
第二课　终冷洗苯的一般知识………(59)
一、终冷初脱萘过程的一般知识…(59)
二、洗苯过程的一般知识…………(59)
第三课　终冷洗苯原料及产品………(60)
一、终冷用轻质焦油性质及要求…(60)
二、洗苯用焦油洗油性质及要求…(60)
三、洗苯用轻柴油性质及要求……(61)
四、终冷产品萘的性质、规格、用途……(61)
第四课　终冷洗苯工序主要设备性能…(62)
一、终冷塔规格、性能及其使用与
　　维护…………………………(62)
二、洗萘塔规格、性能及其使用与
　　维护…………………………(64)
三、洗苯塔规格、性能及其使用与
　　维护…………………………(65)
四、机械化刮萘槽、规格、性能及其
　　使用与维护…………………(67)
五、洗苯循环油泵的规格、性能及其
　　使用与维护…………………(68)
第五课　终冷洗苯工序阀门的使用
　　　　与保养………………………(70)
一、终冷洗苯工序所用阀门规格型号
　　及安装位置、作用……………(70)
二、型号说明………………………(71)
三、各类阀门的使用方法及保养规则……(71)
第六课　终冷洗苯工序仪表的
　　　　使用与保养…………………(72)
一、常用仪表………………………(72)
二、自动调节系统…………………(74)
三、仪表的刻度单位………………(76)
四、仪表的保养……………………(77)
五、终冷洗苯工序控制测量仪表一
　　览表…………………………(77)
第七课　终冷洗苯设备开车与停车
　　　　顺序………………………(81)
一、各类塔器开车与停车顺序……(81)
二、终冷塔物料开通与停车顺序…(81)
三、脱萘塔物料开通顺序与停车顺序……(81)
四、洗苯塔物料开通顺序与停车顺序……(82)
五、各类管线的开通与停用顺序…(82)
第八课　终冷洗苯工序操作指标…(83)
一、终冷塔工艺操作指标…………(83)
二、初脱萘塔工艺操作指标………(83)
三、洗苯塔工艺操作指标…………(83)
四、泵类运行指标…………………(84)
第九课　终冷洗苯工序一般事故的
　　　　处理………………………(84)
一、终冷塔一般事故的处理与预防
　　方法…………………………(84)
二、初脱萘塔一般事故的处理与
　　预防方法……………………(85)
三、洗苯塔一般事故的处理与预防
　　方法…………………………(85)
四、泵类运行一般事故的处理与
　　预防方法……………………(86)
五、停电、停水、停汽事故的处理…(86)
第十课　终冷洗苯工序操作规程…(87)
一、各岗位操作规程………………(87)
二、各岗位安全规程………………(89)
三、各岗位设备、管线、阀门使用与
　　维护保养规程………………(91)
四、各岗位初级工岗位责任………(92)

第三章　粗苯回收初级工……………(94)
第一课　粗苯回收（脱苯）生产工艺
　　　　流程………………………(94)
一、蒸汽法生产粗苯工艺流程……(94)
二、管式炉加热蒸馏生产粗苯工艺
　　流程…………………………(95)
三、粗苯回收工序设备布置………(96)
四、粗苯回收工序工艺管线布置…(97)
第二课　粗苯回收一般知识………(98)
一、富油中蒸出粗苯的一般过程…(98)

二、富油中蒸出粗苯的一般原理……………(98)
第三课　回收粗苯的原料及产品…………(99)
一、含苯富油的组成………………………(99)
二、粗苯的性质、规格、用途……………(99)
三、轻苯的性质、规格、用途……………(100)
四、重质苯的性质、规格、用途…………(100)
五、脱苯后的贫油组成……………………(101)
六、脱苯后煤气中的苯、萘含量…………(101)
第四课　粗苯回收工序主要设备性能……(101)
一、管式炉规格、性能及其使用与
　　维护………………………………(101)
二、脱苯塔规格、性能及其使用与
　　维护………………………………(102)
三、两苯塔规格、性能及其使用与
　　维护………………………………(104)
四、贫富油热交换器规格、性能及其
　　使用与维护………………………(105)
五、再生器规格、性能及其使用与
　　维护………………………………(106)
六、轻苯、重苯、粗苯回流等产品泵
　　性能及其使用与维护……………(107)
七、产品贮槽规格、性能及使用
　　与维护………………………………(109)
第五课　粗苯回收工序阀门的使用
　　　　与保养………………………(110)
一、阀门的种类、名称、规格安装位
　　置及作用…………………………(110)
二、阀门型号说明…………………………(111)
三、各类阀门的使用方法与保养…………(111)
第六课　粗苯回收工序仪表的使用
　　　　与保养………………………(112)
一、粗苯回收工序的常用仪表……………(112)
二、集中显示的仪表………………………(113)
三、自动调节系统…………………………(114)
四、仪表的刻度及单位……………………(116)
五、故障的判断与处理及仪表的保养……(117)
六、脱苯工艺控制测量仪表一览表………(118)
第七课　粗苯回收设备开车与停车
　　　　顺序…………………………(124)
一、各类塔、器、槽、泵开通与
　　停车顺序…………………………(124)
二、管式炉物料开通与停车顺序…………(125)
三、脱苯塔物料开通与停车顺序…………(125)

四、两苯塔物料开通与停车顺序…………(126)
五、再生器物料开通与停车顺序…………(126)
第八课　粗苯回收工序操作指标…………(127)
一、管式炉工艺操作指标…………………(127)
二、脱苯塔工艺操作指标…………………(127)
三、两苯塔工艺操作指标…………………(127)
四、贫富油热交换器工艺操作指标………(128)
五、再生器工艺操作指标…………………(128)
六、泵类运行指标…………………………(129)
第九课　粗苯回收工序一般事故的
　　　　处理…………………………(129)
一、管式炉一般事故的处理与预防
　　方法………………………………(129)
二、脱苯塔一般事故的处理与预防
　　方法………………………………(129)
三、贫富油热交换器一般事故的处理
　　与预防方法………………………(129)
四、再生器一般事故的处理与预防
　　方法………………………………(130)
五、泵类运行一般事故的处理与
　　预防方法…………………………(130)
六、停电、停汽、停水事故的处理
　　方法………………………………(130)
第十课　粗苯回收工序操作规程…………(131)
一、各岗位操作规程………………………(131)
二、各岗位安全规程………………………(134)
三、各岗位设备、管线、阀门使用与
　　维护保养规程……………………(136)
四、各岗位的岗位责任制…………………(138)
第四章　终脱萘初级工……………………(139)
第一课　终脱萘生产工艺流程……………(139)
一、终脱萘生产工艺流程（用轻柴
　　油作溶剂）………………………(139)
二、终脱萘工序设备布置…………………(140)
三、终脱萘工序工艺管线布置……………(140)
第二课　终脱萘的一般知识………………(140)
一、溶剂吸收萘的基本知识………………(140)
二、脱萘过程的一般知识…………………(140)
第三课　终脱萘的原料及产品……………(141)
一、轻柴油溶剂的性质及要求……………(141)
二、焦油洗油溶剂的性质和要求…………(141)
三、外售含萘轻柴油的性质与用途………(142)
第四课　终脱萘工序主要设备性能………(142)

一、洗萘塔（精脱萘塔）规格、性能
及其使用维护 …………………… (142)
二、旋流板捕雾器规格、性能及其
使用与维护 ……………………… (144)
三、泵、槽规格、性能及其使用与
维护 ……………………………… (144)
第五课 终脱萘工序阀门的使用与
维护 ……………………………… (145)
一、终脱萘工序阀门型号及规格 …… (145)
二、终脱萘工序各阀门安装位置 …… (145)
三、阀门型号说明 ……………………… (146)
四、各类阀门的使用方法与保养 …… (146)
第六课 终脱萘工序仪表的使用与
保养 ……………………………… (146)
一、就地安装仪表 ……………………… (146)
二、集中显示仪表 ……………………… (147)
三、仪表的刻度单位 …………………… (148)
四、仪表的保养 ………………………… (148)
五、终脱萘工序控制测量仪表一览表 … (149)
第七课 终脱萘工序设备开车与
停车顺序 ………………………… (150)
一、开车顺序 …………………………… (150)
二、停车顺序 …………………………… (151)
第八课 终脱萘工序操作指标 ………… (151)
第九课 终脱萘工序一般事故的处理 … (151)
一、煤气洗萘塔一般事故的处理
与预防 …………………………… (151)
二、泵类运行一般事故的处理 ……… (152)
三、停电事故的处理 …………………… (152)
第十课 终脱萘工序操作规程 ………… (152)
一、岗位操作规程 ……………………… (152)
二、各岗位安全规程 …………………… (153)
三、岗位设备、管线、阀门使用与
维护保养规程 …………………… (156)
四、岗位责任制 ………………………… (157)

第五章 脱硫初级工 ……………………… (158)
第一课 脱硫的基本知识 ……………… (158)
一、制气厂硫化氢的来源 ……………… (158)
二、硫化氢的危害性 …………………… (158)
三、硫化氢的性质 ……………………… (158)
四、脱硫方法的分类 …………………… (159)
五、脱硫效率、硫含量和硫容量 …… (160)
第二课 脱硫的工艺流程 ……………… (160)

一、干法脱硫的工艺流程 ……………… (160)
二、湿法脱硫的工艺流程 ……………… (161)
第三课 脱硫原料及产品 ……………… (163)
一、干法脱硫剂 ………………………… (163)
二、湿法脱硫剂 ………………………… (164)
三、产品硫磺的性质与用途 ………… (164)
第四课 脱硫的主要设备 ……………… (165)
一、脱硫箱 ……………………………… (165)
二、水封箱 ……………………………… (165)
三、脱硫塔 ……………………………… (166)
四、再生塔（槽） ……………………… (167)
五、硫泡沫槽 …………………………… (168)
六、熔硫釜 ……………………………… (168)
第五课 脱硫设备的开车与停车 ……… (169)
一、湿法脱硫的开车 …………………… (169)
二、湿法脱硫的停车 …………………… (170)
三、湿法脱硫的其它操作 ……………… (171)
四、干法脱硫的开箱操作 ……………… (171)
五、干法脱硫的出箱操作 ……………… (172)
第六课 脱硫工段主要工艺操作指标 … (172)
一、工艺指标 …………………………… (172)
二、操作指标 …………………………… (172)
第七课 脱硫工段一般事故处理 ……… (173)
一、干法脱硫箱粗煤气短路事故的
处理 ……………………………… (173)
二、湿法脱硫塔器单元设备一般事故
的处理 …………………………… (173)
三、泵运行一般事故的处理 ………… (173)
四、停电、停气、停汽事故处理 …… (174)
第八课 脱硫工段的规章制度 ………… (174)
一、湿法脱硫岗位责任制 ……………… (174)
二、干法脱硫岗位责任制 ……………… (175)
三、湿法脱硫设备维护保养制度 …… (176)
四、干法脱硫设备维护保养制度 …… (176)
五、湿法脱硫安全注意事项 ………… (176)
六、干法脱硫安全注意事项 ………… (177)
七、湿法脱硫交接班制度 ……………… (177)
八、干法脱硫交接班制度 ……………… (177)

第六章 硫铵初级工 ……………………… (178)
第一课 硫铵和吡啶的生产工艺流程 … (178)
一、生产硫铵的方法 …………………… (178)
二、饱和器法生产硫铵 ………………… (178)
三、饱和器法生产硫铵的工艺流程 …… (179)

四、硫铵工段设备及管线布置图 ……… (180)
五、粗轻吡啶的回收 ……………… (180)
第二课 硫铵原料及产品 ……………… (182)
一、硫铵工段的原料性质 …………… (182)
二、硫铵性质 ………………………… (182)
三、粗轻吡啶的质量 ………………… (183)
四、酸焦油的组成和性质 …………… (184)
第三课 硫铵工段主要设备的构造
　　　　和性能 …………………… (184)
一、煤气预热器 ……………………… (184)
二、饱和器 …………………………… (184)
三、除酸器 …………………………… (186)
四、满流槽 …………………………… (186)
五、沸腾干燥器 ……………………… (186)
六、结晶槽 …………………………… (187)
七、离心机 …………………………… (187)
第四课 硫铵工段操作指标 …………… (189)
一、饱和器岗位技术控制指标 ……… (189)
二、泵岗位技术控制指标 …………… (189)
三、干燥包装岗位技术控制指标 …… (190)
四、离心机岗位的技术控制指标 …… (190)
五、蒸氨岗位的技术控制指标 ……… (190)
第五课 硫铵工段一般事故处理 ……… (190)
一、饱和器系统不正常现象、原因及
　　解决办法 ………………………… (190)
二、泵系统不正常现象、原因及解
　　决办法 …………………………… (192)
三、离心机系统不正常现象、原因
　　及解决办法 ……………………… (192)
四、干燥、包装系统不正常现象、
　　原因及解决办法 ………………… (193)
五、蒸氨系统不正常现象、原因及
　　解决办法 ………………………… (193)
第六课 硫铵工段的操作规程 ………… (194)
一、饱和器岗位正常操作 …………… (194)
二、离心机岗位正常操作 …………… (195)
三、泵岗位正常操作 ………………… (195)
四、干燥包装岗位正常操作 ………… (196)
五、氨水除油及蒸馏岗位正常操作 … (196)
第七章 生物脱酚初级工 ……………… (197)
第一课 废水生化处理一般知识 ……… (197)
一、废水生化处理的意义 …………… (197)
二、废水生化处理过程的一般机理 … (197)

三、废水排放标准 …………………… (198)
第二课 废水生化处理的工艺流程 …… (199)
第三课 废水生化处理的原料——
　　　　活性污泥 ………………… (199)
一、活性污泥的性能 ………………… (199)
二、常见的微生物及其长势观察 …… (200)
三、活性污泥增长 …………………… (201)
四、活性污泥的培养与驯化 ………… (203)
第四课 生化处理主要设备 …………… (204)
一、曝气池的结构 …………………… (204)
二、曝气机 …………………………… (204)
第五课 废水的化验 …………………… (206)
一、废水的取样 ……………………… (206)
二、废水的一般化验项目 …………… (206)
三、化验项目的分析方法 …………… (206)
第六课 废水生化处理设备的开、
　　　　停车 …………………………… (216)
一、曝气机 …………………………… (216)
二、水泵 ……………………………… (217)
三、曝气池 …………………………… (217)
第七课 废水生化处理工艺操作指标 … (218)
第八课 各岗位的规章制度 …………… (219)
一、岗位职责 ………………………… (219)
二、安全注意事项 …………………… (222)
三、设备维护保养制度 ……………… (223)
四、交接班制度 ……………………… (223)

第二篇 燃气净化中级工

第一章 冷凝鼓风中级工 ……………… (227)
第一课 冷凝鼓风原理 ………………… (227)
一、鼓风机鼓风的作用 ……………… (227)
二、煤气冷却与焦油冷凝原理 ……… (228)
三、焦油氨水分离原理 ……………… (231)
第二课 煤气冷却温度与回收化学
　　　　产品的关系 ………………… (233)
一、鼓风机出口煤气温度与鼓风机
　　操作的关系 ……………………… (233)
二、煤气冷却温度对焦油蒸气、萘
　　蒸气冷凝的影响 ………………… (234)
三、冷却冷凝温度的调节 …………… (235)
第三课 产品性质与用途 ……………… (236)
一、焦油的性质与用途 ……………… (236)
二、氨水的性质与用途 ……………… (241)

三、萘的性质与用途 …………… (243)
第四课　冷凝鼓风主要设备工作原理 … (245)
一、煤气鼓风机构造、原理 ……… (245)
二、煤气初冷器构造、原理 ……… (246)
三、电捕焦油器构造、原理 ……… (248)
四、机械化氨水澄清槽 …………… (250)
第五课　冷凝鼓风开、停工的组织
　　　　与指挥 …………………… (251)
一、冷凝鼓风开工操作的组织与指挥 … (251)
二、冷凝鼓风停工操作的组织与指挥 … (255)
三、冷凝鼓风操作与焦炉炉顶集气管
　　导出系统操作的关系 ………… (256)
四、冷凝鼓风操作与浓氨水或硫铵
　　工段操作关系 ………………… (257)
第六课　冷凝鼓风工段设备检修与
　　　　试车 ……………………… (257)
一、煤气鼓风机 …………………… (257)
二、初冷器（横管） ……………… (260)
三、电捕焦油器 …………………… (261)
四、机械化氨水澄清槽 …………… (263)
第七课　冷凝鼓风工段操作事故的
　　　　处理 ……………………… (264)
一、常见事故的产生原因、处理方法
　　与预防措施 …………………… (264)
二、异常现象的判断与排除 ……… (268)
三、停电、停汽、停水事故的处理 … (269)
第八课　冷凝鼓风工段技术经济指标 … (270)
一、冷凝鼓风工段综合技术经济指标
　　及其制订依据 ………………… (270)
二、鼓风机单元技术经济指标 …… (271)
三、初冷器单元技术经济指标 …… (271)
四、电捕焦油器单元技术经济指标 … (271)
第九课　班组生产技术管理知识 …… (272)
一、冷凝鼓风工段班组的构成 …… (272)
二、各班组生产技术内容 ………… (272)
三、各班组生产技术管理要点及方法 … (273)
四、各班组岗位责任 ……………… (274)

第二章　终冷洗苯中级工 ………… (276)
第一课　终冷洗苯原理 ……………… (276)
一、终冷脱萘生产过程一般原理 … (276)
二、洗苯（吸苯）生产过程一般原理 … (278)
第二课　终冷洗苯效率 ……………… (279)
一、影响终冷脱萘效率的因素 …… (279)

二、提高终冷脱萘效率的方法 …… (279)
三、影响洗苯效率的因素 ………… (280)
四、提高洗苯效率的方法 ………… (281)
第三课　终冷洗苯主要设备构造与
　　　　工作原理 ………………… (282)
一、终冷塔 ………………………… (282)
二、洗苯塔 ………………………… (283)
三、脱萘塔 ………………………… (285)
四、机械化刮萘槽 ………………… (286)
第四课　终冷洗苯开、停工的组织与
　　　　指挥 ……………………… (287)
一、终冷洗苯开停工的组织与指挥 … (287)
二、终冷塔单元操作开、停工的
　　指挥 …………………………… (288)
三、脱萘塔单元操作开、停工的指挥 … (289)
四、洗苯塔单元操作开、停工的指挥 … (289)
五、机械化刮萘槽单元操作开、停工
　　的指挥 ………………………… (290)
第五课　终冷洗苯工段设备检修
　　　　与试车 …………………… (290)
一、终冷塔 ………………………… (290)
二、洗苯塔 ………………………… (291)
三、脱萘塔 ………………………… (293)
四、机械化刮萘槽 ………………… (294)
第六课　终冷洗苯系统操作事故的
　　　　处理 ……………………… (295)
一、常见事故产生的原因、处理方法
　　及预防措施 …………………… (295)
二、异常现象的判断与排除 ……… (296)
三、处理停电停煤气停水事故的组
　　织与指挥 ……………………… (298)
第七课　终冷洗苯工段技术经济指标 … (298)
一、终冷洗苯综合技术经济指标 … (298)
二、终冷塔单元技术经济指标 …… (299)
三、脱萘塔单元技术经济指标 …… (300)
四、洗苯塔单元技术经济指标 …… (300)
五、指标异常的分析思路与方法 … (300)
第八课　终冷洗苯的班组管理 ……… (301)
一、终冷洗苯工序的班组构成 …… (301)
二、终冷洗萘岗生产技术内容 …… (301)
三、各班组生产技术管理要点和
　　方法 …………………………… (301)
四、终冷洗苯洗涤岗位责任 ……… (302)

第三章 粗苯回收中级工 (303)

第一课 脱苯原理 (303)
一、粗苯回收（脱苯）生产一般原理 (303)
二、脱苯的几种方法 (303)

第二课 脱苯效率 (306)
一、影响脱苯效率的因素 (306)
二、提高脱苯效率的方法 (306)

第三课 脱苯工序主要设备构造与工作原理 (307)
一、富油预热器设备构造与工作原理 (307)
二、圆筒式管式炉设备构造与工作原理 (308)
三、脱苯塔设备构造与工作原理 (310)
四、两苯塔设备构造与工作原理 (311)
五、分凝器设备构造与工作原理 (314)
六、冷凝冷却器设备构造与工作原理 (315)
七、洗油再生器设备构造与工作原理 (316)

第四课 脱苯工序开、停工的组织与指挥 (317)
一、脱苯系统开、停工的指挥 (317)
二、富油预热器单元操作开、停工的指挥 (318)
三、圆筒管式炉单元操作开、停工的指挥 (318)
四、脱苯塔、两苯塔单元操作开、停工的指挥 (319)
五、分凝器、冷凝冷却单元操作开、停工的指挥 (320)

第五课 脱苯工序设备检修与试车 (320)
一、分凝器、富油预热器 (320)
二、圆筒式管式炉 (322)
三、脱苯塔 (324)
四、两苯塔 (326)
五、再生器 (328)

第六课 脱苯系统操作事故的处理 (329)
一、脱苯系统常见事故产生的原因、处理与预防 (329)
二、异常现象的判断与排除 (331)
三、处理停电、停汽、停水事故的组织与指挥 (332)

第七课 脱苯工序技术经济指标 (333)
一、脱苯工序技术经济指标 (333)
二、富油预热器单元技术经济指标 (335)
三、圆筒管式炉单元技术经济指标 (335)
四、脱苯塔、两苯塔单元技术经济指标 (336)

第八课 脱苯工序段的班组管理 (336)
一、脱苯工序的班组构成 (336)
二、各岗位生产技术内容 (336)
三、各岗位生产技术管理要点和方法 (336)
四、各岗位责任 (337)

第四章 终脱萘中级工 (338)

第一课 终脱萘原理 (338)
一、溶剂脱萘原理 (339)
二、溶剂脱萘的过程 (339)

第二课 脱萘效率 (340)
一、影响终脱萘效率的因素 (340)
二、提高终脱萘效率的方法 (341)

第三课 终脱萘主要设备构造与工作原理 (342)
一、终脱萘塔 (342)
二、旋流板捕雾器 (343)

第四课 终脱萘工序开、停工的组织与指挥 (344)
一、终脱萘工序开、停工的组织与指挥 (344)
二、终脱萘塔单元操作开、停工的指挥 (344)
三、旋流板捕雾器单元操作开、停工的指挥 (345)

第五课 终脱萘工序设备检修与试车 (345)
一、终脱萘塔 (345)
二、旋流板捕雾器 (347)

第六课 终脱萘工序操作事故的处理 (348)
一、常见事故产生的原因、处理与预防 (348)
二、处理停电、停汽事故的组织与指挥 (349)

第七课 终脱萘工序技术经济指标 (349)
一、终脱萘工序综合技术经济指标 (349)
二、终脱萘工序综合技术经济指标制定依据 (350)

第八课 终脱萘的班组管理 (350)
一、终脱萘工序班组构成 (350)
二、终脱萘工生产技术内容 (351)

三、终脱萘工岗位技术操作要点和
　　　　方法 …………………………… (351)
　　四、终脱萘工岗位责任 …………… (351)
第五章　脱硫中级工 ………………… (352)
　第一课　脱硫原理 …………………… (352)
　　一、干法脱硫原理 ………………… (352)
　　二、湿法脱硫原理 ………………… (353)
　第二课　脱硫效率 …………………… (355)
　　一、影响干法脱硫效率的因素 …… (355)
　　二、提高干法脱硫效率的方法 …… (356)
　　三、影响湿法脱硫效率的因素 …… (356)
　　四、提高湿法脱硫效率的方法 …… (357)
　第三课　干法脱硫主要设备工作原理 … (358)
　　一、干法脱硫箱构造及其工作原理 … (358)
　　二、干法脱硫箱水封阀构造及其工作
　　　　原理 …………………………… (358)
　第四课　湿法脱硫主要设备工作原理 … (359)
　　一、木格脱硫塔构造及其工作原理 … (359)
　　二、自吸式喷射再生槽构造及其工作
　　　　原理 …………………………… (359)
　　三、旋流板脱硫塔构造及其工作原理 … (359)
　　四、硫泡沫槽构造及其工作原理 …… (359)
　　五、熔硫釜结构及其工作原理 …… (361)
　第五课　粗制硫代硫酸钠及粗制
　　　　硫氰酸钠的提取 ……………… (361)
　　一、生产工艺 ……………………… (361)
　　二、主要设备 ……………………… (363)
　第六课　精制硫氰酸钠的提取 ……… (364)
　　一、生产工艺 ……………………… (364)
　　二、主要设备 ……………………… (366)
　第七课　脱硫操作故障的处理 ……… (367)
　　一、干法脱硫操作故障的处理 …… (367)
　　二、湿法脱硫操作故障的处理 …… (367)
　第八课　脱硫主要设备的技术经济
　　　　参数 …………………………… (368)
　　一、干法脱硫 ……………………… (368)
　　二、湿法脱硫 ……………………… (368)
　　三、湿法脱硫(A.D.A.法)原材料耗量
　　　　………………………………… (369)
第六章　硫铵中级工 ………………… (370)
　第一课　硫铵生产原理 ……………… (370)
　　一、硫铵的生产原理及其化学反应 …… (370)
　　二、饱和器生产硫铵的物料平衡与

　　　　热平衡 ………………………… (370)
　　三、饱和器内硫铵结晶的原理及其影
　　　　响因素 ………………………… (375)
　第二课　硫酸的接受与储存的重要性 … (377)
　　一、硫酸的特性 …………………… (377)
　　二、硫酸的来源 …………………… (378)
　　三、硫酸的接受与贮存 …………… (378)
　第三课　剩余氨水的加工和轻吡啶的
　　　　生产原理 ……………………… (379)
　　一、剩余氨水的组成 ……………… (379)
　　二、剩余氨水的工艺流程及设备 …… (380)
　　三、轻吡啶盐基的生产 …………… (381)
　第四课　硫铵产品的分析与检验 …… (386)
　　一、脱氨效率的检验及产品分析 …… (386)
　　二、实验室安全知识与管理知识 …… (391)
　第五课　硫铵工段主要设备检修和开
　　　　停操作 ………………………… (394)
　　一、硫铵工段主要设备检修 ……… (394)
　　二、饱和器系统的开、停操作 …… (394)
　第六课　硫铵工段的事故处理 ……… (397)
　　一、常见事故的产生原因及处理和
　　　　预防 …………………………… (397)
　　二、停电、停汽、停水事故的处理 …… (399)
　　三、安全注意事项 ………………… (400)
　第七课　班组生产技术管理知识 …… (401)
　　一、硫铵工段班组的构成 ………… (401)
　　二、各班组岗位责任 ……………… (401)
　　三、设备维护保养制 ……………… (402)
　　四、交接班制度 …………………… (403)
第七章　生物脱酚中级工 …………… (404)
　第一课　废水生化处理原理 ………… (404)
　　一、活性污泥生化处理的原理 …… (404)
　　二、生物脱酚的几种方法 ………… (405)
　第二课　废水生化处理的影响因素 …… (407)
　　一、溶解氧 ………………………… (407)
　　二、营养物 ………………………… (407)
　　三、温度 …………………………… (407)
　　四、pH值 …………………………… (408)
　　五、有毒物质 ……………………… (408)
　第三课　废水预处理 ………………… (408)
　　一、制气厂废水的来源及组成 …… (408)
　　二、温度、pH、油对生物脱酚的
　　　　影响 …………………………… (409)

13

三、废水的预处理方法 …………………… (409)
第四课 污泥处理 …………………………… (410)
一、污泥浓缩 ……………………………… (410)
二、污泥的调节 …………………………… (411)
三、污泥脱水 ……………………………… (411)
第五课 生物脱酚工段的系统开、
　　　　停车操作 ………………………… (413)
一、系统开车操作 ………………………… (413)
二、系统停车操作 ………………………… (414)
三、空压机的操作 ………………………… (414)
四、隔油池的开停车操作 ………………… (415)
第六课 生物脱酚主要操作指标的调
　　　　节方法 …………………………… (416)

一、溶解氧（DO）调节法 ………………… (416)
二、污泥回流量调节法 …………………… (416)
三、曝气池排泥操作法 …………………… (417)
四、污泥池浓缩撇水操作法 ……………… (417)
第七课 故障处理 …………………………… (417)
一、飘泥的处理方法 ……………………… (418)
二、污泥上反的处理方法 ………………… (418)
三、泡沫的处理方法 ……………………… (418)
四、停水的处理方法 ……………………… (418)
五、停电的处理方法 ……………………… (418)
六、水泵常见故障原因及其解决方法 …… (418)

参考文献 ……………………………………… (420)

第 一 篇

燃气净化初级工

第一章

冷凝鼓风初级工

第一课 冷凝鼓风生产工艺流程

一、冷凝鼓风生产工艺流程

炼焦制气厂煤气初步冷却流程分为间冷、直冷和间——直混合冷却三种流程。目前国内绝大多数焦化厂均采用间冷流程来进行煤气的初步冷却。

（一）间冷流程

煤气间接初冷流程如图1-1-1所示，焦炉煤气沿吸气管首先进入气液分离器1，煤气在

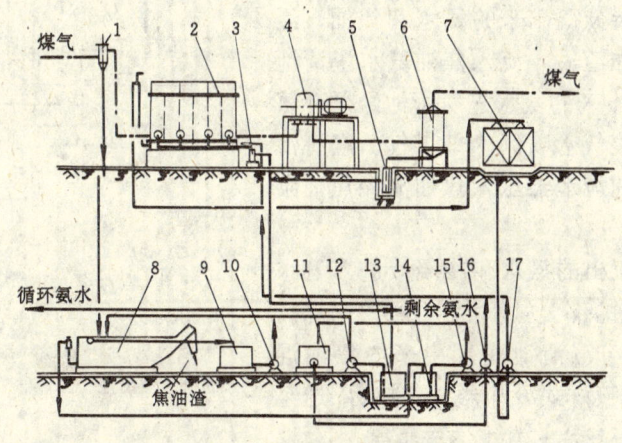

图1-1-1 煤气间接初冷流程

1—气液分离器；2—横管式初冷器；3—冷凝液水封槽；4—鼓风机；5—水封槽；
6—电捕焦油器；7—凉水架；8—机械化氨水澄清槽；9—循环氨水槽；10—循环氨水泵；11—焦油槽；
12—冷凝液泵；13—冷凝液中间槽；14—焦油中间槽；15—焦油中间泵；16—焦油泵；17—循环水泵

此与焦油、氨水、焦油渣进行分离。从气液分离器分离下来的焦油、氨水和焦油渣一起进入机械化氨水澄清槽8。混在一起的焦油、氨水和焦油渣在槽内澄清分层：上层为氨水（密度为$1.01 \sim 1.02$ g/mL），中层为焦油（密度为$1.17 \sim 1.20$ g/mL）；下层为焦油渣（密度为1.25 g/mL）。沉淀下来的焦油渣由刮板输送机连续刮送至漏嘴处排出槽外。槽内的焦油通过液位调节器（压油器）流至焦油中间槽14，再用焦油中间泵15送入焦油槽11，然后用焦油泵16送往焦油蒸馏工段进一步处理或送往焦油库作产品外销。澄清后的氨水由上部满流到氨水中间槽9，再用循环氨水泵10打回到焦炉集气管进行喷洒。这部分氨水称为循环氨水。

在循环氨水泵10出口管线上还连接有去剩余氨水贮槽的剩余氨水管线，这部分氨水称

为剩余氨水，经剩余氨水泵送往蒸氨工段或溶剂脱酚工段处理。

通过气液分离器后的煤气进入管式初冷器内用水间接冷却，煤气走管间，冷却水走管内。各台初冷器后的煤气温度是有差别的，汇集在一起后煤气的温度称为集合温度。

集合温度是一个重要的工艺参数，它是由后工序系统工艺流程确定的。对于后工序系统为后脱硫工艺流程的，集合温度一般控制在30～40℃；对于后工序系统为前脱硫工艺流程或浓氨水流程的，集合温度一般不超过25℃。

为了保证初冷器煤气出口温度能在25～35℃的范围内，在操作上，应注意调节进入各台初冷器的煤气量和冷却水量，以使每台初冷器出口煤气温度接近一致。当煤气出口温度高时，应开大冷却水入口阀门的开度；而当煤气温度偏低时，可关小冷却水入口阀门。

（二）直冷流程

煤气在直冷流程中的初步冷却，是由煤气与冷却水直接接触和混合，把煤气中的热量传给冷却水。图1-1-2是焦炉煤气直冷流程，通常在我国一些小型焦化厂采用。

从吸气管来的80～85℃的焦炉煤气经气液分离器1后，进入并联的两台直接式木格填料初冷塔3、4，用氨水喷洒冷却到28℃，然后由鼓风机5抽送到下一工序。

从气液分离器分离出来的氨水和焦油，经焦油盒2捞出焦油渣后，流入焦油氨水澄清池8。从澄清池满流出来的氨水进氨水池经循环氨水泵9送回焦炉集气管喷洒冷却煤气。澄清池底部的焦油经焦油调节器压入焦油池经焦油泵送入焦油槽。

初冷塔底部流出的氨水和冷凝液进入氨水池7，与洗氨塔来的部分氨水混合并进行分离。分离出来的焦油与澄清池底部出来的焦油混合。氨水用泵送入喷淋式冷却器6冷却后，送至初冷塔循环使用，多余的氨水送去蒸氨。

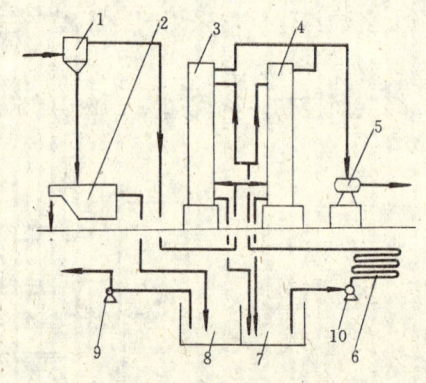

图1-1-2 焦炉煤气直冷流程
1—气液分离器；2—焦油盒；3、4—直冷塔；5—鼓风机；6—氨冷却器；7—氨水池；8—焦油氨水澄清池；9—循环氨水泵；10—氨水泵

在直冷塔内，煤气与冷却水逆向流动直接接触，不但冷却了煤气，而且把煤气中的焦油、萘、氨、硫化氢和氰化氢洗涤下来。

上海吴淞炼焦制气厂的实测数据表明，在直冷塔内可以洗掉97%以上的焦油，60%以上的萘，约80%的氨，约50%的硫化氢，约50%的氰化氢；并可将出塔煤气洗到饱和露点。可见直冷比间冷具有更好的洗涤效果，这对后面洗氨、洗苯过程，以及减少设备腐蚀，都是有好处的。

（三）间直冷流程

近年来，采用间直冷联合冷却流程（见图1-1-3）的工艺厂家增多。该工艺先使焦炉煤气间接冷却至45℃左右，再进入直接式冷却器，以使煤气温度能降到30℃以下，由于间接初冷器在温差大的情况下工作，故传热系数较高，所需的传热面积大为减少，占地面积也少了，直接冷却放在间冷后，可使用低温水将煤气冷却到较低的温度，这样不仅降低了煤气含萘量，而且对鼓风机的正常运转很有好处。

二、冷凝鼓风设备布置

（一）布置原则

冷凝鼓风工段应根据制气车间的方位及分期建设情况进行布置，厂房与设备间距应考虑生产操作及设备管道检修方便为原则。

1. 间接初冷器的布置

（1）初冷器一般正对鼓风机室按单行排列。煤气出口管中心线与相邻鼓风机室外墙距离不小于10m。

（2）初冷器基础高度应能使初冷器排出的冷凝液顺畅地流入水封槽或冷凝液液封设备中；初冷器排出的热循环水能顺畅地自流入凉水架。

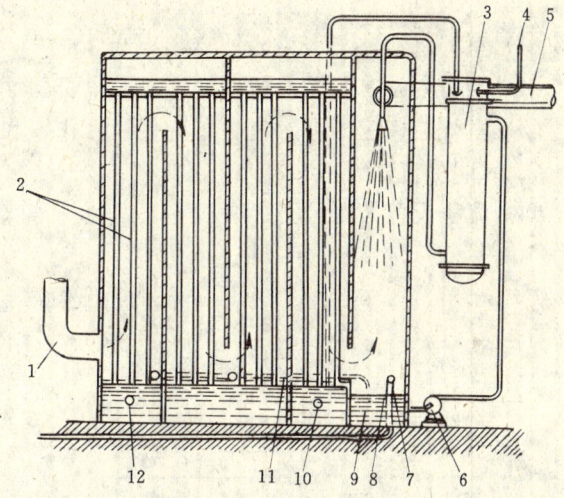

图 1-1-3 间直冷联合冷却流程
1—煤气入口；2—冷却水管；3—冷凝液冷却器；
4—冷却水进口；5—煤气出口；6—冷凝液泵；
7—冷凝液满流管；8—直冷段冷凝液池；9—直冷段冷凝液入口；
10—冷却水进口；11—去直冷段的冷凝液管；12—冷却水出口

为取消冷凝液中间槽的地坑，改善操作环境，近年来一般都将间冷器设置在3.5m高的平台上。

2. 鼓风机室的布置

（1）采用电动离心式鼓风机时，鼓风机室一般均为两层厂房，包括电机的通风机室、电捕焦油器的整流器室、油过滤机室，仪表操作室设在鼓风机室中间。

采用罗茨鼓风机时均为一层厂房，包括仪表操作室及电捕焦油器的整流器室等。

（2）鼓风机之间距离

表 1-1-1

鼓风机型号	D1250-22	D750-23	D250-31	D60×48-120/3500
机组中心距（m）	12	8	8	6
厂房跨距（m）	15	12	12	9

（3）鼓风机安装高度应保证煤气管道内冷凝液排出通畅，当采用离心鼓风机时煤气管道底部标高应在3m以上，机前煤气吸入管阀门后的冷凝液排出口与水封槽满流口中心高差应大于2.5m。

（4）鼓风机房应设置起重设备。起重能力按鼓风机组最重部件确定。

（5）离心鼓风机用的油站宜布置在一层。于楼板面上留出检修孔或安装孔，油站的安装高度应满足鼓风机主油泵的吸油高度。鼓风机的高位油箱安装高度应满足事故供油的要求，其油箱中心于机组中心高差不小于5m。

（6）鼓风机室二层与初冷器、电捕焦油器之间应有平台连通。

3. 冷凝泵房及室外贮槽的布置

（1）冷凝泵房可与鼓风机室相连，也可单独布置，泵房应设有仪表操作室。

(2) 泵房可根据设备大小及数量设计成单排或双排,双排泵中间走道宽度应不小于2.5m。
(3) 室外水池与泵房相邻外墙距离为3m。
(4) 泵房内设有起重设备,便于泵及电机的检修。
(5) 室外贮槽应尽可能集中布置,机械化氨水澄清槽出渣口应靠近道路一侧。

(二) 间冷流程设备布置

间冷流程设备布置见图1-1-4。

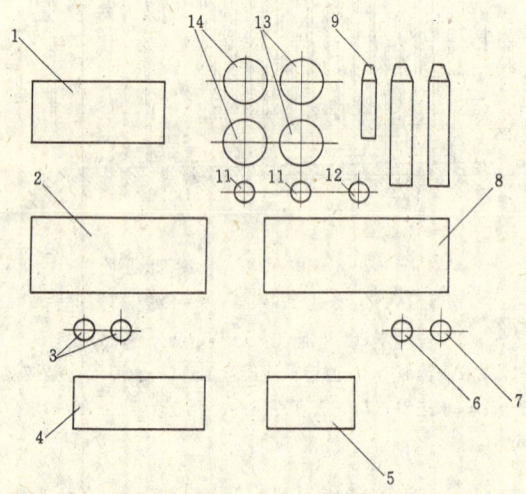

图1-1-4　间冷流程设备布置图
1—初冷器;2—鼓风机室;3—电捕焦油器;4—中冷洗萘;
5—蒸氨;6—氨水事故槽;7—氨水中间槽;8—冷凝泵房;
9—焦油分离器;10—机械化氨水澄清槽;11—冷凝液中间槽;
12—粗焦油中间槽;13—粗焦油贮槽;14—剩余氨水贮槽

三、冷凝鼓风工艺管线布置

(一) 煤气系统

自焦炉来的粗煤气经循环氨水喷洒后,沿吸煤气管进入气液分离器,在此煤气与焦油、氨水进行分离。煤气进入横管初冷器进一步冷却,使煤气温度由80～85℃冷却到35℃以下。初冷器采用两段冷却,第一段用32℃循环水,第二段采用18℃的低温水。冷却后的煤气经鼓风机压送至电扑焦油器,在此除去煤气中夹带的焦油雾,然后送至中冷洗萘塔洗萘,使煤气中含萘量降至0.5g/m³以下,再将煤气送到脱硫脱氰工段。

(二) 焦油、氨水系统

由气液分离器下部排出的焦油、氨水进入机械化氨水澄清槽进行分离;氨水自流到氨水中间槽,用循环氨水泵送回焦炉集气管喷洒冷却煤气;剩余氨水净化后送至蒸氨塔。分离后的焦油进入焦油分离器,经过二次分离后的焦油流入焦油中间槽,再用焦油中间泵送到焦油贮槽加热脱水,含水不大于4%的焦油送油库外销。

(三) 冷凝液系统

初冷器排出的冷凝液,一部分定期送初冷器喷洒洗萘,另一部分送机械化氨水澄清槽。鼓风机和电捕焦油器排出的冷凝液由液下泵送入冷凝液中间槽。

(四) 中冷洗萘系统

中冷洗萘塔由三段组成,上下为水冷段,采用循环氨水冷却煤气,入塔循环氨水经过中、低温水两次冷却,为减少设备腐蚀,从循环氨水中连续取出一定量氨水送机械化氨水澄清槽,同时向系统中补充等量的剩余氨水。洗萘塔中段采用粗苯的富油洗萘,富油分二段喷洒,连续抽出部分送回粗苯富油槽,同时补充等量富油干洗萘富油系统中。入塔富油要经过蒸汽加热器预热。

(五) 蒸氨系统

剩余氨水中氨的回收是在蒸氨塔和闪蒸塔内进行。剩余氨水由蒸氨塔顶部送入,塔底通直接蒸汽，塔顶出来的氨和水蒸汽经分缩器后直接送到中冷洗萘塔下水冷段，蒸氨塔底排出的废水送入闪蒸塔进一步回收氨。闪蒸塔负压操作，用蒸汽喷射器将闪蒸出的氨送入蒸氨塔底部，闪蒸塔排出的氨废水在沥青分离槽分出沥青，废水冷却后送污水处理站处理。

（六）各贮槽放散系统

各贮槽放散管排出的气体用排风机抽到洗净塔，用清水洗涤后排入大气，洗净塔排出的酚氰污水送污水处理站处理。

第二课　冷却冷凝一般知识

一、粗煤气冷却过程的一般知识

在炼焦过程中，焦炉煤气从炭化室经上升管逸出时的温度高达 650～700℃，此时煤气中含焦油气、苯类气、水蒸汽、氨、硫化氢及其他化合物，为了回收和处理这些化合物必须对粗煤气进行冷却和输送，其原因是：

（一）必须在较低的温度（25～40℃）下，才能保证从焦炉煤气中回收化学产品和获得较高的回收率；

（二）含有大量水汽的高温粗煤气体积大，这使输送煤气时所需要的煤气管道直径、鼓风机的能力和功率都增大，增加了生产费用，故必须对粗煤气进行冷却；

（三）在粗煤气冷却的同时有大部分的焦油和萘也冷凝下来，可得到分离。另外部分硫化氢和氰化物等腐蚀性介质也溶于冷凝液中，这样即可减少它们对回收设备、管道的堵塞和腐蚀，并有利于改进硫铵质量和减少对循环洗油质量的影响。

要使粗煤气得到冷却、并冷凝出焦油和氨水，在生产操作中主要分两步进行。第一步是在桥管和集气管中用温度为 70～75℃ 的循环氨水直接喷洒，使粗煤气先冷却到 80～85℃，并有 50%～60% 的焦油被冷凝分离下来。第二步是在煤气初冷器中冷却到 25～35℃，在煤气冷却的同时，随煤气带入初冷器内的绝大部分焦油气、水汽和萘被冷凝下来。萘溶解于焦油中，煤气中一定数量的氨、二氧化碳、硫化氰和其他组分化合物则溶于冷凝水中形成冷凝氨水，焦油和冷凝氨水的混合液一般称为冷凝液。

粗煤气在集气管中的冷却主要是靠循环氨水的蒸发。由于进入集气管中的粗煤气温度高于循环氨水，使循环氨水加热蒸发、粗煤气温度降低。通常在集气管中，粗煤气冷却和焦油冷凝时放出的热量，大致 70% 供蒸发氨水，10%～15% 加热氨水，10%～15% 由集气管散热损失。氨水蒸发的程度主要和氨水喷嘴喷洒效果、循环氨水的温度以及配煤的水分有关。如果氨水蒸发量较大，煤气冷却效果就好，反之则差。

二、焦油冷凝过程的一般知识

（一）焦油的回收

焦油是由焦炉煤气在集气管、初冷器以及后续工序鼓风机和电捕焦油器等处经冷凝捕集回收下来的。来自焦炉循环氨水中的焦油，首先经吸气管、气液分离器随循环氨水回流至机械化氨水澄清槽沉降分离下来；其次是来自初冷器冷凝下来的焦油，随冷凝液自流至冷凝液中间槽，来自鼓风机和电捕焦油器捕集下来的焦油经冷凝液水封槽由液下泵也打入冷凝液中间槽，再经冷凝液泵打入机械化氨水澄清槽与循环氨水混合沉降分离下来。在机械化氨水澄清槽澄清分离后的焦油，通过液面调节器排至焦油分离器继续沉降分离出氨水和焦油渣，焦油流入焦油中间槽，用焦油中间泵送入焦油贮槽静置、加热脱水，再经焦油泵送入综合油库焦油产品贮槽进一步静置、加热脱水降低焦油含水量。

（二）焦油的性质

焦化厂的焦油产品为高温煤焦油。高温煤焦油的质量标准（国家标准GB3701-83）：颜色呈黑色，密度1.15～1.22g/mL，水分≯4%，灰分≯0.13%，甲苯不溶物（无水基）≯10%，粘度（E_{80}）≯5.0，闪点为96～105℃。

煤焦油的组成和物理性质波动范围较大，它取决于配煤组成及炼焦工艺条件。煤焦油是一种极其复杂的混合物，其主要组分包括有碳氢化合物、含氧化合物、含氮化合物及含硫化合物等多种有机化合物，据估计含有上万种，到目前为止已经查明的有480多种，我国焦化工业目前已能提取和加工一百多种产品。按一般工业上焦油连续蒸馏工艺可切取的馏分分为：轻油、酚油、萘油、洗油、一蒽油、二蒽油、沥青等，这些馏分再经精馏、结晶、过滤及化学处理等方法加工，可将有关单组分产品提取出来。

（三）焦油及其精制产品的用途

1. 焦油的用途

焦油本身一般可作为炭黑的原料油，工业的燃料油、添加剂、建筑的填充剂、涂料，沥青以及筑路原料等。焦油精馏加工成的化工产品，可作为医药、农药、染料、塑料、合成纤维、合成橡胶、耐高温材料的原料。

2. 焦油精制主要产品的用途

沥青：沥青是焦油蒸馏时的残液，产率为54%～56%，为多种高分子多核环状化合物所组成的混合物。根据生产条件的不同，沥青软化点可波动在70℃～150℃之间。目前，我国生产的电极沥青和中温沥青的软化点为75℃～90℃。沥青可用于制造建筑用的屋顶涂料、防湿剂、耐火材料粘结剂及筑路等。沥青可用于生产沥青焦，以制造炼铝工业所用的电极。

萘：萘为无色单斜晶体，易升华，不溶于水，能溶于醇、醚、三氯甲烷和二硫化碳。萘是非常宝贵的化工原料。我国所生产的工业萘多用于催化氧化制取邻苯二甲酸酐（苯酐），以供生产树脂、工程塑料、染料及医药等之用。此外，萘也可用于生产农药、炸药、植物生长刺激素、橡胶及塑料的防老剂等。

酚及其同系物：酚为无色结晶，可溶于水、乙醇、冰醋酸及甘油等。酚及其同系物都是高温焦油的酸性产物，其中酚最为宝贵，广泛用于生产合成纤维、工程塑料、农药、染料中间体及炸药等方面。甲酚可用于生产合成塑料（电木）、增塑剂、防腐剂、炸药、医药及香料。二甲酚和高沸点酸可用于制造消毒剂，苯二甲酚在摄影方面可用作显影剂。

蒽：蒽为无色片状结晶，有蓝色莹光，不溶于水，能溶于醇、醚、四氯化碳和二硫化碳。目前，蒽的主要用途是制取蒽醌系染料，还可用于合成鞣剂及各种油漆。

菲：菲为白色带莹光的片状结晶，能升华，不溶于水，微溶于乙醇、乙醚、可溶于冰醋酸（无水醋酸在低温凝固成冰状，俗称冰醋酸）、苯、二硫化碳等。菲是蒽的同分异构物。菲可用于制取人造树脂、植物生长激素、鞣料、还原染料及碳黑等。菲经氢化制得的联苯酸，可用于制取聚酯树脂和醇酸树脂等。菲氧化制得的菲醌，可用作农药。

咔唑：咔唑又名9-氮杂芴，为无色小鳞片状晶体，不溶于水，微溶于乙醇、乙醚、丙酮、热苯及二硫化碳等，咔唑在紫外光下有强烈荧光、咔唑是染料、塑料、农药的重要原料。咔唑与亚硝基酚缩合得3-氨基咔唑吲哚酚，将其在丁醇中硫化可得到硫化染料海昌蓝R。

各种油类：焦油蒸馏所得的各种馏分在提取出有关的单组分产品后，即得到各种油类产品。其中洗油馏分经脱除二甲酚及喹啉碱类之后得到洗油，主要用作回收煤气中苯族烃的吸收剂；脱除了粗蒽结晶的一蒽油是配制防腐油的主要组分；其它油类可用作制造油漆的溶剂、干燥油、兽医用消毒剂；部分油类还可用作柴油机的燃料。

3. 焦油产品产率

焦油产率取决于配煤的挥发分和煤的变质程度。焦油气是在煤开始软化后逸出的。软化开始温度越低，煤的胶质状态温度间隔越长，焦油产率越大，所以煤料的生成年代越轻，焦油产率就越大。

在配煤的可燃基挥发分$V=20\%\sim30\%$的范围内，可由下式求得焦油的产率$X(\%)$为：
$$X=(-18.36+1.53V^r-0.026V^{r2})(100-A^g)/100$$

式中　V^r——配煤可燃基挥发分；
　　　A^g——干基灰分。

炉顶空间温度在整个炼焦过程中是变化的，该温度的大小是炼焦温度、炉顶空间尺寸、煤气在炭化室空间的停留时间以及煤气流动的方向等互相复杂作用的结果。如炉顶空间温度过高，则由于热分解作用，焦油和粗苯产率均降低。为此，炉顶空间温度不宜超800℃。

炭化室内压力的升高或降低了也会造成化学产品的部分损失，故规定集气管内必须保持一定压力。

三、焦油氨水分离过程的一般知识

（一）氨和氨水的性质

1. 氨的性质

在常温常压下，氨为无色透明，并具有强烈刺激味的气体。其分子量17，结晶点－77.3℃，沸点－33.4℃，易溶于水，溶解时能放出大量的热量，其水溶液呈弱碱性。

在氨溶解于水中的同时，还溶解有硫化氢、二氧化碳、氯化氢、氰化氢、二氧化硫和硫化铵等，所以绝大部分氨都以各种盐的形态存在于氨水中。其中一部分铵盐是不稳定的，当其水溶液被加热至沸点时，即分解生成氨及相应的酸，如碳酸铵$(NH_4)_2CO_3$，硫化铵$(NH_4)_2S$、硫氢化铵NH_4HS及氰化铵NH_4CN等，叫做挥发铵盐，存在于这类盐中的氨叫做挥发氨。另一部分铵盐需在220℃～250℃的高温下才能分解，如氯化铵NH_4Cl、硫氰酸铵NH_4CNS及硫酸铵$(NH_4)_2SO_4$等，称为固定铵盐，其中所含的氨称为固定氨。

2. 氨水的性质

在常压下，氨水略带淡黄色，有强烈刺激气味，略呈弱碱性又有润滑性，能中和焦油酸。故而在焦炉集气管采用循环氨水喷洒冷却煤气，有保护煤气管道，便于焦油在集气管底部流动，可以防止焦油因聚集而堵塞煤气管道。

由于煤气中的氨及二氧化碳,硫化氢和其它组分同时溶解于冷凝水形成了冷凝氨水，使氨水又成为含酚氰污水，对管道、设备及大气有一定腐蚀和污染，在焦化厂都要求加以处理，不准直接外排污染环境。

(二) 氨水的类别及处理方法：

焦炉出炉粗煤气初步冷却系统氨水平衡见图 1-1-5。

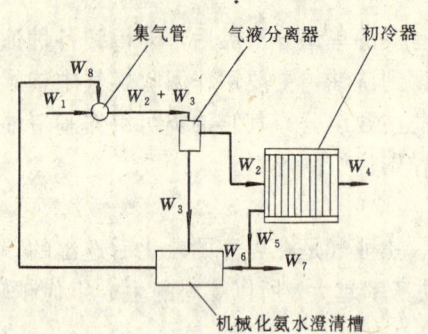

图 1-1-5 煤气初冷系统氨水平衡图

W_1—煤气带入集气管的水量(配合煤化合水及外在水)；W_2—离开气液分离器的煤气中的水汽量；W_3—离开气液分离器的循环氨水量；W_4—初冷器后煤气中带走的水汽量；W_5—初冷器排出的冷凝氨水量；W_6—焦油氨水澄清槽需补充的循环氨水量(蒸发量)；W_7—鼓冷系统排出的剩余氨水量；W_8—入集气管的循环氨水量

从图 1-1-5 可以看出，煤气冷凝鼓风工段的氨水系统存在三种氨水：循环氨水、冷凝氨水和剩余氨水。由于它们产出的部位不同，其组成也不同。其中，冷凝氨水的组成随煤气初步冷却的形式、冷却温度及氨水的产量不同而波动。例如在间接初冷器产生的冷凝液平均组成为：

全氨量：   8～12g/L

挥发氨：   4～6g/L

固定氨：   4～8g/L

硫化氢：   1～3g/L

酚：   1.5～2.5g/L

吡啶：   0.2～0.5g/L

但是，循环氨水和剩余氨水都属于混合氨水，主要含有固定铵盐，一般可高达 30～40g/L，挥发氨含量仅为 0.1%～0.2%(即 1～2g/L)。目前，在国内焦化厂新老硫铵流程，为了提高硫铵和吡啶盐基的回收成本，在蒸氨或洗氨工序，为在氨水的沸点温度下(100℃ 左右)使固定铵中的氨分解出来，都采用加碱(NaOH)装置。剩余氨水量也取决于配合煤水分、化合水的数量以及初冷器后煤气温度。剩余氨水的处理，通常采用蒸氨装置给予加工处理，将剩余氨水蒸馏得到浓度约为 10%～12% 的氨气。在不回收吡啶盐基时，此氨汽则通往吡啶中和器，用以中和母液中的游离酸和分解硫酸吡啶。

在剩余氨水中含有约 50～100mg/L 的氰化氢。在不回收氰化氢时，氨水中蒸发出的氰化氢由吡啶装置后的回气管道返回鼓风机前的煤气系统中去，进一步进入煤气终冷水系统中，从而污染大气和水源。为了除害利废，目前许多焦化厂采用从氨水中回收氰化氢以制取黄血盐钠或黄血盐钾。为了减少剩余氨水处理量，节约加热蒸汽和生产费用，不少焦化厂对入炉配合煤控制含水量或采用煤预热技术均取得一定经济效果。

对于冷凝鼓风工段后采用前脱硫脱氰工艺的流程，剩余氨水经蒸氨装置蒸出氨气直接通入中冷洗萘塔(即中间煤气冷却塔)，混入焦炉煤气管道，以提高脱硫塔进口煤气含氨量，有利于提高氨碱法脱硫的效率。

四、电捕焦油器脱焦油过程的一般知识

(一) 清除煤气中焦油雾的目的

1. 焦油雾在饱和器中凝结下来，会使硫铵质量变坏、酸焦油量增多，并可能使母液起泡沫，降低循环母液比重，而使煤气有从饱和器满流槽冲出的危险。

2. 焦油雾进入洗苯塔内，会使洗油质量变坏，影响粗苯的回收。

3. 焦油雾会使脱硫效率降低，并堵塞脱硫塔。

4. 焦油雾会降低洗萘效率

(二) 电捕焦油器的工作原理

为了说明电捕焦油器的工作原理，首先要探讨一下有关的物理原理。

如图 1-1-6 所示，在一电路中有电源、电流表及两块平行安放的金属板。在金属间有空气层，则形成一空气电容器。

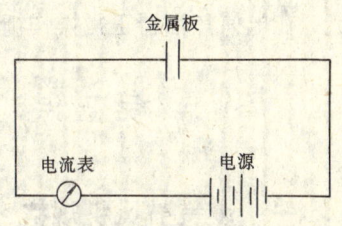

图 1-1-6 板状电容示意图

因为空气不导电，所以在电路中并无电流。但将两金属板间电位差增大到某一数值时，两板间的空气就发生电离作用，即中性的气体分子分离为带正电的离子、电子与带负电的离子。电子和离子可以导电，所以电流表即指示出在电路中有电流通过。

根据上述原理，如在两金属板间维持一强电场，而使含有灰尘或雾滴的气体通过其间，气体分子发生电离作用，生成电子、正离子及负离子。于是正离子向阴极方向移动，负离子及电子向阳极方向移动。金属板上的电位差增加时，电场强度也随着增高，离子或电子移动速度及动能也随着增大。当具有很大速度的离子、电子与中性分子碰撞时，发生碰撞电离，产生新的离子。当电位差很高时，在电场上便会急剧地发生碰撞电离，在两板间大量气体分子都发生了电离作用，离子与尘或雾滴相遇而附于其上，使之也带有电荷，即可被电极所吸引而从气体中除去。

但是由于平行的金属板形成的电场是匀强电场，在匀强电场中，会同时产生大量的离子，电流也相应地增大，当电压增大到超过绝缘电阻时，两极之间便会产生火花放电现象，这不仅会引起电能的损失，而且也无法进行气体的净化操作。为了避免火花放电或产生电弧，应采用非均强电场。不同电极的电场分布情况如图 1-1-7 所示：

图中 (a) 为匀强电场；(b) 为管式电捕焦油器的非匀强电场，是用金属圆管和在管的中心安装的拉紧导线作为两个电极；(c) 为环式电捕焦油器的非均强电场，是以同心圆环形金属板和设置在环形板之间的金属导线作为两个电极。

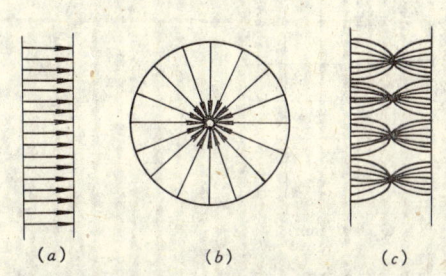

图 1-1-7 不同电极的电场分布

在非均强电场中，当两极电位差增高时，电流强度并不发生急剧的变化。这是因为导线周围的电场强度很大，导线附近的离子能以较大的速度运动，使煤气分子离子化，而离导线中心远的地方，电场强度就小了，离子的速度和具有的动能不能使相遇的分子离子化，所以绝缘电阻不会在整个电场中被击穿，只是在导线附近电场最大的地方击穿，并发生局部火花放电现象，这种现象叫做电晕现象。导线周围产生电晕现象的空间称为电晕区域，导线即称为电晕极。

由于在电晕区域发生急剧的碰撞电离，形成了大量的正离子和负离子，负离子的速度比正离子大（为正离子的 1.37 倍），所以电晕极（即导线）常取为负极，圆管板则取为正极。正离子即向电晕极移动，负离子则向管壁移动，在电晕区域内存在两种离子，而电晕区域外只有负离子，因此，在电捕焦油器的大部分空间内，焦油雾滴变为带有负电荷粒子向管壁移动。圆管是接地的，当带有电荷的焦油雾滴到达管壁时，即放电而沉降于壁上，故称正极为沉淀极。

由于电晕区域部分正、负离子的中和作用，加上从电晕区到电晕极的距离短，带正电的尘粒相当少，在电晕极上沉积量很少。绝大部分焦油雾均在沉淀极沉积下来，而煤气离子则重新变为煤气分子，从电捕焦油器中逸出。

在电捕焦油器正常操作情况下，煤气中的焦油雾可被除去99％左右。

第三课 冷凝鼓风工段主要设备性能

一、煤气鼓风机规格、性能及其使用与维护

焦炉煤气输送设备常采用离心式鼓风机和罗茨式鼓风机。其作用是将焦炉炭化室在炼焦过程中所产生的焦炉煤气不断抽出，经初步冷却送各煤气净化系统处理后，送入贮气柜内，作为城市煤气用。

（一）离心式鼓风机

焦化生产中，煤气鼓风机常采用单吸入、两级压缩、双支承式离心鼓风机。在焦化生产中根据生产能力的大小，鼓风机相应的选型不同。几种常用的离心式煤气鼓风机有：D160-2.25（进口气量150m³/min）；D320-2.25（300m³/min）；D750-23、D750-24（进口气量750m³/min）；D1250-22（进口气量1200m³/min）。

以D750-24鼓风机为例，其技术性能曲线如图1-1-8所示。

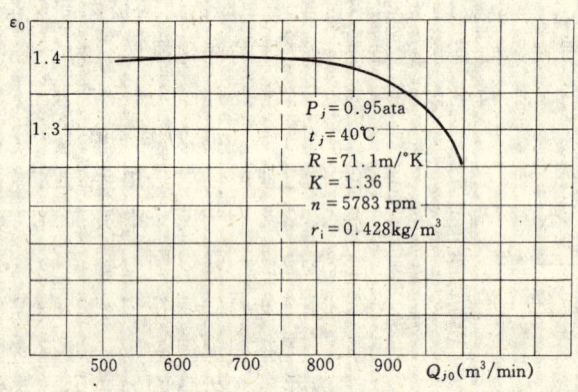

图1-1-8 D750-24煤气鼓风机性能曲线

D750-24离心式鼓风机的技术数据为：

生产能力（进口流量）	m³/h	45000
进口压力（绝对压力）	Pa	～5000
进口温度	℃	40
升压	Pa	35000
出口温度	℃	72
主轴转速	r/min	5783
配用电机型号		JKZ630-2
电机功率	kW	630

电机转速	r/min	2975
进线电压	V	6000
配用增速机型号		GYD250-960/1.943
增速机最大功率	kW	960
增速机速比		1.943（5783/2975）
主油泵型号		ZY150×1
油泵工作压力	MPa	0.5
油泵工作流量	L/min	150
油站型号		YZ160
油站公称流量	L/min	160
高位油箱容量	L	150

作为焦炉煤气系统的关键输送设备，煤气鼓风机必须做到正确使用和精心维护。

1. 鼓风机启动应注意事项

(1) 启动前必须通知动力部门检查电气系统情况，电机绝缘等是否良好。

(2) 盘动鼓风机转子，转动应良好无卡涩现象（油泵开启状态）。

(3) 检查各仪表、温度计指示及联锁保护装置是否良好。

(4) 按生产工艺要求检查、做暖机、供油、油位、通风、清扫下液管各方面情况满足要求。

(5) 风机启动前，抛油润滑的电机，电机两瓦要加入少量油质合格的润滑油，以使启动初期电机轴，轴瓦处具有油，避免干摩擦。

(6) 检查各部油冷却系统冷却水供应状况，不允许有断水现象。

(7) 各部检查正常后，必须待高位油箱回油后方可开机。

(8) 机组起动后检查各部声音，及振动情况满足技术要求。

(9) 按生产工艺逐步调整到正常负载。

2. 机组运行状态的维护保养

(1) 定时检查电流表、风量、风压，发现问题应查明原因，及时处理。

(2) 操作人员要注意和定期听测鼓风机，增速器，电机等机体内部的声响，并检查各部轴承振动情况，风机振动机体不大于0.04mm（双振幅），电机机体不大于0.06mm，电机风机瓦，增速器瓦不大于0.02mm，发现振动加剧或怪声应及时采取措施。

(3) 要随时检查鼓风机的吸力及压力情况；机组严禁工作在喘振工况区域，发现气流有回流声而进入喘振工况区时，而防喘装置失灵，应迅速打开旁通阀，严禁风机超压运行，发现问题及时调整。

(4) 经常检查电机的通风机运转状况，严禁电机的通风机断风。备用通风机必须处于良好状况。

(5) 经常检查鼓风机，电机，增速器等机体及轴瓦温度的情况，风机机体温度不大于70℃，轴瓦温度不大于65℃，电机机体温升不大于45℃。

(6) 经常检查油系统是否漏油，运行是否正常。要求油压保持正常，控制油冷器进水量，控制润滑油温度30～40℃。

(7) 定期检查鼓风机下液管情况，保持下管畅通，以免造成风机带液。

(8) 定期检查督促化验部门对风机油品进行化验，保证风机在合格的油质下工作。

3. 鼓风机停机的维护

(1) 鼓风机停机断电后要注意观察油压仪表显示，当油压降至低限＜0.06MPa＞而联锁装置不能自动起动副油泵时，要及时手动起动，以保证鼓风机供油。

(2) 机组停机后，要记录从关闭电机，至机组完全停稳的时间，如机组较正常停机时间短，提醒维修工检查是否有磨刮等现象。

(3) 机组停稳后，要定时（10min）盘车多次，以防再次起动盘车困难。

(4) 备用鼓风机要注意每班盘车1/4转，且每白班起动一次副油泵对各部进行供油，防止盘车干研轴瓦。

(5) 备用机放液管要每周清扫一次，以防堵塞。

(6) 备用鼓风机要每班注意机体温度，防止蒸汽阀门不严，漏入蒸汽损坏机体部件。

(二) 罗茨鼓风机

小型焦化厂的冷凝鼓风机处理量较小，一般可采用罗茨鼓风机，常用几种规格见表1-1-2。

表 1-1-2

型　　号	流量 (m³/min)	静压 (Pa)	电机功率 (kW)
D60×48—120/3500	120	35000	115
D60×63—160/3500	160	35000	155
D60×78—200/3500	200	35000	185
D60×90—250/3500	250	35000	215

二、初冷器规格、性能及其使用与维护

(一) 横管初冷器

横管初冷器的主要作用是煤气与冷却水逆向错流间接冷却，完成粗煤气的初步冷却和冷凝煤气中所含的焦油、萘和水汽。

在横管初冷器中粗煤气自上而下流动，走壳程，气流方向与水管近乎垂直，与冷却水进行间接换热，冷却水走管程。由于冷却水流向随水管布置多次变化，故冷却效果较好。水的流速一般为0.5～0.7m/s，比立管式冷却器中水的流速要快（立管式约为0.07m/s）沉积在管道上的萘可被冷凝下来的焦油冲洗下来或溶解于焦油中，其缺点是清扫管子比较困难。

常见的几种横管初冷器见表1-1-3。

表 1-1-3

项　　目		传　热　面　积　(m²)			
		600	642	834	2100
工作温度	煤气（℃）	85～30	50～30	50～30	83～30
	冷却水（℃）	25～50	15～38	15～38	18～25
允许工作压　力	管外 (Pa)	1000～2000	10000	10000	3500
	管内 (MPa)	0.1	0.4	0.4	0.4
粗气进出口管径（mm）		DN600	DN700	DN700	DN1000

续表

项 目	传 热 面 积 （m²）			
	600	642	834	2100
水进出口管径（mm）	DN100	DN125	DN125	DN300
外形尺寸（mm）	2242×2750×7950	1906×2330×13840	1906×2530×15600	2700×3000×21000
设备重量（kg）	32440	36667	43835	91713
操作重量（t）	38.6	48	57	180

对于2100m²的初冷器，现采用双段水冷却结构，即初冷器上段采用中温水两段冷却，下部采用低温水单段冷却，中部采取轻质焦油洗萘（喷洒冷凝液）。其详细技术性能如表1-1-4。

表1-1-4

名 称		指 标	名 称		指 标
冷却面积	一段	1419.4m²	温度	低温水 入口	18℃
	二段	608.3m²		低温水 出口	25℃
	总面积	2027.7m²		循环水 入口	32℃
管程数		52		循环水 出口	45℃
截面积	管程 一段	0.1884m²		煤气 入口	83℃
	管程 二段	0.0942m²		煤气 出口	30℃
	壳程 自由截面积	1.8m²	压力	管 程	<0.4MPa
	壳程 总截面积	5.84m²		壳 程	2550～3432Pa
操 作 室					130t

横管初冷器作为冷却煤气的设备，正确的使用与维护对于煤气冷却效果及延缓初冷器的使用寿命是至关重要的。

1. 正常运行中的保养

（1）煤气横管初冷器必须按有关的技术要求操作，运行中初冷器的阻力不得大于1500Pa。

（2）经常检查初冷器运行中的工艺条件变化，严禁中断初冷器冷却水的循环。

（3）要经常了解初冷器阻力变化状况，如不正常及时处理。

（4）定期清扫煤气初冷器的煤气通道，保证煤气初冷器的正常运行，清扫中严禁超压现象。

（5）初冷器的下液管要经常检查，保持畅通，发现问题及时处理。

（6）操作运行中必须先给冷却水后通入煤气。

2. 停车的维护保养

（1）煤气初冷却器停车后必须做必要的检查和保养，对壳程进行彻底的清扫，清扫壳壁腐蚀性介质，并彻底排放。

(2) 对于长期停车的初冷器充惰性气体保养。

(3) 冬季运行的备用设备，管里的冷却水必须排空或在管内形成流动水路，以防冻坏设备。

(4) 检查器体外部，做好防大气腐蚀工作。

(二) 立管式初冷器

立管式初冷器的作用是通过煤气与冷却水逆流间接冷却，将焦炉煤气初步冷却下来。

立管式初冷器横截面是长椭圆形，由直立的钢管束及管板装配而成。立管式初冷器中的粗煤气与冷却水逆向流动，气走壳程，水走管程。其顶部空间在生产过程中可以敞开，以清扫冷却水管。其缺点是管间距较小，下部容易堆积重质焦油及萘的结晶，妨碍粗煤气和冷凝液的流出，并难于清除。

常见几种立管初冷器规格见表 1-1-5。

表 1-1-5

项目		传 热 面 积 (m²)		
		1000	1350	2100
工作温度	煤气	50～25	85～30	80～30
	冷却水	18～40	25～50	25～45
允许工作压力	管程 (MPa)	0.1	0.1	0.1
	壳程 (Pa)	3000	6000	6000
粗气进出口管径 (mm)		DN800	360×1400	DN1000
水进出口管径 (mm)		DN200	Dg200	DN250
外形尺寸 (mm)		2270×3921×9160	3364×5164×6800	2640×5720×9529
设备重量 (kg)		31960	57560	58000
操作重量 (t)		57	113.4	130

(三) 直接式冷却塔

直接式冷却塔是冷却水与煤气通过直接接触达到冷却煤气的目的，且有洗涤焦油、萘、氨及硫化氢的目的。

直接式冷却塔有木格填料塔，金属板塔及空喷塔，木格填料塔在中小型焦化厂采用较普遍。

常用规格有：Φ1200×15650　冷却面积 570m²
　　　　　　Φ2200×20800　冷却面积 2796m²

三、电捕焦油器规格、性能及其使用与维护

粗煤气中的焦油在冷凝、冷却中大部分进入冷凝液中，尚存一部分焦油以直径约为 $1\sim 7\mu m$ 的气泡状焦油雾滴悬浮于煤气中，而微小的焦油雾滴沉降速度低于煤气流速而被带

走。它的存在影响硫铵及洗油质量，降低洗萘、洗苯效率，为了保证后续净化系统的正常运行，选用电捕焦油器来除去粗煤气中的焦油雾。

（一）规格与性能

电捕焦油器按沉淀极的结构形式分为管式和同心圆式，常见几种规格见表1-1-6。

表1-1-6

项目	公 称 直 径 （mm）				
	1000	1700	3200	3600	4500
形式	同心圆	同心圆	管式	管式	管式
总高度	9160	10119	12000	12270	12610
工作电流（mA）	<50	<120	<293	<200	<300
工作电压（kV）	30	30	38	50	50
煤气处理量（Nm³/h）	2490	7000	32000	28600	36000

以 Φ3200×12000 电捕焦油器为例，其技术特性如下：

工作温度：煤气～50℃；瓷绝缘子周围空间105～110℃。

工作压力：煤气：<0.03MPa；夹套 0.4MPa。

沉淀极：管径：Φ200×4mm；管长 5000mm，管数：121根，管内流速：～2.92m/s，有效截面积：3.5m²。

电晕极：直径 Φ2.3mm，数量 117 根，有效总长 585m

煤气分布筛板：开孔率：上 37%，下 37%

有效截面积：上 2.62m²，下 1.38m²

工作重量：29t

（二）使用与维护

1．运行中的使用维护

（1）电捕焦油器运行中必须注意其阻力变化，不得大于 500MPa。

（2）运行中要经常检查电捕焦油器的电压不低于 38kV，二次电流不低于 293mA，发现异常及时调整。

（3）电捕焦油器通入煤气前，绝缘箱温度必须在 90～110℃，绝缘要求不低于 1MΩ/kV，低于此值电捕焦油器不得投运。

（4）运行中，绝缘箱温度必须保证在 90～110℃之间操作。

（5）运行中每小时测量一次煤气中含氧，大于 1%停止送电。

（6）检查电捕焦油器冷凝液排放管畅通，每班清扫一次。

（7）检查电捕焦油器馈电箱电缆情况，发现问题及时反馈电工、检修工。

（8）电捕焦油器开启升压，必须缓慢，稳步进行，严禁忽升，忽降。

2．停车维护

（1）电捕焦油器正常停车，操作人员要通知电工维护人员，先降压后再停止电捕，关闭电捕阀门。

（2）紧急状态故障停车（如电捕焦油器出现电流摆动大）停止现场紧急停车按钮后，通知维护电工尽快复原。

（3）电捕焦油器停车后，立即关闭煤气进出口阀门，打开旁通阀，防止煤气中焦油尘挂在瓷瓶上。

（4）停车后重新运转电捕焦油器，必须重新测量绝缘电阻。

（5）停车后电捕焦油器，要进行瓷瓶清洗，保持瓷瓶清洁。

（6）检修后备用设备需充惰性气体保护，以免与空气接触发生锈蚀影响备用。

四、焦油泵、氨水泵规格、性能及使用与维护

焦油泵，氨水泵是鼓风、冷凝、焦油生产的主要设备，氨水泵的作用是为焦炉生产粗煤气提供集气管喷洒用循环氨水；焦油泵的作用是输送成品焦油至综合油库。

（一）规格、性能

1. 焦油泵，氨水泵的规格型号根据焦化厂生产能力选用不同的型号。20万t、60万t焦化厂常用泵型号如表1-1-7。

表1-1-7

项　目	60万t		20万t	
	焦油泵	氨水泵	焦油泵	氨水泵
型号	100Y-60	12SH-9 (12SH-9A)	2BA-6	8sh-9
配用电机	BJO$_2$72-2	JS136-4 (JS116-4)	JO$_2$-32-2	JO$_2$-92-2
性能	Q=60～120m³/h H=62～45m	Q=576～972m³/h H=65～60m Q=529～893m³/h (H=55～42m)	Q=10～30m³/h H=34.5～24m	Q=216～35m³/h H=69～50m
电机参数	V=380V 30kW	V=6000V 220kW V=6000V 155kW	V=380V N=4kW	V=380V N=75kW

注：2BA-6型泵由IS65-50-160型泵代替，JO$_2$型电机已由节能型Y系列电机代替。

2. 泵型号的意义：

【例1】　12sh—9A 氨水泵

12—吸水口直径乘以25（即该泵吸水口直径300mm）；

sh—双吸入单级卧式离心清水泵；

9—比转速被10除；（该泵比转速90）；

A—表示该泵叶轮是经过一次加工外加工外径的系列；

12sh—9型泵分甲、乙型泵分别采用轴承及轴瓦，轴承采用干油润滑，轴瓦采用稀油润滑。

【例2】　100Y—60 焦油泵

100—吸入口径毫米数；（即吸入管口径100mm）

Y—单吸入离心油泵；

60—扬程米数；（即此泵扬程60m）

两端轴承采用稀油润滑。

【例3】 2BA—6 焦油泵

2—吸入口径×25mm；（即 50mm）

BA—悬臂式离心泵；

6—比转速除 10；（即泵比转速为 60）

12sh—9；100Y—60；8sh—9；2BA—6 性能曲线如图 1-1-9（a）（b）（c）（d）所示：

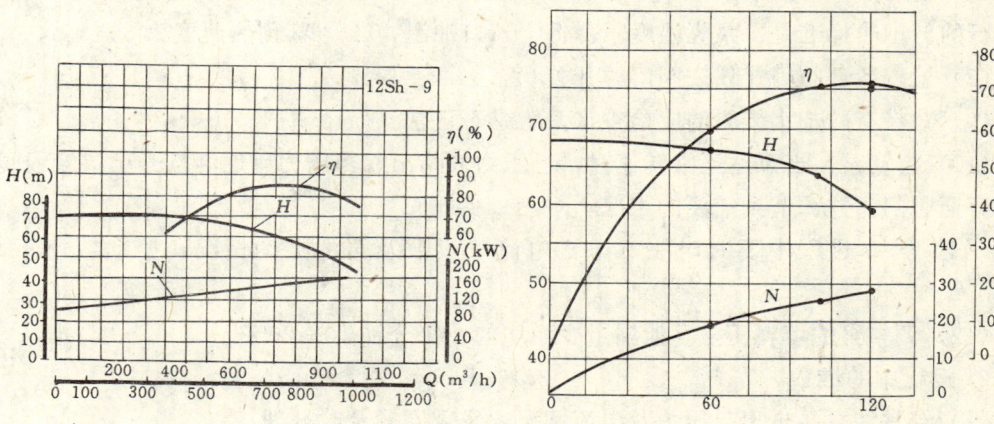

图 1-1-9（a）12sh—9 性能曲线　　　　图 1-1-9（b）100Y—60 性能曲线

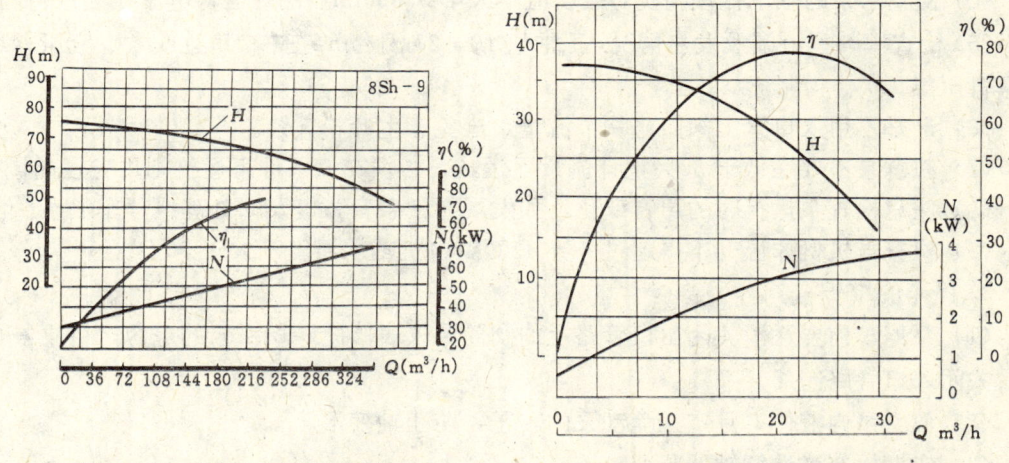

图 1-1-9（c）8sh—9 性能曲线　　　　图 1-1-9（d）2BA—6 性能曲线

（二）使用及维护

做为离心式水泵，12sh—9、100Y—60、2BA—6 在使用维护上具有同样的要求，对于输送不同的介质又有其特殊的要求。

1．启动前的使用维护

（1）检查泵所联接系统是否符合开泵要求。

（2）机组启动前，首先检查机体的润滑状况，检查稀油润滑之油位是否正常，干油润滑检查轴承箱干油是否量合适。

（3）盘动联轴器，泵转子运转轻便，各部位无异常。

（4）检查泵体地脚螺栓有无松动。

（5）打开放气阀，将泵体用输送的液体将泵灌满，从中驱除泵中的空气。

（6）启动前请电工检查绝缘情况。

（7）输送热油时的油泵，在开车前要均匀预热，预热是利用被输送的热油不断通过泵体进行的。预热标准是：泵壳温度不得低于入口油温40℃，其预热速度为50℃/h。

（8）检查各部阀门及仪表阀门的开关状态。

（9）对带有冷却水装置的应检查水系统是否正常。

（10）启动泵，当泵达正常转速时，且压力表指出相当压力后逐渐打开出口管线阀门，关闭旁通阀门，并调节到需要的工况。

（11）开车过程中要时时注意电机电流表读数及泵的振动情况，振动数值不大于0.06mm。

（12）调整泵的填料压盖，泄漏量少而均匀，每分钟10～20滴。

2. 运行中的维护

（1）经常注意泵进出口压力及电流情况，发现问题及时处理。

（2）经常检查泵的润滑状态，定期定量定质的加油，保持良好的润滑状态。

（3）检查水泵的轴承温度，轴承的温升不应超过外界温度35℃，但最高温度滑动轴承不大于65℃，滚动轴承不大于70℃。

（4）检查水泵的轴承振动情况，振动值不大于0.06mm。检查运行电流在允许范围内。

（5）检查填料室泄漏及发热情况，正常值10～20滴/mm左右，超过或太少应压紧或放松填料压盖。

（6）最好不用入口管上阀门来调节流量，避免产生叶轮气蚀。

（7）注意泵不要低于30％设计流量下运转，必须在该条件下运行则用旁通阀调节。

（8）注意检查泵运行时的声音变化，如发现异常杂音，应及时处理或停车倒泵。

（9）检查电机机体温升不得超过外界45℃，电机轴承温度不大于70℃。

3. 停车的维护

（1）泵停车前要逐渐关闭出口管路上的阀门及仪表阀门，切断泵的电源，待泵停止运行后关闭入口管路阀门。

（2）放空泵内液体，且定期盘动泵的转子，防止轴变形。

（3）定期检查弹性联轴器状况。

（4）长期停运的水泵要拆开泵体将零件上的水擦干，并在零件上涂防锈油保护。

五、机械化焦油氨水澄清槽的规格、性能及使用与维护

（一）规格、性能

机械化焦油氨水澄清槽（又称焦油氨水分离器）的几种常见规格如表1-1-8。

表 1-1-8

项 目	有 效 容 积			
	300	210	187	142
格 数	1	2	2	2
刮板运输机台	1	2	2	2
工作能力（t/h·台）	0.4	0.17	0.17	0.17
链子速度（m/h）	3.8656	1.74	1.74	1.74
配电机（kW）	JAO2-31-4 2.2	JO3T-112S8TH 2.2	JO3T-112S8TH 2.2	JO2T-112S8TH 2.2
总数比	16269	44769	44769	44769
介 质	焦油氨水	焦油氨水	焦油氨水	焦油氨水

年产 60 万 t 焦能力的焦化厂采用 $V=300m^3$ 焦油氨水分离器，其性能如下：

工作温度　氨水 80℃，焦油 65℃；

有效容积　300m³

工作重量　350t；

传动装置　减速机 SWSD2.2-1174-1/16296

　　　　　配电机 JAO2-31-4（2.2kW，1430r/min）

刮板运输机　工作能力～400kg/h（焦油渣）

　　　　　刮板速度　3.8656m/h

　　　　　刮板间距　914.4mm

　　　　　链板间距　152.4mm

　　　　　调节高度　2～22mm

（二）使用及维护

焦油氨水分离器是焦油生产的主要设备，由于其运转部分转速慢，维护工作容易被忽视。只有正确使用维护，才能有效的使用，延长使用寿命。

1. 对于焦油氨水分离器要经常检查运转部分的运转情况，特别要注意检查刮板运输机的运行状况，发现运行声音不正常或断带现象，应立即停车倒槽处理，以免造成焦油渣堆积。

2. 焦油氨水分离器开车时要先启动运转部分，正常后再向分离器送入介质投运。

3. 对于运转部分要定期给轴承加油，保证其正常润滑状态下运行。

4. 对于减速机部分，要经常检查运行状况，定期补充润滑油，使其保持正常油位。检查油质情况，超标则清洗换油。

5. 定期对传动装置的链轮、链条进行加油防护，避免其大气锈蚀。

6. 为维护焦油氨水分离器的使用寿命，焦油氨水分离器要做好定期防腐刷漆。

7. 经常检查其附属阀门，管路状况，发现泄漏应及时处理，做好阀门的保温工作。

8. 定期检查焦油氨水分离器的保温完好状况，发现问题及时处理修补，避免因保温破损，保温材料潮湿对槽体带来的复腐蚀。

第四课 冷凝鼓风工段阀门的使用与保养

一、阀门的名称、规格

冷凝鼓风工段常用的阀门有闸阀；包括电动闸阀 Z942W—1 型、伞齿轮传动闸阀 Z542W—1 型；手动闸阀 Z44W—10，Z41W—10、Z45T—10、Z41T—10、Z44T—10；截止阀包括 J41W—16，J44W—16 型；止回阀（底阀）H44W—10 型；减压阀 Y42T—16；疏水阀 S49H—16，S19H—16 型，以及安全阀等。

阀门产品型号代号说明如下：

一般阀门产品型号由下列七个单元组成：

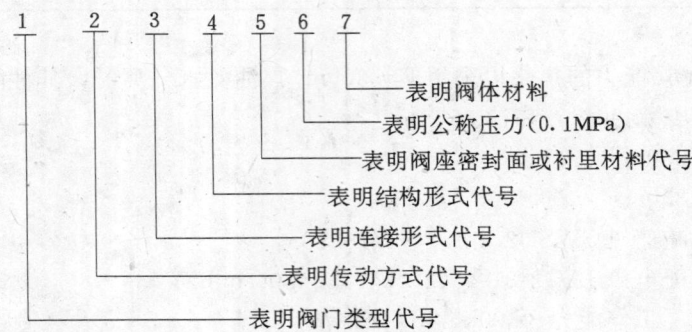

(1) 阀门类型代号：Z—闸阀；J—截止阀；H—止回阀；（底阀）S—疏水阀；A—安全阀；

(2) 传动方式代号

O—电磁动；1—电磁—液动；2—电—液动；3—螺轮传动；4—正齿轮传动；5—伞齿轮传动；6—气动；7—液动；8—气—液动；9—电动。

对于手动直开阀门传动方式代号不标。

(3) 连接方式代号：

1—内螺纹；2—外螺纹；3—法兰；6—焊接；7—对夹；8—卡箍；9—卡套。

(4) 结构形式代号：

闸阀：2—楔式双闸板（明杆）

　　　1—楔式单闸板（明杆）

　　　4—平行式双闸板（明杆）

　　　5—楔式单闸板（暗杆）

截止阀：1—直通式；4—角式

止回阀：4—旋启单瓣式

安全阀：2—弹簧薄膜式

疏水阀：9—热动力式

(5) 阀做密封面或衬里代号：W—由阀体直接加工阀座密封面 T—铜合金密封口。

(6) 阀体材料代号：P—铬镍钛耐钢
R—铬镍钼钛耐酸钢

二、各类阀门的安装位置及作用

初冷器煤气入口阀：四台初冷器各一台 Z942W—1	DN900 阀
初冷器煤气出口阀：四台初冷器各一台 Z942W—1	DN700 阀
煤气鼓风机煤气入口阀：2 台各安装一台 Z542W—1	DN1000 闸阀
煤气鼓风机煤气出口阀：2 台各安装一台 X542W—1	DN900 闸阀
电捕焦油器煤气出入口阀：每台各安装 2 台 Z942W—1	DN900 闸阀
电捕焦油器煤气旁通阀：安装一台 Z942W—1	DN900 闸阀
中冷洗萘塔煤气旁通阀：安装一台 Z942W—1	DN900 闸阀
中冷洗萘塔煤气出入口阀：各安装一台 Z942W—1	DN900 闸阀
初冷器循环清水泵出口阀：2 台各安装一台 Z44W—10	DN450 闸阀
循环氨水泵入口阀：2 台各安一台 Z44W—10	DN350 闸阀
循环氨水泵出口阀：2 台各安一台 Z44W—10	DN300 闸阀
初冷器循环清水泵进出口交通阀：2 台泵各装一个 Z41W—10	Dg200 闸阀
初冷器低温上水阀：（总阀）Z45T—10	Dg250 闸阀
蒸氨上水阀：Z45T—10	Dg200 闸阀
鼓冷工段蒸汽入口总阀：J44W—16	DN200 截止阀
初冷器系统蒸汽控制阀：J44W—16	DN150 截止阀
清水泵出口干管安装 1 个：H44W—10	DN450 止回阀
清水泵入口管各安装 1 个：H44W—10	DN600 底阀
循环氨水泵出口干管安装 1 个：H44W—10	DN300 止回阀
鼓风机采暖系统安装 1 个：Y42—16	DN80 减压阀
鼓风机蒸汽系统安装有 S49H—16	DN50 疏水阀
	DN32 疏水阀
	DN25 疏水阀
	DN20 疏水阀
S19H—16	DN50 疏水阀
	DN32 疏水阀
	DN25 疏水阀
	DN20 疏水阀

三、各类阀门的使用方法与保养规则

焦化生产的煤气净化系统采用阀门的种类及数量最多，而鼓冷工段在净化系统所占阀门比例又较大，因此对阀门的正确使用及维护，对阀门延缓寿命，降低生产成本是至关重要的。

1. 鼓冷生产各个部位的阀门的选型，对使用是非常重要的。如对接触化工产品及腐蚀性介质（如氨）选用阀门不要用铜口阀门，对于日常维护较困难的位置，如初冷器塔顶放散阀尽量采用暗杆阀门。

2. 对各部位所安装的阀门，要定期加油润滑，保证阀门传动机构的灵活好用。

3. 对于工艺上不常开关的阀门，定期有计划的进行活动，以防阀门卡死。

4. 经常检查阀门的填料处泄漏情况，发现泄漏及时处理。

5. 对于打不开或关不上阀门的情况，使用工具开关要考虑阀门的承受力，严禁超力开关损坏阀门现象。

6. 严禁用力击打阀门或以阀门为垫物敲击物体。

7. 工艺阀门应避免在微开状况下的使用，以免流体冲击对阀门带来影响。

8. 对于阀门所处工艺条件必须按工艺操作参数进行，严禁超压运行。

9. 对于冬季使用的阀门一定要做好防寒保温工作，对长期不使用的管道，必须放空且阀门接触水侧加盲板，以免阀门冻坏。

10. 对于工艺管道的吹扫，要注意阀门所承受的工艺参数在允许范围，以免破坏阀门填料及本体。

11. 疏水阀的使用必须正确适当，调整好蒸汽疏水阀，使其即不连续排气，又不能阻塞，不疏水，以免冻坏疏水阀。所以对蒸汽疏水器维护要格外精心，以免损坏阀门。

第五课　冷凝鼓风工段仪表及自动化装置的使用与保养

一、仪表的种类及安装位置

（一）温度仪表

1. 现场指示温度仪表

主要是工业内标式玻璃温度计。这种温度计带有金属套管，价值低廉、结构简单、拆装方便。普遍使用在测量煤气、焦油、水、氨水、润滑油等介质的温度。亦可选用双金属温度计作为现场指示仪表。

2. 集中显示的温度计

因工艺介质的温度不高，选用了热电阻温度计，热电阻温度计是基于金属及其合金或半导体的电阻随温度不同而变化的原理制成的。这种温度计安装在现场，中间用导线与安装在控制室内的动圈温度指示仪，记录仪或电动单元组合仪表中的温度变送器连接，组成温度测量系统。可以将工艺介质的温度自动地显示出来。由于动圈温度指示仪在使用和维护上都存在一些问题，现正逐渐被为数字显示仪所代替。

（二）压力仪表

1. 现场安装的压力仪表

根据使用的环境和工艺介质的性能，本工段现场的监视和压力表有如下几种：

（1）普通型弹簧管压力表：用于对铜或铜合金不产生腐蚀的工艺介质的压力测量。

（2）氨用压力表：也是弹簧压力表的一种，但为了避免氨对铜或铜合金的腐蚀，所以这种压力表的弹簧管采用不锈钢制成。

(3) 膜电压力表：测量元件为膜片。这种压力表除具有弹簧管压力表的特点外，还能测量粘度较大的腐蚀性介质的压力。

(4) 防爆型压力表：这种压力表作用原理与一般压力表相同，只是在压力表的壳体或电路上采取一些措施，使之能在防爆场所中使用。本工段测量鼓风机冷却器后润滑油压力的压力表就是防爆型电接点压力表，因为鼓风机厂房属于 $Q-2$ 级防爆场所。

2. 集中显示的压力表

上面介绍的就地指示压力表，不可能将工艺介质的压力远距离传送到控制室。因此，需要选用Ⅲ型单元组合仪表中的压力变送器。这种压力变送器是一种连续测量被测介质压力并将其转变成标准信号（4—20mA DC）的仪表。变送器安装在现场，变送器的输出信号通过导线，与指示仪和记录仪等配合，远距离传输到控制室进行压力指示和记录。

（三）流量仪表

流量是控制生产与监督设备工况的重要参数。测量各种液体、气体、蒸气等流体的流量仪表叫做流量仪表。本工段使用的流量仪表只有差压式流量计。

1. 变差压式流量计

在流体流动的管道内装有一个节流装置（孔板、喷嘴等），当充满管道的流体流经节流装置（孔板、喷嘴等）时，流体形成局部收缩，从而使流速增加，静压降低，于是在节流装置前后便产生了差压，在特定条件下差压大小与流量有一定关系，测出差压即可测出流量（在一定条件下流量和差压的平方根成正比）。

2. 定差压式流量计

定差压式流量计又称面积式流量计，常用的是转子流量计，在本工段使用的是气动远传转子流量计。

气动转子流量计通常由一根垂直的内有一个封有磁钢的浮子的金属锥管构成，当流体自下而上流过锥管时，在浮子上要产生压力损失，当这个压力差作用在浮子上的力和浮子在流体内的重量相等时，浮子在锥管内平衡在某一高度上，流量越大，浮子的平衡位置越高。浮子通过磁钢传给转换机构，因此，可以转换成标准信号（0.02～0.1MPa）然后传送到显示仪表工或记录。

在本工段，所有的流量均集中在控制室的仪表盘上显示，流量测量系统组成的方法有2种。

（1）由节流装置（孔板、喷嘴等）、电动差压变送器、指示仪、记录仪组成的流量测量系统。

（2）由气动远传转子流量计经气电转换器转换成 4—20mA 直流信号，然后与指示仪组成的流量测量系统。

（四）液位仪表

工业生产中对液位测量的要求是多种多样的，而测量液位的仪表的种类也很多，这里介绍下述常见的几种：

1. 直读式液位仪表：是利用连通器的原理工作的。这类仪表有直读式玻璃液位计。

2. 浮力式液位仪表：是利用浮标在液体中，随液位变化而升降的原理工作的。也是直读式的一种液位仪表。

3. 差压式液位计：是基于液位升降时所造成液位差的原理工作的。

由于直读式、浮力式两种液位仪表主要安装在塔器和储槽上,结构简单,通常随设备带来。

这里重点介绍差压式液位仪表：

简单原理是根据流体静力学中液体内部某一深度的压力等于液柱高度与液体重度的乘积。当液体重度恒定时,液位的变化就可以由压力的变化反映出来,而压力的变化可以用差压式仪表把它检测出来。

因生产过程中要求测量的液位多种多样。论设备,有敞口式的和封闭式；论压力,有常压和带压的；论工艺介质,有洁净的和腐蚀的,结晶的或粘性较大的。因此,为适应液位测量的各种需要,采用了各种差压变送器。在本工段,主要使用单法兰与双法兰型式的差压变送器,个别地方也有采用吹气式差压法测液位的。无论采用什么方式,什么型式的差压变送器进行测量,都要将液位转换成标准信号,远距离传送到控制室进行液位集中指示和记录,以满足生产需要。

（五）记录仪

自动平衡显示记录仪是目前较为常用的一种记录仪表,与各种标准分度的热电阻,热电偶配合使用,可以连续记录温度；与电动单元组合仪表中的变送器配合使用可以连续记录温度、压力、流量和液位。

记录仪的刻度和所用的记录纸有两种：等刻度——用于温度、压力、流量和液位；开方刻度——用于差压法测量流量。

记录纸的走纸速度有20、40、80mm/h,一般选用20mm/h,但在装置开车或需要对某些参数进行分析时,也可选用快的走纸速度。

二、自动调节系统

本工段设置的调节系统有简单调节系统和复杂调节系统两类。

（一）简单调节系统

简单调节系统由对象（工艺过程）测量元件（传感器）、调节器和调节阀（执行器）组成的单回路调节系统。见调节系统方块图。按被调量的工艺参数来分,最常见的有温度、压力、流量和液位四种。

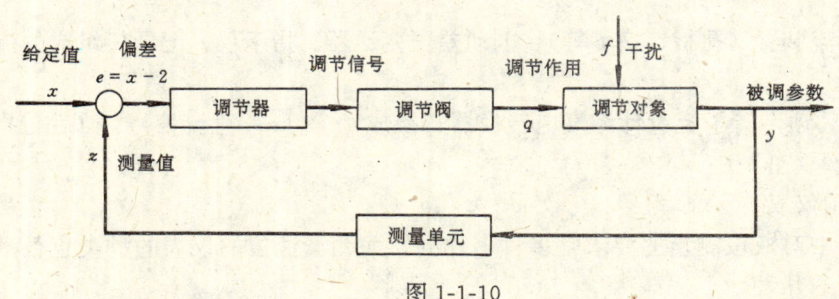

图 1-1-10

简单的调节系统一般由常规仪表组成。其中的测量元件,变送器、调节阀安装在现场,调节器安装在控制室的仪表盘上。本工段共有6套简单调节系统（见控制测量仪器一览表）。这些调节系统都是通过调节器调节气动调节阀实现定值调节的。

1. 调节器（DTZ—2100型全刻度指示调节器）

在自动调节系统中，调节器好比一个大脑当被调工艺参数受到其它因素影响而偏离工艺规定值时，调节器就接受给定信号（由给定轮提供，相当工艺给定值）和被调参数的工艺信号（从变送器来）相比较的差值（偏差）信号，按一定规律指挥调节阀（执行器）动作，去克服影响因素，使被调节的工艺参数回到规定值上，从而使生产在较好的情况下进行。调节器的外观如下图：

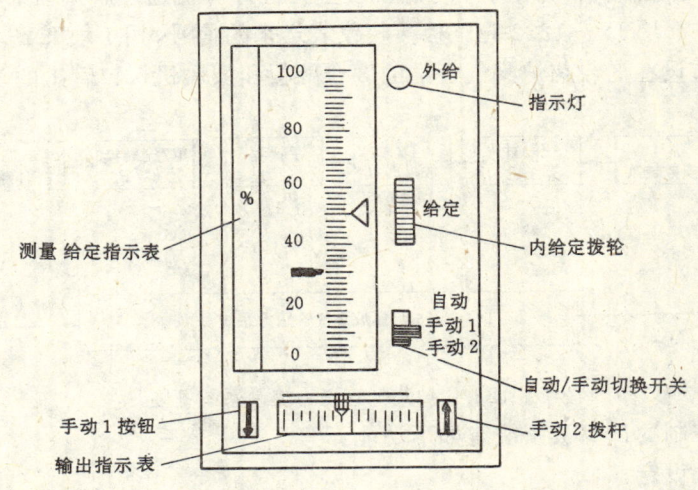

图 1-1-11 DTZ—2100 全刻度指示调节器外观图

调节器各部分功能如下：测量给定指示表有两个指针，红针是测量针，黑针为给定针，刻度为 0%～100%。手动/自动切换开关有三个位置，即自动、手动1、手动2。手动1按钮：调节器置于手动1，当不按手动1按钮时，输出保持；按下手动1，按钮↑（右边）时输出增加，按↓时输出减少。手动2为拨杆，拨动拨杆，输出表指针跟踪拨杆。通过手动/自动切换开关。调节系统可实现自动和手动控制。

2. 自动调节阀（执行器）

自动调节阀按其使用能源分为气动、电动、液动三种。本工段使用的为气动调节阀。气动调节阀由气动执行机构和调节机构组成，本工段使用的调节机构为直通调节阀。在调节系统中，执行机构接受调节器来的控制信号，产生相应的推力（或位移），推动调节机构动作。调节机构装在工艺管道上直接调节介质的流量，以克服干扰对系统的影响，达到实现自动调节的目的。有时，为了保证调节阀能正常的工作，还配备阀门定位器和手轮等辅助装置。

（二）复杂调节系统

从生产过程分析，集气管压力是整个焦炉煤气产生、输送、净化所组成的复杂大系统的一个参量，该大系统的实质是多变量、内部相互耦合的系统。由于系统复杂，相互关连和影响的因素很多，因而用单回路调节系统根本不可能达到满意效果。为此，要采用复杂调节系统。

1. 将各焦炉炉顶上的压力调节系统移至净化鼓风机控制室，集中控制和操作各焦炉的集气管压力。

2. 在净化鼓风机控制室内设置一台工业计算机，对集气管压力等多变量进行监视，然后经控制策略及算法，同时控制 4 个翻板（3 台焦炉集气管的控制翻板和 1 台鼓风机入口的控制翻板）使整个煤气输送系统处于最佳状态，在确保鼓风机安全运行的前提下，实现焦炉集气管压力稳定。（焦炉集气管压力控制系统框图及系统图，见图 1-1-12。

在鼓风机控制室内安装的集气管压力计算机控制系统除了负责调节 3 台焦炉的集气管压力外，还要负责采集鼓风机操作的主要生产参数，并将其上传至总调度室。该系统采用 HY7531A/286 工业控制机作为主机，与总调度室上位计算机通过解调器（Modem）进行通讯；数据采集使用 2 块 HY—1232A/D 板接收仪表送来的信号，用 1 块 HY—6050D/A 板实现控制输出，调节设在 3 台焦炉集气管上的 3 台翻板和鼓风机入口管上的 1 台翻板。

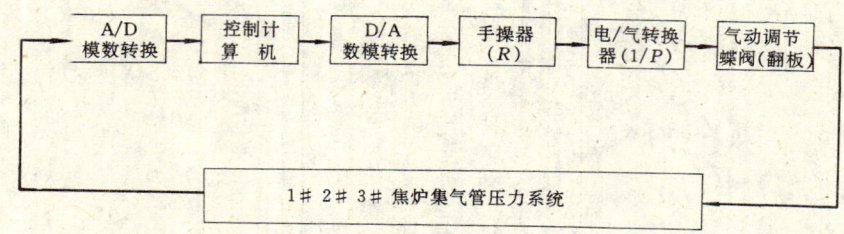

图 1-1-12　焦炉集气管压力控制系统框图

集气管压力控制的计算机系统有如下功能：
（1）进行参数设定；
（2）计算机手动控制；
（3）计算机自动控制；
（4）参数的显示及实时记录曲线；
（5）与总调度室的上位计算机进行通讯。

当计算机压力控制系统出现故障时，还可以通过设在鼓风机控制室仪表装置上的 4 台手动操作器分别控制焦炉集气管上的翻板和鼓风机入口的调节翻板，以确保生产过程的安全和稳定的运行，但 4 台翻板切勿人为锁死。

（三）自动调节系统的投运

1. 简单调节系统的投运步骤

（1）仪表检查：调节系统的仪表投运前应作必要的检查，在确认仪表工作正常后才可考虑投运。检查仪表一般由仪表工负责。

（2）工艺手动调节：调节系统投运前应用工艺旁路阀门来调节，使工艺生产过程处于稳定状态，此时，调节阀两旁的工艺切断阀应关闭。

（3）仪表手动控制：当工艺系统处于稳定时先将仪表调节器上的转换开关置于手动位置，并拨动手动按钮，尽量将调节阀的开度调节到与工艺手动伐门相同的开度，然后同时打开调节阀两旁的切断阀和关闭工艺手动阀门，用手动旋钮遥控调节阀，使工艺参数稳定在规定范围内，变现场手动为控制室仪表手动遥控。

（4）手动/自动切换：调节系统从手动切换到自动时先用调节器面板上的给定旋钮移动给定指针至工艺所需的给定位置，再拨动手操旋钮，使测量与给定相等，即可将切换开关打至自动位置，实现无扰动切换，调节系统就在自动状态下进行。

（5）自动/手动切换：当组成自动调节系统的仪表出现故障失灵时，导致工艺生产过程变化超越调节系统的工作范围，需要将调节系统由自动切换至手动状态。具体做法是：调节手动旋钮使手动输出与自动输出指针重合，即可将切换开关打至手动位置，实现自动到手动无扰动切换，用调节器上的手动装置控制调节阀，使生产过程的参数保持在工艺规定的范围内。

2. 集气管压力控制的计算机系统投运

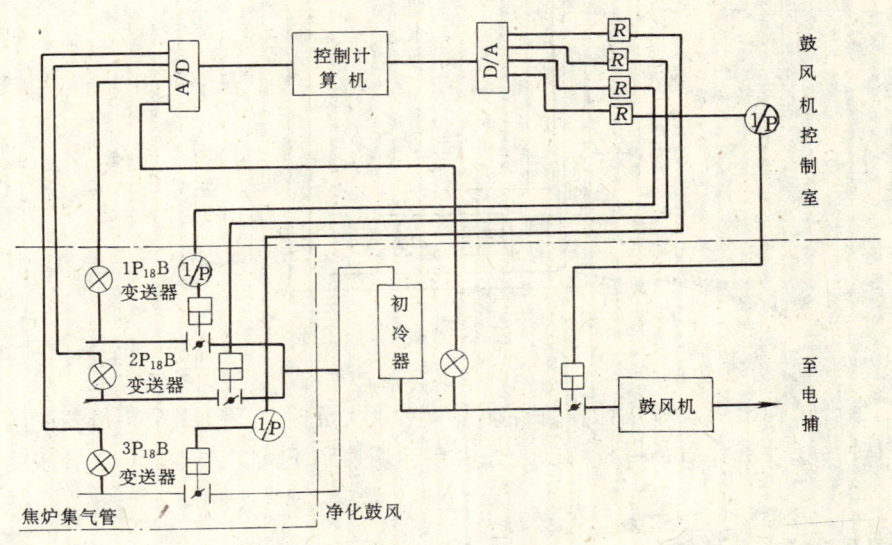

图 1-1-13

(1) 计算机各部件及有关仪表由计算机维修工和仪表工共同检查，确认无异常后，通知操作工可以投运。

(2) 用设置的控制室仪表盘上的4台手动器调节安装在3台焦炉集气管上的3个翻板和鼓风机入口管上的翻板，使焦炉的集气管压力和鼓风机入口吸力稳定在工艺规定的范围内。

(3) 启动计算机控制系统的步骤：①先开主机，后开显示器；②因计算机系统软件已配置了自动启动功能，若系统正常，启动后，系统即开始工作进入自动控制状态，但此时手动器处于手动状态，计算机的输出信号被隔断，不能对生产过程进行控制。

③手操器手动/自动切换

先介绍手操器（DFQ—2100）。手操器外观见图1-1-14。

手操器的面板上有2个指示仪和一个手动/自动切换开关。三个指针是一个上下移动的白针，一个上下移动的红针和一个左右移动的红针。其中，左右移动的红针表示手操器的控制输出，在任何状态下都表示翻板开度的大小；上下移动的红针表示计算机的控制输出，当转换开关处于自动状态时，它也代表翻板的开度大小，上下移动的白针表示手操器手动控制输出，当转换开关处在手动状态时，它也代表翻板的开度大小。

要使计算机控制系统由手动操作状态进入自动状态，首先操作手操器给定轮，使双针指示表上的白针与红针重合后，再将转换开关由手动切换到自动，集气管压力就处于计算机自动控制之下，此时，计算机屏幕上显示出鼓风机冷凝工段煤气系统动态流程图和集气管压力及各控制翻板开度的实时曲线。

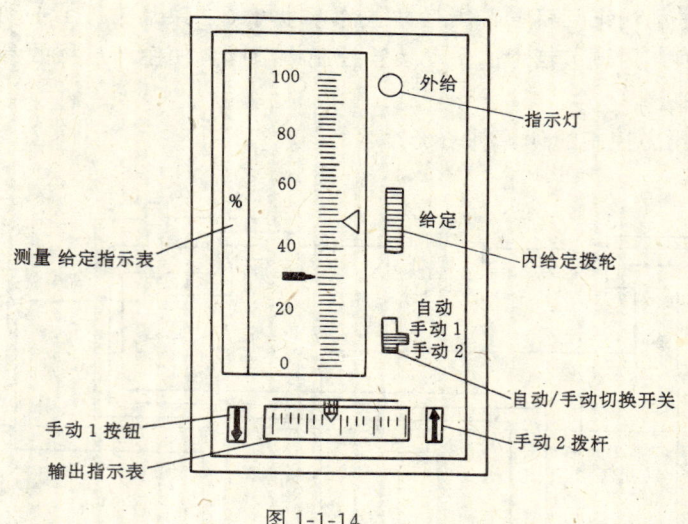

图 1-1-14

④手操器手动/自动切换:

当工艺生产过程出现故障或计算机自动调节系统失灵时,手动调节手操器的给定轮使手操器的白针与红针重合后,再将转换开关由自动切换到手动。这样,集气管压力就处于手操器控制之下了。

三、仪表的刻度及单位

(一)刻度

在控制室仪表盘上的仪表,其指示刻度标尺如果是直接按被测的工艺参数来刻度的,读数比较简单,只要按指针指示的位置直接读出该刻度上所注明的数值即可,读数的单位也就是仪表标尺上所注明的单位。但是,由于仪表的品种很多,指示和记录的工艺参数的数值和单位也很多,采用直接按参数的数值刻度,虽然给操作人员读数带来方便,但却使仪表的规格繁多,不利于生产管理。为了提高仪表的通用性,减少仪表的品种和备件,常用下述两种刻度:

1. 等百分刻度:用于测量温度、压力、液位、等分刻度的流量等参数。
2. 开方刻度:用于差压法测量流量参数。

无论采用等百分刻度或开方刻度,读数时都要先了解仪表的测量范围,即最低量程和最高量程是多少,单位是什么。但不管是等分刻度或是不等分刻度(开方刻度)其刻度标尺上均按百分数标志的。因此,读数时,先弄清仪表指针在百分刻度的位置,然后将仪表最低量程加上此位置的百分数示值乘上仪表测量范围即是参数的读数。

读数=最低量程+指示值百分数×仪表测量范围

例如:仪表的测量范围 0~200℃ 等分刻度,指针为 60%,则读数为 60%×200℃=120℃

又如:仪表的测量范围 0—32000Nm³/h,开方刻度,当指针指示为 70% 时,读数为 70%×32000=22400Nm³/h。

(二)刻度单位

测量对象	单位
温度	℃
压力：微压	Pa
一般	kPa MPa
流量：蒸汽	kg/h 或 t/h
液位：	m³/h 或 t/h
气体：	Nm³/h
液体：	m 或/mm

四、信号及自动保护（联锁）

在生产过程中，信号及自动保护是为了保证生产正常进行和防止事故发生所采取的必要措施。其作用是：

（一）信号可起报警作用。如在生产过程中，当某一参数（温度、压力、流量液位等）超过或低于工艺规定的操作值时，即事故发生前，信号报警系统发出信号报警，引起操作人员的注意，以便采取必要措施。

（二）自动保护（联锁）作用，即生产过程接近危险状态时，而操作人员有可能来不及处理或发生事故的生产过程有严重危险的场合，要求实现自动停车。

信号及自动保护（联锁）装置是通过具体的继电线路来完成的。

冷凝鼓风工段的信号及自动保护（联锁）主要集中在鼓风机控制室。由内藏信号报警接点的仪表、防爆电接点压力表、闪光报警器、电铃、按钮（消声和检查）及经继电线路组成。

信号及自动保护（联锁）内容见表1-1-9。

表1-1-9

序号	参 数 指 标	工艺接点的仪表信号	信号联锁内容
1	鼓风机轴承温度≥65℃ 鼓风机轴承温度≥75℃	T17-T23C 指示报警仪同上	报警 报警开停车
2	电捕焦油器绝缘箱温度≥90℃	T24b-T27b 数字式的报警仪	报警
3	鼓风机电机的通风机风压≤400Pa	P52 指示报警仪	报警
4	油站油冷却器后油压≥0.2MPa 油站油冷却器后油压≤0.06MPa	P11a 防爆电接点压力表同上	报警及停辅助油泵报警及启动辅助油泵
5	油站油冷却器后油压≤0.05MPa	P12a 防爆电接点压力表	报警停鼓风机
6	油站油箱液位≤800mm	H7C 指示报警仪	报警
7	1号2号3号焦炉集气管压力，鼓风机入口吸力偏离工艺规定值	计算机 屏幕 （显示器）	

五、仪表及自动化装置的保养

"工欲善其事，必先利其器"仪表及自动化装置是操作工人监视和控制生产过程必须使用的技术工具，要使品种繁多的仪表经常保持良好的运行状态，精心维护和保养是关键。

1. 熟悉设置在控制室仪表盘上的各种仪表在生产过程中的作用，掌握其使用方法，经常保持控制室内环境及仪表盘上盘面卫生。

2. 操作仪表时要精心，动作要准确，用力要均匀。发现仪表故障时要及时通知仪表工，操作工不能随意打开表门，更不能触动仪表内部的组件，以免损坏仪表。

3. 安装在现场的仪表，设有信号传输到控制室的仪表，如水银温度计、压力表、玻璃转子流量计、水表等，要经常保持完好，进行周期校验，发现损坏要及时更换。

4. 信号及自动保护（联锁）是确保生产安全运行的关键设备，它的组成部分，如显示器、按钮等要有人监管，禁止无关人员乱动，以免造成误动作。

5. 仪表正常运行要确保有干燥、洁净的压缩空气，各种电压等级的低压电源和保温伴热用的蒸汽。因此，操作工人必须做到：

（1）工艺用压缩空气不能在仪表用压缩空气管道上接取，以免影响仪表气源的稳压性能，导致仪表不能正常运行；

（2）工艺用电不能在仪表电源系统中引出，以免造成电源电压波动及产生其他故障；

（3）仪表用的保温伴热蒸汽一般从工艺用汽管道上接取，工艺停汽时要通知仪表工采取措施，以免影响仪表正常运行和损坏仪表。

六、冷凝鼓风工段控制测量仪表一览表

冷凝鼓风工段现场按装测量仪表　　　　　表 1-1-10（a）

位号	用　　途	就　地　仪　表
一	现场安装仪表	
1	温度仪表	
	氨水温度测量	工业用玻璃水银温度计 0～100℃
	水温度测量	工业用玻璃水银温度计 0～50℃
	软水温度测量	工业用玻璃水银温度计 0～50℃
	废水温度测量	工业用玻璃水银温度计 0～50℃
	温度测量	工业用玻璃水银温度计 0～100℃
	冷凝液温度测量	工业用玻璃水银温度计 0～100℃
	焦油温度测量	工业用玻璃水银温度计 0～100℃
	焦油分离槽温度测量	工业用玻璃水银温度计 0～100℃
	剩余氨水槽温度测量	工业用玻璃水银温度计 0～100℃
	焦油中间槽温度测量	工业用玻璃水银温度计 0～100℃
	冷凝液中间槽温度测量	工业用玻璃水银温度计 0～100℃
	循环氨水中间槽温度测量	工业用玻璃水银温度计 0～100℃
	焦油-氨水澄清槽温度测量	工业用玻璃水银温度计 0～100℃
	焦油温度测量	工业用玻璃水银温度计 0～100℃
	初冷前煤气温度测量	工业用玻璃水银温度计 0～100℃
	初冷后煤气温度测量	工业用玻璃水银温度计 0～100℃

续表

位号	用　　途	就　地　仪　表
	初冷后煤气集合温度测量	工业用玻璃水银温度计 0~100℃
	初冷循环水入口温度	
	初冷循环水出口温度	工业用玻璃水银温度计 0~100℃
	初冷低温水入口温度	工业用玻璃水银温度计 0~50℃
	初冷低温水出口温度	工业用玻璃水银温度计 0~50℃
	电捕后煤气温度	工业用玻璃水银温度计 0~100℃
	电捕绝缘箱馈电箱蒸气夹套温度	工业用玻璃水银温度计 0~50℃
	鼓风机上水温度	工业用玻璃水银温度计 0~50℃
	鼓风机润滑油温度	工业用玻璃水银温度计 0~100℃
	鼓风机下水温度	工业用玻璃水银温度计 0~50℃
2	压力仪表	
	氨水压力测量	氨用压力表 0~1MPa
	压力测量	弹簧管压力表 0~1MPa
	废水压力测量	弹簧管压力表 0~1MPa
	水压力测量3	弹簧管压力表 0~1MPa
	蒸汽压力测量	弹簧管压力表 0~1MPa
	焦油压力测量	弹簧管压力表 0~1MPa
	冷凝液压力测量	膜片压力表 0~1MPa
	仪表用压缩空气压力测量	弹簧管压力表 0~1.6MPa
	初冷器低温水压力测量	弹簧管压力表 0~0.4MPa
	进电捕低压蒸汽压力	弹簧管压力表 0~0.6MPa
	鼓风机室低压蒸汽压力	弹簧管压力表 0~0.6MPa
	鼓风机上水水压测量	弹簧管压力表 0~0.4MPa

冷凝鼓风工段集中安装测量仪表　　　　表 1-1-10（b）

位号	用　　途	就地仪表	变送器	二次仪表	调节单元	执行器
二	集中安装的仪表					
1	温度仪表					
	初冷器用循环冷却总管温度	热电阻温度计 Cu50		动圈式指示仪 0~50℃		
	排汽洗净塔排气风机出温度	热电阻温度计 Cu50		动圈式指示仪 0~100℃		
	排汽洗净塔塔顶温度	热电阻温度计 Cu50		动圈式指示仪 0~50℃		
1	初冷器前煤气总管温度	热电阻温度计 Cu50		动圈式指示仪 0~150℃		

续表

位号	用途	就地仪表	变送器	二次仪表	调节单元	执行器
	初冷器后煤气总管温度	热电阻温度计 Cu50		动圈式指示仪 0~50℃		
	鼓风机后煤气温度	热电阻温度计 Pt100		动圈式指示仪 0~100℃		
	电捕焦油器后煤气总管温度	热电阻温度计 Cu50		动圈式指示仪 0~100℃		
	每台初冷器后煤气温度	热电阻温度计 Cu50		动圈式指示仪 0~50℃		
	每台初冷器循环水回水温度	热电阻温度计 Pt10		动圈式指示仪 0~100℃		
	初冷器用低温水进水总管温度	热电阻温度计 Cu50		动圈式指示仪 0~50℃		
	1号2号电捕焦电器绝缘箱温度	热电阻温度计 Pt100		动圈式指示仪 报警仪 0~150℃		
	1号2号鼓风机轴承温度	热电阻温度计 Pt100	热电阻温度变送器	单针指示报警仪 0~100℃		
	1号2号鼓风机油站冷却器后温度	热电阻温度计 Pt100		记录仪 0~100℃		
2	压力仪表					
	循环氨水泵进口压力	电动压力变送器 0~1MPa		单针指示仪 0~1MPa		
	高压氨水泵出口压力	电动压力变送器 0~1MPa		单针指示仪 0~1MPa		
	入工段低压蒸汽压力	电动压力变送器 0~1MPa		单针指示仪 0~1MPa		
	鼓风					
	初冷器后煤气总管吸力	电动差压变送器 0~6kPa		单针指示仪 0~6kPa		
	电捕焦油器后煤气总管压力	电动压力变送器 0~25kPa		单针指示仪 0~25kPa		
	鼓风机电机的通风机风压	电动差压变送器 0~1kPa		单针指示仪 0~1kPa		报警
	1号2号鼓风机进口阀门后吸力	电动差压变送器 0~32kPa		单针指示仪 0~1kPa		
	1号2号鼓风机出口阀门后压力	电动差压变送器 0~25kPa		单针指示仪 0~25kPa		
	鼓风机1号2号油站油冷却器后油压		电动压力变送器 0~0.25kPa	单针指示仪 0~16kPa		
	中冷洗萘工段出口煤气压力			记录仪 0~16kPa		信号从中冷洗萘工段来
	三法脱硫出口煤气压力			记录仪 0~16kPa		信号从三法脱硫工段来
	硫铵出口煤气压力			记录仪 0~16kPa		信号从硫铵工段来

续表

位号	用 途	就地仪表	变送器	二次仪表	调节单元	执行器
	粗苯出口煤气压力			记录仪 0~10kPa		信号从粗苯工段来
	精脱萘出口煤气压力			记录仪 0~16kPa		
3	流量仪表					
	冷凝					
	初冷器用循环冷却水总管流量	标准孔板 DN500	电动差压变送器 0—25kPa	单针指示仪 0~1600m³/h（开方）		
	高压氨水流量	标准孔板 DN80	电动差压变送器 0—40kPa	单针指示仪 0~40m³/h（开方）		
	去焦炉循环氨水流量	标准孔板 DN400	电动差压变送器 0—25kPa	单针指示仪 0~1000m³/h（开方）		
	送循环脱硫预冷塔的氨水流量	标准孔板 DN80	电动差压变送器 0—25kPa	单针指示仪 0~125m³/h（开方）		
	入工段低压蒸汽流量	标准孔板 DN150	电动差压变送器 0—40kPa	电动开方积算器指示仪 0~5000kg/h		
	鼓风					
	初冷低温水总管流量	标准孔板 DN250	电动差压变送器 0~25kPa	电动开方积算器指示仪 0~200m³/h（开方）		
	进每台初冷器冷凝液流量		气远传转子流量计 DN80 16m³/h	指示仪 0~16m³/h（开方）		
4	液位仪表					
	冷凝					
	循环氨水中间槽液位		电动单法兰差压变送 0~10kPa	记录仪 2000~3000mm		
	剩余氨水槽液位		电动单法兰差压变送 0~60kPa	色带指示仪 1500~8000mm		
	机械化氨水焦油澄清槽界面		电动双法兰差压变送 0~2.5kPa	色带指示仪 200~2000mm		
	鼓风					
	1号2号油站油箱液位		电动单法兰差压变送器 0~3kPa	单针指示报警仪 730~1030mm		

续表

位号	用　途	就地仪表	变送器	二次仪表	调节单元	执行器
	自动调节				HY 7531A/286	
	入电捕焦油器绝缘箱的低压蒸汽压力调节		电动压力变送器 0～0.6MPa	记录仪 0～0.6MPa	指示调节仪	气动调节阀 DN40
	1号2号油站油箱液位		电动单法兰差压变送器 0～3kPa	单针指示报警仪 730～1030mm		
	自动调节				HY 7531A/286	
	入电捕焦泊器绝缘箱的低压蒸汽压力调节		电动压力变送器 0～0.6MPa	记录仪 0～0.6MPa	指示调节仪	气动调节阀 DN40
	焦炉集气管压力		电动压力变送器 −50～350kPa	记录仪 −50～350kPa	工业控制机(仪表计算机切换用手操器)	气动翻板
	鼓风机入口吸力组成的复杂调节系统		电动压力变送器 0～2.5Pa	记录仪 0～25kPa	与上共用	气动翻板 DN700
	排气洗净塔喷油软水流量调节	标准孔板 DN80	电动差压变送器 0～40kPa	记录仪 0～20m³/h(开方)	指示调节仪	气动调节阀 DN50
	排气洗净塔塔底液位调节		电动单法兰变送器 0～10kPa	记录仪 1000～2000mm	指示调节仪	气动调节阀 DN40
	焦油中间槽液位调节		电动单法兰变送器 0～10kPa	记录仪 800～1500mm	指示调节仪	气动调节阀 dn/DN=20/20
	冷凝液中间槽液位调节		电动单法兰变送器 0～10kPa	记录仪 800～1500mm	指示调节仪	气动调节阀 DN65
	循环氨水中间槽液位调节		电动单法兰变送器 0～10kPa	记录仪 2000～3000mm	指示调节仪	气动调节阀 DN65

第六课　冷凝鼓风设备开车与停车顺序

一、鼓风机开车顺序与停车顺序

（一）开车顺序

1. 电工检查电动机及有关电气线路、设备，确保良好无误。
2. 检查油箱无积水、油位足够，仪表完好，温度计和压力计齐全，煤气水封充满水，各排液管畅通。

3. 开启电动油泵，检查油冷却器的油和冷却水管路畅通，冷却水足够，油压应保持在 0.10~0.15MPa，油温应保持在 30~45℃。

4. 启动通风机向电动机送风。

5. 搬动转子后，卸掉搬车器，上好堵头。

6. 进行暖管、暖机，即用蒸汽预热鼓风机前后的煤气管道和鼓风机，并将冷凝液放净至蒸汽逸出后，关闭放液管阀门。暖机时鼓风机外壳温度不得超过 70℃，直至鼓风机启动吸入煤气后才停蒸汽。

7. 全开鼓风机出口阀，稍开进口阀。

8. 得到开车信号后，启动鼓风机，此时电流表指针到顶，但在 30s 内回到 0 安培左右。如电流表在 30s 内回不来，说明鼓风机有故障，待检修人员排除故障后再启动。

9. 鼓风机达到转速后，检查电机、机体温度、振动是否合乎规定。一切正常后慢开入口阀门，调节吸力至正常，将油泵开关拨到自动位置。

10. 发现鼓风机启动不正常时，应将入口阀门恢复到开车时的位置，即行停车，并注意电动油泵是否自动启动。

11. 当轴承温度达到 40℃时，开油冷却器的冷却水以降低油温。

12. 当鼓风机运转正常后，开放液管阀门。

（二）停车顺序

1. 稍关鼓风机煤气出口阀门，以不明显影响吸力为准（留 5 扣左右）。

2. 将电动油泵开关拨到自动位置上，切断鼓风机电源开关，鼓风机停转后，迅速关死煤气出口阀门，此时必须保持油压正常。

3. 当鼓风机完全停止（10~15min）后，停通风机、电动油泵及冷却水，同时关闭煤气入口阀门。

4. 向机体通入蒸汽，将内部焦油扫净，但机壳温度不得超过 70℃。

5. 鼓风机停车后，每 0.5h 盘车一次，4h 后每班盘车四分之一转。

二、初冷器开车与停车顺序

（一）开车顺序

1. 打开人孔、清扫初冷器内杂物后封上人孔，检查水封槽的水位足够。

2. 打开放散管和蒸汽清扫管阀门，在放散管少量冒出蒸汽的情况下抽出煤气进出口、冷凝液下液管盲板（此时煤气进出口，冷凝液下液管阀门处于关闭状态）。

3. 打开冷凝液下液管阀门开大蒸汽清扫管阀门，（器内压力不大于 0.05MPa），见放散管冒大量蒸汽后做含氧分析，符合要求后关小蒸汽阀门，维持器内正压。

4. 打开煤气进口阀门，关闭蒸汽清扫阀门，用煤气置换蒸汽，见放散管冒出大量煤气后做爆发试验，合格后关闭放散阀。

5. 打开冷却水出口阀门，再慢慢打开冷却水进口阀门。

6. 慢开初冷器煤气出口阀门，注意压力变化。

（二）停车顺序

1. 关闭煤气出口阀门。

2. 关闭冷却水进出口阀门，冬季应把冷却水放空。
3. 关闭煤气进口阀门。
如须检修，应在停车清扫后，在煤气进出口、冷凝液下液管处堵上盲板。

三、电捕焦油器开车与停车顺序

（一）开车顺序

1. 新建或检修后首次开工的电捕焦油器，开工前必须检查各部件是否良好，绝缘达到开工条件。
2. 当人孔堵好后进行打压试验，在风压 40800Pa 下，经 2h 压力降低率＜2%，抽出盲板。
3. 打开放液管阀门，检查水封液面符合规定。
4. 绝缘箱缓慢通入蒸汽，调节温度达到技术规定。
5. 打开放散管，由电捕焦油器底部通蒸汽赶净空气，当放散管冒出大量蒸汽后做含氧分析，合格后关小蒸汽。
6. 稍开煤气进口阀，同时关闭蒸汽阀，用煤气赶蒸汽。
7. 待放散管大量冒煤气后做爆发试验及含氧分析，合格后关闭放散管。
8. 慢慢打开煤气进出口阀，关闭煤气交通阀。
9. 通知电工送电，并调整电压到规定值。

（二）停车顺序

1. 通知电工切断电源。
2. 打开煤气交通管阀门，关闭煤气进出口阀门。
3. 打开放散管通蒸汽清扫。
4. 放净器内存液后，关闭排液管阀门。

四、泵房各类泵的开车与停车顺序

（一）开车顺序

1. 通知电工检查各泵电机及附属电器设备
2. 循环氨水泵、循环水泵启动前必须与鼓风司机取得联系。
3. 检查各泵阀门、管道、接地线、润滑油盒及轴瓦冷却水处于开泵状态。
4. 盘动对轴，打开泵进口阀门，慢慢打开泵体排气管（负压泵引水排气），空气排净后关闭排气管。
5. 通知电工送电，启动泵。
6. 慢开泵出口阀门，检查压力、电流，振动无异常现象后，调节出口阀至正常。

（二）停车顺序

1. 关闭泵出口阀门，立即切断电源开关。
2. 关闭轴瓦冷却水。
3. 通知电工在配电室拉下电源。
4. 关闭泵入口阀门，放掉存液。
5. 焦油泵、冷凝液泵还需通蒸汽将泵及进、出管道中的存液扫净。

五、机械化氨水澄清槽开车与停车顺序

（一）开车顺序

1．与电工联系检查电气设备。
2．清扫器内杂物，检查润滑系统良好。
3．打开机械化氨水澄清槽进出口阀门，待液体装满后，给电开启刮板机，并检查刮板机、减速机、链轴等运转正常。
4．用焦油液位调节器，调节焦油液位符合技术规定。

（二）停车顺序

1．停车前加快压油速度，尽量将器内焦油压空，然后关闭氨水进口、出口阀门。
2．停刮板机。
3．打开底部放空阀门，放净器内液体。
4．通知电工切断电源，关闭放空阀门。

六、各类管线的开通与停止使用顺序

（一）煤气管线

1．开通顺序

(1) 检查各下液管是否处于开工状态、水封槽液位是否符合要求。
(2) 打开相应位置（管路末端）的放散管和（管路起始端）蒸汽清扫管阀门。
(3) 待放散管大量冒蒸汽后做含氧分析，合格后关小清扫蒸汽。
(4) 打开煤气进口阀门，关闭清扫蒸汽阀。
(5) 待放散管大量冒煤气后做爆发试验，合格后打开煤气出口阀门，使之处于开工状态，同时关闭放散管。

2．停用顺序

(1) 将存液放净。
(2) 通蒸汽清扫，确认畅通。

（二）氨水管线

1．开通顺序

(1) 通蒸汽清扫，确认畅通。
(2) 打开相应阀门。

2．停用顺序

(1) 放净存液。
(2) 关闭相应阀门。

第七课　冷凝鼓风工段操作指标

一、初冷器工艺操作指标

（一）阻力

1. 每台间接式初冷器＜1500Pa；
2. 每台直接式初冷器＜500Pa。

（二）集合温度

1. 间接冷却器一段冷却时　　　25～30℃
2. 间接冷却器两段冷却时　　　25℃
3. 直接初冷器冷却时　　　　　30℃

（三）初冷器进出口水温

1. 间接初冷器一段冷却时，
   进口　25～30℃
   出口　45℃
2. 间接初冷器两段冷却时，一段冷却器循环水温度：
   进口　25～30℃
   出口　45℃
   二段冷却器低温水温度：
   进口　18℃
   出口　25℃

二、鼓风机工艺操作指标

1. 集气管压力保持80～120Pa；
2. 鼓风机吸力保持3000～5000Pa，波动范围±200Pa；
3. 机后压力不超过18000Pa；
4. 鼓风机机体温度不高于70℃；
5. 电动机温升不高于45℃；
6. 电动机电流不超过额定电流（105A）；
7. 鼓风机轴承温度不高于60℃；
8. 鼓风机机体震动不大于4道，电机震动不大于6道；
9. 润滑油质量符合标准，并有定期分析制度；
10. 鼓风机运转时，轴承油压保持在0.10～0.15MPa；
11. 油冷却器冷却水压力0.1～0.2MPa，出口油温保持在30～45℃；
12. 煤气含氧量不大于1％。

三、氨水、焦油和焦油渣分离工艺操作指标

1. 循环氨水泵出口压力0.4～0.5MPa，水量稳定，水不带油，水量不小于$8m^3/t$干煤；
2. 机械化氨水澄清槽油水界面稳定在1.3～1.8m；
3. 焦油槽温度80～90℃；
4. 焦油含水量不大于4％；
5. 机械化氨水澄清槽压油时，要特别注意氨水中间槽的液位不要抽空；
6. 高压氨水压力3.0MPa，$30m^3/h$；

四、电捕焦油器工艺操作指标

1. 阻力不大于500Pa；
2. 工作电压不小于38kV，
   二次电流不大于293mA；
3. 绝缘箱温度90～110℃，
   绝缘电阻不小于1MΩ/kV；
4. 煤气含氧小于1%。

第八课　冷凝鼓风工段一般事故的处理

一、冷凝泵房一般事故的处理与预防方法

（一）氨水带焦油事故

机械化氨水澄清槽在操作中应做到，分离出的氨水不带焦油和少带浮油，分离出的焦油不带焦油渣和少带氨水，否则便视为一般事故。处理与预防此类事故有以下几点措施：

1. 发生此类事故首先要检查机械化氨水澄清槽焦油氨水界面高度，并及时压油。
2. 预防此类事故要做到：
（1）加强岗位工的教育，提高岗位工的责任心，要定时检查焦油氨水界面是否正常，并做好记录。
（2）仪表工要经常检查仪表的准确性，使仪表指示值十分可靠。
（3）岗位工按时用检查放液管或手感检查焦油氨水界面高度并和仪表对照以防焦油液面过高或过低。

（二）循环氨水中间槽抽空事故

循环氨水泵出口应保持一定的压力，一般不小于0.4MPa，这样才能提高循环氨水在集气管内的雾化程度，保证荒煤气冷却到80～85℃。但有时由于操作不当会发生意外，使氨水中间槽抽空造成事故。处理和预防此类事故有以下几点：

1. 马上打开氨水事故槽的阀门，
2. 检查剩余氨水阀门开度是否过大，若过大应及时调整。
3. 机械化氨水澄清槽在压油时不能太快，太快可造成循环氨水中间槽补水不及时使其抽空。
4. 经常检查循环氨水中间槽液位计是否准确，出现故障及时排除。

（三）循环水池抽空事故

在正常生产当中应适量的给循环水池补水，而往往补水不及时或补水量过小就造成水池抽空。刚开工的时候容易发生这种事故。处理与预防有以下几点：

1. 当发现抽空时可适当加大补水量。
2. 启动备用水泵。
3. 定时检查循环水池水位和凉水架下水池水位及补水量是否正常。
4. 在调节初冷器煤气出口温度时应避免循环水量剧烈的变化。在新开车时循环水量应

逐渐增大。

二、鼓风机一般事故的处理与预防方法

（一）鼓风机电流波动

鼓风机正常运行时电机电流应该是稳定的，但由于种种原因鼓风机电流时而有波动现象，处理和预防此类事故有以下几点：

1．鼓风机少量带液可造成电流波动，这种现象一般是"吸液"现象所致，处理时把煤气入口大阀前后排液管关死就可解决。

2．鼓风机清扫蒸汽开得较大，有一部分冷凝液吸入鼓风机内引起电流波动，此种情况一般把蒸汽阀门关小或关死就可解决。

3．初冷器排液管不畅造成有小部分液体随煤气吸入鼓风机造成电流波动，此种情况电流波动较大，首先应关小鼓风机入口煤气阀门，防止电机受损；其二，立即清扫下液管，把积存的液体排掉即可。

4．初冷器前煤气总管下液管堵塞有积液，可造成电流波动。应马上排除下液管堵塞就可解决。

（二）鼓风机电机电流突然增大故障

在正常的生产状态下，煤气量不会有大变化时，鼓风机电机电流不会有突然增大的现象。发生此故障要及时排除。处理和预防此类事故有以下几点：

1．机前吸力过大，有可能是机前翻板自控失灵，造成翻板全开电流突然增高。若发生此情况应立即关小煤气入口阀门，从而使电流恢复正常。

2．另外机械故障也可使电流突然增高。此时要及时检查鼓风机轴承温度是否正常，电机和风机是否有较大的杂音，震动是否正常和是否有机械的碰撞声。若问题明显即可随时停车，倒机处理，防止较大的事故发生。

3．初冷器下液管严重堵塞，造成鼓风机严重带液，可导致鼓风机电机电流突然增大。此时要马上清扫下液管，同时关小煤气进口阀门，电流即可下降。

（三）鼓风机机前吸力突然变大故障

正常生产时鼓风机机前吸力应是稳定的，否则应视为故障。处理和预防注意以下几点：

1．焦炉集气管压力调节翻板突然关闭（仪表风停），造成机前吸力过大，只要及时操作手动翻板或恢复仪表风就可解决。

2．初冷器前煤气总管的排液管堵形成液封，使机前吸力突然上升。此时只要及时清通排液管即可。

（四）轴承温升过高故障

正常送气时，鼓风机轴承温度不可超过60℃，否则视为故障。处理和预防注意以下几点：

1．油温高，油冷却器堵或断水，造成轴承温度过高。这时要检查油冷却器是否正常或断水，发现问题及时排除。

2．油冷却器结垢严重，使油温降不下来。此时油冷却器进出口温度相差不大，待检修解决。

3．油盒内油位较低影响带油润滑，及时加油即可解决。

4. 润滑油变质使润滑受到影响，轴承温度升高。可用换油的方法解决。

（五）鼓风机油压波动

鼓风机正常运转时轴油压需保持 0.10～0.15MPa，否则为油压波动故障。处理和预防注意以下几点：

1. 油箱油位太低，不能满足注油泵自身抽送油循环使用，因此造成油压波动。此时要认真观察油位后再加油解决。

2. 油箱滤网堵，使油箱进口和出口油位差较大。这时应先多加些油保证生产，而后检修油箱、清滤网解决。

（六）鼓风机紧急停车的条件

鼓风机正常运转时严禁无故停车，但遇到特殊情况也必须及时停车，以免发生更大的事故，停车条件：

1. 鼓风机机体突然发生剧烈震动或清楚地听到金属的碰撞声。
2. 轴瓦温度直线上升，每分钟上升 1～2℃，达到 65℃，有烧熔的危险。
3. 油管破裂或堵塞，不能迅速处理。
4. 吸力突然增大，不能迅速处理。
5. 电机线路短路或着火。
6. 电机电流过大，关闭机前阀无效时。

三、初冷器一般事故的处理与预防方法

（一）初冷器的阻力增大

初冷器阻力增大，影响荒煤气顺利地被鼓风机吸入净化系统，并使集气管压力增高。一般情况下初冷器阻力增大，主要是列管外壁沉积萘和焦油所致，这时可采取热煤气清扫的办法解决。

（二）初冷器后集合温度超过规定

初冷器后的煤气温度一般控制在 35℃以下，冬天不能低于 20℃，超过以上温度范围均不能稳定初冷器的操作，并由此引起机后工序的操作困难。处理和预防注意以下几点：

1. 保证入初冷器的冷却水有较低的温度。一般进水温度循环水为 32℃、低温水 18～20℃。凉水架要定期的清扫，保持正常的通风，使循环水得到充分冷却。在夏季冷却水温度较高时，应排除部分循环水，补充低温水。

2. 保证入初冷器的煤气具有较低的温度，这样就要保证煤气在集气管中冷却到 80～85℃。

（三）冬季初冷器操作应注意的事项

1. 冬季由于冷却水温度偏低，就会造成煤气过冷，使初冷器列管外壁沉积大量的萘和焦油，这可造成初冷器的阻力增大，影响荒煤气的正常吸入。只要及时清扫初冷器和稳定集合温度就可杜绝阻力增大的现象。

2. 冬季应防止排液管堵塞。由于天气寒冷，冷凝液的粘度大，流动性不好，可造成下液管堵塞，严重时造成风机带液、电流增高。所以冬季要每班清扫两次下液管，严防堵塞。

3. 冬季注意防止冷却水过冷。进入冬季视大气温度情况，停止开凉水架的风扇或循环水不经过凉水架直接进循环水池。同时要及时调整初冷器的煤气温度过低的现象。

4. 冬季管道停用时，注意将水放空防止冻坏。其中包括冷却水出水管道、冷凝液喷洒管道。当有的管道不能放空时，可视情况通入流动的活水。

四、电捕焦油器一般事故的处理与预防方法

（一）电捕焦油器电流波动的处理与预防

1. 电捕绝缘箱中的绝缘子上有油垢，造成绝缘性能差使电流波动。处理方法为倒换电捕焦油器，及时检修擦净即可。

2. 绝缘箱温度较低，绝缘子上有水珠，造成绝缘性能差电流波动。提高绝缘温度即可解决。

3. 绝缘子因冷热不均造成断裂，绝缘性能差造成波动。检修更换绝缘子即可。

4. 由于煤气压力波动较大，造成电晕极的挂丝重锤来回摆动。及时调整煤气压力即可解决。

（二）电捕焦油器阻力增大的原因和排除方法

1. 电捕焦油器下液管堵塞会造成液封，使其阻力增大。对下液管通蒸汽疏通排液管即可。

2. 电捕焦油器煤气分配花板上焦油和其它杂物较多也会造成阻力增大倒换电捕焦油器检修清扫即可。

五、停电、停水、停汽事故的处理

（一）停电

鼓冷停电意味着焦化厂停止生产。

1. 马上切断鼓风机、电动油泵、电捕焦油器和冷凝泵房各泵的电源。用鼓风机室高位油箱保持鼓风机轴瓦油压至鼓风机停运。

2. 迅速关闭鼓风机煤气进口阀门，必要时关闭鼓风机的煤气出口阀门。

3. 关闭冷凝泵房的各泵出口阀门，关阀初冷器低温水进口阀门。

4. 及时做好来电恢复生产的各项准备工作。

5. 当电源恢复时先开循环氨水泵，再开循环水泵，鼓风机电动油泵，然后开启鼓风机。待煤气系统运行稳定并做含氧分析合格后开启电捕焦油器。

（二）停水

1. 停低温水

（1）将鼓风机油冷却器用的低温水改为生产水。

（2）增加初冷器的循环水量，并适当降低吸力，同时注意初冷器后的煤气温度。

（3）注意鼓风机电流和机体温度。如情况严重时可及时停机。

2. 停生产水

注意各泵轴封温度，如超标及时做停工处理。

（三）停蒸汽

1. 切断电捕焦油器电源，关闭绝缘箱保温蒸汽阀门。

2. 各岗位关闭各蒸汽清扫阀门，同时注意检查各排液管是否畅通。

3. 做好电捕焦油器来汽恢复生产的准备工作。

第九课　冷凝鼓风工段操作规程

一、各岗位操作规程

（一）初冷器岗位操作规程

1. 职责

（1）负责煤气初冷器操作，保证煤气集合温度符合技术规定。

（2）当冷凝泵工离开岗位时代替其操作。

（3）负责本岗位所属设备维护保养、工具管理及地区整洁。

（4）贯彻执行岗位操作规程及有关规章制度。

2. 技术规定

（1）煤气初冷器进口煤气温度不大于85℃；

（2）各台初冷器出口煤气温度差不大于5℃，集合温度不大于25℃；

（3）初冷器阻力不大于1500Pa；

（4）初冷器循环水入口温度不大于32℃，低温水入口温度18～20℃；

（5）初冷器循环水出口温度不大于45℃。

3. 正常操作

（1）与冷凝泵工、鼓风司机保持联系，调整好冷却水，保证集合温度符合规定。

（2）经常检查调整各台煤气初冷器冷却水量，保证出口煤气温差符合规定。

（3）经常检查初冷循环水池水位，保证水池不满水、不抽空，水温符合要求。

（4）经常检查初冷器阻力变化，如不正常及时处理。

（5）经常检查初冷器排液管是否畅通，每班通蒸汽清扫1～2次排液管。

（6）每小时记录一次各项操作指标。

4. 初冷器的开工（第一次开工）

（1）打开人孔，清扫器内杂物后封上人孔，检查水封槽的水位足够。

（2）打开顶部放散管和蒸汽清扫管阀门，在放散管少量冒出蒸汽情况下抽出煤气、冷凝管上的盲板（此时煤气进出口、冷凝液排液管的阀门均处于关闭状态）。

（3）打开冷凝液排液管阀门，开大蒸汽阀门，见放散管冒大量蒸汽后做含氧分析，符合要求后关小蒸汽阀门，维持器内正压。

（4）打开煤气进口阀门，关闭蒸汽清扫阀门，见顶部放散管冒出大量煤气后将其关闭。

（5）打开煤气出口阀门及初冷器煤气总管上的放散管，待放散管冒出大量煤气后做爆发试验，合格后关闭放散阀。

（6）打开冷却水出口阀门，稍开进口阀门。

（7）待鼓风机启动后，调整冷却水进口阀的开度，使出口煤气温度符合规定。

5. 初冷器清扫

（1）先关煤气出口阀门，后关冷却水进口、出口阀门，最后关煤气入口阀门。

（2）关死煤气出口阀门后，打开放散管，并放掉器内冷却水。

（3）水放净后开蒸汽清扫。

6. 初冷器清扫后的开工
(1) 检查水封的水位足够。
(2) 关闭放散管阀门。
(3) 开煤气进口阀门，关闭蒸汽清扫阀门。
(4) 开冷却水出口阀门，再慢开冷却水进口阀门。
(5) 慢慢开启煤气出口阀门。

(二) 鼓风司机岗位操作规程
1. 职责
(1) 鼓风司机在当班值班长的领导下，为鼓冷班长，负责鼓风冷凝工段生产，组织各岗位完成产量和质量及各项经济技术指标。
(2) 稳定鼓风机的操作，确保焦炉集气管压力及鼓风机前后吸力及压力符合技术规定。
(3) 组织鼓冷工段人员共同协作，搞好设备维护与保养，工具管理及地区整洁。
(4) 贯彻执行岗位操作规程和有关规章制度。

2. 技术规定
(1) 集气管压力 80~120Pa。
(2) 机前吸力 3000~5000Pa。
(3) 机后压力不大于 18000Pa。
(4) 鼓风机机体温度不大于 70℃。
(5) 鼓风机轴承温度不大于 60℃。
(6) 电动机温升不大于 45℃。
(7) 电动机电流不超过额定电流 105A。
(8) 机体振动不大于 4 道，电机振动不大于 6 道。
(9) 润滑油质量符合标准，并有定期分析制度。
(10) 鼓风机运转时，轴承油压保持在 0.10~0.15MPa。
(11) 煤气含氧量不大于 1%。
(12) 油冷却器冷却水压力 0.1~0.2MPa。
(13) 鼓风机紧急停车条件
①鼓风机发生剧烈振动或清楚听到金属撞击声；
②轴瓦温度直线上升，每分钟上升 1~2 度；
③电动机短路着火；
④油箱漏油严重，油管破裂或堵塞不能及时处理；
⑤吸力突然增大不能及时排除；
⑥转子轴向位移超过规定时。

3. 正常操作
(1) 经常听测鼓风机运转情况，注意声音、机体振动情况，发现不正常现象及时处理，事后向值班长和调度室汇报。
(2) 经常检查调节鼓风机吸力和各处温度符合技术规定。
(3) 经常检查电动机运转情况，注意电动机温升与振动是否正常、电流是否符合技术规定。

(4) 注意检查油系统是否漏油，管道是否畅通，油箱每天白班放一次积水，并及时补充新油，保证油箱有足够油位。

(5) 每次换油时，应清洗或更换75～80目的过滤网，并擦净油箱。

(6) 备用鼓风机应处于良好状态，每班盘车1/转，油系统每周试验一次，保证随时可以启动。

(7) 鼓风机下部的冷凝液必须连续排出，并有清扫制度。

(8) 每小时记录一次鼓风机各部温度、压力、电流，认真记录本岗情况与发生的问题。

4. 鼓风机开停及更换工作的几项规定

(1) 正常开停及更换鼓风机时，必须有车间主任或副主任、厂调度室、包修人员与负责动力的人员在场，由值班长指挥，鼓风司机负责操作。

(2) 当鼓风机突然发生故障时，司机可以自行处理，事后向值班长与调度室汇报。

(3) 鼓风机的更换按开停车进行，但必须保证吸力稳定。

5. 鼓风机的启动

(1) 电工检查电动机及有关电气线路、设备，确保良好无误。

(2) 油箱无积水、油位足够，仪表完好，温度计和压力表齐全，煤气水封充满水，各排液管通畅。

(3) 开启电动油泵，检查油冷却器的油和冷却水管路畅通，冷却水足够，油压应保持在$0.1～0.15MPa$，油温应保持在30～45℃。

(4) 启动通风机向电动机送风。

(5) 搬动转子后，卸掉搬车器，上好堵头。

(6) 打开鼓风机放液管阀门，通蒸汽进行暖管、暖机，即用蒸汽预热鼓风机前后的煤气管道和鼓风机，并将冷凝液放净至蒸汽逸出后，关闭放液管阀门。暖机时机外壳温度不得超过70℃，直至鼓风机启动吸入煤气后才停蒸汽。

(7) 全开鼓风机出口阀门，稍开进口阀门。

(8) 得到开车信号后，启动鼓风机，此时电流表指针到顶，但在30s内回到10安培左右，如电流在30s内不回来，说明鼓风机有故障，待检修人员排除故障后再启动。

(9) 鼓风机达到正常转速后，检查电机、机体温度、振动是否符合规定。一切正常后慢开入口阀门，调节吸力至正常，将油泵开关放在自动位置。

(10) 发现鼓风机启动不正常时，应将入口阀门恢复开车时的位置，即行停车，并注意电动油泵是否自动启动。

(11) 当轴承温度达到40℃时，开油冷却器的冷却水以降低油温。

(12) 当鼓风机运转正常后，开放液管阀门。

6. 鼓风机的停车

(1) 稍关煤气出口阀门，以不明显影响吸力为准（留5扣左右）。

(2) 将电动油泵开关放在自动位置上，切断鼓风机电源开关，鼓风机停转后，迅速关死煤气出口阀门，此时必须保持轴承油压正常。

(3) 当鼓风机完全停止（10～15min）后，停通风机、电动油泵及冷却水，同时关闭煤气入口阀门。

(4) 向机体通入蒸汽，将内部焦油扫净，注意机体外壳温度不得超过70℃。

(5) 鼓风机停车后，每小时盘车一次，4h 后每班盘车 1/4 转。

7. 鼓风机停电操作

(1) 切断鼓风机电源，用高位油箱保持轴承油压，直到鼓风机停转为止。
(2) 关闭鼓风机进口阀门，必要时关闭出口阀门。
(3) 做来电恢复生产的各种准备工作。
(4) 当电源恢复时先开循环氨水泵，再开初冷器循环水泵、鼓风机电动油泵，最后启动鼓风机。

(三) 电捕焦油器岗位（鼓风司机助手）操作规程

1. 职责

(1) 协助鼓风司机稳定鼓风机操作，当鼓风司机离开岗位时，代替司机工作。
(2) 负责电捕焦油器的操作、清扫，保持绝缘箱温度符合规定。
(3) 负责本岗位所属设备的维护保养、工具管理及地区整洁。
(4) 贯彻执行岗位技术操作规程和有关规章制度。

2. 技术规定

(1) 电捕焦油器阻力不大于 500Pa。
(2) 电捕焦油器工作电压不低于 38kV，二次电流不大于 293mA。
(3) 绝缘箱温度 90~110℃，绝缘要求不小于 1MΩ/kV。
(4) 通风孔电机温升不超过 45℃，轴承温度不高于 65℃。
(5) 煤气含氧大于 1% 时，停止送电。

3. 正常操作

(1) 经常检查鼓风机电机、通风机运转情况，送风不能中断，备品处于良好状态。
(2) 经常检查油冷却器出口油温符合技术规定。
(3) 电捕焦油器排液管畅通，每班清扫 1~2 次。
(4) 按时检查电捕焦油器绝缘箱温度，调整使其符合规定。
(5) 每两小时化验一次煤气含氧量，保证符合技术规定。
(6) 每小时记录一次各项操作指标。

4. 电捕焦油器的开工

(1) 新建或检修后首次开工的电捕焦油器，开工前必须检查各部件是否良好，绝缘达到开工条件。
(2) 当人孔堵好后进行打压试验，在风压 40800Pa 下，经 2h 压力降低率不小于 2%，抽出盲板。
(3) 打开排液管阀门，检查水封液面符合规定。
(4) 向绝缘箱缓慢通入蒸汽，调节温度符合规定。
(5) 打开放散管，由电捕焦油器底部通蒸汽赶净空气，当放散管冒出大量蒸汽时关小蒸汽。
(6) 稍开煤气进口阀，同时关闭蒸汽阀，用煤气赶蒸汽。
(7) 待放散管大量冒煤气时作煤气含氧分析三次，合格后关闭放散管。
(8) 慢慢打开煤气进出口阀、关闭煤气交通阀。
(9) 通知电工送电，并调整电压到规定值。

5. 电捕焦油器的停工
(1) 通知电工切断电源
(2) 打开煤气交通管阀门,关闭煤气进出口阀门
(3) 打开放散管通蒸汽清扫。
(4) 放净器内存液后,关闭排液管阀门。

(四) 冷凝泵房操作规程

1. 职责
(1) 完成粗焦油产量、质量及各项经济技术指标。
(2) 负责供给焦炉足够质量合格的循环氨水及高压氨水,并均衡地向蒸氨塔输送合格的剩余氨水。
(3) 与初冷器工协作供给初冷器足够的冷却水,保证集合温度符合技术规定。
(4) 负责机械化氨水澄清槽及焦油分离器的操作、焦油槽的加热脱水,保证粗焦油质量合格;负责给综合油库送粗焦油,并准确计量,及时计算结果交值班长。
(5) 负责本岗所属设备的维护保养、工具管理及地区整洁。
(6) 贯彻执行岗位操作规程和有关规章制度。

2. 技术规定
(1) 循环氨水泵出口压力 $0.4\sim0.5$ MPa,水量稳定(不少于 $8m^3/t$ 干煤),水不带油。
(2) 机械化氨水澄清槽油水界面稳定在 $1.3\sim1.8m$。
(3) 焦油贮槽温度 $80\sim90℃$,焦油含量不大于 4%。
(4) 高压氨水压力 3.0 MPa,流量 $30m^3/h$。

3. 正常操作
(1) 经常检查各部温度、压力、流量、电流符合技术,保证刮板机和各泵的运转正常。
(2) 检查机械化氨水澄清槽液面稳定,连续压油,油不带水、水不带油,保证循环氨水及焦油质量符合规定。
(3) 剩余氨水贮槽应定期排放槽底存油,确保送到蒸氨塔的氨水质量合格。
(4) 经常检查设备、管道等不漏水、漏油、漏汽,并做好维护工作。
(5) 每小时记录一次各项操作指标。

4. 离心泵的启动
(2) 动火批准制。
(3) 安全设施强修制。
(4) 事故报告制。
(5) 人身机电事故登记制。
(6) 安全作业证制。
(7) 安全责任制。
(8) 安全教育活动日制。
(9) 危险工作挂牌制。
(10) 新工人安全技术包教制。

4. 除车间办公室和指定的吸烟室外,一切生产界区严禁烟火。
5. 消火工具齐全好使,消火蒸汽畅通不堵,每周各班班长负责检查一次,并向值班长

汇报，值班长应作好记录。

（二）安全技术规程

1. 上班前严禁喝酒。
2. 净化（回收）车间周围应有完整的防护设施，一般人员禁止进入车间，严禁将火种带入车间。
3. 厂房内禁止放置任何杂物，所有通道、走梯、操作台应畅通无阻，厂房内和道路应保持清洁，各工段垃圾放到指定地点。
4. 在苯类和煤气等危险区工作严禁穿带钉子的鞋，严禁使用铁制工具敲击管道和设备。
5. 禁止在蒸汽管或加热设备上晾晒物品和一切可燃物。
6. 修理煤气设备时，必须按照危险工作规定进行。修理负压煤气设备时，必须在正压的条件下进行工作。
7. 各地沟和水井盖必须保持完好，水池周围需有防护装置。
8. 现场地面不许有积水，冬季不许有积存冰雪。
9. 禁止在煤气管道、鼓风机、贮槽区附近逗留休息，不准在栏杆上、管道上和设备上休息。
10. 现场岗位所悬挂的警告牌、安全标志和防火用具不得随意移动。
11. 凡存在比重小于水的液体贮槽和分离槽等，槽内排水时必须防止油类跑入地沟。
12. 在容器、贮槽、油槽车等内部进行检修、检查和清扫时，必须按照下列规定进行：

（1）在设备内部进行清扫和检修时，应将设备一切连通管线堵上盲板，将所有的阀门关闭后进行。

（2）在设备内清扫时必须冷却到常温，经空气分析合格后方准进行。

（3）在清扫设备内部的残渣及油垢时必须做鸽子试验。

（4）操作人员进入设备区时，必须穿戴好劳动保护用具，并有监护。

（5）凡参加工作的人员，必须进行安全教育，考试合格方可进入生产厂区。

（6）在容器内禁止使用铁制工具，使用照明时，电压必须是12伏特。

（7）设备检修完毕后不准将材料与工具遗留在设备内部。

13. 在煤气设备上进行检修与抽堵盲板时，应按危险工作规定进行。
14. 原料、半成品贮存量不得超过规定数值。
15. 本车间所有的设备和管道都必须按设计要求接好地线。
16. 禁止使用破布、木棍或其它类似材料堵蒸汽管道、煤气管道及其它液体管道和设备。
17. 在酸、碱装卸和检查时必须戴好防护眼镜、口罩和胶皮手套等防护用品。
18. 在比重小于水的油类着火时，只能用砂子、四氯化碳和干粉等灭火。
19. 不准戴手套或用湿布擦拭电机，不准用水冲洗电机和其它电气设备。
20. 不准在高空向地面扔东西，必须扔物时，地面要有专人负责安全防护。
21. 不准跨越、擦拭和检修正在运转中的机械电气设备。
22. 不准将工器具靠在栏杆上或管道上，工具用完后放回指定地点。

（三）生产检修安全规程

1. 动火必须在前一天或当天填写申请书，具备动火条件并经车间、安技科及保卫科检查批准后方可进行动火。在有煤气、苯、氨等易燃易爆气体区域设备动火要作空气分析，易爆范围如下（体积百分比）：

空气中含焦炉煤气　　　　　5%～30%；
空气中含苯　　　　　　　　1.4%～7.5%；
空气中含氨　　　　　　　　15.5%～27%。

2. 新开工或长期停放的煤气设备开启时应用蒸汽赶净空气，正压设备应做好煤气爆发试验。
3. 煤气负压设备要经常作煤气含氧分析，严禁漏入空气。
4. 煤气设备的油封和水封必须充满液体，排液管要保持畅通。
5. 塔设备、换热器及贮槽等设备不允许急剧加热或冷却，贮槽放散管要畅通。
6. 各种煤气冷却、洗涤、吸收等设备在通煤气前禁止通入冷却水及洗涤液。
7. 有易燃物质的设备，如蒸氨塔等，在加热清扫后必须等其冷却到常温后，方可打开孔盖，防止自燃（硫化铁自燃点约 40℃）。
8. 当开停燃气设备时，须事先与鼓风司机取得联系，并应缓慢操作。
9. 停开循环氨水泵及改变流量计，与调度室联系，经许可后方可进行。
10. 鼓风机前后压力计、导管和仪表应保持完好，禁止在压力计和仪表无指示情况下进行作业。
11. 鼓风机揭大盖检修时，必须将煤气进出口管道堵上盲板。
12. 检修煤气系统或油类设备时，必须用铜工具，如用铁工具必须涂上甘油，方可使用。
13. 严禁产品、半成品和有污染性物质流入水道。
14. 各转动设备必须有安全罩。
15. 煤气系统设备、油类设备、电器设备的接地线必须保持完好。
16. 停止转动的设备必须拉掉电源，不得擅自送电，未经检查的转动设备严禁启动。
（1）通知电工检查电机及附属电器设备。
（2）循环氨水泵启动前必须与鼓风司机取得联系。
（3）检查阀门、管道、接地线、润滑油盒及轴承冷却水处于开泵状态。
（4）盘车，打开泵进口阀门，慢慢打开泵体排气管。
（5）通知电工送电启动泵。
（6）慢开泵出口阀门，检查压力、流量、电流振动无异常现象后，调节出口阀门至正常。

5. 泵的倒换
（1）按泵的启动步骤开启备用泵。
（2）在慢慢开启备用泵出口阀门的同时关闭待停泵的出口阀门，倒泵时尽量保持压力不变。
（3）备用泵运转正常后，按停泵操作停待停泵。

6. 机械化氨水澄清槽的开工
（1）与电工联系检查电气设备。
（2）清除器内杂物，检查润滑系统良好。

(3) 打开机械化氨水澄清槽进出口阀门,待液体装满后,给电开启刮板机并检查刮板机、减速机、链轴等运转正常。

8．机械化氨水澄清槽的停工

(1) 停工前加快压油速度,尽量将器内焦油压空,然后关闭氨水进出口阀门。

(2) 停止刮板机。

(3) 打开底部放空阀门,放净器内液体。

(4) 通知电工切断电源,关闭放空阀门。

二、各岗位安全规程

(一) 安全管理制度

1．坚守岗位,提高警惕,严防坏人破坏。

2．经上级批准,各岗位不准接待外来人员。

3．严格贯彻执行下列安全制度:

(1) 危险工作申请制。

三、各岗位设备、管线、阀门使用与维护保养规程

(一) 管线、阀门使用与维护保养规程

1．日常维护

操作工必须按照规定,对分管的管道,阀门进行巡回检查,检查内容如下:

(1) 在用管道、阀门是否有超温、超压、过冷及泄漏;

(2) 管道有否异常振动,管道、阀门内部是否有撞击声;

(3) 有无积液、积水;

(4) 安全附件运行是否正常。

2．定期检查内容(每月一次)

(1) 管道及阀门是否有泄漏;

(2) 吊卡的紧固、管道支架的腐蚀和支承情况;

(3) 管道、阀门的防腐层、保温层是否完好;

(4) 阀门操作机构的润滑和防护是否良好;

(5) 输送易燃易爆介质的管、阀门每年测量检查一次防静电接地线。

记录检查结果。如有不正常现象,应及时报告并采取措施进行处理。

(二) 初冷器使用与维护保养规程

1．严格按操作规程启动、运行与停车,作好运行记录。

2．经常检查初冷器的阻力、煤气进出口温度、冷却水进出口温度是否正常,以防堵塞和结垢。

3．经常检查初冷器排液管是否畅通,定时对其进行清扫。

(三) 鼓风机使用与维护保养规程

1．严格按鼓风机的操作规程启动、运行与停车,并做好运行记录。

2．每班检查润滑油油位、油压、油温及冷却水管线是否畅通,水量是否满足需要。

3．每小时检查一次鼓风机运转状况,有无异常振动和杂音。电机温升和电流是否超允

许值，风量、风压是否满足生产需要。

4. 做好巡回检查工作，每班检查各密封点有无泄漏，连接螺栓有无松动，并及时消除缺陷。

5. 做好设备的清扫、清洁工作。

6. 每班两次检查鼓风机排液管是否畅通。

（四）电捕焦油器使用与维护保养规程

1. 严格按操作规程启动、运行与停车，并做好运行记录。

2. 经常检查电压、二次电流、绝缘箱温度和煤气含氧量是否符合规定。

3. 经常检查排液管是否畅通。

4. 发现异常情况，及时上报并采取措施处理。

（五）机械化氨水澄清槽使用与维护保养规程

1. 严格按操作规程启动、运行与停车，并作好运行记录。

2. 经常检查刮板机的运行情况，发现异常情况，应及时上报并采取措施处理。

3. 做好轴承的润滑和链条的加油保护。

（六）离心泵使用与维护保养规程

1. 严格按离心泵的操作规程启动、运行与停车，并做好运行记录。

2. 每班检查润滑部位的润滑油是否符合规定。

3. 新换轴承后，工作 100h 应清洗换油，以后每运行 1000～1500h 换油一次，油脂每运行 2000～2400h 换油。

4. 经常检查轴承温度，应不高于环境温度 35℃，滚动轴承的最高温度不得超过 75℃；滑动轴承的最高温度不得超过 65℃。经常检查电机温升。

5. 经常检查轴封处漏油情况，填料密封保持每分钟 10～20 滴为宜；对于机械密封，要达到完好标准（初期应无泄漏，末期每分钟不多于 5 滴）。

6. 经常观察泵的压力及电机电流是否正常稳定，注意泵有无噪声等异常情况，发现问题及时处理。

7. 经常保持泵及周围场地整洁，及时处理跑、冒、滴、漏。

（七）贮槽维护保养规程

1. 要定时、定点、定线地巡回检查。主要检查槽体、管道、阀门有无泄漏，防火、防爆等安全装置及照明是否正常，如发现问题，应及时处理，一时不能处理的应及时报告，提出处理建议并做好记录。

2. 严格按操作规程要求进行操作，如发现异常，应及时查明原因，进行相应处理。

3. 经常观察液位是否正常，并检查液位计有无堵塞，防止产生假液位。

4. 勤打扫、勤擦试，保持贮槽及周围环境清洁卫生。

四、各岗位初级工岗位责任

（一）初冷器工岗位责任

1. 精心操作，使初冷器保持最佳的工艺运行状态，保证集合温度符合规定。

2. 冷凝泵工不在岗时代替其工作。

3. 严格遵守各项规章制度，做到安全文明生产无事故。

4. 做好所属设备的维护保养工作。

(二) 鼓风机岗位责任

1. 精心操作，使鼓风机保持最佳的工艺运行状态，保证吸力、机后压力及其它各项指标符合规定。

2. 严格遵守重要岗位安全规定和其它规章制度，做到安全文明生产无事故。

3. 做好所属设备的维护保养工作。

(三) 电捕焦油器岗位责任

1. 精心操作，使电捕焦油器保持最佳的工艺运行状态，保证煤气含焦油尘量符合规定。

2. 作为鼓风司机的助手，协助鼓风机司机工作，在鼓风司机不在岗时，代替鼓风司机的工作。

3. 严格遵守各项规章制度，做到安全文明生产无事故。

4. 做好所属设备的维护保养工作。

(四) 冷凝泵工岗位责任

1. 精心操作，使焦油氨水分离、焦油脱水保持最佳的操作，保证本岗位各项任务的完成。

2. 严格遵守各项规章制度，做到安全文明生产无事故。

3. 做好所属设备的维护保养工作。

第二章

终冷洗苯初级工

第一课 终冷洗苯(吸苯)生产工艺流程

一、终冷初脱萘生产工艺流程

(一)终冷和机械化初脱萘工艺流程

来自硫铵工段的煤气进入隔板式终冷塔以冷却水直接冷却,使煤气温度从55～60℃冷却到25～27℃。在冷却过程中,煤气中的一部分水蒸汽被冷凝下来,同时一部分萘析出并被冷却水冲洗下来,使煤气中的萘含量由2～3g/m³降至0.8g/m³。终冷和初脱萘后的煤气去洗苯塔;含萘的冷却水则经塔底的水封管自流入机械化刮萘槽,使水和萘分离,分流出的水自流入凉水架冷却至32℃左右,再由泵送入间接式冷却器与18～20℃低温水换热冷却到25℃后,返回终冷塔循环使用;漂浮在刮萘槽表面的萘用机械化刮萘装置刮槽,然后用蒸汽压送至焦油槽或机械化焦油氨水澄清槽,也可用初冷器的冷凝液溶萘、溶萘后的冷凝液返回鼓冷工段,见图1-2-1。

此法操作稳定,便于管理,但终冷塔出来的煤气含萘量较高;水和萘分离不充分,造

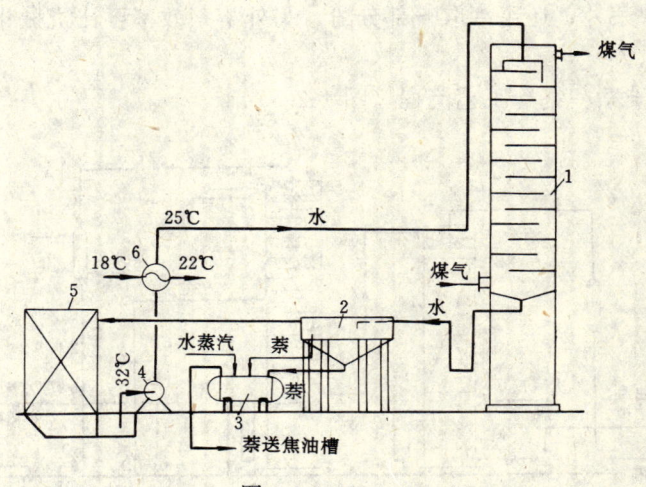

图 1-2-1

1—终冷塔;2—机械化刮萘槽;3—萘扬液槽;4—终冷循环水泵;5—凉水架;6—循环水冷却器

成凉水架和间接式冷却器堵塞,清扫费力;为了冲刷结晶析出的萘,终冷水量比热平衡所需水量大一倍以上;刮萘槽结构复杂笨重;环境污染较重。

（二）终冷和焦油洗萘工艺流程

终冷塔上部为终冷器，下部设有焦油洗萘器。上部终冷器的煤气终冷和脱萘过程同（一），含萘的冷却水由终冷器底部经水封管往下流入焦油洗萘器底部，在洗萘器自下而上流动，洗萘的热焦油则自焦油洗萘器上部进入，通过筛孔从上而下与含萘冷却水逆流接触，从水中萃取出萘的焦油由洗萘器底部排出，经液位调节器流入焦油槽（焦油槽设三台，每台可循环使用24h）静置脱水，再送往焦油加工车间，轮空的空焦油槽则接受鼓风冷凝工段送来的新鲜焦油。洗萘器上部流出的水进入水澄清槽，分离出残余焦油后自流入凉水架，分离出的焦油及浮油，萘等自流入焦油槽（图1-2-2）。

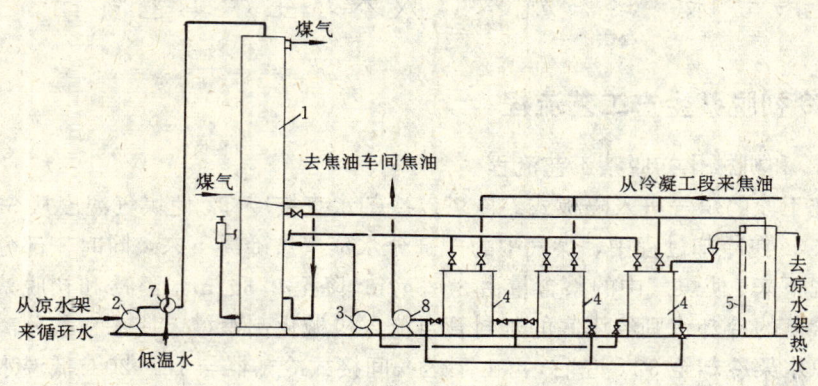

图 1-2-2
1—终冷塔（下部为焦油洗萘器）；2—循环水泵；3—焦油循环泵；4—焦油槽；
5—水澄清槽；6—液位调节器；7—循环水冷却器；8—焦油泵

洗萘焦油为焦炉集气管和初冷器的混合焦油，送入焦油洗萘器的量占循环冷却水量的5%，焦油洗萘温度以80℃左右为宜。温度过低洗萘效果不好，温度过高，则液面不稳，易从液位调节器顶部窜出。焦油入洗萘器的部位可调节。

此法除萃取萘外，还可萃取一部分酚，另外溶萘效率要比机械化刮萘效率高，但操作复杂，冷却水量大。

（三）洗油洗萘和终冷工艺流程（图1-2-3）

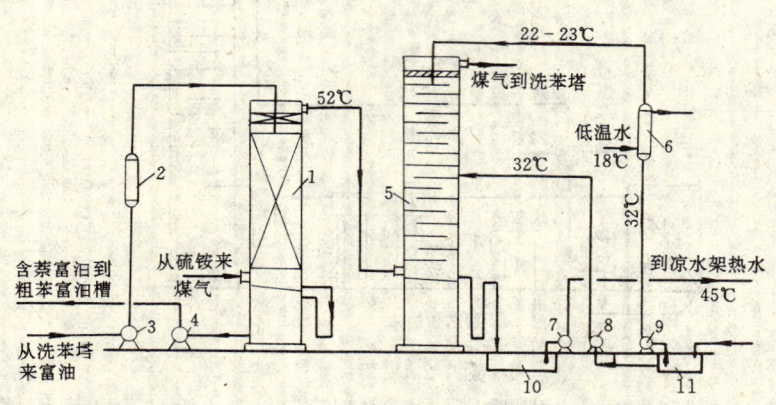

图 1-2-3
1—洗萘塔；2—加热器；3—富油泵；4—含萘富油泵；5—煤气终冷塔；
6—循环水冷却器；7—热水泵；8、9—循环水泵；10—热水池；11—冷水池

从硫铵工段来的 55～60℃ 的煤气先入木格填料的洗萘塔，来自洗苯塔的洗萘富油由塔顶自上而下流动，喷淋洗涤逆向而上的煤气中的萘，洗萘后的富油含萘 6%～7%，洗萘塔出口煤气含萘量降至 0.5～0.8g/m³。洗苯富油温度由间接蒸汽加热器来控制。因此，出洗萘塔的煤气温度升高约 2℃。煤气进入隔板式终冷塔下段，经凉水架来的 32℃ 水喷淋，煤气温度降低到 40℃；然后进入塔上段被 22～23℃ 的水喷淋，使煤气温度降低到 25℃，见图 1-2-3。

此流程所用的冷却水量为前两个流程的一半，出口煤气含萘量也比前两个流程低，但因为操作温度高，限制了含萘量的进一步降低。为了提高油洗萘效率，又发展了水——油——水的终冷洗萘工艺流程。

二、洗苯（吸苯）生产工艺流程

（一）焦油洗油洗苯

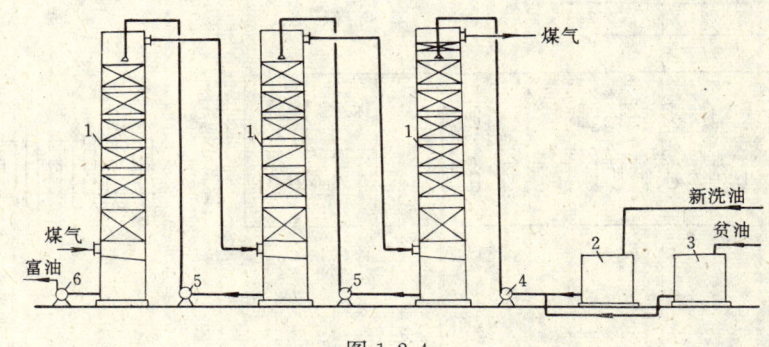

图 1-2-4
1—钢板网填料洗苯塔；2—新洗油槽；3—贫油槽；4—贫油泵；5—循环油泵；6—富油泵

煤气经终冷初脱萘后的温度约 25℃，含粗苯 30～40g/m³。煤气依次进入三台钢板网填料洗苯塔，与塔顶喷淋下来的贫油逆流接触洗苯。经过洗苯的煤气含苯量小于 2g/m³。

由脱苯来的贫油，温度为 25～27℃，含苯量为 0.2%～0.4%（重量），依次在三台洗苯塔顶喷淋洗苯后，含苯 2.5%（重量）左右的富油送去脱苯，见图 1-2-4。

（二）轻柴油洗苯

轻柴油洗苯和焦油洗油洗苯的工艺流程一样，但贫油槽的设计应考虑油渣和乳化物的排除。

轻柴油洗苯和焦油洗苯相比较，耗量少、与水的比重差大、易于油水分离、稳定性好，长期使用时其物理化学性质几乎不变。轻柴油吸收萘能力强，可使洗苯塔出口煤气中含萘量降低到 150mg/m³。但轻柴油吸收苯的能力较低，富油含苯 1.2%～1.5%，贫油含苯 0.2%～0.3%，因此循环洗油量要比焦油洗油增加 20%～30%，脱苯的蒸汽用量也要增多。此外，轻柴油洗苯过程中会形成难溶的油渣，易堵塞换热设备，含油渣的油与水易生成乳浊液，影响正常操作，故循环洗油含油渣应低于 20mg/L。

三、终冷洗苯工序设备布置

（一）布置原则

1. 各塔按工艺顺序排列成一行，各塔间净距一般不应小于2.5m。塔径大于5m时，其塔间净距一般为塔径的一半；采用多段循环洗涤塔时，塔间净距不应小于4m。
2. 塔群与泵房间净距一般不小于5m。
3. 各塔与煤气干管的连接管上应设置操作平台，从塔底到塔顶应设带斜梯的操作走台，各塔人孔、喷头处及取样、测温、测压点应有平台，各塔顶部用平台及梯子连通。
4. 泵房人行道宽度不宜小于2.5m。当泵房内各泵布置成双行时，两行间净距不应小于2m。
5. 泵房内宜设置手动单轨吊车，大型厂设双轨吊车。
6. 仪表应集中于仪表间，当仪表间与泵房布置在一起时，应充分考虑仪表间的通风、采光和防噪声。

（二）平面布置图

终冷洗苯工序设备平面布置示例见图1-2-5。

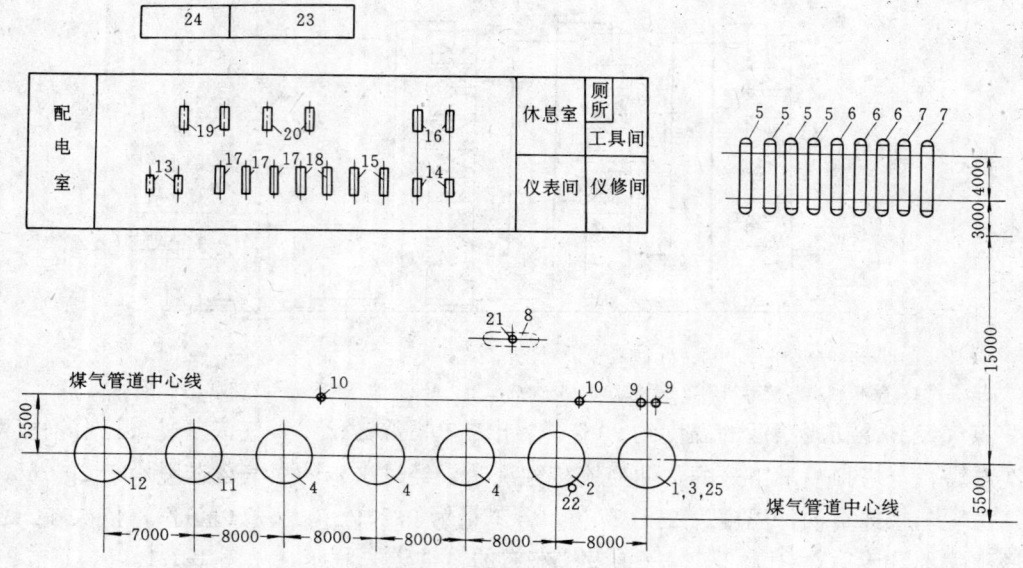

图1-2-5 终冷洗苯工序设备平面布置

1—预冷塔；2—洗萘塔；3—终冷塔；4—洗苯塔；5——段水换热器；6—二段水换热器；7——、二段贫油冷却器；8—地下放空槽；9—煤气管道段水封；10—煤气管道油封；11—终冷水泵；12—新洗油槽；13—送黄血盐工段水泵；14—洗萘油泵；15—富油泵；16—脱水富油泵；17—循环油泵；18—贫油泵；19—终冷水泵；20—循环水泵；21—液下泵；22—洗萘富油加热器；23—清水池；24—终冷水吸水池；25—贫油槽

四、终冷洗苯工序工艺管线布置

（一）坡度

1. 冷洗油（贫富油）管道不小于0.005。
2. 终冷水管道不小于0.003。
3. 蒸汽、冷凝水管道不小于0.002。

（二）管道排列

1. 常温管道和煤气管道应放在上层，重的高温管道及易燃液体等管道应放在下层。

2. 同排排列的管道间距离，应考虑施工、保温及检修等要求，其间距规定为：
不保温管道排列时，大管径法兰外缘与小管径外壁间应不小于 50mm。
保温管道排列时，两管道保温层外表面间距不小于 100mm。
3. 车间外部管道一般应向车间内部倾斜，在车间内部应考虑放液措施。线路上不宜有积存介质的最低点，若无法避免有最低点时，则必须在最低点设有放液管。
4. 直接埋地的管道其埋设深度一般不应小于 700mm。

第二课　终冷洗苯的一般知识

一、终冷初脱萘过程的一般知识

（一）煤气为什么要进行最终冷却？

影响粗苯回收的主要因素之一就是洗油吸收温度。煤气中苯族烃的含量一定时，如果洗油吸收温度较低，吸收的推动力就会增大，苯回收率增加。实践证明，最适宜的温度是 20～25℃。但煤气经过饱和器后，温度一般为 50～60℃，为了有效地利用洗油吸收煤气中的粗苯，必须进行煤气的最终冷却。

（二）煤气最终冷却所需冷却水量的确定

冷却水量由热平衡计算可以求出，但实际上由于在终冷塔中，不仅要冷却煤气，而且要将冷凝下来的萘冲掉，故用水量较计算值大得多，一般终冷水量为每 $1000m^3$ 煤气需 $5.5～6.5m^3$。

（三）焦油量的确定

1. 送入焦油洗萘器的焦油量占循环冷却水量的 5%。
2. 轻质焦油的喷淋密度为 $4.5～5.0m^3/m^2·h$。

（四）洗油量的确定

洗萘富油量占洗苯富油量的 30%～50%。

二、洗苯过程的一般知识

（一）为什么要洗苯？

粗苯经精制加工可以得到苯、甲苯、二甲苯、三甲苯等，这些产品具有极广泛的用途，是塑料工业、合成纤维、染料、合成橡胶、医药、农药、耐辐射材料、耐高温材料及国防工业极为宝贵的原料。此外，洗苯的同时煤气中的一部分萘也被吸收下来，从而提高了煤气质量。

（二）什么叫物理吸收？

利用各组分溶解度不同而分离气体混合物的操作称为吸收。在吸收过程中，如果溶质与溶剂之间不发生显著的化学反应，可以当作单纯的气体溶解于液相的物理过程，则称为物理吸收。

（三）为什么洗油温度应保持比煤气温度略高几度？

洗温度保持比煤气温度略高一些，主要是防止煤气中水蒸气被冷却下来进入洗油中，使洗油乳化，恶化洗苯和脱苯换热器的操作。按照夏季和冬季气温不同，洗油温度比煤气入塔温度高 2～5℃。

第三课 终冷洗苯原料及产品

一、终冷用轻质焦油性质及要求

把煤气初冷分为两段，第一段煤气温度从80～85℃冷却至50℃左右，从第一段引出的冷凝液经澄清分离所获得的焦油称为轻质焦油，其含萘量为10%～12%。

二、洗苯用焦油洗油性质及要求

（一）焦油洗油的质量标准（GB3064-82），见表1-2-1和表1-2-2。

表1-2-1

项　　　目	指　　标
密度（20℃），（g/mL）	1.03～1.06
馏程（大气压1.013MPa）：	
230℃前馏出量（%）（体积）	≤3
300℃前馏出量（%）（体积）	≥90
酚含量（%）（体积）	≤0.5
萘含量（%）（重量）	≤15
水　分（%）	≤1.0
粘　度（E_{25}）	≤1.5
15℃结晶物	无

洗油组成示例　　　　表1-2-2

化合物名称	含　量（%）（重量）
萘	5.47
1-甲基萘	20.19
2-甲基萘	10.50
联　苯	4.15
苊	14.85
2,6-二甲基萘	3.21
氧芴	2.55
其他	39.08

（二）焦油洗油的性能

1．常温下对苯及其同系物有良好的吸收能力，加热时又能将它们分离出来。
2．有足够的化学稳定性，在整个使用期内吸收能力基本稳定。
3．在吸苯操作温度下不析出固体沉淀物。
4．易与水分离，与水不生成乳化物。
5．有较好的流动性，易于输送和均匀喷洒。

三、洗苯用轻柴油性质及要求

（一）轻柴油性质及要求

    凝固点（℃） >-10

    运动粘度（E_{20}）   3.3～8.0

    水　分（％）   痕迹

    初馏点（℃） $\leqslant 265$

    350℃馏出量（％） $\leqslant 90$

    固体机械杂质   无

（二）轻柴油具有的性能同焦油洗油。

四、终冷产品萘的性质、规格、用途

（一）萘的性质

萘的分子式为$C_{10}H_8$，结构式为   它是光亮无色的，有特殊气味的片状晶体，密度为1.145g/mL，熔点为80.28℃沸点为217.9℃，易升华，不溶于水，能溶于醚、醇。苯等类溶剂。易燃，能于空气形成爆炸性混合物。

萘蒸气和粉尘吸入人体内或通过皮肤吸收都能使人中毒，空气中极限允许浓度为$20mg/m^3$。

（二）萘的规格

1. 工业萘质量标准，见表1-2-3。

表1-2-3

指　标	一　级	二　级
结晶点℃	$\geqslant 78.0$	$\geqslant 77.5$
不挥发物（％）	$\leqslant 0.04$	$\leqslant 0.06$
水　分（％）	$\leqslant 0.01$	$\leqslant 0.02$

2. 精萘质量标准，见表1-2-4。

表1-2-4

指标名称	一　级	二　级
外观	片状或粉状结晶体	
颜色	白色	白色，允许带微红色或微黄色
结晶点（℃）	$\geqslant 79.6$	$\geqslant 79.3$
不挥发物（％）	$\leqslant 0.02$	$\leqslant 0.02$
灰分（％）	$\leqslant 0.006$	$\leqslant 0.008$
硫酸反应（按标准比色液）	不深于4号	
硝酸反应（按标准比色液）	不深于3号	

（三）萘的用途

萘是非常宝贵的化工原料。我国所生产的工业萘多用于催化氧化制取邻苯二甲酸酐（苯酐），以供生产树脂、工程塑料、染料及医药等之用。此外，萘也可生产农药、炸药、植物生长激素、橡胶及塑料的防老剂等。

第四课　终冷洗苯工序主要设备性能

终冷洗苯是在前序脱氨的基础上，将55℃左右煤气在终冷塔内，降至回收苯族适宜的温度25℃左右，再由洗苯塔脱除煤气中的苯。终冷洗苯工序主要设备性能介绍如下：

一、终冷塔规格、性能及其使用与维护

终冷塔的主要作用是冷却煤气温度适应洗苯需要，同时脱除煤气中的萘。根据不同的洗萘-终冷工艺流程，选用的终冷塔结构亦不相同。其中：

①煤气终冷和机械化除萘工艺中，煤气在隔板式终冷塔内被冷却至25～27℃，部分水蒸汽被冷凝下来，同时有相当数量萘从煤气中析出，被水冲洗下来，进入机械化刮萘槽，用机械方法分离水中萘。②在煤气终冷和热焦油除萘工艺中，煤气在终冷塔内冷却过程，同上述过程，经液封管导入焦油洗萘器，与热焦油逆流接触，水中萘被焦油萃取出来，含萘焦油从洗萘器下部排出。③在油洗萘和煤气终冷流程中煤气首先进入本格填料塔，用洗苯富油与煤气逆向接触，脱除煤气部分萘。然后，煤气进入终冷塔降温，其过程同前。

在几个不同流程中，煤气终冷和机械化除萘与煤气终冷和洗油除萘流程的终冷塔相似。煤气终冷及热焦油除萘流程中，终冷塔带焦油洗萘器。

（一）终冷-机械化除萘工艺中常用的终冷塔规格，特性见表1-2-5 终冷塔

表1-2-5

项目		公称直径（m）				
		1.600	3.000	3.500	4.000	3.500
高度（m） 煤气流通平均截面（m^2）		17.423	34.800 2.700	35.000	37.720 3.080	29.110
隔板	层数间距（m）	19 0.45	19 1.2；1.1；1.0	19 1.2；1.1；1.0	19 1.2；1.1；1.0	19 1.2；1.1；1.0
	孔径（mm） 孔距（mm）	14 60	10 65	10 30	10 72	10 65
煤气接口直径（m）	入口	0.500	0.900	0.900	1.000	1.000
	出口	0.500	0.800	0.900	0.900	0.900
重量（t）	设备重	8.61	26.043	36.489	48.00	35.38
	操作重	11	105	130	170	100
煤气处理量（空塔）（Nm^3/h）		6360	22400	30500	39700	30500
图号		1F4735	66焦化399	1备3578	1F4681①	1F4607

①分两段冷却，用于油洗萘流程。

带焦油洗萘器的终冷塔常用规格特性表 1-2-6。

表 1-2-6

项目			公 称 直 径 (m)				
			2.600	3.000	3.500	4.500	5.000
高度（m）			31.870	34.800	36.500	40.000	38.100
煤气流通平均截面（m²）			2.230	2.700	3.500	4.600	5.030
隔板	煤气冷却部分	层数间距（m）	19 1.05;0.95;0.85	19 1.2;1.1;1.0	19 1.3;1.2;1.1	19 1.2;1.1;1.0	19 1.2;1.1;1.0
		孔径（mm） 孔距（mm）	10 60	10 65	10 60	12 72	10 60
	焦油洗萘部分	层数间距（m）	8 0.600	8 0.700	8 0.675	8 0.700	8 0.750
		孔径（mm） 孔距（mm）	14 60	10 114	14 60	12 70	14 65
煤气接口直径（m）	入口		0.700	0.900	1.000	1.300	1.300
	出口		0.600	0.800	0.900	1.300	1.200
重量（t）	设备重		24.800	32.978	40.487	64.763	78.356
	操作重		80	125	136	320	340

60 万 t/年焦化厂常用 Φ3500 终冷塔，其技术参数如下：

塔高度：　　　　35.000m

隔板层数：　　　19 层

间距：1.2m，1.1m，1m

孔径：　　　10mm

孔距：　　　65mm

煤气处理量：　　30500Nm³/h

操作压力：　　　0.03MPa

工作温度：　　　煤气 45～27℃

　　　　　　　　循环水 25～40℃

（二）终冷塔的使用与维护：

终冷塔的使用与维护的正确与否，对于终冷塔的有效冷却煤气及延缓使用寿命均是重要的。

1. 运行中的正常使用维护

（1）煤气终冷塔必需按严格的技术要求操作。

　　煤气入口温度：　　　　35～45℃

　　煤气出口温度：　　　　25～30℃

　　终冷水入口温度：　　　25～28℃

　　终冷水出口温度：　　　35～40℃

　　循环量：　　　　　　　80～100t/h

　　　　　　（2.5～3.0m³/1000Nm³ 煤气）

温度偏高会使终冷塔结垢堵塞。

(2) 经常检查煤气终冷塔阻力状况，塔阻不得大于 1000Pa。

(3) 经常检查终冷塔操作水位的高低及回液量的情况。杜绝终冷塔封塔带来的对终冷塔的损坏。

(4) 定期对终冷塔进行蒸汽清扫，保证终冷系统，塔盘筛孔流通的畅通，严格控制清扫时塔内压力情况，不得超出塔的设计压力，清扫时必须打开塔顶放散管阀门及塔底放液管，使带萘冷凝液及时排除。

(5) 检查塔地脚及塔体无异常。

(6) 坚持定时定点进行巡回检查，重点检查温度，流量、仪表灵敏、设备及附属管线密封。

(7) 经常保持设备及周围环境清洁卫生，及时清除跑、冒、滴、漏。

2. 开停车时终冷塔的使用维护

(1) 终冷塔开工前必须作好蒸汽、煤气置换，以免造成煤气爆鸣对终冷塔的损害。

(2) 开工时严格按照开工的操作程序进行，打开煤气进口阀门及出口阀门，交通阀同时关闭，以免终冷塔超压煤气鼓风机机后压力超高。

(3) 终冷停工时打开交通阀后，逐步关闭煤气入口阀及煤气出口阀，以免终冷塔超压。

二、洗萘塔规格、性能及其使用与维护

在油洗萘和煤气终冷流程中，在煤气终冷前加了一台洗萘塔，由洗苯富油洗涤煤气中的萘，使之由 2000～2500mg/Nm³ 降到 500mg/Nm³ 左右，其洗萘塔采用木格洗涤塔。

(一) 洗萘塔的规格性能：洗萘塔常用规格如表 1-2-7 所示。

表 1-2-7

直径（mm）	1400	1800	2000	2400
高度（mm）	18250	23200	34020	29110
填料面积（m²）	1200	—	5341	3856
木格填料规格	100×10×15	100×10×10	100×10×10	100×10×20
设备总重（kg）	11565	17523	42735	29735
捕雾			旋流板	旋流板
处理气量(Nm³/h)	3000		5277	

对于填料塔所采用的木格填料性能如下：对于 100×10×20 的木格填料：

空隙率：m³/m³　　　　　0.68

比表面积：m²/m³　　　　65

堆积重度：kg/m³　　　　145

洗萘塔操作压力：　　　0.03MPa

工作温度：　　煤气 50～55℃

　　　　　　　洗萘富油 55～57℃

木格填料塔具有结构简单，易于制造，设备阻力小，消耗电能少；操作稳定，生产能

力弹性大特点，不足之处是强度低，填料易被萘及水垢等堵塞，且清扫较麻烦。

（二）洗萘塔的使用与维护

洗萘塔的正确使用与维护，对后序终冷塔的操作有很大影响，洗萘塔的使用不当也将影响洗萘塔本身的使用效率与寿命。

1. 运行中的使用及维护

（1）洗萘塔需要严格按照其工艺操作要求操作，煤气入口温度50～55℃，洗油温度55～57℃。

（2）经常检查洗萘塔的阻力情况，不得大于1000Pa。

（3）定期对洗萘塔进行清扫，保证塔系统畅通。

（4）严格控制操作，避免严重的汽液夹带对终冷系统的影响。

（5）经常检查塔的附属管道及阀门处于正常状况。

2. 开停车的维护

（1）洗萘塔开车严格按照开车步骤对其进行煤气置换，按步骤开关有关阀门。

（2）洗萘塔停工时，在进行打开交通阀时，逐步关闭煤气入口阀，然后关闭煤气出口阀。

（3）洗萘塔清扫必须打开塔顶放散，塔内压力严禁超过0.03Pa。

三、洗苯塔规格、性能及其使用与维护

洗苯塔的作用是将终冷后的煤气中所含苯脱出，使煤气含苯由30～40g/Nm³降到2g/Nm³，进而向蒸馏工段提供含苯富油。

（一）洗苯塔的规格、性能

焦化生产中洗苯塔常用的类型有木格填料塔；钢板网洗苯塔、筛板塔等。

木格填料塔阻力较小，一般每米高填料阻力为20～40Pa，操作稳定可靠，但其生产能力小，设备庞大笨重，投资和操作费用高及木材耗量大等。钢板网填料相对木格填料其气液接触面积远大于填料面积，并由于较激烈的湍动和吸收表面不断更新，其强化了洗苯的操作。而筛板塔容易改善塔内流体力学条件，即增加两相接触面积，提高两相湍流程度，迅速更新两介面以减少扩散阻力。这种塔结构简单、容易制造，安装检修简便、生产能力大，投资省，金属材料耗量小，但塔板受气液负荷变动的影响较大。

钢板网填料塔常用规格性能见表1-2-8。

表1-2-8

直径（m）	塔高（m）	填料面积（m²）	网间隙（mm）	钢板网重（t）	总重（t）	图　号
3.000	20.460	4974	10	7.300	23.834	1备3960
3.500	34.600	8414	20	18.750	54.00	1备3574
4.000	29.400	6912	20	14.409	50.059	1备2836
3.500	37.400	7813	20	17.407	57.480	1F5087

筛板洗苯塔常用规格见表1-2-9。

表 1-2-9

直径 (m)	塔高 (m)	塔板层数	板间距 (mm)	板开孔率 (%)	设备重 (t)	处理煤气量 (Nm³/h)
0.700	13.318	24	300	26.7%	3.120	2970
1.000	16.011	25	300	25.8%	5.100	5690
1.400	16.200	23	300	25.7%	8.233	11150
2.400	19.500	24	400	29.4%	16.840	32780

木格填料洗苯塔规格见表 1-2-10。

表 1-2-10

直径 (m)	塔高 (m)	木格栅系数			自由截面积 (m²)	重量 (t)
		宽×厚×间隙	总面积	每层面积		
2.00	30.50	100×10×20	3413	29.73	1.6	29.595
3.20	36.39	120×10×19	10366	67.5	5.5	76.000
3.50	36.91	120×10×20	11900	74		86.200
4.00	30.70	120×10×15	18954	108	5.66	111.82
4.50	39.46	120×10×19	20000	119.5	8.6	139.597

60万t焦碳/年的焦化厂采用洗苯塔为 Φ3500×37.400 其性能指标：

介　质：焦炉煤气和洗油；操作温度＜50℃；操作压力＜0.03MPa；

填料采用：钢板网，单层表面积　　　　　　601m²

　　　　　总接触面积　　　601×13＝7813m²

另加木格栅：单层面积　　　　　　　　　　75m²

　　　　　总接触面积　　　75×7＝525m²

油槽容积：　　　　　　　　　　　　　　　34m³

设备重：　　　　　　　　　　　57，480kg

操作重：　　　　　　　　　　　98000kg

填料面积：　　　　　　　　　　8414m²

网间隙：　　　　　　　　　　　20mm

（二）洗苯塔的使用与维护

洗苯塔的正确操作使用及维护对洗苯塔的效率及寿命起着重要作用。

1. 运行中的正确使用维护及保养：

（1）洗苯塔操作必须严格按工艺操作指标进行，终冷后入洗苯塔煤气温度严格控制25～30℃，以免煤气温度过高带萘堵塞填料层。控制洗油入塔温度30～32℃（比煤气温度高2～3℃），控制洗油循环量 45～60t/h（1.6～2t/1000m² 煤气）

（2）严格控制循环洗油质量，避免超质量标准对洗苯带来的堵塞，对洗苯效率的影响。

（3）经常检查各洗苯塔油位，调整其出入塔流量平衡，以免出入塔洗油量失衡，造成封塔对洗苯塔带来的影响。

（4）洗苯塔塔阻情况要经常检查，其压力降不得大于1000Pa。

(5) 洗苯塔填料层要定期清洗，清扫蒸汽通入前要打开塔顶放散管阀门，洗苯塔清扫时塔内压力小于 0.05MPa。

(6) 要经常检查分析洗苯效果，对洗苯喷头定期清扫，达不到效率的，进行拆检处理，保证洗苯塔正确运行。

(7) 严禁用利器或重力敲打洗苯塔，以免造成塔体损坏。

2. 开停工注意事项

(1) 洗苯塔开工严格按开车步骤对每台塔逐个进行蒸汽赶空气置换及煤气赶蒸汽置换，以免误操作事故对洗苯塔带来的损害。

(2) 开工操作中严禁出现交通阀与洗苯塔阀同时关闭的失误操作，以免造成塔的超压及鼓风机的不利影响。

(3) 开工时各洗苯塔工艺阀门开关状态必须严格检查，按工艺顺序开启油泵，以免出现误操作，造成洗油封塔给洗苯塔带来不应有的损害。

(4) 洗苯塔停工时要先开煤气交通阀，同时缓慢关闭的煤气入口阀，然后关闭塔的煤气出口阀。

四、机械化刮萘槽、规格、性能及其使用与维护

机械化刮萘槽作用是，将煤气终冷洗萘后流入洗萘槽的终冷水中的萘，以机械方式分离，刮入熔萘槽中，萘在熔萘槽内熔化后外送。

(一) 常用的机械化刮萘槽规格，性能见表 1-2-11。

机械化刮萘槽规格性能　　　　表 1-2-11

项　目	公称直径 (m)	
	10.000	10.000
高度 (m)	3.152	3.380
工作容积 (m³)	160	160
重量 (t)	19.458	19.980
操作重 (t)	190	188
加热面积 (m²) 槽内	33	33.74
熔萘槽内 (m)	2.25	2.26
水出入口直径 (m)	0.400	0.400
刮板转一周时间 (min)	3.24	3.26
电机功率 (kW)	2.2	1
转数 (r/min)	750	930
电机型号	JO2-41-8-W	A041-6

(二) 机械化刮萘槽的正确使用与维护

1. 运行中的使用及维护

(1) 对于机械化刮萘槽的运行，经常检查运转部分及电机运行情况，听视电机运行情况，发现运行转动部件及电机有杂音，应立即通知维修工处理。

(2) 检查电机及电机轴承温升情况，保证电机温升不大于 45℃，轴承温度不大于 70℃。

(3) 传动系统部分的部件及环形轨道要检查其润滑状况，定期加油，以保持运转部位的良好润滑。

(4) 对于转动桥架及刮板情况要经常检查其转动情况，保持其安全稳定运行及良好的刮萘效果。

(5) 定期检查熔萘槽加热器及其附属管线阀门灵活好用，以满足熔萘需要。

(6) 对于机械化刮萘槽的防腐情况，做到心中有数，定期刷漆防腐。

2．开停车注意事项

(1) 开车前对机械化刮萘槽进行系统检查，检查各传动部分灵活好使，盘车没有卡死现象。

(2) 机械化刮萘槽运转部分在开车前，必须请电工检查电机及电缆绝缘合格后，方可开机运行。

(3) 开车前对刮萘槽的底部萘量进行检查，如积萘较多，必须进行加热清扫后方可投运。

(4) 确认一切正常后开启机械化刮萘器及向系统送液。

(5) 停车时先关闭系统送液阀门，再停止运转部分。

(6) 停车后对机械化刮萘槽的底部残渣进行处理，以备下次开车方便。

(7) 对停车时间较长的情况，对金属构件部分做好防腐工作。

五、洗苯循环油泵的规格、性能及其使用与维护

（一）洗苯循环油泵的规格、性能

焦化生产中洗苯系统的循环油泵多采用多级油泵。其作用是将 3 号洗苯塔之洗油依次提供给 2 号、1 号洗苯塔进行洗苯喷淋。

洗苯循环油泵根据焦炉煤气生产能力选用不同型号的油泵。20 万 t、60 万 t 焦/年能力的循环油泵型号如表 1-2-12。

循环油泵规格性能　　　　　　　表 1-2-12

焦化厂规模		20 万 t	60 万 t
循环油泵	型　号	3DA—8×5	40A—8×4
	技术参数	$Q=25.2\sim39.6$ m/h	$q=36\sim72$ m/h
		$H=62.5\sim47.5$ m	$H=68.8\sim56.8$ m
配用电机		JO$_2$-52-4	JO$_2$-71-4
电机性能		V=380V　N=10kW	V=380V　N=22kW
重量（kg）		296	378
转速（r/min）		1450	1450
效率		64	63.5
允许吸上真空高度（m）		7.5	7

注：泵电机更新为 Y 系列电机。

泵型号的意义：

4DA-8×4

第一部分数字:4-吸入口直径被25整除(即直径100mm)。

第二部分字母:DA-单吸多级分段式离心泵。

第三部分数字:8-比转速被10除。

第四部分数字:4-泵叶轮个数。

(二)洗苯循环油泵的使用与维护

作为洗苯操作的循环多级油泵(4DA-8×4;3DA-8×5)的使用维护需特别精心,这样才能保证多级泵的正常运行。

4DA-8×4;3DA-8×5性能曲线如图1-2-6,(a),(b)性能曲线,图中$Q-H$关系曲线为单级叶轮性能曲线。

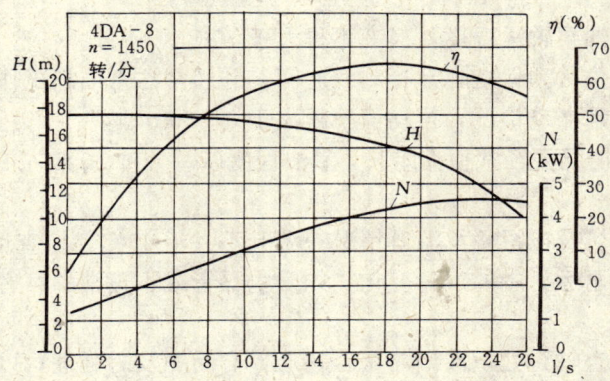

图1-2-6(a) 4DA—8型多级泵性能曲线图

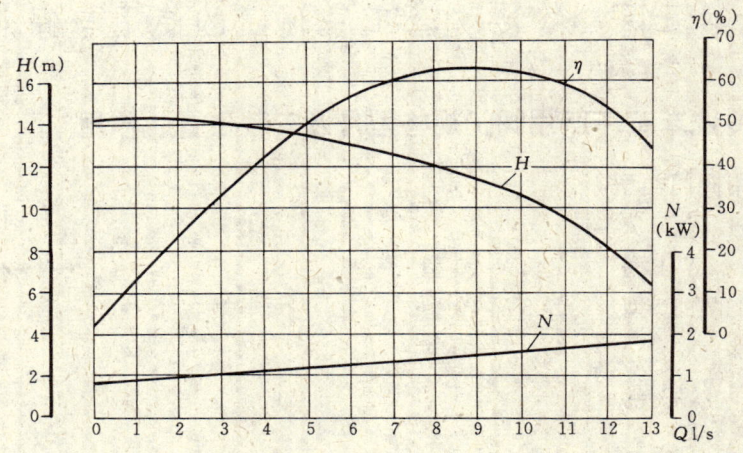

图1-2-6(b) 3DA—8型多级泵性能曲线图

1. 开停车维护

(1)循环油泵在开车前注意检查联轴器对中是否良好,地脚螺栓及泵体连接丝杆紧固是否良好。

(2)检查循环油泵轴承油位是否在油标刻线之间,并注意油杯位置。

(3) 在油泵联轴器和电机联轴器分离情况下，做电机试旋转方向是否正确，防止油泵反转而使轴套螺母松开。

(4) 当电机旋转方向正确时，联上油泵，盘车检查是否轻快。

(5) 打开泵入口阀门，稍开出口阀门，关闭压力表旋塞。

(6) 启动前请电工检查电机绝缘。

(7) 一切准备完毕，启动电机，打开压力表旋塞。

(8) 当油泵转速正常时，压力表显示适当压力后，逐渐打开出口管路上节门，直至需要的压力。

(9) 当停用油泵时，要慢慢的关闭排出管路上的闸阀，并关闭电机，然后关压力表阀门。

2. 运行中的维护

(1) 运行中注意油泵轴承温度，最高不得大于 70℃。

(2) 经常检查油位必须保持在油标刻线之间，并经常注意油杯工作情况。

(3) 检查油泵轴承振动情况，振动值不得大于 0.06mm。

(4) 填料室泄漏情况要经常检查维护，漏油程度以每分钟 10 滴左右为准，随时调整填料压紧程度。

(5) 经常检查电机及电机轴承温升情况，温升不大于 45℃。检查运行电流不超标。

(6) 经常检查油泵运行中的声音变化，如发生噪音或不正常的声音时，应安排停车检查。

(7) 经常巡视检查轴封处下液漏斗是否畅通，有问题及时处理，以免渗漏洗油淹没轴承位，造成润滑破坏。

第五课 终冷洗苯工序阀门的使用与保养

一、终冷洗苯工序所用阀门规格型号及安装位置、作用

（一）常用阀门类型

1. 阀门：

　　Z942W-1 型　　Z44W-10 型

　　Z41W-10 型　　Z45W-10 型

2. 截止阀

　　J44W-16 型

3. 减压阀：

　　Y42-16 型

4. 止回阀：

　　H44W-16 型

5. 疏水阀：

　　S49W-16 型、S19W-16 型

（二）终冷洗萘工序各种阀门安装位置

终冷塔煤气入口阀，安装一台 Z942W-1　　DN1000 闸阀。
终冷塔煤气出口阀安装一台 Z942W-1　　DN900 闸阀。
洗苯塔出入口阀门各安装 2 台 Z942W-1　　DN900 闸阀。
Dg900 闸阀
洗油系统阀门安装 Z44W-10 型　　　　　DN150 闸阀和 DN125 闸阀
终冷水系统阀门安装 Z44W-10 型　　　　DN200 闸阀和 DN150 闸阀
洗苯塔、终冷塔顶放散安装 Z45W-10 型　　DN125 闸阀
终冷洗苯蒸汽部分安装 J44W-16 型　　　　DN125 截止阀
终冷洗苯系统采暖安装 Y42H-10 型　　　　DN25 减压阀
终冷水系统泵出口总管安装 H44W-10 型　　DN150 止回阀
洗油系统出口总管安装 H44W-16 型　　　　DN125 止回阀
蒸汽系统疏水阀安装 S19W-16 型和 S49W-16 型　DN32　DN25　DN20　DN15 疏水阀

二、型号说明

Z942W-1 表示电动、法兰连接楔式双闸板闸阀，（明杆）公称压力 0.1MPa
Z44W-10 表示手动、法兰连接平行双闸板闸阀，（明杆）公称压力 1MPa
Z41W-10 表示手动、法兰连接楔式单闸板闸阀，（明杆）公称压力 1MPa
Z45W-10 表示手动、法兰连接楔式单闸板（暗杆）闸阀，公称压力 1MPa
J44W-16 表示法兰连接角式截止阀，公称压力 1.6MPa
Y42H-16 表示法兰连接弹簧薄膜式安全阀，公称压力 1.6MPa
S49W-16 表示法兰连接热动力式疏水阀，公称压力 1.6MPa
S19W-16 表示内螺纹连接热动力式疏水阀，公称压力 1.6MPa

三、各类阀门的使用方法及保养规则

终冷洗苯工序所用煤气阀门，工艺阀门规格较多，正确选用阀门及对阀门正确使用维护是至关重要的。使用中对阀门的维修要求如下：

1. 终冷洗苯工序各个部位的阀门的选型，对使用是非常重要的。如接触化工产品及腐蚀性介质（如洗油）选用中不要铜口阀门。对于日常维护较困难的位置。如终冷塔，洗苯等塔顶放散阀尽量采用暗杆阀门。
2. 对各部位所安装的阀门要定期加油润滑，保证阀门传动机构的灵活好用。
3. 对于工艺上下不常开闭的阀门要定期有计划的进行活动，以防阀门卡死、锈住。
4. 经常检查阀门的填料处泄漏情况，发现泄漏及时处理。
5. 对于打不开或关不上的阀门，使用工具开关要考虑阀门的承受力，严禁超力开关发生损坏阀门现象。
6. 严禁用力击打阀门或以阀门为垫物敲击物体。
7. 工艺阀门应避免在微开启状况下的使用，以免流体水锤冲击对阀门带来影响。
8. 对于阀门所处工艺条件必须按工艺操作参数进行，严禁超压运行。
9. 对于冬季使用的阀门一定要做好防寒保温工作，对长期不使用的管道，必须放空且阀门接触水一侧加盲板，以免阀门冻坏。

10. 对于工艺管道的吹扫，要注意阀门所承受的工艺参数在允许范围内，以免破坏阀门填料及本体。

11. 疏水阀的使用必须正确适当，调整好蒸疏水器，使其既不连续排气，又不能阻塞、不疏水，以免冻坏疏水阀。

第六课　终冷洗苯工序仪表的使用与保养

一、常用仪表

（一）就地安装仪表

1. 温度测量仪表

（1）工业用玻璃水银温度计

作用原理：利用液体（水银）受热膨胀的原理制成

测量范围：$-200 \sim 500$℃

特点：仪表结构简单、价廉、精度较高，稳定性好，但易破损，只能安装在易观察的地方。

安装地点：经常安装在工艺设备和管道上，作现场指标用具体安装地点见终冷洗苯工序控制测量仪表一览表。

（2）热电阻温度计：

作用原理：利用导体或半导体受热后电阻值变化的性质制成的。

测量范围：$-200 \sim 350$℃

特点：测量准确、但本身不能显示，只能与相应的仪表配合使用，远距离显示工艺温度参数。

安装地点　可安装在任何地方。具体见终冷洗苯工段控制测量仪表一览表。

2. 压力测量仪表

本工序现场使用的压力仪表，只有弹簧管压力表一种。

（1）作用原理：弹簧管在压力作用下变形，自由端产生位移，通过传动机构的指针转动而测定压力的。

（2）量程选择：在测量稳定压力时，最大量程选择接近而又大于正常值的1.5倍。测交变压力时，则最大量程应选择接近而又大于正常值的2倍。

（3）精度选择：以经济实用为原则，一般选用1.5级或2.5级。

（4）使用场合：广泛使用在非腐蚀性，非结晶的气体，液体的压力和负压。经常安装在各种泵的出口，或工艺设备管道上，用于测量工艺压力参数。详见终冷洗苯工段控制测量仪表一览表。

3. 流量测量仪表：

（1）差压式流量计

作用原理：利用在特定的条件下，已知流量与差压的平方根成正比关系的原理，在流体流动的管道内装有一个节流装置（如孔板）当流体流过时，在它的前后产生差压，测量出差压即可测出流量。

特点：①结构简单，使用面广，显示仪表系列化，通用化程度高。
②对于标准节流装置（孔板），不必个别标定即可使用。
③与测量差压的仪表配合使用，可将工艺流量参数信号远传到控制室。

安装地点：在工艺直管道上，但为了测量准确，要求节流装置前后有一定的直管段。

（2）叶轮式流量计（水表）

工作原理：利用叶轮被流体冲转，其转速与流体的流量成正比的原理。

主要特点：结构简单、灵敏度高、安装使用方便、可靠。

安装地点：安装现场工艺管道上，用于要求测量精度不高的，且需要累积量的场合。详见冷洗苯工序控制测量仪表一览表。

4. 液位测量仪表：

本工段就地使用的液位计有两种，都是随工艺设备带来的。

（1）直读式液位仪表：是利用连通器原理工作的，这类仪表是直读式玻璃液位计，安装在塔器或储槽上。

（2）浮力式液位仪表：是利用浮标在液体中，随液位变化而升降的原理工作的。安装在储槽内，也是直读式的一种液位仪表。

（二）集中显示仪表

1. 电动Ⅲ型单元组合仪表：

所谓单元组合仪表，就是根据仪表的功能，将各参数的测量及变送、显示、调节等各部分分别做成独立单元，相互间采用统一化的标准信号相联系的仪表称为单元组合仪表。这种仪表使用时可按不同要求，很方便地将各单元任意组成各种测量和控制系统，从而大大增进了仪表在使用上的通用性和灵活性。

单元组合仪表分为电动和气动两大类：电动单元组合仪表又分为ⅠⅡⅢ型。其中Ⅲ型最先进。本工序大量采用了电动Ⅲ型单元组合仪表组成温度、压力、流量、液位检测和控制系统，并集中在控制室的仪表盘上。操作人员可借助控制室内的仪表作为自己的"耳目"和"手足"监视和控制生产过程。使温度、压力、流量、液位等工艺参数保持在规定的范围内。

电动Ⅲ型单元组合仪表从方便操作和维护方面考虑，指示仪、调节仪、积算仪等安装在仪表盘的正面；温度变送器、运算器、电源系统等安装在仪表盘后的框架上。变送器（差压、压力等），则安装在现场。

2. 动圈式指示仪

动圈式指示仪与现场安装的热电阻温度计配合使用，将工艺过程的温度参数传输到控制室内的仪表盘上集中显示。随着科学的发展，动圈式指示仪正逐渐被数字显示仪所代替。

3. 记录仪

在生产过程中，有些工艺参数对于研究生产，进行计量管理和分析事故等十分重要。除需要在仪表上指示外，还需要将参数的变化过程记录下来。

记录仪的种类很多，自动平衡显示记录仪是目前较为常用的一种记录仪，并与下述仪表配套使用，可以显示和连续记录多种参数。

（1）与各种标准分度的热电阻，热电偶配合使用，连续记录温度；

（2）与电动单元组合仪表中的变送器配合使用，可以连续记录温度、压力、流量和液位。

(3) 记录仪的刻度和记录纸：

记录仪的刻度和所用的记录纸有两种：

① 等分刻度记录仪（用于温度、压力、流量、液位）；

② 开方刻度记录仪（用于差压法测量流量）。

③ 记录纸有等分刻度和开方刻度等。记录纸的走纸速度有 20、40、80mm/h，一般选用 20mm/h，但在装置开车或需要对某些参数进行分析时，也可选用快的走纸速度。

二、自动调节系统

在终冷洗苯生产过程中，各种工艺参数不可能是一成不变的。特别是连续性生产，各种设备都相互关联着，其中某一设备的工艺条件发生变化量，都可能引起其它设备中某些参数发生变化，偏离了正常的工艺操作条件。如果这种变化很频繁，靠操作人员不断地往返于操作室和现场进行调整是达不到如期目的的。为了把操作人员从繁重的体力劳动中解放出来，需要使用一些自动调节装置，对生产中的某些关键性参数进行自动调节，使它们在受到外界干扰的影响而偏离正常状态时，能自动的调回到规定的数值范围内，这就是自动调节系统的功能。自动调节系统大体分为简单自动调节系统和复杂自动调节系统两种。因本段仅有简单自动调节系统。复杂自动调节系统就不作介绍了。

(一) 简单调节系统

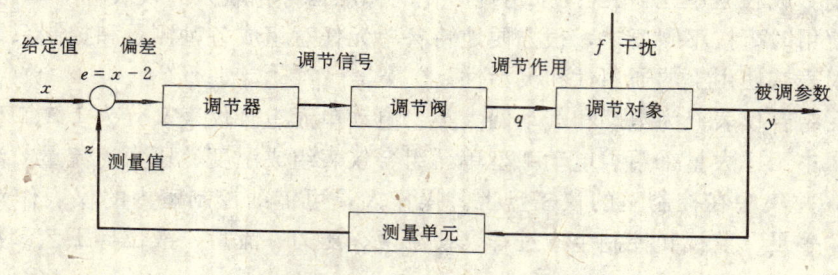

图 1-2-7

任何一个调节系统都由四个基本部分组成（见调节系统方块图）：调节对象（需要调节的工艺设备）；测量单元（测量变送装置）；自动调节器和调节阀。这四大部分必须按一定规律连接在一起，并且通过传递信号连成一个整体，完成自动调节任务。本工段有简单的温度、流量、液位自动调节系统。这些系统都采用了电动Ⅲ型单元组合仪表组成。单元组合仪表。其中的测量变送装置（电阻温度、节流装置、差压变送器等）和调节阀安装在现场，而温度变送器安装有仪表盘后框架上，调节器安装在仪表盘正面上。

为便于使用，现简单介绍调节器和自动调节阀：

(1) 调节器（DTZ—2100 型全刻度指示调节器）

在自动调节系统中，调节器好比"大脑"当被调参数受到其它因素影响而偏离工艺规定值时，调节器就接受给定信号（由给定轮提供，相当工艺给定值）和被调参数的工艺信号（从变送器来）相比较的差值（偏差）信号，按一定规律指挥调节阀（执行器）动作，去克服影响医素，使被调的工艺参数回到规定值上，从而使生产在较好的情况下进行。调节器的外观如图：

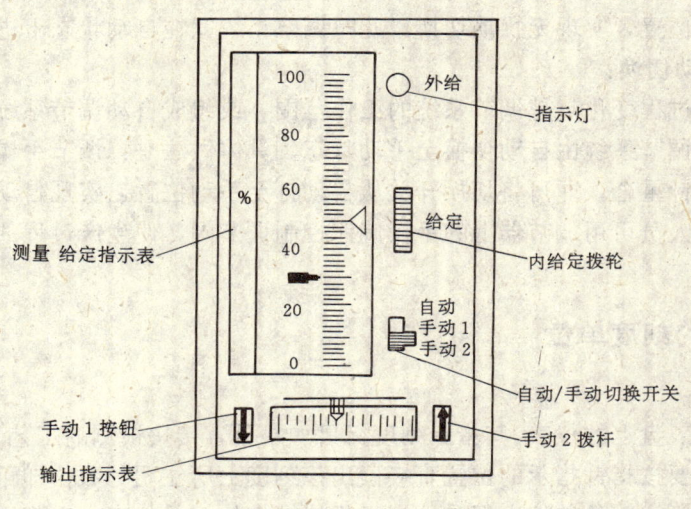

图 1-2-8

各部分功能如下:测量给定指示表有两个指针,红针是测量针,黑针为给定针,刻度为 0～100%。手动/自动切换开关有三个位置:即自动、手动 1、手动 2。在自动位置时,由调节器的输出信号去调节调节阀。在手动 1,当不按手动 1 按钮时,输出保持,按下手动 1 按钮↑(右边)时输出增加,按↓按钮时输出减少。手动 2 为拨杆,输出指示表指针跟踪拨杆从而手动控制调节阀。通过手动/自动切换开关。调节系统可实现自动和手动控制。

(2) 自动调节阀(执行器)

在自动调节系统中,自动调节阀好比人的"手足"。自动调节阀按其使用能源分为气动、电动、液动三种。本工序使用的为气动调节阀。因气动调节阀结构简单、便于维护,有天然的防爆性能,很适合在本工段使用。气动调节阀由气动执行机构和调节机构组成,本工序使用的只有气动直通调节阀(单座、双座)。在调节系统中,执行机构接受调节器来的控制信号,产生相应的推力(或位移),推动调节机构动作,改变阀芯与阀座的节流面积因调节机构(调节阀)装在工艺管道上,可直接控制工艺介质的流量,以克服干扰对系统的影响,从而实现自动调节的目的。但有时为了保证调节阀能正常的工作,还配备阀门定位器和用于因压缩空气故障时,方便手动操作调节阀的手轮等辅助装置。

(二)简单调节系统的投运步骤

1. 仪表检查:组成调节系统的仪表投运前应作必要的检查,在确认仪表工作正常后方可考虑投运。检查仪表一般由仪表工负责。

2. 工艺手动调节:调节系统投运前应使用工艺阀门(调节阀旁的工艺操作阀门)进行调节,使工艺生产过程处于稳定状态,此时调节阀两旁的工艺切断阀门应关闭。

3. 仪表手动控制:当工艺系按处于稳定时先将仪表调节器上的转换开关置于手动位置(手动 1 或手动 2),并按(拨动)手操按钮(拨杆),尽量将调节阀的开度调节到与工艺手动阀门相同的开度,然后同步打开调节阀两旁的切断阀和关闭工艺手动阀门,操作就从现场工艺手动操作转为仪表手动控制了。如此时工艺参数有波动就用手操按钮(拨杆)遥控调节伐,使工艺参数稳定在规定范围内,操作就从现场工艺手动转为控制室仪表手动遥控。

4. 手动/自动切换:调节系统从手动切换到自动,先将调节器面板上的给定旋钮带动给定指针调至工艺所需的给定位置，再拨动手操旋钮，使测量与给定相等。即可将切换开关从手动打至自动位置，实现无扰动切换，此时调节系统就在自动状态下进行。

5. 手动/自动切换：

当工艺生产过程变化超越调节系统的工作范围，或组成自动调节系统的仪表发生故障失灵时，需要将调节系统由自动切换至手动状态。具体做法是：调节手操旋钮，使手动输出与自动输出指针重合，即可将切换开关从自动打至手动位置，实现自动到手动无扰动切换。这样，操作人员可用调节器上的手操旋钮控制调节阀，使生产过程的参数保持在工艺规定的范围内。

三、仪表的刻度单位

（一）刻度

在控制室仪表盘上的仪表，其指示刻度标尺如果是直接按被测的工艺参数来刻度的，读数比较简单，只要按指针指示的位置直接读出该刻度上所注明的数值即可，读数的单位也就是仪表标尺上所注明的单位。但是，由于规格繁多的记录仪表如果都采用直接按参数的数值刻度，虽然给操作人员读数带来方便，但却使仪表的规格和记录纸的规格繁多，不利于仪表的维护与管理，为了提高仪表的通用性，减少仪表的备件，普遍采用下述两种刻度：

1. 等百分刻度：用于测量温度、压力、液位、等分刻度流量等参数。
2. 开方刻度：用于差压法测量流量参数。

无论采用等百分刻度或开方刻度，读数时都要先了解仪表的测量范围，即最低量程和最高量程是多少，单位是什么？但不管是等分刻度或是不等分刻度（开方刻度）其刻度标尺上均按百分数标志的。因此，读数时，先弄清仪表指针在百分刻度的位置，然后将仪表最低量程加上此位置的百分数示值乘上仪表测量范围即是参数的读数。

读数＝最低量程＋指示值百分数×仪表测量范围

例如：仪表的测量范围 0～1000℃ 等分刻度，指针为 62%，则读数为 62%×1000℃＝620℃

又如：仪表的测量范围 0～32000Nm³/h，开方刻度，当指针指示为 70% 时，读数为 70%×32000＝22400Nm³2/h

（二）刻度单位

    测量对象   单位

1. 温度：   ℃
  压力：微压   Pa
     一般   MPa
2. 流量：蒸汽   kg/h 或 t/h
    液体：   m³/h 或 t/h
    气体：   Nm³/h
3. 液位：   m 或 mm

四、仪表的保养

仪表是操作工人监视和控制生产过程必须使用的技术工具。要使品种繁多的仪表保持良好的运行状态，精心维持和保养是关键。因此，要求操作工在使用仪表的同时必须做到以下各点：

（一）熟悉设置在控制室仪表盘上的各种仪表在生产过程中的作用，掌握其观测使用方法。仪表是精密仪器，经常保持控制室内环境及仪表盘盘面卫生，减少灰尘，因为积尘可以使仪表机械传动部分出现故障，记录笔尖堵塞，开关失灵和自动主记录仪表滑线电阻与弹子接触不良，降低仪表的精度影响正常的运行和使用寿命。

（二）操作仪表时要精心，动作要准确，用力要均匀。发现仪表故障时要及时通知仪表工，操作工不能随意打开仪表的表门，更不能触动仪表内部的组件，以免损坏仪表。

（三）安装在现场，而没有信号传输到控制室的仪表，如玻璃水银温度计、压力表、玻璃转子流量计、水表浮标液位计等，要经常保持完好，并按有关计量管理规定进行周期校验，发现损坏要及时修理和更换。

（四）仪表是为工艺生产服务的，正常的生产又为仪表的地运行提供了保证。因为生产不正常，会严重使安装在工艺设备和管道上的仪表损坏。所以，要把工艺精心操作与加强仪表维护保养结合起来。

（五）仪表正常运行要确保有干燥、洁净的压缩空气，各种电压等级的低压电源和保温伴热用的蒸汽。因此，操作工人必须做到：

1．工艺用空气不能在仪表用压缩空气管道上接取，以免影响仪表气源的稳压性能，严重的会导致仪表不能正常运行。

2．工艺用电不能在仪表电源系统中引出，以免造成仪表电源电压波动，影响仪表的准确性。

3．仪表用的保温伴热蒸汽一般从工艺用汽管道上接取，工艺停汽时要及时通知仪表工采取措施，以免影响仪表正常运行，特别是在冬季，不要随意切断仪表用蒸汽，因为这样会严重冻坏仪表。

五、终冷洗苯工序控制测量仪表一览表

终冷洗苯工序控制测量仪表一览表　　　　　　表 1-2-13

位号	用　途	就地仪表	变送器	二次仪表	调节单元	执行器
一	现场安装的仪表					
1	温度测量仪表					
(1)	去洗苯塔的洗油温度	水银温度计 0～50℃				
(2)	去脱萘塔的富油温度	水银温度计 0～50℃				
(3)	去管式炉的富油温度	水银温度计 0～150℃				

续表

位号	用 途	就地仪表	变送器	二次仪表	调节单元	执行器
(4)	去贫油冷却器的贫油温度	水银温度计 0～100℃				
(5)	终冷循环水温度	水银温度计 0～100℃				
(6)	经冷却的贫油温度	水银温度计 0～50℃				
(7)	去油气换热器的富油温度	水银温度计 0～100℃				
(8)	去油油换热器的富油温度	水银温度计 0～150℃				
(9)	经过油油换热的贫油温度	水银温度计 0～200℃				
(10)	冷却上水温度	水银温度计 0～50℃				
(11)	经过冷却的终冷水温度	水银温度计 0～50℃				
(12)	经过一段冷却的循环水温度	水银温度计 0～50℃				
(13)	油油换热器后的贫油温度	水银温度计 0～150℃				
(14)	煤气入口温度	水银温度计 0～50℃				
(15)	洗苯塔煤气温度	水银温度计 0～50℃				
(16)	至富油槽的油管温度	水银温度计 0～50℃				
2	压力测量仪表					
(1)	去洗塔的贫油压力	弹簧管压力表 0～1MPa				
(2)	去脱苯的富油压力	弹簧管压力表 0～1.6MPa				
(3)	去管式炉的富油压力	弹簧管压力表 0～1MPa				
(4)	去冷却器的贫油压力	弹簧管压力表 0～1MPa				
(5)	终冷循环水压力	弹簧管压力表 0～1MPa				
(6)	循环水入口压力	弹簧管压力表 0～1MPa				
(7)	低温水入口压力	弹簧管压力表 0～1MPa				
(8)	经冷却的终冷水出口压力	弹簧管压力表 0～1MPa				

续表

位号	用途	就地仪表	变送器	二次仪表	调节单元	执行器
3	流量测量仪表					
F6	一段贫油冷却器中温水量累积	水平螺旋式水表 200m³/h				
F7	二段贫油冷却器低温水量累积	水平螺旋式水表 100m³/h				
F8	二段终冷循环水螺旋板换热器低温水量累积	水平螺旋式水表 200m³/h				
F9	一段终冷循环水螺旋板换热器中温水量累积	水平螺旋式水表 100m³/h				
F23	去生化废水螺积	水平旋螺式水表 15t/h				
二	集中安装的仪表					
1	温度仪表					
T1	入终冷却塔煤气温度指示	电阻温度计 Cu50		动圈式指示仪 0~100℃		
T2	出终冷塔煤气温度记录调节	电阻温度计 Cu50	温度变送器 Cu50 0~50℃	记录仪 0~50℃	指示调节仪	气动调节阀 125/125
T3	出1号洗苯塔煤气温度温度指示	电阻温度计 Cu50		动圈式指示仪 0~50℃		
T4	出2号洗苯塔煤气温度温度指示	电阻温度计 Cu50		动圈式指示仪 0~50℃		
T5	出3号洗苯塔煤气温度指示	电阻温度计 Cu50		动圈式指示仪 0~50℃		
T6	入洗苯塔贫油温度记录调节	电阻温度计 Cu50	温度变送器 Cu50 0~50℃	记录仪 0~50℃	指示调节仪	调节阀
T7	出终冷塔水温指示	电阻温度计 Cu50		动圈式指示仪 0~100℃		
T8	一段贫油冷却器油入口温度指示	电阻温度计 Cu50		动圈式指示仪 0~200℃		
T9	一段贫油冷却油出口温度指示	电阻温度计 Cu50		动圈式指示仪 0~100℃		
T10	入工段冷却水温度指示	电阻温度计 Cu50		动圈式指示仪 0~50℃		
T11	一段贫油冷却器出口水温度指示	电阻温度计 Cu50		动圈式指示仪 0~100℃		
T12	二段贫油冷却器出口水温指示	电阻温度计 Cu50		动圈式指示仪 0~100℃		
T13	一段终冷循环水螺旋板换热器水出口温度指示	电阻温度计 Cu50		动圈式指示仪 0~50℃		
T14	二段终冷循环水螺旋换热器水出口温度指示	电阻温度计 Cu50		动圈式指示仪 0~50℃		

续表

位号	用途	就地仪表	变送器	二次仪表	调节单元	执行器
2	压力仪表					
P1	终冷塔前煤气压力指示		电动压力变送器 0～16kPa	单针指示仪 0～16kPa		
P2	终冷塔后煤气压力指示		电动压力变送器 0～16kPa	单针指示仪 0～16kPa		
P6	出1号洗苯塔煤气压力指示		电动压力变送器 0～10kPa	单针指示仪 0～10kPa		
P4	出2号洗苯塔煤气压力指示		电动压力变送器 0～10kPa	单针指示仪 0～10kPa		
P5	出3号洗苯塔煤气压力指示		电动压力变送器 0～10kPa	单针指示仪 0～10kPa		
3	流量仪表					
F1	入终冷塔水量指示	标准环单孔板 DN150	电动差压变送器 0～25kPa	单针指示仪 0～125t/h（开方）		
F2	出3号洗苯塔煤气流量记录累积（带温度压力补偿）	圆缺孔板 DN-900	电动差压变送器 0～1 kPa	记录仪 0～4000Nm³/h 电动比例积算器		
F3	入洗苯塔贫油量记录调节	1/4 圆喷嘴 DN125	电动差压变送器 0～1kPa	记录仪 80m³/h	指示调节仪	气动调节阀
F4	新洗油量累积	1/4 圆喷嘴 DN100	电动差压变送器 0～25 kPa	电动开方积算器		
F5	终冷塔补充新水量记录	1/4 圆喷嘴 DN125	电动差压变送器 0～25kPa	记录仪 0～125t/h（开方）		
4	液位仪表					
L1	贫油槽液位指示		电动单平法兰差压变送器 0～50kPa	色带指示仪 0～5000mm		
L2	新洗油槽液位指示		电动单平法兰差压变送器 0～50kPa	色带指示仪 0～5000mm		
L3	终冷循环水槽液位记录调节		电动单平法兰差压变送器 0～40kPa	色带指示仪 0～4000mm		气动调节阀 DN32
L4	1号洗苯塔下富油槽液位指示		电动单平法兰差压变送器 0～35kPa	色带指示仪 0～4000mm		
L5	2号洗苯塔下半富油槽液位记录调节		电动单平法兰差压变送器 0～35kPa	色带指示仪 0～3500mm	指示调节仪	气动调节阀 DN100
L6	3号洗苯塔下贫油槽液位记录调节		电动单平法兰差压变送器 0～35kPa	色带指示仪 0～3500mm	指示调节仪	气动调节阀 DN100

第七课 终冷洗苯设备开车与停车顺序

一、各类塔器开车与停车顺序

（一）通煤气前的置换方法

1. 用蒸汽置换空气
(1) 打开塔顶放散管和塔底、煤气出口阀门前的蒸汽清扫阀门。
(2) 待放散管冒大量蒸汽后，作含氧分析。
(3) 含氧分析合格后，关小蒸汽清扫阀门，维持塔内正压。

2. 用煤气置换蒸汽
(1) 通知鼓风司机注意机后压力，稍开煤气进口阀门。
(2) 关闭蒸汽清扫阀门。
(3) 待放散管冒大量煤气后，作爆发试验，合格后关闭放散管阀门，即可通煤气。通煤气时应先打开煤气出口阀门，再慢慢打开煤气进口阀门（注意机后压力），最后关闭煤气旁通阀门。

（二）置换是否合格的检查标志

1. 用蒸汽置换空气合格的检查标志：含氧量小于1%。
2. 用煤气置换蒸汽合格的检查标志：作爆发试验两次均无爆鸣声。

（三）停车后的置换顺序

1. 通蒸汽将塔内煤气从放散管赶净。
2. 待放散管冒大量蒸汽后，慢慢关小蒸汽阀门直至关闭，注意塔内压力。

二、终冷塔物料开通与停车顺序

（一）物料开通顺序

1. 终冷塔正常通煤气后，开终冷水泵送水。
2. 调整终冷水循环量和冷却水量，使煤气温度符合规定。

（二）停车顺序

1. 停终冷水泵，停止向终冷塔送水。停终冷换热器的冷却水。
2. 通知鼓风司机注意机后压力，开煤气旁通管阀门，关死煤气进口阀门，关小煤气出口阀门留2～3扣，保持塔内正压。
3. 将终冷水槽水放空。
4. 如检修，须关闭煤气出口阀门，通蒸汽将塔内煤气赶净后，将煤气进出口堵上盲板。

三、脱萘塔物料开通顺序与停车顺序

（一）物料开通顺序

1. 脱萘塔正常通煤气后，向脱萘循环油槽送含苯富油。
2. 开洗萘油泵向脱萘塔送油，调整油量符合规定。
3. 开间接蒸汽加热器，控制油比煤气温度高2～3℃。

4. 向洗苯富油槽送含萘富油，保持脱萘循环油槽液位符合规定。

（二）停车顺序

1. 停油泵、停间接加热蒸汽。

2. 打开煤气旁通管阀门，关闭煤气入口阀门，关小煤气出口阀门留2～3扣，保持塔内正压。

3. 将脱萘塔中的油放空。

四、洗苯塔物料开通顺序与停车顺序

（一）物料开通顺序

1. 1号、2号、3号洗苯塔正常通煤气后，开启贫油泵由新洗油槽经二段贫油冷却器向3号洗苯塔送油。

2. 当3号洗苯塔底油槽液位足够时，开循环油泵向2号洗苯塔送油。同样向1号洗苯塔送油。

3. 当富油槽液位足够时，开富油泵向蒸馏送油。

4. 当贫油槽液位足够时，停止从新洗油槽补油，贫油泵改抽贫油槽的油。

5. 调整一、二段贫油冷却器冷却水量使入3号洗苯塔的贫油温度符合规定。

（二）停车顺序

1. 依次停各油泵，停贫油冷却器冷却水。

2. 打开洗苯塔煤气旁通阀门，关闭煤气进口阀门，关小煤气出口阀门留2～3扣，保持塔内正压。

3. 将洗苯塔内的存油放空。

五、各类管线的开通与停用顺序

（一）煤气管线的开通与停用顺序

1. 开通顺序

（1）用蒸汽置换空气。

（2）用煤气置换蒸汽。

2. 停用顺序

（1）用蒸汽置换煤气。

（2）在停用管线的两端堵盲板。

（二）终冷循环水管线的开通与停用顺序

1. 第一次使用时的开通顺序

（1）分段用蒸汽吹扫，以确认管道畅通。

（2）各段管道上的各种阀门处于开工状态。

（3）开泵送水。同时给冷却器送冷却水。

2. 停用顺序

（1）停终冷水泵，同时停冷却器的冷却水。

（2）将各段管道内的水放净。

（三）洗油管线的开通与停用顺序

1. 开通顺序
(1) 分段用蒸汽吹扫,以确认管道畅通,并将冷凝水放净。
(2) 使各段管道上的各种阀门处于开工状态。
(3) 开泵送油,开启有关的换热器。
2. 停用顺序
(1) 停油泵,同时停有关的换热器。
(2) 将各段油管里的油放净。

第八课　终冷洗苯工序操作指标

一、终冷塔工艺操作指标

(一) 煤气出口温度:25℃
(二) 阻力:<1000Pa
(三) 冷却水量:
　　水洗萘流程　6.0m³/1000m³ 煤气
　　油洗萘流程　3.0m³/1000m³ 煤气
(四) 终冷循环水进塔温度:23℃
(五) 冷却器中温冷却水进口温度:32℃
(六) 冷却器低温水进口温度:18℃
(七) 终冷水槽液位:50%~60%

二、初脱萘塔工艺操作指标

(一) 进塔煤气温度:40~45℃
　　进塔洗油温度比煤气温度高　2~3℃
(二) 洗萘富油量占洗苯富油量的 30%~50%
(三) 塔后煤气含萘量:<0.5g/m³
(四) 阻力:<500Pa
(五) 油槽液位:50%~60%

三、洗苯塔工艺操作指标

(一) 煤气进塔温度:25℃
　　贫油进塔温度:27~30℃
(二) 循环洗油量:1.6~1.8m³/1000m³ 煤气
(三) 塔后煤气含苯量:≯2g/m³
(四) 油槽液位:50%~60%
(五) 单塔阻力:≯500Pa
(六) 贫油含苯量:<0.6%
(七) 富油含苯量:≯2.5%

(八) 循环洗油质量：
　　比重 d：≯1.07；
　　粘度 E_{25}：≯1.5；
　　300℃前馏出量：≤85%；
　　含萘量：≯8%；
　　含水量：≯1%；
　　15℃无沉淀物。

四、泵类运行指标

(一) 终冷水泵
1. 电流：≯100A
2. 压力：≯0.8MPa
3. 流量：100m³/h
4. 轴承温度：≯65℃
5. 电机温升：<45℃

(二) 贫、富油泵
1. 电流：≯72A
2. 压力：≯1.0MPa
3. 流量：60m³/h
4. 轴承温度：≯65℃
5. 电机温升：<45℃

(三) 循环油泵
1. 电流：≯42A
2. 压力：≯0.6MPa
3. 流量：60m³/h
4. 轴承温度：≯65℃
5. 电机温升：<45℃

第九课　终冷洗苯工序一般事故的处理

一、终冷塔一般事故的处理与预防方法

(一) 终冷塔阻力增大

终冷塔为煤气最终冷却设备，设计阻力不大于1000Pa，若终冷塔阻力超过1000Pa视为阻力偏大。处理与预防：

1. 终冷塔板被萘堵塞造成终冷塔阻力增大，当阻力增大到影响终冷的正常生产时就必须停塔，用蒸气清扫。预防此类故障可适当加大终冷塔的用水量，并要定期地清扫终冷塔。另外应改进前脱萘的操作，使终冷塔煤气入口含萘量达到0.5g/m³以下。

2. 终冷塔至循环水槽U形管堵，使循环水不能顺利地流入循环水槽，使塔底液面上升，

当超过煤气入口时就会使塔阻力马上增加。处理方法为卸开U型管下部盲堵,用蒸汽吹通即可。经常检查回水情况发现问题及时处理可达到预防的目的。

（二）终冷塔煤气出口温度偏高

终冷塔煤气出口温度 25~30℃为正常,超过 30℃视为煤气出口温度偏高。处理和预防此类事故如下:

1. 循环冷却水温度偏高。中、低温冷却水均要满足生产的要求,使终冷循环水可得到很好的冷却,尤其在夏季,低温循环水温度偏高就会造成煤气出口温度上升。预防办法是满足低温水 18~20℃、中温水 30~32℃的要求即可。

2. 终冷循环水量不足,使煤气得不到很好的冷却使煤气温度升高。一般原因终冷泵上水管严重结垢堵塞管道造成上水量不足,遇到此种情况清除水垢即可。目前清除水垢最佳办法使用高压水枪清扫。

3. 入终冷塔煤气温度过大,汇报调度检查前面工序是否正常。

二、初脱萘塔一般事故的处理与预防方法

（一）洗油中大量带水

洗油中大量带水将会引起粗苯蒸馏操作的混乱和设备管线的腐蚀,故必须认真对待,应调节加热器使入油洗段的油温比预冷段出口的煤气温度高 3'~5℃。

（二）初脱萘塔阻力过大

这种问题与工艺的设备有关,在前脱硫的工艺中初脱萘塔一般设在脱硫前、电捕焦油器后,循环水为氨水,如氨水中带有少量焦油或电捕停工时,初脱萘塔内容易挂焦油造成阻力过大,处理方法只有停车清扫。

三、洗苯塔一般事故的处理与预防方法

（一）洗苯塔内洗油含水量过高

洗油含水一般应保持在 1%左右,含水过高会造成粗苯蒸馏系统操作的混乱。此时应做如下处理:

1. 及时调整贫油温度高于煤气温度 2~3℃。

2. 清扫终冷塔后煤气管道水封的排液管,确保其畅通,防止冷凝水进入 1 号洗苯塔底富油中。

3. 要及时提高管式炉后富油温度和脱苯塔顶温度使油中的水分尽快脱出。

（二）洗苯塔阻力过大

正常生产操作过程当中,一台洗苯塔的阻力约为 500Pa 左右,不宜过高,否则将严重影响苯的吸收效果。若阻力过高可参考降低终冷塔阻力的办法处理。另外也可使用热贫油冲洗的办法来降低洗苯塔的阻力,使其恢复正常。

（三）入洗苯塔贫油温度偏高

1. 适当增大中、低温冷却水量。

2. 降低中、低温水入口温度,使之符合规定。

3. 检查贫油冷却器进出口温差,如过小则表明有结垢或堵塞问题,需停工处理。

（四）塔底油槽抽空或冒槽

1. 责任心不强，各油泵送油量不一致，又检查不周，导致各油槽液位不稳甚至抽空或冒槽，一但发生此类事故应立即调节有关的油泵流量及时倒油。平时应稳定各油泵的操作，避免液位的大起大落使各油泵的流量一致，同时经常检查各液位是否正常。

2. 液位计不准应及时检查现场浮桶液位计，然后立即倒油。预防方法是经常用浮桶液位计的读数与仪表指示值对照。

3. 液位自动调节阀失灵。此时应立即打开自动调节阀，关闭其前后阀门，用旁通阀调节液位至正常。仪表工应经常检查自控系统工作是否正常，操作工应在液位稍有异常时马上采取上述措施手动调节，同时通知仪表工检修自动阀。

四、泵类运行一般事故的处理与预防方法

（一）轴封处泄漏

终冷泵、贫富油泵，有时泵密封处漏油漏水。此类事故要及时处理，一般情况可紧填料压盖以达到不漏油水的目的。当紧压盖不能解决问题时就要倒泵更换新填料。预防方法是，在调节流量时尽量使用进口阀门调整，少使用出口阀门调整。以降低泵体压力、减缓填料的损坏，可延长泵和密封填料的使用寿命。

（二）泵不上量

1. 工作不负责任，在生产过程当中可造成油槽抽空导致泵不上量，此时应及时补油。预防方法，要经常检查塔的液位是否符合规定。

2. 泵启动后不上量可能是泵内有气泡。这时要及时排除泵体内的空气就可以，同时在生产当中注意贫富油的含水量是否超标。

3. 泵不上量还可能是供电系统有故障，这时要检查电流和电机温度，发现问题及时处理。

（三）电流过大

1. 泵的轴封填料压得过紧，使电流增高，拧松填料压盖即可。

2. 泵的转动部分与固定部分发生摩擦，使泵的电流过大。此时应倒泵检修。

（四）泵的前后轴承损坏

此类事故在生产当中也时有发生，尤其在新投产的单位比较多。发生此类事故要及时倒泵。在预防上要坚持定期加油、设备定期检修制度。

五、停电、停水、停汽事故的处理

（一）停电

1. 及时向值班长和调度室汇报，通知鼓风司机注意压力变化。

2. 切断各泵的电源，关闭其出口阀门。

3. 密切注意塔底油槽液位的升高，如超过上限，可放入地下槽。

4. 关闭各冷却器的冷却水进口阀门。

5. 如停电的时间较长，可打开各塔的煤气交通阀门，关闭煤气入口阀门，煤气出口阀门留2～3扣，保持塔内正压即可。

6. 做好来电恢复生产的各种准备工作。

（二）停水

1. 停中、低温冷却水

要及时向值班长和调度室汇报,此时粗苯蒸馏应做停工处理。如果停水时间不长终冷洗苯系统可做如下处理:

(1) 终冷水一、二段冷却器和贫油一、二段冷却器均可走旁通。
(2) 作好来水恢复生产的各项准备工作。

2. 停生产水

(1) 及时向值班长和调度室汇报。
(2) 如停水时间较短(不超过 1~2h)可不停工,但应密切注意各泵轴封温升是否超标。如温升超标或停水时间较长时(超过 2h)应做停工处理。

(三) 停汽

1. 及时向值班长和调度室汇报。
2. 关闭洗萘油加热器的蒸汽进口阀门。
3. 注意检查煤气管道各水封、油封的排液管是否畅通。

第十课 终冷洗苯工序操作规程

一、各岗位操作规程

(一) 终冷洗萘岗位操作规程(水-油-水流程)

1. 职责

(1) 负责终冷洗萘系统的生产操作,保证洗萘在最佳条件下操作。
(2) 稳定各泵、预冷塔、终冷塔的操作,调节各温度、压力、流量、液位符合技术规定。
(3) 负责取洗萘富油样。
(4) 负责地下槽污水的外排。
(5) 负责所属设备维护保养、工具管理及地区卫生。

2. 正常操作

(1) 经常检查各水泵、油泵运转情况,振动、声响、轴承温度、电机电流及温升均不超过技术规定。
(2) 经常检查各水槽、油槽液位是否正常。
(3) 调节中,低温冷却水水量使预冷塔和终冷塔煤气出口温度符合技术规定。
(4) 调节蒸汽加热器的蒸汽量使入塔的洗萘富油温度符合技术规定。
(5) 经常检查设备、管道、液封槽是否畅通。
(6) 每小时按要求及时准确记录各项工艺参数一次。

3. 终冷洗萘系统的开车

(1) 检查有关阀门、设备、仪表等是否处于开工状态,有关的盲板应抽掉,将煤气水封槽充满水、洗萘油槽加好洗油。
(2) 打开预冷塔顶放散管及蒸汽清扫阀,用蒸汽赶空气。
(3) 打开煤气入口阀,用煤气赶蒸汽,见放散管冒大量煤气时,取样作爆发试验,合格后关闭塔顶放散管及蒸汽清扫阀。

（4）通知鼓风司机注意机后压力，开煤气出口阀，慢关煤气交通阀的同时开大煤气进口阀。

（5）按 b、c、d 的步骤依次置换终冷洗萘塔的油洗段和终冷段。

（6）正常通煤气后，开终冷水泵向预冷塔和终冷段送水，给冷却器送冷却水。

（7）调整终冷水量和温度使煤气出口温度符合规定。

（8）启动洗萘油泵向油洗段送油，调整蒸汽加热器使入塔油温符合规定。在洗苯塔开启前，洗萘油在油洗段循环使用，待洗苯塔运转正常后，向富油槽送洗萘富油，同时由富油槽向洗萘段送洗苯富油，调整油量符合规定。

4. 终冷洗萘系统的停车

（1）停终冷水泵，停冷却器冷却水。

（2）停止向油洗段送油，停蒸汽加热器蒸汽。

（3）打开各塔的煤气旁通阀，关闭煤气进口阀，关小煤气出口阀（留 2～3 扣）。

（4）如塔阻力超标，则将塔顶放散管打开，将煤气出口阀关闭，用蒸汽清扫。

（5）清扫后，需要内部检修时，则应根据情况，必要时堵上煤气进出口盲板，打开人孔，取样化验空气成分，确认无问题后方可进行检修。

（二）洗苯岗位操作规程

1. 职责

（1）负责洗苯系统的生产操作，保证洗苯在最佳条件下操作。

（2）稳定各油泵、洗苯塔、贫油冷却器的操作，调节温度、压力、流量、液位符合技术规定。

（3）负责取贫、富油样。

（4）负责加新洗油和抽地下槽洗油并做好计量工作。

（5）负责所属设备维护保养、工具管理及地区卫生。

2. 正常操作

（1）经常检查洗油槽、富油槽、贫油槽、洗苯塔内液面高度，及时调整使其符合技术规定。

（2）接受合格的洗萘富油。

（3）检查调整贫油温度、洗油循环量，保持最佳操作条件。

（4）经常检查各油泵运转情况，振动、声响、轴承温度、电机电流及温升均不超过技术规定。

（5）经常检查设备、管道、油封槽是否畅通，地下槽油面是否符合规定。

（6）每小时按要求，及时准确记录各项工艺参数一次。

3. 开车

（1）油封槽加满油，检查有关阀门、管道、设备、仪表等是否处于开工状态，有关的盲板应抽掉。

（2）打开塔顶放散管阀门，由塔底及煤气出口管通入蒸汽，放散管冒大量蒸汽后，稍开煤气入口阀门，然后关闭蒸汽阀门。

（3）当放散管冒煤气后，做爆发试验合格后，全开煤气出口阀门，慢开煤气入口阀门，同时关煤气交通管阀门。

（4）按（2）、（3）依次置换1号、2号、3号塔。

（5）开启贫油泵、循环油泵依次向3号、2号、1号洗苯塔送洗油。当富油槽液位足够时，向蒸馏送油。

（6）当贫油槽液位足够时，停止从新洗油槽补油，贫油泵改抽贫油槽的油。并调节各油槽液位符合技术规定。

（7）待蒸馏升温后，打开一、二段贫油冷却器的冷却水，调节冷却水量使入3号洗苯塔贫油温度符合技术规定。

（7）向油洗萘送洗苯富油，并接收油洗萘来的洗萘富油。

4．停车

（1）停止向油洗萘送油、接收油洗萘来油。

（2）依次停各油泵，停一、二段贫油冷却器的冷却水。

（3）打开煤气交通阀门。

（4）临时停用时，关闭煤气入口阀门，出口阀门留2～3扣保持正压。

（5）如停工检修时，打开放散阀，通蒸汽赶净塔内煤气，堵好进出口煤气盲板、取样化验空气成分，确认无问题后方可进塔检修。

二、各岗位安全规程

（一）安全管理规程

1．坚守岗位，提高警惕，严防坏人破坏。

2．未经上级批准，各岗位不准接待外来人员。

3．严格贯彻执行下列安全制度。

（1）危险工作申请制。

（2）动火批准制。

（3）安全设施抢修制。

（4）事故报告制。

（5）人身机电事故登记制。

（6）安全作业证制。

（7）安全责任制。

（8）安全教育活动日制。

（9）危险工作挂牌制。

（10）新工人安全技术包教制。

4．除车间办公室和批准的固定的吸烟室外，一切生产界区严禁烟火。

5．消火工具齐全好使，消火蒸汽畅通不堵，每周各班长负责检查一次，并向值班长汇报，值班长应作好记录。

（二）一般安全技术规程

1．上班前严禁喝酒。

2．净化车间周围应有完整的防护措施，一般人员禁止进入车间，严禁将火种带入车间。

3．厂房内禁止放置任何杂物，所有通道、走梯、操作台应畅通无阻，厂房内和道路应保持清洁、各工段垃圾放到指定地点。

4. 在苯类和煤气等危险区工作严禁穿带钉子的鞋,严禁使用铁制工具敲击管道和设备。

5. 禁止在蒸汽管或加热设备上晾晒物品和一切可燃物。

6. 修理煤气设备时,必须按照危险工作规定进行。修理负压煤气设备时,必须在正压的条件下进行工作。

7. 各地沟和水井盖必须保持完好,水池周围需有防护装置。

8. 现场地面不许有积水,冬季不许有积存冰雪。

9. 禁止在煤气管道、洗涤塔、贮槽区附近逗留休息。不准在栏杆上、管道上和设备上休息。

10. 现场岗位所悬挂的警告牌、安全标志和防火用具不得随意移动。

11. 凡存有比重小于水的液体贮槽和分离槽等,槽内排水时必须防止油类跑入地沟。

12. 在容器,贮槽、油槽车等内部进行检修、检查和清扫时,必须按照下列规定进行：

(1) 在设备内部进行清扫和检修时,应将设备一切连通管线堵上盲板,将所有的阀门关闭后方准进行。

(2) 在设备内清扫时必须冷却到常温,经空气分析合格后方准进行。

(3) 在清扫设备内部的残渣及油垢时必须做鸽子试验。

(4) 操作人员进入设备区时,必须穿戴好劳动保护用具,并有监护。

(5) 凡参加工作的人员,必须进行安全教育,考试合格方可进入生产厂区。

(6) 在容器内禁止使用铁制工具,使用照明时,电压不得超过 12 伏特。

(7) 设备检修完毕后不准将材料与工具遗留在设备内部。

13. 在煤气设备上进行检修与抽堵盲板时,应按危险工作的有关规定进行。

14. 原料、半成品贮存量不得超过规定数值。

15. 本车间所有的设备和管道都必须按设计要求接好地线。

16. 禁止使用破布、木棍或其它类似材料堵蒸汽管道、煤气管道及其它液体管道和设备。

17. 在酸、碱装卸和检查时必须戴好眼镜、口罩和胶皮手套等防护用品。

18. 在比重小于水的油类着火时要用四氯化碳、砂或泡沫灭火器喷洒;电气设备着火时,只能用砂子和四氯化碳灭火。

19. 不准戴手套或用湿布擦拭电机,不准用水冲洗电机和其它电气设备。

20. 不准在高空向地面扔东西,必须扔物时,地面要有专人负责安全防护。

21. 不准跨越、擦拭和检修正在运转中的机械电气设备。

22. 不准将工器具靠在栏杆上或管道上,工具用完后放回指定地点。

(三) 生产检修安全规程

1. 动火必须在前一天或当天填写申请书,具备动火条件并经车间和安全科检查批准后方可动火,在有煤气、苯、氨等易燃易爆气体区哉设备动火要作空气分析。易爆范围如下 (体积百分比)：

空气中含焦炉煤气最低 5%,最高 30%;

空气中含苯最低 1.4%,最高 7.5%;

空气中含氨最低 15.5%,最高 2.7%。

2. 新开工或长期停放的煤气设备开启时应用蒸汽赶尽空气，正压设备应做好煤气爆发试验。

3. 煤气负压设备要经常作煤气含氧分析，严禁漏入空气。

4. 煤气设备的油封和水封必须充满液液排液管要保持畅通。

5. 蒸汽加热的设备、塔设备的压力计及压力导管必须保持畅通好使，不允许在无压力计情况下加热、加汽、加压操作。

6. 塔设备、换热器及贮槽等设备不许骤热骤冷，贮槽放散管要畅通。

7. 各种煤气冷却、洗涤、吸收等设备在通煤气前禁止通入冷却水及洗涤液。

8. 有易燃物质的设备，在加热清扫后必须等其冷却到常温后，方可打开人孔盖，防止自燃（硫化铁自燃点约40℃）。

9. 当开停煤气设备时，须事先与鼓风司机取得联系，并应缓慢操作。

10. 检修煤气系统或油类设备时，必须用铜工具，如用铁工具必须涂上甘油，方可使用。

11. 严禁产品、半成品和有污染性物质流入水道。

12. 各转动设备必须有安全罩。

13. 煤气系统设备、油类设备、电器设备的接地线必须保持完好。

14. 停止转动的设备必须拉掉电源，不得擅自送电，未经检查的转动设备严禁启动。

三、各岗位设备、管线、阀门使用与维护保养规程

（一）管线、阀门使用与维护保养规程

1. 日常维护

操作工必须按照规定、对分管的管道、阀门进行巡回检查，检查内容如下：

（1）在用管道、阀门是否有超温、超压、过冷及泄漏；

（2）管道有否异常振动，管道、阀门内部是否有撞击声；

（3）有无积液、积水；

（4）安全附件运行是否正常。

2. 定期检查内容（每月一次）

（1）管道及阀门是否有泄漏；

（2）吊卡的紧固、管道支架的腐蚀和支承情况；

（3）管道、阀门的防腐层、保温层是否完好；

（4）阀门操作机构的润滑和防护是否良好；

（5）输送易燃易爆介质的管道、阀门每年测量检查一次防静电接地线。

记录检查结果。如有不正常现象，应及时报告并采取措施进行处理。

（二）换热器维护保养规程

1. 严格执行操作规程，确保进出口温度、压力及流量控制在操作指标内，防止急剧变化，并认真填写运行记录。

2. 随时检查壳体、封头（浮头）、管程、管板及进出口管道等连接处有无异响、腐蚀及泄漏。

3. 检查各连接件的紧固螺栓是否齐全，可靠，各部仪表及安全装置是否符合要求。发

现缺陷及时消除。

4. 检查换热器及管道附件的绝热层，保持绝热层完好。
5. 勤擦拭、勤打扫，保持设备及环境的整洁，做到无污垢、无垃圾、无泄漏。
6. 严格执行交接班制度，未排除的故障应及时上报，故障未排除不得盲目开车。

（三）塔类设备维护保养规程

1. 严格按操作规程进行启动、运行及停车，严禁超温、超压，并做到：
（1）坚持定时定点进行巡回检查。重点检查：温度、压力、流量、仪表灵敏、设备及附属管线密封、整体振动情况；
（2）发现异常情况，应立即查明原因，及时上报，并由有关单位组织处理，当班能消除的缺陷及时消除；
（3）经常保持设备及周围环境清洁卫生，及时消除跑、冒、滴、漏；
（4）认真填写运行记录。
2. 每季对塔外部进行一次表面检查，检查内容：
（1）焊缝有无裂纹、渗漏，特别注意转角、人孔和接管焊缝；
（2）各紧固件是否齐全、有无松动，安全栏杆、平台是否牢固；
（3）基础有无下沉倾斜、开裂，基础螺栓腐蚀情况；
（4）防腐层、保温层是否完好。

（四）离心泵使用与维护保养规程

1. 严格按离心泵的操作规程启动、运行与停车，并做好运行记录。
2. 每班检查润滑部位的润滑油是否符合规定。
3. 新换轴承后，工作100h应清洗换油，以后每运行1000~1500h换油一次，油脂每运行2000~2400h换油。
4. 经常检查轴承温度，应不高于环境温度35℃，滚动轴承的最高温度不得超过75℃；滑动轴承的最高温度不得超过65℃。经常检查电机温升。
5. 经常检查轴封处漏油情况，填料密封保持每分钟10~20滴为宜；对于机械密封，要达到完好标准（初期应无泄漏，末期每分钟不多于5滴）。
6. 经常观察泵的压力及电机电流是否正常稳定，注意泵有无噪声等异常情况，发现问题及时处理。
7. 经常保持泵及周围场地整洁，及时处理跑、冒、滴、漏。

（五）贮槽维护保养规程

1. 要定时、定点、定线地巡回检查，主要检查槽体、管道、阀门有无泄漏，防火、防爆等安全装置及照明是否正常，如发现问题，应及时处理，一时不能处理的应及时报告，提出处理建议并做好记录。
2. 严格按操作规程要求进行操作，如发现异常，应及时查明原因，进行相应处理。
3. 经常观察液位是否正常，并检查液位计有无堵塞，防止产生假液位。
4. 勤打扫、勤擦拭，保持贮槽及周围环境清洁卫生。

四、各岗位初级工岗位责任

（一）终冷洗萘岗位

1. 精心操作,使终冷洗萘保持最佳的操作条件,保证煤气出口温度和含萘量符合规定。
2. 严格遵守各项规章制度,做到安全文明生产无事故。
3. 做好所属设备的维护保养工作。
4. 努力学习,提高技术水平。

(二)洗苯岗位

1. 精心操作,使洗苯保持最佳的操作条件,保证塔后煤气含苯量符合规定。
2. 严格遵守各项规章制度,做到安全文明生产无事故。
3. 做好所属设备的维护保养工作。
4. 努力学习,提高技术水平。

第三章

粗苯回收初级工

第一课 粗苯回收（脱苯）生产工艺流程

一、蒸汽法生产粗苯工艺流程

由洗涤工序来的富油，在分凝器下面三段中，与脱苯塔来的油汽换热被加热至70～80℃，然后进入列管式贫富油换热器，与来自脱苯塔底部的温度为130～140℃的热贫油换热被加热至90～100℃，再于富油预热器中被压力大于0.8MPa的蒸汽间接加热至135～145℃后，进入脱苯塔上部的第12层塔板进行脱苯。脱苯塔蒸馏用的直接蒸汽由再生器供入。经蒸汽蒸馏后从脱苯塔顶部出来的粗苯蒸汽、轻质洗油蒸汽、萘蒸汽和水蒸汽进入分凝器，在与洗涤工序来的富油换热后，再经分凝器顶上一格用冷水冷却，使温度降到88～92℃，此时，大部分洗油蒸汽、萘蒸汽、水蒸汽被冷凝下来。粗苯蒸汽则由分凝器顶部逸出，进入两苯塔底部。分凝器冷凝下来的其他冷凝液则按比重不同，分别引入重分缩油分离器与轻分缩油分离器进行油水分离。为防止冷凝水带油，设置控制分离器，再次分离出水中的油类，废水则排入酚水道。由轻、重馏分分离器引出的轻重分缩油，混合后自流至富油泵入口管，随同富油送往脱苯塔。

从脱苯塔底部排出的贫油温度比富油预热温度约低3～5℃，热贫油冷却采用半自流流程，即从脱苯塔底排出的热贫油自流进入贫富油换热器，经与富油换热并冷却至110～120℃后，回至脱苯塔底热贫油槽，由此，用热贫油泵送往贫油冷却器，经冷却水间接冷却至25～30℃后，送往洗涤工序洗苯塔循环使用。

洗油在循环使用过程中质量会变坏。为了保持循环洗油质量，将循环洗油1%～1.5%由富油入脱苯塔前的管路或脱苯塔加料板以下的一块塔板处引出至蒸汽洗油再生器。在此，洗油被压力为0.8～1.0MPa的蒸汽间接加热至160～180℃，并用过热直接蒸汽蒸吹。蒸出温度为155～175℃的油蒸气和水蒸汽的混合物从再生器顶部逸出后进入脱苯塔底部。残留在再生器底部的高沸点聚合物及油渣称为残渣油，借助器内的蒸汽压力间歇或连续地排至残渣槽。

粗苯蒸汽由两苯塔精馏段底部进入，与提馏段上升的蒸汽一齐自下而上通过8-12层塔板，经气液两相间的传质获得的轻苯蒸汽进入冷凝冷却器，自上而下通过各管室冷凝并冷却至25～30℃后进入轻苯分离器，分离出的轻苯流至回流槽。为控制两苯塔塔顶温度，保证轻苯产品质量，一部分轻苯由回流槽用泵送往两苯塔顶作回流，回流比为2.5～3.5，其余的轻苯即为产品满流至轻苯贮槽。

两苯塔下部为提馏段，由3～6层泡罩板组成，设有间接蒸汽加热管，并送入少量直接蒸汽加热底部的液体混合物,以提取其中的低沸点组分。两苯塔底部温度保持在150℃左右。由底部流出的重苯进入重苯冷却器,冷却至45～50℃后流入重苯贮槽。

为了引出两苯塔精馏段上部生成的冷凝水,轻苯和冷凝水由精馏段自上往下数第二块塔板引出至油水分离器的上段,脱水后的轻苯返回塔内精馏段第三块塔板。

精馏段底部含有冷凝水的溢流液体,自底部塔板引出至油水分离器下段,脱水后的液体返回两苯塔提馏段最上层塔板。

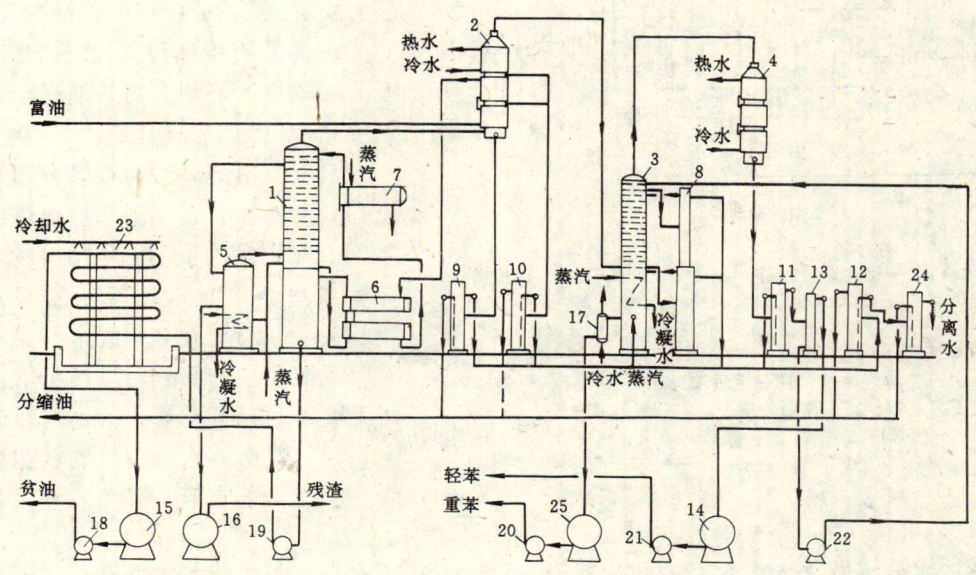

图 1-3-1

1—脱苯塔;2—分凝器;3—两苯塔;4—冷凝冷却器;5—再生器;6—贫富油热交换器;7—预热器;8—油水分离器;9—重分缩油分离器;10—轻分缩油分离器;11—轻苯分离器;12—控制分离器;13—回流槽;14—轻苯槽;15—冷贫油槽;16—残渣槽;17—重苯冷却器;18—贫油泵;19—热贫油泵;20—重苯泵;21—轻苯泵;22—回流泵;23—贫油冷却器;24—控制分离器;25—重苯贮槽

二、管式炉加热蒸馏生产粗苯工艺流程

从洗涤工序来的富油进入油气换热器,与脱苯塔塔顶来的热气体换热后升温到70～80℃,然后入贫富油热交换器被热贫油加热到120～130℃,再经脱水后从塔底部抽送到管式炉加热,加热到180℃的富油进入脱苯塔第15层塔板,热贫油从脱苯塔底部经贫富油热交换器、一段贫油冷却器冷却到50℃左右,自流入贫油槽,然后用泵送到二段贫油冷却器冷却到25～30℃,送回3洗苯塔循环使用。

从脱苯塔顶出来的粗苯蒸汽,进入油汽换热器,温度从90～93℃降至70℃左右,然后进入粗苯冷凝冷却器,粗苯和水从冷凝冷却器下部流入油水分离器进行分离后,粗苯流入粗苯中间槽,用泵抽一部分粗苯送到脱苯塔顶部做为回流,其余送两苯塔。

脱水塔顶部逸出的含有40%左右的萘和洗油的气体,进入脱苯塔第16层塔板。为了引出精馏段产生的冷凝水,上数第二层塔板做断塔板,将该塔板上液体引至油水分离器脱水后,油类返回下一层塔板。

将循环洗油的 1%～1.5%，由入脱苯塔前的管路上引至洗油再生器上部，被从下部进入的温度 400℃的过热蒸汽蒸吹，蒸出的油蒸气和水蒸汽的混合物从顶部逸出后进入脱苯塔底，残馏在再生器底部的高沸点聚合物及油渣称为残渣，借助器内的蒸汽压力间歇或连续地排至残渣槽。

在脱苯塔精馏段第 22～27 层塔板上切取萘油，切出的萘油送至鼓冷工段兑入焦油中。

粗苯由中部进入两苯塔，两苯塔设有两台外加热器，循环加热塔底液体。由塔顶溢出的温度为 73～78℃的轻苯蒸汽经冷凝冷却器和油水分离器，冷却到 25～30℃并脱水后流入轻苯回流槽，抽一部分轻苯送至塔顶打回流以控制轻苯质量，其余的轻苯满流到轻苯贮槽，从提馏段侧线切取的液体产品为重质苯，塔底残液为萘溶剂油。

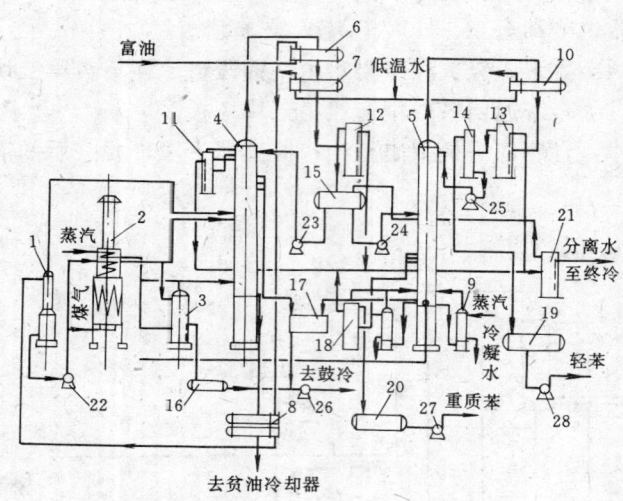

图 1-3-2

1—脱水塔；2—管式炉；3—再生器；4—脱苯塔；5—两苯塔；6—油汽换热器；7—粗苯冷凝冷却器；8—油油换热器；9—两苯塔外加热器；10—轻苯冷凝冷却器；11—脱苯塔顶油水分离器；12—粗油水分离器；13—轻苯油水分离器；14、15—粗苯中间槽；16—残渣槽；17—萘溶剂油槽；18—重质苯油水分离器；19—轻苯贮槽；20—重质苯贮槽；21—控制分离器；22—脱水富油泵；23—粗回流泵；24—两苯塔加料泵；25—轻苯回流泵；26—送残渣、萘油泵；27—重质苯产品泵；28—轻苯产品泵

各油水分离器之分离水经控制分离器进一步进行油水分离后，补入终冷系统使用。各放散管排放的苯类气体经苯捕集器用洗油吸收后送循环油系统。

三、粗苯回收工序设备布置

（一）布置原则

1. 蒸馏部分包括脱苯塔、冷凝冷却器、换热器、富油预热器、管式炉、分离器，产品中间槽及产品泵房等。产品泵、两苯塔加料泵和回流泵应单独布置在产品泵房内，并配以防爆型电动机。其它泵可放在洗涤泵房中。

2. 所有管式换热器设备的布置，应考虑其检修时有清扫管子和抽出管束的余地。

3. 分凝器和冷凝冷却器平台、脱苯塔平台之间，分离器和中间槽操作走台之间，宜用梯子和平台连通。

4. 管式炉的位置应尽可能远离厂房和油槽，一般应保持不小于 20m 的净距。

5. 蒸馏部分应设集中的仪表室，当与厂房布置在一起时，应充分考虑通风和采光。

6. 铸铁脱苯塔布置在专用框架内，脱苯塔底部热贫油出口标高不得低于 10m。

7. 脱苯塔框架上部宜设吊车梁，以便于脱苯塔的检修。

8. 再生器底部标高应不低于 1.2m。

9. 室外管道应尽量避免沿地面铺设，布置管道的地沟应考虑排水。

（二）平面布置图

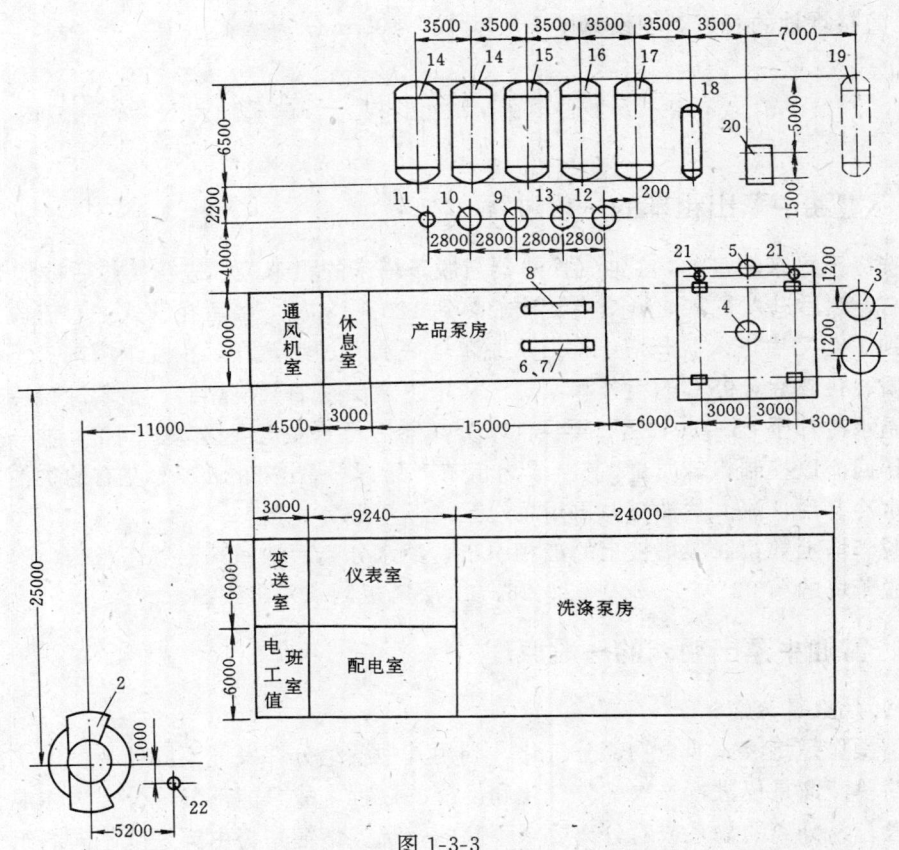

图 1-3-3

1—脱水塔；2—管式炉；3—再生器；4—脱苯塔；5—两苯塔；6—油气换热器；7—粗苯冷凝冷却器；8—轻苯冷凝冷却器；9—粗苯油水分离器；10—轻苯油水分离器；11—轻苯回流槽；12—重苯油水分离器；13—控制分离器；14—轻苯贮槽；15—粗苯中间槽；16—重苯贮槽；17—萘溶剂油贮槽；18—残渣槽；19—地下放空槽；20—送萘油及残渣用汽泵；21—两苯塔外加热器；22—煤气管道水封槽

四、粗苯回收工序工艺管线布置

（一）坡度

1. 冷洗油（贫富油）、萘油管道不小于 0.005。
2. 热洗油（贫富油）、苯类管道不小于 0.003。
3. 蒸汽、冷凝水管道不小于 0.002。
4. 残渣管道不小于 0.02。

（二）管道排列

1. 常温管道应放在上层，重的高温管道及易燃液体等管道应放在下层。
2. 带蒸汽加热套管的管道（萘油、残渣等），应尽可能排列在易于观察和检修的位置。
3. 同排排列的管道间距，应考虑施工、保温及检修等要求，其间距规定为：不保温管道排列时，大管径法兰外缘与小管径外壁间应不小于 50mm。

保温管道排列时，两道保温层外表面间距不小于 100mm。

4. 车间外部管道一般应向车间内部倾斜，在车间内部应考虑放液措施。线路上不宜有积存介质的最低点，若无法避免有最低点时，则必须在最低点设有放液管。

5. 直接埋地的管道其埋设深度一般不小于700mm。

第二课 粗苯回收一般知识

一、富油中蒸出粗苯的一般过程

由洗涤工序来的富油，在油气换热器与脱苯塔来的粗苯蒸汽进行换热后被加热到60~70℃左右，然后进入贫富油热交换器被加热到120~130℃，最后在管式炉对流段及辐射段中加热到180℃后进入脱苯塔中部，从脱苯塔底通入过热蒸汽，在脱苯塔内自下而上经过逐板传质、传热后，93℃的粗苯和水蒸汽从塔顶逸出经油气换热器、粗苯冷凝冷却器被富油和低温水冷却至25~30℃后，再经油水分离器后粗苯溢流至粗苯中间槽，抽一部分粗苯至塔顶作回流以控制粗苯质量，其余成为粗苯产品；塔底出来的177℃左右的贫油经贫富油换热、水冷却后自流入贫油槽，再用泵送至洗苯塔循环使用。

将脱苯塔上数第二层塔板上的液相引出，油水分离后油回第三层塔板。

从脱苯塔的第22、23、24、25、26、27层塔板侧线采出萘油。

二、富油中蒸出粗苯的一般原理

（一）什么是蒸馏？

蒸馏操作是将液体混合物部分气化，利用其中各组分挥发度不同的特性以实现分离的目的。简单蒸馏是仅进行一次部分气化和冷凝的过程，故只能部分地分离液体混合物，适用于一般较易分离的物系或对分离要求不高的情况。精馏是将由挥发度不同的组分组成的混合液，在精馏塔中同时多次地进行部分气化和冷凝，使其分离成几乎纯态组分的过程。

（二）蒸苯的一般原理

从富油中蒸出粗苯是根据洗油和粗苯两者沸点（挥发度）的不同，用蒸馏（精馏）的方法进行的。虽然粗苯的沸点小于180℃，洗油的沸点大于180℃，但粗苯和洗油两者是完全互溶的物质，且其液体混合物又不具有恒沸点，同时洗油又是此混合物中主要的组分，因此混合物的沸点介于粗苯和洗油的沸点之间，并趋近于洗油的沸点，故需将富油加热到250~300℃，方能将粗苯蒸出来，而加热到这样高的温度会引起洗油因受热分解而变质，因此必须设法降低蒸馏的温度，一般采用水蒸汽蒸馏的方法。

当加热互不相溶的液体混合物时，若各组分的蒸汽分压之和达到塔内总压时，液体即行沸腾。因此，在脱苯蒸馏过程中通入大量直接蒸汽，当塔内总压力一定时，气相中水蒸汽所占的分压愈高，则粗苯和洗油的蒸汽分压愈低，即在较低的脱苯蒸馏温度下，可将粗苯较完全地从洗油中蒸出来。粗苯蒸汽、水蒸汽由塔顶逸出，冷凝后可按密度不同与粗苯分离。

第三课　回收粗苯的原料及产品

一、含苯富油的组成

（一）含水量：<1%；

（二）含苯量：2%～2.5%；

（三）含萘量：8%～10%。

二、粗苯的性质、规格、用途

（一）粗苯的性质

粗苯是淡黄色透明液体，密度为 0.871～0.900g/mL，不溶于水，易挥发；易燃易爆，闪点 12℃，其蒸汽在空气中的浓度达 1.4%～7.5%（体积）时，会形成爆炸性混和物。

粗苯是由苯及其同系物、不饱和烃类、硫化物、酚类等组成的混合物，其组成如下：

粗　苯　组　成　　　　　表 1-3-1

组　分	分　子　式	含　　量（%）
苯	C_6H_6	55～70
甲苯	$C_6H_5CH_3$	12～22
二甲苯	$C_6H_4(CH_3)_2$	2.0～6
三甲苯	$C_6H_3(CH_3)_3$	2.0～5
不饱和化合物	—	7～12
硫化物	CS_2、C_4H_4S	0.5～2.7
酚	C_6H_5OH 等	0.1～1.0

（二）粗苯的质量标准（GB3059—32）

表 1-3-2

名　　称	指　　标
外观	黄色透明液体
密度（20℃，g/mL）	0.871～0.900
180℃前馏出重量%	93
水分	室温 18～25℃下目测无可见的不溶解水

（三）粗苯的用途

粗苯是极为重要的化学工业原料，其本身的用途有限，经过精制可得下列主要产品：

苯：除用作溶剂外，它是塑料、人造纤维，药物及染料的重要原料。

甲苯：制三硝基甲苯，它是一种烈性炸药（T、N、T）；生产聚酯树脂和聚酯纤维。由于凝固点得低（$-95℃$），可作航空燃料及内燃机燃料的添加剂。甲苯还可用来生产糖精。

二甲苯：作为橡胶和油漆的溶剂及航空和动力燃料的添加剂。

不饱和化合物：主要有戊烯、1—戊烯、1—甲基丁烯、环戊二烯、直链烯烃、苯乙烯、古马隆等，它们的用途十分广泛。

三、轻苯的性质、规格、用途

（一）轻苯的性质

轻苯是苯、甲苯、二甲苯、环戊二烯、二硫化碳、酚、噻吩等的混和物，黄色透明液体，密度为 $0.870\sim 0.880\text{g/mL}$，有芳香气味、有毒、易燃、易爆。

（二）轻苯的质量标准（GB3059—82）

表1-3-3

项　　目	指　　标
外观	黄色透明液体
密度（20℃），（g/mL）	0.870～0.880
馏出体积96%时的温度	＞150℃
水分	室温18～25℃下目测无可见的不溶解水

（三）轻苯的用途

轻苯本身的用途不在，经精制加工可得到苯、甲苯、二甲苯等产品，它们是有机化学工业的主要原料，广泛应用于塑料、合成纤维、合成橡胶、染料、医学、农药、油漆等工业。

四、重质苯的性质、规格、用途

（一）重质苯的性质

以两苯塔侧线切取的产品即为重质苯，也叫精重苯。主要成份为古马隆茚，密度为 $0.930\sim 0.980\text{g/mL}$，不溶于水，易燃、易爆。

（二）重质苯的质量标准（GB3062—82），见下表。

指　标　名　称	指　　标	
	一　级	二　级
密度（20℃），(g/mL)	0.830～0.890	
馏程：		
初馏点（℃）	≮160	≮160
200℃前馏出量（%）（容量）	≮85	≮85
水分（%）	≯0.5	≯0.5
古马隆、茚含量（%）	≮40	≮30

（三）重质苯用途

重质苯主要用来生产古马隆—茚树脂,古马隆—茚树脂主要用于代替天然树脂和酯化松香,以配制防锈涂料和绝缘涮料等,也可用作橡胶的软化剂和陶瓷的粘结剂及制造油墨、油毛毡、电池外壳、留声机片、人造皮革等。

五、脱苯后的贫油组成

含萘量小于8%;含苯量0.4%~0.6%。

六、脱苯后煤气中的苯、萘含量

苯含量≯2g/m³;
萘含量0.2~0.3g/m³。

第四课 粗苯回收工序主要设备性能

粗苯会师回收工序是对洗涤工序洗苯所产生的富油通过蒸馏手段分离出粗苯,进而生产两苯。其主要设备包括管式炉、脱苯塔、两苯塔,热交换器,贮槽及泵类。

一、管式炉规格、性能及其使用与维护

焦化生产中常用的脱苯蒸馏管式炉均为有焰燃烧的圆筒炉。其作用加热含苯富油,使富油升温至170~180℃后进入脱苯塔进行脱苯蒸馏。另用管式炉生产过热蒸汽供粗苯生产用。

(一)常用圆筒式管式炉规格特性见表1-3-4。

表1-3-4

型 号	直径(m)	高度(m)	总热负荷(KJ/h)	设备重(t) 金属重	耐火材料重	操作重(t)
50-10-φ57/φ76	1690	10.000	2,090,000	5.937	5.560	
60-10-φ76/φ76	2010	10.800	2,508,000	6.726	7.034	15
100-25-φ114/φ60	2850	16.850	4,180,000	20.515	16.835	40
225-25-φ127/φ127/φ89	3430	19.572	10,658,000	31.178	21.602	60
420-25-φ114/φ152	4254	28.564	17,556,000	45.048	38.000	
550-25-φ114/φ152	4612	29.928	22,990,000	53.593	43.000	

60万t/a焦化厂采用的225-25-Φ127/Φ89圆筒管式炉技术参数如下:

介质:辐射段:富油;对流段:富油/水蒸汽
工作温度:℃　　　＜250;　　　　—/425
工作压力:MPa　2.3;　　　　　　—/1.4
设计压力:MPa　2.5;　　　　　　2.5/2.5
加热面积:m²　82.8;　　　　　　60/31.5
炉管:有效长度　m　3130/4800;　3130/3130
根数:8/38;　　　　　　　　　　48/36
程数:1;　　　　　　　　　　　　1/1

流通面积：m² 0.00967；　　　　　　0.00967/0.00466
热强度：kJ/m²·h 9614；　　　　　　19520/33230
有效热负荷：kJ/h 7,942,0000；　　　1,672,000/1,045,000
流量：kg/h 52100；　　　　　　　　52100/2000
流速：m/s 1.41；　　　　　　　　　1.41/56.5

（二）管式炉的使用与维护

管式炉作为焦化生产粗苯蒸馏系统的加热富油设备，正确使用及维护对于粗苯蒸馏的安全生产，以及管式炉的使用寿命均有重要意义。

1. 管式炉运行中的使用及维护

（1）管式炉的操作必须严格按工艺要求操作，管式炉出口温度170～180℃，出管式炉蒸汽温度400℃，不得超过规定范围。

（2）管式炉运行中，炉膛上、中、下部温度要严格按技术要求控制。

（3）运行中辐射段管束、对流段管束严禁断油、断气。如发生负荷降低时，要间隔、均匀的停止火咀，保证炉管受热均匀。

（4）发生物料（洗油）着火时，应立即关闭煤气总阀及气动调节阀，（大于100mm 煤气管要缓慢关闭）。用蒸汽及干粉、二氧化碳等消防器材灭火，不得将水打入炉内。情况紧急时，可开炉膛内下部消火蒸汽阀。

（5）突然停电，立即关闭煤气喷嘴旋塞，再关煤气总阀，打开烟囱翻板，降低炉膛温度，通蒸汽赶净炉膛内残余煤气。

（6）发现煤气喷嘴突然停火时，应立即关闭炉前煤气总阀及气动阀，喷咀旋塞打开烟囱翻板，必要时打开炉底消火蒸汽，赶净残余煤气。

（7）保证仪表装置完好，以免超温，损坏管式炉炉管。

2. 管式炉开工使用维护

（1）开工前必须检查煤气系统，油系统、蒸汽系统各阀门及烟道翻板等具备开炉条件。

（2）检查安全系统、仪表检测及调节系统好使。

（3）通蒸汽清扫炉膛，当烟囱大量冒蒸汽时关闭蒸汽。

（4）蒸汽清扫油管。

（5）引入明火后开煤气阀门点火。

（6）当炉膛温度达150～200℃时通入富油，炉膛温升40～50℃/h，直至油温达技术规定。

3. 管式炉停火时注意事项：

（1）停火时，必须按顺序逐渐关闭煤气喷嘴，慢开烟道翻板，通风口，使炉膛温度缓慢下降，降温速度10～15℃/h，冷却时间不大于4h。

（2）停工少于三天可不放油，超过三天应将油放出并用蒸汽清扫油管。

二、脱苯塔规格、性能及其使用与维护

脱苯塔的作用在于用水蒸汽蒸馏的方法，将富油中的粗苯脱除出来，为两苯生产提供原料。

目前焦化厂应用的脱苯塔有圆形泡罩塔，条形泡罩塔及浮阀塔等，其中的条泡罩塔应

用最广。

（一）常用泡罩塔规格特性见表 1-3-5（铸铁）

表 1-3-5

塔径 (mm)	塔高 (m)	塔板层数	板间距 (mm)	泡罩形式	重量(t) 设备重	重量(t) 操作重
800	12.730	12	400	圆形	7.365	16
1000	14.620	14	400	圆形	11.085	23
1200	18.800	18	600		19.200	
1600	16.650	16	600	条形	26.270	35
1200	19.440	30	400	条形	26.600	
1600	23.074	30	400 600	条形	42.500	55

注 (1) 12～18 层塔板铸铁泡罩脱苯塔用于带分凝器的富油脱苯流程。
（2）30 层塔板的铸铁泡罩脱苯塔用于无分凝器的富油脱苯流程。

60 万 t/a 焦化厂脱苯塔 $\phi 1600 \times 23.074$ $n=30$ 的技术性能如下：

介质：苯族烃，洗油及其蒸汽。

工作温度：<200℃

工作压力：～0.03MPa

富油流量：45～50m³/h

塔截面积 2.01m²

塔板泡罩形式：条形泡罩

层数：提馏段：15 层塔板；精馏段；15 层

板间距：　　　600mm　　　400mm

升气孔截面积　0.149m²　　0.133m²

降液管截面积　0.15m²　　 0.0177m²

齿缝面积　　　0.178m²　　0.158m²

泡罩数　　　　9 个/层　　 8 个/层

脱苯塔作为粗苯蒸馏的主要设备，正确的使用与维护不仅对粗苯的分离效率有着重要的作用，而且对于脱苯塔的使用寿命也是至关重要的。

（二）运行中的使用及维护

(1) 脱苯塔的操作必须严格按其蒸馏要求的工艺参数操作，脱苯塔顶温度 90～95℃，第 29 块塔板温度 95℃，第 23 层塔板温度 130℃，塔底温度 175～185℃。

(2) 脱苯塔停车后开工，必须先逐步使塔升温到预定温度，然后再带负荷运转，这样可以避免急骤的升温对铸铁式脱苯塔所带来的受热不均匀的损害。

(3) 经常检查入脱苯塔富油流量情况，使塔盘气液两相负荷相匹配，防止液泛和淹没现象对脱苯塔所带来的影响（进气量过大）。

(4) 入塔流量控制不得过小，以免脉动现象发生。

(5) 控制脱苯塔操作，控制气相流量不能过大，以避免缺乏液封现象发生。

(6) 对于脱苯塔停车清扫必须留出放气口并控制脱苯塔内压力不得大于 0.05MPa。

(7) 脱苯塔开工操作必须将进口、出口阀门打开，并将与之联系的设备有关阀门开启，不得造成塔系统超压。

（8）进入脱苯塔富油质量必须满足工艺条件要求，避免渣类含量超标，对脱苯塔的影响。

（9）严格控制萘侧线操作，以及油水分离操作，以免塔内因冷凝水骤集，萘沉积对脱苯塔带来的影响。

（10）经常检查脱苯塔的运行状况，及塔设备状况，杜绝塔及附属管线阀门出现漏苯现象，以免出现安全问题损坏设备。

（11）严禁用铁器等重力敲打脱苯塔（铸铁），以免敲裂塔体或出现安全问题。

（12）保证仪表及安全装置完好，以免缺乏仪表监控带来操作失误对脱苯塔的损坏。

三、两苯塔规格、性能及其使用与维护

两苯塔的作用是将脱苯塔分离出的粗苯蒸汽进一步分馏成轻苯和重苯两种产品。焦化厂常用的两苯塔主要有泡罩塔和浮阀塔。

（一）常用的两苯塔规格特性见表 1-3-6

表 1-3-6

塔径 (mm)	塔高 (m)	塔板 形式	塔板 层数	板间距 (mm)	进料层	重量	
						设备重	操作重
800	16.273	浮阀	18	400 600	5（气）	5.003	13
800	22.000	圆形泡罩	30	450 600	15	6.480	11.500
1000	13.653	浮阀	18	400 600	5（气）	5.341	9
1200	16.053	条形泡罩	18	600	6（气）	8.770	20

60万 t 焦/ε 焦化厂用 Φ800×22000×30 两苯塔技术参数如下：

介质：轻重苯、萘溶剂油及其蒸汽

工作温度：75～150℃

工作压力：0.03MPa

塔截面积：0.502m²

塔盘形式：圆形泡罩

层　　数：30

塔盘间距：400；600mm

泡罩型号：DN80—30—Ⅰ

泡罩汽缝面积：$0.003497×18=0.062946m^2$/层

降液管面积：0.026m²

配 2 台 $F=26.6m^3$ 外加热器

（二）运行中的使用与维护

作为生产轻重苯的两苯塔的正确使用与维护对两苯塔的生产效率及使用寿命至关重要，在使用中严格要求正确的使用与维护。

（1）两苯塔的操作使用必须严格按操作工艺要求严格进行，两苯塔塔顶温度不大于78℃两苯塔塔底温度控制 130～140℃。

（2）两苯塔入塔粗苯流量应经常检查，使塔盘气液两相负荷相匹配，防止液泛雾沫夹

带和淹没现象对两苯塔所带来的影响（进液量大）。

（3）控制塔入口流量不得太小，避免造成脉动现象对塔的影响。

（4）控制两苯塔外加热器加热量，不使出现气相流量过大现象，以避免缺乏液封现象的发生。

（5）对于两苯塔停车清扫必须严格控制，塔内压力不得大于 0.05MPa。

（6）严格两苯塔底部萘渣油的排出操作，以免萘油沉积过多，对两苯塔操作及塔盘带来影响。

（7）两苯塔开工操作，必须将其有关的工艺阀门置于正确开闭状态，并将与之联系的设备投入正常运行状态，不得造成塔系统超压现象出现。

（8）经常检查塔系统设备运行状况，及设备现场状况，杜绝塔及附属管道出现泄漏状况，出现情况及时处理，以免出现安全问题损坏塔设备。

（9）严禁用铁器重点敲打塔设备，以免损坏塔体或发生安全事故。

（10）保证仪表监控装置完好，为两苯塔的正确操作提供可靠保证。

四、贫富油热交换器规格、性能及其使用与维护

贫富油热交换器的作用在于利用从脱苯塔底出来的热贫油热量来加热富油。贫富油热交换器多采用列管式换热器。

（一）常用贫富油热交换器规格特性见表 1-3-7

表 1-3-7

公称直径（mm）	换热器管长（m）	换热面积（m）	重 量（t）
Dg400	6.567	40	2.201 3.100
Dg500	6.737	95	4.180
Dg600	6.737	120	7.051
Dg900	6.000	210	12.200

60 万 t 焦/a 焦化厂用 FB900—210—10—4 贫富油热交换器技术参数如下：

换热器筒体直径 900mm，采用管径 Φ25×2.5，10 号钢无缝管制造管束。

换热面积（公称）210m²；

换热器管长 600±10mm；

公称压力 1MPa；

总传热系数 1672～2090kJ/m²·h·℃；

型号简介：

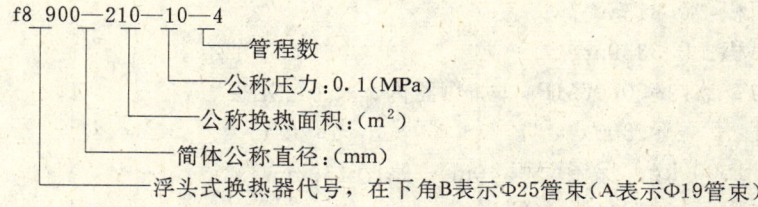

（二）贫富油热交换器的使用及维护

（1）严格按粗苯蒸馏系统工艺要求进行操作，进入换热器富油温度70～80℃，出口温度120～130℃。进换热器贫油温度175～185℃，应特别注意防止温度，压力的波动。

（2）控制换热器的运行，严禁超压运行。

（3）控制脱苯塔的操作温度使进入贫富油换热器的温度不要超高，以防出现积碳现象。

（4）换热器管束水压实验合格后，应再用蒸汽试压，紧固螺栓，防止泄漏损坏管束封头垫。

（5）严格控制冷却器的清洗工艺，以免清洗对换热器带来不利影响。

（6）贫、富油热交换器运行中，要经常检查现场设备状况及附属管线阀门状况，有问题及时处理，尤以换热器封头处为主，出现微漏及时处理，以免随漏的时间推移破坏封头密封垫。

（7）贫、富油换热器开工时，认真检查各工艺阀门开关状况，以免误操作造成换热器超压。

五、再生器规格、性能及其使用与维护

再生器的作用是除去洗油中高沸点组分，以排渣形式排出，从而改善洗油质量。

（一）常用再生器规格特性见表1-3-8

表 1-3-8

直径 (mm)	全高 (m)	塔板形式	塔板板数	设备重 (t)	所用流程
600	3.100			0.520	蒸汽法脱苯
1200	3.948			1.850	蒸汽法脱苯
1200	7.000	筛板	3	2.715	管式炉法脱苯
1600	7.000	弓形隔板	5	5.070	管式炉法脱苯
1800	7.050	条形泡罩	3	6.545	管式炉法脱苯

60万t焦/a焦化厂用Φ1800×7050再生器技术特性如下：

介质：器内 洗油渣、油汽；加热器内：水蒸汽

处理洗油量：1000kg/h

塔盘形式：条形泡罩；塔盘间距650mm

层　　数：三层

降液管面积：0.112m^2

升气管面积：0.315m^2

齿缝总面积：0.3339m^2

工作压力：器内<0.06MPa，加热器内：<1.2MPa

工作温度：　<300℃，　　<420℃

操作重：16000kg；保温面积40m^2；厚度150mm

加热器面积：16m^2×2m^2（U形管）

（二）再生器的正常操作及维护

(1) 再生器必须严格按操作技术规定操作，保持再生器顶部温度180～185℃，底部温度185～190℃，再生器底部压力不大于0.03MPa。

(2) 再生器加油开启间接加热器，必须保持油液面。

(3) 再生器含苯富油温度升至180℃时，再生器通入直接蒸汽。

(4) 再生器在运行过程中避免急冷急热，以免引起再生器筒壁的变形（筒壁较薄）。

(5) 再生器的排渣工作，必须定期进行，严禁长期不排渣现象。这样可以避免沉积时间过长，出现排不出渣现象而对再生器生产影响。

(6) 排渣时严格控制器体压力，严禁超压情况下操作。

(7) 对于进入再生器再生的洗油量要按工艺要求严格控制蒸发量，以免产生汽量过大，将再生器条形泡罩的吹掉。

(8) 再生器内洗油加热的直接蒸汽必须保证，以免单纯间接加热，对洗油产生碳化作用，对设备带来的影响。

(9) 严格再生器操作，经常检查加热蒸汽的状况，出现蒸汽压力突降，及时做处理，以免洗油倒灌入蒸汽管道，串入间接加热器造成堵塞。

(10) 必须保证再生器各项仪表状况良好，避免因仪表失控造成误操作损坏再生器。

(11) 再生器在停车操作时，停车前再生器内的洗油残渣必须彻底排净，并需对再生器进行清扫。

(12) 再生器停车清扫，必须打开器顶放散管阀门，避免再生器超压。再生器内压力不大于0.06MPa。

(13) 定期检查再生器安全阀，使其处于能正常起跳压力范围。

六、轻苯、重苯、粗苯回流等产品泵性能及其使用与维护

轻苯、粗苯回流泵是苯蒸馏生产流体输送主要设备

（一）泵规格及特性

1. 粗苯回流泵常用规格特性见表1-3-9

表1-3-9

型 号	流量（m³/h）	扬 程（m）	配电机型号	电机功率（kW）
32W-30	1.78～3.6	52—20	BJO²-21-2	1.5
1.5W-1.3	3～6	58—23	1JB10-4	5.5
40W-40	3.93～6.48	65—26	BJO²-32-2	4

2. 轻苯回流泵、两苯塔加料泵、产品泵规格特性见表1-3-10

表1-3-10

名 称	型 号	流量（m³/h）	扬程（m）	配电机型号	功率（kW）
两苯塔加料泵	32W-30	1.78—3.6	52—20	BJO$_2$—21-2	1.5
轻苯回流泵	32W—30	1.78—3.6	52—20	BJO$_2$—21-2	1.5
产品泵	2BA-6	10—30	34.5—24	BJO$_2$—32-2	4

60万t焦/a的焦化厂轻苯,粗苯回流泵及产品泵的型号分别为32W-30,40W-40,2BA-6其型号的意义:

32W—30；40W—40

第一位数字32，40分别表示泵的入口直径为32mm，40mm；

第二数字W—表示旋涡泵；

第三位数字30、40—表示泵最佳效率所对应扬程。

2BA—6

第一位数字2—吸收口直径×25（即50mm）；

第二位字母BA—悬臂式离心泵；

第三位数字6—比转数被10除。30W-32；40W—40；2BA—6型各泵的性能曲线图如图1-3-4（a），图1-3-4（b），图1-3-4（c）所示。

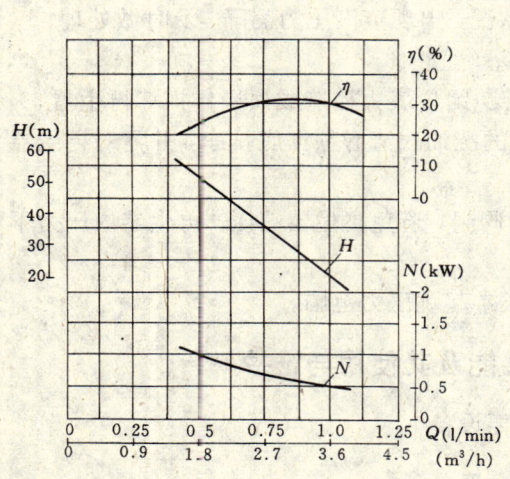

图1-3-4（a）

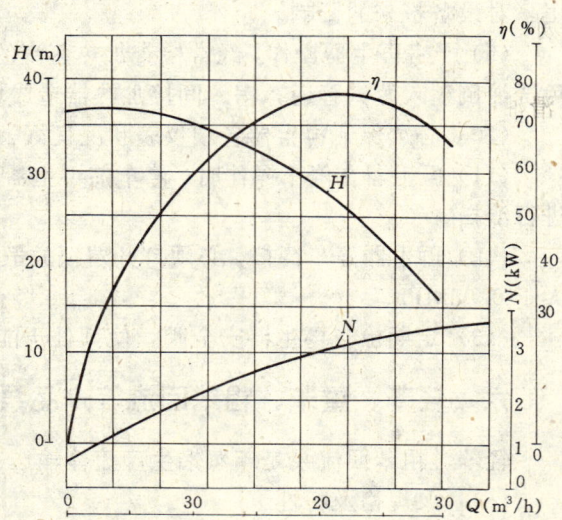

图1-3-4（b）

（二）轻苯回流泵32W-30,粗苯回流40W-40,作为旋蜗式泵与产品泵2BA—6离心式泵,由于泵的形式不同,性能曲线差异较大。即旋蜗泵随$Q\uparrow H\downarrow N\downarrow$,而离心泵随$Q\uparrow$基本上是$H\downarrow N\uparrow$。因此在使用维护上有一定的区别,现根据不同的泵型分别介绍使用维护。

1. 轻苯回流泵32W-30及粗苯回流泵40W-40的使用及维护:

（1）开停车的维护:

①开车前检查泵的对中情况良好，地脚螺栓及联轴器螺栓紧固良好。

②检查泵的盘车情况是否轻松，轴承是否滑快，检查电机转向正常，准备开车。

③打开吸收管阀门，引介质到泵内，关闭出口管路上压力表阀门。

④启动电机前，必须全部打开压出管阀门，泵开启后打开压力表阀门，调整压出管路阀门，把压力表读数调整到需要位置。

⑤停车时，先关出口压力表阀门，停止电机后，迅速关闭出入口阀门。

⑥短期停车可不处理，长期停车，应将泵拆检，清洗妥善保护。

⑦检查泵的密封,发现泄漏及时处理,滴液以 10 滴/min 左右为准。

（2）运行中维护

①经常检查轴的轴承情况,其温升不超过外界温度 35℃,最高温度不超过 70℃。

②经常检查泵的振动情况,振动值不大于 0.06mm。

③运行中经常检查泵的运行状况,检查泵的运行声音正常,无杂音,发现问题及时处理。

④检查泵工作电流在允许范围。

2. 苯产品泵（2BA-6）的使用与维护

苯产品泵作为间歇操作设备对其使用维护亦不可忽视,其使用维护如下：

（1）送苯前必须检查泵的润滑状况,保证润滑油油位正常。

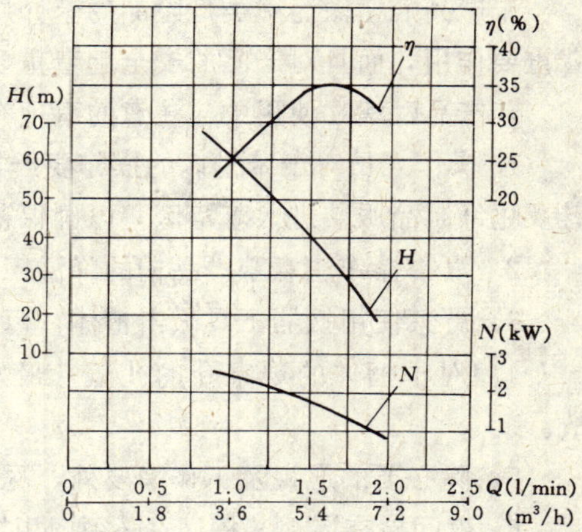

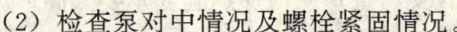

图 1-3-4（c）

（2）检查泵对中情况及螺栓紧固情况。

（3）运行前盘动泵的轴器,轻松滑快无刮研现象。

（4）检查苯的出口管路阀门,关闭蒸汽吹扫出口管路阀门。

（5）打开泵的入口阀门,稍开出口管路阀门。

（6）启动送苯泵,检查泵的声音无异常,泵振动情况正常。

（7）逐渐开启出口管线阀门至正常开度。

（8）检查泵的振动及温升在正常范围内,运行电流正常,振动值不大于 0.06mm。

（9）检查泵的填料密封,发现泄漏及时处理。

（10）送苯结束关闭电机电源后,关闭进出口阀门为下次备用。

从以上使用维护中可以看出旋涡泵采用全开出口阀启动,这样启动功率最小,而离心泵则微开出口阀门启动。

七、产品贮槽规格、性能及使用与维护

（一）产品贮槽的规格特性

1. 粗苯贮槽规格特性见表 1-3-11

表 1-3-11

直 径（mm）	槽 高（m）	容 积（m³）	重 量（kg）
3600	3.400	35	2391
2600	6.500	30	4281

2. 轻苯、重苯贮槽规格特性见表 1-3-12

表 1-3-12

名 称	直 径（mm）	槽 高（m）	容 积（m³）	重 量（kg）
轻苯贮槽	2600	6.500	30	4215
重苯贮槽	2600	6.500	30	4600

（二）苯产品贮槽使用与维护

苯产品贮槽做为甲类危险品的苯介质贮槽，对于它的精心使用维护不仅对容器本身起着重要作用，而且对产品的安全起着重要作用。

苯产品贮槽在使用中应注意的事项有：

1. 操作人员对于苯槽区的操作要严格遵守安全生产的有关条例规定。严禁穿戴铁钉的鞋及化纤制品服装进入苯槽区，以确保苯槽区安全。
2. 夏季操作注意苯产品槽的降温工作，防止产品槽体的温度过高。
3. 严禁使用铁器工具敲击槽体，以免发生不必要的事故。
4. 对于槽体的观察孔的孔盖，最好采用铝质材料制造，以避免撞击出火花引起事故。
5. 除必要的巡视及工作需要外，尽量减少在苯槽区的逗留时间。
6. 夜间检查巡视苯槽区，必须佩用防爆手电或打开开关后再进入槽区，严禁在槽内开关手电开关。
7. 对于重苯贮槽的加热器控制适当的加热温度，重苯贮槽加热温度不要太高。
8. 经常检查苯产品贮槽锈蚀情况，发现锈蚀问题及时通知有关部门处理，延缓其寿命。

第五课　粗苯回收工序阀门的使用与保养

一、阀门的种类、名称、规格安装位置及作用

（一）阀门的种类、名称、规格

焦化生产粗苯回收工序所用阀门型号主要有：Z44T-10，Z44W-10，Z41H-25，Z41W-10；截止阀：J44W-16，J44W-25；减压阀：Y42W-25；疏水阀：S49W-16；球阀 Q41F-16P。

（二）粗苯回收工序各阀门安装位置

管式炉富油进口管阀 Z41H-25　DN150 闸阀

油泵进出口阀 Z44W-16　Dg150 闸阀　DN125 闸阀

贫富油换热器贫油出入口阀及脱苯塔上贫油出口管阀 Z44W-10　DN200 闸阀

贫富油换热器富油出入口阀及脱苯塔富油入口管阀 Z44W-10　DN100 闸阀

一段贫油冷却器水侧进出口阀：Z44T-10　DN200 闸阀

一段贫油冷却器油侧进出口阀：Z44W-10　DN150 闸阀

二段贫油冷却器水侧进出口阀：Z44T-10　DN150 闸阀

二段贫油冷却器油侧进出口阀：Z44W-10　DN125 闸阀

粗苯冷凝冷却器、油气换热器油侧进出口阀：Z44W-10　DN150 闸阀

粗苯冷凝冷却器、油气换热器水侧进出口阀：Z44W-10　DN200 闸阀

苯冷凝水干管阀门：Z44T-10　DN250 闸阀

中压蒸汽干管及脱苯框架下中压蒸汽阀：J44H-25　DN125　DN100 截止阀

低压蒸汽总阀、交通阀及脱苯框架下蒸汽包阀门：J41W-16　DN150　DN125　DN100 截止阀

中压蒸汽管至管式炉段：Y42H-25　DN100 减压阀

在粗苯槽区槽出入口采用：Q41F-16P，DN100，DN80 球阀

蒸汽疏水系统采用：S49W-16：DN32、DN25、DN20、DN155，S19W-16：DN20、DN25

二、阀门型号说明

Z44T—10 表示法兰连接，平行双闸板，铜口闸阀，公称压力 1MPa

Z44W—10 表示法兰连接，平行双闸板，铁口闸阀，公称压力 1MPa。

Z44H—25 表示法兰连接，平行双闸板，不锈钢口闸阀，公称压力 25MPa。

Z44W—16 表示法兰连接，楔式单闸板，铁口闸阀，公称压力 1.6MPa。

Y42H—25 表示法兰连接，弹簧薄膜式，不锈钢口安全阀，公称压力 2.5MPa。

Q41F—16P 表示法兰连接，直通式、四氟阀座，不锈钢阀体的球阀（铬镍钛不锈钢）公称压力 1.6MPa。

S49W—16 表示法兰连接，热动力式疏水器，公称压力 1.6MPa。

S19W—16 表示内螺纹，热动力式疏水器，公称压力 1.6MPa。

三、各类阀门的使用方法与保养

1. 脱苯工序洗油系统，苯系统，煤气系统阀门应避免采用铜口阀门，对日常维护较困难的位置，塔顶放散阀应采用暗杆阀门。

2. 对各部位所安装的阀门要定期加油保护，保证阀门传动机构的灵活好用。

3. 对于工艺上不常开闭的阀门，要定期有计划的进行活动，以防阀门卡死、锈住。

4. 经常检查阀门填料处泄漏情况，发现泄漏及时处理。

5. 对于打不开或关不上的阀门，使用工具开关要考虑阀门的承受力，严禁超力开关，发生损坏阀门现象。

6. 严禁用力击打阀门或以阀门为垫物敲击物体。

7. 工艺阀门应尽量避免在微开启的状况下使用，以免流体对阀板冲击对阀门带来不利影响。

8. 对于阀门所处工艺条件必须按工艺操作参数进行，严禁超温，超压。

9. 对于冬季使用的阀门一定要做好防寒保温工作，对长期不使用的管道，必须放空且接触水的一侧必须加堵盲板，以免冻坏阀门。

10. 对于工艺管道的吹扫，要注意阀门所承受的压力允许范围，以免损坏填料及阀门本体。

11. 疏水阀的使用必须正确适当，调整好蒸汽疏水阀，使其既不连续排气。又不能阻塞不疏水，以免冻坏阀门。

第六课　粗苯回收工序仪表的使用与保养

一、粗苯回收工序的常用仪表

（一）就地安装仪表

1．温度测量仪表

（1）工业用玻璃水银温度计

作用原理：利用液体（水银）管膨胀的原理制成

测量范围：－200～500℃

特点：仪表结构简单、价廉、精度较高、稳定性好，但易破损，只能安装在易观察的地方。

安装地点：经常安装在工艺设备管道上，作现场指示用。

（2）热电阻温度计

作用原理：利用导体或半导体受热后电阻值变化的性质制成的。

测量范围：－200～350℃

特点：测量准确，但本身不能显示，只能与相应的仪表配合使用远距离显示工艺温度参数。

安装地点：生产现场

（3）热电偶温度计

作用原理：利用两种不同金属的导体接点受热产生热电势的原理制成的。

测量范围：0～1600℃

特点：测量准确，与热电阻相比安装维护方便，不易损坏。但不能就地显示，只能用补偿导线与特定的仪表连接，进行远距离显示，安装费用较贵。

安装地点：生产现场

2．压力测量仪表

本工序现场使用的压力仪表有下述两种：

（1）弹簧管压力表

作用原理：弹簧管在压力作用下变形，自由端产生位移，通过传动机构的指针转动而测定压力的。

量程选择：在测量稳定压力时，最大量程选择接近而又大于正常值的 1.5 倍，测交变压力时，则最大量程应选择接近而又大于正常值的 2 倍。

精度选择：以经济实用为原则，一般选用 1.5 级或 2.5 级。

使用场合：广泛使用在非腐蚀性，非结晶的气体、液体的压力和负压，用于蒸汽测量时，应加冷凝弯，防止蒸汽直接进入弹簧管。弹簧管压力表经常安装在各种泵的出口或工艺设备、管道上，用于测量工艺压力参数。

（2）膜片压力表：

作用原理：作为测量用的膜片，在压力作用下产生变形，通过传动机构使指针转动而测定压力的。

主要特点：除具有弹簧管压力表的特点外，还能测量腐蚀性，粘度较大的介质的压力。

安装地点：与弹簧管压力表相同。

3. 流量测量仪表：

(1) 差压式流量计

作用原理：在特定的条件下，已知流量与差压的平方根成正比关系的原理。在流体流动的管道内装有一个节流装置（孔板、喷咀等）当流体流过时，在它的前后产生差压，测量出差压即可测出流量。

特点：①结构简单，使用面广，显示仪表系列多，通用化程度高。

②对于标准节流装置（孔板、喷咀等），不必个别标定即可使用。

③与测量差压的仪表配合使用，可将工艺流量参数信号远传到控制室。

安装地点：在工艺管道上，但安装时要求有一定的直管段。

(2) 叶轮式流量计（水表）

工作原理：叶轮被流体冲转，其转速与流体的流量成正比。

主要特点：结构简单。灵敏度高，安装使用方便、可靠。

安装地点：安装在现场工艺管道上，用于要求测量精度不高的且需要累积量的场合。

(3) 气远传转子流量计的构造与测量原理：

气远传转子流量计是由金属转子流量计和转换器两大部分组成。金属转子流量计是由一根垂直的内有一个封有磁钢的浮子的金属锥管构成。流体自下而上流过金属锥管时，在浮子上要产生压力降，当这个压力降作用在浮子上的力和浮子在流体内的重量相等时，浮子在锥管内平衡在某一高度，流量越大，浮子的平衡位置越高。浮子的位移通过磁钢传给转换器，转换成标准信号然后送到显示仪表进行指示或记录。

气远传转子流量计的转换器上有刻度盘，由指针指示瞬时流量值。

适用场合：用于流量大幅度变化，有腐蚀性，高粘性或易凝性流体。特别是用差压式测量，导压管易气化的场合更显得优越。

安装地点：安装在垂直管道上，安装位置在没有震动，便于观察和维修的场所。

4. 液位测量仪表：

本工序就地使用的液位计是随工艺设备带来的，只有浮子式液位计一种。该液位计是利用浮标在液体中，随液位变化而升降的原理工作的。浮标安装在槽内，直读式标尺在槽外，槽内液体的变化可显示在标尺上。

二、集中显示的仪表

1. 电动Ⅲ型单元组合仪表：

所谓单元组合仪表，就是根据仪表的功能，将各参数的测量及变送、显示、调节等各部分分别做成独立单元，相互间采用统一化的标准信号相联系的仪表称为单元组合仪表。这种仪表使用时可按不同要求，很方便地将各单元任意组成各种测量和控制系统，大大增进了仪表在使用上的通用性和灵活性。

单元组合仪表分为电动和气动两大类；电动组合仪表又分为Ⅰ、Ⅱ、Ⅲ型。其中Ⅲ型最先进。本工段大量采用了电动Ⅲ型单元组合仪表组成温度、压力、流量、液位检测和控制系统，并集中在控制室的仪表盘上。操作人员可借助控制室内的仪表为自己的"耳目"和"手足"，监视和控制生产过程。使温度、压力、流量、液位等工艺参数保持在规定的范围内。

电动Ⅲ型单元组合仪表为方便操作和维护，将指示仪、指示调节仪、积算仪等安装在仪表盘的正面，温度变送器、运算器、电源系统等安装在仪表盘后的框架上。变送器（差压、压力等），则安装在现场。

2. 动圈式指示仪

动圈式指示仪与现场安装的热电阻、热电偶温度计配合使用能将工艺过程中的气体、液体、蒸汽等工业介质的温度等参数传输到控制室内的仪表盘上集中显示。这种仪表采用张丝支承系统和新型磁路系统，结构简单、价格低廉、维修方便。

3. 自动平衡显示记录仪

在生产过程中，有些工艺参数对于研究生产，进行计量管理和分析事故等十分重要。这些参数除了在仪表上显示外，还需要将参数的变化过程记录下来，供以后使用。

自动平衡显示记录仪是目前较为常用的一种记录仪它与有关仪表配合使用，可以测量和连续记录各种参数。在本工段使用的记录仪有：

（1）与各种标准分度的热电阻，热电偶配合使用。连续记录温度；

（2）与电动Ⅲ型单元组合仪表中的压力变送器配合使用，连续记录压力；

（3）与节流装置（孔板、喷咀等）电动Ⅲ型单元组合仪表中的差压变送器或与远传转子流量计（信号经转换后）等配合使用，连续记录流量。

（4）与电动Ⅲ型单元组合仪表中的差压变送器配合使用连续记录液位。

使用的记录仪有两种：

①等刻度记录仪（用于温度、压力、流量、液位）；

②开方刻度记录仪（用于差压法测流量）。

记录纸的走纸速度有 20、40、80mm/h，一般选用 20mm/h，但在装置开车或需要对某些参数进行分析时，也可选用快的走纸速度。

三、自动调节系统

随着科学技术的发展，调节系统在焦化生产过程中被广泛应用，它帮助操作人员观察和操纵生产设备，使生产关系过程实现自动化，从而提高劳动生产率，把工人从繁重的劳动中解放出来。

调节系统的类型很多，复杂程度各异。但大体可分为简单和复杂及特殊调节系统，这里介绍简单调节系统。

1. 简单调节系统

简单调节系统亦称为单参数，单回路调节系统见调节系统方块图是最常见应用最广泛用量最大的调节系统。这种调节系统是由对象（工艺过程）测量元件（传感器）、调节器和调节阀组成。但按被调量的工艺参数来分，最常见的有温度、压力、流量和液位四种。

简单的调节系统一般由常规仪表组成。本工段所用的是电动Ⅲ型单元组合仪表。其中测量元件（热电阻、温度计、孔板等）。变送器（包括远传转子流量计）和调节阀安装在现

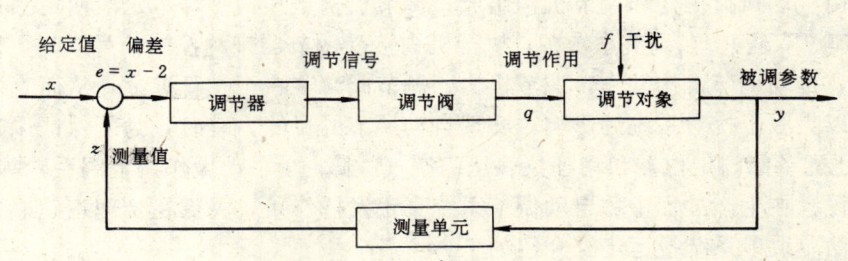

图 1-3-5

场,温度变送器安装在仪表盘后框架上,调节器安装在仪表盘上。

为便于使用,现简单介绍调节器和自动调节阀:

(1) 以调节器(DIZ—2100型全刻度指示调节器)为例

在自动调节系统中,调节器好比一个"大脑"当被调参数受到其它因素影响而偏离工艺规定值时,调节器就接受给定信号(由给定轮提供,相当工艺给定值)和被调参数的工艺信号(从变送器来)相比较得到的差值(偏差)信号,按一定规律指挥调节阀(执行器)动作,去克服影响因素,使被调节的工艺参数回到规定值上,从而使生产在较好的情况下进行。调节器的外观如图:

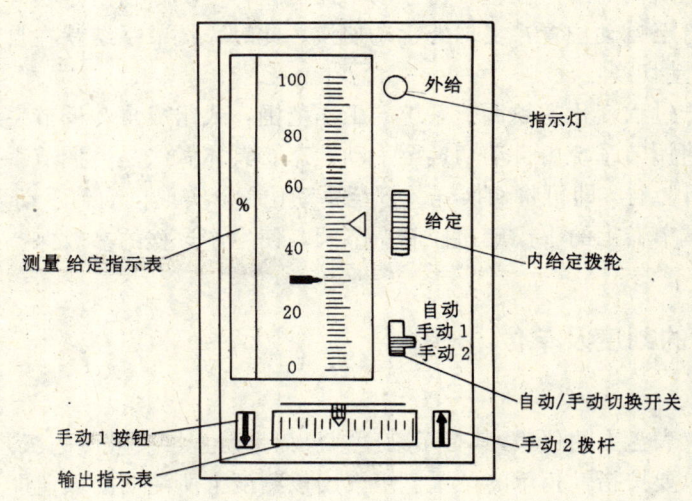

图 1-3-6

调节器各部分功能如下:测量给定指示表有两个指针,红针是测量针,黑针为给定针,刻度为0~100%。手动/自动切换开关有三个位置,即自动、手动1、手动2在自动位置时,信号由调节器输出,当不按手动1按钮时,输出保持,按下手1的按钮↑(右边)时,输出增加,按↓按钮时,输出减少。手动2为拨杆,拨动拨杆,输出指示表的指针跟踪拨杆。通过手动/自动切换开关。调节系统可实现自动和手动控制。

(2) 自动调节阀(执行器)

自动调节阀按其使用能源分为气动、电动、液动三种。本工段使用的为气动调节阀。气动调节阀由气动执行机构和调节机构组成；调节机构型式很多，本工段使用的只有直通调节阀（单座、双座）。在调节系统中，执行机构接受调节器来的控制信号。产生相应的推力（或位移），推动调节机构动作，调节机构（调节阀）装在工艺管道上，从而直接调节介质的流量，以克服干扰对系统的影响，实现自动调节的目的。有时，为了保证调节阀能正常的工作，还配备阀门定位器和用于仪表压缩空气故障时，手动操作调节阀手轮等辅助装置。

要使设置在生产过程中的自动调节系统真正发挥作用，关键在合理正确地掌握投运方法，现将简单调节系统投运步骤介绍如下：

①仪表检查：组成调节系统的仪表投运前应作必要的检查，在确认仪表工作正常后才可考虑投运。检查仪表一般由仪表工负责。

②工艺手动操作：调节系统投运前应使用工艺阀门（一般指调节阀旁的工艺旁路阀门）进行调节，使工艺生产过程处于稳定状态。此时，调节阀两旁的工艺切断闪应关闭。

③仪表手动控制：当工艺系统处于稳定时，先将仪表调节器上的转换开关置于手动位置（1或2），并拨动手操按钮（或拨杆），尽量将调节伐的开度调节到与工艺手动阀门相同的开度，然后同时打开调节阀两旁的切断阀和关闭工艺手动阀门，操作就从现场工艺手动操作转为控制室仪表手动遥控了。如此时用手操旋钮遥控调节阀，使工艺参数稳定在规定范围内。

④手动/自动切换：调节系统从手动切换到自动，先将调节器面板上的给定旋钮带动给定指针调至工艺所需的给定位置，再拨动手操旋钮，使测量与给定相等，如系统稳定，即可将切换开关打至自动位置，实现无扰动切换。此时，调节系统就在自动状态下进行。

⑤手动/自动切换：

当工艺生产过程变化超越调节系统的工作范围，或组成自动调节系统的仪表发生故障失灵时，需要将调节系统由自动切换至手动状态。具体做法是：调节手操旋钮使手动输出与自动输出指针重合，即可将切换开关打至手动位置，实现自动到手动无扰动切换。这样，操作人员可用调节器上的手操旋钮控制调节阀，使生产过程的参数保持在工艺规定的范围内。

四、仪表的刻度及单位

1. 刻度

在控制室仪表盘上的仪表，其指示刻度标尺如果是直接按被测的工艺参数来刻度的，读数比较简单，只要按指针指示的位置直接读出该刻度上所注明的数值即可，读数的单位也就是仪表标尺上所注明的单位。但是，由于规格繁多的记录仪表如果都采用直接按参数的数值刻度，虽然给操作人员读数带来方便，但却使仪表的规格和记录纸的规格繁多，不利于生产管理，为了提高仪表的通用性，通常采用下述两种刻度：

（1）等百分刻度：用于测量温度、压力、液位、等分刻度的流量等参数。

（2）开方刻度：用于差压法测量流量参数。

无论采用等百分刻度或开方刻度，读数时都要先了解仪表的测量范围，即最低量程和最高量程是多少，单位是什么？但不管是等分刻度或是不等分刻度（开方刻度）其刻度标尺上均按百分数标志的。因此，读数时，先弄清仪表指针在百分刻度的位置，然后将仪表最低量程加上此位置的百分数示值乘上仪表测量范围即是参数的读数。

读数＝最低量程＋指示值百分数×仪表测量范围

例如：仪表的测量范围 0～1000℃ 等分刻度，指针为 62%，则读数为 62%×1000℃＝620℃

又如：仪表的测量范围 0～32000Nm³/h，开方刻度，当指针指示为 70% 时，读数为 70%×32000＝22400Nm³/h。

2. 刻度单位：

测量对象	单位
温度	℃
压力：微压	Pa
一般	MPa，KPa
流量：蒸汽	kg/h 或 t/h
液体	m³/h 或 kg/ht/h
气体：	Nm³/h
液位：	m 或 mm

五、故障的判断与处理及仪表的保养

（一）故障的判断与处理

仪表是工业的"眼睛"。无论是仪表本身的故障，或是工艺生产异常，往往都集中反映在仪表上，在生产过程中，有时发现个别工人一旦发现仪表指示严重偏离工艺生产规定范围或信号报产装置发出声光报警信号。本来是工艺已下于故障状态，需要及时处理，而操作工人却不去检查工艺设备的运行状态和分析生产异常，并采取相互措施防止事故发生，而是片面认为是仪表的故障，消极等待仪表工来现场处理仪表的各种故障，因而延误了工艺事故处理的时间。因此，表现在仪表上的故障，要慎重分析，不能草率决定。最好的处理办法是让仪表工及时到现场，与工艺操作人员共同分析和处理故障。

（二）仪表的保养

仪表是操作工人监视和控制生产过程必须使用的技术工具。要使品种繁多的仪表经常保持良好的运行状态，精心维持和保养是关键。因此，要求操作工人在使用仪表的同时必须做到以下各点：

1. 熟悉设置在控制室仪表盘上的各种仪表在生产过程中的作用，掌握其观测使用方法，仪表是精密仪器，经常保持控制室内环境及仪表盘的盘面卫生，减少积尘，因为积尘可以造成仪表机械传动部分出现故障，记录笔尖堵塞，开关失灵和自动平衡记录仪表滑线电阻与弹子接触不良，降低仪表的精度，影响正常的运行和使用寿命。

2. 操作仪表时要精心，动作要准确，用力要均匀。发现仪表故障时要及时通知仪表工，操作工不能随意打开仪表的门，更不能抽出仪表内部组件，以免损坏仪表。

3. 安装在现场，而没有信号传输到控制室的仪表，如玻璃水银温度计、压力表、玻璃转子流量计、水表浮标液位计等，要经常保持清洁完好，并按有关计量管理规定进行周期校验，发现损坏要及时修理和更换。

4. 仪表是为工艺生产服务的，正常的生产又为仪表正常运行提供了保证。因为生产不正常，会严重使安装在工艺设备和管道上的仪表损坏。所以，要把工艺精心操作与加强仪表维护保养结合起来。

5. 仪表正常运行必须要有干燥、洁净的压缩空气；各种电压等级的低压电源和保温伴热用的蒸汽。因此，操作工人必须做到：

（1）工艺用空气不能在仪表用压缩空气管道上接取，以免影响仪表气源的稳压性能，导致仪表不能正常运行；

（2）工艺用电不能在仪表电源系统中引出，以免造成电源电压波动及由此而产生的其他故障；

（3）仪表用的保温伴热蒸汽一般从工艺用蒸汽管道上接取，工艺停汽时要通知仪表工采取相互措施，以免影响仪表正常运行。在冬季切勿关闭仪表用汽阀门，防止冻坏仪表。

六、脱苯工艺控制测量仪表一览表

表 1-3-13

位号	用 途	一次元件	变送器	二次仪表	执行器	备注
一	现场安装的仪表					
1	温度测量仪表					
(1)	富油温度指示	玻璃水银温度计 0～50℃				
(2)	富油温度指示	玻璃水银温度计 0～100℃				
(3)	富油温度指示	玻璃水银温度计 0～150℃				
(4)	富油温度指示	玻璃水银温度计 0～200℃				
(5)	粗苯蒸汽管温度指示	玻璃水银温度计 0～50℃				
(6)	油管温度指示	玻璃水银温度计 0～50℃				
(7)	水放空槽油放空槽等温度	玻璃水银温度计 0～50℃				
(8)	粗苯管温度指示	玻璃水银温度计 0～50℃				
(9)	两苯塔温度指示	玻璃水银温度计 0～100℃				
(10)	轻苯管温度指示	玻璃水银温度计 0～50℃				

续表

位号	用途	一次元件	变送器	二次仪表	执行器	备注
(11)	两苯塔回流管温度指示	玻璃水银温度计 0~50℃				
(12)	轻苯产品管温度指示	玻璃水银温度计 0~50℃				
(13)	重苯产品管温度指示	玻璃水银温度计 0~50℃				
(14)	萘油管温度指示	玻璃水银温度计 0~150℃				
(15)	油水管温度指示	玻璃水银温度计 0~50℃				
(16)	油管温度指示	玻璃水银温度计 0~50℃				
(17)	热贫油管温度指示	玻璃水银温度计 0~200℃				
(18)	重苯管温度指示	玻璃水银温度计 0~50℃				
(19)	残渣管温度指示	玻璃水银温度计 0~50℃				
(20)	苯循环管温度指示	玻璃水银温度计 0~150℃				
(21)	至两苯塔蒸汽管温度指示	玻璃水银温度计 0~150℃				
(22)	废水管温度指示	玻璃水银温度计 0~50℃				
(23)	低压蒸汽管温度指示	玻璃水银温度计 0~200℃				
(24)	低温水温度指示	玻璃水银温度计 0~50℃				
(25)	中温水温度指标	玻璃水银温度计 0~50℃				
(26)	低压蒸汽温度指示	玻璃水银温度计 0~200℃				
(27)	脱苯塔温度指示	玻璃水银温度计 0~200℃				
(28)	脱水塔温度指示	玻璃水银温度计 0~150℃				

续表

位号	用　途	一次元件	变送器	二次仪表	执行器	备注
(29)	再生塔温度指示	玻璃水银温度计 0～150℃				
2	压力测量仪表					
(1)	脱苯塔粗苯蒸汽压力	弹簧管压力表 0～0.1MPa				
(2)	脱苯塔压力	弹簧管压力表 0～0.1MPa				
(3)	各种泵出口压力	弹簧管压力表 0～0.6MPa				
(4)	轻苯蒸汽管压力	弹簧管压力表 0～0.1MPa				
(5)	至两苯塔的回流管压力	弹簧管压力表 0～1MPa				
(6)	轻苯产品管压力	弹簧管压力表 0～0.6MPa				
(7)	重苯产品管压力	弹簧管压力表 0～0.6MPa				
(8)	至再生器富油管压力	弹簧管压力表 0～1MPa				
(9)	再生器压力	弹簧管压力表 0～0.1MPa				
(10)	残渣管压力	膜片压力表 0～1MPa				
(11)	油气管压力	弹簧管压力表 0～0.1MPa				
(12)	低压蒸汽管压力	弹簧管压力表 0～0.6MPa				
(13)	蒸汽消火管压力	弹簧管压力表 0～0.6MPa				
(14)	蒸汽清扫管压力	弹簧管压力表 0～0.6MPa				
(15)	低温水管压力	弹簧管压力表 0～0.6MPa				
(16)	中温水压力	弹簧管压力表 0～0.6MPa				

续表

位号	用　途	一次元件	变送器	二次仪表	执行器	备注
(17)	至洗苯工段油管压力	弹簧管压力表 0～0.6MPa				
(18)	酚水管压力	弹簧管压力表 0～0.1MPa				
(19)	至富油槽的油管压力	弹簧管压力表 0～1MPa				
二	集中安装的仪表					
1	温度仪表					
T16—T18	管式炉各部（炉膛下中上）温度指示	热电偶 K		动圈式指示仪 0～800℃		
T19	管式炉废气温度指示	热电偶 K				
T20	管式炉后过热蒸汽温度	热电偶 K		动圈式指标仪 0～600℃		
T22	脱水塔前富油温度	热电阻 Pt100		自动平衡记录仪 0～500℃		
T23	脱水塔顶油气温度	热电阻 Pt100		动圈式指标仪 0～200℃		
T24a	脱苯塔萘侧线温度	热电阻 Pt100		动圈式指示仪 0～200℃		
T24b	脱苯底塔贫油温度	热电阻 Pt100		自动平衡记录仪 0～200℃		
T26	重质苯侧线温度	热电阻 Pt100		自动平衡记录仪 0～200℃		
T28a	再生器底残渣温度	热电阻 Pt100		自动平衡记录仪 0～300℃		
T28b	再生器顶油气温度	热电阻 Pt100		自动平衡记录仪 0～300℃		
T29	进工段低温水温度	热电阻 Cu50		动圈指示仪 0～50℃		
T30	粗苯冷凝冷却器出口水温度	热电阻 Cu50		动圈指示仪 0～50℃		
T31	粗苯冷凝冷却器出口油温度	热电阻 Cu50		动圈指示仪 0～100℃		
T32	出脱水塔富油温度	热电阻 Cu50		动圈指示仪 0～200℃		
T33	轻苯冷凝冷却器出口水温度	热电阻 Cu50		动圈指示仪 0～100℃		
T34	轻苯冷凝冷却器出口油温度	热电阻 Cu50		动圈指示仪 0～50℃		
T35	油汽换热器富油入口温度	热电阻 Cu50		动圈指示仪 0～100℃		
T36	油汽换热器富油出口温度	热电阻 Cu50		动圈指示仪 0～150℃		
T37	1号贫富油换热器富油出口温度	热电阻 Cu50		动圈指示仪 0～150℃		
T38	1号贫富油换热器贫油出口温度	热电阻 Cu50		动圈指示仪 0～150℃		
T39	油换热器苯油汽出口温度	热电阻 Cu50		动圈指示仪 0～150℃		
2	压力仪表					
P8	低压蒸汽压力	电动压力变送器 0～1MPa	单针指示仪 0～1MPa			

续表

位号	用途	一次元件	变送器	二次仪表	执行器	备注
P10	管式炉烟囱吸力指示	电动压力变送器 0~500Pa	单针指示仪 0~500Pa			
P11	脱苯塔底压力指示	电动压力变送器 0~40kPa	单针指示仪 0~0.04MPa			
P12	两苯塔底压力指示	电动压力变送器 0~40kPa	单针指示仪 0~0.04MPa			
3	流量测量仪表					
F10	入管式炉煤气流量累积	1/4圆喷咀 DN200	电动差压变送器 0~1kPa	电动开方积算器		
F11	低压蒸汽流量累积	标准孔板 DN150	电动差压变送器 0~25kPa	电动比例积算器		
F12	中压蒸汽流量累积	标准孔板 DN125	电动差压变送器 0~16kPa	电动开方积算器		
F14	入再生器蒸汽流量	标准孔板 DN180	电动差压变送器 0~40kPa	记录仪 0~2.5t/h（开方）		
F16	脱苯塔回流量	1/4圆喷嘴 DN50	电动差压变送器 0~25kPa	记录仪 0~5t/h（开方）		
F17	两苯塔回流量		电动差压变送器 0~16kPa	记录仪 0~3.2m³/h（开方）		
F18	入再生器富油量		气远传转子流量计 0~1.6m³/h	记录仪 0~1.6m³/h（开方）		
F19	萘油产量累积		气远传转子流量计 0~1.6m³/h	电动比例积算器		

续表

位号	用 途	一次元件	变送器	二次仪表	执行器	备注
F20	轻苯产量累积		气远传转子流量计 0~1.6 m³/h	电动比例积算器		
F21	两苯产量累积		气远传转子流量计 0~1.6 m³/h	电动比例积算器		
4	液位测量仪表					
L8	再生器液位指示		电动单平法兰差压变送器 −5200~800Pa	色带指示仪 0~600mm		
5	自动调节系统					
T21	管式炉后富油温度调节	热电阻 Pt100	温度变送器 Pt100	记录仪 0~300℃	指示调节仪	气动蝶阀 DN150
T25	脱苯塔顶油气温度调节	热电阻 Pt100	温度变送器 Pt100	记录仪 0~150℃	指示调节仪	气动调节阀 dN/DN=15/20
T27	两苯塔顶油气温度调节	热电阻 Pt100	温度变送器 Pt100	记录仪 0~100℃	指示调节仪	气动调节阀 dN/DN=8/314
P6	入管式炉煤气压力调节		电动压力变送器 0~6kPa	记录仪 0~6kPa	指示调节仪	气动蝶阀 DN150
P7	低压蒸汽压力调节		电动压力变送器 0~1 kPa	记录仪 0~1kPa	指示调节仪	气动调节阀 DN125
P9	中压蒸汽压力调节		电动压力变送器 0~1.6 MPa	记录仪 0~16MPa	指示调节仪	气动调节阀 DN50
F13	入管式炉富油流量调节	标准室孔板 DN150	电动差压变送器 0~2.5 kpa	记录仪 0~100Nm³/h（开方）	指示调节仪	气动调节阀 DN 125
F15	两苯塔粗苯进料量调节	1/4 圆喷嘴 DN50	电动压力变送器 0~16 kPa	记录仪 0~3.2Nm³/h（开方）	指示调节仪	气动调节阀 DN/DN 10/20

续表

位号	用途	一次元件	变送器	二次仪表	执行器	备注
F17	脱水塔液位调节		电动压力变送器 −13kPa-0	记录仪 0~1300mm	指示调节仪	气动调节阀 DN100
6	遥控					
	出管式炉过热蒸汽放散遥控			气动遥控器		气动调节阀 DN50
	入再生器直接蒸汽量遥控			气动遥控器		气动调节阀 DN65

第七课 粗苯回收设备开车与停车顺序

一、各类塔、器、槽、泵开通与停车顺序

（一）开通顺序

1. 检查蒸馏系统的设备，管道和阀门，并使它们呈准备开工的状态。
2. 将各油水分离器注满水。
3. 分别向油气换热器、管式炉、再生器和两苯塔内通入直接蒸汽，以检查油换热器、脱水塔、脱苯塔、油气换热器、粗苯冷凝冷却器、轻苯冷凝冷却器和管道是否畅通无阻，至各设备的放散管冒出水蒸汽后，立即停止扫汽。
4. 启动富油泵，将富油经油汽换热器和贫富油换热器打入脱水塔，至脱水塔底液位足够时，启动脱水富油泵，将富油经管式炉打入脱苯塔。
5. 当贫油槽有油流入时，调节脱水塔液位和入管式炉富油量符合技术规定。
6. 按管式炉操作规程点火升温，同时向贫油冷却器和粗苯冷凝冷却器送冷却水。
7. 当管式炉后富油温度超过110℃时，给脱苯塔通入直接蒸汽。
8. 当管式炉后富油温度达到180℃时，给再生器送油、送汽。
9. 当脱苯塔顶温度超过92℃时启动粗苯回流泵，使脱苯塔顶温度符合技术规定。
10. 调节各部压力、温度、液位、流量符合技术规定。
11. 当粗苯中间槽的液位足够时，开启两苯塔加料泵将粗苯送入两苯塔，同时给两苯塔底外加热器通入间接蒸汽。
12. 轻苯冷凝冷却器油出口温度超过30℃时，通入冷却水。
13. 两苯塔顶温度超过78℃时，启动轻苯回流泵，使两苯塔顶温度符合技术规定。
14. 向两苯塔通入适量直接蒸汽，从侧线排放重质苯，从塔底排放萘溶剂油，并使两苯塔底部的萘油保持一定的液位。
15. 调整各部温度、压力、液位和流量符合技术规定。

（二）停车顺序

1. 停止向再生器加油，停两苯塔加料泵。
2. 关闭再生器、两苯塔的直接蒸汽。
3. 按管式炉操作规程逐步降低炉膛温度至熄火。
4. 关闭两苯塔外加热器之间接加热蒸汽。
5. 停富油泵、脱水富油泵。
6. 停贫油冷却器之冷却水。
7. 逐渐减少粗苯和轻苯回流量，至脱苯塔和两苯塔顶温度不再上升时，停粗苯回流泵和轻苯回流泵。
8. 逐渐关小粗苯和轻苯冷凝冷却器之冷却水，至无粗苯、轻苯馏出时，完全关闭冷却水。
9. 向各油水分离器内压水，将其中之存油全部顶出，然后关水并放空。
10. 将各设备及管道内的油全部分别放空入贮槽。
11. 最后用蒸汽清扫各设备及管道。

二、管式炉物料开通与停车顺序

（一）开通顺序

1. 确认入管式炉富油符合要求；确认火嘴畅通无阻，烟囱翻板和一、二次风门开闭灵活；确认回炉煤气和低压蒸汽压力、管式炉系统的仪表符合要求。
2. 全开烟囱翻板和一、二次风门使管式炉通风一小时，以排净炉膛内的可燃性气体。
3. 按点火程序（先点明火，后通煤气）使炉膛温度逐步升高。
4. 当炉膛温度达到120℃时，向对流段蒸汽管通入低压蒸汽，并用出口放散量来调节控制过热蒸汽温度不超过400℃。
5. 控制炉膛升温速度使管式炉后富油升温速度为：100℃前10~20℃/h；100~130℃（脱水阶段）时5~10℃/h；130~180℃时10℃/h。
6. 调整各部温度、压力符合技术规定。

（二）停车顺序

1. 逐渐关小各喷嘴煤气流量、再减少燃烧喷嘴数量至全部关闭，控制炉膛降温速度。
2. 待炉膛温度至100℃时，才可全开烟囱翻板和风门。
3. 停工少于三天可不放油，超过三天应将油放回油槽并用蒸汽清扫油管。

三、脱苯塔物料开通与停车顺序

（一）开通顺序

1. 对设备、管道、阀门及仪表进行详细检查，并确认好使。
2. 关闭脱苯塔放空阀门，给塔顶油水分离器和粗苯油水分离器加满水。
3. 启动富油泵，脱水富油泵。
4. 管式炉点火升温。
5. 给贫油冷却器和粗苯冷凝冷却器送冷却水。

6. 当脱苯塔顶温度超过92℃时,启动粗苯回流泵。

7. 当管式炉后富油温度超过110℃时,给脱苯塔通入过热蒸汽。

8. 调节各部温度、压力、液位和流量符合技术规定。

(二)停车顺序。

1. 停直接蒸汽。

2. 管式炉降温。

3. 停粗苯回流泵。

4. 停粗苯冷凝冷却器之冷却水。

5. 停循环洗油。

6. 将存油放净后,用蒸汽清扫。

四、两苯塔物料开通与停车顺序

(一)开通顺序

1. 对设备、管道、阀门及仪表进行详细检查,并确认好使。

2. 关闭两苯塔放空管阀门,给轻苯和重质苯油水分离器加满水。

3. 启动两苯塔加料泵。

4. 给两苯塔底外加热器送中压蒸汽。

5. 给轻苯冷凝冷却器送冷却水。

6. 当塔顶温度超过78℃时,启动轻苯回流泵。

7. 开塔底直接蒸汽阀门。

8. 调节各部温度、压力、液位和流量符合技术规定后,开重质苯侧线。

(二)停车顺序

1. 停塔底直接蒸汽。

2. 停两苯塔加料泵和外加热器之中压蒸汽。

3. 关闭重质苯侧线。

4. 停轻苯回流泵。

5. 将塔内存液放入地下槽后,用蒸汽清扫。

五、再生器物料开通与停车顺序

(一)开通顺序

1. 向再生器送富油。

2. 将进脱苯塔的过热蒸汽改进再生器。

3. 调节各部温度、压力、流量和液位符合技术规定。

4. 检查残渣粘度符合规定后,开始排渣。

(二)停车顺序

1. 停进再生器的富油。

2. 打开再生器的直接汽旁通阀门(即过热蒸汽直接进脱苯塔),关小再生器的直接汽进口阀,关小或关闭其顶部油汽出口阀,将残渣排净后,关闭上述两处阀门。

3. 通蒸汽清扫有关的管道。

第八课　粗苯回收工序操作指标

一、管式炉工艺操作指标

（一）温度

1. 进口富油温度 120～130℃；
   出口富油温度 180℃。
2. 过热蒸汽温度 400℃。
3. 炉膛温度：上部 500℃
   　　　　　　中部 550℃
   　　　　　　下部＜550℃

（二）压力

1. 入管式炉煤气压力 4000Pa。
2. 入管式炉蒸汽压力 0.4MPa。
3. 烟囱吸力＜500Pa。

（三）流量

1. 入管式炉富油流量 50～60m³/h。
2. 入管式炉煤气流量 900m³/h。

二、脱苯塔工艺操作指标

（一）温度

1. 脱苯塔、塔、塔顶 92℃。
2. 脱苯塔底部贫油 177℃，萘油侧线 130℃。
3. 入脱苯塔富油 180℃。
4. 粗苯冷凝冷却器油出口 25℃。
5. 低温水 18℃。

（二）压力

1. 脱苯塔底不大于 0.03MPa。
2. 低温水 0.2～0.3MPa。

（三）流量

1. 回流比 2.5～3.5。
2. 直接蒸汽耗量 1.5t/t 粗苯。

（四）贫油含 0.4%～0.6%。

三、两苯塔工艺操作指标

（一）温度

1. 两苯塔顶不大于 78℃。
2. 两苯塔底 140～150℃。

3. 重质苯侧线 130~140℃。
4. 轻苯冷凝冷却器油出口 25℃。
5. 直接蒸汽 400℃。
6. 低温水 18℃。

(二) 压力

1. 两苯塔底不大于 0.03MPa。
2. 间接加热蒸汽不小于 0.8MPa。
3. 低温水 0.2~0.3MPa。

(三) 流量

1. 入两苯塔之粗苯 0.8~1.0t/h。
2. 回流比 2.5~3.5。

四、贫富油热交换器工艺操作指标

(一) 贫油

1. 进口温度 177℃。
2. 出口温度 90~100℃。

(二) 富油

1. 进口温度 70~80℃。
2. 出口温度 120~130℃。

五、再生器工艺操作指标

(一) 温度

1. 入再生器富油 180℃。
2. 入再生器蒸汽 400℃。
3. 再生器顶 180~185℃。
4. 再生器底 185~190℃。

(二) 压力

再生器内不大于 0.3MPa。

(三) 流量

1. 入再生器富油量占总循环量的 1.0%~1.5%。
2. 入再生器直接蒸汽量 1.5t/t 粗苯。

(四) 液位

再生器底部液位 50%。

(五) 循环洗油质量。

1. 比重：d_4^{20} 不大于 1.07。
2. 粘度：E_{25} 不大于 1.5。
3. 馏程：300℃前馏出量不小于 85%。
4. 含萘：不大于 8%。
5. 含水：不大于 1%。

6. 杂质：15℃无沉淀物。

六、泵类运行指标

（一）压力

1. 粗苯回流泵的出口压力＞0.25MPa。
2. 轻苯回流泵的出口压力＞0.23MPa。

（二）流量

1. 粗苯回流泵的流量为 2.5～3.5t/h。
2. 两苯塔加料泵的流量为 1.0t/h。
3. 轻苯回流泵的流量为 2.5～3.5t/h。

第九课 粗苯回收工序一般事故的处理

一、管式炉一般事故的处理与预防方法

（一）火嘴堵

管式炉时常有火嘴堵塞现象影响加热。严重时必须用蒸汽清扫加上人工捅才能解决。预防此类事故的发生应定期检查火嘴燃烧情况，且每班定时捅两次火嘴保持其畅通。

（二）管式炉煤气管道堵塞

这是由于未能及时排液，而炉前煤气压力又较低造成的。严重时要停工通蒸汽清扫管道，平时要保持回炉煤气的压力，且经常排放管道内的冷凝液。

二、脱苯塔一般事故的处理与预防方法

（一）脱苯塔顶温度偏高或偏低

脱苯塔正常生产时应维持塔顶温度 90～93℃，但由于不精心操作使塔顶温度偏高或偏低。此时应合理调节再生器直接蒸汽量和粗苯回流泵的流量，预防措施是稳定进脱苯塔的富油量和温度，过热蒸汽温度，稳定再生器的直接蒸汽量和粗苯回流量。

（二）脱苯塔塔压偏离

脱苯塔正常生产时底部压力应不大于 0.03MPa，塔压偏高会影响脱苯塔的正常操作。这时应减少脱苯塔的进油量和直接蒸汽量，打开油油换热器的贫油旁通管可使塔压恢复正常。预防方法是稳定入脱苯塔的富油量和直接蒸汽量，经常检查塔顶油水分离器的出水情况。

三、贫富油热交换器一般事故的处理与预防方法

（一）换热器堵塞

这是由于循环洗油质量差引起的，堵塞严重时将影响脱苯的正常操作，须停工进行清理。预防方法是稳定再生器的操作，提高循环洗油质量。

（二）换热效果差

换热器堵塞或窜漏会引起换热效果差。检查方法是根据贫、富油进出口温度、流量、贫

油含苯量来判断。

四、再生器一般事故的处理与预防方法

（一）再生器油温低

要提高管式炉后富油温度至170~180℃，过热蒸汽温度至400℃，检查间接加热器的加热情况，预防方法是保证富油温度和过热蒸汽温度、流量符合要求及间接加热器的退汽管畅通即可。

（二）再生器排稀渣

有时因操作不当排稀渣，这时应停止排渣，继续蒸吹至达到排放标准。预防方法是稳定再生器的进油量、油温、液位及底部温度，直接蒸汽温度要达到400℃，并根据再生器内残渣的粘度调整排渣的时间和数量。

五、泵类运行一般事故的处理与预防方法

（一）轴封处泄漏

此类事故要及时处理。一般情况可紧填料压盖以达到不漏油的目的。当紧压盖不能解决问题时就要倒泵更换新填料。

（二）泵不上量

1. 泵启动后不上量可能是泵内有气泡。这时要及时排除泵体内的空气就可以了，同时在操作当中应注意脱苯塔压力是否超标。

2. 泵不上量还可能是供电系统有故障，这时要检查电机温度，发现问题及时处理。

六、停电、停汽、停水事故的处理方法

（一）停电

1. 停止管式炉煤气加热，向油管内通蒸汽以保护炉管，打开风门降温；待炉膛温度降至400℃时停对流段的过热蒸汽，当降至200℃以下时停通入油管内的蒸汽。

2. 关闭进再生器富油阀门，将残渣排净后关闭进再生器的蒸汽阀门。

3. 切断各泵的电源，关闭其出口阀门。

4. 关闭两苯塔底外加热器的蒸汽阀门。

5. 减少粗苯、轻苯冷凝冷却器的冷却水，当无苯流出时停冷却水。

6. 做好来电恢复生产的各项准备工作。

7. 当停电时间过长时应按停工处理。

（二）停蒸汽

1. 停低压蒸汽

（1）立即关闭入再生器直接蒸汽和富油阀门。

（2）关小管式炉火咀，以降低炉膛温度；根据脱苯塔顶温度调整粗苯回流量至关闭粗苯回流泵。

（3）做好来汽恢复生产的各项准备工作。

2. 停中压蒸汽

两苯塔按停工处理。

(三) 停水
1. 管式炉应逐步降温。
2. 脱苯塔增大回流量。
3. 停止进再生器的直接蒸汽和富油。
4. 做好来水恢复生产的各项准备工作。

冷却水短时间内不能恢复时应按停工处理。

第十课 粗苯回收工序操作规程

一、各岗位操作规程

(一) 管式炉岗位操作规程

1. 职责

(1) 负责管式炉的操作,协助蒸馏工完成产量、质量及各项技术经济指标。

(2) 稳定管式炉的操作,保证管式炉后富油温度和过热蒸汽温度符合技术规定。

(3) 负责所属设备的维护保养,工具管理及责任区卫生。

2. 技术指标

(1) 温度

①进口富油温度 120~130℃;
  出口富油温度 180℃。

②过热蒸汽温度 400℃。

③炉膛温度:上部 500℃
         中部 550℃
         下部 <550℃

(2) 压力

①入管式炉煤气压力 4000Pa。

②入管式炉蒸汽压力 0.4MPa。

③烟囱吸力 <500Pa。

(3) 流量

①入管式炉富油流量 50~60m³/h。

②入管式炉煤气流量 900m³/h。

3. 正常操作

(1) 经常检查入管式炉煤气水封,确保其畅通。

(2) 经常检查火嘴燃烧情况,发现有积炭要及时捅火嘴清理。

(3) 经常检查入管式炉煤气和蒸汽压力。

(4) 经常检查并调节一、二次风门和烟囱翻板开度,使炉膛温度和出管式炉富油和过热蒸汽温度符合规定。

(5) 按时做好操作记录。

4. 管式炉的开工

(1) 确认入管式炉富油符合要求；确认火嘴畅通无阻，烟囱翻板和一、二次风门开闭灵活；确认回炉煤气和低压蒸汽压力、管式炉系统的仪表符合要求。

(2) 全开烟囱翻板和一、二次风门使管式炉通风一小时，以排净炉膛内的可燃性气体。

(3) 按点火程序（先点明火、后通煤气），使炉膛温度逐步升高。

(4) 当炉膛温度达到120℃时，向对流段蒸汽管通入低压蒸汽，并用出口放散量来调节控制过热蒸汽温度不超过400℃。

(5) 控制炉膛升温速度使管式炉后富油升温速度为：100℃前10～20℃/h；100～130℃（脱水阶段）时5～10℃/h；130～180℃时10℃/h。

(6) 调整各部温度、压力符合技术规定。

5. 管式炉的停工

(1) 逐渐关小各喷嘴煤气流量，再减少燃烧喷嘴数量至全部关闭，控制炉膛降温速度。

(2) 待炉膛温度至100℃时，才可全开烟囱翻板和风门。

(3) 停工少于3d可不放油，超过3d应将油放回油槽并用蒸汽清扫油管。

(二) 蒸馏岗位操作规程

1. 职责

(1) 负责粗苯工段当班生产，努力完成产量、质量及各项技术经济指标。

(2) 稳定脱苯塔的操作，保证粗苯质量、贫油含苯、萘油质量符合技术规定。

(3) 稳定再生器的操作，保证脱苯的正常进行，保证循环洗油的质量，使排渣质量符合要求。

(4) 稳定两苯塔的操作，保证轻苯、重质苯和萘油的质量符合技术规定。

(5) 负责产品输送和产量记录工作。

(6) 负责所设备的维护保养、工具管理及厂区整洁。

2. 技术指标

(1) 温度

① 油汽换热器富油出口温度70～80℃。

② 油油换热器富油出口温度120～130℃。

③ 脱水塔顶部温度110～120℃，塔底温度120～130℃。

④ 管式炉后富油温度170～180℃，过热蒸汽温度400℃。

⑤ 脱苯塔顶温度90～93℃。

⑥ 脱苯塔萘油侧线温度130℃。

⑦ 脱苯塔底温度175～180℃。

⑧ 再生器顶部温度180～185℃。

⑨ 再生器底部温度185～190℃，残渣粘度E_{50}为4～6。

⑩ 两苯塔顶温度不大于78℃。

⑪ 两苯塔底温度130～140℃。

⑫ 油油换热器贫油出口温度100～110℃。

⑬ 粗苯、轻苯冷凝冷却器油出口温度均为25℃。

⑭ 低温水进口温度18℃，循环水进口温度32℃。

(2) 压力

①脱水塔底压力不大于 0.04MPa。
②脱苯塔底压力不大于 0.03MPa。
③再生器顶部压力不大于 0.03MPa。
④两苯塔底压力不大于 0.03MPa。
⑤低压蒸汽压力 0.4MPa，中压蒸汽压力 0.8MPa。
(3) 流量
①入再生器富油量为循环洗油量的 1%～1.5%。
②脱苯的直接蒸汽耗量为 1.6t/t 粗苯。
③粗苯和轻苯的回流比均为 2.5～3.5。
(4) 贫油含苯量 0.4%～0.6%。
(5) 循环洗油质量

比重（d_4^{20}）不大于 1.07；粘度（E_{25}）不大于 1.5；300℃前馏出量不小于 85%；含萘量不大于 8%；含水量不大于 1%；15℃无沉淀物。

3. 正常操作
(1) 保持低压蒸汽、中压蒸汽压力稳定，保持各塔温度及压力稳定。
(2) 经常检查调节再生器各部温度、压力、液位符合技术规定，根据残渣粘度调节排渣量。
(3) 经常检查调节油水分离器分离情况，达到油中不带水、水中不带油。
(4) 调节各部温度、压力、流量符合技术规定。
(5) 每小时准确记录一次各项操作指标。

4. 蒸馏系统开工
(1) 检查蒸馏系统的设备、管道和阀门，并使它们呈准备开工的状态。
(2) 将各油水分离器注满水。
(3) 分别向油气换热器、管式炉、再生器和两苯塔内通入直接蒸汽，以检查油油换热器、脱水塔、脱苯塔、油气换热器、粗苯冷凝冷却器，轻苯冷凝冷却器和管道是否畅通无阻，同时又赶走了设备和管道内的空气以及使这些设备和管道得以预热，至各设备的放散管冒出水蒸气后，立即停止扫汽。
(4) 启动富油泵，将富油经油汽换热器和贫富油换热器打入脱水塔；至脱水塔底液位足够时，启动脱水富油泵，将富油经管式炉打入脱苯塔。
(5) 当贫油槽有油流入时，调节脱水塔液位和入管式炉富油量符合技术规定。
(6) 按管式炉操作规程点火升温，同时向贫油冷却器和粗苯冷凝冷却器送冷却水。
(7) 当管式炉后富油温度超过 110℃时，给脱苯塔通入直接蒸汽。
(8) 当管式炉后富油温度达到 180℃时，给再生器送油、送汽。
(9) 当脱苯塔顶温度超过 92℃时启动粗苯回流泵，使脱苯塔顶温度符合技术规定。
(10) 调节各部压力、温度、液位、流量符合技术规定。
(11) 当粗苯中间槽的液位足够时，开启两苯塔加料泵将粗苯送入两苯塔，同时给两苯塔底外加热器通入间接蒸汽。
(12) 轻苯冷凝冷却器油出口温度超过 30℃时，通入冷却水。
(13) 两苯塔顶温度超过 78℃时，启动轻苯回流泵，使两苯塔顶温度符合技术规定。

(14) 向两苯塔通入适量直接蒸汽，从侧线排放重质苯，从塔底排放萘溶剂油，并使两苯塔底部的萘油保持一定的液位。

(15) 调整各部温度、压力、液位和流量符合技术规定。

5. 蒸馏系统停工

(1) 停止向再生器加油，停两苯塔加料泵。

(2) 关闭再生器、两苯塔的直接蒸汽。

(3) 按管式炉操作规程逐步降低炉膛温度至熄火。

(4) 关闭两苯塔外加热器之间接加热蒸汽。

(5) 停富油泵、脱水富油泵。

(6) 停贫油冷却器之冷却水。

(7) 逐渐减少粗苯和轻苯回流量，至脱苯塔和两苯塔顶温度不再上升时，停粗苯回流泵和轻苯回流泵。

(8) 逐渐关小粗苯和轻苯冷凝冷却器之冷却水，至无粗苯、轻苯馏出时，完全关闭冷却水。

(9) 向各油水分离器内压水。将其中之存油全部顶出，然后关水并放空。

(10) 将各设备及管道内的油全部分别放空入贮槽。

(11) 最后用蒸汽清扫各设备及管道。

二、各岗位安全规程

(一) 安全管理规程

1. 坚守岗位，提高警惕，严防坏人破坏。
2. 未经上级批准，各岗位不准接待外来人员。
3. 严格贯彻执行下列安全制度。

(1) 危险工作申请制。

(2) 动火批准制。

(3) 安全设施抢修制。

(4) 事故报告制。

(5) 人身机电事故登记制。

(6) 安全作业证制。

(7) 安全责任制。

(8) 安全教育活动日制。

(9) 危险工作挂牌制。

(10) 新工人安全技术包教制。

4. 除车间办公室和批准的固定的吸烟室外，一切生产界区严禁烟火。
5. 消火工具齐全好使，消火蒸汽畅通不堵，每周各班长负责检查一次，并向值班长汇报，值班长应作好记录。

(二) 一般安全技术规程

1. 上班前严禁喝酒。
2. 净化车间周围应有完整的防护措施，一般人员禁止进入车间，严禁将火种带入车间。

3. 厂房内禁止放置任何杂物，所有通道，走梯、操作台应畅通无阻，厂房内和道路应保持清洁，各工段垃圾放到指定地点。

4. 在苯类和煤气等危险区工作严禁穿带钉子的鞋，严禁使用铁制工具敲击管道和设备。

5. 禁止在蒸汽管或加热设备上晾晒物品和一切可燃物。

6. 修理煤气设备时，必须按照危险工作规定进行。修理负压煤气设备时，必须在正压的条件下进行工作。

7. 各地沟和水井盖必须保持完好，水池周围需有防护装置。

8. 现场地面不许有积水，冬季不许有积存冰雪。

9. 禁止在煤气管道、管式炉、贮槽区附近逗留休息，不准在栏杆上、管道上和设备上休息。

10. 现场岗位所悬挂的警告牌。安全标志和防火用具不得随意移动。

11. 凡存有比重小于水的液体贮槽和分离槽等，槽内排水时必须防止油类跑入地沟。

12. 在容器、贮槽、油槽车等内部进行检修、检查和清扫时，必须按照下列规定进行。

(1) 在设备内部进行清扫和检修时，应将设备一切连通管线堵上盲板，将所有的阀门关闭后方准进行。

(2) 在设备内清扫时必须冷却到常温、经空气分析合格后方准进行。

(3) 在清扫设备内部的残渣及油垢时必须做鸽子试验（应使用金丝雀试验）。

(4) 操作人员进入设备区时，必须穿戴好劳动保护用具，并有监护。

(5) 凡参加工作的人员，必须进行安全教育，考试合格方可进入生产厂区。

(6) 在容器内禁止使用铁制工具，使用照明时，电压必须是 12 伏特。

(7) 设备检修完毕后不准将材料与工具遗留在设备内部。

13. 在煤气设备上进行检修与抽堵盲板时，应按厂部的危险工作规定进行。

14. 原料、半成品贮存量不得超过规定数值。

15. 本车间所扔的设备和管道都必须按设计要求接好地线。

16. 禁止使用破布、木棍或其它类似材料堵蒸汽管道、煤气管道及其它液体管道和设备。

17. 在酸、碱装卸和检查时必须戴好眼镜、口罩和胶皮手套等防护用品。

18. 在比重小于水的油类着火时要用四氯化碳、砂或泡沫灭火器喷洒，电气设备着火时，只能用砂子和四氯化碳灭火。

19. 不准戴手套或用湿布擦拭电机，不准用水冲洗电机和其它电气设备。

20. 不准在高空向地面扔东西，必须仍物时，地面要有专人负责安全防护。

21. 不准跨越擦拭和检修正在运转中的机械电气设备。

22. 不准将工器具靠在栏杆上或管道是，工具用完后放回指定地点。

(三) 生产检修安全规程

1. 动火必须在前一天或当天填写申请书，具备动火条件并经车间和安全科检查批准后方可动火，在有煤气、苯、氨等易燃易爆气体区域设备动火要作空气分析。易爆范围如下

（体积百分比）：

    空气中含焦炉煤气最低 5%，最高 30%；

    空气中含苯最低 1.4%，最高 7.5%；

    空气中含氨最低 15.5%，最高 27%。

2. 管式炉点火前，应先用蒸汽吹净残余煤气，先给明火后通煤气。

3. 新开工或长期停放的煤气设备开启时应用蒸汽赶尽空气，正压设备应做好煤气爆发试验。

4. 煤气负压设备要经常作煤气含氧分析。严禁漏入空气。

5. 煤气设备的油封和水封必须充满液体，排液管要保持畅通。

6. 蒸汽加热的设备、塔设备和再生器残渣槽的压力计及压力导管必须保持畅通好使，不允许在无压力计情况下加热、加汽、加压操作。

7. 塔设备，换热器及贮槽等设备不许骤热骤冷，贮槽放散管要畅通。

8. 各种煤气冷却、洗涤、吸收等设备在通煤气前禁止通入冷却水及洗涤液。

9. 有易燃物质的设备，在加热清扫后必须等其冷却到常温后，方可打开人孔盖，防止自燃（硫化铁自燃点约 40℃）。

10. 当开停煤气设备时，须事先与鼓风司机取得联系，并应缓慢操作。

11. 检修煤气系统或油类设备时，必须用铜工具，如用铁工具必须涂上甘油，方可使用。

12. 严禁产品、半成品和有污染性物质流入水道。

13. 各转动设备必须有安全罩。

14. 煤气系统设备、油类设备、电器设备的接地线必须保持完好。

15. 停止转动的设备必须拉掉电源，不得擅自送电，未经检查的转动设备严禁启动。

三、各岗位设备、管线、阀门使用与维护保养规程

（一）管式炉岗位

1. 严格按照管式炉操作规程启动、运行与停工，认真作好运行记录。
2. 严禁骤热和超温现象。
3. 入管式炉油量稳定且符合技术规定，防止因油量过小导致炉管结焦的现象。
4. 对风门、烟囱翻板、阀门应经常；加油润滑。
5. 保持设备、管道完整清洁和环境的清洁。
6. 记录检查结果。如有不正常现象，应及时报告并采取措施进行处理。

（二）蒸馏岗位

1. 管道、阀门使用与维护保养规程

（1）日常维护：

操作工必须按照规定，对分管的管道，阀门进行巡回检查，检查内容如下：

①在用管道，阀门是否有超温、超压、过冷及泄漏；

②管道有否异常振动，管道、阀门内部是否有撞击声；

③有无积液、积水；

④安全附件运行是否正常。
(2) 定期检查内容（每月一次）：
①管道及阀门是否有泄漏；
②吊卡的紧固、管道支架的腐蚀和支承情况；
③管道、阀门的防腐层，保温层是否完好；
④阀门操作机构的润滑和防护是否良好；
⑤输送易燃易爆介质的管道、阀门每年测量检查一次防净电接地线；
⑥记录检查结果。如有不正常现象，应及时报告并采取措施进行处理。

2. 换热器维护保养规程

(1) 严格执行操作规程，确保进出口温度、压力及流量控制在操作指标内，防止急剧变化，并认真填写运行记录。
(2) 随时检查壳体、封头（浮头）、管程、管板及进出口管道等连接处有无异响、腐蚀及泄漏。
(3) 检查各连接件的紧固螺栓是否齐全、可靠，各部仪表及安全装置是否符合要求。发现缺陷及时消除。
(4) 检查换热器及管道附件的绝热层，保持绝热层完好。
(5) 勤擦拭、勤打扫，保持设备及环境的整洁，做到无污垢、无垃圾、无泄漏。
(6) 严格执行交接班制度，未排除的故障应及时上报，故障未排除不得盲目开车。

3. 塔类设备维护保养规程

(1) 严格按操作规程进行启动、运行及停车，严禁超温、超压，并做到：
①坚持定时定点进行巡回检查。重点检查：温度、压力、流量、仪表灵敏、设备及附属管线密封、整体振动情况；
②发现异常情况，应立即查明原因，及时上报，并由有关单位组织处理，当班能消除的缺陷及时消除；
③经常保持设备及周围环境清洁卫生。及时消除跑、冒、滴、漏；
④认真填写运行记录
(2) 每季对塔外部进行一次表面检查，检查内容：
①焊缝有无裂纹、渗漏，特别注意转角、人孔和接管焊缝；
②各紧固件是否齐全、有无松动、安全栏杆、平台是否牢固；
③基础有无下沉倾斜、开裂，基础螺栓腐蚀情况；
④防腐层、保温层是否完好。

4. 贮槽维护保养规程

(1) 要定时、定点、定线地巡回检查，主要检查槽体、管道、阀门有无泄漏，防火，防爆等安全装置及照明是否正常，如发现问题，及时处理，一时不能处理的应及时报告，提出处理建议并做好记录。
(2) 严格按操作规程要求进行操作，如发现异常，应及时查明原因，进行相应处理。
(3) 经常观察液位是否正常，并检查液位计有无堵塞，防止产生假液位。
(4) 勤打扫、勤擦拭，保持贮槽及周围环境清洁卫生。

5. 泵类维护保养规程

(1) 严格按照泵的操作规程启动、运行与停车，并做好运行记录。
(2) 经常检查轴承温度（应不高于环境温度35℃）、电机温升。
(3) 每班检查轴封处滴油情况。
(4) 经常观察泵的压力是否正常和稳定、注意泵有无噪声等异常情况，发现问题及时处理。
(5) 经常保持泵及周围场地整洁，及时处理跑、冒、滴、漏。

四、各岗位的岗位责任制

（一）管式炉岗位

1. 精心操作，保证管式炉后富油和热蒸汽温度符合指标，同时降低回炉煤气消耗。
2. 严格遵守各项规章制度，做到安全文明生产无事故。
3. 做好所属设备的维护保养工作。
4. 努力学习提高技术水平。

（二）蒸馏岗位

1. 精心操作，保持最佳操作条件，完成产量（轻苯、重质苯）、质量（轻苯、重质苯、萘油、循环洗油）及各技术经济指标（洗油、水、电、蒸汽耗量）。
2. 严格遵守各项规章制度，做到安全文明生产无事故。
3. 做好所属设备的维护保养工作。
4. 努力学习，提高技术水平。

第四章

终脱萘初级工

第一课 终脱萘生产工艺流程

一、终脱萘生产工艺流程（用轻柴油作溶剂）

洗苯后的煤气压力约为 7000～8000Pa，温度 30℃，含萘量约为 0.2～0.3g/m³，为确保城市煤气质量（含萘量 0.05～0.10g/m²），采用－10 号轻柴油吸收煤气中的萘。

煤气洗萘塔为一瓷环填料塔，煤气从塔底进入，从塔顶逸出。新柴油用洗萘油泵自塔顶送入塔内。操作方法为每隔 15 分钟喷洒 20 秒钟，按照此种操作方法，煤气经一次脱萘后即可达到城市煤气质量标准。柴油一次吸收萘后含萘量约为 1.9%。柴油吸收萘后经油水分离器自流入洗萘塔底部贮槽，备第二次使用。当塔底液位达到一定时，开始使用塔底贮槽内的柴油进行脱萘。柴油第二次吸收萘后萘含量约为 4%，从塔下部经油水分离器自流入废柴油贮槽，定期用废油装送泵装车送出厂外。

脱萘后的煤气送至贮气柜。

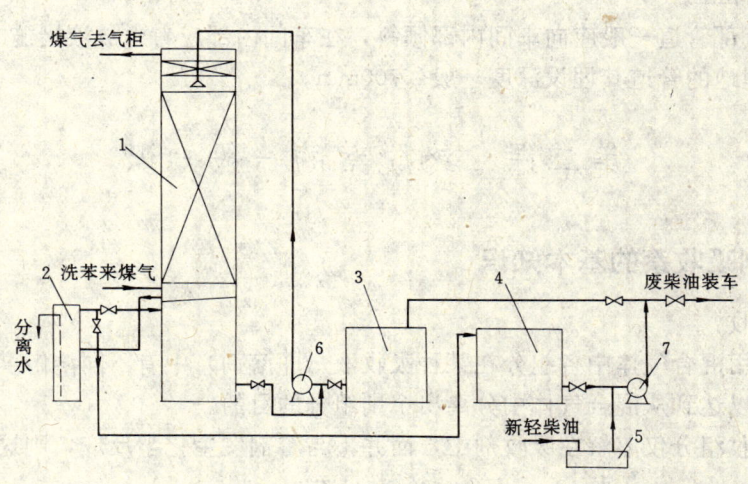

图 1-4-1

1—煤气洗萘塔；2—油水分离器；3—新柴油槽；4—废柴油槽；5—轻柴油接受槽；
6—洗萘油泵；7—柴油装卸泵

二、终脱萘工序设备布置

（一）布置原则

最终脱萘装置可单独按工段布置，也可与终冷初脱萘和洗苯合并布置成一个工段。如单独布置、本工段由塔、油槽区和泵房、操作室组成。凡工人巡回检查的地方设梯子平台。

（二）平面布置图

三、终脱萘工序工艺管线布置

（一）坡度

1. 煤气管道：≤0.001（顺煤气流向）；
2. 柴油管道：≤0.003；
3. 水蒸汽管道：≤0.002。

（二）管道排列

1. 常温管道和煤气管道应放在上层，重的高温管道及易燃流体等管道应放在下层。
2. 同排排列的管道间距为：

不保温管道排列时，大管径法兰外缘与小管径外壁间应≤50mm；

保温管道排列时，两管道保温层外表面间距≤100mm。

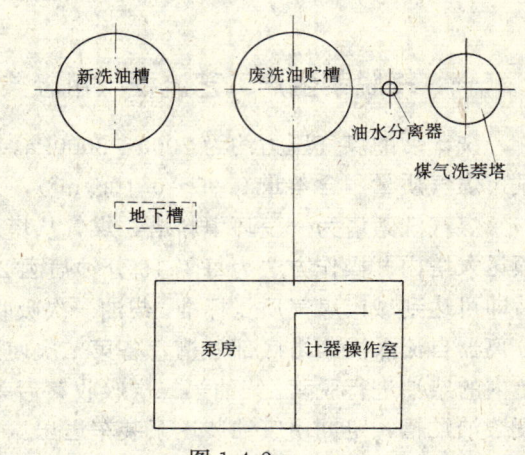

图 1-4-2

3. 车间外部管道一般应向车间内部倾斜，在车间内部应考虑放液措施。
4. 直接埋地的管道其埋设深度一般≤700mm。

第二课　终脱萘的一般知识

一、溶剂吸收萘的基本知识

什么是吸收？

吸收是利用混合气体中各组分在某种吸收液（即溶剂）中有不同溶解度的特点，进行选择性吸收，以达到从混合气体中分离出个别组分的目的。

如果被吸收组分仅溶解在吸收剂中，而并不与溶剂发生化学反应，则这种吸收过程称为物理吸收。

二、脱萘过程的一般知识

在洗萘塔顶喷洒轻柴油，煤气由塔底进入、逆液流而上，塔内置有瓷环填料（拉西环）以增大气液接触面和柴油的停留时间，使煤气与轻柴油充分接触，煤气中的萘被轻柴油吸收后经塔顶捕雾层后从塔顶逸出，溶有萘的轻柴油从塔底流出。

第三课 终脱萘的原料及产品

一、轻柴油溶剂的性质及要求

（一）什么是轻柴油？

密度较轻的一类柴油。一般由天然石油的直馏柴油与二次加工柴油掺混而得。有时也掺入一部分裂化产物。与重柴油相比，质量要求较严，十六烷值较高，粘度较小，凝固点和含硫量较低。按凝固点分为10号、0号、－10号、－20号和－35号五个牌号。脱萘用熔剂一般采用－10号轻柴油，它的凝固点低（－10℃）、吸收萘的能力强。

（二）－10号轻柴油的规格（GB252－77）

表 1-4-1

项　　目	指　　标
十六烷值：	≮
馏程：	
50％馏出温度（℃）	≯300
90％馏出温度（℃）	≯350
95％馏出温度（℃）	—
运动粘度（20℃）（cst）	3.0～8.0
10％蒸余物残炭（％）	≯0.3
灰分（％）	≯0.025
硫含量（％）	≯0.2
机械杂质	无
水分	痕迹
闪点（闭口）（℃）	≮60
腐蚀试验（铜片、50℃ 30h）	合格
酸度（mgKOH/100mL）	≯10
凝固点（℃）	≯10
实际胶质（mg/100mL）	≯70
水溶性酸或碱	无

二、焦油洗油溶剂的性质和要求

（一）什么是焦油洗油？

焦油是用于吸收焦炉煤气中苯及其同系物的油品。煤焦油蒸馏时切取230-300℃的馏分经脱酚、脱吡啶后即得洗油。

常温下洗油为淡黄色油状液体，平均分子量为170～180。

（二）焦油洗油的规格

表 1-4-2

项　　目	指　标
密度（20℃）（g/mL）	1.03～1.05
馏程（1.013MPa）：	
230℃前馏出量（容）%	≥3
300℃前馏出量（容）%	≤90
酚含量　　　　（容）%	≥0.5
萘含量　　　　（重）%	≥2
水分　　　　　（%）	≥1.0
15℃结晶物	无
粘度（E_{50}）	≥1.5

（三）终脱萘用焦油洗油的要求

1．洗油含萘量小于 2%。在常温下对萘有良好的吸收能力，加热时又能将它们分离出来。

2．有足够的化学稳定性，在整个使用期内吸收能力基本稳定。

3．在洗萘操作温度下不析出固体沉淀物。

4．易与水分离，与水不生成乳化物。

5．有较好的流动性，易于输送和均匀喷洒。

三、外售含萘轻柴油的性质与用途

（一）含萘轻柴油的性质

含萘轻柴油是密度比水轻的液体，萘含量约为 4%。

（二）含萘轻柴油的用途

在设有前脱硫装置的煤气净化工艺所产生的废柴油一般不能作为内燃机燃料，但在夏季可作为对燃料要求不严的柴油机的燃料使用。因此，废柴油的处理和再生方法尚处在实验研究阶段。

第四课　终脱萘工序主要设备性能

终脱萘系统的工艺操作是为了进一步脱除煤气中的萘，使之达到城市煤气标准。

一、洗萘塔（精脱萘塔）规格、性能及其使用维护

洗萘塔的作用在于最大限度的脱除煤气中的萘，使之达到城市煤气标准。常用的洗萘方式有柴油洗萘及焦油洗油洗萘，常用的填料可采用木格填料、瓷环填料或其它新型填料。

（一）常用洗萘塔规格特性见表 1-4-3

表 1-4-3

直径（mm）	1400	2000	2400	3000	4200	5000
高度（mm）	18250	34020	29110	20330	21500	27220
填料面积（m²）	120	5341	3856		11943	17260
木格填料规格	100×10×5	100×10×20	100×10×20	瓷环 35×35×4 10×10×10	瓷环 40×40×4.5	100×10×15
设备重（t）	11.565	42.735	29.735	47.292	105.000	132.390
捕雾装置		旋流板	旋流板		属钢丝	
处理气量（m³/h）	3000		5277		34500	

60万t焦/a焦化厂洗萘塔Φ4200×21500采用－10号轻柴油洗萘，其技术特性如下：

介质：	煤气、－10号轻柴油
工作温度：	35～40℃
工作温度：	小于0.03MPa
塔截面积：	13.85m²
空塔速度：	0.69m/s
填料高度：	7.5m
填料总面积：	11493m²
填料规格：	40×40×4.5 瓷环
捕雾层填料金属丝网：	140—400型
捕雾层高度：	226mm
捕雾层清扫柴油量：	36m³/h
捕雾层内煤气速度：	2m/s
轻柴油喷淋密度：	2m³/m²h
轻柴油喷洒量：	153kg/20S（间隙15min）
煤气处理量：	34500Nm³/h
塔底槽容积：	4.4m³
加热面积：	8m²
工作重量：	16000kg

填料塔是化学工业生产中最为常用的气液传质设备之一，塔内设置的填料使气液两相能够达到良好的传质所需的接触。在焦化生产，煤气净化的终脱萘塔，其采用的填料为拉西环填料。

（二）终脱萘塔的使用及维护应注意的事项有：

1. 精脱萘塔的操作应严格按生产工艺所要求的工艺参数进行操作。
2. 经常检查煤气终脱萘塔的油位高度，不得造成满流和抽空现象。
3. 严格控制终脱萘轻柴油质量，其含萘量小于4%，以免造成萘残留在填料中的量过大，造成塔堵塞。

4. 控制煤气终脱萘塔后煤气温度小于 30℃。
5. 控制煤气终脱萘塔的阻力情况，其煤气阻力不得大于 1000Pa。
6. 煤气终脱萘塔要定期清扫除萘，清扫蒸汽压力控制塔内压力不大于 0.05MPa。
7. 煤气终脱萘塔喷洒量严格控制 153kg/20S，进入塔的流量应控制，以免造成泛塔，对塔带来不利影响。
8. 终脱萘塔的开停工操作要注意各阀的操作顺序，避免终脱萘塔出现超压情况。
9. 控制煤气终脱萘塔的加热情况，严格控制轻柴油的温度。
10. 经常检查塔体状况，做好塔体防腐工作。

二、旋流板捕雾器规格、性能及其使用与维护

旋流板捕雾器的作用是脱除煤气夹带的油雾，减少油的流失。其常用在中小型焦化厂终脱萘塔后。

（一）焦化煤气系统旋流板常用规格特性见表 1-4-4

表 1-4-4

直径（mm）	高度（mm）	煤气量（Nm³/h）	穿孔负荷因子 F_0	开孔率	重量（kg）
612	2876	2500	11.06	15.7	465
750	3000	4000	10.86	17	460

（二）旋流板捕雾器使用与维护
1. 按终脱萘系统工艺参数严格执行，尽量避免过负荷运行。
2. 控制终冷脱萘塔阻力和给油操作，使煤气中的萘含量尽量的低，煤气中的柴油雾滴含量低。
3. 定期清扫旋流板，除去其积萘，清扫控制器内压力不得大于 0.05MPa。
4. 检查旋流板捕雾器，定期做好刷漆防腐。

三、泵、槽规格、性能及其使用与维护

（一）60 万 t 焦/a 焦化厂终脱萘轻柴油泵及油槽规格型号。

1. 轻柴油泵一般采用齿轮式油泵，其规格性能为 2CY-29/3.6-1（新型号 KCB-483.3）$Q=29m^3/h$，$H=36m$，配用电机 JO251-4 7.5kW，性能曲线如图 1-4-3。

2. 轻柴油槽规格
新柴油槽：$V=100m^3$ $\Phi 5680 \times 4120$
废柴油槽：$V=100m^3$ $\Phi 5680 \times 4120$
柴油接受槽：$V=60m^3$ $\Phi 1400 \times 4140$

（二）齿轮油泵使用与维护

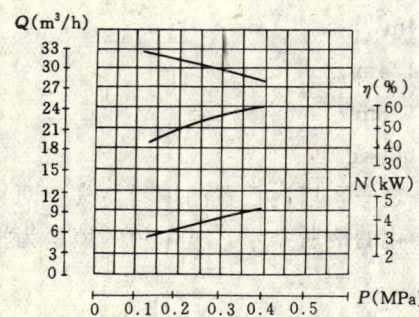

图 1-4-3 KCB-483.3 性能曲线
（2CY-29/0.36）

1. 油泵开启前,检查各方面情况正常。
2. 油泵开动前,打开进出口阀门。
3. 盘动泵联轴器转动灵活好使,电动机转向是否正确。
4. 检查油泵排出压力、流量、应在油泵所规定的技术规范以内。密封渗漏符合要求。
5. 检查油泵运行状况,运行声音无异响,泵振动正常,温升正常(滑动轴承温度≯65℃,滚动轴承≯70℃)
6. 检查泵运行是否满足工艺要求,即每隔 15min 开启 20s。
7. 停泵时应先关闭电动机,然后再关闭进出口阀门。
8. 备用泵要定期进行盘车。

(三) 精脱萘油槽的使用与维护要求如下
1. 对于精脱萘油槽的维护必须从安全角度入手,严禁槽区内带火源。
2. 操作人员严格遵守安全规定,严禁穿带铁钉的鞋在槽区走动,严格穿戴规定劳保服装。
3. 严禁用铁器敲打槽体。
4. 经常检查其液面情况防止冒槽事故。
5. 油贮槽不得超温,超压,保证槽使用寿命。
6. 经常检查槽体情况,及时做好防腐。

第五课 终脱萘工序阀门的使用与维护

一、终脱萘工序阀门型号及规格

终脱萘工序由于工序特性的原因,其所用阀门数量不多,主要型式有闸阀 Z94ZW-1,Z44W-10,截止阀 J41W-16,止回阀 H44W-16,疏水阀 S19W-16 等。

二、终脱萘工序各阀门安装位置

终脱萘塔进出口阀门:	Z942-1	DN900 闸阀
终脱萘塔交通阀:	Z942-1	DN900 闸阀
柴油系统管线阀门:	Z44W-10	DN100 闸阀
		DN80 闸阀
		DN50 闸阀
终脱萘油泵入口止逆阀:	H44W-10	DN80 止回阀
蒸汽系统阀门:	J44W-16	DN80 截止阀
		DN50 截止阀
		DN32 截止阀
蒸汽系统疏水阀:	S19W-16	DN25 疏水器
		DN20 疏水器

三、阀门型号说明

1. 闸阀：Z942W-DN900，Z44W-10DN100；Z942W-1 DN900 表示电动驱动，楔式双闸板法兰联接，公称压力 0.1MPa，公称直径 900mm Z44W-10 表示手动平行双闸板法兰联接，公称压力 1MPa。
2. 止回阀 H44W-10 表示旋启单瓣式，法兰联接，公称压力 1MPa。
3. 截止阀 J44W-16 表示角式法兰联截止阀，公称压力 1.6MPa。
4. 疏水阀 S49W-16 表示内螺纹联接热动力式疏水阀，公称压力 1.6MPa。

四、各类阀门的使用方法与保养

1. 终脱萘工序轻柴油系统，煤气系统阀门应避免采用铜口阀门，对日常维护较困难的位置，如精脱萘塔顶放散阀应采用暗杆阀门。
2. 对各部位所安装的阀门要按期加油保护，保证阀门传动机构的灵活好用。
3. 对于工艺上不常开闭的阀门，要定期有计划的进行活动，以防阀门卡死，锈住。
4. 经常检查阀门的填料处泄漏情况，发现泄漏及时处理。
5. 对于打不开或关不上的阀门，使用工具开关要考虑阀门的承受力，严禁超力开关，发生损坏阀门现象。
6. 严禁用力击打阀门或以阀门为垫物敲击物体。
7. 工艺阀门应尽量避免在微开启的状况下使用，以免流体对阀板冲击对阀门带来不利影响。
8. 对于阀门所处工艺条件必须按工艺操作参数进行，严禁超温，超压。
9. 对于冬季使用的阀门一定要做好防寒保温工作，对长期不使用的管道，必须放空且接触水的一侧必须加堵盲板，以免冻坏阀门。
10. 对于工艺管道的吹扫，要注意阀门所承受的压力允许范围，以免损坏填料及阀门本体。
11. 疏水阀的使用必须正确适当，调整好蒸汽疏水阀，使其既不连续排气，又不能阻塞不疏水，以免冻坏阀门。

第六课 终脱萘工序仪表的使用与保养

终脱萘装置的各温度、阻力（压力）、流量是检查煤气中萘的脱除是否符合要求的依据。本工序使用的仪表有：

一、就地安装仪表

（一）温度测量仪表

1. 工业用玻璃水银温度计

（1）作用原理：利用液体（水银）受热膨胀的原理制成的。
（2）测量范围：$-200 \sim 500°C$
（3）特　　点：仪表结构简单、价廉、精度较高、稳定性好，但易破损，只能安装在

　　　　易观察的地方。
　(4) 安装地点：经常安装在工艺设备和管道上，作现场指示。具体安装地点见终脱萘工段控制测量仪表一览表。

2. 热电阻温度计
(1) 作用原理：利用导体或半导体受热后电阻值变化的性质制成的。
(2) 测量范围：$-200 \sim 350℃$
(3) 主要特点：测量准确、但本身不能显示，只能与相应的仪表配合使用，远距离显示工艺温度参数。
(4) 安装地点：可安装在任何地方。具体见终脱萘工序控制测量仪表一览表。

(二) 压力测量仪表

根据生产特点，本工序现场使用的压力仪表仅有弹簧压力表一种。
1. 作用原理：弹簧管在压力作用下变形，自由端产生位移，通过传动机构的指针转动而测定压力的。
2. 量程选择：在测量稳定压力时，最大量程选择接近而又大于正常值的1.5倍，测交变压力时，则最大量程应选择接近而又大于正常值的2倍。
3. 精度选择：以经济实用为原则，一般选用1.5级或2.5级。
4. 使用场合：广泛使用在非腐蚀性，非结晶的气体、液体的压力和负压。经常安装在各种泵的出口，或工艺设备管道上，用于测量工艺压力参数。具体见终脱萘工段控制测量仪表一览表

(三) 流量测量仪表：

根据工艺介质的特点，本工序使用椭圆齿轮流量计测量轻柴油流量。
1. 工作原理：椭圆齿轮流量计是容积式流量计的一种。其靠椭圆形齿轮被流体冲转，每转一周，有定量流量流过，通过机械计数器显示流量。
2. 测量范围：$0.024 \sim 2500 m^3/h$。
3. 主要特点：测量精度高、灵敏、复现性好，但仪表笨重，结构复杂，成本较高。
4. 使用场合：适用于油品及粘滞液体测量，安装在易观察的工艺管道上。

(四) 液位测量仪表：

本工序就地使用的液位计有两种，都是随工艺设备带来的。
1. 直读式液位仪表：是利用连通器原理工作的，这类仪表是直读式玻璃液位计，安装在塔器或储槽上。
2. 浮力式液位仪表：是利用浮标在液体中，随液位变化而升降的原理工作的。安装在储槽内，也是直读式的一种液位仪表。

二、集中显示仪表

1. 电动Ⅲ型单元组合仪表：

所谓单元组合仪表，就是根据仪表的功能，将各参数的测量及变送、显示、调节等各部分分别做成独立单元,相互间采用统一化的标准信号相联系的仪表称为单元组合仪表。这种仪表使用时可按不同要求，很方便地将各单元任意组成各测量和控制系统，从而大大增进了仪表在使用上的通用性和灵活性。

单元组合仪表分为电动和气动两大类：电动单元组合仪表又分为Ⅰ、Ⅱ、Ⅲ型。其中Ⅲ型最先进。本工序采用了电动Ⅲ型单元组合仪表组成压力测量系统。并集中在仪表盘上。供操作人员监视生产过程。

2. 动圈式指示仪

动圈式指示仪与现场安装的热电阻温度计配合使用，将工艺过程的温度参数传输到控制室内的仪表盘上集中显示。随着科学的发展，动圈式指示仪正逐渐被数字显示仪所代替。

三、仪表的刻度单位

（一）刻度

在控制室仪表盘上的仪表，其指示刻度标尺如果是直接按被测的工艺参数来刻度的,读数比较简单，只要按指针指示的位置直接读出该刻度上所注明的数值即可，读数的单位也就是仪表标尺上所注明的单位。但是，由于规格繁多的记录仪表如果都采用直接按参数的数值刻度，虽然给操作人员读数带来方便，但却使仪表的规格和记录纸的规格繁多，不利于仪表的维护与管理。为了提高仪表的通用性，减少仪表的备件，普遍采用下述两种刻度：

1. 等百分刻度：用于测量温度、压力、液位、等分刻度流量等参数。
2. 开方刻度：用于差压法测量流量参数。

无论采用等百分刻度或开方刻度，读数时都要先了解仪表的测量范围，即最低量程和最高量程是多少，单位是什么？但不管是等分刻度或是不等分刻度（开方刻度）其刻度标尺上均按百分数标志的。因此，读数时，先弄清仪表指针在百分刻度的位置，然后将仪表最低量程加上此位置的百分数示值乘上仪表测量范围即是参数的读数。

读数＝最低量程＋指示值百分数×仪表测量范围

例如：仪表的测量范围 0～1000℃ 等分刻度，指针为 62%，则读数为 62%×1000℃＝620℃

又如：仪表的测量范围 0～32000Nm³/h，开方刻度，当指针指示为 70% 时，读数为 70%×32000＝22400Nm³/h。

（二）刻度单位：

测量对象	单位
温度：	℃
压力　微压：	Pa
一般：	MPa、kPa
流量：蒸汽	kg/h 或 t/h
液体	m³/h 或 t/h
气体：	Nm³/h
液位：	m 或 mm

四、仪表的保养

仪表是操作工人监视和控制生产过程必须使用的技术工具。要使品种繁多的仪表保持良好的运行状态，精心维持和保养是关键。因此，要求操作工在使用仪表的同时必须做到以下各点：

1. 熟悉设置在控制室仪表盘上的各种仪表在生产过程中的作用,掌握其观测使用方法。仪表是精密仪器,经常保持控制室内环境及仪表盘盘面卫生,减少积尘,因为积尘可以使仪表机械传动部分出现故障,记录笔尖堵塞,开关失灵和自动主记录仪表滑线电阻与弹子接触不良,降低仪表的精度影响正常的运行和使用寿命。

2. 操作仪表时要精心,动作要准确,用力要均匀。发现仪表故障时要及时通知仪表工,操作工不能随意打开仪表的表门,更不能触动仪表内部的组件,以免损坏仪表。

3. 安装在现场。又没有信号传输到控制室的仪表,如玻璃水银温度计、压力表、椭圆齿轮流量计等,要经常保持清洁完好,并按有关计量管理规定进行周期校验,发现损坏要及时修理和更换。

4. 仪表是为工艺生产服务的,正常的生产又为仪表的地运行提供了保证。因为生产不正常,会严重使安装在工艺设备和管道上的仪表损坏。所以,要把工艺精心操作与加强仪表维护保养结合起来。

5. 仪表正常运行需要各种电压等级的低压电源和保温伴热用的蒸汽。因此,操作工人必须做到:

(1) 工艺用电不能在仪表电源系统中引出,以免造成仪表电源电压波动,影响仪表的准确性;

(2) 仪表用的保温伴热蒸汽一般从工艺用汽管道上接取,工艺停汽时要及时通知仪表工采取措施,以免影响仪表正常运行,特别是在冬季,不要随意切断仪表用蒸汽,因为这样会严重冻坏仪表。

五、终脱萘工序控制测量仪表一览表

表 1-4-5

位号	用 途	就地仪表	变送器	二次仪表	调节单元	执行器
一	现场安装的仪表					
1	温度测量仪表					
(1)	终脱萘塔下部储槽油温	工业用水银温度计 0~100℃				
(2)	新轻柴油储槽油温	工业用水银温度计 0~100℃				
(3)	废油槽油温	工业用水银温度计 0~100℃				
2	压力仪表					
(1)	洗油装送泵出口压力	弹簧管压力表 0~0.6MPa				
(2)	洗萘油泵出口压力	弹簧管压力表 0~0.6MPa				

续表

位号	用 途	就 地 仪 表	变送器	二次仪表	调节单元	执行器
3	流量仪表					
(1)	至终脱萘塔的轻柴油流量累计	椭圆齿轮流量计 6~60m³/h				
二	集中安装仪表					
1	温度仪表					
(1)	入终脱萘塔的煤气温度指示	电阻温度计 Cu50		动圈式指示仪 0~50℃		
(2)	终脱萘塔下部储槽油温指示	电阻温度计 Cu50		动圈式指示仪 0~100℃		
(3)	新轻柴油储槽油温指示	电阻温度计 Cu50		动圈式指示仪 0~100℃		
(4)	废油槽油温指示	电阻温度计 Cu50		动圈式指示仪 0~100℃		
2	压力仪表					
(1)	终脱萘入口煤气压力指示		电动压力变送器 0~10kPa	单针指示仪 0%~100% (0~10kPa)		
(2)	终脱萘塔出口煤气压力指示		电动压力变送器 0~10kPa	单针指示仪 0%~100% (0~10kPa)		

第七课　终脱萘工序设备开车与停车顺序

一、开车顺序

（一）检查确认各设备、管道、阀门、仪表处于开工状态。
（二）煤气洗萘塔前、后煤气管道水封槽加满水，油水分离器加满水。
（三）将时间继电器调至喷洒柴油所需的状态。
（四）用蒸汽置换空气：
1．打开洗萘塔塔顶放散管，打开塔底蒸汽清扫阀和煤气出口管之蒸汽清扫阀。
2．待放散管大量冒蒸汽后，关小上述两处蒸汽阀门，维持塔内正压。
（五）用煤气置换蒸汽：
1．通知鼓风司机：注意压力变化。
2．慢慢微开煤气进口阀门，关闭上述两处蒸汽阀门。
3．待塔顶放散管大量冒煤气后，在放散管处取样做爆发试验，合格后，慢慢打开煤气进、出口阀门，关闭煤气旁通阀门及塔顶放散管阀门。
（六）喷洒轻柴油：
1．将时间继电器调到每隔 15min 开 20s 的位置。
2．打开油水分离器至塔底贮槽的管道阀门、关闭至废柴油贮槽的管道阀门。

3. 按齿轮泵操作规程启动洗萘油泵向煤气洗萘塔送轻柴油。洗萘后的柴油经油水分离器自流入塔底贮槽。

4. 待塔底贮槽液位达到一定时，洗萘油泵改抽塔底贮槽的柴油，同时洗萘后的柴油经油水分离后改入废柴油贮槽。

正常后，重复步骤"2—4"的操作。

二、停车顺序

（一）停洗萘油泵。

（二）关闭煤气洗萘塔的煤气进口阀门、关小煤气出口阀门（留2～3扣），维持塔内正压。

（三）如长期停车，须作如下处理：

1. 将塔内、油水分离器和管道中的存液放净。
2. 通蒸汽清扫后，将煤气洗萘塔之煤气进出口和柴油进出口堵上盲板。

第八课　终脱萘工序操作指标

1. 入煤气洗萘塔之煤气温度：30℃
2. 新柴油贮槽温度：35℃
   废柴油贮槽温度：35℃
   塔底油槽温度：35℃
3. 轻柴油喷洒制度：
   每隔15min喷洒20s，每次喷洒153kg。
4. 废柴油含萘量：4%。
5. 塔后煤气含萘量：
   冬季不大于50mg/m^3、夏季不大于100mg/m^3。
6. 洗萘塔阻力不大于1000Pa。

第九课　终脱萘工序一般事故的处理

一、煤气洗萘塔一般事故的处理与预防

（一）塔阻力过大

1. 开启塔顶捕雾层的清扫喷咀阀门，用柴油清洗捕雾层。
2. 用蒸汽扫塔。
3. 停工清理更换瓷环填料。

预防上应在平时严格控制循环柴油量和温度符合规定，坚持定期清扫制度。

（二）废柴油含水高

1. 柴油温度过低，使大量冷凝水进入柴油中。应用贮槽的蒸汽加热来控制柴油温度高于煤气进口温度。

2. 油水分离器分离水管堵塞。应经常检查油水分离器工作是否正常。

二、泵类进行一般事故的处理

（一）不上量或上量小

一般是由于齿轮的间隙过大所至，必须倒泵检修。

（二）轴承过热或有异响

及时倒泵，找维修工检修。

（三）继电器失灵

1. 立即请电工修理；
2. 人工控制开停时间，注意喷洒量不能过大；检查塔的阻力和柴油回流量是否正常。

三、停电事故的处理

切断洗萘油泵的电源，作停工操作处理，而后向值班长汇报。

第十课　终脱萘工序操作规程

一、岗位操作规程

（一）职责

1. 负责本岗位的生产操作，努力完成各项质量及清耗指标。
2. 稳定煤气脱萘塔的操作，使煤气含萘、柴油含萘符合技术规定。
3. 负责本岗位的设备维护保养、工具管理及地区的整洁。
4. 负责新柴泊的卸料和废柴油装车及计量。

（二）技术规定

1. 煤气洗萘塔后煤气含萘量：
   冬季不大于 $50mg/m^3$；
   夏季不大于 $100mg/m^3$。
2. 废柴油含萘量：4%。
3. 煤气温度：不大于30℃。
4. 煤气洗萘塔阻力不大于1000Pa。
5. 每隔15min，喷洒轻柴油20s。

（三）正常操作

1. 经常检查煤气洗萘塔底油位和油水分离器油水分离情况。
2. 按规定及时更换洗萘用柴油。
3. 按规定喷洒柴油，保证煤气含萘符合技术规定。
4. 经常检查泵的运转情况。
5. 按时填写生产记录。

（四）特殊操作

1. 终脱萘塔开工

（1）抽掉煤气进出口盲板。

（2）打开塔顶放散管。

（3）向塔内通蒸汽，待放散管冒出大量蒸汽后停止通蒸汽，稍开煤气入口阀门，用煤气赶走蒸汽，待放散管冒出大量煤气之后，取样做煤气爆发试验，直至合格后，关闭塔顶放散管阀门。

（4）通知鼓风机司机注意机后压力，全开煤气出口阀，再开煤气入口阀，同时慢慢关闭煤气交通阀。

（5）待煤气正常通过塔内之后，开洗萘油泵向塔内喷洒柴油，从塔底见到柴油流出时停止喷洒柴油。

（6）定时（每隔15min）定量（喷洒20s）喷洒柴油。

（7）通知化验室定期分析煤气含萘量和柴油含萘量。

2. 终脱萘塔的停工

（1）停止向塔内喷洒柴油。

（2）通知鼓风司机注意煤气压力，打开煤气交通阀门、关死煤气进口阀门，关小煤气出口阀门（留2～3扣），保持塔内正压。

（3）如检修塔设备，需按煤气作业规定将煤气进出口阀门全关闭并堵上盲板，打开放散管阀门，用蒸汽赶净煤气并取样分析，确认合格后，待塔温降至常温，打开人孔通空气赶走蒸汽后方可进行检修。

3. 新柴油卸料

（1）槽车对位后，记录车号，通知质检科取样分析。

（2）检查新柴油槽液位和废油装送泵。

（3）用专用软管连接槽车放料管和轻柴油接受槽。

（4）打开槽车放料阀门放料，放料时注意接受槽液位变化。

（5）开启废油装送泵，由轻柴油接受槽向新柴油贮槽倒油。

（6）倒油完毕停泵。

4. 废柴油装车

（1）装车前通知质检科从废柴油贮槽取样分析含萘量。

（2）槽车定位后检查槽车是否净空，槽车阀门或堵头是否严密好使，而后关闭。

（3）连接装油管并固定好。

（4）检查输运管道确认完好后，打开废柴油槽出口阀门，开启废油装卸泵，开始装车。

（5）装车时要有专人负责看守，以防跑油和漏油。

（6）装车完毕后停泵，关闭废柴油出口阀门，拆卸装车油管，盖好槽车大盖。

二、各岗位安全规程

（一）安全管理规程

1. 坚守岗位，提高警惕，严防坏人破坏。

2. 未经上级批准，各岗位不准接待外来人员。

3. 严格贯彻执行下列安全制度。
(1) 危险工作申请制。
(2) 动火批准制。
(3) 安全设施抢修制。
(4) 事故报告制。
(5) 人身机电事故登记制。
(6) 安全作业证制。
(7) 安全责任制。
(8) 安全教育活动日制。
(9) 危险工作挂牌制。
(10) 新工人安全技术包教制。
4. 除车间办公室和批准的固定的吸烟室外,一切生产界区严禁烟火。
5. 消火工具齐全好使,消火蒸汽畅通不堵,每周各班长负责检查一次,并向值班长汇报,值班长应作好记录。

(二) 一般安全技术规程

1. 上班前严禁喝酒。
2. 净化车间周围应有完整的防护措施,一般人员禁止进入车间,严禁将火种带入车间。
3. 厂房内禁止放置任何杂物,所有通道、走梯、操作台应畅通无阻,厂房内和道路应保持清洁,各工段垃圾放到指定地点。
4. 在苯类和煤气等危险区工作严禁穿带钉子的鞋,严禁使用铁制工具敲击管道和设备。
5. 禁止在蒸汽管或加热设备上晾晒物品和一切可燃物。
6. 修理煤气设备时,必须按照危险工作规定进行。修理负压煤气设备时,必须在正压的条件下进行工作。
7. 各地沟和水井盖必须保持完好,水池周围需有防护装置。
8. 现场地面不许有积水,冬季不许有积存冰雪。
9. 禁止在煤气管道、塔区、贮槽区附近逗留休息,不准在栏杆上、管道上和设备上休息。
10. 现场岗位所悬挂的警告牌、安全标志和防火用具不得随意移动。
11. 凡存有比重小于水的液体贮槽和分离槽等,槽内排水时必须防止油类跑入地沟。
12. 在容器、贮槽、油槽车等内部进行检修、检查和清扫时,必须按照下列规定进行。
(1) 在设备内部进行清扫和检修时,应将设备一切连通管线堵上盲板,将所有的阀门关闭后方准进行。
(2) 在设备内清扫时必须冷却到常温,经空气分析合格后方准进行。
(3) 在清扫设备内部的残渣及油垢时必须做鸽子试验。
(4) 操作人员进入设备区时,必须穿戴好劳动保护用具,并有监护。
(5) 凡参加工作的人员,必须进行安全教育,考试合格方可进入生产厂区。

(6) 在容器内禁止使用铁制工具，使用照明时，电压必须是12伏特。

(7) 设备检修完毕后不准将材料与工具遗留在设备内部。

13. 在煤气设备上进行检修与抽堵盲板时，应按厂部的危险工作规定进行。

14. 原料、半成品贮存量不得超过规定数值。

15. 本车间所扔的设备和管道都必须按设计要求接好地线。

16. 禁止使用破布、木棍或其它类似材料堵蒸汽管道、煤气管道及其它液体管道和设备。

17. 在酸、碱装卸和检查时必须戴好眼镜、口罩和胶皮手套等防护用品。

18. 在比重小于水的油类着火时要用四氯化碳、砂或泡沫灭火器喷洒；电气设备着火时，只能用砂子和四氯化碳灭火。

19. 不准戴手套或用湿布擦拭电机，不准用水冲洗电机和其它电气设备。

20. 不准在高空向地面扔东西，必须扔物时，地面要有专人负责安全防护。

21. 不准跨跃擦拭和检修正在运转中的机械电气设备。

22. 不准将工器具靠在栏杆上或管道上，工具用完后放回指定地点。

(三) 生产检修安全规程

1. 动火必须在前一天或当天填写申请书，具备动火条件并经车间和安全科检查批准后方可动火，在有煤气、苯、氨等易燃易爆气体区域设备动火要作空气分析。易爆范围如下（体积百分比）：

空气中含焦炉煤气最低5%，最高30%；

空气中含苯最低1.4%，最高7.5%；

空气中含氨最低15.5%，最高27%。

2. 新开工或长期停放的煤气设备开启时应用蒸汽赶尽空气，正压设备应做好煤气爆发试验。

3. 煤气负压设备要经常作煤气含氧分析，严禁漏入空气。

4. 煤气设备的油封和水封必须充满液排液管要保持畅通。

5. 蒸汽加热的设备、塔设备的压力计及压力导管必须保持畅通好使，不允许在无压力计情况下加热、加汽、加压操作。

6. 塔设备及贮槽等设备不许骤热骤冷，贮槽放散管要畅通。

7. 各种煤气冷却、洗涤、吸收等设备在通煤气前禁止通入冷却水及洗涤液。

8. 有易燃物质的设备，在加热清扫后必须等其冷却到常温后，方可打开人孔盖，防止自燃（硫化铁自燃点约40℃）。

9. 当开停煤气设备时，须事先与鼓风司机取得联系，并应缓慢操作。

10. 检修煤气系统或油类设备时，必须用铜工具，如用铁工具必须涂上甘油，方可使用。

11. 严禁产品、半成品和有污染性物质流入水道。

12. 各转动设备必须有安全罩。

13. 煤气系统设备、油类设备，电器设备的接地线必须保持完好。

14. 停止转动的设备必须拉掉电源，不得擅自送电，未经检查的转动设备严禁启动。

三、岗位设备、管线、阀门使用与维护保养规程

（一）管线、阀门使用与维护保养规程
1. 日常维护
操作工必须按照规定，对分管的管道，阀门进行巡回检查，检查内容如下：
(1) 在用管道、阀门是否有超温、超压、过冷及泄漏；
(2) 管道有否异常振动，管道，阀门内部是否有撞击声；
(3) 有无积液、积水；
(4) 安全附件运行是否正常。
2. 定期检查内容（每月一次）
(1) 管道及阀门是否有泄漏；
(2) 吊卡的紧固、管道支架的腐蚀和支承情况；
(3) 管道、阀门的防腐层、保温层是否完好；
(4) 阀门操作机构的润滑和防护是否良好；
(5) 输送易燃易爆介质的管道、阀门每年测量检查一次防静电接地线。
记录检查结果，如有不正常现象，应及时报告并采取措施进行处理。
（二）塔类设备维护保养规程
1. 严格按操作规程进行启动、运行及停车，严禁超温、超压，并做到：
(1) 坚持定时定点进行巡回检查。重点检查：温度、压力、流量、仪表灵敏、设备及附属管线密封、整体振动情况；
(2) 发现异常情况，应立即查明原因，及时上报，并由有关单位组织处理，当班能消除的缺陷及时消除；
(3) 经常保持设备及周围环境清洁卫生，及时消除跑、冒、滴、漏；
(4) 认真填写运行记录。
2. 每季对塔外部进行一次表面检查，检查内容：
(1) 焊缝有无裂纹、渗漏、特别注意转角、人孔和接管焊缝；
(2) 各紧固件是否齐全、有无松动，安全栏杆，平台是否牢固；
(3) 基础有无下沉倾斜、开裂、基础螺栓腐蚀情况；
(4) 防腐层、保温层是否完好。
（三）贮槽维护保养规程
1. 要定时、定点、定线地巡回检查，主要检查槽体、管道、阀门有无泄漏，防火、防爆等安全装置及照明是否正常，如发现问题，应及时处理，一时不能处理的应及时报告，提出处理建议并做好记录。
2. 严格按操作规程要求进行操作，如发现异常，应及时查明原因，进行相应处理。
3. 经常观察液位是否正常，并检查液位计有无堵塞，防止产生假液位。
4. 勤打扫、勤擦拭、保持贮槽及周围环境清洁卫生。
（四）齿轮泵
1. 严格按操作规程启动、运行与停车，做好运行记录。

2. 定时检查各部轴承温度和油压,每班检查润滑油液面高度。
3. 每班检查一次密封部位是否有渗漏现象。
4. 每班做好设备的清洁工作

四、岗位责任制

1. 精心操作,保证塔后煤气含萘量和废柴油含萘量符合指标,并降低轻柴油消耗。
2. 严格遵守各项规章制度,做到安全文明生产无事故。
3. 做好所属设备的维护保养工作。
4. 努力学习提高技术水平。

第五章

脱硫初级工

第一课 脱硫的基本知识

一、制气厂硫化氢的来源

以不同燃料和用不同制气方法制得的粗煤气,总含有数量不等的无机硫化物和有机硫化物,其含量与燃料中的硫含量成正比。

燃料气化或炭化时,其中的硫化物受到热分解后,产生无机硫化物和有机硫化物。无机硫化物主要是硫化氢(H_2S),约占煤气中总硫量的90%;有机硫化物包括硫氧化碳(COS)、二硫化碳(CS_2)、硫醇(RSH)等。焦炉(炭化)煤气硫化氢含量一般为6~8g/m^3,水煤气中硫化氢含量一般为2g/m^3,机械发生炉煤气中硫化氢含量一般为1g/m^3,油煤气中硫化氢含量一般为800mg/m^3。

二、硫化氢的危害性

在煤气生产中,硫化物(主要是H_2S)的危害性最大,具体表现有以下几点:

1. 腐蚀金属:含有硫化氢的气体在有水分存在的条件下,硫化氢溶于水形成硫氢酸,使金属设备生成相应的硫化物而造成腐蚀,其腐蚀程度随气体中硫化氢气体的分压增高而加剧。

2. 污染环境:煤气中的硫化氢在燃烧过程中产生二氧化硫(SO_2)对环境造成不同程度的污染。

3. 对加工产品影响:煤气若用于冶炼优质钢,硫化氢会渗入钢内降低钢的质量,若用于化学工业的合成氨,会使催化剂中毒等。

因此,脱硫(主要是H_2S)是煤气净化过程的重要环节之一,一般分为湿法脱硫和干法脱硫二个过程,用于城市煤气中的硫化氢含量必须小于20mg/m^3以下。

三、硫化氢的性质

硫化氢(H_2S)是一种无色气体,有类似腐蛋的臭味。剧毒!吸入微量硫化氢即发生头痛头晕眩等病,吸入较多可致猝死。比空气重,易凝为液体。能溶于水,在0℃时,1体积水可吸收4.65体积的硫化氢。在20℃时,溶解热为18.9kJ/mol。溶解硫化氢的水溶液呈弱酸性。硫化氢能与碱作用生成盐,因此可以用碱性溶液来吸收煤气中的硫化氢。硫化氢的主要性质见表1-5-1所列。

硫化氢具有很强的还原能力,由氧化还原反应的电极电位可以看出,在酸液式碱液内,硫化氢皆可作为还原剂。

在酸液内：$H_2S = S + 2H^+ + 2e$　　$E_{298}^0 = 0.141V$

在碱液内：$S'' = S + 2e$　　　　　$E_{298}^0 = -0.508V$

在以上半反应方程式内 S'' 氧化为 S,（强氧化剂可使 S 氧化为 S^{+4} 或 S^{+6}）。这一性质广泛地用在氧化法脱硫工艺上。

硫化氢的主要性质　　　　　　　　　表 1-5-1

项　目	数　据
熔点（℃）	-85.60
沸点（℃）	-60.75
临界温度（℃）	100.4
熔化热（kJ/mol）	2.375
气化热（kJ/mol）	18.662
密度（在沸点时）（g/mL）	0.993
生成热（在20℃时）kJ/mol	20.07
电离常数（在18℃时）	
K_1	1.1×10^{-7}
K_2	1.0×10^{-5}
偶极矩（气体分子）（德拜）	1.10

四、脱硫方法的分类

脱除煤气中硫化物（主要是 H_2S）的方法很多，通常分为两大类，即干法脱硫和湿法脱硫。

（一）湿法脱硫的分类

湿法脱硫是使用一种适当的有机或无机溶液将煤气中的硫化氢和某些反应性有机硫加以吸收。在湿法脱硫中，因吸收溶液吸收硫化氢的过程性质不同，分为物理吸收法、化学吸收法和物理、化学吸收法三种。

物理吸收法是借助吸收剂对硫化物的物理溶解作用来脱除硫化物的方法。在该法中，无化学反应或化学反应不占重要地位，用低温甲醇洗涤硫化氢是物理吸收法脱硫的典型代表。

在化学吸收法中，吸收过程中发生各种化学反应，按反应过程分为中和法和湿式氧化法两种。用烷基醇（如一乙醇胺、二乙醇胺、三乙醇胺、异丙醇胺）或用碳酸盐（如碳酸钠、碳酸钾以及氨水）作吸收剂，都是用碱性溶液来吸收酸性气体 H_2S，即采用酸碱中和法；湿式氧化法和中和法基本相同，只是在湿式氧化法的液相中进行着一系列氧化还原反应，如改良 A·D·A 法、改良砷碱法、氨水液相催化法等。

物理—化学吸收法是指物理吸收剂和化学吸收剂的混合溶液作吸收剂的方法，用环丁砜和烷基醇胺的混合水溶液来吸收硫化氢的方法是该法的典型代表。

目前，国内大多数煤气生产厂家都采用湿式氧化法脱除煤气中的硫化氢，主要使用改良A·D·A法。

（二）干法脱硫的分类

干法脱硫主要用来脱除少量硫化氢和某些有机硫化物，硫化氢被脱硫剂直接吸收，其吸收过程类似于通常的多相催化反应过程。干法脱硫有活性碳法、锰矿石法、氧化铁和氧化锌法等。与湿法脱硫相比，其特点是设备结构较为简单，生产温度较大；有些方法如氧化锌法的脱硫精度相当高，但干法脱硫剂的硫容量一般都较小，多数不能再生或再生困难。煤气厂一般采用氧化铁法作干法脱硫剂脱除煤气中的硫化氢。

五、脱硫效率、硫含量和硫容量

1. 脱硫效率，是指煤气中的硫化氢被脱除的程度。通常用下式表示脱硫效率 η：

$$\eta = \frac{g_1 - g_2}{g_1} \times 100\%$$

式中　g_1、g_2 分别为脱硫前、后煤气中的硫化氢含量，(g/m^3)。

【例】某煤气厂粗煤气中含 H_2S 量为 $2g/m^3$，经湿法脱硫塔脱硫后，煤气中含 H_2S 量为 $20mg/m^3$，问湿法脱硫塔的脱硫效率为多少？

【解】
$$\eta = \frac{2000 - 20}{2000} \times 100\% = 99\%$$

所以湿法脱硫塔的脱硫效率为 99%。

2. 硫含量，是指脱硫液中含硫化氢的数量。一般用硫含量的大小来衡量脱硫液的质量好坏。硫含量的单位是 g/L。

3. 硫容量（简称硫容）是指单位体积脱硫液（或固体脱硫剂）可以吸收硫化氢的数量，即指单位体积脱硫液（或固体脱硫剂）在吸收过程中"吃进去"的硫化氢量。在生产上，可用硫容的大小来衡量不同的脱硫液（或固体脱硫剂）在同一条件下的脱硫能力，或同种脱硫液（或固体脱硫剂）在不同条件下的脱硫能力。对于脱硫液来说，硫容的单位是 g/L；对于固体脱硫剂来说，硫容常以 100kg（或每 m^3）脱硫剂所能吸收的硫的重量的百分数表示。对脱硫液来说，因实际生产中吸收达不到平稳，故硫容量一般远远低于该操作条件下液相硫化氢的平衡含量。

第二课　脱硫的工艺流程

一、干法脱硫的工艺流程

煤气通过进口管上的切换装置（阀门或水封阀），根据操作要以串联或并联的形式通过脱硫箱，然后由煤气出口管输出。

为了充分发挥各脱硫箱的脱硫效率，均匀地利用煤气中的氧使各脱硫箱中的脱硫剂得到再生，延长脱硫剂的使用周期，可以采用改换箱内煤气流向的操作方法，也可以在进箱煤气中加入少量空气的方法，以保持煤气中氧含量为 1%～1.1%，使箱内硫化铁得到一定程度的再生。为了保证干法脱硫的效率，应有计划地定期更换脱硫剂，卸去脱硫效率已经下降的、阻力已经升高的脱硫剂，装入新的或经过再生后的脱硫剂，串、并联使用干法脱硫工艺流程见图 1-5-1、图 1-5-2。

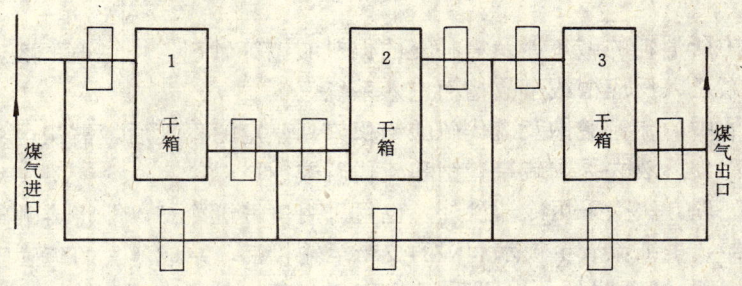

图 1-5-1 中联使用干法脱硫工艺流程图

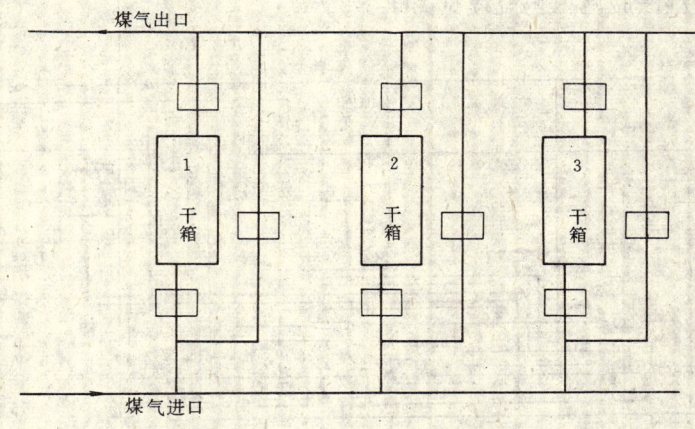

图 1-5-2 并联使用干法脱硫工艺流程图

二、湿法脱硫的工艺流程

粗煤气进入脱硫塔,从塔顶喷淋脱硫溶液以吸收硫化氢。脱除硫化氢的煤气经分离带出的液沫后出脱硫塔。

吸收了硫化氢的溶液从塔底流出,经脱硫塔液封槽进入反应槽。从捕沫器分离出来的溶液经捕沫器液封槽也进入反应槽。反应槽内溶液由溶液循环泵送经加热器加热(夏季则为冷却,目的为了控制溶液温度)后压送入再生塔,同时由空气压缩机送来之压缩空气鼓入再生塔底部,自下而上并流接触氧化再生,再生的 A·D·A 溶液由再生塔上部流出,经液位调节器返回脱硫塔循环使用。

脱硫塔析出的少量硫泡沫将在反应槽内积累,为使硫泡沫能随溶液同时进入溶液循环泵,在槽顶和槽底分别设有溶液喷头,喷射自泵出口引出的高压溶液,以打碎硫泡沫和搅拌溶液。

再生塔中生成的大量的硫泡沫浮于塔顶扩大部分,利用位差自流入硫泡沫槽,通过加热搅拌、澄清分层后,清液经检液漏斗返回反应槽,硫泡沫则放至真空过滤机过滤得到硫膏,滤液经滤液收集器再返回反应槽。

硫膏经硫膏贮斗放入熔硫釜,熔融后的熔融硫放入硫磺冷却盘,自然冷却后即成为产品硫磺。

脱硫过程中所消耗的碱,以及需补充的偏钒酸钠等试剂,均在地下溶碱槽内配制成溶液者,用碱液泵送入反应槽或事故槽而进入系统。

当循环溶液中的硫氰酸钠及硫代硫酸钠积累到一定的程度后,需从检液漏斗后或从贫液泵出口抽取部分溶液去提取硫氰酸钠和硫代硫酸钠。

熔融硫的处理方法除采用冷却盘外,也可采用皮带机冷却。即将熔融硫通过带蒸汽夹套保温的分配器,呈细流放至被水润湿的皮带运输机上,结成薄片的硫磺于皮带运输机头部被折碎而卸入贮槽。此外,也可采用硫磺切片机,使熔融硫冷却成型的方法制得硫磺。

当制取粉硫时,流程可简化为由硫泡沫槽放出的料液直接进入离心机得到粉硫产品。改良Ａ·Ｄ·Ａ煤气湿法脱硫工艺流程见图1-5-3。

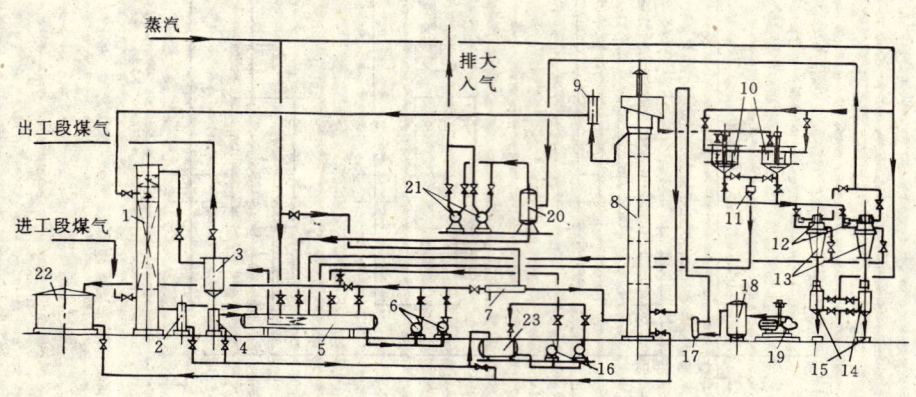

图1-5-3 改良Ａ·Ｄ·Ａ法煤气脱硫化氢工艺流程
1—脱硫塔;2—脱硫塔液封槽;3—捕沫器;4—捕沫器液封槽;5—反应槽;6—溶液循环泵;
7—溶液加热器;8—再生塔;9—液位调节器;10—硫泡沫槽;11—检液漏斗;12—真空过滤机;
13—硫膏贮斗;14—熔硫釜;15—硫磺冷却盘;16—碱液泵;17—空气过滤器;18—贮气罐;
19—空气压缩机;20—滤液收集器;21—真空泵;22—事故槽;23—地下溶碱槽

近几年改良Ａ·Ｄ·Ａ脱硫流程又有改进见图1-5-4,比上述流程有以下方面改进:

用矮小的喷射再生槽代替再生塔。脱硫后进入反应槽的富液用富液泵送入喷射再生槽,再生用空气经喷射器由溶液引射吸入。再生后的贫液经液位调节器去贫液中间槽,由贫液泵压送溶液加热器后返回脱硫塔。

再生槽顶扩大部分的硫泡沫溢流至硫泡沫中间槽,经硫泡沫泵将硫泡沫压送至硫泡沫槽进行加热、搅拌和分层,取消了真空过滤机。将硫泡沫槽分层后的硫泡沫直接放入熔硫釜,满釜后加热升温至90~95℃,分出的清液由熔硫釜顶部排尽后,再继续向釜内加料,满釜后升温、排出清液,反复操作直至硫膏几乎满釜时停止加料,将硫膏加热升温至135℃左右,使之成为熔融硫。

以往放硫渣时,室内环境很差,大量腐蚀性气体对建筑物及环境危害严重。放硫阀改为双阀后,放硫渣时泄出的大量腐蚀性气体通过废气洗涤塔处理,故操作环境得到改善。

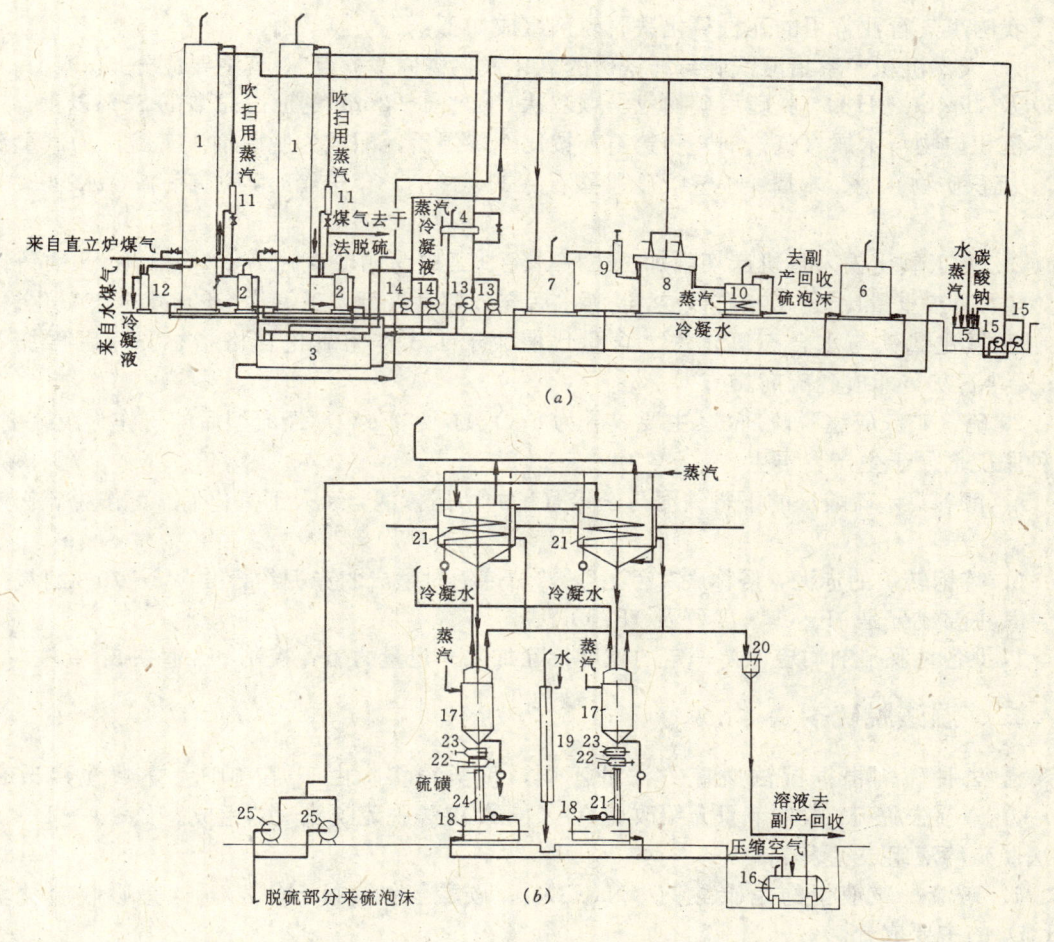

图 1-5-4 采用喷射再生的脱硫流程
1—脱硫塔；2—液封；3—反应槽；4—加热器；5—地下溶矸槽；6—事故槽；7—贫液中间槽；
8—自吸喷射再生槽；9—液位调节器；10—硫泡沫中间槽；11—管道捕雾器；12—水封槽；13—贫液泵；
14—富液泵；15—矸液泵；16—扬液槽；17—熔硫釜；18—硫渣分离器；19—废气洗涤塔；
20—漏斗；21—硫泡沫槽；22、23—放硫阀；24—导硫管；25—硫泡沫泵

第三课 脱硫原料及产品

一、干法脱硫剂

干法脱硫剂种类很多，有氧化铁系、氧化锌系和活性炭脱硫剂等。由于煤气行业广泛使用的干法脱硫剂大多数为氧化铁系，故本课着重介绍氧化铁系脱硫剂。用作脱硫剂的氧化铁有 $\alpha Fe_2O_3 \cdot H_2O$、$\beta Fe_2O_3 \cdot H_2O$、$\gamma Fe_2O_3 \cdot H_2O$、$\alpha Fe_2O_3$、$\gamma Fe_2O_3$、$\delta Fe_2O_3 \cdot H_2O$ 及无定形氧化铁等七种。其中，除了 $\beta Fe_2O_3 \cdot H_2O$ 只能在酸性状态下存在，而不宜作常温氧化铁脱硫剂外，其余的氧化铁均能与硫化氢生成硫化铁。以上几种氧化铁中以 $\alpha Fe_2O_3 \cdot H_2O$、$\gamma Fe_2O_3 \cdot H_2O$、$\gamma Fe_2O_3$ 三种氧化铁的硫容量最高。

我国煤气行业常用的几种氧化铁脱硫剂组成如下：

1. 天然沉积矿系指沼铁矿与纤铁矿的氧化铁，俗称"黄土"，其主要成分是 $\alpha Fe_2O_3 \cdot H_2O$ 及 $\gamma Fe_2O_3 \cdot H_2O$。脱硫用矿物应呈颗粒状，粒径 1~2mm 的应占总数的 85% 以上。将天然沉积矿物与木屑（疏松剂）和熟石灰按比例掺混后，即成为脱硫剂。其配比为（重量比）：沉积矿物 95%、木屑 4%~4.5%，熟石灰 1%~0.5%，进箱时，脱硫剂需含水分 30% 左右。

2. 人工氧化铁来自机床切削加工工序，经加工成为颗粒直径为 0.6~2.4mm 的铸铁屑，与木屑按重量比 1:1 左右掺混，经洒水后充分翻晒进行人工氧化，生成水合态氧化铁。控制三氧化二铁与水合态氧化铁之含量比值大于 1.5 作为氧化合格指标。随后再加入 0.5% 熟石灰，即成脱硫剂。

3. 硫铁矿灰成型脱硫剂，其主要成分为 $FeOOH$ 及 γFe_2O_3，经成型后即可作为脱硫剂，这种脱硫剂便于生产、再生。

4. 颜料厂、硫酸厂的下脚铁泥与一倍重量的木屑掺混，经人工氧化后，可作脱硫剂使用。

5. 炼钢转炉的赤泥，俗称"铁污泥"，转炉炼钢时生成的赤泥约含 60%~70% 的氧化铁，其主要成分是 $\gamma Fe_2O_3 \cdot H_2O$ 及 γFe_2O_3。

以上各种脱硫剂均应保持一定的碱度，除加入一定量的碱，控制 pH 值在 8~9 左右。

二、湿法脱硫剂

湿法脱硫剂根据湿法脱硫方法的不同，种类很多，由于煤气厂大多数使用改良 A·D·A 湿法脱硫，故本节只介绍改良 A·D·A 湿法脱硫脱硫剂的组成。改良 A·D·A 湿法脱硫溶液组成见表 1-5-2。

1. 碱液　碱液指的是碳酸钠（Na_2CO_3）、碳酸氢钠（$NaHCO_3$），这是吸收硫化氢（H_2S）的主要成分。

2. A·D·A　A·D·A 是蒽醌二磺酸的英文缩写，包括蒽醌 2.6 和蒽醌 2.7 二磺酸，其中的磺酸基—SOH 中的 H^+ 被 Na^+ 取代后，便得到 2.6 和 2.7 蒽醌二磺酸钠，在溶液中呈氧化态和还原态两种形态。

3. 偏钒酸钠　偏钒酸钠（$NaVO_3$）与 A·D·A 一样，在脱硫液中作为氧化剂。

4. 酒石酸钾钠　酒石酸钾钠（$KNaC_4H_4O_6$）的作用是在溶液中作络合剂，以防止钒形成"钒-氧-硫"态复合物沉淀。

5. 聚合铁　有时加入聚合铁以加速氧化反应，防止副反应，并使硫磺色泽改善，但这种氧化促进剂只有在 HS^- 超过 200ppm 时才有必要采用。

改良 A·D·A 法脱硫溶液组成　　表 1-5-2

组　分	总碱度 (N)	$\dfrac{NaHCO_3}{Na_2CO_3}$	$NaVO_3$ (g/L)	A·D·A (g/L)	酒石酸钾钠 (g/L)	pH	$FeCl_3$ (ppm)
常压法	0.4	6~7	<2	<5	1	8.6~9.0	很少加

三、产品硫磺的性质与用途

1. 性质

硫磺简称硫，有数种同素异形体。一般有2种稳定的晶体、2种非晶体及2种液体。能溶于苯、甲苯、四氯化碳及二硫化碳，微溶于醇及醚，不溶于水。在空气中的发火点为261℃以上，在氧气中的发火点是260℃以下产生二氧化物。能与卤素及多种金属化合，但不与碘、氮、碲、金、铂及铱化合。以下三种硫的分子量为256.53。

正文硫（α）黄色，比重2.07，熔点112.8℃，沸点444.6℃，脆质针状晶体。在94.5～120℃时稳定，久置渐变为正交硫。

非晶硫（γ）灰黄色，比重1.92，熔点120℃，沸点444.6℃

2. 用途：

制造硫酸、亚硫酸盐、杀虫剂、塑料、搪瓷、合成染料、橡胶硫化、漂白。

第四课 脱硫的主要设备

一、脱硫箱

箱体材质可用铸铁、钢板、钢筋混凝土制作，铸铁箱使用年限最长。采用钢板脱硫箱时，箱体应采取适宜的防腐措施。图1-5-5所示为铸铁脱硫箱，箱体为铸铁，箱盖为铜制，箱盖内充填保温材料，箱盖与箱体的密封采用压紧螺栓装置，密封衬垫宜为石棉绳。箱内放木格子三层，木格上堆放脱硫剂。为了更换脱硫剂及吊装箱盖之需要，箱体上空应设置吊装装备。脱硫箱选用举例见表1-5-3。

脱硫箱规格　　　　　　　　　表1-5-3

项目	外形尺寸（长×宽×高）(mm)					
	10427×10427×2710	10427×10427×2710	5215×5215×2710	10250×10250×3046	4000×5000×3100	16510×11110×2200[①]
箱体材质	铸铁	铸铁	铸铁	混凝土	钢板	钢板
箱体安装方式	地下	架空	架空	地下	架空	架空
脱硫剂装卸方式	由箱盖装入或卸出	由箱盖装入，由卸料口卸出	由箱盖装入，由卸料口卸出	由箱盖装入或卸出	由箱盖装入，由卸料口卸出	由箱盖装入，由卸料口卸出
每箱脱硫剂层数	3	3	3	4	4	3
每层脱硫剂厚度（mm）	400	400	400	250	400	300～400
每箱重量（kg）	90842	94023	30893	24378[②]	15680	94506
每箱脱硫剂重量（kg）	104000	104000	25920	84000	25600	176000
图号	HY007（天津院）	HY061（天津院）	HY063（天津院）	HY062（天津院）	1F4483	（上海吴淞煤气厂）

① 此为二只脱硫箱尺寸。
② 该重量不包括混凝土箱体之重量。

二、水封箱

图1-5-6所示为水封箱控制煤气流向的示意，水封形式为椭圆形及圆形两种，材质为钢。其特点是制作简便，操作可靠，但需要有供水管道。

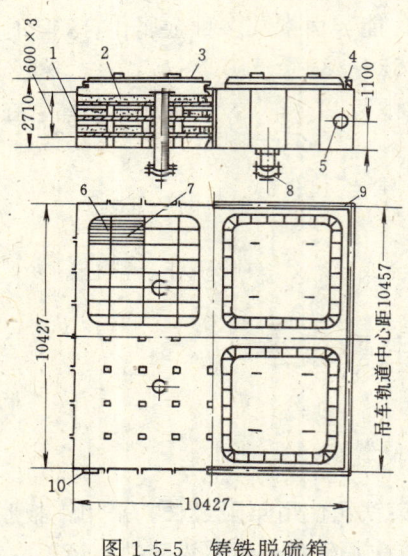

图 1-5-5 铸铁脱硫箱
1—箱体；2—脱硫剂；3—箱盖；
4—密封装置；5—煤气出口管；
6—木箅支架；7—木箅；8—卸脱硫剂口；
9—吊车轨道；10—煤气入口管

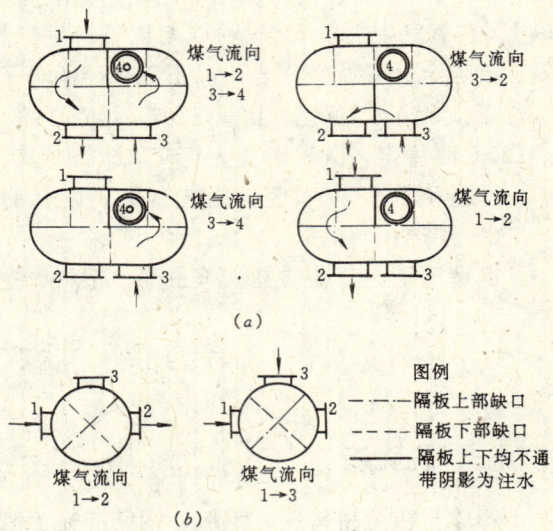

图 1-5-6 水封煤气流向示意图
(a)—椭圆水封；(b)—圆水封

三、脱硫塔

脱硫塔塔型有木格填料塔、磁环填料塔、空塔、木格与空塔相结合的半填料塔、湍球塔、塑料环填料塔、喷射塔以及旋流板塔、喷旋塔等。本书仅举木格填料塔为例。木格填料塔体积大，木材用量多，但脱硫效率、阻力以及操作都较稳定、成熟可靠。常见木格填料脱硫塔规格见表 1-5-4，其结构见示意图 1-5-7。

木格填料脱硫塔规格　　　　　表 1-5-4

公称直径 (mm)	高 度 (mm)	木 格 填 料			设 备 重 (kg)	操作重 (t)
		接触面积 (m^2)	规 格 (mm)	层 数		
2000	22050	3030	100×10×20 100×10×30	122 40	21500 其中木材约 7040	32
2200	31700	4423	100×10×20 100×10×30	120 80	31530 其中木材约 11530	45
3000	29900	4795	100×10×20 100×10×30	50 75	49271 其中木材约 20350	100
3500	26200	7250	100×10×20 100×10×30	93 31	46500 其中木材约 16210	60
3600	27430	7000	100×10×20 100×10×30	54 47	58499	122
4000	33000	8100	100×10×20 100×10×30	50 75	82477	190

四、再生塔（槽）

再生塔的优点是效率高、操作稳定；缺点是体积大，耗用钢材多，此外，需用空压机送空气。在中小型炼焦制气厂生产中，再生塔的动力消耗大于再生槽。故近年来很多厂改用喷射再生槽等。

再生塔内设有多层筛板，以使煤气均匀分布。塔内的溶液流向多数是顺流，即溶液与空气都由塔下部进入向上流动；少数采用逆流，即溶液由塔上部进入底部流出，空气则由塔底部进入上部流出。逆流的优点是硫泡沫浮选效率高，溶液中硫泡沫含量少；缺点是泡沫层不够稳定。再生塔的塔顶部的扩大部分，按硫泡沫方式分为单边溢流及周边溢流两种。周边溢流的优点是硫泡沫流出均匀，缺点是硫泡沫浓度比单边溢流低。再生塔的结构示意见图 1-5-8。常用再生塔规格见表 1-5-5 。

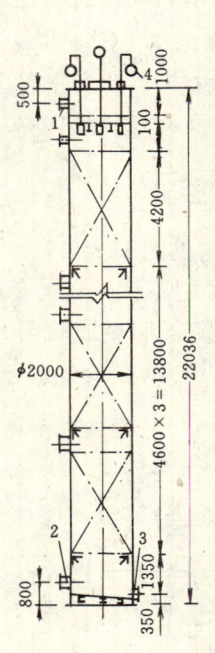
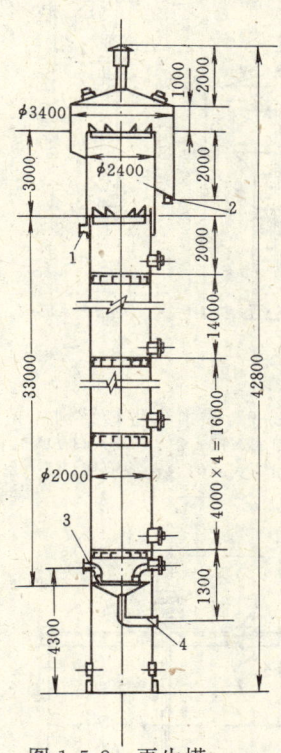

图 1-5-7 木格填料脱硫塔
1—煤气出口 DN500；2—煤气入口 DN500；
3—溶液出口 DN300；4—溶液入口 DN150

图 1-5-8 再生塔
1—溶液出口 DN250；2—硫泡沫出口 DN200；
3—空气入口 DN80；4—溶液入口 DN200

再 生 塔 规 格　　　　　　　　　　表 1-5-5

公称直径 (mm)	高度 (mm)	扩大部分直径 (mm)	设备重 (kg)	操作重 (t)
1800[①]	30000	2500	16550	120
2000	42800	2400	26540	150
3800	32459	4300	52550	380

① 此塔为单边溢流。

喷射再生槽溶液和空气的接触主要在喷射器内进行，筒体部分主要起分离作用。喷射再生槽的硫泡沫溢硫方式同再生塔，亦可分为单边及周边溢流两种。图 1-5-9 为喷射再生槽的结构示意，常用喷射再生槽规格见表 1-5-6。

喷 射 再 生 槽 规 格　　　表 1-5-6

公称直径(mm)	高度(mm)	扩大部分直径(mm)	喷射器个数及喷嘴直径(mm)	设备重(kg)	操作重(t)
2800	5900	3800	20	8200	47
2800	5900	3800	25	9500	49
4000	8876	5600	5×φ34	18280	120
4600	8976	6200	7×φ34	16360	166
5600	9050	7500	16×φ27	33298	258

五、硫泡沫槽

硫泡沫槽一般为钢制槽体，内有间接蒸汽加热管，并设有机械搅拌或压缩空气搅拌装置。硫泡沫槽结构见图1-5-10，其作用是使硫泡沫浓缩成硫磺浆，分离出来的清液（A·D·A硫液）直接放回反应槽。

六、熔硫釜

熔硫釜结构见图1-5-11，为了防止设备腐蚀，槽体应采用不锈钢，夹套可用碳素钢。其作用为使硫磺浆加热成硫膏最后结晶成硫块产品。

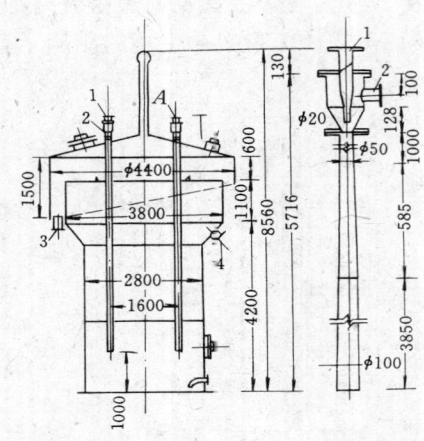

图 1-5-9　喷射再生槽结构
1—溶液入口 $DN70$；2—空气入口 $DN50$；
3—硫泡沫出口 $DN200$；4—溶液出口 $DN200$；

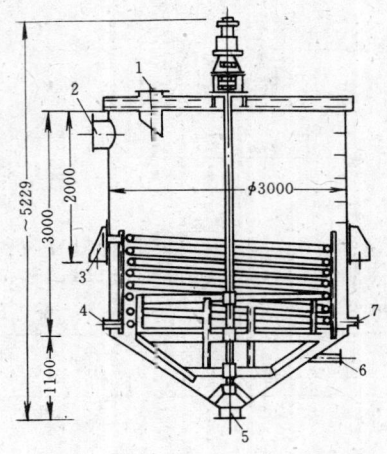

图 1-5-10　硫泡沫槽结构
1—硫泡沫入口 $DN300$；2—溢流口 $DN300$；
3—蒸汽入口 $DN50$；4—冷凝水出口 $DN50$；
5—硫泡沫出口 $DN200$；6—直接蒸汽入口 $DN25$；
7—清液出口 $DN80$

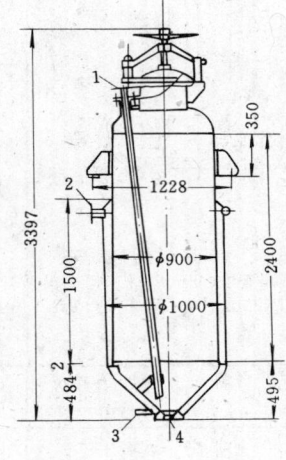

图 1-5-11　熔硫釜结构
1—直接蒸汽入口 $DN50$；
2—蒸汽入口 $DN50$；
3—冷凝水出口 $DN25$；
4—放硫口 $DN100$；

第五课　脱硫设备的开车与停车

一、湿法脱硫的开车

（一）设备的试压与试漏

设备与管道安装完毕以后，为了保证其在日后生产中可靠地运行，必须进行试压与试漏。设备试压的目的主要是检查设备加工焊接的质量有无裂纹及渗漏现象。此项工作一般在单体设备制作完毕后进行。通常采用水压泵试压，试压压力为工作压力的 1.25～1.5 倍。

试漏的目的主要是检查设备和管道设备的密闭性。通常可以用等于设备和管道的压缩空气进行。在一般的常压溶液管道系统也可以在以后系统清洗过程中同时进行试漏。

（二）充填填料

在设备及管道的试压试漏工作完毕以后，可向脱硫塔中填充填料，并检验溶液喷嘴按装是否合乎工艺要求。

（三）清理杂物

整套设备安装完毕，在试车前必须仔细检查，将遗留在系统内的工具及杂物拿出。并进行打扫，除去焊渣、灰尘等垃圾。

（四）试车

1. 转动设备的单体试车

本工段的转动设备有泵、搅拌机等。这些设备在安装完毕投产使用之前，首先须进行设备的试运转以检查安装质量是否合乎标准，试车分两步进行：

第一步：电机空载试车，即电机与设备本体脱离，以检验电机的电气性能与旋转方向是否符合要求。

第二步：将电机与设备连接进行单体设备试运转，该项试车应按照专门的规程进行。

2. 设备的联动试车

在静止设备试压及转动设备试运转结束后，可以进行系统的联动试车。其步骤是：先向反应槽进清水，再开溶液循环泵，将水打入再生塔，当水位达到一定高度（约为塔高的 2/3）时，缓慢打开压缩空气阀门将压缩空气送入再生塔，当水位到达塔顶位置时，检查液位调节器调节是否灵活有效，检查脱硫塔内喷头喷淋情况是否正常。在清水循环的同时，进行设备及管道的清洗及管道接头处的检漏。试车完毕将清水放净。

（五）木格填料脱脂

脱硫塔内填充的是木格填料，其中含有一定数量的树脂。树脂遇碱性溶液后会形成肥皂，而 A·D·A 脱硫液则是一种碱性溶液，故该类物质的存在不仅会影响再生过程中溶液与硫磺的分离，而且在鼓入压缩空气后，将会引起大量的泡沫从再生塔顶吹出，到处飞扬，破坏了正常操作，因此，在系统中加入 A·D·A 溶液之前必须进行木格填料的脱脂。木格填料的脱脂就是在清水洗涤以后用 5%～10% 左右的碳酸钠溶液在 40～45℃ 的温度下循环洗涤。洗涤时间的长短，视木材含树脂量的多少而定。然后用 40～45℃ 之温水循环洗涤。最后，再用稀碱液和清水洗涤，并将肥皂泡沫过清。为了提高洗涤效果，也可以采用"少量多次"的洗涤方式，即碱液依"脱硫塔-液封槽-反应槽-循环泵-脱硫塔……"的系统逐次配液循环洗涤。

（六）新液的配制：

溶液的配制在配液槽或在反应槽内进行。先在配液槽放入一定量的清水（自来水）然后按配比（湿法脱硫溶液组成）依次加入碳酸钠，偏钒酸钠或五氧化二钒，酒石酸钾钠及A·D·A至配液槽内，采用直接蒸汽加热、搅拌，使其完全溶解后用泵将其打至反应槽。如此分批溶解并逐次加入反应槽，最后在反应槽内加水稀释到要求高度。配满一反应槽后，开动循环泵将其送入再生塔，以后再重复上述步骤配液，直到达到要求的数量为止。接着，向再生塔鼓入空气，并循环溶液2～3h，使溶液组分充分混合均匀。

（七）气体置换

在溶液配制工作结束以后即可抽去脱硫塔煤气进出口管线上的盲板，并进行气体的置换。脱硫塔及煤气过出口管道内的空气可以用氮气或其他惰性气体置换。在设有条件采用氮气或其他惰性气体的情况下，也可以直接采用煤气置换空气。检验置换是否合格，可取样进行化验，当置换排出的气体中含氧量在1%以下时即可认为置换合格。气体置换完毕后关闭放散阀门及煤气进口阀门，打开煤气出口阀，脱硫塔内维持正压，准备待用。

1. 投运

脱硫设备投运分为短时期停车后的投运和长期停车后的投运。

（1）短期停车后的投运

①首先检查并调节各阀门处于准备投运的位置。

煤气系统：塔出口及旁路阀门开，塔进口阀门关。

溶液系统：反应槽液体搅拌喷嘴总阀关，循环泵出口阀关；脱硫塔溶液进口阀开，打开再生塔进口及循环泵进口阀门。

空气系统：再生塔空气进口阀关，空气贮气罐进、出口阀及滤油器出口阀开。

硫泡沫系统：硫泡沫槽底部阀关，打开一台硫泡沫槽的泡沫进口阀。

另外，液位调节器调节管放至较低位置。

②通知总值班及煤气排送间和空气压送间，并与配电间联系后投运设备，先开溶液循环泵，并逐步打开泵出口阀门使溶液在系统中循环，然后再逐步打开压缩空气阀门，使空气进入再生塔，并调节溶液与空气流量到要求数值，接着逐步提高液位调节器的调节管位置，使液位逐步升高，维持正常溢流。当溶液与空气系统循环正常后逐步打开脱硫塔煤气进口阀并关阀旁路阀，使煤气通过脱硫塔进行正常的脱硫操作，打开反应槽液体搅拌喷咀阀门，使其正常喷洒。

2. 长期停车后的投运

长期停车后的投运，通常是指设备检修后的投运。投运前，应将各塔和设备管道内的杂物清理干净；将各处为检修安全而插的盲板抽掉；把为检修需要而打开的人孔封好；相应的液封内充满液体；脱硫塔进行气体置换，然后按短期停车后的投运步骤投运。

二、湿法脱硫的停车

停车时，先开煤气旁路阀，关闭煤气进口阀，使脱硫塔内维持正压。接着使溶液与空气系统继续维持正常运转约2h后停止，其目的一方面保证溶液再生完全；另一方面使系统内的硫磺尽量回收干净，溶液与空气系统的停车步骤：

先关闭溶液循环泵出口阀，停泵，再通知空压间关闭压缩空气阀，然后关再生塔进口及循环泵进口阀。

当脱硫塔需要较长时间停车进行检修或清理填料时，则需同时关闭煤气进出口阀门，并根据需要堵上盲板；关闭溶液进口阀，并排清剩液；对塔内剩余煤气进行置换。

当再生塔需要检修时，则在停车后还需把塔内的溶液排至事故槽。

三、湿法脱硫的其它操作

（一）液位调节器的操作

液位调节器之调节管调至适当位置以保证再生塔硫磺泡沫的正常溢流。液位太低，则硫泡沫积聚塔内溢不出，造成系统内硫磺的积聚；液位过高，则溢流量太大，泡沫过稀，增加分离的工作量。

（二）硫泡沫槽的操作

两台泡沫槽交替使用。当硫磺泡沫进满一槽后，就放进另一台槽，在此期间泡沫液用间接蒸汽加热、机械搅拌，升温至70℃后静置分层，一般时间约30min，放去锥底上方之清液直接回反应槽，硫泡沫浆液则放至熔硫釜。当泡沫浓度较稀时也可以采用每槽重复上述加热、沉清分离数次的操作。

（三）熔硫釜的操作

熔硫釜加料量控制在釜容量的70%～75%，不能加得过满，否则影响蒸发时间，而且硫磺蒸不熟，故料有生硫。熔硫釜内温度控制在160℃，夹套蒸汽压力在0.6MPa范围内。熔硫时间约6h左右（根据蒸汽大小，可灵活掌握时间）。放硫前，先将放料夹套阀加热20min左右，然后慢慢打开放料阀，待硫磺放空至黑色液体时，应立即拉开活动头颈管，关好门窗，再逐步把放料阀开大，放出三级硫和渣子液体。关闭直接蒸汽和夹套蒸汽、关掉放硫阀。将沉清的A·D·A液体压送到反应槽，循环使用，渣子清扫掉送垃圾堆。做好熔硫釜开、停操作记录、产品记录及清洁卫生工作。

（四）溶液循环泵开、停车操作

1. 溶液循环泵开车：

盘动联轴器，使其能灵活转动；检验并加足泵体的润滑油；打开泵的进口阀门，自泵壳顶部的排气旋塞（考克）排除泵壳内的剩余空气。与配电间联系后，按泵的"启动"按钮开泵；待泵的出口压力上升到0.5～0.6MPa后逐步打开泵的出口阀输送溶液，其量大小根据计量表的数据进行调节。

2. 溶液循环泵停车

关闭泵的出口阀，按泵的"停止"按钮停泵；关闭泵的进口阀门。

四、干法脱硫的开箱操作

使用脱硫箱之前先进行加脱硫剂料的操作：先放好出料孔挡圈，再放好木格，然后加料，从下面半只半只加，注意加料人不能站在料上，保持脱硫剂料的空隙。每层加料40cm，注意水分保持约30%左右，并保持疏松，有一定空隙，加料要均匀，加好一层后要拉平，木格板按层放好。加好料后，箱盖用石棉线绑好，加油，然后上盖紧螺丝，拧紧螺丝要均匀，各只之间不能有松紧，紧好后，再检查一遍。清理自动出水管，防止阻塞，有利于煤气冷凝水的排放。最后出料孔圆门石棉线加油后封圆门。加料完毕后进行赶空气操作：打开出口阀或出口水封放水，打开箱体顶部放散阀，进行赶气，待放散阀中取样合格后，关闭放散阀，并且注意箱体压力是否正常，最后打开进口阀或进口水封阀放水，使干式脱硫箱投入使用。

五、干法脱硫的出箱操作

干法脱硫箱使用一段时间后，效率降低、阻力升高需要停箱进行脱硫剂调换，操作如下：先与前后工段及有关部门取得联系，关闭进、出口煤气阀或封闭进、出口水封箱检查煤气压力是否降低，打开干箱顶盖上的放散阀，松螺丝，打开盖子按次序放好。打开下面出料孔圆门，把水放光，根据箱内脱硫剂情况，出的料分层堆放，不能用的废料和旧料分开堆放，出箱从上层到下层，拆好的木格板，位置要按层堆放好，皮带车按位置放好，出的料要便于堆放、运送。箱出好后，放好出料孔挡圈和角铁，为加箱作准备。

第六课　脱硫工段主要工艺操作指标

一、工艺指标

（一）湿法脱硫

1. 脱硫前煤气含硫化氢量　　　　小于 $5g/m^3$
2. 脱硫后煤气含硫化氢量　　　　小于 $50mg/m^3$
3. 脱硫效率　　　　　　　　　　99%
4. A·D·A 溶液硫容量　　　　　$0.2 \sim 0.25 kgH_2S/m^3$

（二）干法脱硫

1. 进干箱煤气含硫化氢量　　　　小于 $100mg/m^3$
2. 出干箱煤气含硫化氢量　　　　小于 $20mg/m^3$

二、操作指标

（一）湿法脱硫

1. 煤气入脱硫塔温度　　　　　　$20 \sim 40℃$
2. 脱硫塔阻力　　　　　　　　　小于 2000Pa（木格填料）
　　　　　　　　　　　　　　　　小于 4000Pa（花环填料）
　　　　　　　　　　　　　　　　小于 6000Pa（旋流板塔）
3. 脱硫液 pH 值　　　　　　　　　$8.5 \sim 9.1$
4. 脱硫液温度高于煤气温度　　　$3 \sim 5℃$
5. 硫泡沫槽内溶液温度　　　　　$65 \sim 80℃$
6. 熔硫釜内压力　　　　　　　　不大于 0.6MPa
7. 熔硫釜夹套蒸汽压力　　　　　不小于 0.4MPa
8. 熔硫釜内温度　　　　　　　　$130 \sim 150℃$
9. 溶液中硫代硫酸钠及

硫氰酸钠含量总和	小于 250g/L

（二）干法脱硫
1. 干法脱硫箱阻力　　　　　　　　　小于 2000Pa
2. 进箱煤气温度　　　　　　　　　　20～35℃

第七课　脱硫工段一般事故处理

一、干法脱硫箱粗煤气短路事故的处理

现象：干箱出口 H_2S 含量突然升高。
　　　干箱压力降突然下降。
原因：干箱旁路水封阀关闭不严或水封箱脱水。
　　　未使用的干箱（此时箱内没有脱硫剂）进、出口水封阀关闭不严或水封箱脱水。
危害：影响出厂煤气含 H_2S 杂质含量指标的合格率。
处理办法：通过观察每个在使用干箱压力降，或对每个在使用干箱出口做 H_2S 含量的化验测定，判断出短路部位，随后关紧阀门或水封箱的水封，达到切断煤气短路的目的。

二、湿法脱硫塔器单元设备一般事故的处理

（一）脱硫塔堵
现象：脱硫塔阻力上升，超过操作指标。
原因：溶液中悬浮硫过多、硫泡沫回收不及时。
危害：影响煤气输气及影响脱硫效率。
处理办法：调换吸收塔，及时进行清理。
（二）再生塔硫泡沫外溢
现象：再生塔硫泡沫飞溢
原因：液位调节器调节不正确、空气量突然增大。
危害：影响四周环境，对设备造成腐蚀，浪费溶液。
处理：调节空气量、调整液位调节器。
（三）反应槽液位突然增高
现象：反应槽液位突然增高。
　　　　　　原因：断电溶液泵停转，液位调节器钢丝绳断，溶液泵出口阀环。
危害：影响煤气脱硫效率。
处理办法：查清原因及时开泵、调换出口阀、调换钢丝绳恢复液位高度。

三、泵运行一般事故的处理

现象：泵运转时电流过高；
原因：泵体内转动部分发生摩擦；
　　　泵内吸入其他杂物；

　　　　轴弯曲或轴线偏扭；
　　　　流量过大，调节流量。
　　危害：引起跳泵，影响脱硫效率。
　　处理办法：调节流量，如还不能解决，则停车检修。同时启用备泵。

四、停电、停气、停汽事故处理

　　停电：
　　泵开关按扭恢复到停车位置、关闭溶液泵的出口阀，关阀再生塔溶液进口阀门，同时防止溶液溢出设备。与提供空气部门联系后停空气。
　　停空气：
　　关闭空气进再生塔阀门。煤气走旁路，关闭煤气进口阀门。
　　停蒸汽：
　　关闭进工段的蒸汽阀门及所有蒸汽管线。加热设备的蒸汽冷凝水放净。关闭所有使用蒸汽加热设备的进口阀，为重新使用蒸汽做好准备。

第八课　脱硫工段的规章制度

一、湿法脱硫岗位责任制

　　湿法脱硫的生产设备昼夜三班连续运转。设置"甲"、"乙"两个生产岗位，另设常日班生产组长。各岗位即有明确分工，又必须相互协作。
　　(一)"甲"岗位的职责
　　1. 全面负责本班的生产，努力完成厂部及车间下达的生产任务。
　　2. 熟悉本小组的工艺流程，主要设备的性能与结构特点；熟悉工艺操作规程及工艺操作指标；熟悉并掌握设备开停车步骤及事故处理办法。
　　3. 负责脱硫塔、液封槽、反应槽、循环泵、再生塔、事故槽等设备的日常操作管理。
　　4. 认真做好生产原始记录，每小时抄表一次；关心化验分析数据，发现操作及分析数据与工艺操作指标有偏差时应及时调节控制。
　　5. 定期巡回检查，关心设备运转情况，发现异常情况应及时汇报、处理。并做好原始记录。
　　6. 做好设备保养，工具保养及厂房环境的清洁工作。负责循环泵的定期轮换使用及泵等转动设备的润滑与清洁保养；每班清点工具，并做好原始记录；工具用过后必须清洁保养，归还原处。
　　7. 遵守劳动纪律，准时交接班；工作时间内不得擅自离开工作岗位，因故离开必须预先征得同班工作人员及组长同意，并有人顶替，相互监督岗位操作制度执行情况。
　　(二)"乙"岗位的职责
　　1. 服从"甲"指挥，并协助积极搞好本班生产，努力完成厂部及车间下达的生产任务。
　　2. 熟悉本小组的工艺流程、主要设备的性能与结构特点；熟悉工艺操作规程及工艺操作指标；掌握设备正常开停车步骤与一般事故处理方法。

3. 负责再生塔液位控制，维持泡沫液之正常溢流；负责硫泡沫槽硫泡沫的加热，静置分层，清液排放及硫泡沫槽的轮换使用。

4. 每班负责硫磺的分离回收及包装。

5. 加强巡回检查，关心设备运转情况，发现异常情况应及时汇报"甲"及生产组长，并会同进行必要的处理，遇紧急情况可以先处理后汇报。

6. 做好设备保养及环境清洁工作。负责硫泡沫槽、泡沫槽搅拌机润滑油检查及补给等设备的检查和保养。负责厂房2至4楼的清洁工作。

7. 遵守劳动纪律，准时交接班；工作时间内不得擅自离开工作岗位，因故离开必须预先征得"甲"及生产组长同意，并有人顶替。

（三）生产组长的职责

1. 全面负责本组的生产，领导全组人员努力完成厂部及车间下达的生产任务。

2. 熟悉本组的工艺流程，主要设备的性能与结构特点，熟悉工艺操作规程及工艺操作指标；熟悉并掌握设备开停车步骤及事故处理方法。

3. 搞好本组的工艺生产管理、以身作则，带头严格执行各项工艺操作制度。负责小组生产计划及人员的安排，设备检修项目的提出；原材料与成品的联系工作。与前、后道工序及车间的联系。

4. 深入现场督促检查本组各岗位工艺操作指标的执行情况，并配合各岗位做好工艺操作指标的调节控制，认真检查核对原始操作记录，查阅化验分析结果。

5. 与当班的"甲""乙"配合负责脱硫及再生系统设备的开停车，上班时间内配合"甲"进行日常的加碱操作；配合"乙"进行硫磺的包装工作。

6. 生产上出现问题或设备发生故障应及时汇报车间，并作相应处理。一般情况先汇报后处理，遇紧急情况可以先处理后汇报。

7. 负责本组出勤及各项指标的考核工作，相互督促工艺操作制度的执行情况。

8. 带动全组进行技术学习、技术练兵，积极开展"双革"活动。

二、干法脱硫岗位责任制

干法脱硫是煤气净化的最后一道工序，它的工作好坏，对除去煤气中的硫化氢、焦油、粉尘起着很大作用。

（一）干法脱硫操作工岗位责任制

1. 确保干箱的正常使用。

2. 确保新料的配制。

3. 确保旧料的再生。

4. 负责设备的清洁、保养、加油工作。

5. 做好干箱脱硫剂的调换工作。

6. 完成生产组长布置的生产任务。

7. 对生产出现的问题要及时处理，在一般情况下先汇报后处理，紧急情况时先处理后汇报。

8. 遵守劳动纪律，准时交接班；工作时间内不得擅自离开工作岗位。

（二）生产组长岗位责任制

1. 全面负责生产、保证上级下达的生产任务和计划的完成。
2. 抓好班组生产、工艺管理，带领和督促全组同志严格执行岗位操作制度。
3. 负责本组生产计划安排、设备检修、兄弟小组配合。原材料成品的联系工作。
4. 合理安排本组岗位人员的协调工作。
5. 对生产出现的问题，要及时处理，在一般情况下，先汇报后处理，紧急情况时先处理后汇报。
6. 每天检查小组生产情况和执行制度情况，发现问题及时处理和汇报。
7. 负责班组的生产奖金和班组对个人的指标考核工作。
8. 开展技术革命，技术革新活动，加强技术练兵，改进操作，保证煤气和化工产品的高产、优质、安全、低耗。

三、湿法脱硫设备维护保养制度

（一）检修周期

脱硫塔、再生塔、事故槽、反应槽、硫泡沫槽三年油漆一次。

（二）设备定人管理

每班必须对自己分管的设备清洁保养一次，机油、黄油每星期须补充一次，必要的话，随时可以更换以保证机器设备的正常运转。组长每星期对设备保养的情况进行检查并考核。

（三）设备保养要求

设备外表要求清洁、整齐、无积灰、油污。电机槽内无积灰，机体、马达、底脚必须清洁，机泵设备的进、出口阀、旁通必须关闭灵活，外表清洁。机泵设备的联轴器必须转动灵活，紧固螺丝不能松动。罩壳必须固定有效，传动设备必须良好，电器设备保证安全，能随时开停，机泵、设备、管线要消除跑、冒、滴、漏。压力表、温度计必须清洁齐全、有效。

（四）防冻措施

小组内蒸汽管道、自来水管道、仪表管道、阀门必须有防冻措施，以防冬天结冰阻塞妨碍生产。

四、干法脱硫设备维护保养制度

1. 组内各种机械设备应有专人负责使用保养。
2. 行车、皮带车、卷扬机，在起吊和运输前，要检查设备部件是否紧固、完好，电器和传动设备是否安全有效。
3. 行车的葫芦装置、钢丝绳、卷扬机的钢丝绳、刹车是否完好或按规定紧固好。
4. 行车、皮带车、卷扬机运转时，要检查运转是否正常。有无杂音，机器在运输和起吊过程中，不能超负荷，以免损坏机件和电机。
5. 设备运转后要清洁保养和检查，发现问题及时处理。
6. 运转设备要经常加油、保持设备润滑良好。

五、湿法脱硫安全注意事项

1. 严禁火种。动火必须有手续，待安全部门同意及有关防火措施落实情况下可动火。

2. 煤气系统敞开检修后，要排清空气，在煤气取样分析合格后，方可使用设备。

3. 本小组执行隔离规定，非本小组人员出入一定要登记。

4. 严格遵守安全操作规程，每班做好设备保养，巡回检查，消灭事故苗子，保养运转设备不得带手套，电机、电扇、联轴器罩壳必须固定良好有效。

5. 电机设备有毛病应及时汇报，并通知电工检修，不得自己动手。

6. 电机严禁用水冲洗，防止烧坏电机。

六、干法脱硫安全注意事项

1. 干箱敞开清理后，要排清空气，在煤气取样分析合格后，方可使用。
2. 电机设备有毛病应及时汇报，并通知电工检修，不得自己动手。
3. 行车行走，注意铁轨上是否有人，注意所用葫芦吊斗是否安全有效。
4. 转动部分的设备进行保养必须在停车后进行。
5. 出箱、加箱，包括其它回收设备清理，起吊，要采取一定的安全措施。

七、湿法脱硫交接班制度

1. 接班者应换好工作服，提前到现场。

2. 交班者应系统地实事求是地把上班生产情况，逐一向接班者汇报，接班者不来，在不落实有人顶班的情况下，交班者无权下班。

3. 接班者按交班者汇报的情况对生产过程，设备运转情况，仪表显示情况，工具齐全情况，生产报表记录情况。应按岗位逐一进行检查，有问题应及时向交班者提出，交班者应作出具体解释说明，待接班者满意，谅鉴签名后方可下班，有问题接班者不满意，交班者应处理好方能下班。

4. 做到硫磺回收、硫化氢质量情况交接清楚，设备运转台数及运转情况，备用设备是否有效要交接清楚。溶液循环、空气供应的情况要交接清楚。脱硫塔溶液的循环量，煤气比例的调节情况，再生塔液位控制情况，泡沫槽的进料情况要交接清楚。

5. 工具使用、设备的保洁情况需要交接清楚。

八、干法脱硫交接班制度

1. 接班者应换好工作服，提前到现场。
2. 交班者应实事求是地把干箱的使用压力、使用只数等生产情况逐一向接班者汇报清楚。
3. 设备的保洁情况、运转情况、工具的使用情况要交接清楚。

第六章

硫 铵 初 级 工

第一课 硫铵和吡啶的生产工艺流程

我国多数大中型焦化厂均采用饱和器法生产硫酸铵以回收煤气中的氨。硫酸铵是重要的氮肥，对多种农作物有良好的肥效。

在硫铵工段，还设有剩余氨水加工系统，将氨水蒸馏到浓度为10%～12%的氨气。在不回收吡啶盐基时，氨气直接通往饱和器制取硫铵；当回收吡啶盐基时，氨气则通往中和器，用来中和母液中的游离酸和分解硫酸吡啶。

一、生产硫铵的方法

硫酸吸收氨是一个不可逆的化学反应，在饱和器或吸收塔内，煤气中的氨与适当浓度的硫酸溶液接触后被回收下来。生产方法有三种：直接法、间接法和半直接法。

（一）直接法

由集气管来的煤气经初步冷却，温度降到60～70℃后进入电捕焦油器除去焦油雾，然后进入饱和器，煤气中的氨被硫酸中和生成硫铵。煤气经饱和器后，再冷却到适宜的温度，进入鼓风机。此法制取硫铵的优点是不需制成氨水，可省去蒸氨设备，但由于处于负压状态下工作的设备太多，过程复杂，生产安全要求高。

（二）间接法

经初冷后的煤气在洗氨塔内用水洗涤，出塔的煤气不再含氨。塔下排出的稀氨水与冷凝工段的剩余氨水一起送去蒸馏。蒸出的氨气进入饱和器被硫酸中和制成硫铵，这种方法得到的产品质量好，但要消耗大量的蒸汽，蒸馏设备庞大，经济效果较差。

（三）半直接法

煤气在初冷器内被冷却到30～40℃，经鼓风机加压后，再经电捕焦油器除去焦油雾，然后在饱和器内与硫酸母液接触，煤气中的氨被硫酸中和而生成硫铵。冷凝工段的剩余氨水进入蒸氨塔，蒸出的氨气同煤气一起送入饱和器内回收氨，它工艺过程简单，生产成本较低，在国内焦化厂广泛应用。

二、饱和器法生产硫铵

煤气在初冷器内被冷却到30～40℃，经鼓风机加压后，再经电捕焦油器除去焦油雾的煤气，进入煤气预热器升温至60～70℃，热煤气与蒸氨塔来的氨气一起进入饱和器中央煤气管，经分配伞穿过母液层鼓泡而出，其中氨被硫酸中和，煤气出饱和器后进入除酸器，分出夹带的酸雾后去粗苯工段。

饱和器母液中生成的硫铵结晶沉淀于器底，随同一部分母液用结晶泵送至结晶槽，进入离心机分离，离心机卸出的硫铵晶体经干燥后即为产品。

由离心机分离出的母液，及从结晶槽溢流口流出的母液（不回收吡啶工艺）流回饱和器。饱和器溢出的母液不断经过液封内的溢流管流入满流槽，再由循环泵连续送回饱和器底部的喷射器，不断搅动母液层并维持器内液面的规定高度，以便继续进行正常的生产。

饱和器加酸由酸高位槽连续自流进入。

三、饱和器法生产硫铵的工艺流程

（见图1-6-1）

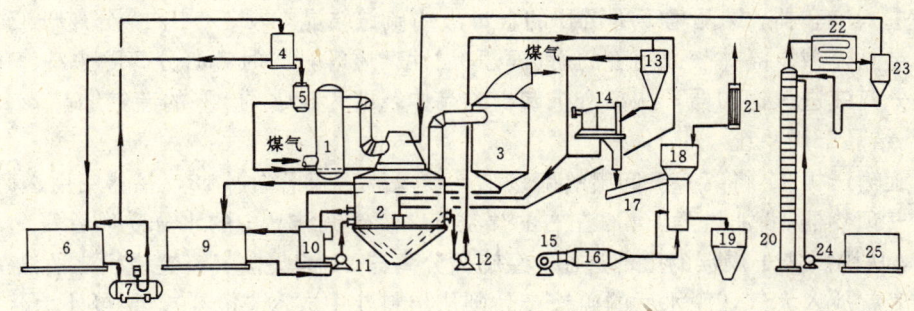

图1-6-1 饱和器法生产硫酸铵的工艺流程
1—预热器；2—饱和器；3—除酸器；4—硫酸高位槽；5—硫酸计量槽；6—硫酸大槽；7—硫酸地下槽；8—硫酸液下泵；9—母液大槽；10—满流槽；11—循环泵；12—结晶泵；13—结晶槽；14—离心机；15—送风机；16—空气预热器；17—螺旋输送机；18—沸腾干燥器；19—料仓；20—蒸氨塔；21—旋风分离器；22—分缩器；23—汽液分离器；24—泵；25—氨水贮槽

（一）煤气系统

由冷凝鼓风工段来自除去焦油雾的煤气进入煤气预热器1，预热到60～70℃，其目的是为了蒸发饱和器中多余水分，保持水平衡，防止母液被稀释。升温后的热煤气从饱和器2的中央管进入，经分配伞穿过母液层鼓泡而出，其中的氨即被硫酸所吸收而生成硫铵。脱氨后的煤气从饱和器内逸出进入除酸器3，除去酸雾后去粗苯工段。饱和器后煤气中含氨量一般要求低于$0.03g/m^3$。

（二）氨水系统

煤干馏制气工艺中，粗煤气经过上升管用循环氨水急冷，再在初冷器中进一步降低温度的过程中产生剩余氨水，送往溶剂萃取脱酚工段脱酚。脱酚氨水送至硫铵工段氨水贮槽25，用泵24送入蒸氨塔20上部的第三块塔板上。在蒸氨塔底部通入直接蒸汽进行蒸吹，使含氨脱酚氨水中的氨绝大部分从塔顶逸出，进入分缩器22，用冷却水间接冷却至98℃左右，然后再进入汽液分离器23，分离出的冷凝液回流至蒸氨塔的精馏段。浓缩后的氨汽从气液分离器内逸出，进入饱和器的中央煤气管内，与含氨煤气混合，被母液中的硫酸中和生成硫铵。

（三）母液循环系统

由于煤气中央管分配伞的作用和母液循环泵的运转，饱和器内的母液会从溢流口溢出，并经插入液封筒内的溢流管而进入满流槽10，在满流槽内，将浮在液面上的酸焦油除去。母液则从满流槽下部抽出用母液循环泵11送入装置在饱和器底的喷射器，循环母液在此便以一定的压力喷射而出，供母液在饱和器内不断地循环和搅动，使母液的酸度、温度和浓度趋向均匀，促使母液中的硫酸和氨中和比较完全。同时又使反应生成的硫铵结晶悬浮在母液中，使之延长晶核的成长时间，从而获得颗粒较大的硫铵结晶。

（四）结晶系统

由于煤气和蒸氨浓缩氨汽在饱和器中与母液中硫酸连续进行中和反应，使硫铵不断地生成。当母液达到过饱和状态时，硫铵结晶便从母液中析出，并且逐渐长大，大颗粒结晶渐渐沉在饱和器底部，当循环母液到达一定的晶比时，就用结晶泵12将饱和器底部的硫铵结晶随同母液一起抽出，并送入结晶槽13，大颗粒硫铵结晶沉入结晶槽下部，其余随同母液溢流而进入饱和器，结晶槽下部沉积的含母液的硫铵结晶，入离心机14分离母液，并用温水洗涤结晶，减少晶体表面附着的游离酸和油性杂质等，同时离心分离除去洗涤液，所有的离心分离液进入饱和器，从离心机卸出的晶体，即为含水约2%的硫铵结晶。

（五）结晶干燥系统

用螺旋输送机17将离心机卸出的硫铵结晶送入沸腾床干燥器18，在器底用送风机15鼓入经空气预热器16加热至100℃左右的热空气，使硫铵结晶中的水分受热后蒸发，由热空气带走，从沸腾床干燥器的上部逸出，经旋风分离器21捕集被气流夹带出来的结晶颗粒后，热空气就放入大气，脱水后的硫铵产品则从出料斗中放入料仓19，装包外卖。

（六）母液贮存及补给系统

饱和器是连续操作设备，当定期加酸、补水或用水冲洗饱和器和除酸器时，所形成的大量母液即由满流槽满流至母液大槽9暂时贮存。在正常生产过程中可不断将所贮存的母液用母液循环泵11打回饱和器中以作补充。此外，母液大槽还供饱和器检修、停工时承受饱和器内母液。

（七）硫酸系统

外进浓度为92.5%（亦可78%）的工业硫酸，由槽车运来放入硫酸地下槽7，用液下泵8抽送入硫酸高位槽4，由高位槽溢流管流入硫酸大槽6贮存，当地下槽缺酸时，大槽内的硫酸放地下槽，用泵8打入高位槽。操作时，高位槽内硫酸流入计量槽5计量后，连续进入饱和器，使饱和器内母液酸度保持在4.0%～5.0%。

四、硫铵工段设备及管线布置图

见图1-6-2。

五、粗轻吡啶的回收

在饱和器母液中含有弱碱性的吡啶。这是由于焦炉煤气中含有的吡啶不断被饱和器中母液吸收，并与母流中的硫酸作用生成酸式硫酸吡啶（$C_5H_5NH \cdot HSO_4$）或中式硫酸吡啶（$(C_5H_5NH)_2SO_4$）。

当提高母液酸度时，将有利于吡啶的回收，在母液中主要含有酸式硫酸吡啶，这是一种不稳定的化合物，升高温度后极易离解，并与硫铵反应生成游离吡啶（C_5H_5N）。所以当提高母液温度或母液中硫铵含量增多时，都将促使酸式硫酸吡啶的分解，而使吡啶游离出来。

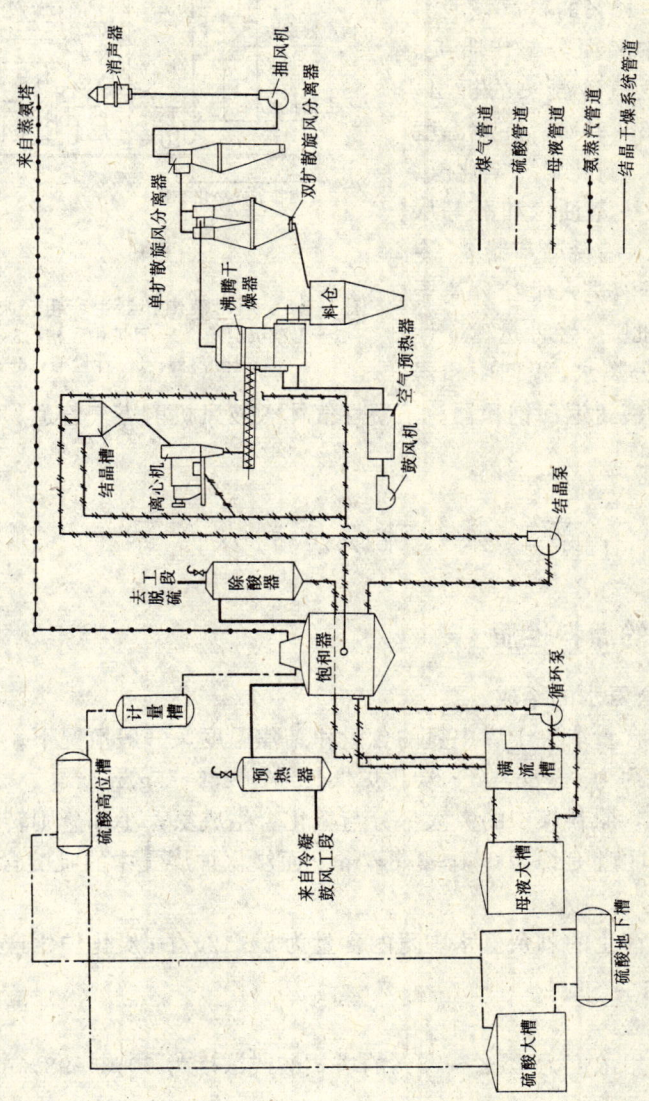

图 1-6-2 硫铵工段设备及管线布置图

从母液中提取吡啶，常采用中和法，其工艺流程见图 1-6-3。

母液从结晶槽连续流入沉淀槽 1，进一步析出硫铵结晶，并除去浮在母液面上的焦油。然后进入母液中和器 2。从氨气分缩器来的 10%～12% 的氨汽，泡沸穿越母液层与母液中和而分解出吡啶。由于是放热反应及氨汽冷凝热的析出，中和器内温度高达 95～99℃。在此温度下，吡啶蒸汽、氨汽、硫化氢、氰化氢、二氧化碳、水汽以及少量油汽和酚等从中和器顶部逸出，进入冷凝冷却器 3，冷却到 30℃ 左右。冷凝液进入吡啶分离器 4 分离，上层为粗轻吡啶，经计量槽 5 计量后进贮槽。下层是分离水，返回中和器

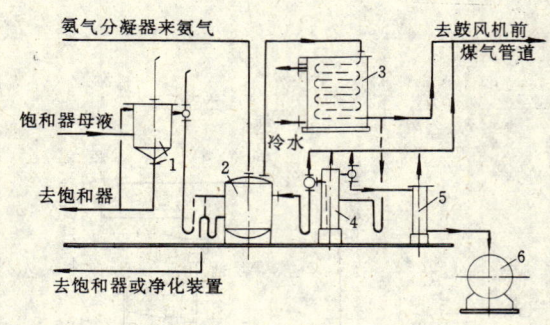

图 1-6-3　用母液中和器生产粗轻吡啶的工艺流程
1—母液沉淀槽；2—母液中和槽；3—吡啶冷凝器；
4—分离器；5—计量槽；6—贮槽

使用，脱吡啶母液经液封返回饱和器。不凝性气体入鼓风机前煤气管道。使整个系统处于负压操作。

第二课　硫铵原料及产品

一、硫铵工段的原料性质

（一）煤气及剩余氨水的组成

焦炉煤气中氨的含量取决于煤中氮的含量和结焦温度，一般情况下，初冷器后煤气中的含氨量，焦炉煤气约为 $6～8g/m^3$；炭化炉煤气约为 $2.5～5g/m^3$。

煤在干馏过程中，原料煤中的氮大部分与氢化合生成氨，小部分则转化为吡啶。焦炉煤气初冷器后煤气中的吡啶约为 $0.4～0.6g/m^3$；而炭化炉煤气中的吡啶含量较少，一般不进行回收。

焦炉生产过程中产生的剩余氨水中氨的含量为 $8～12g/L$；炭化炉生产过程中产生的剩余氨水中氨的含量 $2～2.5g/L$。

（二）硫酸规格

生产硫铵一般采用浓度为 75%～78% 的塔式酸或浓度为 90%～98% 的接触法硫酸。

二、硫铵性质

硫铵俗称肥田粉，是一种氮肥，一般情况下它是白色透明的晶体，但是，有时由于硫铵母液本身不纯，使其晶体呈绿色、灰色或棕黑色等。晶体一般为长菱形，晶体的大小波动于 0.01～4mm，硫铵的真比重为 1.77，堆比重随结晶颗粒的大小而波动于 780～830 kg/m^3 范围内。化学纯的硫铵含氮量为 21.2%。

硫铵结晶能吸收空气中的水分而结块，在空气湿度大、结晶颗粒小和含水量高时尤甚。硫铵的结块给运输、贮存和施用都带来困难。且潮湿的硫铵对钢铁、水泥和麻袋等均有腐

蚀性。

硫铵施于农田后，很快溶于土壤的水分中，而且大部分铵离子（NH_4^+）能与土壤结合，因此损失较少。

硫铵易溶于水，其溶解度见表 1-6-1 所示。

不同温度下硫铵在水中的溶解度　　　　　　　表 1-6-1

温度 （℃）	在1公斤水中硫铵的溶解量克	硫铵在饱和溶液中的含量		饱和溶液液面上的水蒸气压（mmHg）
		g/kg 溶液	g/L 溶液	
30	781	438	540	25.2
40	812	448	555	43.3
50	843	457	570	71.9
60	874	466	585	120.0
70	905	475	600	175.0
80	941	485	615	260.0
100	1020	505	645	550.0
108.6	1060	515	655	760.0

由于植物吸收铵离子的能力要比吸收硫酸根（SO_4^{2-}）的能力大得多，失去铵离子的硫酸根将残留在土壤中，与土壤中的钙结合生成石膏，致使土壤中碱性化合物分解，土壤酸性逐渐提高，使用数年后，使土壤渐渐酸化。如硫酸根过多，则破坏土壤结构，影响农作物生长。故当土壤连续施用硫铵数年后，须施用石灰改变土壤的酸性。

施肥时，硫铵不能与石灰、草木灰等碱性肥料同时使用，因为它们相遇会起分解作用，使硫铵中的氮素以气态氨形式跑掉。

硫铵质量（GB535-83）　　　　　　　表 1-6-2

指标名称		工业品	农业品	
			一级品	二级品
氮（N）含量，以干基计（%）	>	21.0	21.0	20.8
水分（H_2O）含量（%）	<	0.2	0.5	1.0
游离酸（H_2SO_4）含量（%）	<	0.05	0.08	0.20
铁（Fe）含量（%）	<	0.007		
砷（As）含量（%）	<	0.0005		
重金属（以 Pb 计）含量（%）	<	0.005		
水不溶物含量（%）	<	0.05		

三、粗轻吡啶的质量

粗轻吡啶质量标准见表 1-6-3。粗轻吡啶是一种具有特殊气味的油状液体，沸点范围为 115～116℃，易溶于水。

粗轻吡啶质量（YB299-75）　　　　　　　表 1-6-3

名称		指标
比重（d_4^{20}）	不大于	1.012
吡啶及其同系物含量，干基（%）	不小于	60
水分（%）	不大于	15

四、酸焦油的组成和性质

（一）组成

从饱和器溢出在母液面上收集的酸焦油，其中含有一定数量的母液，其含量与收集时母液的重度和粘度等因素有关，一般为50%左右。经过分离槽分离后酸焦油中母液含量一般为3%左右。

（二）用氨水中和后的酸焦油特性

pH值	6.5～7.0
20℃时的比重	1.2
与20℃水的粘度相比较的相对粘度	20
300℃前馏分馏出后剩余物软化点	40℃
各种杂质含量	
游离碳	18.9%
硫铵	3.6%
萘	3%
酚	3.1%
水	0.5%
蒸馏试验	
170℃前	1.4%
270℃前	10.5%
300℃前	20.6%

第三课 硫铵工段主要设备的构造和性能

一、煤气预热器

煤气预热器的作用是加热入饱和器前的含氨煤气，以保持饱和器内的反应温度及水平衡。

煤气预热器是一个列管式的热交换器，使用时，煤气走管内，加热蒸汽走管间。煤气通过预热器的阻力为400～500Pa。

煤气预热器有立式和卧式两种安装方式。立式需设置焦油排出装置；卧式不便于安装和检修，且管内易积存焦油，影响传热效率，一般采用立式。

二、饱和器

饱和器是生产硫铵的主要设备，含氨煤气经饱和器后煤气含氨量不大于30mg/m³，如果饱和器出口含氨过高，氨溶解在粗苯中，当粗苯蒸馏时氨将析出，腐蚀粗苯蒸馏设备。

饱和器的主要工艺参数如下：

饱和器后煤气含氨量	不大于30mg/m²
煤气进口速度	12～15m/s

中央煤气管内煤气速度	7～8m/s
环形空间内煤气速度	0.7～0.9m/s
分配伞煤气出口速度	7～8m/s
煤气进饱和器温度	60～70℃
煤气出饱和器温度	55～65℃
饱和器内母液温度	50～55℃
饱和器阻力	3500～4000Pa

图 1-6-4 是生产上常用的外部除酸式饱和器，它是由钢板焊制、具有顶盖和锥底的圆筒形设备，由于饱和器内介质中成分较复杂，其中不仅有硫酸和氨，而且还有硫铵晶体、苯、酚、吡啶、焦油等有机物质，因此该设备存在着严重的腐蚀和磨损情况，故必须在设备内壁衬以防腐层。过去在饱和器的煤气进、出口管、分配伞、饱和器顶盖等处均衬以铝层，由于焊铝工艺复杂，对人体又有严重损害。现在进行内壁敷防酸酚醛玻璃钢。有的厂将中央管和分配伞做成整体玻璃钢。饱和器顶盖敷三层玻璃钢。饱和器内壁敷 5～6 层酚醛玻璃钢，再砌三层耐酸瓷砖。循环母液喷射器的材质为磷青铜。现在有的厂采用 RS₄ 不锈钢材质做喷射器。加酸管采用铸铁，母液循环管、结晶管采用紫铜或不锈钢。有的厂采用钼二钛材料钢管

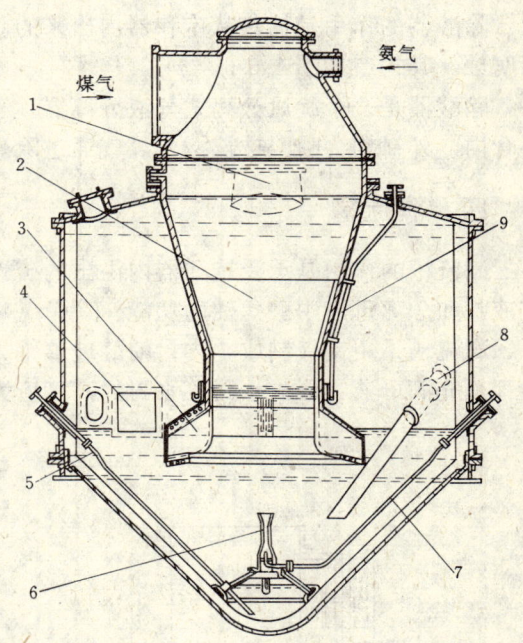

图 1-6-4 外部除酸式饱和器
1—煤气出口；2—中央煤气管；3—煤气分配伞；
4—满流口；5—结晶抽出管；6—搅拌喷射器；
7—循环母液进入管；8—回流母液进入管；
9—加酸管

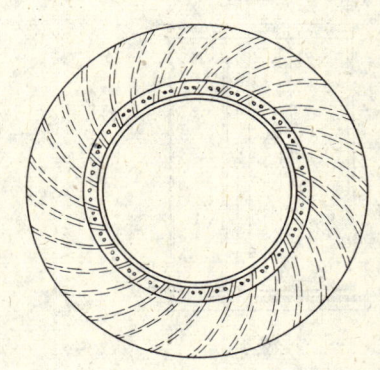

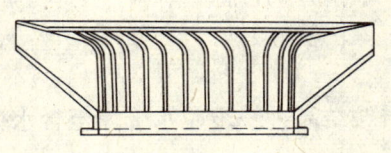

图 1-6-5 煤气分配伞

代替紫铜管，延长了使用寿命。

图 1-6-5 是煤气分配伞，它是安装在中央煤气管的下端。沿着分配伞整个圆周，焊有若干个分左或右旋两种导流式的弧形导向片，构成了若干弧形通道，能使煤气均匀地分布并泡沸而出穿过硫铵母液层，促使上层的母液剧烈旋转，从而延长了硫铵结晶的沉降时间，使晶体易于长大，分配伞插入硫铵母液深度为 200～300mm。

为减少热量损失，饱和器锥体部分应予保温。北方地区对直径小的饱和器可考虑整体保温，南方地区为改善劳动条件，只对顶盖加以绝热。

用母液循环泵送入的循环硫铵母液从饱和器底部喷射器内喷出,使母液产生激烈的搅动。

硫酸从高位硫酸槽入计量槽经计量后,进加酸管后沿中央煤气管周边的环形盘中流出,冲洗在分配伞的表面后进入硫铵母液层。

饱和器的直径有 2800、3000、4500、5500、6250 几种,主要是根据煤气处理量。如每小时处理煤气量为 $10000m^3$,则根据计算饱和器直径为 3000mm。

三、除酸器

除酸器的作用是捕集从饱和器内出来的脱氨煤气所夹带的酸滴,防止后面煤气系统设备腐蚀。其构造如图 1-6-6。

除酸器是一个旋风分离式气液分离器。它是由钢板焊制成的,其内衬和顶盖内衬、中央管内、外衬均为酚醛玻璃钢。煤气通过除酸器的阻力为 300~500Pa。

四、满流槽

满流槽的作用是承受饱和器内溢出的硫铵母液。并将其供循环搅拌使用。满流槽还具有液封和分离母液中酸焦油的功能。

满流槽是用钢板制成,内衬酚醛玻璃钢,而中心管是由整体玻璃钢制成。满流槽的中心管须充满母液,形成水封,水封的高度应大于鼓风机的全压。其构造如图 1-6-7。

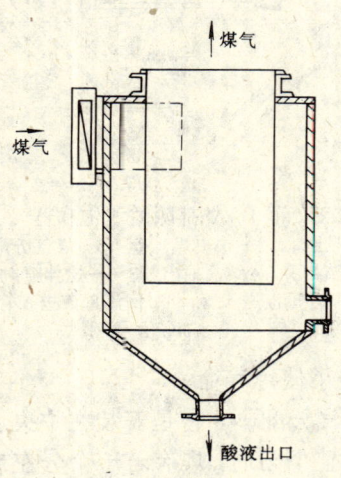

图 1-6-6 外部除酸器

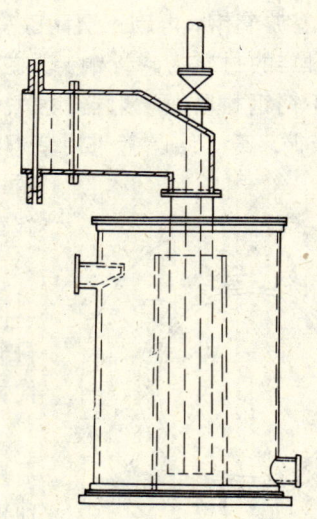

图 1-6-7 满流槽

五、沸腾干燥器

沸腾干燥器的作用是将由离心机分离出含水 2% 的硫铵结晶进一步脱水干燥至含水分小于 0.1%,以便贮存和运输。其构造如图 1-6-8 所示。

沸腾干燥器是一个圆筒形的设备,上面有扩大部分。筒内有带孔的气体分布板,其上

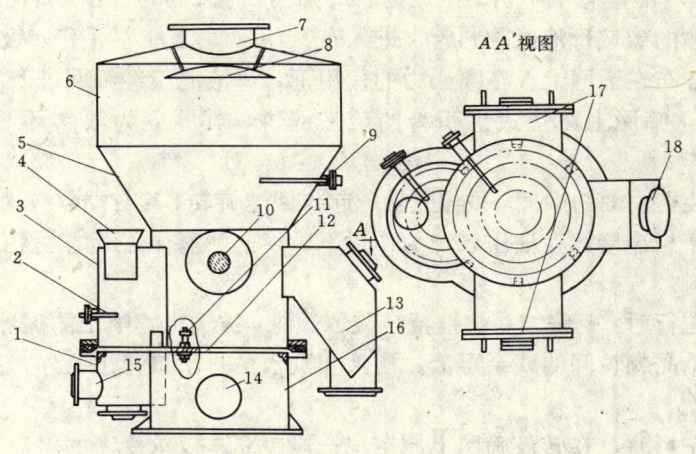

图 1-6-8 硫酸铵沸腾床干燥器
1—加热前室下部；2、9—温度计套管；3—加热前室上部；4—加料斗；5—锥形胴体；
6—上部胴体；7—气体出口；8—挡气板；10、17—人孔附窥镜；11—风帽；12—花板；
13—出料斗；14、15—热空气进口；16—下节胴体；18—清扫口

装有按六角形排列的风帽，在风帽之间的空隙内铺有一层直径为 20mm 的石英石，高度与风帽平。风帽的数量因设备大小而异，要求能保证热风均匀喷出，并形成良好的沸腾状态。

沸腾干燥器的生产能力较大，一般可达 $3.5\sim 5t/m^2 \cdot h$，干燥效率达 95%。

近年来，发展了干燥冷却器，它与沸腾干燥器的区别在于在沸腾干燥器下部增设冷却段，内有：一是通冷风的箱体及气体分布板和风帽；二是装有间接蛇管冷却器，硫铵经上部干燥脱水后由出料口进入冷却段的进料口，经冷却，硫铵出口温度保持在 60℃ 以下，使硫铵装包不结块。

六、结晶槽

结晶槽上部为圆筒形、下部带锥形的设备。钢板焊制，内壁衬酚醛玻璃钢，母液在结晶槽中静止沉降。沉降式结晶槽的缺点是靠静止沉降，需要一定时间，生产能力不大，且不利于获得大粒度结晶，现在采用选择分离式结晶槽，适用于大粒结晶的硫铵生产。

七、离心机

离心机的作用是用来分离硫铵母液中的硫铵结晶，以获得含水分 2% 左右的固体颗粒。其结构示意见图 1-6-9。

常用的是 WH-800 型单级卧式活塞推料离心机，离心机的机壳 2 内装有孔

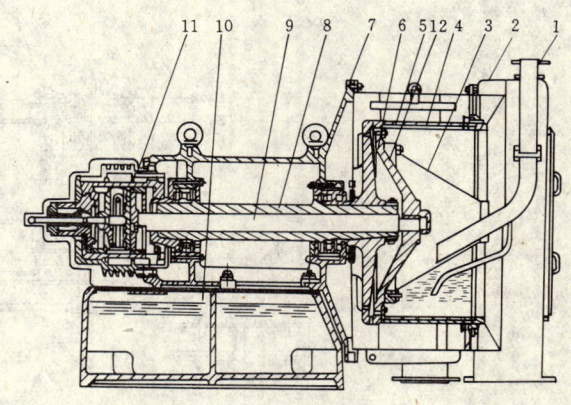

图 1-6-9　WH-800 型单级卧式活塞推料离心机
1—加料管；2—机壳；3—布料斗；4—转鼓；5—筛网；
6—限料环；7—机座；8—主轴；9—推杆；10—油箱；
11—换向活塞；12—推料器

眼的转鼓4，其内部置有用不锈钢制成的长缝筛网5，并固定在由电动机带动的主轴8上。

来自结晶槽的硫铵母液经加料管1进入布料斗3，由于布料斗和转鼓一起同速旋转，故料液便均匀地分布在筛网上。在离心力的作用下，母液滤液经筛网进入滤液收集室，由排出口排出机外，筛网上则形成沉积着的硫铵滤饼，其厚度为限料环6至筛网之间的距离。

推料杆9装在主轴的中间，并与主轴一起作回速旋转，其右端装有固定的推料器口。而左端与换向活塞相连接，在油压系统的作用下，换向活塞作连续的往复运动，由此带动了推料器来回推料。

当推料器右行时，硫铵结晶被推至转鼓的边缘，被洗水管喷出的碱性母液（或温水）洗涤，以冲洗掉结晶颗粒间的残余母液，滤液和洗水由排出口排出机外，结晶则由沉淀滤嘴排出机外。

当推料器左行时，在转鼓筛网上便空出一段距离，以承受新的料液。

转鼓的往复运动是由液压自动控制机构操纵的。

目前，有的厂采用WH2-800型离心机，它是具有双串级转鼓的离心机，与WH-800型离心机比较，具有下列几个优点：

（1）分离因数高。

（2）生产能力高，而单位产量所耗电功率较小。

（3）由于活塞在正、反行程过程中均匀推料，故油压较均匀，油泵电机负荷也较均匀。

（4）每一级转鼓中物料推出长度较短，所以物料层允许的厚度就较小，并且物料从一级被推到另一级时得到一次松散，可改善过滤情况，有利于滤渣得到较好的脱水。

（5）液压自动控制换向机构集中于油缸内，结构紧凑可靠。

其工作原理如下：

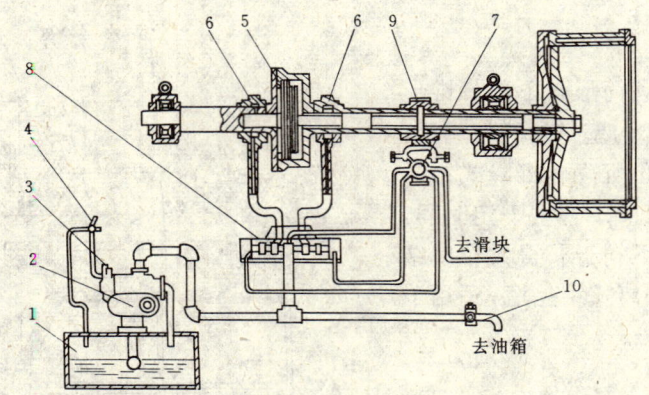

图1-6-10 一级连续式离心机油压自动控制系统
1—油箱；2—油泵；3—安全阀；4—拉杆启动阀；5—活塞；
6—分配箱；7—换向阀；8—分油阀；9—滑块；10—调速阀

母液连续不断地由进料管进入随同主轴及第二级转鼓（直径较第一级稍大，亦称外转鼓）一同旋转的内外锥形布料斗之间，（见图1-6-10及图1-6-11）由于离心力的作用，母液被均布在随同推料轴及活塞一同旋转的第一级转鼓（亦称内转鼓）筛网的内周面上。此时母液中的大部分液相物便经筛网缝隙和鼓壁上小孔被分离甩出，经外壳的切向滤液出口排出。

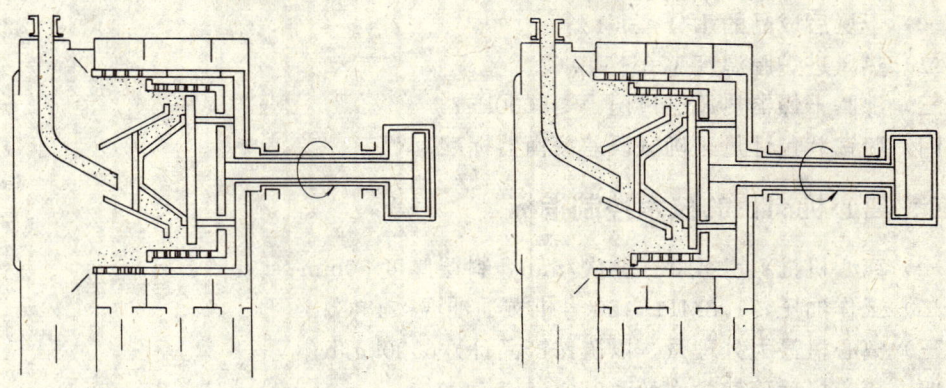

图 1-6-11　离心机工作原理图

当第一级转鼓作往复运动向后移动时，滤余的固相物被固定于第二级转鼓上的推料环向前推移。当推料次数达一定次数时，固相物由第一级转鼓口散落到第二级转鼓的筛网内周面上。当第一级转鼓向前移动时，固相物（结晶颗粒）被固定于其口上的推料环向前推移，同样当推料次数达一定次数时，结晶被推出转鼓外，经外壳前部的卸料口卸出。

当第一级转鼓作前后往复移动时，两串级转鼓内的滤渣都沿筛网全长被推移，在推移滤渣的同时连续进行洗涤，并不断地滤去液相物，得到充分干燥的固相物。

第四课　硫铵工段操作指标

一、饱和器岗位技术控制指标

（一）预热器煤气阻力一般≤500Pa；

（二）饱和器煤气阻力一般≤5000Pa；

（三）除酸器煤气阻力一般≤1000Pa；

（四）正常生产控制饱和器内母液酸度为 4.0%～5.0%；

（五）煤气预热器出口煤气温度一般保持在 50～60℃；

（六）饱和器后煤气含氨≤0.03g/m^3；

（七）母液内晶比达到 50% 开离心机提取结晶，35% 时准备停离心机。

（八）每吨硫铵耗硫酸 745～755kg（折合 100% 浓度硫酸）。

二、泵岗位技术控制指标

（一）轴承温度不超过 65℃，电机温升不超过 60℃。

（二）硫酸高位槽存量≤容积的一半；

（三）满流槽液面≥槽高 2/3；

（四）大加酸做母液至一台母液槽的满流口之下。

三、干燥包装岗位技术控制指标

（一）干燥后成品的水分＜0.1%；

（二）热风进炉膛温度130～140℃；

（三）沸腾干燥器热风进口压力≤5000Pa；

（四）硫铵装包计量正确（误差按衡器标准）。

四、离心机岗位的技术控制指标

（一）离心机推料次数0～35次/min，料层厚度50mm；

（二）工作油压≤1.8MPa，20号机械油油温＜45℃；

（三）离心机最大处理量（以硫铵产品计）6500kg/h；

（四）离心机后硫铵含水量＜2%；

（五）离心机后硫铵游离酸含量＜0.1%。

五、蒸氨岗位的技术控制指标

（一）蒸氨塔顶温度≥100℃；

（二）蒸氨塔底温度≥105℃；

（三）蒸氨塔顶压力≥饱和器煤气压力（＜0.05MPa）；

（四）蒸氨塔底压力＜0.05MPa；

（五）分缩器温度96～98℃；

（六）轴承温度不超过65℃，电机温升不超过60℃；

（七）蒸氨废水含氨＜0.1g/L。

第五课　硫铵工段一般事故处理

一、饱和器系统不正常现象、原因及解决办法

不正常现象	原　　因	解　决　办　法
（一）满流槽液面波动	饱和器满流口有结晶堵	下料结束提高酸至20%～22%
	饱和器底部喷射器上有结晶	从循环泵用蒸汽及冲
（二）满流槽母液起泡沫	母液中焦油多	从满流槽加入机油或洗油消泡剂
	母液中结晶少造成母液比重过低使母液和焦油形成乳化物	尽量捞除酸焦油母液结晶不能提得太净，晶比控制在30%以上，母液比重太低时采取大加酸

续表

不 正 常 现 象	原 因	解 决 办 法
（三）结晶带色	母液酸度过低或局部母液呈碱性；氢氧化铁沉淀析出	提高酸度
	母液比重过低焦油下沉，焦油分离不清	母液中结晶不能提得太净，晶比尽可能控制在30%以上
	氨分凝器分离效果差，水未分离尽或分缩器温度过低使氨水入饱和器	检查分凝器温度是否符合规定
（四）游离氨损失增大	液面过低	补充母液，但需逐渐加入
	结晶较多	迅速排出多余的结晶
	饱和器分配伞周围有结晶或喷射器周围有结晶，喷射力不强	分别从循环泵及结晶泵管道内用蒸汽反冲进饱和器
	氨流量过大	控制好蒸氨塔流量
	酸度过低	加大入饱和器酸量
	饱和器内结块现象严重	采用大加酸或用蒸汽反冲饱和器
（五）结晶粒度小	酸度波动较大	严格控制好酸度、经常分析和调节，使酸度稳定
	晶比小	减少排出的晶体量
	晶体长大时间短	减少入饱和器氨汽或加大下料间隔
	母液中杂质较多	更换饱和器内母液，加入澄清液
	有大量冷水进入饱和器	检查各洗涤水管上的阀门是否关闭或泄漏设法减少洗涤水用量
	搅拌不良、喷射器及分配伞周围有结晶	大加酸或用蒸汽冲，必要时停产检查
（六）饱和器阻力突然升高	循环泵喷射器损坏，搅拌不均	停产检查，可能须调换喷射器
	满流口被堵，饱和器液位升高	用蒸汽冲满流口，但应注意如冲通时有大量母液满出，必须用蒸汽封住满流口，以防满流槽内有大量母液满出，而应保持满流槽正常溢流，逐步降低饱和器内液位
	分配伞结料	大加酸至20～22%，并适当提高母液温度循环二小时后加水稀释做成母液入母液贮槽
（七）煤气预热器阻力升高	预热器底部冷凝氨水和焦油未及时排除	及时排除预热器底部积水及焦油，并保证每班必须放一次
	预热器内局部管道被萘、焦油阻塞	用蒸汽清扫管道
（八）除酸器阻力升高	器底有结晶阻塞	用蒸汽或水冲
	水封内有阻塞	用蒸汽或水冲

二、泵系统不正常现象、原因及解决办法

不 正 常 现 象	原　　　因	解　决　办　法
（一）泵体打不出流量	泵叶轮转向不对；吸入管或填料漏空气；泵转速较慢；叶轮松动等	停泵处理设备故障或调换电机
	泵进、出口管道被结晶堵塞	用热水冲泵的进出口管道，但决不能用蒸汽冲泵，以防叶轮受剧热而炸裂
（二）泵在运转中颤动	泵或泵座未固定好，联轴器未对准，或泵内有空气	停泵处理，重新启泵排气
（三）煤气冲满流槽水封	煤气总压力突然升高	如属上一工段故障可开本工段旁通阀数转，予以减压，如属本工段设备故障，因逐一检查预热器、饱和器、除酸等设备，针对性的处理
	满流槽水封起泡沫	向满流槽水封加机油或洗油
	母液比重过低	大加酸或控制晶比

三、离心机系统不正常现象、原因及解决办法

不 正 常 现 象	原　　　因	解　决　办　法
（一）离心机推料器推不动料	油管断裂；换向阀杆断；油泵叶轮损坏或机内螺丝松动	处理、排除设备故障，适当更换损坏零部件
	硬结晶块卡住推料器；油污堵塞油路或油泵进口漏空气等	停车清洗离心机转鼓；清通油路；加油保持正常油位
（二）离心机振动	结晶细而进料速度较快；下料不均匀或溢料	适当调整车速；调节下料旋塞开启度
	筛网损坏、底脚螺丝松动或断裂	停车修理、调换筛网，紧螺丝或调换
（三）离心机转速慢和推料次数慢	离心机主机皮带松；油量调节阀开得太小	适当紧皮带；调节油量调节阀；改变推料器的运动速度，即改变每分钟往复运动次数（亦即调节离心机生产能力）
	油乳化；油冷却管漏水	调换油；修补油冷却管
（四）硫铵产品游离酸升高	布料斗溢料	调节下料旋塞的开启度及清洗布料斗
	密封圈漏母液或密封圈排水管破裂	调换密封圈或调换破裂排水管
	洗涤水喷嘴位置不对	重新安装喷嘴
	洗涤水流量小	调节洗涤水流量或调换损坏零件

四、干燥、包装系统不正常现象、原因及解决办法

不正常现象	原　　因	解　决　办　法
（一）螺旋输送机跳电	料太多电机负荷太大	停止下料，关闭电源处理机内积料，然后盘动联轴节，再启动螺旋输送机
（二）干燥器内硫铵外喷	鼓风量大抽风量小；抽风机后管道堵塞；旋风分离器堵塞	调节风量，并清通堵塞的管道及设备
（三）料湿	离心机料湿，密封圈排水管漏母液，洗涤水喷嘴位置不对	控制在一定晶比范围内下料，检查离心机密封圈排水管及洗涤喷嘴位置
	炉膛进料过大	调整螺旋给料器控制一定的进料量
	炉膛底部有积水	检查炉膛底部有否积水，并排除
	加热后空气温度低；加热器堵塞或加热器漏蒸汽	检查加热器是否损坏或堵塞
	炉膛内因运行时间过长有大块结料	清除炉膛内大块结料
	风帽孔被结晶堵塞，热空气吹不出，风量减小	检查风帽孔是否被结晶堵塞
（四）废气中带有晶粉	循环泵或喷洒液的孔被堵塞，使旋风分离器内无液体喷洒	停止循环泵运转并清通堵塞部分，如喷洒液孔堵塞，停泵清通孔
	旋风分离器锥部积存的晶粉太多	清除旋风分离器内壁上的晶粉，放除多余的晶粉，使之保持原来容积
	喷洒液体太少	开大循环泵进、出口阀门
	需干燥的硫铵晶体过小；而排风机的抽风量过大	适当关小排风机出口管后蝶阀
（五）废气中带有液体	排风机的抽风量太大及喷洒液体较多	关小排风机出口管后蝶阀 关小循环泵出口阀

五、蒸氨系统不正常现象、原因及解决办法

不正常现象	原　　因	解　决　办　法
（一）塔内阻塞	焦油阻塞	蒸汽吹扫或停工清理
（二）塔内串水	塔底焦油堵塞或塔内温度过低	蒸汽吹扫如塔底焦油炭化则停工清理控制直接蒸汽量符合规定

续表

不 正 常 现 象	原 因	解 决 办 法
（三）蒸氨塔效率降低	氨水处理量太大	关小氨水进口阀
	塔内泡罩或栅板被焦油堵塞	蒸汽清扫
	氨水进口喷嘴损坏或喷嘴安装质量差	调换喷嘴或重新安装喷嘴
（四）塔底压力升高	塔身堵塞或塔底有炭化现象	停工清扫
	液泛	控制进口直接蒸汽量
（五）分缩器温度偏低	分缩器后管道堵塞	清通
	冷却器管道漏	停工检修

第六课　硫铵工段的操作规程

用饱和器法生产硫铵的工艺过程，在饱和器内制造硫铵结晶时，希望在高负荷的条件下，减少氨的损失，并制造出大粒结晶，这不但要求有良好的设备，还要求操作人员能及时精心调节，使氨气和硫酸连续而稳定地进入饱和器内，并均匀地分布在饱和器内，煤气中央管及分配伞、母液喷射器等部位不要有结晶附着，结块。大粒晶体用结晶泵抽出分离，而小粒晶体则留在器内继续长大。为使达到上述要求，各生产厂都制订了操作规程，要求操作人员严格按照规程规定进行精心调节和控制。操作规程一般分正常操作；开、停工操作；特殊操作等。后二项操作将在中级工培训教材第五、第六课中叙述。本课只叙述各岗位的正常操作规程。

一、饱和器岗位正常操作

（一）保证预热器、饱和器、除酸器阻力正常，发现堵塞及时处理畅通。
（二）每班测定母液温度，下班前做好各槽计量，并结算本班的硫酸消耗。
（三）控制母液酸度在正常值，每半小时取样分析母液酸度及晶比。
1. 酸度分析法
取循环母液 2mL，加水 4～5mL 稀释后，加甲基橙指示剂 2～3 滴，液体呈红色，用 0.525mol/L 氢氧化钠溶液滴定至黄色。所消耗的氢氧化钠溶液毫升数即为循环母液酸度。
2. 晶比分析
用 100mL 量杯量取 100mL 循环母液，静置沉淀 2～3min 后的结晶体积数即为晶比。
（四）当晶比 50% 时与班长联系开车，在离心机投料前 15min 沸腾干燥器升温，离心机投料后保持结晶槽料层和液面稳定。停车时与泵工联系，停车后结晶槽内应无结晶。
（五）大加酸制度
1. 三天大加酸一次，酸度一次提高至 15%～20%，循环 2h，用蒸汽冲饱和器溢流管约 15min。

2. 提高煤气预热温度到 70~80℃，至开始做母液为止。
3. 放空结晶槽并清洗干净。
4. 做母液时，洗涤饱和器出口煤气弯头和除酸器，以降低饱和器阻力至正常。
5. 做母液时应关闭加酸旋塞，使其酸度自行下降至 8% 左右。母液做好后，酸度保持在 4.0%~5.0%，不准再次提高酸度。
6. 早班负责领取 0.525mol/L 氢氧化钠溶液及甲基橙指示剂。

（六）每小时进行一次巡回检查，并认真做好原始记录。
1. 检查路线：
三楼操作室→饱和器→煤气预热器→除酸器→结晶槽→硫酸高位槽→三楼操作室
2. 检查内容：
(1) 煤气温度、压力及各设备的压差情况。
(2) 母液输送是否畅通、设备、管道、阀门有否渗漏。
(3) 硫酸高位槽存量及结晶槽液面是否稳定。

二、离心机岗位正常操作

（一）防止水、母液流入离心机油箱内。
（二）主机没有运转正常时，不得打开下料旋塞。
（三）注意液压系统中油压、轴承温度（不得大于 70℃）、推料往返情况是否稳定。
（四）料液供给要严格保持均匀和恒定，晶比尽量要稳定。
（五）由于转鼓内料层太厚，推料停止作往返运动时，则被推出后，重新开启主电机继续运转。
（六）运转过程中，机壳内不允许出现负压。
（七）筛网磨损后应及时更换。

三、泵岗位正常操作

（一）负责各种泵的正常操作及维护保养，定期加润滑油。
（二）确保硫酸高位槽存量不小于容积的一半。
（三）保证母液回流管及结晶泵管道的畅通，若堵塞则应尽快冲通；并严禁碰撞母液管道。
（四）大加酸后停结晶泵，抽结晶的管道进行蒸汽冲扫，循环 2h 后做母液约 15m³，同时开结晶泵。
（五）应保持除酸器在满流槽内的水封畅通；基本上保持满流槽内只有少量焦油；必须使煤气预热器排焦油管畅通。
（六）认真做好本岗位原始记录，每小时进行一次巡回检查。
1. 检查路线
泵工操作室→循环泵→结晶泵→预热器底部→除酸器底部→满流槽→污水泵→硫酸液下泵→液碱液下泵→硫酸贮槽（液碱贮槽）→母液槽→泵工操作室。
2. 检查内容
(1) 泵是否漏液，电机、泵是否有异声；温度、压力是否符合指标。

(2) 预热器底部、除酸器底部定时排放焦油、母液。
(3) 满流槽液面上捞取酸焦油。

四、干燥包装岗位正常操作

(一) 接班必须检查炉膛内固定层的结块情况,并清除结块,保持填料均匀。
(二) 负责鼓风机、抽风机,螺旋输送机等设备的正常运转。
(三) 各机运转时,不应有异常声响,如有应立即停机检查,处理好后方可开车。
(四) 缝包必须结实牢固,不准有散包、漏包现象。
(五) 记录好班产量。
(六) 大加酸时,必须清洗炉膛,排放分离器内结晶,加好缺损风帽和卵石,清洗螺旋输送机,铲除输送机内焦油和结晶。每月一次打开炉膛人孔,铲除炉内结料。清洗炉膛后,应将水全部排尽,烘干。如遇旋风分离器有阻现象,大加酸前,应做清除工作。如炉膛清洗后排水不畅通,也应拆除炉底入孔,并清除内部结晶和垃圾。

五、氨水除泊及蒸馏岗位正常操作

(一) 调节分缩器冷却水量,调节蒸氨塔压力使各控制点达到技术规定。
(二) 控制蒸氨废水中含氨量符合技术规定。
(三) 负责焦油槽内焦油的进入与输出,并注意焦油槽内焦油的加热温度及焦油液位。保持焦油槽内焦油温度为70~80℃。
(四) 控制粗粒化分离器出水含油量符合技术规定。
(五) 每小时巡回检查一次,并认真做好原始记录。
  1. 检查路线:
  蒸氨操作室→液碱计量槽→分缩器→分离器→蒸氨塔旁水箱→焦油贮槽→氨水沉淀槽→氨水中间槽→焦炭过滤器→粗粒化分离器→氨水地下槽→焦油地下槽→氨水泵→脱油氨水泵→焦油泵→氨水除油泵房操作室→蒸氨操作室。
  2. 检查内容
  (1) 蒸氨塔顶、底的温度、压力及分缩器出口温度是否正常。
  (2) 泵的运转是否正常,有否异常声响。
  (3) 焦油槽内焦油温度及焦油液位。
(六) 每月对粗粒化分离器清洗一次,具体操作:
  1. 将粗粒化分离器内的存水、存油排尽。
  2. 从粗粒化分离器水出口处的蒸汽进入管通入蒸汽,向分离器水出口管反向清扫(4~16h),分离器水进口阀关闭)。
  3. 打开分离器底部放空阀,将分离器内的残液放空,反向冲洗完毕,立即重新开车。
(七) 每二个月停用分离器调换填料,打开人孔,更换填料和用水冲内壁。
(八) 每3~4个月粗粒化分离器拆开更换PP-2吸油毡,检查并酌情更换填料一次,并用水冲洗玻璃管和窥视镜片。
(九) 平时应做好备用填料的数量、拼接和保管工作。
(十) 焦炭过滤器每3~6个月更换焦炭,每班放焦油两次。

第七章

生物脱酚初级工

第一课 废水生化处理一般知识

一、废水生化处理的意义

在生产城市煤气及回收此产品的过程中,会产生大量的污水。它含有各种化合物(酚、氨、氰化物、硫化物)、油类及其机械夹杂物,这些污水简称废水。废水如不经过处理,大量排入江河中后,废水中的有机物质在微生物作用之下进行降解,同时需消耗氧气,耗氧超过了供氧,则原有的、正常的自然环境必将遭到破坏,有氧环境变成了无氧环境,生态失去了平衡,水体中的鱼类绝迹,水体严重恶化。为了保护环境免受严重污染,废水在排放之前,必须进行周密的调查研究,制订合理的处理工艺,予以无害化处理。生化处理是降解、去除废水中所含有机物的经济、有效工艺,而活性污泥法是国内大多数煤气厂广泛采用的一种废水生化处理方法,它是人们模拟了自然界的水体自净过程而创造的。目前,它和生物膜法已成了人们常用的二大类生化处理法。

活性污泥法自1914年英国由阿登(E. Ardern)和洛基特(W. T. Lockett)创始以来,已有80年历史了。随着实际运行经验的积累和科学技术的发展,活性污泥法亦不断改进和发展。现在,活性污泥法已从原先的传统流程,发展到今天已有多种多样的工艺流程,使它的适用性、有效性更完善、更扩大了。它在城市污水和工业废水的处理中,特别是规模较大的场合,已占有极大优势,成了主体。

二、废水生化处理过程的一般机理

活性污泥法是采用人工培养的手段,使得活性污泥栖息着大量微生物群的絮花状泥粒均匀分散并悬浮于曝气池中,和废水充分接触,并在溶解氧的条件下,对废水中所含的有机废物进行着合成和分解的代谢活动。在这活动过程中,有机物质被微生物所利用,得以降解、去除、同时,亦不断合成新的微生物去补充、维持曝气池中所需的工作主体——微生物(活性污泥),与从曝气池中排除的那部分剩余的活性污泥互相平衡。

活性污泥法的基本流程如图(1-7-1)流程中,活性污泥为主体,通过回流和废水一起进入曝气池,互相混和接触,废水中可生化降解的有机物质被微生物所利用,在利用过程中,进水中可生化降解的有机物质得以降低,而活性污泥量增加。以曝气池流出的混合液(活性污泥和废水的

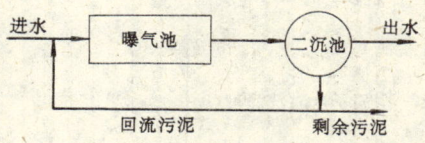

图 1-7-1 活性污泥的基本流程

混合体),进入二沉池予以固、液分离,污泥沉入底部浓缩后再回流到曝气池,多余部分则排走,进一步处理(这部分污泥称剩余污泥,来自微生物的增殖)。曝气池和二沉池组成一个整体,称之为活性污泥法系统。此外,在这个系统中,不断向曝气池注入空气,为微生物提供呼吸氧气以及供污泥、废水互相混和搅拌之需。这样,微生物处于好氧状态并与周围的营养物质充分、均匀地接触,使得生化过程沿着曝气池从进口到出口正常进行。

三、废水排放标准

根据国家标准《污水综合排放标准》(GB8978—88)煤气厂处理后的废水排放允许浓度,执行二级标准见表 1-7-1。

第二类污染物最高允许排放浓度(mg/L) 表 1-7-1

标准值 \ 标准分级 \ 规模 \ 污染物	一级标准		二级标准		三级标准
	新扩改	现 有	新扩改	现 有	
1. pH 值	6~9	6~9	6~9	6~9	6~9
2. 色度(稀释倍数)	50	80	80	100	—
3. 悬浮物	70	100	200	250	400
4. 生化需氧量(BOD_5)	30	60	60	80	300
5. 化学需氧量(COD_{cr})	100	150	150	200	500
6. 石油类	10	15	10	20	30
7. 动植物油	20	30	20	40	100
8. 挥发酚	0.5	1.0	0.5	1.0	2.0
9. 氰化物	0.5	0.5	0.5	0.5	1.0
10. 硫化物	1.0	1.0	1.0	2.0	2.0
11. 氨氮	15	25	25	40	—
12. 氟化物	10	15	10	15	20
	—	—	20	30	
13. 磷酸盐(以 P 计)[5]	0.5	1.0	1.0	2.0	
14. 甲醛	1.0	2.0	2.0	3.0	5.0
15. 苯胺类	1.0	2.0	2.0	3.0	5.0
16. 硝基苯类	2.0	3.0	3.0	5.0	5.0
17. 阴离子合成洗涤剂(LAS)	5.0	10	10	15	20
18. 铜	0.5	0.5	1.0	1.0	2.0
19. 锌	2.0	2.0	4.0	5.0	5.0
20. 锰		5.0	2.0	5.0	5.0

第二课 废水生化处理的工艺流程

工艺流程见图 1-7-2。

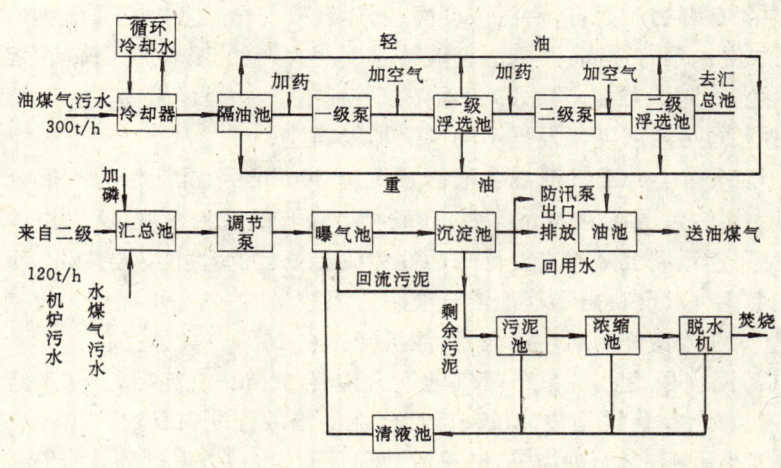

图 1-7-2 废水生化处理工艺流程

含油废水经管道流至集水池，由泵送入喷淋冷却器进行冷却，废水温度降到 40℃ 以后，进入平流式除油池，去除上浮轻油与沉淀重油，废水含油量控制在 100～150mg/L。然后，通过一级加药溶气，进入平流式一级浮选池，废水含油量控制在 60～80mg/L，再经二级加药溶气，进入二级斜板式浮选池。至此，含油量控制在 40～50mg/L。

经二级浮选后的废水和其它不含油的废水在调节池内混合，加入适量营养剂，由水泵提升，进入表面曝气池，曝气后，废水自流入平流式沉淀池，经泥水分离，分离后的部分废水送回到厂区生产工段复用，剩余生化处理水排入到江河中。

污泥在集泥池内收集后，由污泥泵提升入曝气池（回流污泥量为进入废水量的 80%～100%），剩余污泥同样由污泥泵提升入污泥浓缩池，经浓缩后脱水，脱水污泥供厂内锅炉燃烧，污泥浓缩的上清液和脱水机板框压滤水均流入曝气池。

第三课 废水生化处理的原料——活性污泥

一、活性污泥的性能

如果往一桶粪便污水中不断地打入空气（即曝气），使水中有足够的溶解氧，为好气微生物创造了良好的生长条件，经过一段时间后，就会产生褐色絮状体，把它放在显微镜下观察，可以看到里面充满着各种微生物，除微生物外，还含有一些无机物和分解中的有机物，这就是活性污泥。它有很强的吸附和氧化分解有机物的能力。微生物和有机物构成活性污泥的挥发性部分，约占干活性污泥的 70% 以上。活性污泥含水率在 98%～99% 左右。

为了增大活性污泥与废水的接触面积,提高处理效果,要求污泥要松散一些,这样表面积大,易于吸附和氧化有机物。但是废水经曝气后进入二次沉淀池澄清时,希望活性污泥与水迅速分离。为了提高沉淀效率,保证出水水质,又要求活性污泥具有良好的凝聚沉淀效率。常用下列几个指标衡量活性污泥性能的优劣。

1. 活性污泥浓度 活性污泥浓度系指曝气池里1升混合液中所含悬浮固体(活性污泥)的量,以 mg/L 或 g/L 表示。污泥浓度大小,表示污泥所含微生物的多少和氧化有机物能力的强弱。就废水中的有毒物质而言,污泥浓度高些,运转较安全,泡沫少,曝气池容积也可以小一些。但是污泥浓度也不宜过高,否则混合液粘滞度变大,氧的吸收率下降,沉淀池泥水分离也困难。一般认为,对绝大数工业废水,污泥浓度控制在 2～4g/L 为宜。由于池型、运行条件、水质的不同,适宜的污泥浓度要根据不同情况加以确定。

2. 污泥沉降比:系指1升曝气池混合液静置沉降 30min 后,沉淀污泥与混合液的体积比,用%表示。因为活性污泥沉降 30min 后,一般可接近它的最大密度,所以用 30min 作为测定其沉降比的时间。污泥沉降比主要反映活性污泥凝聚、沉淀性能。当凝聚、沉淀性能良好时,沉降比的大小还可以反映出曝气池混合液中污泥数量的多少,可以用来控制污泥的排除时间和排除数量。性能良好的活性污泥,污泥沉降比在 15%～40% 左右。

3. 污泥指数(污泥容积指数):系指曝气池混合液经 30min 沉淀后,1克干污泥湿的时候所占的体积(以毫升计)。污泥指数能反映活性污泥的松散程度和凝聚、沉降性能。该值过低,说明污泥颗粒细小紧密,含无机物多,缺乏活性和吸附能力;该值过高,说明污泥太松散,沉淀性能差,有可能发生或已经发生污泥膨胀,这时污泥中微生物常常主要是丝状细菌。性能良好的活性污泥,污泥指数一般在 50～150 之间。

上述几个指标相互有密切联系,要在兼顾吸附、氧化能力与凝聚、沉淀性能两方面因素,选择和控制好这几个指标,以达到良好的处理效果。

二、常见的微生物及其长势观察

活性污泥中的微生物有细菌、真菌、原生动物和后生动物,有时也出现藻类。但在废水处理中起主要作用的是细菌和原生动物两大类。

1. 细菌

(1)游离细菌:活性污泥中球菌、杆菌、螺旋菌都有,但以杆菌为主。游离丝菌有较强的氧化分解有机物的能力。它们随着污泥逐渐形成,被增长的原生动物吃掉一部分而减少。

(2)菌胶团:它是活性污泥絮状体的基本成分,是无数短杆菌的群体。菌胶团之间相互凝聚成絮状体,给需要固定生活的原生动物和丝状细菌提供了栖息和附着生长繁殖的场所。同时,絮状体的增大有利于污泥沉淀,便于与水分离。

(3)丝状细菌:活性污泥中常见的丝状菌是球衣细菌、硫丝细菌和白硫细菌。球衣细菌是外裹一层衣鞘,成为一条条大多具有假分支的丝状体,多附在污泥上或与菌胶团交织在一起,成为活性污泥的骨架。值得注意的是,微氧环境对它生长特别有利。

硫丝细菌通过基部的固着器附着在菌胶团或植物纤维上,在供氧不足、含硫化氢多的废水中,它易于大量繁殖并引起污泥膨胀。白硫细菌外面没有衣鞘,能自由游动。硫丝细菌和白硫细菌均属于硫黄细菌,它们能在供氧不足、水温较高时,将水中硫化氢氧化为硫,以硫粒形式存于菌体内;水中溶解氧含量较高时,菌体内硫粒被氧化而消失。所以,通过观察硫黄细菌体内硫粒情况,得以推测水中溶解氧状况。

2. 原生动物

活性污泥中常见原生动物见表(1-7-2)所示

活性污泥中常见的原生动物　　　　　表 1-7-2

肉足类	鞭毛类	纤毛类			吸管类
		游泳型	匍匐型	固着型	
变形虫	波多虫	草履虫	楯纤虫	楯纤虫	
表壳虫	滴虫	豆形虫	液扑虫	盖纤虫	
太阳虫	球滴虫	裂口虫	尖毛虫	等支虫	足吸管虫
	眼虫	漫游虫	棘毛虫	独缩虫	
	腹滴虫	肾形虫			
	杆囊虫				

各类原生动物以纤毛类在活性污泥中最常见。

自然界里的生物,因为它们各自需要的生活条件不同而存在于不同环境里。环境变化,则生物的种类和数量也随之变化。图(1-7-3)是活性污泥培养各阶段生物演替示意图。由图可以看出,活性污泥培养幼期,有机物浓度高,易于在高浓度有机物中繁殖的细菌和部分鞭毛虫吸收高浓度废水中溶解性有机物而大量繁殖,吞食固体有机物的变形虫也能很好地生存,因而最先出现并以它们为主。开始进入形成期,纤毛类原生动物出现。开始是食细菌的小型游泳型纤毛虫如豆形虫、肾形虫等,接着出现是以小型原生动物为食物的纤毛虫如裂口虫、草履虫等。同时,钟虫开始出现。钟虫的出现和增长标志着活性污泥的形成和增长。接着是以沉渣为食物的匍匐型纤毛虫如楯纤虫的出现,它的出现表明废水已有净化效果。进入正常运转期,水质比较清洁时,主要是固着型纤毛虫占优势。因此,可以根据活性污泥中微生物的种类和数量来判断活性污泥的性质。比较好的活性污泥中,占优势的微生物是固着型纤毛类原生动物和菌胶团。这些微生物多,说明游离细菌少、出水有机物浓度低、微生物的生长可能已进入内源呼吸期而容易凝聚沉淀。

三、活性污泥增长

在活性污泥法处理废水中,新的原生质不断合成,活性污泥量也不断增加,其增长情况可用活性污泥增长曲线表示如图(1-7-4)表示。这条曲线和纯细菌生长曲线外形相似;但活性污泥中微生物品种多而杂,各微生物之间存在着配合平衡关系,各种微生物生长顶峰互相错开,因此,和纯细菌生长曲线又有差别。从活性污泥增长曲线看,可分为如下四个时期。

1. 停滞期:细菌处于适应新的环境的状态,所以活性污泥增长很慢,即图中的 ab 线段。

2. 对数增长期:这个时期内,废水中有机物含量超过微生物需要,活性污泥增长不受营养浓度限制,活性污泥增长很迅速。活性污泥量的对数与曝气时间成直接关系,如图中 bc 段所示。根据实验确定,对数期多发生在营养物 F(以 BOD_5 表示)与微生物 M(以混合液污泥浓度表示)的比值大于 2.5 的情况下。

3. 衰减期:随着活性污泥量的增加和营养的大量消耗,F/M 比值迅速下降。这时,活性污泥增长受营养物质含量限制。因此,增长速度越来越慢,由最大下降到零,如 cd 线段所示。在此时期终了时,活性污泥量达最高点(d 点),最高点高度决定于废水中可利用的有机物浓度,这个阶段 F/M 值一般大于 0.006,小于 2.5。

4. 内源呼吸期:这个时期营养已经很少,细菌体内的储藏物质,甚至细菌体内的酶都作

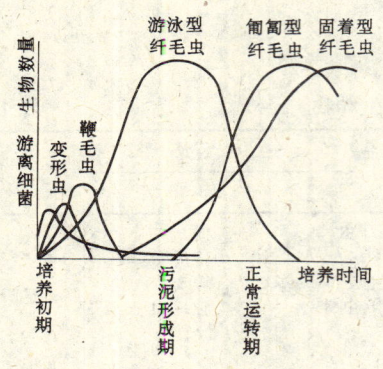
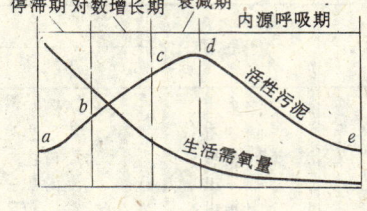

图 1-7-3　污泥培养各阶段微生物演替示意图

图 1-7-4　活性污泥增长和基质浓度变化曲线

为营养物质被利用。细菌所合成的新原生质已不足以补充,因内源呼吸所消耗的原生质。因此,活性污泥量下降,如 de 线段所示。

上述曲线是将活性污泥接种于污水进行曝气时活性污泥量的增长情况,是个间歇过程。由于曝气池的运行是连续的,池中活性污泥一部分是自行成长的,另一部分是在可以控制的情况下由二次沉淀池回流过来的。因此,连续运行的曝气池中,活性污泥增长情况与上面介绍的就有不同。在连续运行时,在曝气池的起端,活性污泥的增加就不一定从停滞期开始,它可能处于对数增长期,也可能处于衰减期,这就取决于进水的有机物浓度和回流污泥量(即 F/M 比值的大小),而曝气池末端污泥生长所处的阶段则取决于曝气时间。曝气池的工作情况,如用活性污泥增长曲线来表示,将是其中的一段,它在曲线上所处位置,取决于池中有机物和微生物的相对数量,即 F/M 比值。

在一定范围内,依靠控制回流污泥量和曝气时间,可以调节不同的处理程度。

应用活性污泥增长曲线上的不同线段,就出现了不同的活性污泥法。有机物去除速度最高为对数增长期,普通活性污泥法是从这个时期开始曝气至内源呼吸期,处于内源呼吸期的活性污泥呈絮状,沉淀性能良好。高负荷活性污泥法的起始点 F/M 比值比普通活性污泥法还要高,曝气时间也短,所以出水 BOD_5 值比较高,处理程度低,活性污泥絮体也差。

综上所述,控制 F/M 比值是活性污泥法设计和运行管理的重要指标,这个比值称为活性污泥负荷,可用下式进行计算:

$$F_{wf}=\frac{24Q(L_1-L_2)}{1000VCf}$$

式中　F_{wf}——活性污泥负荷 $kgBOD_5/kg$(挥发污泥)日;
　　　L_1——曝气池进水 BOD_5(mg/L);
　　　L_2——沉淀池出水 BOD_5(mg/L);
　　　Q——废水流量(m³/L);
　　　V——曝气池容积(m³);
　　　C——混合液污泥浓度(g/L);
　　　f——污泥中挥发部分所占比值。

由于活性污泥可挥发部分的量能更好地代表微生物量,所以式中活性污泥负荷以挥发性活性污泥表示。另外,当维持曝气池污泥浓度一定时,可以改用曝气池容积负荷 F_r 作为指标,用下式进行计算:

$$F_r = \frac{24Q(L_1 - L_2)}{1000V}$$

四、活性污泥的培养与驯化

活性污泥法处理废水的首要问题是要在曝气池运行投产前,准备好足够数量成熟的活性污泥直接使用。如果没有这种条件就必须进行活性污泥的培养和驯化工作。大多数情况下都是采用生活污水和粪便水曝气培养,再用需处理的废水驯化。

培养时,将经过过滤的稀粪便水引进曝气池,再加入生活污水或河水、自来水进行稀释,使 BOD_5 达到 200~300mg/L,然后通入空气,连续曝气一周左右,就会出现少量的活性污泥絮体,显微镜检验可以看到一些菌胶团,但指标性原生动物,如钟虫和等支虫等还不易找到,曝气池混合液沉淀 30min 后,上层清液仍较混浊。为了进一步提供微生物繁殖所需营养和排泄其已积累的代谢产物,需要按时排水。换水时停止通气,静置沉淀,放走上层清液,再加入新的粪便水和生活污水。换水后继续曝气。第一次换水后,一般每天换水一次。通过不断地换水、通气,15d 左右培养即可完成。每次换水时粪便水的投加量应根据所测得的污泥沉降比数值加以确定。如果混合液的污泥沉降比低于 30%,说明污泥量还不足,应多加些粪便水;如沉降比已超过 30%,说明污泥量已经够用,只加生活污水,就不用再加粪便水。如换水用自来水,则仍需加少量粪便水。上述为间歇进水曝气培养活性污泥。试验证明,采用连续进水曝气的方法培养活性污泥,效果也很好。

活性污泥培养成熟的标志是:具有良好的凝聚、沉淀性能;污泥中有大量的菌胶团和纤毛类原生动物,可使 BOD_5 去除率达到 90% 左右。

由于用生活污水、粪便水培养的活性污泥,其中的微生物仅适应于氧化分解生活污水中的有机物,如果用其他工业废水,还得把这种工业废水以逐步加大水量的方式投入曝气池,对微生物进行驯化。驯化的目的有三个:①特殊物质分解菌的繁殖和不适应菌的自然淘汰;②菌适应酶的产生和增多;③确立有机物氧化分解过程中各阶段各种微生物的作用和秩序。经过驯化的活性污泥,其中能适应和氧化分解某种废水中有机物的微生物得到发展,不适应的均被淘汰,这时就可将其正式用来处理某种工业废水了。为了缩短培养驯化时间,可以把活性污泥的培养和驯化结合起来,即在培养活性污泥时,不断加入准备处理的某种工业废水,水量由少到多,使微生物逐步适应。

有时,为了处理某种含特殊毒物的废水(一般的菌种不能适应这种毒物),需要筛选出对这种毒物有分解能力的菌种,进行纯菌种培养和扩大培养,获得大量菌种后,再移植接种到曝气池中,对这种废水进行处理。为了培养方便,常在特种废水长期排放的下水道或排污口下游 3~7km 处汲取污泥、通过曝气,并每天加入所要处理的废水和必要的养料,就能够比较快地获得满意的驯化微生物。

第四课 生化处理主要设备

一、曝气池的结构

活性污泥处理废水的主要构筑物是曝气池,曝气池的结构是很重要的,结构合理可以提高处理效率,节约投资费用,便于运行管理。曝气池有曝气与沉淀合建和分建两类。池体一般用钢筋混凝土浇筑成,其平面形状有长方形、方形、圆形几种。

1. 廊道式曝气池

它是用压缩空气进行曝气(即鼓风曝气)的长方形池子,在池内用隔墙分成几个单独进水的隔间,每一隔间又分成数个廊道,废水在廊道内顺次流动,廊道数目多数为奇数。见图 1-7-5、1-7-6。廊道式曝气池池深一般用 3~5m,廊道宽度与池深之比常在 1~2 之间,池长一般为池宽的 5~10 倍。空气扩散设备放在池底一侧的沟槽上面,这种布置可使水流在池中呈推流式前进,增加气泡和水的接触时间。相邻廊道的空气扩散设备常沿公共隔墙布置,以节约管路。

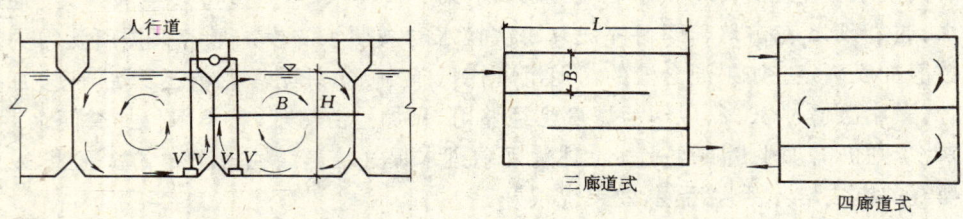

图 1-7-5　曝气池廊道的横断面布置　　　　图 1-7-6　曝气池的廊道组合

2. 圆形表面加速曝气池

圆形表面加速曝气池如图(1-7-7)所示,它由曝气区、沉淀区、导流区三部分组成。叶轮 1 旋转以充氧曝气,并承担提升、搅拌任务,使池内混合液处于不断的循环搅拌状态。废水入口 2 在池底中心。出口 3 在池周边。在曝气区 4,废水与回流污泥得到迅速混合,经回流窗孔 5 流入导流区 6。混合液在导流区经过整流,沿斜面缓慢地流动,使污泥凝聚,并使气泡逸出,而后过渡到沉淀区 7。沉淀后的活性污泥经回流缝 8 再进入曝气区,澄清水经过出流堰至出口 3 管 9 排出。导流区面积不可过小,以避免混合液下降速度太快,停留时间过短,致使气泡来不及分离而被带至沉淀区使出水不清。同时,流速快会冲击污泥旋转上翻。导流区混合液合适的下降流速常取 9~15mm/s。回流窗孔的大小是可调的,回流缝大,小气泡易窜出而上升,造成污泥随出水流失,使污泥浓度下降和出水水质不清;回流缝小,则回流不畅,污泥聚积底部,时间长了会缺氧厌气,大块污泥上浮,也影响出水水质。经验证明,采用 150~200mm 缝隙宽度为宜,缝隙处流速为 15mm/s 比较合适。曝气区下端的裙 12 用以避免死角,顺流圈 13 用以增加附着力,减少混合液和气泡窜入沉淀区的可能性。

二、曝气机

曝气机见图(1-7-8)所示,由电动机、联轴器、减速器、升降装置和叶轮等部件组成。曝气机通过装在曝气池内的机械叶轮转动时激烈搅动水面，使空气中的氧溶入水中，由于水面不断更新，使它有很大的表面和空气相接触吸氧，从而达到曝气池的充氧目的。

表面曝气叶轮旋转时，产生提水及输水作用，使曝气池内液体不断循环流动，使气液接触面不断更新，不断地吸氧。由于在叶轮边缘造成水跃，液体迅速裹进大量空气。叶轮旋转时产生的离心作用，还在叶片后侧形成负压，吸入空气。曝气机叶轮的充氧是以上三个过程的总和，其中液面更新及水跃是主要的。叶轮的充氧能力与叶轮构造（叶轮直径、叶片高度）、叶轮旋转速度和叶轮浸没深度有关。当叶轮构造一定时，叶轮旋转的线速度大，充氧能力也强，但线速度过大时，动力消耗加大，同时污泥易被打碎。叶轮浸没深度适当时，充氧效率高。浸没深度大，没有水跃产生，叶轮只起搅拌作用，充氧量极小，甚至

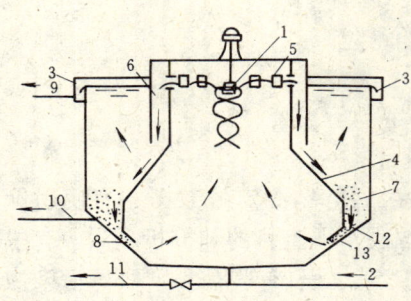

图 1-7-7 圆形表面加速曝气池
1—叶轮；2—废水入口；3—出口；
4—曝气筒；5—回流窗孔；6—导流区；
7—沉淀区；8—回流缝；9—出水管；
10—排泥管；11—放空管；
12—裙；13—顺流圈

没有空气吸入。浸没深度过小，则提水和输水作用减小，池内水流循环缓慢，甚至存在死水区，因而造成表层水充氧好而底层水充氧不足。所以曝气机的叶轮转速和浸没深度都设计成可调的。

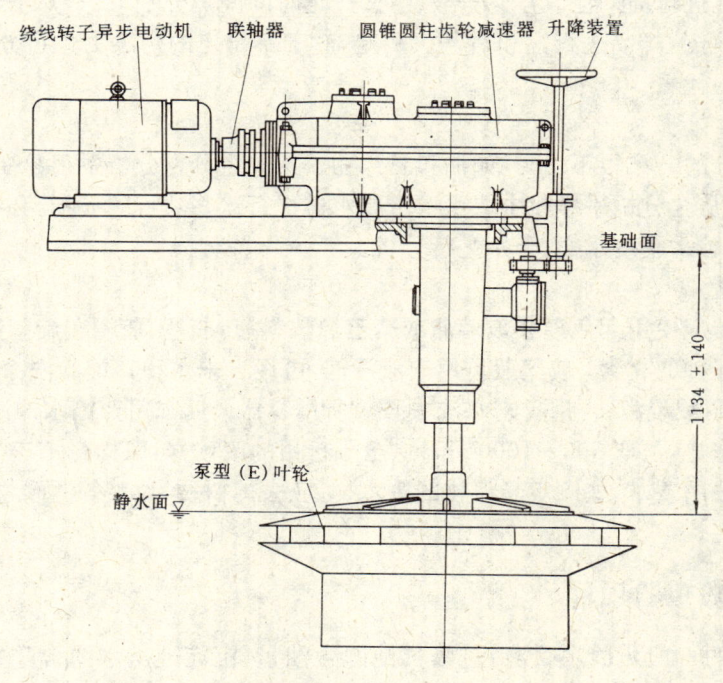

图 1-7-8 曝气机外形简图

第五课 废水的化验

一、废水的取样

废水取样是分析工作的重要环节。只有取得有代表性的样品,测定的数据才有使用价值。取样涉及取样时间、地点和频数三个方面。取样要求取决于调查目的和分析项目。有些是为了掌握污染物浓度的瞬时变化,以控制和调节生产的工艺过程;有些是为了取得污染物的平均浓度,以了解对环境的污染。

1. 取样的时间周期

为了获得代表性的废水样,根据废水排出情况、废水性质及分析要求,可取下述方法

(1) 瞬时废水样

废水的化学组成和浓度主要依赖于生产的工艺流程和生产的管理情况。一些工厂的生产工艺过程连续、恒定,废水中组分及浓度不随时间变化,可以用瞬时取样方法得到废水样。瞬时取样适用于流程的控制分析。

(2) 平均废水样

生产的周期性影响着排污的规律性。为了得到代表性的废水样(往往要求得到平均浓度),应根据排污情况进行周期性取样。一般说,按一定时间间隔分别取样,对于性质稳定的污染物,可对分别采样的样品进行混和后一次测定,对于不稳定的污染物也可分别取样、分别测定后取平均值为代表。

(3) 单独废水样

废水中某些组分的分布很不均匀,如油和悬浮物。某些组分在分析中很易变化,如溶解氧和硫化物等。如果从全分析采样瓶中取出一份废水样进行这些项目的分析,必将产生错误的结果。因此,应单独采集废水样,分别进行分析。

2. 容器和取样量

盛废水样的容器应使用无色硬质玻璃瓶或聚乙烯塑料瓶。瓶塞、瓶帽和旋塞要选用能抵抗瓶内所盛液体的浸蚀的材料。玻璃瓶可用洗液浸泡,再用自来水和蒸馏水洗净。聚乙烯容器可用10%盐酸或硝酸浸泡,再用自来水洗去酸。所用容器最后都用蒸馏水冲洗干净。

单项分析的废水样,可取 500～1000mL。供全分析用的废水样,取样量不应少于 3L。取样时要注意分析方法的要求,如测定悬浮物的废水样,应去掉树枝、垃圾等漂浮物;测油废水样,要注意表面油膜。

二、废水的一般化验项目

生化废水处理的一般化验项目有:进曝气池的含油量、沉淀池出水的含酸、含氰、含氨氮、含硫、COD、曝气池含磷量、溶解氧、污泥沉降比、污泥指数。

三、化验项目的分析方法

1. 溶解氧(碘量法)的测定

(1) 原理:往水样中加入硫酸锰(或氯化锰)溶液和碱性碘化钾溶液后,所生成的氢氧化

锰($Mn(OH)_2$)沉淀,迅速与水中溶解氧化合生成锰酸($MnO(OH)_2$),过量的氢氧化锰与锰酸作用生成锰酸锰($MnMnO_3$)。加入浓硫酸酸化使已经化合的溶解氧(以锰酸锰形式存在)与溶液中的碘化钾起氧化作用而释出碘,溶解氧越多,释出碘越多。最后用淀粉作指示剂以硫代硫酸钠标准溶液滴定,计算出水样中溶解氧的含量。

反应式如下:

$$4MnSO_4 + 8NaOH \rightarrow 4Mn(OH)_2 \downarrow + 4Na_2SO_4$$

$$2Mn(OH)_2 + O_2 \rightarrow 2MnO(OH)_2$$

$$2MnO(OH)_2 + 2Mn(OH)_2 \rightarrow 2MnMnO_3 + 4H_2O$$

$$2MnMnO_3 + 6H_2SO_4 + 4KI \rightarrow 4MnSO_4 + 2I_2 + 6H_2O + 2K_2SO_4$$

$$I_2 + 2Na_2S_2O_3 \rightarrow 2NaI + Na_2S_4O_6$$

(2)仪器:

①溶解氧瓶 250mL(也可用 250mL 无色小口试剂瓶代替)。

②50mL 酸式滴定管。

③碘量瓶 250mL。

(3)试剂:

①浓硫酸:化学纯,比重 1.84。

②硫酸锰溶液:称取 $480gMnSO_4 \cdot 4H_2O$ 或 $400gMSO_4 \cdot 2H_2O$(也可称 $400gMnCl_2 \cdot 2H_2O$)溶于蒸馏水中,过滤后稀释至 1000mL(配成的溶液应与碘化钾及硫酸不会生成游离碘)。

③碱性碘化钾溶液:称取 500g 分析纯氢氧化钠溶于 500mL 蒸馏水中。称取 150g 分析纯碘化钾溶于 200mL 蒸馏水中。将以上两液合并,加蒸馏水稀释至 1L,静置过夜,使碳酸钠沉淀后倾出上层清液备用。

④硫代硫酸钠标准溶液 $0.02500N$:溶解 6.2g 分析纯硫代硫酸钠($Na_2S_2O_3 \cdot 5H_2O$)于煮沸放冷的蒸馏水中,加入 0.2g 无水碳酸钠,倾入 1L 容量瓶中,用蒸馏水稀释至刻度。为防止分解可放数小粒碘化汞并贮于棕色瓶内。按下法标定:

于 250mL 锥形瓶内,加入 1g 左右固体碘化钾及 50mL 蒸馏水,自滴定管加入 15.00mL 的 $0.02500N$ 重铬酸钾标准溶液及 5mL 的 6N 硫酸,在暗处静置 5min 后,自滴定管加入硫代硫酸钠溶液,至溶液变成淡黄色时加入 1mL 淀粉溶液、继续滴定至蓝色刚褪去为止,记录用量。标定应同时做三个平行样品,求出硫代硫酸钠溶液的标准浓度,并校准成 $0.02500N$。

⑤淀粉溶液:称取可溶性淀粉 2g 于 400mL 烧杯中,加少量蒸馏水调成糊状,再加沸蒸馏水至 200mL,冷却后加入 0.25g 水杨酸或 0.8g 氯化锌($ZnCl_2$)以防止分解变质。

(4)测定步骤:

①用虹吸法取水样,使充满溶解氧瓶盖紧玻璃塞。如瓶壁有小气泡应仔细敲击使气泡逸出。

②取下瓶塞,用移液管插入瓶内液面以下,加入 1mL 硫酸锰溶液。

③再按同法加入 3mL 碱性碘化钾溶液。

④盖紧瓶塞,把样瓶颠倒摇动数次,使充分混匀。

⑤待沉淀下降至半途,再颠倒摇动混合一次,静置数分钟,使沉淀重新下降至半途。

⑥用移液管沿瓶口并插入液面下加入 1mL 浓硫酸,盖紧瓶塞颠倒混合,使沉淀全部溶

解,再于暗处静置 5min。

⑦用移液管取出 100mL 静置后的溶液,放在 250 毫升碘量瓶中,用 0.025N 硫代硫酸钠标准溶液滴定至溶液颜色变为浅黄色时加入 1mL 淀粉溶液,继续滴定至蓝色刚褪去即为终点,记录用量为 V(mL)。

(5)计算:

$$溶解氧(mg/L) = \frac{V \times 0.025 \times 8 \times 1000}{100}$$

式中 V——硫代硫酸钠体积 mL;
　　　8——氧的当量;
　0.025——硫代硫酸钠标准溶液 N。

(6)注意事项:

①水样取好后应立即将溶解氧固定。

②当水中含有大量有机物、还原性物质或有效氯>3mg/L 时,水样应用高锰酸钾预处理,方法如下:

取好水样后用滴管插入液面下加入 0.7mL 浓硫酸。将移液管插入液面下加入 1mL 的 0.632% 高锰酸钾溶液,盖紧瓶塞混匀水样使水样淡红色保持 15min。然后以同样方法加入 2% 草酸钾溶液,使高锰酸钾红色刚好褪去,切勿过量,接下去可按前述之测定步骤进行测定。

③当水样中亚硝酸盐含量较高时,则会出现蓝色,后又消失,但一到终点,蓝色立即重新出现(有时得不到终点),因为:

$$2I^- + 2NO_2^- + 4H^+ \rightarrow 2H_2O + 2NO + I_2$$

此时应用迭氮化钠(NaN_3)加以消除。

$$2NaN_3 + H_2SO_4 \rightarrow 2HN_3 + Na_2SO_4$$
$$HNO_2 + HN_3 \rightarrow H_2O + N_2 + N_2O$$

方法为:在用浓硫酸溶解沉淀之前,在水样瓶中加入数滴 5% 迭氮化钠溶液,也可在配制碱性碘化钾溶液时于每升溶液中配入 10g 迭氮化钠。

2. 生物化学需氧量(BOD_5)的测定

(1)原理:将水样用稀释水适当稀释,使其中含有足够的溶解氧,能满足培养五天微生物需氧量的要求。将经稀释的水样分别置于两个测氧瓶中,一瓶测定其当天的溶解氧,另一瓶水封后于 20℃下培养 5d 后测其溶解氧,二者溶解氧之差即为 5d 生化需氧量。

(2)仪器:除测定溶解氧所需之仪器外,还需下列物品:

①恒温培养箱(20±1℃)。

②20L 玻璃瓶。

③1L 大量管。

(3)试剂:除测定溶解氧所需之试剂外,还需下列试剂:

①氯化钙溶液:称取 27.5g 化学纯无水氯化钙($CaCl_2$)溶于蒸馏水中,稀释至 1L。

②三氯化铁溶液:称取 0.25g 三氯化铁($FeCl_3 \cdot 6H_2O$)溶于蒸馏水中,稀释至 1L。

③硫酸镁溶液:称取 22.5g 化学纯硫酸镁($MgSO_4 \cdot 7H_2O$)溶于蒸馏水中,稀释至 1L。

④磷酸盐缓冲溶液:称取 8.5g 化学纯磷酸二氢钾(KH_2PO_4)、21.75g 化学纯磷酸氢二

钾(K_2HPO_4)33.4g 化学纯磷酸氢二钠($Na_2HPO_4 \cdot 7H_2O$)和1.7g化学纯氯化铵(NH_4Cl),溶于500mL蒸馏水中,稀释至1L。此缓冲液的pH值为7.2。

⑤"稀释水":在20L大玻璃瓶中装入蒸馏水,每升蒸馏水中加入上述四种试剂各1mL,曝气8～12h使溶解氧尽量饱和(至少8mg/l以上)、密闭、静置使溶解氧稳定后即可应用。

(4)测定步骤:

①稀释水样:污水的稀释倍数应根据培养5d后溶解氧的减少量来定,为减小误差,应控制在培养5d后溶解氧比当天减少40%～70%为宜,对于缺乏经验的水样应同时做三种不同的稀释倍数。

决定好稀释倍数后,于1L大量筒中加入废水水样并用虹吸管引入稀释水至所需刻度,用底端带有橡皮板的粗玻璃搅棒,在尽量避免水样曝气的情况下搅拌均匀。

②将稀释后的水样用虹吸管或沿瓶壁缓缓注入二个测氧瓶中,轻轻敲振瓶体,使水样中可能混有的小气泡逸出,塞紧瓶塞。一瓶立即测定当天溶解氧,另一瓶水封后于20℃±1℃中培养5d后取出测其溶解氧。

③另取不加入废水样品的"稀释水",注入另外两个编号的测氧瓶中,同上述水样同样操作,作为空白,空白的溶解氧减少量一般应不大于0.5mg/L。

(5)计算:

$$生化需氧量(mg/L) = \frac{(D_1 - D_2) - (B_1 - B_2) \times f_1}{f_2}$$

式中 D_1——样品在培养前的溶解氧;

D_2——样品在培养后的溶解氧;

B_1——"稀释水"在培养前的溶解氧;

B_2——"稀释水"在培养后的溶解氧;

f_1——"稀释水"在样品中所占的比例;

f_2——水样在样品中所占的比例。

当稀释倍数超过100时,可按下式计算:

$$生化需氧量(mg/L) = [(D_1 - D_2) - (B_1 - B_2)] \times a$$

式中 a——稀释倍数。

(6)注意事项:

①稀释倍数的大小是影响测定数据正确与否的重要因素。一般都根据耗氧量的测定结果结合废水的实际情况和操作经验来确定。对工业废水来说大致要稀释100～1000倍左右,对处理较完全的废水大致要稀释10～50倍左右,根据上海市城建局排水管理所化验室的经验,稀释倍数的确定可以大概地从高锰酸钾耗氧量测定结果,同时参考溶解氧数据来推算。

②稀释水的温度应尽量保持在20℃左右,冬季如低于20℃应预热,夏季如高于20℃应冷却,否则与培养温度(20℃±1℃)相差太大往往容易使溶解氧过高或过低而使试验失败。

③当水样pH值过高或过低,应预先中和,若含有过多的游离氯或其他能抑制微生物正常生命活动的物质时,则应对水样进行预处理。

④工业废水往往需要接种,否则会使结果偏低,甚至得不到结果,生化处理正常运转时则可取出水加以稀释后接种,运转不正常则可取经驯化过的污泥上层清液或其他合适的菌种进行接种,接种量的多少应使空白的氧减少量在0.5mg/L左右。

⑤有些工业废水碳化阶段可能少于 5d，经培养后产生亚硝酸盐，对溶解氧测定有干扰，此时可按溶解氧测定中加迭氮化钠的方法来消除干扰或缩短培养时间并注明培养天数。

⑥整个操作过程与测定溶解氧时一样，应尽量避免引进空气。

⑦由于在上海地区夏天保持 20℃不易做到，因此有的单位正在探试用 35℃下培养 3d 所得的结果来代替 20℃培养 5d，这方面也曾有过资料发表，但对不同性质的水其普遍适用性如何还有待进一步摸索。

3. 耗氧量（酸性高锰酸钾容量法）的测定

(1) 原理：高锰酸钾在酸性溶液中能将还原性物质氧化，但当加热时间较短时往往不易将有机氮化合物分解，故耗氧量只能用来大概表示有机物的含量而不能全面反映被有机物污染的程度。

在水样中加入一定量的标准高锰酸钾（$KMnO_4$）溶液，在酸性条件下加热，水中的有机与无机还原性物质与高锰酸钾作用。

$$MnO_4^- + 8H^+ + 5e \longrightarrow Mn^{++} + 4H_2O$$

过量的高锰酸钾与随之加入的过量标准草酸溶液作用使溶液变为无色，过量的草酸再用标准高锰酸钾滴定至终点。

$$2KMnO_4 + 5H_2C_2O_4 + 3H_2SO_4 \longrightarrow K_2SO_4 + 2MnSO_4 + 10CO_2\uparrow + 8H_2O$$

由高锰酸钾及草酸的用量可以算出被水样中还原性物质所消耗的高锰酸钾量。

(2) 仪器：

① 50mL 酸式滴定管。有色与无色各一支。

② 250mL 三角瓶数只。

③ 玻璃珠若干。

④ 移液管，2mL，5mL，10mL 各一支。

(3) 试剂：

① 0.0100N 草酸溶液。

② 0.0100N 高锰酸钾溶液。

③ 1:3 硫酸。

(4) 操作步骤：

① 在 250mL 三角烧瓶内加入 100mL 蒸馏水，并加入数粒玻璃珠。

② 加入 1:3 浓硫酸 5mL。

③ 由滴定管加入 0.0100N 高锰酸钾溶液 10mL。

④ 加入所测之水样：水样所加量的多少应视水样受污染程度而定。清洁水样可多取，污染程度大则少取。

⑤ 加热煮沸，从冒第一个气泡起，精确煮沸 10min，此时若溶液的紫红色消失则说明水样取得太多，应重做。

⑥ 煮沸 10min 后即取下，由滴定管加入 10mL 的 0.01N 草酸溶液，振荡均匀，此时过量的高锰酸钾与草酸作用而红色消失（若加入草酸后溶液转为黄色，可能由于 1:3 硫酸未加而致）。

⑦ 趁热以 0.01N 的高锰酸钾溶液滴定到微红色，记录用量。

(5) 计算：

$$耗氧量(mg/L) = \frac{(N_1V_1 - N_2V_2 - 空白) \times 8 \times 1000}{V_3}$$

式中　N_1——高锰酸钾当量数($=0.01$)；

　　　V_1——高锰酸钾耗用量，mL；

　　　N_2——草酸当量数($=0.01$)；

　　　V_2——草酸耗用量，mL；

　　　V_3——所取水样体积，mL；

　　空白—不加水样，单用100mL 蒸馏水时取得之$(N_1V_1 - N_2V_2)$值。

(6)注意事项：

①耗氧量的测定是在一定反应条件下的试验结果，因此，试剂用量，加入试剂的次序，加热程度与加热时间都必须保持一致，才能得到可比较的结果。

②所取水样量要求在测定中用高锰酸钾溶液返滴定时，所消耗的高锰酸钾量在4~6mL 之间为宜。

③在加热过程中，溶液颜色应保持红色，如出现黄色浑浊之二氧化锰则说明水样量过多，或硫酸量不够。

④如水样中氯离子量过多则会与高锰酸钾反应而使耗氧量值偏高，此时应改用碱性高锰酸钾法。

⑤测定耗氧量之三角瓶必须仔细洗涤干净，以免造成误差。

⑥高锰酸钾溶液应于配置后，立即煮沸10~15min，然后密闭静置7~10d 再仔细用虹吸管将上部清液吸入暗色玻璃瓶中，或用铺石棉的古氏坩埚过滤(不可用滤纸)，妥为保存，用前标定。

4. 化学耗氧量(COD)(重铬酸钾法)的测定

(1)原理：工业废水中含有许多复杂的有机物，用高锰酸钾很难氧化，且不易严格控制操作条件，而重铬酸钾在强酸性溶液中是强氧化剂，加热煮沸时能较完全地氧化废水中的有机物及其他还原性物质。过量的重铬酸钾以试亚铁灵作指示剂，用硫酸亚铁铵滴定，由消耗的重铬酸钾量即可计算出水样所消耗的氧的mg/L 数。

废水中含有直链烃必须加催化剂硫酸银使之分解。芳香烃的支链部分能被氧化，苯环不能氧化，但苯酚无催化剂也可被氧化。

(2)仪器：

①500mL 凯氏烧瓶。

②球形冷凝管。

③500mL 三角烧瓶。

(3)试剂：

①浓硫酸　分析纯。

②结晶硫酸银　分析纯。

③重铬酸钾标准溶液　称取12.26g 分析纯重铬酸钾($K_2Cr_2O_7$)(先在105~110℃烘箱内烘2h)，溶于蒸馏水中，稀释至1000mL，浓度为0.2500N。

④硫酸亚铁铵标准溶液　溶解98.0g 分析纯硫酸亚铁铵($FeSO_4 \cdot (NH_4)_2SO_4 \cdot 6H_2O$)于蒸馏水中，加20mL 浓硫酸，冷却后稀释至1000mL，置于棕色瓶中避光保存，使用时用重

铬酸钾溶液标定。

标定法：取 25.00mL 重铬酸钾标准溶液，稀释至 250mL 加 20mL 浓硫酸，冷却后用硫酸亚铁铵溶液滴定。滴至溶液呈黄绿色时加 2~3 滴试亚铁灵指示剂，继续滴定至红蓝色即为终点，记录用量 V。

$$硫酸亚铁铵浓度(N)=\frac{25.00\times0.2500}{V}$$

⑤试亚铁灵指示剂：称取 1.485g 化学纯邻菲罗啉（$C_{12}H_8N_2 \cdot H_2O$）与 0.695g 化学纯硫酸亚铁（$FeSO_4 \cdot 7H_2O$）溶于蒸馏水中，稀释至 100mL。

（4）测定步骤：

①吸取 50mL 水样（如原水样太浓则取适量水样稀释至约 50mL）于凯氏烧瓶中，加入 25.0mL 重铬酸钾标准溶液，慢慢加入 75mL 浓硫酸，边加边摇，再加 1g 硫酸银，投入数粒玻璃珠，加热回流 1.5~2h。

②冷却后用蒸馏水沿冷凝管壁冲洗几次，然后取下凯氏烧瓶将溶液转移到 500mL 三角烧瓶中，冲洗烧瓶数次，再用蒸馏水稀释溶液至 350mL 左右。

③冷却后，用硫酸亚铁铵标准溶液滴定至溶液变黄绿色。加 2~3 滴试亚铁灵指示剂，继续滴定至溶液变为红蓝色。记录用量。

④同时以 50mL 蒸馏水代替水样做空白试验，操作步骤水样同。

（5）计算：

$$化学耗氧量COD(mg/L)=\frac{(V_0-V_1)\times N\times 8\times 1000}{V_2}$$

式中　N——硫酸亚铁铵标准溶液的当量浓度；
　　　V_0——空白试验时消耗硫酸亚铁铵标准溶液之 mL 数；
　　　V_1——水样消耗硫酸亚铁铵标准溶液之 mL 数；
　　　V_2——水样体积，mL。

（6）注意事项：

①化学耗氧量也是在一定反应条件下的试验结果，因此水样空白等的操作条件应尽量保持一致。

②水样中有氯化物时，由于氯离子也能被重铬酸钾氧化而使结果偏高，需加以校正，但当用硫酸银作催化剂时则可免去。

③试亚铁灵指示剂过早加入，甚至溶液未完全冷却时就加入会使指示剂破坏而使试验败。另外如溶液稀释不够会使酸度过高，滴定终点不明显，因此应稀释至 350mL 为宜。

④在加热回流时如溶液已由黄变绿，说明水样太浓，重铬酸钾量不够，应另取水样稀释后重做。

5. 有机碳（重量法）的测定

（1）原理：高锰酸钾在酸性条件下用硫酸汞作催化剂，能将水样中有机物所含的碳氧化成二氧化碳，所生成的二氧化碳可用已知重量的烧碱石棉吸收，称量吸收二氧化碳后的烧碱石棉，便可得二氧化碳重量，并由此计算出有机碳的含量。

（2）仪器：

①500mL 三口烧瓶。

②球形冷凝管。
③具塞具支 U 形吸收管（也可用具支 U 形吸收管代替）。
④单球干燥管。
⑤60mL 分液漏斗。
⑥5L 下口瓶。

(3) 试剂：

①1∶3 硫酸　化学纯。
②浓硫酸（比重1.84）化学纯。
③高锰酸钾晶体　化学纯。
④20%硫酸汞溶液　称取 10g 化学纯硫酸汞($HgSO_4$)于 100mL 烧杯中，加入 40mL 的 $6N$ 硫酸。如有不溶性杂质存在，待下沉后倾取上层清液备用。
⑤粒状烧碱石棉
⑥粒状无水氯化钙（也可用粒状无水高氯酸镁）。

(4) 测定步骤：

①取 100～250mL 水样至 500mL 三口烧瓶中，加入 10mL 1∶3 硫酸。用橡皮塞塞住旁边两个口，中间口中插入球形冷凝管，煮沸回流 30min，以除去水中原有之 CO_2、碳酸盐等。

②冷却后按图 7-1 装接妥善，检查各接口处有无漏气，待下口瓶开放时基本上不滴水则可认为无漏气处。

于分液漏斗内加入 40mL 1∶3 硫酸，漏斗上端安装一单球干燥管，放入烧碱石棉以吸收空气中的 CO_2。

于 A 管内加入适量用浓硫酸刚润湿的小浮石粒；B 及 C 管内加入干燥的粒状氯化钙，氯化钙要预先通以干燥的 CO_2 吸收至饱和。这三个管子主要用于吸收水分。

于 D 及 E 管内放置洁净的干燥的粒状烧碱石棉，并预先精确称重（要关好活塞）。这些管子是吸收 CO_2 的。

$$CO_2 + 2NaOH(烧碱石棉) \longrightarrow Na_2CO_3 + H_2O$$

F 管内放干燥的粒状无水高氯酸镁及粒状烧碱石棉，主要防止空气倒灌时将水分和 CO_2 带入 D、E 管中。

③向水样瓶内，从 P 孔加入 3g 高锰酸钾（$KMnO_4$）结晶，10mL 的 20%$HgSO_4$ 溶液；自分液漏斗内将 40mL 的 1∶3 硫酸徐徐加入烧瓶内，关住漏斗活塞。此时开启 A～F 管所有活塞，开下口瓶活塞，并逐渐把烧瓶内溶液加热，同时放冷水冷却冷凝管。

④待烧瓶中溶液煮沸回流 1.5～2.5h 后，水样中有机碳已完全分解成 CO_2，停止加热。开放漏斗活塞，利用下口瓶抽力将瓶内的 CO_2 及滞留在管路中的 CO_2 全部赶到 D、E 管中。

⑤取下 D、E 两管迅速称重，两管所增加的重量代表 CO_2 的重量。注意关好所有各管活塞。

(5) 计算：

$$有机碳(mg/L) = \frac{W \times 0.2729 \times 1000 \times 1000}{V}$$

式中　W——D、E 两管增加重量，g；

0.2729——碳中 CO_2 中所占之分数 $\dfrac{C}{CO_2}$；

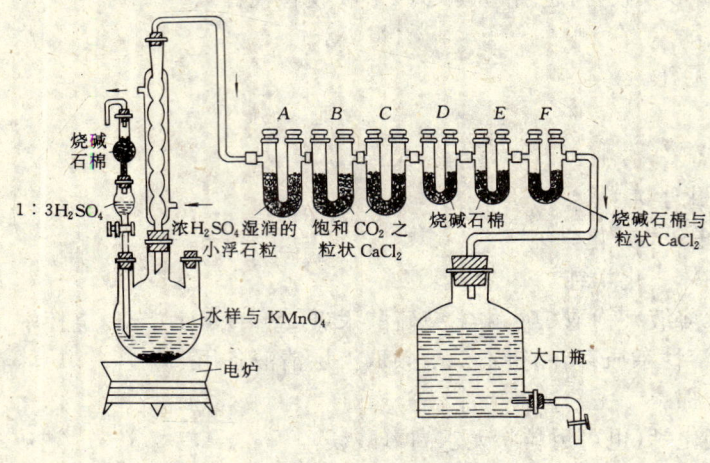

图 1-7-9 有机碳测定装置

V——取水样之体积,mL。

(6)注意事项:

①由于要求准确的是 D、E 两管吸收 CO_2 前后重量之差,故两次称量的条件应尽量相同以减小误差。

②仪器安装好后应先做几次空白试验,当本底值足够小(<1mg)并且稳定后方可进行测定。

③测定几次之后 U 形管入口端的烧碱石棉有硬结现象,应及时清除,否则阻力太大致使生成的 CO_2 不易通过而吸收不完全,甚至阻力过大还会导致溶液喷出之危险。

④当第一步回流略去,将水样直接吸收所得之值为总碳即包括有机碳与无机碳在内。

6. 氨氮(蒸馏容量法)的测定

(1)原理:废水中的氨氮以铵盐(NH_4^+)或游离氨(NH_3)的形式存在。对于工业废水来说,由于组分比较复杂,氨氮含量在一般情况下也不太低,故可用蒸馏容量法,即把水样保持在 pH 为 7.4 左右进行蒸馏,此时可把氨定量地蒸出,然后以一定量的标准硫酸吸收,氨与其中一部分硫酸作用生成硫酸铵。

$$2NH_3 + H_2SO_4 \longrightarrow (NH_4)_2SO_4$$

过量的硫酸可用标准氢氧化钠溶液进行滴定:

$$H_2SO_4 + 2NaOH \longrightarrow Na_2SO_4 + 2H_2O$$

(2)仪器:

①蒸馏仪器:开氏烧瓶、定氮球、冷凝管。

②500mL 三角烧瓶。

③50mL 酸式及碱式滴定管各一根。

④移液管。

(3)试剂:

①无氨蒸馏水。

②磷酸盐缓冲溶液 称取7.15g化学纯无水磷酸二氢钾(KH_2PO_4)及45.08g化学纯磷酸氢二钾($K_2HPO_4 \cdot 3H_2O$)溶于少量不含氨蒸馏水中,再加不含氨蒸馏水稀释至500mL。

③0.0200N 硫酸。

④0.0200N 氢氧化钠。

⑤0.1%甲基红。

(4)操作步骤:

①取水样100mL于500mL开氏烧瓶内(可视含量高低而酌情增减),加无氨蒸馏水至250mL。

②用$1N$氢氧化钠或$1N$硫酸溶液调节水样pH至中性。

③加10mL磷酸盐缓冲液,使pH为7.4左右。

④立即接好定氮球、冷凝管,将蒸馏液导管插入盛有10.00mL 0.02N硫酸标准溶液及4滴甲基红指示剂的500mL三角烧瓶的液面下。

⑤通冷凝水进行蒸馏,收集蒸馏液约200mL,把导管从硫酸吸收液中取出,再蒸数分钟以洗涤蒸馏管路。停止蒸馏。

⑥用氢氧化钠标准液滴至变橙黄色即为终点。

(5)计算:

$$氨氮(mg/L) = \frac{(10.00 - V_1)N \times 14 \times 1000}{V_2}$$

式中 V_1——氢氧化钠标准液耗用量,mL;

V_2——所取水样体积;

N——氢氧化钠或硫酸的当量浓度(=0.0200)。

(6)注意事项:

①蒸馏仪器的密闭性要好,否则会在蒸馏过程中使氨挥发损失。

②在蒸馏过程中应随时注意吸收液的颜色,当红色变浅有可能变黄而使氨吸收不完全时则应马上追加10.00mL硫酸标准液,如已变黄则氨可能已有损失而应重做。

③某些工业废水有部分干扰物质蒸出而影响滴定时,可在滴定前加热煮沸3~5min,冷后再行滴定。

④本法亦可用2%硼酸溶液吸收后用标准硫酸滴定,可省去标准氢氧化钠溶液。

⑤当氨氮含量较低时本法不够灵敏,可将蒸出液用纳氏试剂比色测定。

7.磷酸盐-钒酸铵比色法

(1)原理:在过量钼酸铵存在下,钒酸铵与磷酸盐在酸性溶液中可形成黄色磷钼钒酸化合物,借颜色深浅可进行比色测定。

(2)仪器:光电比色计或分光光度计。

(3)试剂:

①钼酸钒溶液 称取0.50g分析纯偏钒酸铵(NH_4VO_3)溶于温热蒸馏水中,冷却后加入比重1.42的硝酸125mL,加入溶解有10.0g钼酸铵[$(NH_4)_6MO_7O_{24} \cdot 4H_2O$]的水溶液,最后加蒸馏水稀释至1000mL。

②磷酸盐标准溶液 称取 0.7165g 经干燥的分析纯磷酸二氢钾(KH_2PO_4),溶于容量瓶中,以蒸馏水稀释至 1000mL,此贮备液每 mL 含 PO_4^{3-} 0.500mg。使用时取贮备液 10mL 稀释至 500mL,则得每毫升含 PO_4^{3-} 10mg 的工作液。

(4)测定步骤:

①于 50mL 容量瓶中加入水样 10～20mL(PO_4^{3-} 含量<0.2mg)。

②另取六号 50mL 容量瓶分别加入标准工作液 0、1、5、10、15、20mL,用蒸馏水稀释至 20mL 左右。

③向各容量瓶中各加 1mL 钼酸钒溶液,冲稀至刻度混匀,15～120min 内,在 420nm 波长下用分光光度计(光电比色计用青紫色滤光片)测光密度。以蒸馏水作空白,绘出标准曲线。也可用目视比色去测定。

(5)计算:

$$磷酸盐(mg/L) = \frac{相当标准液用量(mL) \times 0.010 \times 1000}{水样体积(mL)}$$

(6)注意事项:

①对具有色度的水样,对本法干扰,某些水样可用同体积水样中加入 2N 硝酸溶液 1mL 测其光密度,从水样磷酸盐的测定结果中减去此干扰值。如水中有悬浮物,可用离心法分离或用砂芯漏斗抽滤后再测定磷酸盐。

②本法对 1L 水样中含有 3000mg 氯化物、20mg 氟化物,50mg 当量碱度,200mg 硅酸盐或 2mg 高铁均无干扰。

③当本法不够灵敏时可用磷钼酸铵比色法测定。

第六课 废水生化处理设备的开、停车

一、曝气机

1. 开车

(1)检查油位、各润滑系统的油位在规定的标准内。

(2)检查调速器旋钮应在停的位置。

(3)盘动联轴器。

(4)征得供电部门同意后启动电动机。

(5)开冷却水阀门。(有的曝气机有冷却水系统)

(6)待运转正常后开调速器指示灯开关,再开调速器旋钮、分 4～5 次逐步加快曝气机转速达到规定要求。

(7)听运转声音,检查油位、电流是否正常,确认正常后,填写操作记录。

2. 停车

(1)关调速器旋扭,逐步降慢曝气机转速至停。

(2)关调速器指示灯开关。

(3)关电动机开关。

(4)关冷却水阀门。(有的曝气机有冷却水系统)

3. 注意事项

(1) 曝气机安装或大修完成后接通电源,检查主动轴转动方向。

(2) 曝气机先进行空载运转,空载运转应在额定转速下进行时间不得小于 2h。

(3) 空载运转正常后,再进行负载运转,减速箱运行应平稳无冲击振动和噪音等现象,润滑良好,各密封处和接合面不得漏油,油温升不得超过 35℃,轴承温升不得超过 40℃,负载运转不得少于 2h,如温升超过规定,应调整齿轮的接触点和轴间间隙。

(4) 新曝气机负载运转正常后,两星期后放掉脏油,换上新油才可正式投入运行,叶轮充氧能力大小可通过调整叶轮浸没度进行(正常浸没度以叶轮二平板埋入水面 20mm 为标准),叶轮调速可通过可控硅交流串级调速装置进行调节。调整叶轮浸没度可通过减速箱前方的手轮进行。

二、水泵

1. 开泵

(1) 启动前,转动泵的转子,应该轻滑均匀。

(2) 关闭出水闸阀,向泵内注水(如无底阀则用真空泵抽吸)保证泵内充满水。

(3) 关闭压力表启动泵,待转速正常后再打开闸门调节至合适的流量为止,开启压力表。

2. 停泵

(1) 关闭泵的出口阀。

(2) 切断电动机的电源。

3. 运转

(1) 水泵的轴承温度不应超过 75℃

(2) 润滑轴承用的数量以占轴承体空间的 1/3～1/2 为宜。

(3) 填料磨损时可适当压紧填料后盖,若磨损过多,应加以更换。

(4) 运行过程中,如发现噪声或其它不正常的声音时,应立即停车,检查其原因,加以消除。

三、曝气池

1. 开车

(1) 取污泥池的污泥为菌种,以池容积 1‰～2‰ 的污泥打入池中,并加一定量的磷酸三钠,最后以工业废水装满池子。

(2) 开曝气机进行充氧闷曝 8h。

(3) 通知化验室取泥样分析,若发现钟虫,则表示污泥恢复活性。

(4) 注意污泥浓度为 1g/L 或半小时沉降数为 10% 时,开始进行处理。

(5) 联系前道工序岗位,打开通曝气池的出水阀,开启曝气池,二沉池的进口阀。

(6) 根据进水水质、污泥性质及操作指标调节进水量、污泥回流量和曝气机的转速。

(7) 启动污泥泵进行污泥回流,打开曝气池污泥回流阀

2. 曝气池正常运行中的操作

(1) 经常检查曝气池内的曝气充氧情况,根据溶解氧的测定,及进水量、污泥提升情况,

来决定是否调整曝气机的运行工况。

(2)经常检查二沉池的出水温度、pH值、流量和污泥沉降情况及污泥回流比的大小,根据出水情况,采取相应的有效措施。

(3)根据曝气池处理的出水水质等指标的测定结果,及时调节充氧量、回流量、处理量、排泥及加磷。

(4)密切注意二级浮选出水的水质情况,发现异常及时汇报,并采取相应的有效措施。

3. 停车

(1)接停车通知后,关闭曝气池的进水阀,开启旁路阀停用曝气机。

(2)停运污泥回流泵。

第七课 废水生化处理工艺操作指标

1. 污水冷却后温度控制<40℃,污水处理量420t/h,污水pH值6~9。

2. 隔油池浮渣不得盖没2/3池面,定期刮去浮渣。隔油池进水含油400mg/L,出水含油100~150mg/L。

3. 浮选池浮渣不得盖没2/3池面,定期刮去浮渣。一级浮选池进水含油100~150mg/L,出水含油60~80mg/L,二级浮选出水含油40~50mg/L。

4. 溶气罐压力0.38~0.42MPa,贮气罐压力0.68MPa。

5. 曝气池污泥性质:

(1)浓度(MLSS)3~5g/L;

(2)沉降比(SVI)曝气区15%~30%,沉淀区20%~40%;

(3)污泥指数(SV)<200。

6. 表面曝气

(1)叶轮浸没深度　　20~55mm;

(2)曝气机正常转速　34~49转/min;

(3)回流窗高度　　　135~155mm。

7. 曝气区溶解氧>1mg/L。

8. 各类电动机油温 ≤65℃。

9. 加硫酸铝300kg/班、加磷10kg/班。

10. 排放水质指标

(1)COD接近于100mg/L　　(4)酚<1.0mg/L

(2)BOD<60mg/L　　　　　(5)氰<1.0mg/L

(3)油 <10mg/L　　　　　 (6)硫<1.0mg/L

第八课　各岗位的规章制度

一、岗位职责

1. 组长(工段长)

(1)职属:受车间主任行政领导和技术人员的业务指导。

(2)职责:保证生化处理设备的正常生产。

①全面负责本组生产,将车间布置的生产工作任务,落实到小组成员。

②带领和督促全组同志,严格执行岗位操作制度。

③负责本组生产计划安排、设备检查。

④合理安排本组岗位人员的协调配合工作。

⑤对生产上出现的问题要做到及时处理,一般情况先汇报后处理,紧急情况先处理后汇报。

⑥每天检查小组生产报表和执行制度情况,发现问题及时处理和汇报。

⑦组织本组人员经常按规定进行生产安全活动。

⑧开展技术教育、技术练兵,提高操作水平。

⑨生产主要设备的试车,要及时向车间联系,试车时不能离开现场。

2. 日班操作工

(1)职属:受车间主任及组长领导。

(2)职责:保证药品的供给,做好生化处理设备维护工作,场地卫生等业务工作。

①消耗品的补给,定时给循环水加刹菌剂。

②负责集水井液位的控制。

③负责场地卫生及配合设备检修工作。

④负责更衣室、组长室、储藏室的环境卫生及正常管理。

⑤负责冷却器的清理工作。

⑥负责业务接待及其他工作。

3. 班长

(1)职属:班长受工段长领导,指挥操作工完成本班次的生产任务。

(2)职责:全面负责本班的日常生产,保证在安全的前提下完成本班次的生产任务及设备的使用管理。

①及时了解生产运行情况,检查督促操作工按操作规程作业,并能排除生产中一般常见的故障。

②做好原始记录,保持整洁,实事求是反映生产情况。

③指挥操作工进行开泵、停泵等持续操作。

④负责本班的考勤、劳动纪律检查。

⑤负责本班安全检查和安全教育。

⑥负责本班清洁卫生工作,负责对跟班实习人员的指导。

4. 隔油工

(1)职属:受班长直接领导,完成隔油岗位的各项操作任务。
(2)职责:保证隔油池出口污水含油量在规定指标范围内。

①全面负责了解上一班生产情况和本班生产,加强对水质各项分析、指标的检查及设备运转管理,并据此采取适当措施指导生产,确保正常运转。
②负责隔油池的刮油、排油、排渣、输送。
③负责刮油机的正常运转和保养。
④负责检查污水处理量和含油量。
⑤负责本岗位设备及回流一级泵房的清洁保养和环境卫生。
⑥负责本班开停车指导工作和日常操作的检查、督促。
⑦若生产不正常需停车,必须通过车间、值班长和调度室(日班与组长、车间联系)同意方可进行,并作好记录。
⑧做好本班的原始记录和本班的报表工作。
⑨负责回用水泵及上清液泵正常运转并合理开启水泵。

5. 一级浮选工。
(1)职属:受班长领导,做好液位控制、浮选岗位各项操作任务。
(2)职责:保证一级泵按工艺要求正常运转,保证一级浮选池出口污水含油量在60~80mg/L。

①全面负责了解上一班生产情况和本班生产,加强对水质各项分析指标的检查及设备运转管理,并据此采取适当措施指导生产,确保正常运转。
②负责一级集水井液位,并合理调节水量及一级浮选池面刮沫和排渣。
③负责检查污水含油量,并根据污水水质情况,做到灵活配制凝聚剂,并均匀投加。
④负责一级浮选池的气泡正常,正确调节溶气罐压力,使压力符合工艺指标。
⑤负责一级溶气水泵,刮油机的正常运行和保养。
⑥负责本岗位设备及场地等清洁保养和环境卫生。
⑦负责本班开、停车工作和日常操作的检查督促。
⑧若生产不正常需停车,必须通过班长同意方可停车并做好记录。

6. 二级浮选工
(1)职属:受班长领导,做好液位控制,浮选岗位各项操作任务。
(2)职责:保证二级泵按工艺要求正常运转,保证二级浮选出口污水含油量在≤30mg/L。

①全面了解上一班生产情况和本班生产,加强对水质各项分析指标的检查及设备运转管理,并据此采取适当措施指导生产,确保正常生产运转。
②负责二级集水井液位,并合理调节水量及二级浮选池面刮油和排渣。
③负责检查污水含油量,并根据污水水质情况做到灵活配制凝聚剂并均匀投加。
④负责二级浮选池的气泡正常,正确调节溶气罐压力,使压力符合工艺指标。
⑤负责二级溶气水泵、刮沫机的正常运转和保养。
⑥负责本岗立设备及场地等清洁保养和环境卫生。
⑦负责本班开、停车工作和日常操作的检查督促。
⑧若生产不正常需停车,必须通过班长同意方可停车,并做好记录。

7. 机泵工

(1)职属:受班长直属领导,做好冷却塔,空压机及循环水泵和调节泵的保养工作。
(2)职责:保证玻璃钢冷却塔,空压机和循环水泵及调节泵的正常运转。
①负责玻璃钢冷却塔的正常运转和保养。
②负责喷淋冷却器并根据喷淋冷却器出口污水温度(要求<40℃)合理调节循环水量,保证冷却器畅通。
③做好本岗位设备和操作室的清洁保养和环境卫生。
④做好原始记录。
⑤负责空压机的正常运转和保养,存气罐定期放小。
⑥负责循环水泵房,存水泵及其配套电机的正常运转。

8. 曝气工
(1)职属:受班长领导,做好曝气,沉淀工作。
(2)职责:保证活性污泥正常生长。
①确保曝气机正常运转,循环检查设备运行情况,定时添加润滑油。
②负责曝气机的调速、确保曝气池内微生物有足够的溶解氧。
③负责曝气池内溶解氧的测定分析及微生物镜检并记录pH值(每班一次)。使沉淀池的溶解氧$\geqslant$1mg/L。
④负责曝气池污泥沉降比测定,并及时将池内剩余污泥予以排放,分建式曝气池要正确控制回流污泥。
⑤及时向曝气池内均匀投加微生物营养剂,磷酸氢二钠确保微生物生长,负责循环污泥泵及其配套电机正常运转。
⑥负责曝气池泡沫的清扫,保持池面的清洁。
⑦视停车时间长短决定是否间歇开曝气机来保证污泥增加所需溶解氧(2mg/L)。
⑧若停车时间长需向曝气池投加少量营养剂磷酸氢二钠以保证微生物生长。
⑨做好本岗位设备的清洁和环境卫生。
⑩做好原始记录。

9. 污泥脱水工
(1)职属:受组长领导,做好脱水机的保养工作。
(2)职责:保证脱水污泥含水量在75%左右。
①负责污泥池,加药池的管理。
②投加凝聚剂三氯化铁并将其与污泥搅混均匀。
③负责污泥泵、板框压滤机、洗衣机的操作管理和保养。
④负责压滤机密封橡胶的调换。
⑤负责滤布的清洁和调换,负责干污泥的出泥和脱水剂耗量工艺操作等原始记录。
⑥认真做好本岗位设备及操作环境的清洁保养和卫生。
⑦负责对外联系业务。

10. 分析化验工
(1)职属:受车间主任领导,做好试样的分析,化验工作。
(2)职责:保证各试样的分析的正确性。
①配制并标定需要的各种试剂。

②各阶段水质指标的分析。
③污水进水含油、COD、BOD、酚、氰、氨氮、硫等的测定。
④隔油池出水含油量的测定。
⑤二级浮选池出水含油量,COD、BOD、酚、氰、氮、硫的测定。
⑥1号~6号曝气池出水含油量,COD、BOD、酚、氰、氮、硫、磷、溶解氧,pH值的测定。
⑦曝气池的污泥浓度(MLSS),污泥沉降比(SV),污泥指数(SVI)和污泥灰分的测定。
⑧保持化验室设备完好,仪表清洁干燥,做好操作室的环境卫生工作。

二、安全注意事项

1. 操作工必须按规程的步骤要求操作,严禁违章操作,避免发生事故,做到有轮必有罩,有轴必有套,有台必有栏,有洞必有盖。
2. 设备清洁、加油时,不准戴手套。
3. 各马达电流不得超过额定负荷,马达与轴承温度不能超过65℃。
4. 不准用湿手按揿电钮,禁止用水冲马达、开关和照明线铬。
5. 空压机不得任意停车。
6. 未经车间同意,不得任意加装、移动、拆除设备管道及其附件。
7. 巡回检查时要穿好劳动防护用品。
8. 试剂配制,仪器及设备的使用应严格按有关化验操作规程进行。

(1)仪器:
①正确了解掌握仪器的性能和使用方法,操作前必须看清仪器的规格和要求,所用的电源、电压是否正常。
②标准仪器(示准法码、滴定管、移液管、量瓶等)应特别爱护,仪器常保持干燥清洁,放置平稳、牢固,电气仪器应防振动,不接近火焰。
③比色管,比色皿,严禁用毛刷、砂皂擦洗。
④腐蚀性物品不能在烘箱内烘烤。

(2)试剂:
①剧毒品必须由专人保管,并应设专柜加锁。
②挥发性有机药品应存放在通风良好的仓库、冰箱或铁柜内,酸碱性的物品应分开存放。
③使用硝酸、臭水、氢氟酸时,必须戴皮手套。
④稀释硫酸时只能将硫酸倒入水中,绝对不可将水倒入硫酸中。
⑤有毒气体和蒸汽须在通风室内操作。
⑥开启乙醚、氨水等易挥发的试剂瓶时,绝对不可将瓶口对着脸部或他人,尤其在夏季更宜小心,防止发生伤害事故。
⑦禁止将容易相互起激烈化学反应的试剂放在一起。

(3)溶剂及高压气瓶:
①存放易燃物的房间不得使用明火或吸烟。
②乙醚加热时必须在水浴锅中进行,严禁直接加热。
③加热蒸馏及有关用火或电热工作进行时,人不能擅自离开。

④严禁在日光下或辐射地点存放高压气瓶,应距明火 10m 左右。

(4)消防:

①实验室应放置适量泡沫灭火机、消火砂或其它灭火材料。

②如加热试样引起火灾时,应即熄灭煤气灯或拔去电源插头、关闭总电门并立即用消火砂或四氯化碳灭火机扑救。

③电线着火,关闭总电门后再用四氯化碳或泡沫灭火机来扑灭。电门未关闭时切不可用水或泡沫灭火机来灭火。

④会使用本岗位的消防器材。

9. 发现事故及时上报、登记、及时分析、处理、找出原因,吸取教训,提出防范措施。

10. 各设备检修时要挂牌

11. 参加班组安全活动,认真填写各类安全报表。

三、设备维护保养制度

1. 在设备巡回检查时,认真做好看、摸、听、闻,发现问题及时处理。

①看——看各处压力、温度、液位、电流是否正常,看隔油、浮选、曝气机、压滤机运行是否正常,曝气区是否飘泥,看设备管道是否泄漏,看是否有不安全的因素。

②摸——摸马达、轴承、常温设备是否正常,振动有否异常。

③听——听马达声有否异常及漏液、气等异声。

④闻——闻有否马达、电线、电器线路焦气味。

2. 机械设备的清洁保养由操作工分工负责,日常维修由维修组定期进行。

3. 有关人员应经常巡回检查、定期加油打扫,做好以下几点。

①设备外观整齐清洁,无油泥积灰。

②连接螺丝紧固良好。

③温度计、压力表、防护罩配置齐全,工作可靠。

④各操作阀转动灵活。

⑤电器设备保证安全,能随时开停。

4. 搞好设备的冬季防冻工作,以防阻塞,妨碍生产。

5. 泵的轧兰漏液,应拧紧轧兰螺母,若仍漏,则需调换配根。

6. 配合专职维修人员搞好设备的维护、保养。

7. 协助厂、行政部门做好本组范围的绿化工作。

四、交接班制度

1. 各班操作人员应在上班前 10min 换好衣服到达本岗位办理交接手续,正点交接。

2. 接班者应该听取交班者介绍,查阅原始记录,了解生产情况,并按照岗位分工逐一进行检查设备是否处于良好状态。

3. 接班者在检查中如有疑问意见,应即向交班者当面提出,督促其妥善处理或留下记录后再下班,如情况正常,应即同意交班者下班。

4. 由于交接不严,检查不周,接班时未予觉察,而后产生的事故或留下的现状,通常由本班操作工承担主要责任,如经调查核实,确系交班者交待不清,记录不清所致者,由交接双方共同负责。

5. 交班者应在下班前 15min 将机械设备周围场地清扫干净,原始记录誊写齐全,工具归拢,并对本岗位普遍检查一次。

6. 交班者应将本班生产操作,事故处理,设备维修情况必须向接班者听交待清楚。

7. 交接工作应严格服从生产,接班者如若未到,交班者不能下班。

第 二 篇

燃气净化中级工

第一章

冷凝鼓风中级工

第一课 冷凝鼓风原理

一、鼓风机鼓风的作用

粗煤气从焦炉炭化室出来经集气管、吸气管、冷却及各回收净化设备直到煤气储罐或送回焦炉，途中要经过很长的煤气管道及各种塔器设备，为了克服管道和设备的阻力，并保持足够的煤气剩余压力，需要设置煤气鼓风机。

鼓风机的吸入方为负压，压出方为正压，鼓风机的出、入方压力差为总压力，为确保稳定生产，满足输送系统的要求，一般大型焦化厂鼓风机所应具有的总压力为 20～30kPa。

在煤气的输送过程中，煤气鼓风机在焦化厂中对生产有着极其重要的意义。鼓风机不仅要将粗煤气从焦炉抽出压送出去，克服煤气系统阻力，而且与生产有密切联系。鼓风机的吸力调节，是焦炉操作的关键指标之一，对集气管压力有直接影响。因此鼓风机的设备选型，选择鼓风机位置，及操作是否正常，对焦化厂生产有很大影响。

选择鼓风机位置时应考虑：
1. 处于负压下操作的设备及煤气管道应尽量少。
2. 使吸入的煤气体积尽可能小。

根据上述原则，鼓风机一般都设置在煤气初冷器的后面。70年代，在法国、联邦德国等国家又发展了在负压下，回收化学产品的系统。鼓风机设置在整个系统的最后，将焦炉煤气升压后，再送往用户。这种处理系统的优点是在鼓风机前煤气系统一直在低温下操作。在洗氨前无需进行最终冷却；其次是在鼓风机内产生的压缩热留在煤气中，可以弥补煤气输送时的热损失。80年代我国一些焦化厂引进国外先进工艺，也有将鼓风机设置在煤气净化装置的尾端（如石家庄焦化厂），这种工艺对于负压区设备，管道的质量，密闭性要求需要严格些。

目前我国焦化厂所采用的鼓风机类型一般有两种：离心式和罗茨式，当蒸汽量足时也有选用透平鼓风机的。离心式用于大型焦化厂，罗茨式用于中、小型焦化厂。离心式鼓风机在其转速一定的情况下，粗煤气的输送与其总压头有关，对应于鼓风机的最高运行压力，粗煤气输送量有一临界值，输送量大于临界值，则鼓风机的运行处于稳定操作范围；输送量小于临界值，则鼓风机操作将出现"飞动"现象。故选择时应注意鼓风机压力与输送量的关系。罗茨式鼓风机具有结构简单，制造容易，体积小以及在转速一定时，压力稍有变化，输送量可保持不变等优点。但在长时间使用后，间隙因磨损而增大，效率降低。

煤气管道的配置，对于煤气的输送过程中影响很大，因此必须考虑下列因素：
1. 选择适宜的煤气流速。

2. 在煤气管道上需设置能承受管路热变形的热膨胀补偿器。

3. 煤气管道应有一定的坡度。

4. 煤气管道应有放散装置。

5. 为了防止煤气中萘的沉积和堵塞管道,在煤气管道的各部分,尤其是在可能积存萘的部位,应设蒸汽清扫口。

6. 为将煤气输送过程中因温差而生成的煤气冷凝液引出,在各段煤气管道的最低点,应设有冷凝液导出口,将管内冷凝液导入冷凝液水封槽。

二、煤气冷却与焦油冷凝原理

焦炉煤气从焦炉炭化室经上升管出来的温度与炭化室装满煤的程度,以及炭化室炉顶温度有关,大约是 650～700℃,此时粗煤气中含有焦油、苯族烃、萘、氨、硫化氢、氰化氢及其它化合物,在净化煤气和回收这些化合物之前,必须将粗煤气进行冷却,较低温度的煤气,能减少鼓风机的功率消耗,降低设备管线的堵塞和腐蚀,提高回收效率。

为使煤气冷却并冷凝出焦油和氨水,在操作中分为两步进行:

第一步,是在集气管及桥管中用大量循环氨水喷洒,使焦炉煤气先冷却到 80～85℃。第二步是在冷凝鼓风二段的煤气初冷器冷却到 25～35℃。

(一)煤气在集气管内冷却的原理

从焦炉炭化室逸出的还没有被水汽所饱和的煤气在桥管和集气管内的冷却是用表压 0.15～0.2MPa,温度为 70～75℃的循环氨水通过喷头强烈喷洒,见图 2-1-1,被喷成细雾状的氨水,与煤气充分接触。

由于煤气温度很高而湿度又很低,所以煤气放出大量的显热,氨水大量蒸发,快速进行传热和传质过程。

传热过程取决于煤气与氨水的温度差,因煤气温度远高于氨水温度,所以热量就从煤气传给氨水,使煤气冷却。循环氨水喷洒的雾化程度高,则水滴表面积大为增加,气液接触效率提高,有利于传热过程的进行。

传质过程的推动力是循环氨水液面上的水汽分压与煤气中水汽分压之差。因为循环氨水液面上的水汽分压大于煤气中水汽分压,所以氨水就产生蒸发,煤气湿度增大

煤气在集器管内的冷却,主要是靠循环氨水的蒸发。煤气所放的热量分配大致如下:

蒸发氨水的潜热　　70%～80%
氨水升温的显热　　10%～20%
集气管散失的热量　10%～15%

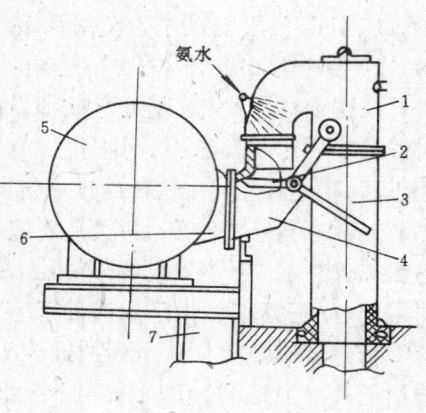

图 2-1-1 导出粗煤气管件
1—桥管;2—水封阀翻板;
3—上升管;4—阀体;5—集气管;
6—水封阀连接短管;7—炉柱

在冷却过程中,煤气温度由 650～700℃降至 80～85℃,同时约 60%的焦油气冷凝下来,集气管在正常操作过程中不用冷水喷洒,因为冷水温度很低,不易升温蒸发,带走的热量就少,使煤气冷却效果不好。此外由于水温很低,使集

气管底部剧烈冷却,冷凝的焦油在低温下粘度增加,易使集气管堵塞。进入集气管前的煤气露点温度同装入煤的水份含量有关,当装入煤全部水份为8%～11%。煤气露点约为65～70℃。在一般生产条件下,装入煤水份每降低1%,露点温度可降低0.6～0.7℃。为保证氨水蒸发的推动力,集气管进口氨水温度高于煤气露点温度5～10℃。所以采用72～75℃的循环氨水喷洒煤气。另外,氨水是碱性,能中和焦油酸,保护煤气管道。氨水又有润滑性,便于焦油流动,可以防止焦油因积聚而堵塞煤气管道。

(二)煤气在初冷器冷却的原理

由焦炉集气管出来的煤气沿吸煤气主管流向初步冷却器,吸煤气主管具有两种作用:一是将煤气由焦炉引向化产回收车间;二是起着空气冷却器的作用。在煤气初冷器前,煤气的温度还相当高,而且含有大量焦油气和水汽,需在初步冷却器中进一步冷却到25～35℃,并将绝大部分焦油气和水汽冷凝下来。

目前国内外广泛采用的煤气初步冷却方式有:间接冷却,直接冷却和间-直混合冷却三种。上述三种方式各有优缺点,可因生产规模、工艺要求以及其它条件选择采用

1. 煤气间接冷却工艺

图2-1-2所示为煤气立管间接初冷工艺流程,该工艺在我国早期得到广泛采用。

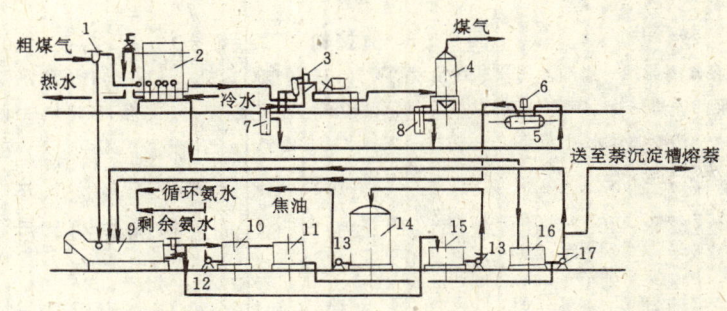

图 2-1-2 间接初冷工艺流程

1—气液分离器;2—立管式初冷器;3—煤气鼓风机;4—电捕焦油器;5—冷凝液槽;6—冷凝液液下泵;
7—鼓风机水封槽;8—电捕焦油器水封槽;9—机械化氨水澄清槽;10—循环氨水中间槽;11—事故氨水槽;
12—循环氨水泵;13—焦油泵;14—焦油贮槽;15—焦油中间槽;16—初冷冷凝液中间槽;17—冷凝液泵

煤气进入数台并联的立管式间接初冷器内用水间接冷却,煤气走管间,冷却水走管内,并联操作的各台初冷器后的煤气温度是有差别的。汇集在一起后的煤气温度称为集合温度。这个温度指标依据生产工艺的不同而有不同要求:通常对直接法(硫酸吸取氨)工艺,如饱和器法生产硫铵和酸洗塔蒸发法生产硫铵工艺中,要求集合温度分别为35℃。30℃,在生产浓氨水工艺中,则要求集合温度低于25℃。

随着煤气的初步冷却,煤气中的绝大部分焦油气,大部分水汽和萘气在初冷器中被冷凝下来。萘溶解在焦油中,煤气中一定数量的氨、二氧化碳,硫化氢,氰化氢和其它组分则溶解于冷凝水中形成冷凝氨水。焦油与冷凝氨水的混合物称为冷凝液。冷凝液自流入中间槽,再用泵送入机械化氨水澄清槽,与粗煤气在初冷器前经气液分离器分离下来的冷凝液混合澄清分离。分离后所得剩余氨水送脱酚或蒸氨,焦油经焦油贮槽初步脱水后送往焦油车间或外销。

由初冷器出来的煤气含有$1.5～2g/Nm^3$的雾状焦油,经电捕焦油器进一步将煤气中的

焦油雾分离后降至 0.01g/Nm³，送下工序净化。

在要求集合温度较低时，采用串联两段初步冷却，一段冷却用中温水，二段冷却用 18℃ 地下水或冷冻水，将煤气进一步冷却至 25℃ 以下，而且使煤气中的萘和焦油雾量都相应地减少，这种串联流程的缺点是煤气系统阻力较大，增加鼓风机的动力消耗。

2. 煤气的直接冷却工艺

煤气的直接冷却，是在直接冷却塔内，由煤气和冷却水直接接触传热而完成的。我国一些小型焦化厂多采用直接初冷流程，如图 2-1-3 所示。

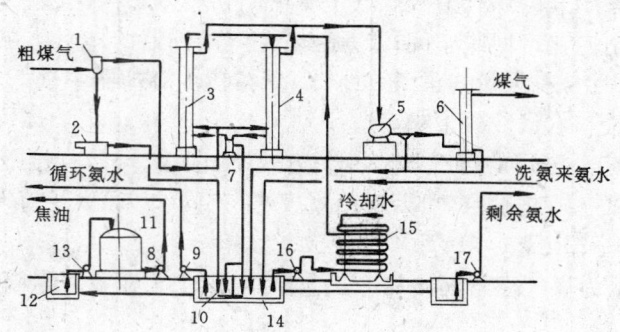

图 2-1-3 直接初冷工艺流程

1—气液分离器；2—焦油盒；3、4—直接式初冷器；5—罗茨鼓风机；6—电捕焦油器；7—水封槽；8—焦油泵；9—集气管循环氨水泵；10—集气管循环氨水澄清池；11—焦油槽；12—焦油池；13—焦油泵；14—初冷循环水澄清池；15—初冷循环氨水冷却器；16—初冷循环氨水泵；17—剩余氨水泵

由吸气主管来的 82℃ 的粗煤气，经气液分离器进入并联的直接式木格填料初冷塔，用氨水喷洒冷却至 25～30℃，然后经鼓风机送至电捕焦油器捕除焦油雾后，再送下一工序净化。

初冷塔底部流出的氨水和冷凝液经水封槽进入初冷循环氨水澄清池，与洗氨塔下来的氨水混合并进行分离，澄清后的氨水用初冷循环氨水泵送入喷淋式冷却器经冷却后，送至初冷塔循环使用。剩余氨水即富氨水送去蒸氨。

国外有些大焦化厂也采用煤气直接初冷流程。在空喷塔内用经过冷却的氨水和澄清槽分离出来的焦油分段喷洒，或用经过冷却的氨水焦油混合液喷洒。在冷却煤气的同时，还将煤气中所夹带的部分萘除去。由冷却塔流出的氨水和焦油进入专用的焦油氨水澄清池进行分离。澄清后的氨水供循环使用。并将多余的部分送去加工。

煤气直接初冷，不但冷却了煤气，而且具有净化煤气的良好效果。生产实测数据表明，在直接初冷塔内可以洗去 90% 以上的焦油，80% 左右的氨，60% 以上的萘，以及约 50% 的硫化氢和氰化氢，这有利于后面净化煤气和减少设备腐蚀。

同煤气间接初冷相比，直接初冷还具有冷却效率较高，煤气压力损失较小，不易堵塞，以及建设投资和钢材耗用量较少等优点。但也具有工艺流程较复杂，动力消耗较大，循环氨水冷却器易堵等缺点。

3. 煤气间-直混合冷却工艺

国内外新建大型焦化厂趋向于采用间冷直冷混合初冷工艺流程，见图 2-1-4。

自集气管来的温度约 82℃ 煤气几乎为水汽所饱和，饱和水蒸汽热焓约占煤气总热焓的

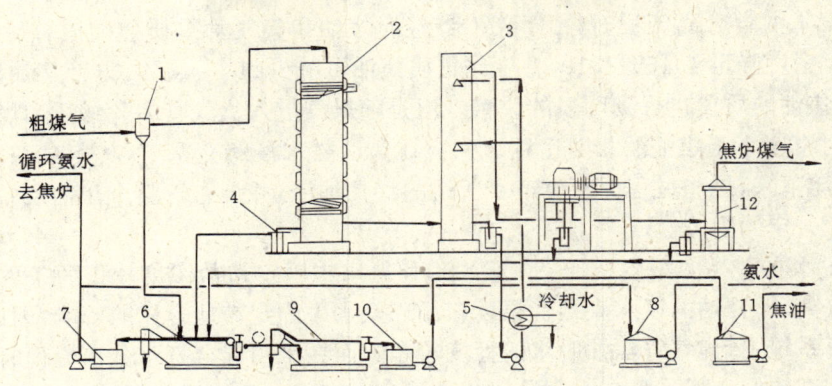

图 2-1-4 间-直冷结合的煤气初冷工艺流程
1—气液分离器;2—横管间接冷却器;3—直冷塔;4—液封槽;5—螺旋换热器;6—机械化氨水澄清槽;
7—氨水槽;8—氨水贮槽;9—焦油分离槽;10—焦油中间槽;11—焦油贮槽;12—电捕焦油器

94%,故煤气在高温阶段冷却所放出的热量绝大部分为水汽冷凝热,因而传热系数较高,同时一般温度高于52℃时,萘不会凝结下来,造成设备堵塞,所以煤气高温段易采用间接冷却。而在低温段,由于煤气中的水汽含量已大为减少,煤气层将限制水汽-煤气混合物的冷却,同时萘的凝结也易于造成堵塞。所以此阶段宜采用直接冷却,这样效率较高,不易堵塞。

由集气管来的80~85℃的粗煤气经气液分离器分离出焦油、氨水后,再入横管式间接冷却器被冷却至50~55℃,再进入空喷塔冷却到25~35℃,煤气由下向上流动,与分两段喷淋下来的含焦油的氨水密切接触而得到冷却,聚集在塔底的喷洒液冷凝液经沉淀分离出其中的固体杂质后,再经液封槽用泵送入螺旋换热器冷却到25℃左右后,压送至直冷空喷塔上进行两段喷洒。相当于塔内生成的冷凝液量的部分混合液,由塔底导入机械化氨水澄清槽,与气液分离器下来的冷凝液一起混合进行分离,澄清的氨水进入槽后,用循环氨水泵送往焦炉喷洒。

直冷塔内喷洒用的洗涤液在冷却煤气的同时,还会吸收氨,硫化氢及萘等,并逐渐被萘饱和,因此在洗涤液闭路循环系统中,采用螺旋板式换热器来冷却循环洗涤液,可以减轻由于萘的沉积而造成的堵塞,但洗涤液一经冷却,水对萘的溶解度即随之下降,一部分萘便呈固态析出,并和焦油一起在冷却器和管道中沉积下来,所以要注意定时清扫,和连续排液及补充新液。

三、焦油氨水分离原理

循环氨水在集气管中喷洒,冷却粗煤气的过程中,约60%的焦油气冷凝下来,这是焦油中的重质焦油,20℃的相对密度约为1.22,粘度较大,其中混有一部分焦油渣,焦油渣内含有煤尘,焦粉,焦炉顶部热解产生的游离炭及清扫上升管和集气管所带出的多孔物质,其量约为焦油量的30%,其余为焦油。

焦油渣量一般为焦油量的0.15%~0.3%,当实行高压氨水喷洒或蒸汽喷射无烟装煤时,焦油渣量大为增高,如用预热煤炼焦时,其量更高。

焦油渣和集气管焦油的相对密度差小,而且粒度也很小,易于和焦油粘附在一起,所以很难和集气管焦油达到良好的分离。

在采取氨水混合分离流程时,由于初冷器轻质焦油和集气管重质焦油混合后,在20℃时的焦油相对密度降至1.15～1.19,粘度比重质焦油可减少20%-45%。这使焦油渣易于沉淀下来,混合焦油的质量也得到明显的改善。但是随煤气进入集气管多孔物质和煤尘中,其大部分的相对密度小于焦油的相对密度。只有在焦油氨水浸润充塞下,其相对密度得到增加,才逐渐沉淀下来,这一过程促使生产了所谓的浮焦油渣,并分布于整个焦油层中,给焦油的澄清带来了一定的困难。

焦油的脱水在较高的温度(80～90℃)下,和氨水中固定铵盐浓度较低的条件下,焦油与氨水较易分离,即焦油的脱水直接受温度和循环氨水中固定铵盐含量的影响,因此在单独循环氨水分离系统中,集气管焦油脱水的程度较差。而在采用混合氨水分离流程时,则混合集油的脱水程度较好。但是只在一台澄清分离设备内进行一步澄清分离,即便是混合焦油,也达不到要求的脱水程度,而必须在焦油贮槽内,保持80～90℃的温度条件下进行静止沉降脱水,或采用两步,三步澄清分离设备,才能达到要求的质量标准。

焦油、氨水和焦油渣组成的液体混合物是一种乳浊液和粗悬浮液的混合物,焦油相对密度(d_{20}^4)约为1.2,氨水相对密度(d_{20}^4)约为1.0,二者相对密度差大,较易分离,所以所采用的澄清分离设备主要是根据分离粗悬浮液的沉降原理制造的。目前,卧式机械化氨水澄清槽是我国焦化厂应用最为广泛的澄清分离设备。

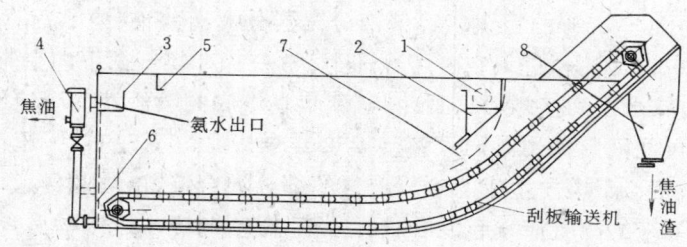

图 2-1-5 机械化氨水澄清槽略图

1—入口管;2—承受隔室;3—氨水溢流槽;4—液面调节器;5—浮焦油渣挡板;6—活动筛板;
7—焦油渣挡板;8—放渣漏斗

如图 2-1-5 所示,机械化氨水澄清槽为一不规则长方形钢板焊制容器,槽内的纵向格板分成平行的两格。每格底前设有由转动链带动的刮板输送机,两台刮板输送机用一套电动机和减速机组成的转动装置带动。氨水,焦油和焦油渣组成的液体混合物由入口进入澄清槽,在机械化氨水澄清槽内,焦油、氨水的澄清时间约为 0.5h,相对密度小的氨水在上层,焦油在中层,相对密度大的焦油渣在下层。澄清后的氨水经溢流管流出。焦油则从槽的下部经焦油液面调节器引出。沉积于槽底的焦油渣由移动速度约为 0.03m/min 的刮板送至前伸的头前漏斗内排出。

在焦油引出管口前设置了焦油渣挡板及活动筛板,以防止悬浮焦油渣进入焦油引出管中。在氨水溢流槽附近设置高度为 500mm 的木挡板,阻挡浮在水面上的焦油渣。新建焦化厂焦油的分离多采用两步分离,第一步为焦油和氨水分离,第二步为焦油脱水和细粒固体物质分离。两台澄清槽串联使用。

机械化氨水澄清和分离相结合的焦油三步分离方法具有实用意义,并在大,中型焦化厂得到推广应用。由集气管来的液体混合物先进入机械化氨水澄清槽。分离了氨水的焦油进入焦油脱水澄清槽。然后送入卧式连续离心沉降分离机除渣。离心分离下来的焦油渣放入收集槽。净化的焦油放入焦油中间槽。再送入贮槽。

用离心分离法处理焦油,可使除渣率达90%左右,分离效率很高,但基建费用及动力消耗也要增加。

国外有的焦化厂还采用压力分离焦油的装置。将经过澄清的含水焦油,用泵送入一个卧式压力分离槽里进行分离。槽内保持0.08~0.15MPa(表压),温度为70~80℃,焦油经压力分离后的水份可降至2%左右,从而改善了分离效果。

第二课 煤气冷却温度与回收化学产品的关系

一、鼓风机出口煤气温度与鼓风机操作的关系

目前,焦化厂所采用的鼓风机主要有离心式和旋转式(罗茨式)两种。离心式用于大型焦炉,罗茨式用于中、小型焦炉。

鼓风机出口温度是由鼓风机前温度加上鼓风机压缩温升两部分组成,机前温度和压缩升温均与鼓风机操作有直接关系。

鼓风机前的煤气温度对轴功率的影响程度可由以下计算表明:

【例】 干煤气量　　　　　48220Nm³/h
　　　鼓风机前吸力　　　　-4.5kPa
　　　鼓风机后压力　　　　20kPa
　　　鼓风机前煤气温度　　25、30、35、40℃

经计算求出25℃,30℃,35℃及40℃时鼓风机的轴功率、煤气实际体积,列于表2-1-1。

表 2-1-1

机前温度(℃)	25	30	35	40
煤气实际体积(Nm³/h)	56750	58400	60200	62300
鼓风机所需轴功率(kW)	485	500	515	532

由此可见,煤气初冷器后的温度对鼓风机的功率消耗影响很大。鼓风机轴功率主要取决于鼓风机前的煤气实际体积。显然,鼓风机煤气吸力的增加和温度的提高,均会增大鼓风机所需的轴功率。因此为降低机前的负压,吸力管路直径不能过小、过长,在操作时注意防止吸气管和初冷器的阀门开度不当及堵塞,同时注意控制初冷器后的集合温度不宜过高,以防止因温度高和煤气中水汽含量增多而使煤气实际体积增大。

当煤气初冷器采用串联流程时,一般比并联时集合温度低,但阻力增大,即鼓风机前的吸力增大。在同样的鼓风机后煤气压力下,则煤气在鼓风机内压缩比值比并联流程时增大,因此鼓风机的轴功率也随之增加。但另一方面串联流程煤气集合温度比并联时低,因而进鼓风机的煤气实际体积较并联时小,则鼓风机的轴功率也可随之减小。综合上述两种因素,根

据煤气初冷工艺的要求,选用间、直冷却和串、并的冷却方法。

在离心式鼓风机内,因煤气被压缩而产生热量,此热量绝大部分被煤气吸收,只有一小部分热量传给鼓风机的外壳。

当用调节鼓风机出口煤气开闭器的方法来改变煤气输送量和压力时,调大出口开闭器,可使鼓风机前吸力不至过大,但关小出口开闭器时,使出口煤气压力增大,将浪费能量和使煤气温升增大。

当调节鼓风机进口煤气开闭器时,关小吸入开闭器,则因煤气的通路减小而发生气体的节流,鼓风机的煤气输送量及总压头也均相应的减小。这种调节方法虽然简单,但因节流时部分能量无用地损失掉,而且鼓风机前(入口开闭器后)的吸力增加很多,不够安全。此外,由于鼓风机前吸力大,则鼓风机的功率消耗及煤气的升温均会增大。

当输送煤气量较小,鼓风机能力较大时,为保证鼓风机的工作稳定,可用鼓风机的煤气小循环管来调节鼓风机的操作,即调节鼓风机交通管上的开闭器的开度大小,使由鼓风机压出的煤气部分重新回到吸入管,这一般称为"小循环"调节。这种方法调节方便,但鼓风机的能量有一部分白白消耗在循环煤气上。此外,因为有部分已被加热的煤气返回鼓风机并经再次压缩,因而煤气升温更高。所以此法只宜于少量煤气循环及短时间操作。

当事故状态大幅度延长结焦时间,或焦炉刚开工投产时,煤气发生量过小,低于"小循环"调节方法的限度时,则应采用"大循环"的调节方法,即将鼓风机压出的煤气部分送回初冷器前的煤气管道中,经过冷却后,在进入鼓风机采用"大循环管"调节方法可缓解煤气升温过高的矛盾,但要增加初冷器负荷及冷却水用量,同样要增加鼓风机的能量消耗。

二、煤气冷却温度对焦油蒸气、萘蒸气冷凝的影响

焦炉出来的粗煤气经过集气管氨水冷却后达到82~85℃,煤气中的焦油蒸气大部分冷凝下来,氨水冷却后,粗煤气温度越低,冷凝的焦油量越多,约占焦油总量的50%~60%,煤气中其余的焦油蒸汽在初冷器的冷却过程中,通过电捕焦油器被捕集下来,初冷器后煤气温度越低,焦油蒸气冷凝量越大。

萘蒸气在集气管氨水冷却过程中,一般不会冷凝下来,在初冷器煤气由约80℃冷却到约30℃时,会有部分萘蒸气凝结下来,煤气出口温度越低,萘蒸气凝结量越大。不同温度纯萘蒸气压及其在煤气中的含量见表2-1-2。

表 2-1-2

温度(℃)	萘蒸气压(Pa)	煤气中萘含量(g/100m³)
0	0.816	4.51
5	1.360	7.38
10	2.855	15.23
15	4.758	24.95
20	7.342	37.83
25	11.15	56.48
30	18.08	90.10
35	28.55	140.0

续表

温度(℃)	萘蒸气压(Pa)	煤气中萘含量(g/100m³)
40	43.51	209.9
45	70.42	334.4
50	110.8	517.9
55	171.3	928.7
60	248.8	1128
65	360.3	1572
70	537.0	2363
75	738.2	3202
80	1006	4301
85	1332	5617
90	1713	7122
95	2107	8643
100	2515	10170
110	3712	14624
120	5465	20386
130	8416	31514

在实际生产中，鼓风机后各工序煤气含萘量往往大于初冷后煤气温度所对应的煤气饱和含萘量。这是因为在鼓风机升温和其它升温过程中，煤气夹带的萘产生升华，同时煤气也会夹带萘结晶微粒，故煤气含萘量增大。在一些生产厂家实测数据如下：

初冷后煤气集合温度(℃)	进入洗萘塔前煤气含萘(g/Nm³)
20～25	0.6～1.2
25～30	1.2～1.8
30～35	1.8～2.8

三、冷却冷凝温度的调节

初冷器后煤气总管的煤气温度为集合温度，这一指标对净化回收的生产工艺非常重要，根据各种生产工艺确定集合温度。

集合温度如果过高，就会破坏系统热平衡，进而影响后工序操作温度，降低了化产品的回收率，要维持其正常生产，就要加大后工序的热交换，同时煤气中的焦油、萘、氨、硫化物等杂质增多，增大了煤气净化的负荷。

集合温度如果过低，同样破坏了系统的热平衡，动力消耗增大。虽然煤气冷凝物增多，煤气中杂质减少，但也会出现一些问题，如煤气中的氨量减小，会造成硫铵减产，对于用煤气中的氨为碱源脱硫工艺,还会影响脱硫效率。

为保证煤气在初冷器中冷却至要求的集合温度,其一,调节一段中温水和二段低温水的温度、压力和流量,特别是注意调节初冷器的中温水和低温水进口温度,使其符合设计指标。其二,定期清扫初冷器下液管,使下液管畅通不堵,保证在初冷过程中产生的煤气冷凝液及时排走。其三,根据初冷器的阻力和冷却效率,经常清扫初冷器,以防止管壁结萘结垢,降低传热系数。

第三课 产品性质与用途

炼焦化学产品的数量和组成,随炼焦温度和原料煤的质量不同而波动。在工业生产条件下,高温干馏时各种产品的产率为(对干煤质量百分数):焦炭 75%～78%;净焦炉煤气 15%～19%;焦油 2.5%～4.5%;化合水 2%～4%;粗苯 0.8%～1.4%;氨 0.25%～0.35%;其它 0.9%～1.1%。

粗煤气中除净焦炉气外的主要组成为:(g/Nm^3)

水蒸汽	250～450
焦油气	80～120
粗苯	30～45
氨	8～16
硫化氢	6～30
萘	8～12
氰化物	1～2.5
吡啶盐基	0.4～0.6

一、焦油的性质与用途

(一)焦油的组成及性质

高温煤焦油是炼焦配合煤在 900～1000℃以下干馏时所获得的产物,一般称作煤焦油,简称焦油。焦油在常温下是一种呈棕褐色为主,黑色的粘稠流体,它具有特殊气味。因焦油中含有 2%～5%的氨水,故时常呈碱性反应。

煤焦油性质见标准(GB3701—83),列于表 2-1-3。

表 2-1-3

名　称	一　级	二　级
密度($P20$)(g/mL)	1.15～1.21	1.13～1.22
粘度　(E80)	≯5.0	—
含萘量(无水基)(%)	≮7.0	—
水份　(%)	≯4.0	≯4.0
灰份　(%)	≯0.13	≯0.13
甲苯不溶物(无水基)(%)	≯3.5～7.0	≯10.0

注:1. 本标准适用于高温炼焦时从煤气中冷凝所得的煤焦油。
　　2. 萘含量指标不作质量考核依据。

高温煤焦油中主要组成的性质和含量见表 2-1-4。

表 2-1-4

序号	名称	结构式	分子量	20℃相对密度	熔点（℃）	沸点（℃）	焦油中平均含量(%)
1	萘		128	1.1450	80.29	217.95	10
2	菲		178	1.170	99.5	338.4	5
3	荧蒽		202	1.252	111	383.5	3.3
4	芘		202	1.277	150	393.5	2.1
5	苊烯		152		93	270.0	2.0
6	芴		166	1.203	115.6	297.9	2.0
7	䓛		228		256	441	2.0
8	蒽		184	1.2435	217.5	340.7	1.8
9	咔唑		167		245	253	1.5
10	β-甲基萘		142	1.028	34.4	241.1	1.5
11	茚		116	1.006	−1.5	182.4	1.0

续表

序号	名 称	结构式	分子量	20℃ 相对密度	熔点 (℃)	沸点 (℃)	焦油中平均含量(%)
12	氧芴		168	1.0728	86	285.1	1.0
13	吖啶		167	1.005	111	343.9	0.6
14	α-甲基萘		142	1.005	30.48	244.68	0.5
15	酚		94	1.073	40.90	181.83	0.4
16	间-甲酚		108	1.035	12.22	202.23	0.4
17	苯		78	0.8790	5.53	80.10	0.4
18	联苯		154	1.180	69.2	255.0	0.4
19	苊		154	1.220	95	277.5	0.3
20	甲苯		92	0.8669	94.9	110.6	0.3
21	喹啉		129	1.095	−14.2	237.7	0.3
22	硫茚		134	1.1651	31.3	219.9	0.3
23	间-二甲苯		106	0.8641	−47.87	139.10	0.2

续表

序号	名 称	结构式	分子量	20℃ 相对密度	熔点 (℃)	沸点 (℃)	焦油中平均含量(%)
24	邻-甲酚		108	1.0465	30.99	191.0	0.2
25	对-甲酚		108	1.0347	34.09	201.94	0.2
26	异喹啉		129	1.0986	26.48	243.25	0.2
27	吲哚			1.170	52.5	354.7	0.2
28	3、5-二甲酚		122		63.27	211.69	0.1
29	2、4-二甲酚		122	1.036	24.54	210.93	0.1
30	吡啶		79	0.9879	−41.8	115.25	0.02
31	β-甲基吡啶		93	0.9564	−18.25	144.14	0.01
32	α-甲基吡啶		93	0.95	−66.70	129.41	0.02
33	γ-甲基吡啶		93	0.9564	3.65	145.35	0.01
34	2、6-二甲基吡啶		107	0.942	−6.10	144.05	0.01

按化合物可分为以下几类:
1. 中性化合物
主要为碳氢化合物,含量达90％以上。重要的物质有苯、萘、茚、苊、芴、蒽、菲、芘。
2. 含氧化合物
酸性含氧化合物,如酚类(包括苯酚、甲酚、二甲酚、高级酚等)。
中性含氧化合物,如氧芴、古马隆等。
3. 含氮化合物
具有碱性如:喹啉、异喹啉、苯胺及其衍生物。
4. 含硫化合物
除了CS_2,尚有噻吩、硫杂茚、硫杂芴及其甲基的衍生物。
5. 不饱和化合物
大多数分布在轻油和酚油中,主要有环戊二烯、茚、古马隆及苯乙烯等。虽然焦油中不饱和化合物含量少,但为有害成分,经聚合后易形成焦油渣。

从上表中的沸点可以看出它们存在于哪些馏分中,熔点可以鉴别产品纯度。它们在焦油中含量数说明这些化合物有否提取和利用的价值可能性。

焦油对炼焦煤的产率一般为2.5％～4.5％,其产率的大小主要受煤的性质、煤焦操作制度的影响。若原料煤的挥发分增加,焦油产率也随之增加;若采用高挥发分气煤配煤,可使焦油产率达到4％～4.2％。当炼焦温度升高时,焦油产率下降,而相对密度、游离碳增加,酚类产品减少,萘和蒽类芳香族产品增加。

焦油中含量较多的主要化合物有酚、萘、蒽、苊、喹啉等,根据它们的沸点不同,将焦油进行蒸馏,则这些产品将在不同的温度范围内被蒸馏出来。一般焦油连续蒸馏切取如表2-1-5所示的几种馏分。在焦油中主要组分含量均在一定范围内波动,因而焦油的物理性质及质量也随之而波动。

焦油切取馏分组成 表2-1-5

馏分名称	切取温度范围(℃)	产率(℃)	相对密度(d)	主要组成
轻油馏分	180℃以前	0.4～0.8	0.88～0.90	苯烃含酚5％和少量古马隆等不饱和化合物
酚油馏分	180～210	1.0～2.5	0.98～1.01	酚和甲酚20％～30％;萘5％～20％;吡啶碱类4％～6％
萘油馏分	210～230	10～13	0.98～1.01	萘70％～80％;酚类4％～6％;吡啶类3％～4％
洗油馏分	230～300	4.5～6.5	1.01～1.04	酚类3％～5％;重吡啶类4％～5％;萘<15％
一蒽油馏分	300～360	16～22	1.05～1.10	蒽16％～20％,萘2％～4％,酚类1％～3％;重吡啶类2％～4％
二蒽油馏分	初馏点310,馏出50％时为400℃	4～6	1.08～1.12	多环化合物,如䓛蒽等
沥青		54～56		多环化合物

(二) 焦油及加工产品用途

焦油本身用途并不大,仅作为燃料和防腐用。通常把焦油先进行蒸馏,切取轻油、酚油、萘油、洗油、一蒽油、二蒽油和沥青等馏分,然后再分别加以精制,便能获得多种化学工业产品。这些产品用途广泛,是医药、化工、染料、国防等工业必不可少的原料,因此,焦油蒸馏及其加工具有一定的意义。

高温煤焦油加工产品及用途(见下页流程表)。

二、氨水的性质与用途

生产浓氨水的工艺流程,回收氨是先用水(软水或蒸氨废水)吸收煤气的氨,得到富氨水,然后将它送去蒸馏,制取18%～20%的浓缩氨水。为了回收初冷剩余氨水中的氨,则依其浓度高低或送往洗氨,或直接混入富氨水。

进入洗氨塔前的煤气含氨量除与炼焦配煤中的含氮量有关外,尚与煤气初冷的工艺流程和操作制度有关。当配合煤含氮量在1%～1.5%时,初冷后煤气含氨量见表2-1-6。

初冷后煤气含氨量 表2-1-6

间接式煤气初冷的冷凝液处理方式	初冷后煤气温度(℃)	初冷后煤气含氨量(g/Nm^3)
初冷冷凝液与集气管循环氨水混合分离	20～30 30～40	6.5～7.5 6.5～8.0
初冷冷凝液单独分离	20～30	5～6

洗氨塔净化段后煤气含氨,设计要求不高于$0.03g/Nm^3$。

(一)各种氨水的组成

1. 剩余氨水

经过脱酚后剩余氨水,其组成有所变化,目前仍按表2-1-7参考使用。

表2-1-7

间接式煤气初冷的冷凝液处理方式	组 成(g/L)			
	NH_3	H_2S	CO_2	HCN
初冷冷凝液单独分离	6～8	1～3	2～4	0.1～0.2
初冷冷凝液与集气管循环氨水混合分离	1～3	0.2～2	1～2	0.04～0.14

2. 富氨水

在煤气含氨量一定的情况下,富氨水组成依洗氨用水量的不同而有较大幅度的波动。在保证洗氨喷淋密度的前提下,应尽量减少洗氨用水量,提高富氨水含氨浓度,以减轻蒸氨负荷。富氨水的一般组成见表2-1-8。

富 氨 水 组 成(g/L) 表2-1-8

项 目	NH_3	H_2S	CO_2	HCN
一般	5～10	2～4	4～8	0.1～0.3
设计采用	10	4	8	0.20

3. 蒸氨原料氨水

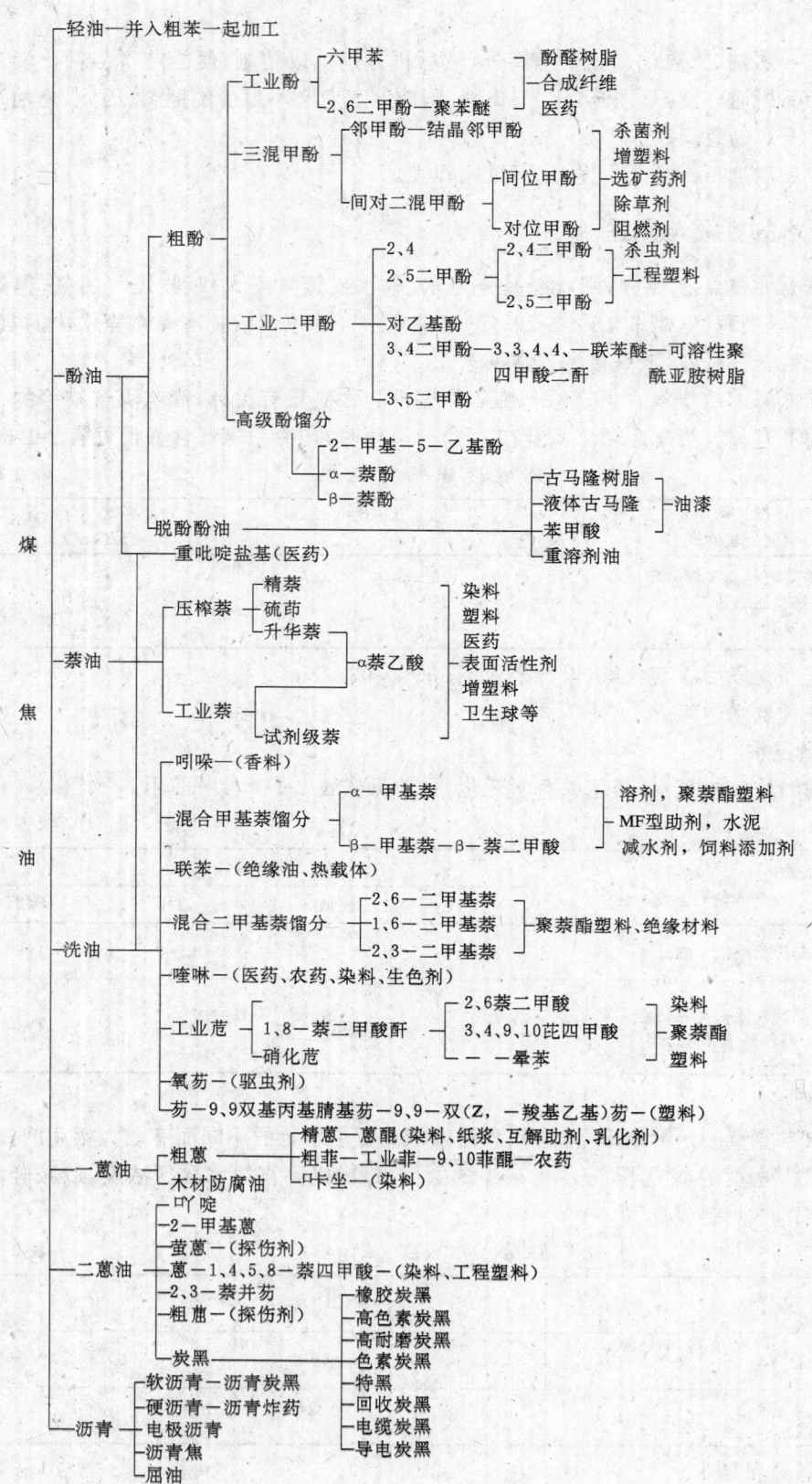

对于初冷采用间冷的流程,当蒸氨原料氨水为富氨水与剩余氨水的混合时,其一般组成见表2-1-9,当剩余氨水不直接混入富氨水时,蒸氨原料氨水的组成即为富氨水组成。

蒸氨原料氨水组成(g/L)　　　　　　　　　表 2-1-9

项　目	NH_3	H_2S	CO_2	HCN
组　成	6～7	3～4	5～6	0.1～0.25

(二)蒸氨废水含氨与净化用软水质量

根据上述蒸氨原料氨水的组成,设计要求蒸氨废水含氨不大于0.01%。

软水水质按照锅炉软化水质量标准。洗氨塔净化段排出水的主要控制指标是氰化氢的含量不大于50mg/L,氨的含量不大于200mg/L。

(三)浓氨水质量

焦化厂生产的农用浓氨水质量指标如表2-1-10。

浓氨水质量指标　　　　　　　　　表 2-1-10

名　称	指　标
含氨量(%)	18～20
含硫化氢量(g/L)	≤50

三、萘的性质与用途

焦化工业的萘是煤在炼焦时生成的。萘在煤焦油中的含量约为10%(质量),它在高温煤焦油馏分中的分布因蒸馏工艺不同而异。90%以上的萘存在于焦油中,少量的萘残留于经初冷器冷却后的煤气中。这部分萘在油洗萘或煤气最终冷却及洗萘过程中被回收下来,然后,将终冷洗萘,加工粗苯所得的萘,溶剂油和粗苯残渣混合到焦油中,经蒸馏把萘提取出来。

(一)萘的性质

萘是由两个苯环构成的最简单的双环芳香烃,是煤焦油加工的主要产品之一。萘在工业上以粗萘(工业萘和压榨萘)和精萘等产品形式出现。萘的分子式为$C_{10}H_8$,结构式为 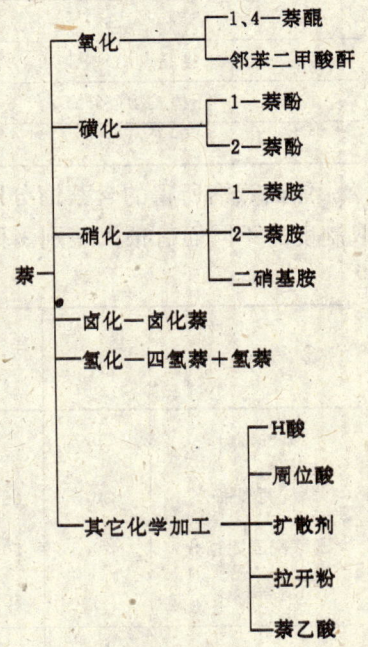,分子量为128,熔点为80.29℃,固态密度为1.145g/cm³,液态密度(85℃)为0.975g/cm³,比热容(100℃)为1809J/kg·K,折射率(85℃)为1.5898。

萘为无色单斜晶体,易挥发,升华,有特殊气味,易燃,能与空气形成爆炸混合物;其石油醚溶液在汞灯下呈红紫色萤光,几乎不溶于水,能溶于醚、醇、苯烃类溶剂。萘蒸气和粉尘吸入人体内或通过皮肤吸收都能使人中毒,空气中极限允许浓度为20mg/m³。

(二)萘的用途

萘是染料、塑料、油漆、医药和农药等工业的基本原料之一,曾直接作为衣物、皮毛防蛀的卫生球使用。以萘为原料各加工工艺制取的主要化工中间体和产品如上页右侧：

(三)萘集中度的概念

一是指煤焦油蒸馏所得的含萘量与无水原料焦油中总萘量的质量百分比。

萘集中度是评价含萘馏分加工的原料品质以及煤焦油蒸馏工艺和操作的一个指标，其计算公式如下：

$$萘集中度 = \frac{含萘馏分中的萘量}{无水原料焦油中总萘量} \times 100\%$$

影响萘集中度的因素，主要是煤焦油蒸馏工艺和操作情况，各种煤焦油蒸馏工艺切取的含萘量和萘集中度的一般数据如表 2-1-11。

表 2-1-11

馏 分 名 称	含 萘 量 (%)	萘集中度 (%)
萘油馏分	75～80	80～85
两混馏分	60～63	87～92
三混馏分	50～55	90～95

工业萘质量标准如表 2-1-12。

表 2-1-12

指 标 名 称	一 级	二 级
外 观	片状或粉状晶体	
颜 色	白色允许带微红或微黄色	
结晶点(℃)	≥70.8	≥77.5
不挥发物(%)	≤0.04	≤0.06
灰分(%)	≤0.01	≤0.02

焦油蒸馏所得的含萘馏分即为生产工业萘的原料，其质量及组成随焦油蒸馏时馏分切取制度的不同而有很大差别。见表 2-1-13。

碱洗后含萘馏分质量及组成　　表 2-1-13

馏　分	含 酚 (%)	含 萘 (%)	密 度 20℃ (g/cm³)	蒸馏试验		
				初馏分 (℃)	干 点 (℃)	全 馏 (%)
萘油馏分	<0.5	>75	1.01～1.02	≥215	<230	
萘洗两混馏分	<0.5	60～63	1.028～1.032	≥217	<270	97.5～98
酚萘洗三混馏分	<0.5	50～55	1.028～1.04	>200	280～290	96～98
中间馏分		50～70	0.975 (25℃)			

第四课　冷凝鼓风主要设备工作原理

一、煤气鼓风机构造、原理

目前焦化系统生产中,焦炉煤气输送设备主要采用两种形式的鼓风机:离心式鼓风机和罗茨式鼓风机。

(一)离心式鼓风机

离心式鼓风机为单吸入、两级压缩、双支承式离心鼓风机。如图 2-1-6 所示,离心式鼓风机主要由定子、轴衬、底座、转子组成。

鼓风机定子由机壳、扩压器、回流器、密封等组成,主要是铸铁材料制造。轴衬安装于机壳两侧轴承座上,一端为支撑轴衬,一端为支推轴衬。轴衬由优质碳素钢制成,内圆面浇铸锡基巴氏合金,支推轴衬端面装有止推块。底座由铸铁制成,鼓风机两轴承座分别支于其上,固定在底座上。转子由轴、轴套、两个叶轮等组装而成,主要零件均采用优质合金钢制造而成。

在以上介绍的主要部件中,真正起到对气体换能作用的是叶轮、回流器、扩压器及风机蜗壳。

在煤气鼓风机工作中,煤气由吸入口进入高速旋转的转子第一级工作叶轮中心,煤气在离心力的作用下,增加了煤气的静压能并被甩到风机壳体的环形空隙中,在叶轮的中心处产生减压作

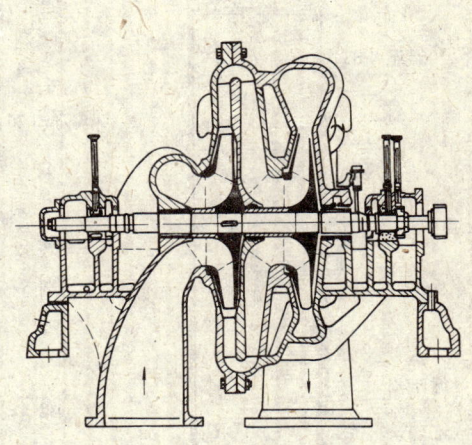

图 2-1-6　离心鼓风机示意图

用,煤气被不断吸入叶轮内。被高速甩离的煤气进入环形空隙时,速度减小,部分动压头转变为静压头,并沿回流器进入第二级叶轮,产生与第一个叶轮相同的作用,煤气的静压头再一次提高。从后一个叶轮出来的煤气,经壳体环形空隙及出口连接管被送入压出管路中。煤气的压力是在高速旋转的转子的各个叶轮作用下,并经过速度能与静压能的转换而提高的。显而易见,转子转速越高,煤气密度越大,产生的离心力越大,则鼓风机出口煤气静压头就越大。在煤气鼓风机内,因煤气被压缩而产生热量,故出口温度比进口温度约高 10～15℃。

(二)罗茨鼓风机

如图 2-1-7 所示,罗茨鼓风机由铸铁外壳,壳内两个"8"字形的铸铁或铸钢制成的空心转子组成,两个空心转子将气缸分成两个工作室。

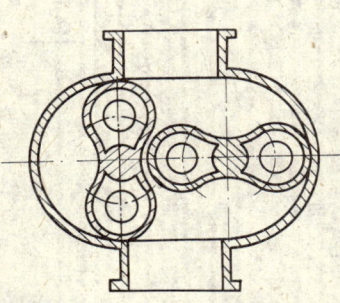

图 2-1-7　罗茨鼓风机示意图

罗茨鼓风机的两个转子装在两个互相平行的轴上,在两轴上装有一对互相啮合的同样大小的齿轮,当电机带动主轴工作时,主轴上齿轮又带动另一轴上的齿轮,使两轴上转子做相对转动,此时一个工作室吸入煤气,由转子带入另一工作室

而将气体压出，每个转子与机壳内壁及与另一转子表面均配合紧密，一般间隙在 0.25～0.40mm 之间，这个间隙决定了机械效率。

二、煤气初冷器构造、原理

焦化系统生产中，作为煤气的最初集中冷却设备，其作用是冷却焦炉煤气以适应煤气鼓风机的需要。另外冷凝和冷却煤气中的大部分水蒸汽和部分焦油，将冷凝液向机械化氨水澄清槽提供。常用的设备类型有横管间接冷却器，立管间接冷却器，直接式冷却塔。

（一）横管式冷却器

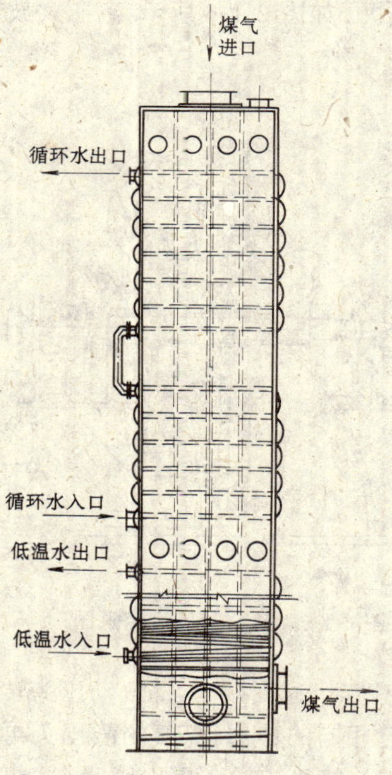

焦化系统生产中煤气横管式冷却器 Fg2100m² 结构如图 2-1-8，其主要结构包括初冷器壳体，冷却器管束。横管初冷器壳体是由 Q235 钢板焊制而成的直立的长方形器体，壳体的前后两侧是冷却器的管板，管板外装有封头。在壳体侧面上、中部有喷洒液接管，顶部为煤气入口，底部有煤气出口，封头箱体上部共 30 个，下部箱体 25 个。冷却器管束是由 $\phi57\times3$ 的无缝管制成，冷却水管略带倾斜横向配置，冷却水管分两段三组。上段中温水段，共分两组，每组计 1344 根 $\phi57\times3$，L=3000mm 的无缝管制成，水段流程 14 程。下段为低温水段，设一组计 1152 根 $\phi57\times3$，L=3000mm 无缝管制成，水段流程 24 程。

横管式冷却器作为焦炉煤气的冷却设备，其作用原理不仅有流体的传热机理，而且还有流体传质机理。

在横管式冷却器中，煤气由冷却器顶部进入冷却器内，自上而下流动，冷却水与焦炉煤气采用逆向错流流动，在冷却器传热机理上传热方式主要是热传导和对流传热两种方式，如图 2-1-9 所示，热流体煤气（温度 t_1）先用对流给热方式将热量 $Q(kJ/h)$ 传给管壁的一侧（从温度 t_1 到 t_2），再以热传导方式将热量传过管壁（温度从一侧 t_2 到另一侧 t_3），最后管壁另一侧又将热量以对流方式传给冷流体〔冷却水〕（温度 t_4）。

图 2-1-8 横管式冷却器

冷热流体在流动过程中，温度是变化的，上述传热方式的说明只是对管子任意一截面而言。在稳定传热过程中，管子的任一截面处冷、热流体和管壁温度的相互关系如上所述，也是稳定不变的，这是实际换热器正常工作的情况。两流体间温度差别越大，传递的热量越大，间壁的面积越大，传递的热量越大。

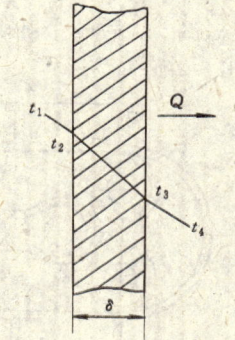

图 2-1-9 器壁传热方式

在横管式冷却器的操作中，除了冷却焦炉煤气的过程外，在冷却器顶部及中部喷洒冷凝液（或轻质焦油），来吸收焦炉煤气中的萘，并冲刷掉冷却管上沉积的萘，从而有效提高了传热效率。

在冷却器内有 90% 以上的冷却能力用于水汽的冷凝，从结构上看，横管式冷却器比立管式冷却器更有利于蒸汽冷凝。

横管式冷却器由于冷却水管水平密集布设,使与之成错流的煤气产生强烈湍动,从而提高了传热效率,并能实现均匀的冷却。

横管式冷却器具有很高的传热效率,1000Nm³/h 煤气所需冷却面积仅 150～160m²(煤气冷却到 30℃)。同时煤气可冷却到出口温度只比进口水温度高 2℃,冷凝液只比进口水高 3～5℃。煤气的压力损失一般 400～1000Pa。

横管式冷却器虽然优点较多,但水管的清扫较困难,要求使用水质好或经过处理的冷却水。

(二)立管式冷却器

立管式间接冷却器在焦化系统生产中应用比较广泛,其结构如图 2-1-10 所示。

立管式冷却器的横断面呈长方形,两端呈圆弧型,其壳体由 Q235 钢板焊制而成。其换热管选用规格为 $\phi76\times3mm$ 的无缝管组成管束,装在上下两块管板之间,壳体内 5 块纵向钢板将管束分成 6 个管组,因而煤气通路分成 6 个流程。煤气走壳程,冷却水走管内,二者逆向流动。冷却水从冷却器煤气出口端底部进入,依次通过各管束后排出器外。

为了防止冷凝液中所含的铵盐、氰酸盐、硫化氢等化合物对设备的腐蚀,冷却器内壁涂有沥青防腐层。

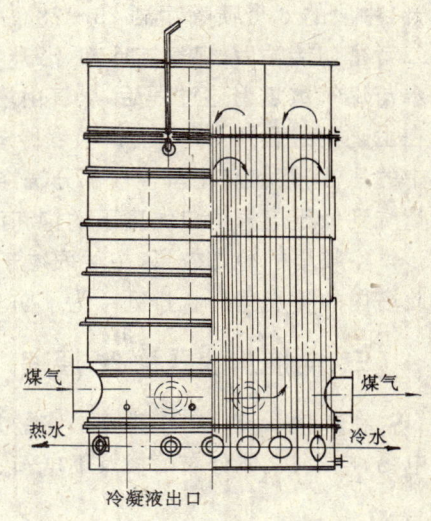

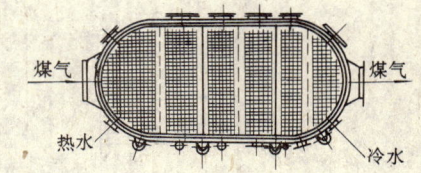

图 2-1-10 立管式冷却器

由图 2-1-10 所示,6 个煤气流通的横断面面积是不一样的。为使煤气在流道中的流速大体保持稳定,所以沿煤气流通方向,各流道横断面依次递减。例如 Fg2100m² 的立管冷却器,煤气和冷却水各流道横断面面积如表 2-1-14。

Fg2100m² 的立管式冷却器各流道横断面积(m²) 表 2-1-14

流道序号	1	2	3	4	5	6	平均
煤　气	1.59	1.42	1.31	1.12	1.07	0.93	1.25
冷却水	1.12	0.95	0.85	0.85	0.65	0.57	0.82

立管式冷却器传热机理传质机理同横管式冷却器。

在接近饱和的煤气进入立管式冷却器后,煤气与管程冷却水间接换热,在煤气冷却过程中,有水汽和焦油气在管壁上的冷凝和萘的析出,造成管壁沉积萘。因此可用含萘较低的混合焦油喷洒,处理萘的沉积问题。

(三)直接式冷却塔

煤气初冷直接式冷却塔有木格填料塔、金属隔板塔和空喷塔多种型式。空喷塔结构如图 2-1-11 所示,空喷塔为钢板卷制焊接的中空直立塔,在塔的顶段和中段各安装 6 个喷嘴,塔底煤气入口处上方及中段上方安装有气流分布栅板,塔顶段与中段分别安装有集液环。在中段下部安装有煤气升气帽。

在空喷塔操作中,煤气由塔底部入口处进入塔内,经气流分布栅后,比较均匀的沿塔上升,中段的 6 个喷嘴喷洒 25～28℃的循环氨水形成的细小液滴在重力作用下于塔内降落,二者密切接触后,煤气被冷却,沿升气帽上升到上段,循环氨水由塔底排出。在上段,循环氨水与煤气重复上述过程后,煤气由塔顶引出,循环氨水由上段底部氨水出口引入中段喷洒。在上述两过程中,煤气出口温度冷却到接近于循环氨水入口温度(温差 2～4℃),而且煤气中的焦油、萘和硫化氢也被部分洗涤下来。由于喷洒液中混有焦油,所以可将煤气中的萘含量洗到低于煤气出口温度下的饱和浓度。

空喷塔的冷却效果,主要取决于喷嘴喷洒液滴的粘度及在全塔截面上的分布均匀性。因此塔内的喷嘴呈环状排列。为了防止喷嘴堵塞造成喷洒不均匀,可定时清扫喷嘴。

三、电捕焦油器构造、原理

在焦化系统生产中采用最多的是管筒式电捕焦油器如图 2-1-12。其主要结构包括器体、电场、电极、气体分布筛板及馈电箱、绝缘箱。

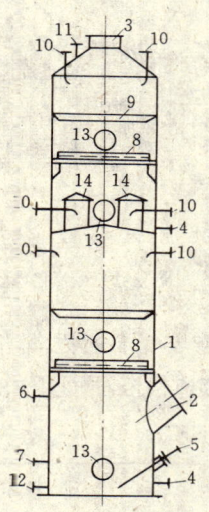

图 2-1-11　空喷冷却塔　　　　图 2-1-12　电捕焦油器

1—塔体;2—煤气入口;3—煤气出口;4—循环液出口;5—焦油氨水出口;6—蒸汽入口;7—蒸汽清扫口;8—气流分布栅板;9—集液环;10—喷嘴;11—放散口;12—放空口;13—人孔;14—升气帽

电捕焦油器器体是由 Q235 钢板卷制而成的筒体与器顶封头、器底拱形底组合而成。

气体分布筛板装于电捕焦油底部,分上下两层排列,每层筛板由 $\delta=10mm$ 钢板制成,筛板的筛孔采用正三角形排列。

电捕焦油器的电场由正电极、负电极组合而成。其正极是由 $\phi219\times4$ 的钢管制成,其钢管固定在上下管板上,管板与电捕焦油器筒体焊接而成。电场的负电极,装在由绝缘箱垂下杆悬拉的吊架上,其吊杆吊架均由不锈钢制成,吊杆上装着阻气帽以阻止气体冲击绝缘箱。电场负电极(电晕极)由 φ2～3mm 的不锈钢丝(117根)制成,电晕极线下悬吊着铅坠,以拉直电晕极,电晕极下部由不锈钢制成的下吊架固定位置(下吊架以拉杆与上吊架固定),电晕极线分别穿入电场沉淀焦油的正极钢管中心。

电捕焦油器顶部安设 3 个绝缘箱和 1 个馈电箱,绝缘箱是由碳钢,不锈钢复合钢板卷制的带蒸汽夹套的筒体。其内悬挂带有盘状绝缘瓷瓶的吊杆及吊杆支架调节机构。馈电箱下箱体采用带蒸汽夹套的筒体,内装柱状绝缘子及螺旋导线,上部是带有油封的接线端子构成高压供电系统。

由于焦油的粘度较大,为了在器体底部捕集下来的焦油顺利排出,设有蒸汽吹扫管。

电捕焦油器的工作电压很高(38000V),供电需经升压,再经整流为直流电。整流采用可控硅整流。

电捕焦油器安装在鼓风机后,处于正压操作。为了说明电捕焦油工作原理,首先简述一下有关物理原理。

如图 2-1-13 所示,在一电路中有电源1,两平行安放的金属板2及电源表3,在两平行板间有空气层,即形成一个空气电容器,因空气不导电,所以电路中并无电流通过。但若将两金属板间电位差增到一定程度,则空气中的中性气体分子由于电离的作用被分解为带正电和负电的离子,由于离子的导电作用,电流表 3 显示出电路中有电流通过。

根据上述原理,当带有尘灰或雾滴的气体通过维持很强电场的两金属板之间时,气体分子被电离成带正电荷和负电荷的离子,其中正离子向阴极移动,负离子向阳极移动。当电位差很大时,具有很高速度(超过临界速度)和动能的离子和电子与中性分子碰撞产生新离子(即碰撞电离),使两极间大量气体分子发生电离作用。离子与雾滴的质点相遇而附于其上,使质点带有电荷,即被电极吸引而从气体中除去。

但由于两平行金属板形成的是均匀电场,在其间会同时产生大量离子,电流相应增大,当电压增大到超过绝缘电阻时,两极间会产生火花放电现象,这不仅会引起电能损失,而且也破坏了净化作用。为了避免火花放电或发生电弧,应采用不均匀电场。如图 2-1-14 中(a)为均匀电场,(b)为不均匀电场。

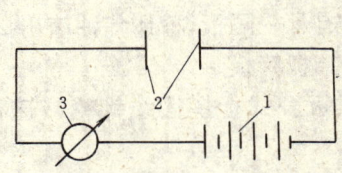
图 2-1-13　板状电容示意图

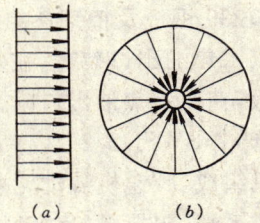
图 2-1-14　不同电极的电场分布

管筒式电捕焦油器采用的不均匀电场如图 2-1-14(b),是用金属圆管和沿管中心安装的拉紧导线做正,负极。

在管筒式电捕焦油器中,当外加电源送电,电压增高时,在金属圆管内的不均匀电场中,电流强度并不发生急剧变化,这是因为在导线附近电场强度很大,其附近离子运动速度极大,使被碰撞煤气分子离子化;而离导线中心远的地方能使相遇分子离子化,因而绝缘电阻只在导线附近电场强度大的地方。电场强度小,离子速度和功能不被击穿,形成局部电离现象。这种现象叫电晕现象,导线周围产生电晕现象空间称为电晕区,导线称为电晕极。

由于在电晕区内发生急剧的碰撞电离,形成了大量的正、负离子。负离子的速度比正离子大(为正离子的 2.37 倍),所以电晕极取负极,圆管则取正极,所以正离子向电晕极移动,负离子向圆管壁移动。在电晕区内存在两种离子,而电晕区外只存在负离子,因而在电捕焦油器的大部分空间内,焦油雾滴只能变为带负电荷的质点,到达管壁时,即放电而沉淀于管壁面上。故而正极亦称沉淀极。

由于形成的正离子电晕区很少,加上电晕区内正负离子中和作用,所以电晕极上沉积的焦油量很少,绝大部分焦油雾均在沉淀极沉积下来,流到器体底部排出。而煤气离子经两极放电后则重新变为煤气分子,从电捕焦油器顶部逸出。煤气进入电捕焦油器,煤气中大部分焦油以焦油雾状存在,在电捕焦油器正常操作下,煤气中的焦油雾可除去 99% 左右。

四、机械化氨水澄清槽

焦化生产中氨水、焦油分离设备应用较多的为机械化氨水澄清槽,$V=300m^3$ 的机械化氨水澄清槽结构如图 2-1-15,其主要构成包括槽体、减速机系统、刮板机系统。

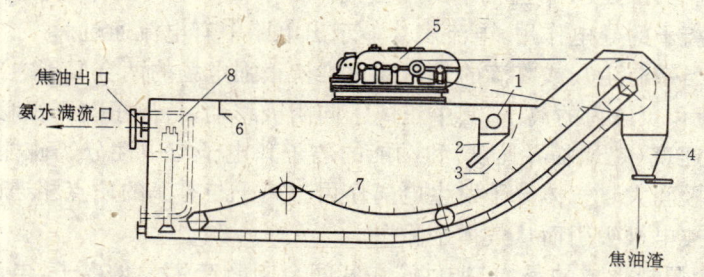

图 2-1-15 机械化氨水澄清槽
1—入口管;2—承受隔板;3—焦油渣挡板;4—放渣漏斗;
5—减速机;6—浮焦油渣挡板;7—刮板输送机;8—氨水焦油出口装置

槽体是由 Q235 钢板及槽钢件组焊而成,一端为斜底,横断面为长方形的容器。氨水、焦油出口处装有氨水焦油出口装置,在氨水焦油入口处装有承受隔板,槽体焦油渣出口端在斜斗处装有调节板。在氨水焦油出口附近安装了浮焦油渣挡板筛板。

减速机系统由 SWSD2.2-1174-1/16269 直联型三级卧式行星摆线针轮减速机,配以 JO₂-31-4 电动机组成,减速机从动轮装有链轮。

刮板运输机系统,包括链轮传动链,刮板链轮,刮板链,刮板及调节轮。

机械化氨水澄清槽分离氨水、焦油的过程是根据重力沉降的作用原理,利用分散物质与分散介质的密度差异,靠重力使之发生相对分离的过程。

下面我们通过间歇沉降试验说明其悬浮液的沉聚过程。

把摇混均匀的悬浮液倒进玻璃量筒中,如图 2-1-16(a)所示,若其中颗粒均匀,不甚悬殊或经过适当处理,则当颗粒开始沉降后,筒内会出现四个区域,如图 2-1-16(b)所示。A 区已无颗粒,称为清液区;B 区内固相浓度与原悬浮液的浓度相等,称为等浓度区;C 区内愈往下

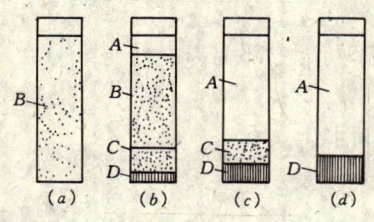

图 2-1-16　间歇沉降试验
A—清液区；B—等浓度区；
C—变浓度区；D—沉聚区

颗粒愈大，浓度愈高，称为变浓度区；D 区由最先沉降下来的粗大颗粒，和随后陆续沉降下来的颗粒所构成，固相浓度最大，称沉聚区。AB 两区之间的界面颇为清晰，而其它界面则往往较难辨认。随着沉聚过程的进行，A、D 两区逐渐扩大，B 区逐渐缩小以至消失，见图 2-1-16(c)，在沉降开始一段时间内，A、B 两区之间的界面向下移动，直至 B 区消失时与 C 区的上界面重合为止。等浓度 B 区消失后，AC 界面以逐渐变小的速度下降，直至 C 区消失，如图 2-1-16(d) 所示。此时在清液区与沉聚区之间形成一清晰界面，即达到所谓"临界沉降点"。此后便属于沉聚区压紧过程。压紧过程是一个缓慢的过程，被压在上方的沉淀物重量所挤出的液体必须穿过颗粒之间狭小缝隙而升入清液区，D 区又称压紧区，其中压紧过程时间往往占整个沉聚过程时间的大部分。

机械化氨水澄清槽的操作正是基于以上的沉聚机理。但主要为沉降过程，压紧过程在澄清槽操作中反映不甚明显。

机械化氨水澄清槽的作用过程是从气液分离器和冷却器来的焦油、氨水和焦油渣由入口管 1 经承受隔板 2 进入澄清槽，三者依不同的密度，通过沉降过程进行分层，焦油、氨水澄清大约 0.5h 左右，焦油渣沉降于澄清槽底部，被移送速度为 0.03m/min 的刮板运送机带至倾斜底上部，通过漏斗卸入小车。澄清后的氨水从溢流口排出，焦油则由氨水、焦油出口装置引入到焦油分离器中进一步分离焦油中所含水份。

在上述过程中，由于混合焦油的相对密度较低，焦油渣较易沉降。在保持槽内焦油温度 70～80℃ 和焦油液面高度 1.5～1.8m 情况下，澄清槽分离效果较好。

第五课　冷凝鼓风开、停工的组织与指挥

一、冷凝鼓风开工操作的组织与指挥

（一）开工主要具备的条件

开工方案的实施是在单机运转和联动试车基础上进行的，所有设备和管道已按设计要求进行了试压和气密性试验，并已经过吹扫和清洗，所有设备、管道、阀门和仪表等都已待进入工作状态，并对以下逐项落实：

(1) 确保所有设备、煤气管道、工艺管道按技术要求检查合格。

(2) 公用设施，循环水，冷冻水，工艺水，蒸汽压力，仪表压缩空气等检查合格，并处于正常工作状态。

(3) 电气系统，通讯系统处于工作状态。

(4) 各种消防用具准备齐全。

(5) 全部阀门，调节阀处于关闭位置，确认管道上需堵盲板的部位堵好盲板。

（二）开工前准备工作

(1) 检查阀门处于开工状态，按要求开或关，并应挂牌示意。

(2)准备好煤气爆发试验工具-爆发筒。
(3)开工时所配置的、经上岗考试合格的岗位操作人员,指挥人员全部上岗。
(4)化验分析点处于随时可以进行取样分析的状态。
(5)初冷器,鼓风机,电捕焦油器以及煤气管道上的水封加满水。
(6)如有洗油洗萘装置,将循环油槽加油至2/3油位。

(三) 循环氨水系统的开工

1. 准备工作

(1)焦炉装煤前24h运转设备单体试车,联动试车达到合格。
(2)提前48h将氨水分离器机械氨水澄清槽、氨水中间槽、冷凝液中间槽充满水并加热至80℃左右。

2. 开工

(1)按操作规程开启氨水分离器刮板机进行运转。
(2)打开焦炉氨水总管阀门后按操作规程进行开启循环氨水泵,少量送水,并注意向系统补水。
(3)当焦炉回水进到氨水分离器后,调节循环氨水量至正常,停止各槽加水,但仍需加热保温。
(4)检查各设备管线运转正常无漏处。
(5)其它各泵(冷凝液泵,焦油泵等)待煤气系统开工正常后再进行运转。
(6)当氨水分离器油水界面达到要求时,向焦油分离器送焦油,当焦油分离器油位达到规定时,向焦油中间槽送油。当焦油中间槽达2/3时,开焦油中间泵向焦油贮槽送油。

(四) 煤气系统的开车见图2-1-17。

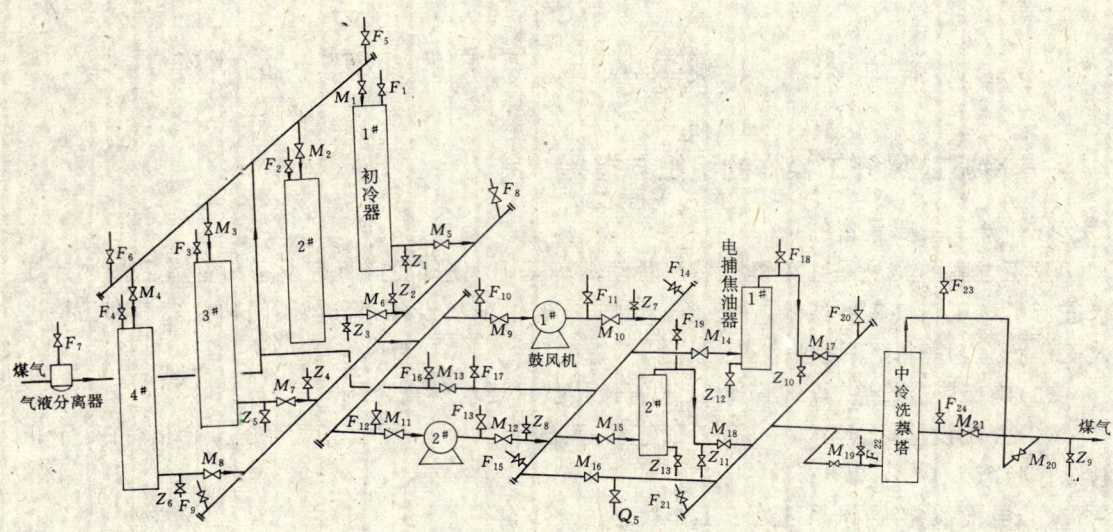

图 2-1-17 鼓风工段煤气系统开工方案示意图

1. 设备及管道蒸汽置换

(1)气液分离→初冷器煤气出口阀门前(开车时只用1#初冷器)蒸汽置换

①打开1#初冷器煤气出口管上蒸汽入口阀门Z_1。

②当1#初冷器顶放散管冒出大量蒸汽时,关闭1#初冷器顶放散阀门F_1。

③当初冷器前煤气入口横管上4#初冷器前侧放散管冒出大量蒸汽时,关闭4#初冷器前放散阀门F_6。

④当煤气循环管上放散管冒出大量蒸汽时,关闭此循环管上的放散阀门F_{16}。

⑤当气液分离器顶部放散管冒出大量蒸汽时,关小1#初冷器煤气出口阀门M_5,保持正压等待炼焦送煤气。

(2)初冷器煤气出口阀后→鼓风机煤气入口阀前蒸汽置换。

①打开3#初冷器煤气出口阀处蒸汽阀门Z_4。

②当初冷器煤气出口总管(横管)上4#初冷器后侧放散管冒出大量蒸汽时,关闭该放散阀门F_9。

③当初冷器煤气出口总管(横管)上1#初冷器后侧放散管冒出大量蒸汽时,关闭该放散阀门F_9。

④当1#鼓风机前放散管冒出大量蒸汽时,关闭该放散阀门F_{10}。

⑤当2#鼓风机前放散管冒出大量蒸汽时,关小3#初冷器煤气出口阀,使蒸汽阀门Z_4保持正压。

(3)鼓风机后→中冷洗萘塔前煤气总管蒸汽置换

①打开1#鼓风机后蒸汽阀门Z_7。

②当煤气旁通管上放散管冒出大量蒸汽时,关闭煤气旁通管上放散管的放散阀门F_{17}。

③当电捕焦油器煤气进出口总管(横管)上放散阀冒出大量蒸汽时,关闭该阀门管上的放散阀门F_{14}、F_{15}、F_{20}、F_{21}。

④当中冷洗萘塔旁通总管上放散阀F_{24}冒出大量蒸汽时,关小1#鼓风机后蒸汽阀Z_7,保持正压。

(4)中冷洗萘塔后煤气总管→下道工序的蒸汽置换

与下道工序联系好,从中冷洗萘塔出口煤气阀后蒸汽阀Z_9通入蒸汽,向下道工序赶空气。空气赶净后,关小蒸汽阀Z_9,系统保持正压。

(5)2#、3#、4#初冷器的蒸汽置换(煤气系统正常后,根据需要进行)

①打开2#、3#、4#初冷器顶部放散阀F_2、F_3、F_4。

②打开2#、3#、4#初冷器出口煤气管上的蒸气阀门Z_3、Z_4、Z_5。

③当2#、3#、4#初冷器上放散管冒出大量蒸汽时,关小2#、3#、4#初冷器煤气出口管上蒸汽阀Z_3、Z_5、Z_6,保持正压待开工使用。

(6)电捕焦油器的蒸汽置换(煤气系统正常后根据需要进行)

①打开1#(2#)电捕焦油器出口煤气管上蒸汽阀门Z_{10}、(Z_{11})。

②当1#(2#)电捕焦油器顶部放散管冒出大量蒸汽时,关小1#(2#)电捕焦油器煤气出口管上蒸汽入口阀门Z_{10}、(Z_{11})。

③打开1#(2#)电捕焦油器底部蒸汽阀门Z_{12}、(Z_{13})。

④当1#(2#)电捕焦油器顶部放散管冒出大量蒸汽时,关小1#(2#)电捕焦油器底部蒸汽阀门Z_{12}、(Z_{13}),保持正压,待通煤气。

(7)中冷洗萘塔的蒸汽置换

①打开煤气进出中冷洗萘塔煤气阀门 M_{19}、M_{20}。
②打开中冷洗萘塔煤气出口管上的蒸汽阀门 Z_9。
③当中冷洗萘塔顶放散管冒出大量蒸汽时,关小中冷洗萘塔煤气出口管上的蒸汽阀门 Z_9,保持正压。

(8)鼓风机的蒸汽置换
开机前通入蒸汽,赶净空气。

2. 设备及管道的煤气置换
(1)气液分离器→鼓风机的煤气入口阀前煤气置换
当煤气从焦炉送到气液分离器,取样爆发试验合格后,关闭气液分离器顶放散阀 F_7,开始送往冷凝鼓风工段。
①打开初冷器上煤气入口总管(横管)1#初冷器前侧和4#初冷器前侧的放散阀门。
②在 F_5、F_6 初冷器前煤气入口总管的两个放散管处,做爆发试验,合格后关闭4#初冷器前侧放散阀门 F_6。
③打开1#初冷器煤气出口阀 M_5 和 F_1,关1#和3#初冷器煤气出口管上蒸汽入口阀 Z_1、Z_4。
④关闭初冷器前煤气入口总管的1#初冷器前侧的放散阀 F_5。
⑤在1#初冷器煤气出口的放散阀 F_8 处做爆发试验,合格后打开煤气循环管上的放散阀 F_{16} 和煤气出口集气管(横管)4#初冷器后侧的放散阀 F_9,关闭1#初冷器煤气出口的放散阀门 F_8。
⑥在初冷器煤气出口集合管(横管)和4#初冷器大循环管上放散阀取样作爆发试验,合格后关闭该阀 F_9、F_{16}。
⑦在2#鼓风机入口煤气管道上的放散管冒出大量煤气时,做爆发试验,合格后打开1#鼓风机入口煤气管道上的放散阀门 F_{10},关闭2#鼓风机入口煤气管道上的放散阀门 F_{12},等待开机。

(2)鼓风机的开启
按鼓风机开车操作规程要求做好开车前的准备(先开1#鼓风机)。
①打开机体和出入煤气管道上的放液管,放通后关闭管道放液管和机体放液管第二道阀门。
②打开鼓风机机体放散管(顶部丝堵卸下)和出口煤气管道上的放散管 F_{11},通蒸汽排放空气。
③当各放散管冒大量蒸汽时,并使机体按要求达到保温温度后关小蒸汽,保持正压。
④打开鼓风机煤气入口阀门 M_9,关闭机前放散阀 F_{10},使煤气进入鼓风机。
⑤当机体放散管和出口放散管冒出大量煤气,取样做爆发试验,合格后,打开煤气出口阀 M_{10},关闭机后放散阀 F_{11},上好机体丝堵,关闭1#鼓风机煤气入口阀门 M_9。
⑥关闭蒸汽阀,打开各放液管阀,放净冷凝水后关死。

(3)鼓风机的开车(按操作规程进行)
①给电启动风机
②打开煤气入口阀 M_{12},根据鼓风机前吸力调节开度(根据焦炉情况而定)。
③根据机体温度(不超过技术规定),开启循环水泵(或制冷水),向初冷器送水。

(4)鼓风机后→中冷洗萘塔的煤气置换

①打开鼓风机交通管放散阀 F_{17}。

②在交通管放散阀处取样做爆发试验,合格后打开电捕焦油器交通管煤气阀门 M_{16},关闭鼓风机交通管放散阀 F_{17}。

③打开 2#鼓风机后放散阀 F_{13},在此处做爆发试验合格后关闭此放散阀 F_{13}。

④打开 1#电捕焦油器后煤气管道上的放散阀 F_{20},在此处做爆发试验合格后关闭此阀 F_{20}。

⑤打开中冷洗萘塔煤气交通管道上的放散阀 F_{24},在此处做爆发试验合格后关闭此阀。

⑥关闭 1#鼓风机后蒸汽阀门 Z_7。

⑦关闭洗苯塔交通阀 M_{21} 和放散阀 F_{24},在中冷洗萘塔顶放散管处做爆发试验,合格后等待下道工序开工。

⑧接到下道工序开工命令后,关死塔顶放散阀门 F_{23}

⑨按技术操作规程操作步骤进行油、水系统开车。

a. 启动洗萘油泵,循环水泵(按启动泵的规程开泵)。

b. 开启第一冷却器、第二冷却器,使洗苯系统开始循环。

c. 注意系统油、水的外抽和补充,保证稳定运行。

(5)电捕焦油器的煤气置换

①打开 1#(2#)电捕焦油器煤气入口阀 $M_{13}(M_{15})$,关闭开 1#(2#)电捕焦油器底部的蒸汽阀 $Z_{12}(Z_{13})$。

②在 1#(2#)电捕焦油器顶部放散管处做爆发试验,合格后打开 1#(2#)电捕焦油器煤气出口阀。

③关闭 1#(2#)电捕焦油器煤气出口上的蒸汽阀。

④关闭电捕焦油器煤气旁通阀,注意鼓风机后煤气压力慢慢关。

(6)2#、3#、4#初冷器的开工

(待煤气系统开工正常后,根据煤气集合温度高低情况决定开 2#、3#、4#初冷器时间)。

按操作规程"清扫后的初冷器的开工"步骤进行开工。

(7)蒸氨塔的开工

①当剩余氨水槽液面足够时,按蒸氨塔的开工操作规程进行,开启剩余氨水泵向蒸氨塔送水。

②氨气送中冷洗萘塔,废水送生化工段处理。

二、冷凝鼓风停工操作的组织与指挥

焦化厂在有计划的停鼓风机对煤气系统检修时,要预先订好检修方案和冷凝鼓风系统停车方案,并组织好指挥体系和操作检修人员。

(一)冷凝鼓风系统停车顺序

1. 停电捕焦油器。

2. 停鼓风机。

3. 停初冷器一段水,即停清水泵(根据需要也可不停)。

4. 停蒸氨系统。

5. 停中冷洗萘系统。

6. 停氨水泵(根据需要也可减量不停)。

(二)具体各工序停工步骤如下

(1)电捕焦油器的停工

①通知电工切断电源。

②打开煤气交通管,慢关煤气出口阀门。

③关闭煤气入口阀门。

④打开放散管通蒸汽清扫。

⑤放净器内存液后,关闭排液管阀门。

(2)鼓风机的停车

①稍关煤气出口阀门,以不明显影响吸力为准。

②将电动油泵开关放在自动位置上,切断鼓风机电源开关,鼓风机停转后,迅速关死煤气出口阀门,此时必需保持轴承油压正常。

③当鼓风机完全停止后,停电机、通风机、电动油泵及冷却水,同时关闭煤气入口阀门。

④鼓风机停车后,每 0.5h 盘车一次,4h 后每班盘车 1/4 转。

(3)蒸氨塔的停工

①停工前通知冷凝泵工及有关工段。

②停止向蒸氨塔送氨水,关闭蒸汽及分缩器冷却水。

③放净塔底焦油和闪蒸塔内废水。如长期停工,塔底给少量蒸汽,打开放散管进行清扫,分缩器的冷却水放空。

④如停产检修要堵好氨水,蒸汽及氨气盲板。

(4)中冷洗涤塔的停工

①通知粗苯工段,脱硫工段和蒸氨工。

②关闭各冷却水入口阀和浓氨气入口阀。

③关闭中冷洗涤塔煤气进出口阀门。

④停止洗涤油泵。

⑤停止循环水泵。

三、冷凝鼓风操作与焦炉炉顶集气管导出系统操作的关系

焦炉炭化室底部的压力是由集气管压力来保证的,一般规定集气管压力为 80~120Pa,这样就可维持炭化室为正压。

在整个结焦期间,炭化室内压力应保持正压,防止空气被吸入炭化室。若空气被吸入炭化室后,就会烧掉焦炭,使焦炭灰分增高,并且由于燃烧生成的废气使煤气惰性成份增加,热值降低。而且若空气被吸入炭化室,还会燃烧生成热量,对焦炉热工控制不利。

如果炭化室压力太大时,炭化室中的煤气即要往外漏,造成煤气损失。炭化室压力过大亦会造成炉门冒烟冒火。

鼓风机的操作对焦炉炉顶集气管压力影响很大,特别是对于有些厂家焦炉各集气管的调节系统设在鼓风机室,更是如此。

通常鼓风机吸力指标定为3000～5000Pa,这一吸力范围是以集气管压力80～120Pa为依据来调整吸力。吸力的调节一是用煤气吸气管阀门开度,初冷器设备的阻力进行调节。二是用鼓风机进口阀"大循环管"、"小循环管"等阀来调节,改变吸力来控制集气管压力80～120Pa,目前由于炉门冒烟冒火等原因有很多焦炉都控制在80Pa以下,甚至在40～50Pa左右,这对焦炉的操作和维护是不利的。

四、冷凝鼓风操作与浓氨水或硫铵工段操作关系

焦炉煤气中氨含量的多少主要取决于配合煤的氮的含量和结焦时间。在一般情况下,装炉煤中的氮有10%～20%变为氨。配合煤氮含量约0.9%～2%,如果装炉煤的平均含氮量以2%计,那么每t煤就会生成2～4kg氨。煤气经初步冷却后,部分氨转入冷凝氨水中,氨在煤气和冷凝氨水中的分配,取决于初冷方式,冷凝氨水产量和冷却温度。当采用间接冷却时,煤气的冷却温度越低,冷凝氨水量越大,则冷却器后煤气中氨含量越少,反之则多。

冷凝鼓风后焦炉煤气中回收氨目前有两种流程:一是硫铵生产流程;二是浓氨水生产流程。两种工艺流程的产量取决于入口煤气的氨含量。通常为6～9g/Nm³(脱氨前,设以氨脱硫工艺除外),氨含量越高,产量越高。

综上所述,如果配合煤含氮和炼焦条件一定,那么冷凝鼓风的操作对于浓氨水或硫铵产量影响很大。

如果剩余氨水蒸氨效率高,即废水含氨低,氨蒸气回到煤气系统,就可调节初冷水温、水量,冷却方式,将集合温度调低些。

如果剩余氨水蒸氨率不很高,就应在其它杂质对后工序没有太大影响的前提下,适当调节初冷系统,将集合温度调高些。

为将进一步提高煤气含氨量,还可以在蒸氨前剩余氨水中加苛性钠,把其中的固定氨盐(如硫氰酸铵,硫代硫酸铵等)分解为挥发氨,通常可将剩余氨水中的挥发氨提高一倍。使蒸氨蒸气中氨含量提高一倍,从而增加煤气中的氨含量。

第六课 冷凝鼓风工段设备检修与试车

一、煤气鼓风机

焦化厂煤气鼓风机的大、小、中修周期对于不同类型鼓风机检修标准不同,本教材就离心式鼓机(D750-24)作些介绍。

(一)离心式鼓风机(D750-24)检修周期及内容

1. 检修周期

离心式鼓风机分小修,中修,大修。检修周期如表2-1-15所示:

表2-1-15

检修类别	小 修	中 修	大 修
检修周期(月)	6	24	60

注:检修周期(月)指运行时间,凡由于事故、故障进行临时检修或检查时,不宜打乱原计划检修周期。

2. 小修内容
(1)检查测量风机,增速器各轴瓦磨损及间隙,接触角等情况。
(2)检查风机各部油封磨损情况。
(3)检查机体内导流板,叶轮,轴的外观。
(4)清扫检查各处气封圈围带有无磨损,卷边,变形,损伤等缺陷,必要时进行处理。
(5)检查增速机齿轮磨损情况。
(6)检查清洗主轴泵,辅助油泵、油箱、过滤网,并测量各部间隙等。
(7)检查联轴器齿轮磨损情况。
(8)检查电机两瓦(或轴承)磨损情况,清洗油箱。
(9)处理各处跑、冒、滴、漏及各部位的连接螺栓是否牢固。
(10)检查中如轴瓦有变动要检查两轴同心。

3. 中修内容
(1)包括小修所规定的项目。
(2)根据转子振动情况,决定是否找动平衡,测量转子轴颈部位圆度,圆柱度,推力盘和接手的轴向径向跳动。
(3)检查叶轮,导叶轮焊接部位等情况,必要时进行无损探伤。
(4)检查各轴承体的紧力接触情况。
(5)检查增速器轴向间隙及主齿轮推力间隙及齿面磨损情况。
(6)根据电机振动情况,决定是否找动平衡,测量轴颈部分,检查转子焊接部位情况。
(7)检查增速机主副齿轮轴线平行度、中心距、轴颈圆度及有无裂纹、损伤、变形缺陷。根据情况处理或更换。
(8)必要时主、副齿轮找平衡做探伤。
(9)检查主油泵与齿轮同心度。
(10)检查清洗油冷器、减压阀,溢流阀,油冷器试压。

4. 大修内容
(1)包括中修所规定的项目。
(2)彻底修理或更换转子及轴承。
(3)彻底修理或更换增速器齿轮。
(4)风机机体,增速器机体,电机机体水平度及风机气封、转子与壳体的同心度。
(5)测量转子挠度,检查、调整风机转子与原动机同心度。
(6)更换油系统全部管线及油冷器。

(二)鼓风机检修质量要求及验收方法
(1)机壳本体无裂纹,结合面无漏气痕迹,机体横向(上下机壳水平剖分面上检查)水平度≤0.05mm/m,纵向水平度≤0.03～0.05mm/m,机壳水平剖分面自由间隙≤0.08mm,增速机壳水平剖分面≤0.04mm。变速箱中分面水平度横向≤0.05mm/m,变速箱中分面水平度纵向≤0.02～0.03mm/m。
(2)轴承与轴承座及轴与轴瓦接触检验用着色法,接触面积>75%,轴径、轴衬接触角约60°,但不允许有明显分界线,接触点2～3,分布均匀(着色法)。
(3)轴衬与轴承压盖过盈值为0.03～0.07mm,轴颈与轴衬顶间隙为1.5～2/1000轴直径,侧间隙为顶间隙的1/2。增速器与轴承压盖过盈值为0.03~0.05mm。

(4)止推轴瓦端面间隙应比轴瓦径向顶间隙大0.05mm左右。

(5)隔板不许有裂纹,在剖分面(水平)上隔板应低于剖分面。

(6)上下机壳结合面的密封要严密,紧固螺栓应用力均匀。

(7)转子轴颈圆度,圆柱度应≥0.02mm,表面粗糙度应达了 $\sqrt{0.8}$ 以上。

(8)检查转子的各部位的径向和端面跳动值应符合表2-1-16。

表2-1-16

项目 部位 机型	径 向 跳 动 (mm)						端跳 (mm)		
	轴径	轴衬	叶轮气封	止推盘	叶轮外径	联轴器	叶轮外缘	叶轮入口轮盖	止推盘
D750-24	0.01	0.06	0.06	0.06	0.20	0.01	0.50	0.10	0.01
D1200-21	0.01	0.06	0.06	0.06	0.20	0.02	0.50	0.10	0.01

(9)转子轴心线直线度≥0.02~0.03mm。

(10)转子动平衡允许剩余不平衡力距:

$$M \leqslant \mu \cdot G (g \cdot cm)$$

式中　G——转子重量(kg);

　　　μ——转子重心对轴线的剩余偏移(μm),μ取值见表2-1-17。

表2-1-17

转子工作转数(r/min)	≤500	≤3000	≤6500	≤10000
μ (μm)	8	5	3	1.5

(11)气封片不允许松动,气封顶端和油封片倒角应锐利,不应有歪斜和扭曲。

(12)油封间隙比主轴间隙大0.03~0.06mm。

(13)各部位气封间隙:进出口比主轴瓦间隙大0.05~0.10mm,叶轮之间大0.10~0.15mm,叶轮轮盖气封间隙为主轴顶间隙2倍。

(14)圆弧齿轮接触面沿齿高≥65%,齿宽≥85%且均匀。

(15)两齿轮轴线平行度≤0.015mm,倾斜度≤0.015mm。

(16)用千分表找正定心,电机与增速器同心度≤0.04mm,端面不平行度≤0.08mm/m,风机增速器找正相同,同心度径向≤0.02mm。

(17)齿形联轴器接触面延齿高≥60%,齿宽≥75%。

(三)单元试车

(1)离心鼓风机在大中小修后尚需进行试车工作,试车时由设备厂长主持,检修、运行负责人及主管技术人员现场监督。

(2)试车过程由操作人员进行操作,检查人员对设备的各部进行检查和监督。

(3)在确认试车前的准备工作已完成,首先脱开电机与变速器间的联轴器单独试电机

0.5～1h,检查轴承温度≤70℃,电机温升＜45℃,电机瓦振动＜0.04mm,电机振动≤0.06mm,试运行确认无误,接联轴器,按技术规定检查合格,准备鼓风机空载试车。

(4)鼓风机空载试车前盘动转子,检查无刮研现象;卸掉盘车器,上好盲板。

(5)打开鼓风机放液管阀门,蒸汽清扫,暖机至60～70℃,停汽放冷凝液后关闭下液管阀门。

(6)由鼓风机司机与厂调度室、总降室联系送电。

(7)得到开车信号,启动鼓风机,此时电流指针到顶,但30s内回降,如30s不回降,则有故障,停车检查。

(8)风机空载试运行0.5～1h,检查风机机体温度≮70℃,轴瓦≮65℃,电机同上。鼓风机振动≮0.04mm,轴瓦≮0.02mm,增速器轴瓦≮0.02mm。即可确认鼓风机空载运行合格。

(9)试车完毕,检修人员将上述检修、确认鼓风机空载运行合格试车记录填写在设备档案上,以备下次检修参考;经检修和运行操作双方确认设备质量合格,运行正常后,方可将设备转交运行单位。

二、初冷器(横管)

(一)检修周期及内容

1. 中修:36个月

(1)清扫管程和壳程积存的污垢。

(2)补焊换热管或堵塞漏管。

(3)对管束试压。

(4)测量初冷器的壳体壁厚,及局部测量换热管壁厚。

(5)更换部分螺栓,螺母及法兰垫。

(6)换热器管程做水压试验,壳程做气密试验。

(7)检查,校验,修理各附件及附属管线和阀门。

2. 大修:72个月

(1)包括中修的所有内容。

(2)检查、修理或更换换热管。

(3)初冷器体彻底清理,测量壁厚,检查器壁腐蚀情况。

(4)检查初冷器的垂直度,紧固地脚螺栓。

(5)检查塔基础平台有无裂纹。

(6)初冷器除锈,刷漆。

(二)检修质量标准及验收方法

1. 检修质量标准

(1)初冷器的零部件材料符合图纸要求。

(2)初冷器换热管堵管材料应低于管子硬度,管堵锥度3～5度。

(3)换热管采用$\phi 57\times 3$,其壁厚允差±0.4mm。

(4)换热管探出管板以管中心线计为5mm,允许偏差±2mm。

(5)初冷器管板平面要求每m²误差不得超过2mm。更换管子,管子两端打光100～200mm,打出金属本色。

(6)堵管根数不超过该管管程总管数10%。
(7)器体上口和下口平面度要求±4mm,对角线公差≮±3mm。
(8)器体分段(上一段、上二段、下段)垂直度偏差≮±4mm。
(9)每段箱体焊接,管板对齐,侧板焊缝错边量≯2mm。
(10)初冷器器体安装垂直度偏差≯15mm。
(11)初冷器附属管线和阀门灵活好使。
(12)初冷器管程水压强度,壳程气密符合设计要求。
(13)初冷器按HGJ1074-79规定刷漆。

2、验收方法

(1)设备检修后应有详细的检查、鉴定、检修、试验记录,及设备的结构和零部件材料变更的审批文件。
(2)检查初冷器附件安装齐全。
(3)初冷器封头安装前及人孔封闭前器体各部检修质量符合标准。
初冷器经厂设备科组织检修单位和使用单位全面检查后,符合质量标准,试车正常,办理移交。

(三)单元试车

1. 煤气初冷器在清扫器内杂物、封人孔、试气密后,方可负载试车。
2. 打开初冷器顶部放散管阀门及蒸汽清扫管阀门,在放散管少量冒出蒸汽情况下抽出煤气,冷凝液盲板(此时煤气出入口,冷凝液阀门处于关闭状态)。
3. 开大蒸汽(器内压力≯0.05MPa),见放散管大量冒蒸汽后,关蒸汽阀门,微开煤气入口阀门,塔顶放散管冒煤气后,做含氧分析三次合格后,关放散管阀门。
4. 打开煤气入口阀门,水出口阀门,再慢慢开水入口阀门。
5. 慢开初冷器出口阀门,注意压力变化,一切正常后检查初冷器技术性能指标。
6. 一切试运正常后,投运或做备用设备。

三、电捕焦油器

(一)检修周期及内容

1. 中修:18个月
(1)检查、清理电捕焦油器沉淀极筒体。
(2)检查、调整或更换电晕极导线。
(3)检查、清理、修理、调整绝缘箱瓷瓶情况及箱体情况。
(4)检查煤气分布板腐蚀情况,调整修理或更换。
(5)检查清理电捕焦油器蒸汽吹扫装置的情况。
(6)检查,校验,修理各附件及附属管线阀门。
(7)检查调整电捕焦油器内部吊架、阻气罩、馈电箱螺旋导线及检查腐蚀情况。
(8)馈电箱电缆做耐压试验。
(9)清理电捕焦油器器体,器壁检查腐蚀情况,测量壁厚。
(10)电捕焦油器器体做空气强度试验及气密性试验,绝缘箱、馈电箱做水压强度试验。
(11)检查修补保温层。

(12)电捕焦油器变压器做相应试验。

(13)电捕焦油器硅整流柜做必要检查。

2．大修：54个月

(1)包括中修所有的内容。

(2)电捕焦油器电晕线全部取出，检查，修理，调整或更换。

(3)电捕焦油器内部彻底清理(包括沉淀极)必要时采用打砂处理，测量器体壁厚。

(4)馈电箱，绝缘箱全部吊下，检查、处理或更换瓷瓶。

(5)检查、修理调整或更换吊架，吊杆，阻气帽，螺旋导线等。

(6)馈电箱，变压器换油，调整。

(7)硅整流箱更换老化电器元件。

(8)检查电捕焦油器器体垂直度，紧固地脚螺栓。检查基础支柱。

(9)器体除锈、刷漆；馈电箱、绝缘箱保温。

(二)检修质量标准及验收方法

1．质量标准

(1)沉淀极处理后，内表面必须平滑，不允许有污物及锈皮类物存在。

(2)电晕线必须平直光滑，不允许存在摺伤的残迹，电晕线表面不允许存有坑洼的痕迹，不得存有异状。

(3)电晕线安装铅锤后，必须垂直，不允许有弯曲缺陷，安装后电晕线通过沉淀极管中心，允许偏差±8mm(上下两处)。

(4)吊架安装 上吊架的下端距管板间距300mm，平行度允许偏差±10mm。

(5)上吊杆必须通过保护管中心，允许偏差±10mm。

(6)下吊杆必须通过沉淀极中心，允许偏差±10mm。

(7)气体分布筛板的平面度误差≥±5mm，筛孔任意两孔中心误差≥±2mm。

(8)馈电箱，绝缘箱瓷瓶安装后，表面必须光洁，不允许有缺陷。

(9)馈电箱，变压器更换油质情况必须符合油质的有关技术规定。

(10)更换后的硅整流元件必须满足元件所要求的电气性能，不得出现偏离其技术性能范围之元件。

(11)电捕焦油器器体的垂直度偏差≥15mm。

(12)器体的直线度偏差≥15mm。

(13)器体的绝缘箱，馈电箱保温材料符合图纸技术要求。

(14)器体按HGJ1074—79规定的要求刷漆。

2．验收方法

(1)检查电捕焦油器各附件是否齐全好用，控制部分部件是否完好。

(2)各项检查、鉴定、检修必须有完整的记录。

(3)人孔封闭前检查内部结构的检修质量满足要求。

(4)器体强度及气密试验(器体)，水压试验(箱夹层)有详细记录(按图纸要求)。

电捕焦油器的验收由厂设备科，动力科组织检修单位、使用单位进行全面检查，在检修数据符合标准下，进行试电试验，负荷试车后，办理移交手续。

(三)单元试车

1. 电捕焦油器在强度,严密性试验完毕后,设备接地可靠,绝缘子擦拭干净,高压硅整流器及其控制和保护线路进行过试验调整后,进行空载试电工作。

2. 试电前将电缆线接通,馈电箱的油箱注入适量电缆油。

3. 测量电捕焦油器的绝缘电阻$>1M\Omega/kV$。

4. 试电时电捕焦油器内充满清洁空气,逐级升高。如发现有火花放电现象,即停电进行调整,电压每升一级保持10～15min,最后在最高电压下稳定4h,在试验过程中不发生火花放电和其它故障,做负荷试车。

5. 在空载试电完成后,抽出煤气进口盲板及工艺管线盲板,封闭人孔。

6. 关闭放液管阀门,打开放散管阀门。

7. 馈电箱,绝缘箱缓慢通入蒸汽,调节温度到技术规定90～110℃,应避免忽高忽低。

8. 电捕焦油器底部通蒸汽赶净空气,当放散管大量冒出蒸汽时关小蒸汽。

9. 慢开煤气出入口阀门,见器顶放散管冒出大量煤气,关闭蒸汽阀门取三次样,分析煤气含氧量$\not> 1\%$,合格后关闭器顶放散管阀门,慢关煤气交通阀,同时开煤气出入口阀。

10. 测量电捕焦油器绝缘电阻$>1M\Omega/kV$。

11. 开启电捕焦油器调整电压到规定值,电流表,电压表无波动方为合格。

四、机械化氨水澄清槽

(一)检修周期及内容

澄清槽检修分定期、不定期。大、中修执行定期检修,不定期为链板损坏情况下。

1. 中修:24个月

(1)清理澄清槽内焦油残渣及器壁所挂焦油残渣,并测壁厚。

(2)检查器体内焦油分布板,焦油渣挡板,氨水、焦油装置的腐蚀情况。

(3)检查,修理,调整澄清槽内刮板输送机刮板及刮板链情况。

(4)检查,调整,修理链轮系统的运转状况,调节链轮张紧装置。

(5)活动部分轴承清洗换油,调整小链轮松紧及检查链条情况。

(6)减速机系统清洗换油。

(7)修补机械化澄清槽保温层。

(8)检查、修理各附属管线及阀门。

(9)检查、修理放料装置。

2. 大修:72个月

(1)包括中修所有的内容。

(2)拆除澄清槽内链板,链条,链轮等,检查、修理或更换。

(3)彻底清理澄清槽内焦油残渣及器壁焦油,测量壁厚。

(4)检查机械化氨水澄清槽顶盖板腐蚀情况,严重腐蚀时全部更换。

(5)检查槽体腐蚀情况,必要时更换。

(6)机械化澄清槽除锈,刷漆,保温。

(7)运转部位全部拆洗,检查,更换损坏件。

(8)拆检清洗减速机,调整各部间隙,检查轴瓦情况。

(二)检修质量标准及验收方法

1. 检修质量标准
(1)氨水焦油分布板,焦油渣挡板的安装位置必须符合图纸位置要求。
(2)氨水、焦油出口装置的制造,安装必须满足图纸设计要求。
(3)刮板运输机的刮板间距必须满足图纸要求,偏差≯±5mm。刮板长度偏差±10mm。
(4)刮板必须平直,不允许弯曲,直线度偏差±2mm。
(5)刮板运输机的运转系统必须运转灵活,不得有犯卡现象。链条松紧调节正常。
(6)刮板运输机轨道与槽壁间距均匀,误差≯±20mm。
(7)顶盖盖板以每张钢板计,平面度偏差≯±10mm。
(8)澄清槽顶盖铺设顶板要求平整,总体顶面平面度偏差±20mm。
(9)澄清槽放残渣装置,料板翻动灵活。
(10)检查减速机齿轮不允许有点蚀剥落等现象。
(11)机械化澄清槽附属管线及阀门良好。
(12)澄清槽保温材料满足设计图纸要求。
(13)槽体外壁按 HGJ1074-79 的规定刷漆,保温。
2. 验收要求
(1)检查澄清槽各附件是否齐全。
(2)必须有完整的检查,鉴定和检修记录。
(3)有完整的空载试车,水试车及负荷试车记录。
验收由厂设备科组织维修、使用单位一起全面检查,符合质量要求,并试运行后投运。
(三)单元试车
1. 清除机械化氨水澄清槽内的杂物,检查其运转部分润滑良好,减速机油位正常。
2. 一切正常后,空载进行试运行 48h。
3. 空载试运正常后通入水做充满水强度试验。
4. 在强度试验合格情况下,开启刮板机水负荷试机 48h。
5. 水负荷试车正常后逐渐更换氨水投入负荷试车,负荷试车 108h,运行正常后交验。

第七课 冷凝鼓风工段操作事故的处理

一、常见事故的产生原因、处理方法与预防措施

(一)循环水池抽空
1. 产生原因
(1)在正常的生产过程当中应适量地向循环水中补充新水。而当停补新水或补水量过小时就有可能将水池抽空。
(2)正常情况下,循环水泵的抽水量是稳定的,但有时其抽水量突然增大,回水不及时,也会造成水池抽空现象。
2. 处理方法
(1)当发现水池抽空时,可适当加大补充新水量。
(2)启动备用水泵。

3．预防措施

(1)经常检查循环水池水位和凉水架下水池水位及补水量是否正常。

(2)在调节初冷器后煤气温度时应避免水量剧烈变化,在新开车时循环水量应逐渐增大,同时加大补水量。

(二)循环氨水中间槽抽空

1．产生原因

(1)剩余氨水阀门开的较大,使中间槽抽空。

(2)循环氨水中间槽液位计失灵,造成假液位。

(3)机械化氨水澄清槽压焦油速度过快。使循环氨水中间槽不能及时补水。

2．处理方法

(1)关小或关闭剩余氨水阀门,使中间槽多进氨水。

(2)打开氨水事故槽底阀门,并及时补充新水。

(3)降低机械化氨水澄清槽压油速度或停止压油,必要时可向槽内补新水。

3．预防措施

(1)经常检查剩余氨水量和循环氨水中间槽液位是否正常。

(2)仪表工应经常检查循环氨水中间槽液位计是否灵敏可靠。

(3)机械化氨水澄清槽的压油操作应连续稳定,速度不可大快。

(三)循环氨水带焦油

1．产生原因

(1)操作工责任心不强,未及时压油造成机械化氨水澄清槽焦油界面过高。

(2)仪表失灵造成机械化澄清槽假焦油界面。

2．处理方法

(1)检查机械化氨水澄清槽焦油界面高度,及时压油。

(2)通知炼焦车间检查桥管喷嘴和集气管内焦油情况,及时用高压氨水清扫集气管底部,保证不沉积焦油。

3．预防措施

(1)加强对操作工的教育,使之懂得氨水带焦油造成的危害,从而增强责任心。

(2)机械化氨水澄清槽应连续稳定地压油,以保证焦油界面符合规定。

(3)仪表工要经常检查焦油界面计的准确性,使仪表指示十分可靠。

(4)要经常用手摸测温法或用检查管放液来检查焦油界面高度,并与色带指标值对比。

(四)鼓风机电机电流波动

1．产生的原因

(1)鼓风机少量带液可造成电流 2～4A 的波动。主要有以下两种情况：

①煤气量比较小时进口阀门开度过小,使机前吸力过大,可能发生机前水封的液体被吸入鼓风机。

②清扫鼓风机下液管时蒸汽量过大,一部分液体进入机体。此种情况一般发生在清扫过程中。

(2)初冷器下液管不畅,造成有部分冷凝液随煤气吸入鼓风机,致使电机电流波动,一般可达 10～25A。

(3)初冷前煤气总管的排液管堵塞,有积液,可能造成吸力、压力、电流同时波动。
(4)供电系统电压不稳。

2. 处理方法

(1)关闭机前煤气入口阀门后的排液管,减小清扫蒸汽量。
(2)及时清扫初冷器下液管。
(3)清扫初冷器前煤气总的排液管。
(4)与供电部门联系解决供电不稳的问题。

3. 预防措施

(1)煤气量轻小时,可增大鼓风机煤气循环管的开度。
(2)清扫鼓风机下液管时蒸汽量不可过大。
(3)每班清扫两次初冷器下液管和初冷器前煤气总管的排液管,确保其畅通。

(五)鼓风机电机电流突然增大

1. 产生的原因

(1)机前吸力过大,机前翻板自控失灵。造成翻板全开。
(2)机前煤气温度突然增高,导致煤气量明显增大,电机电流随之增大。
(3)鼓风机本身的机械故障也可造成电流突然增大。
(4)初冷器下液管严重堵塞,造成鼓风机严重带液,导致电流突然增大。

2. 处理方法

(1)立即关小机前煤气进口阀门,使电流和集气管压力恢复正常。
(2)检查循环氨水泵和初冷器工作是否正常,调节初冷器后集合温度,电机电流随之恢复正常。
(3)检查鼓风机轴瓦温度是否正常,鼓风机和电机是否有较大的杂音和机械的碰撞声,振动是否正常,若问题明显应立即进行倒机操作,以防止较大的事故发生。
(4)关小鼓风机煤气入口阀或停机,立即清扫初冷器下液管,确认其畅通后再恢复正常。

3. 预防措施

(1)仪表工要经常检查吸力自调阀工作是否正常。
(2)按时检查初冷前后煤气温度是否正常,循环水量和温度,低温水量和温度是否正常。
(3)经常检查鼓风机各部温度、振动、声音是否正常。执行定期倒机检修制度。
(4)每班清扫两次初冷器下液管,确保其畅通无阻。

(六)鼓风机前吸力突然增大

1. 产生的原因

(1)焦炉集气管压力调节翻板关闭(停仪表风)。
(2)初冷前煤气总管的排液管堵,使煤气总管处形成液封,使机前吸力迅速上升。

2. 处理方法

(1)通知焦炉上升管工及时手动操作调节板,同时注意焦油盒是否被抽空。
(2)清扫初冷前煤气总管的排液管,必要时须停机待液封消除后再开鼓风机。

3. 预防措施

每班清扫两次初冷前煤气总管的排液管,确保其畅通无阻。

(七)鼓风机轴瓦温升过高

1. 产生的原因

(1)油温高。此种情况有油冷却器结垢严重,冷却效果差或停冷却水。

(2)高位油槽的油位较低。

(3)润滑油变质。

2. 处理方法

(1)如系停水所致,可倒用另一水源。

(2)高位油槽补充足够的润滑油。

(3)更换润滑油,定期清洗油冷却器结垢。

3. 预防措施

(1)经常检查油温、油压和油位是否正常。

(2)定期更换和补充足够的润滑油。

(八)初冷器的阻力增大

1. 产生的原因

主要是列管外壁沉积的大量熔点为 48～54℃ 的萘,焦油等物。

2. 处理方法

用热煤气进行清扫。方法是将初冷器中的冷却水放空后,将煤气入口阀全开,出口阀保持一定的开度,每小时向初冷器中通入 700～1000m³ 煤气,使其温度保持在 55～75℃,管壁上的沉积物融化去除。

也可在通热煤气的同时,喷洒热氨水效果更好。

(九)初冷后煤气集合温度超标

1. 产生的原因

(1)入初冷器的煤气温度超标,这是由于循环水流量、压力不够所致,此类问题一般较少发生。

(2)入初冷器的中低温冷却水温度或压力不符合规定。

(3)有的初冷器水侧结垢较重,有的煤气侧堵塞大,导致煤气温度过高

2. 处理方法

(1)检查循环氨水泵出口的压力和流量,采取措施使之符合规定。

(2)与给排水车间联系解决冷却水的问题。

(3)用热煤气清扫堵塞的初冷器。

(4)清除冷却水管壁上的水垢。

3. 预防措施

(1)保证循环氨水的流量、温度、压力符合规定。

(2)循环水凉水架、低温水制冷机保证正常工作。

(3)调整各初冷器煤气出口温度接近一致。

(4)改进冷却水的水质防止水垢生成。

①对于初冷器冷却水的出口温度,应根据其硬度加以控制。一般硬度为 10 度的水,其出口温度应小于 50℃;15 度的水小于 45℃,20 度以上的水应小于 40℃。

②循环冷却水采用水质稳定剂处理。

③对冷却水进行永磁处理。即对冷却水外加电磁场,使水中磁性的碳酸钙粒子,受磁场

的作用产生磁感,从而沿一定的方向做加速运动,才克服粒子间的静电斥力和粒子与水之间的作用力,使之互相碰弹絮凝在一起,得以沉降去除,避免了水垢的生成,同时又能使管壁上旧有的水垢疏松、脱落。

④掺入部分含酚废水。向循环冷却水中掺入含酚废水(主要是蒸氨废水)以补充水的蒸发损失,亦可防止结垢、腐蚀和青苔丛生。

(十)电捕焦油器的电流波动

1. 产生的原因

(1)绝缘箱上的绝缘子上有油垢,造成绝缘性能差。

(2)绝缘箱温度低,绝缘子上有水珠,造成绝缘性能差。

(3)绝缘子因温度波动产生裂痕,绝缘性能差引起波动。

(4)电捕焦油器底部排液管堵塞造成液封,由于煤气的夹带作用使一部分液体达到电晕极和沉淀极,使电流波动。

(5)由于煤气压力波动较大,可造成电晕极的挂丝重锤来回摆动,电晕极与沉淀极的距离忽大忽小,使电流波动。

2. 处理方法

(1)停工检修擦净清除绝缘子上的油垢。

(2)提高绝缘箱温度,使其符合规定(90~110℃)。

(3)停工检修,更换绝缘子。

(4)及时清扫排液管。

(5)与有关单位联系稳定煤气压力。

(十一)电捕焦油器阻力增大

1. 产生的原因

(1)排液管堵塞造成液封。

(2)煤气分配花板上焦油和其它杂质较多。

2. 处理方法

(1)及时清扫排液管。

(2)停电通蒸汽清扫或检修时将煤气分配板上的沉淀物清除。

二、异常现象的判断与排除

(一)鼓风机吸力波动的原因及消除措施 见表2-1-18。

表 2-1-18

煤气正常吸出制度破坏特性	引起的象征			引起不正常现象的可能原因	消除不正常现象的措施	
	鼓风机前吸力	鼓风机后压力	个别设备阻力		鼓风机	煤气设备
集气管内压力低	增	减	正常	煤气量降低	开循环管	
集气管内压力高	减减	增增	正常升高	煤气量增加 个别设备被残渣堵塞	关循环管 关循环管	根据压力表读数,把阻力大的设管管段关死或用蒸汽清扫

续表

煤气正常吸出制度破坏特性	引起的象征			引起不正常现象的可能原因	消除不正常现象的措施	
	鼓风机前吸力	鼓风机后压力	个别设备阻力		鼓风机	煤气设备
集气管内压力高煤气含氧大于1%	减	增	正常	机前管道有不严密处,空气被吸入	开循环管必要时停机	找出空气吸入点并消除
煤气管道的压力表波动激烈波动范围达几千帕	波动	波动	不变	由于低煤气管道内局部煤气量,部分管道操作不正常,冷凝液聚集于管道中,煤气带出部分液体	迅速打开循环管	应检查整个煤气管道,查看管道开启处冷凝液堵塞排出器,可听到煤气冲出时落下水发生的声音

（二）集合温度超标的原因及消除措施　见表 2-1-19。

表 2-1-19

引起的象征	原因	消除措施
初冷器煤气入口温度高	集气管内的冷却效果不好	调整循环氨水的压力和流量至正常
初冷器阻力和冷却水出口温度略有上升,鼓风机前吸力减少,机后压力和电流增加	煤气量增加	1. 增大冷却水量 2. 增开备用初冷器
个别初冷器的煤气出口温度低,冷却水进出口温差小	个别初冷器的水管外壁有大量沉积物	1. 开备用初冷器 2. 将个别初冷器用热煤气清扫

三、停电、停汽、停水事故的处理

处理冷凝鼓风工段停电、停汽、停水事故,应在厂调度室和值班长统一指挥下,在鼓风司机（班长）的直接组织和指挥下进行。

（一）停电

1. 各岗位工立即切断鼓风机、电捕焦油器和冷凝泵房的电源。
2. 令鼓风机工迅速关闭鼓风机入口阀门,必要时关闭出口阀门。
3. 令冷凝泵工关闭各泵出口阀门,初冷器工关闭低温水进口阀门。
4. 令各岗位做好来电恢复生产的各项准备工作。
5. 当电源恢复时,先恢复循环氨水泵,开启循环氨水泵、鼓风机电机油泵,最后开启鼓风机,待煤气系统稳定并作煤气含氧分析合格后,再开电捕焦油器。

（二）停汽

1. 令电捕焦油器工切断电捕焦油器电源,关闭绝缘箱保温蒸汽阀门。
2. 令各岗位工关闭各清扫蒸汽阀门,同时注意检查各排液管是否畅通。
3. 令电捕焦油器工做好来汽恢复生产的各项准备工作。

(三) 停水

1. 停低温水

(1) 令鼓风机工将油冷却器的冷却水改用生产水。

(2) 令初冷器工增加循环水量，同时注意初冷后煤气温度并降低吸力。

(3) 注意鼓风机机体温度和电机电流，如情况严重时应及时停机，其步骤同"第五课冷凝鼓风停工操作的组织与指挥"。

2. 停生产水

令冷凝泵工注意各泵轴封温度，如超标及时做工处理，其步骤同第五课"冷凝鼓风停工操作的组织与指挥"。

第八课 冷凝鼓风工段技术经济指标

一、冷凝鼓风工段综合技术经济指标及其制订依据

1. 冷凝鼓风工段综合技术经济指标

(1) 焦炉循环氨水喷洒量：
  单集气管　　　　　　$6m^3/t$ 干煤
  双集气管　　　　　　$8m^3/t$ 干煤

(2) 集气管中冷凝的焦油量：60%焦油总量

(3) 氨水分离器氨水澄清分离时间：20min

(4) 焦油贮槽的焦油贮存时间不小于：2昼夜

(5) 直接式木格填料煤气冷却塔阻力：500～1000Pa

(6) 直接式木格填料煤气冷却塔循环氨水喷洒量：8～10m^3 (1000Nm^3/h)

(7) 横管式间接煤气初冷器阻力：1000～1500Pa

(8) 立管式煤气初冷器

冷却水量：一段冷却流程（水温由15℃到45℃）28～30m^3 (1000Nm^3/h)
　　　　　二段冷却流程

第一段（循环水 $t_1=32℃$　$t_2=45℃$）37m^3 (1000Nm^3/h)

第二段（低温水 $t_1=18℃$　$t_2=25℃$）7～7.5m^3 (1000Nm^3/h)

(9) 集气管压力：80～120Pa

(10) 煤气含氧量：≯1%

(11) 供焦炉集气管氨水压力：0.4MPa

(12) 氨水分离器应连续压油，油界面 1.3～1.5m

(13) 焦油槽温度：80～90℃

(14) 焦油水分：≯4%

(15) 氨水分离器内循环氨水温度 78～81℃

(16) 蒸氨塔顶温度 101～105℃

(17) 蒸氨塔顶压力不大于2000Pa，塔底压力不大于4000Pa

(18) 分缩器氨气出口温度：97～99℃

(19) 闪蒸塔顶真空度：4000±200Pa

(20) 废水含氨不大于 0.15g/L

2．冷凝鼓风工段综合技术经济指标制定依据：

(1) 工艺要求：冷凝鼓风工段是煤气净化的最初工序，因此要求鼓风机的压力和吸力符合规定，保证焦炉集气管压力稳定和煤气正常输送；煤焦油回收率达到规定指标，生产合格的煤焦油产品；氨水系统正常，蒸氨废水符合要求，连续稳定地供应焦炉足够数量，质量合格的循环氨水。这些是制定冷凝鼓风工段综合技术经济指标的主要依据。

(2) 经济合理：煤气净化要同时考虑社会效益和经济效益，在生产过程中原料的投入，动力能源的消耗，生产管理费用，设备建设的投资，都应尽量地降低成本，提高效益，减少消耗。

(3) 物料，能量平衡：在系统中传质、传热、吸收、反应等一系列物化过程中，合理利用能源达到系统的热量平衡和物料平衡。

(4) 便于操作：制定综合技术经济指标，要考虑实际的操作条件，生产状况，在严格要求的同时，要有一定的操作弹性，在处理规模上也要有一定余地。

二、鼓风机单元技术经济指标（以鼓风机为例）

1．鼓风机吸力保持 3000~5000Pa

2．鼓风机压力不超过 18000Pa

3．鼓风机后温度不高于 70℃

4．鼓风机轴承温度不大于 60℃

5．鼓风机电机温升不高于 45℃

6．鼓风机电机电流不超过额定电流

7．鼓风机机体振动不大于 40μm，电机振动不大于 60μm

8．有润滑油定期分析制度，油质符合标准

9．鼓风机运转时，轴承油压保持在 0.1~0.15MPa

10．油冷却器冷却水压 0.1~0.2MPa

11．鼓风机后煤气温升不大于 20℃

三、初冷器单元技术经济指标（以横管初冷器为例）

1．煤气初冷器入口煤气温度不大于 85℃

2．各台初冷器出口煤气温度差不大于 10℃

3．煤气初冷器阻力不大于 1500Pa

4．煤气初冷器后煤气温度：浓氨水流程不高于 35℃；硫铵流程不高于 25℃

5．初冷器循环水入口温度不高于 32℃

6．低温水入口温度不高于 18℃

7．初冷器循环水出口温度不大于 45℃

四、电捕焦油器单元技术经济指标

1．电捕焦油器阻力不大于 500Pa

2. 电捕焦油器工作电压和二次电流按不同形式的电捕焦油器规定值保持稳定
3. 绝缘箱温度 90～100℃。
4. 通风机电机温升不超过 45℃，轴承温度不高于 65℃
5. 煤气含氧量大于 1%时，停止送电

第九课　班组生产技术管理知识

一、冷凝鼓风工段班组的构成

以天津第二煤气厂为例：三座 JN43—80 型焦炉，煤气经气液分离器，横管初冷器由离心式鼓风机压入电捕焦油器脱除焦油尘，最后经中冷脱萘塔脱萘，进入脱硫工段。氨水分离器分离出的氨水用泵送回焦炉集气管循环喷洒冷却煤气，剩余氨水经蒸氨塔脱氨后排出废水送生化处理站处理。氨水分离器分离出的焦油进入焦油分离器，经过二次分离后，进入焦油中间槽，再用焦油中间泵送到焦油贮槽加热脱水，含水不大于 4%的焦油送油库外销。

冷凝鼓风工段的班组按四班三运转设置，分为甲、乙、丙、丁班共 6 个岗位，4 个班，每班 7 人，共由 28 名岗位工组成。见表 2-1-2。

表 2-1-20

岗 位	人 数
鼓风司机	1×4
鼓风机助手	1×4
电捕焦油器工	1×4
蒸氨工	1×4
中冷脱萘工	1×4
冷凝泵工	2×4

二、各班组生产技术内容

1. 鼓风司机岗（兼班长）
(1) 负责冷凝鼓风工段当班生产，组织各岗位完成产量、质量及各项经济技术指标
(2) 稳定鼓风机的操作，确保焦炉集气管压力及鼓风机前后吸力和压力符合技术规定。
2. 鼓风司机助手岗
(1) 协助鼓风司机，稳定鼓风机操作，保证焦炉集气管压力和鼓风机前后吸力和压力符合技术规定。
(2) 负责初冷器操作，调节一、二段循环冷却水，保证煤气集合温度符合技术规定
3. 电捕焦油器岗
(1) 稳定电捕焦油器操作，使煤气经电捕焦油器后，焦油含尘量达到城市煤气净化标准。
(2) 定时测定煤气含氧量，当煤气含氧大于 1%时，停止送电。
4. 蒸氨岗
(1) 稳定蒸氨塔、闪蒸塔操作，保证蒸氨系统各部位温度压力符合技术规定。

(2) 负责氨蒸气送回至煤气系统，完成本岗的各项经济技术指标。
(3) 蒸氨废水达到规定指标，并送至生化处理站处理。

5. 中冷脱萘岗
(1) 稳定中冷脱萘系统操作，确保塔后煤气含萘、煤气温度符合工艺要求。
(2) 调节一段冷却器，二段冷却器的操作、补水、抽水，保证循环氨水运行稳定，使各项经济技术指标符合技术规定。

6. 冷凝泵工岗
(1) 调整焦油系统工艺操作，完成焦油产量、质量等各项经济技术指标。
(2) 负责供给焦炉质量合格的循环氨水和高压氨水，并均衡送蒸氨塔合格的氨水。
(3) 与初冷器工协作，供初冷一段循环冷却水，保证集合温度符合技术规定。

三、各班组生产技术管理要点及方法

1. 集气管压力的控制

集气管压力是指焦炉集气管煤气通向吸气管处的压力，是焦炉产出粗煤气调节的压力指标之一。集气管压力对焦炉的温压制度、炉体维护、减少炉顶放散、确保焦炉正常生产有直接联系，一般该指标主要由冷凝鼓风工段控制。

(1) 根据粗煤气的状态，及时调节鼓风机，用调整机前吸力来稳定集气管的压力。
(2) 集气管压力波动较大时，要及时通知焦炉上升管工，协助调节集气管压力，当几座焦炉的集气管压力出现不平衡或差值较大时，要通过安装在各炉吸气管入口端的自动调节翻板来使之趋于一致，恢复正常。

2. 初冷器后集合温度：这是煤气系统上最重要的温度指标之一，不同流程对集合温度有不同要求。

(1) 调节供初冷器一段循环冷却水的清水泵及冷却装置，使一段水温度、压力、流量符合工艺要求。二段低温水各指标也应符合工艺要求。
(2) 经常检查各初冷器阻力和初冷器煤气出口温差，及时调节冷却水量或根据需要进行热煤气清扫或热氨水喷洒，保持初冷器的冷凝液或轻质焦油的喷洒连续运行，以减小初冷器气相管壁上结垢和挂萘，保证热效率。

3. 煤气含焦油尘量：这一指标是城市煤气的四项净化指标之一，煤气中焦油尘含量对煤气回收系统的腐蚀，堵管有很大影响。

(1) 稳定电捕焦油器的运行，保证绝缘箱的温度，及时排冷凝液，正确维护电器设备，定期清扫瓷瓶，使电捕焦油器的电压和电流保持稳定。
(2) 煤气负压系统部分和焦炉操作正常，使煤气含氧量<1%，保证电捕焦油器连续稳定地运行。

4. 焦油产量、质量

(1) 两台氨水分离器应同时运行，保证焦油的分离时间，正确控制焦油，氨水界面和压油操作，以避免水中带油和油中带水现象。
(2) 焦油分离器的各指标符合技术要求，保证焦油的二次分离。在焦油中间贮槽要有充分的脱水停留时间。

5. 蒸氨效率

稳定蒸氨塔和闪蒸塔操作,用中压蒸汽量和分缩器冷邓水来控制蒸氨塔分缩器后温度,使氨水中的挥发氨从塔顶吹出。同时注意塔内不应超压,以保证废水含氨符合技术规定。

四、各班组岗位责任

1. 鼓风机岗

(1) 在当班值班主任领导下,鼓风班长负责当班鼓风冷凝工段生产,完成产量,质量等各项经济技术指标。

(2) 组织鼓风人员共同协作,搞好设备、电器维护和保养,保管好本班的工具。

(3) 贯彻安全规程和有关规章制度,管理好消防器材,保证安全生产,负责责任区的卫生清洁工作,搞好文明生产。

2. 鼓风司机助手岗

(1) 协助鼓风司机稳定鼓风机操作,确保鼓风机的各项技术指标符合技术规定。当鼓风司机离开岗位时,代替司机工作。负责初冷器工作。

(2) 搞好所属设备,电器维护和保养,负责设备润滑工作,按要求定期巡检,保管好工器具。

(3) 执行安全规程及有关规章制度,保管好安全消防器材,保证安全生产,做好室内外责任区清洁工作,搞好文明生产。

3. 电捕焦油器岗

(1) 负责电捕焦油器的操作和测定煤气含氧的操作,完成煤气含焦油尘达标,及各项经济技术指标符合技术规定。

(2) 会同电工搞好电捕焦油器的维护和保养,定期进行清扫和检修,保证设备完好,保管好工具。

(3) 执行安全规程和有关规章制度,保管好安全消防器材,保证安全生产,做好室内外责任区清洁卫生工作,搞好文明生产。

4. 蒸氨工岗位

(1) 负责当班蒸氨工序的生产,认真做好本岗的生产工作,按要求及时调整,保证塔顶氨蒸气,塔底蒸氨废水达标及各部温度压力符合技术规定。

(2) 认真做好蒸氨系统的设备维护和保养工作,做好定期清扫,设备润滑,巡视检查工作。

(3) 执行安全规程和有关规章制度,保管好安全消防器材,保证安全生产,做好责任区的清洁卫生工作,及时治理跑、冒、滴、漏,搞好文明生产。

5. 中冷脱萘岗

(1) 负责当班中冷脱萘工序的生产,认真做好本岗的生产工作,保证塔后煤气含萘和煤气温度等各项技术指标符合技术规定。

(2) 搞好中冷脱萘系统塔器、槽器、冷却器及泵的维护和保养工作,做好设备润滑和巡检工作。

(3) 执行安全规程和有关规章制度,保管好安全消防器材,保证安全生产,做好责任区的清洁卫生工作,及时治理跑、冒、滴、漏,搞好文明生产。

6. 冷凝泵工岗

（1）负责本班焦油、氨水、清水系统的正常生产，认真操作，完成焦油产量、质量指标计划；保证各部分的工艺指标符合技术规定。

（2）认真做好泵类运转设备、槽、分离器的维护保养工作，按工艺要求定期清扫，做好设备润滑和巡检工作。

（3）执行安全规程有关规章制度，保管好安全消防器材，保证安全生产，做好泵房区域的清洁卫生工作，搞好文明生产。

第二章

终冷洗苯中级工

第一课 终冷洗苯原理

一、终冷脱萘生产过程一般原理

焦炉煤气中的氨的脱出和回收,目前在我国有浓氨水生产流程和硫酸铵生产流程。当采用硫铵生产流程时,由于饱和器后的温度通常为55～60℃,为了有效地回收粗苯,应将煤气在冷却的同时也将煤气中的萘洗下来,对于萘的脱除,目前我国采用比较普遍的有水冷却萘沉淀池除萘终冷流程,用热焦油除萘的终冷流程及油洗萘终冷流程。

1. 终冷水洗萘工艺流程,见图2-2-1。

来自硫铵工段的煤气进入隔板式终冷塔以冷却水直接冷却,使煤气温度由55～60℃冷却到25～27℃,煤气与冷却水在塔内逆流接触,使煤气中一部分水蒸汽被冷凝下来,同时,煤气温度冷却至萘的露点温度以下,使一部分萘析出,气相萘变为萘结晶,随循环水带走。经水封管自流入机械化刮萘槽,使水和萘分离。漂浮在刮萘槽表面的萘月机械化刮萘装置刮入扬液槽,加热熔化后放出。

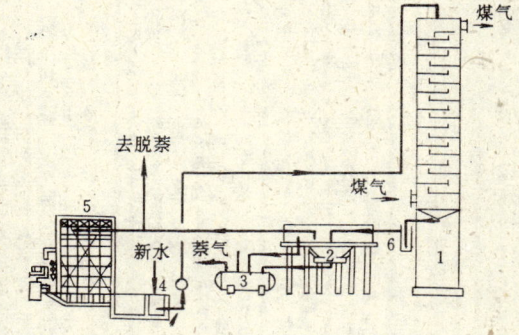

图 2-2-1 煤气最终冷却的工艺流程
1—隔板式冷却塔;2—萘沉淀池;3—萘扬液槽;
4—水泵;5—凉水架;6—水封槽

2. 终冷焦油洗萘工艺流程,见图2-2-2。

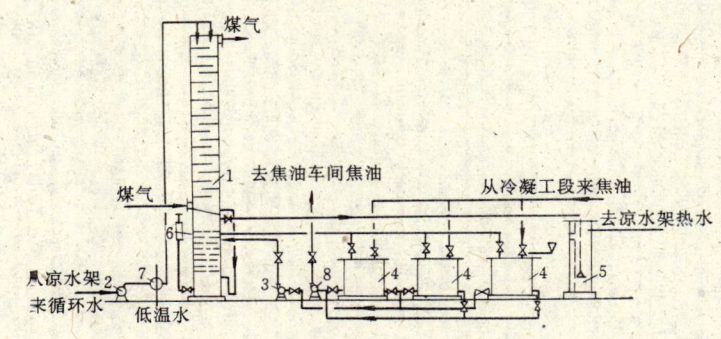

图 2-2-2 终冷和焦油洗萘工艺流程
1—终冷塔(下部为焦油洗萘器);2—循环水泵;3—焦油循环泵;4—焦油;
5—水澄清槽;6—液位调节器;7—循环水冷却器;8—焦油泵

终冷塔上部为终冷器,煤气终冷和脱萘过程同上法。含萘的冷却水由终冷器底部经水封管流入下部焦油洗萘器底部,在焦油洗萘器自下而上流动,洗萘的热焦油则由焦油洗萘器上部进入,通过筛孔从上而下与含萘冷却水逆流接触,从水中萃取出萘的焦油由洗萘器底部排出,静止脱水后送焦油加工车间。

3. 终冷洗油洗萘工艺流程:

这一流程特点是煤气洗油洗萘在前,煤气终冷冷却在后见图2-2-3。

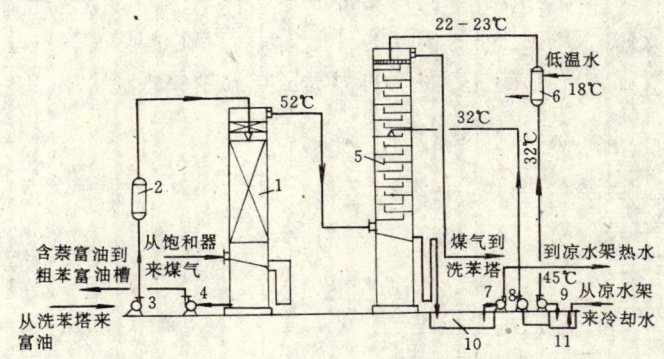

图 2-2-3 洗油洗萘加终冷工艺流程
1—洗萘塔;2—加热器;3—富油泵;4—含萘富油泵;5—煤气终冷器;
6—循环水冷却器;7—热水泵;8、9—循环水泵;10—热水池;11—冷水池

从硫铵工段来的55~60℃的煤气,先进入木格填料的洗萘塔。来自洗苯塔的洗苯富油由塔顶自上而下流动。喷淋洗涤逆向而上的煤气中的萘,洗萘后的富油含萘6%~7%,洗萘塔出口煤气含萘量降至0.5~0.8g/Nm³。洗苯富油温度比煤气温度高5~7℃,富油温度由间接蒸汽加热器来控制。因此,出洗萘塔的煤气温度略有提高。煤气进入隔板式终冷塔下段,经凉水架来的中温循环冷却水喷淋,煤气温度降低到40℃;然后进入塔上段用低温冷却水喷淋,使煤气温度降低到25℃。

这种流程用水量较少,塔后煤气含萘量也较低,但因操作温度高,限制了含萘量的进一步降低。

另一种终冷洗油洗萘工艺流程,煤气洗萘和最终冷却同在一个塔器内进行。见图2-2-4。

煤气经横管式终冷器和三层V—1型浮阀塔板组成的油洗萘塔,煤气温度经间接冷却降到25℃,并被贫油洗涤吸苯。洗萘贫油来自洗苯的贫油,贫油先经浮阀塔板吸收萘后,再冲刷凝结在冷却管束外壁上的萘。排除的洗萘富油返回洗苯工序,混入洗苯富油中,煤气中的水蒸汽在

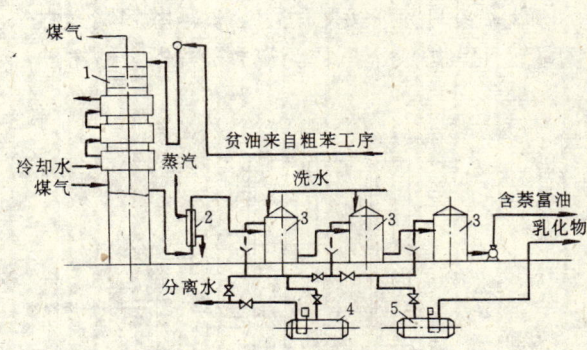

图 2-2-4 终冷洗油洗萘工艺流程
1—终冷洗萘塔;2—加热器;3—脱水槽;
4—分离水槽;5—乳化物槽;

冷却过程中,被冷凝下来,冷却水经油水分离后,或者混入洗氨富氨水中。

4. 终冷轻质焦油洗萘工艺流程：见图 2-2-5。

煤气从横管式终冷器顶部进入，经与 32℃循环水和 18℃低温水间接换热冷却到 25℃。冷却时，煤气中的水蒸汽被冷凝，萘被析出；与此同时，喷洒来自鼓风冷凝工段初冷器的冷凝轻质焦油洗涤和溶解，吸收冷却管束外壁的萘，洗萘后的轻质焦油用泵送回鼓风冷凝工段，与初冷器冷凝液混合，混合液分离出的部分轻质焦油，返回系统循环使用。

终冷油洗萘塔内存在着冷却、溶解和吸收过程。煤气先被充分冷却，温度降至萘的露点以下，析出的萘结晶随之溶解于洗萘富油或轻质焦油中，随着煤气温度的降低，煤气中萘的饱和蒸气压依然大于油表面的蒸气的分压，因而存在油吸收萘的过程。这一过程中，煤气中萘的饱和蒸气压，轻质焦油表面萘的蒸气压与温度关系见图 2-2-6。

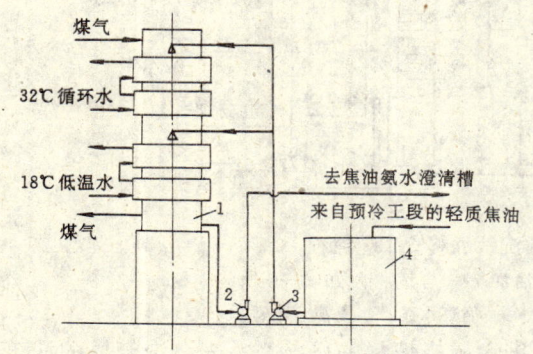

图 2-2-5 终冷轻质焦油洗萘工艺流程
1—横管终冷器；2—含萘焦油泵；
3—轻质焦油泵；4—轻质焦油槽

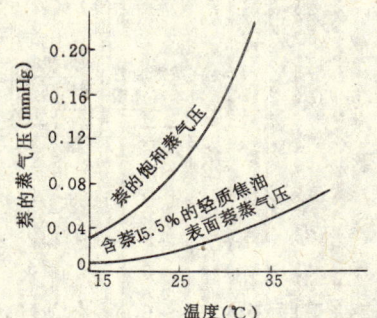

图 2-2-6 萘的饱和蒸气压、轻质焦油表面萘蒸气压与温度的关系
注：1mmHg＝133.32Pa

二、洗苯（吸苯）生产过程一般原理

焦炉煤气经最终冷却到 25℃左右后，依次进入三台洗苯塔，进入 1 号洗苯塔前的煤气中约含苯族烃 28～42g/Nm³，在洗苯塔中与逆向流动的洗油接触后，在 3 号塔后煤气中苯族烃含量要求低于 2g/Nm³。洗苯塔后的煤气可送往焦炉或工厂作为燃料，若作为城市燃气则需要进行最终脱萘。

含苯约 0.3%～0.5%的贫油，由洗油槽用泵送往 3 号洗苯塔顶依次经过各塔后，于 1 号洗苯塔底排出的即为富油，在富油中粗苯含量为 2.5%左右。其工艺流程见图 2-2-7。

富油与脱苯蒸馏所得的分缩油混合后一起送往脱苯蒸馏系统，脱除粗苯后的洗油（贫油）经冷却后又回到洗油槽循环使用。

洗油吸收煤气中粗苯蒸气的过程乃是物理吸收过程，当煤气中粗苯蒸气的分压大于洗油表面上粗苯蒸气压时，煤气中的粗苯就被洗油吸收，而两者之间的差值就是吸收粗苯过程中的推动力，故差值越大，则吸收过程进行得越容易，吸

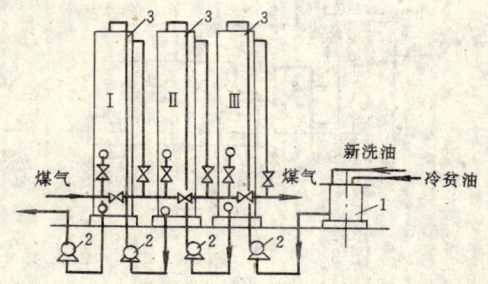

图 2-2-7 从焦炉煤气中回收苯族烃工艺流程
1—洗油槽；2—洗油泵；3—木格洗苯塔

收的速率也愈快。此外吸收过程的进行还与洗油和煤气的物理性质（粘度，重度等）有关，与吸收过程的条件（温度，洗涤塔型式，气体流速和喷洒密度等）有关。

第二课 终冷洗苯效率

一、影响终冷脱萘效率的因素

一般来说，影响终冷脱萘效果的因素有：煤气流量及压力，煤气含萘量，吸收操作温度，冷却方式，冷却面积，冷却水温度、流量、压力，吸收剂类别，吸收面积，循环洗油流量、气液比等。

1. 脱萘负荷：终冷方式不论是直接冷却还是间接冷却，终冷脱萘不论是洗油脱萘还是水洗脱萘，影响终冷脱萘效率的主要因素之一，是进塔煤气露点和对应的饱和萘含量，这与前工序硫铵工段、冷凝鼓风工段工艺路线，生产方式（如硫铵工段采用饱和器法，无饱和器法，或半饱和器法，以及冷凝鼓风工段的初冷器后煤气集合温度）和工艺操作水平有直接关系，这些决定了终冷脱萘的工作负荷。

2. 吸收剂：吸收剂含萘量对脱萘效率影响很大，吸收剂含萘量的大小，直接影响其表面萘的蒸汽分压，煤气与吸收剂的萘的蒸气分压差就是煤气脱萘的传质推动力，其压差数值与传质推动力成比例。

3. 煤气脱萘的吸收温度是指煤气与吸收剂在传质过程中接触面的平均温度。终冷脱萘对煤气是冷却过程，吸收温度较低，煤气出口温度就低，如果煤气出口温度低于煤气进口萘的露点的差值大，析出的萘量就多，煤气出口含萘量就会大大降低。

(1) 对于终冷机械化脱萘工艺流程，机械化刮萘槽的刮萘效率，水和萘分离效率，凉水架冷却效率，间接式冷却器冷却效率对终冷脱萘效率均有影响。

(2) 对于终冷热焦油除萘工艺流程，洗萘焦油质量，洗萘焦油占循环冷却水量的比例，焦油的操作温度等对终冷脱萘效率均有影响。

(3) 对于终冷洗油洗萘工艺流程，富油含萘量，富油循环量和吸收温度等对终冷脱萘效率均有影响。

此外，对于煤气在终冷塔间接冷的同时，油洗萘工艺流程常用的洗萘用油有：焦油洗油、轻柴油和轻质焦油。焦油洗油对萘的溶解度比轻柴油高，在厂内可实现自给。轻柴油本身不含萘，吸收萘的能力强。轻制焦油又是本厂的中间产品，有较好的吸收萘的能力。

二、提高终冷脱萘效率的方法

1. 终冷脱萘之前的冷凝鼓风工艺线路、硫铵工艺路线的选定和工艺操作水平提高使终冷塔进口煤气温度尽量接近或达到煤气的露点温度，这样在煤气冷却和洗萘过程中煤气极易出冷凝液和析出萘。此外，设法降低煤气露点温度，使终冷塔入口煤气含萘量低，萘负荷较低，均可提高终冷塔的脱萘效率。

2. 吸收剂无论是焦油洗油（贫油或富油），轻柴油，轻质焦油或水，一般都要求循环使用，气相与液相压差越大，吸收萘的传质推动力就会越大。

3. 吸收温度在一定的范围内要控制低一些，如图 2-2-8 所示。

轻质焦油含萘量一定时,吸收温度越低,煤气中平衡的萘含量就越低,但吸收温度不能过低,一般控制在25℃左右为宜。

4. 根据各厂的实际情况,选择适宜的终冷脱萘工艺,洗涤塔的型式,填料层的高度,冷却面积,喷淋密度,气液比,和操作状态均对提高终冷脱萘效率有较大的影响。

三、影响洗苯效率的因素

1. 煤气中原有苯族烃含量:煤气中原有的苯族烃含量越大,即苯族烃在煤气中的分压越大,吸收效率越高,于是平衡时洗油中苯族烃浓度亦越大。通常煤气中苯族烃浓度波动在 28～42g/Nm³,一般小于 40g/Nm³ 时,在平衡时,洗油中苯族烃的容积浓度不超过 2.5～3.5g/Nm³。

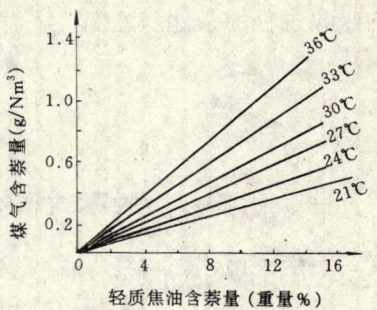

图 2-2-8 萘在轻质焦油与煤气中的平衡关系

2. 煤气的总压力:增加煤气的总压力时,则每单位气体中苯族烃的浓度即相应增加,也就增大了苯族烃在煤气中的分压,从而提高了吸收速度,因此将增高了苯族烃的浓度。

3. 吸收温度:吸收温度是指洗苯塔内煤气和洗油接触面的平均操作温度,它取决于煤气和洗油的温度,也受大气温度的影响。

图 2-2-9 所示为洗油和煤气中粗苯的平衡浓度关系曲线。由图可见,当煤气中苯族烃含量一定时,吸收温度越低,洗油中粗苯含量越高。

又当吸收温度提高时,洗油温度提高,洗油液面上苯族烃的平衡蒸汽压随之增大,吸收推动力减少,因而使得苯族烃的回收率降低和洗苯塔后煤气中的苯族烃含量(塔后损失)增高。图 2-2-10 表示苯族烃的回收率(η)及洗苯塔后煤气中的苯族烃含量(a_{b2})与吸

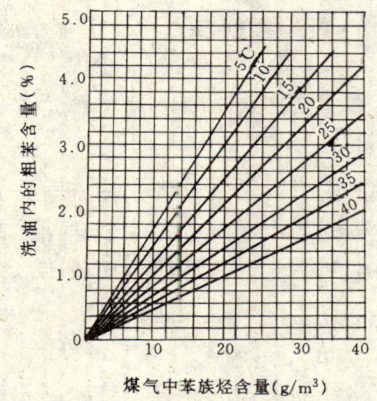

图 2-2-9 洗油和煤气中粗苯的平衡浓度关系曲线

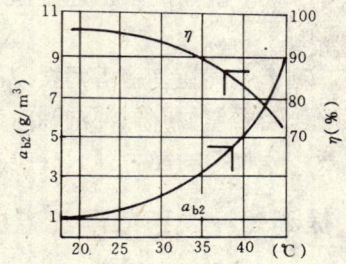

图 2-2-10 η 和 a_{b2} 与吸收温度之间的关系

收温度之间的关系。从图可见,当吸收温度高于 30℃ 时,回收率显著降低,塔后煤气含苯量则显著增高。但是温度也不宜过低,当低于 10～15℃ 时,洗油的粘度特征显著地增加,不利于洗油运输,也不利于洗油在洗苯塔内均匀分布和自由流动,当洗油温度低于 10℃ 时,还可能从油中析出固体残渣。因此,最适宜的吸收温度约为 25℃,实际操作温度波动于 20～30℃ 范围内。

洗油的温度应比煤气的温度高一些，以防止煤气中的水汽被冷凝下来并进入洗油中。在夏季比煤气温度高 0～2℃；冬季比煤气高 5～10℃。具体差值视大气温度而定。

为保证适宜的吸收温度，煤气在入洗苯塔前，应通过最终冷却设备冷却至 18～28℃ 贫油（指经过脱苯后含极少量苯的洗油），一般控制在 30℃ 以下。

4. 洗油的循环油量：同类液体吸收剂的吸收能力与其分子量成反比，吸收剂与溶质的分子量越接近，则吸收得越完全。当其它条件一定时，洗油的分子量越小，将使洗油中苯族烃含量越大，即吸收得越好。但洗油的分子量也不宜过小，否则在脱苯蒸馏时与苯族烃不易分离。

由于石油洗油的分子量比焦油洗油的大，从煤气中回收同一数量的苯族烃所需石油洗油和焦油洗油的数量与其分子量成正比，故石油洗油比焦油洗油所需量约大 30%。

增加循环洗油量，可降低洗油中苯族烃的含量，因而可以提高苯族烃的回收率。但循环洗油量也不宜过大，以免在脱苯蒸馏时过多增加蒸汽的消耗量和冷却水用量。

按装入煤量计算，循环洗油量为 0.50～0.55 m^3/t 干煤。

按煤气量计算，循环洗油量为 1.5～1.7 kg/Nm^3 干煤气。

5. 贫油中的苯族烃含量：入洗苯塔贫油中苯族烃含量越高，则塔后损失越大，一般要求塔后煤气中苯族烃含量低于 2g/Nm^3。为了达到上述指标，实际操作时贫油苯族烃含量可取为 0.3～0.5%，如果进一步降低贫油中苯族烃含量，虽然有助于降低塔后损失，但将增加脱苯蒸馏时的蒸汽消耗量，使粗苯 180℃ 前馏出物减少，即相对地增加粗苯 180℃ 以后的馏出量，并使洗油的耗量增加。

6. 吸收表面积：为了使苯族烃从煤气中转入洗油中，必须使气液两相之间有一定的接触时间和一定的接触表面积。填料的表面积越大，则煤气与洗油的接触越充分，回收过程进行得越完全。

在正常操作条件下，填料的吸收面积按 1.1～1.3 m^2/h·Nm^3 煤气定额，即可使塔后煤气苯族烃含量达到要求。吸收面积不宜过大，否则设备费用和操作费用陡增，而塔后损失量降低有限。

四、提高洗苯效率的方法

1. 保证适宜的吸收温度。煤气中苯族烃的含量一定时，吸收温度愈低，洗油中与其呈平衡的粗苯含量越高，相反，当吸收温度升高时，洗油液面上粗苯的蒸气压随之增大，吸收推动力变小，因而使粗苯的回收率降低和洗苯塔后煤气中的苯族烃含量增高，因此在操作中适当降低吸收温度，在贫油进入洗苯塔之前，在冷却器中进行冷却，并保持洗油温度略高于煤气温度，以防煤气中的水汽冷凝，这样可有效地提高洗苯效率。

2. 合理的调节循环洗油量，并保持各洗苯塔循环洗油量一定。通常在煤气量增减情况下要适宜的增减循环洗油量，一般循环洗油量的确定，按 1.6～1.8 L/Nm^3 干煤气计算；循环洗油量还要随回收温度的升高而增加，一般在夏季循环洗油量比冬季多。

3. 要保证洗苯用洗油质量。严格按焦油洗油质量指标购入洗油；对于循环洗油要坚持连续再生处理，满足循环洗油质量要求。理想的洗油应具有下列性质：

(1) 常温下具有较好的吸收能力，在加热时又能使粗苯很好地分离出来。

(2) 具有足够的化学稳定性，即长期使用后其吸收能力不降低。

(3) 在回收粗苯的操作温度下没有固体沉淀物析出，不会堵塞管道和设备。

(4) 不与水生成乳化物，并易与水分离。

(5) 有较好的分散性和流动性，易用泵抽送和在洗苯塔内填料上平均分布。

第三课 终冷洗苯主要设备构造与工作原理

一、终冷塔

焦化生产中煤气终冷塔多采用弓形筛板塔，筛板塔是化工生产中常用的气液传质设备。年产60万吨焦炭的焦化厂通常使用的终冷塔结构如图2-2-11，其结构包括塔体、塔盘、喷淋水分配管、斜槽底等主要部件组成。

塔体由Q235钢板卷制而成，并配制塔顶盖，其筒体分四段组成，终冷水槽段$\delta=12mm$，塔器体分别由$\delta=6mm$、$\delta=8mm$、$\delta=10mm$三部分组成。

终冷塔筛板共计19块，板间距1200mm 5档，板间距1100mm 6档，板间距1000mm 7档。每层筛板共由3块组成，每层筛板筛孔数共计1690个（孔径$\phi 10mm$），其孔的排列方式如图2-2-12，采用正三角形排列，孔间距65mm，在筛板的弦端有角铁，以使冷却水保持一定液位。

喷淋水分布管主要由$\phi 219$的10#低碳无缝管组焊而成。

斜槽底由$\delta=12mm$ Q235钢板及工字钢组成，其作用既做终冷塔底，又用做塔底终冷水槽顶盖。

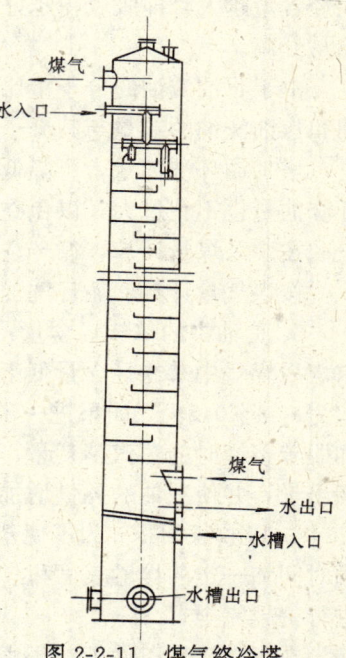

图2-2-11 煤气终冷塔

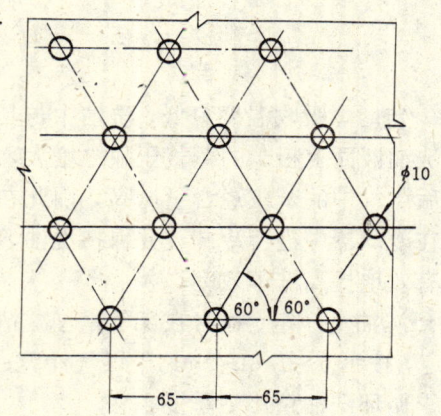

图2-2-12 筛板筛孔排列方式

终冷塔的操作中，既包括流体间的对流传热，又包括终冷循环水对焦炉煤气中萘的吸收作用。

终冷塔的传热机理在于焦炉煤气与冷却水之间逆流接触。在两种流体接触中，其间质点发生相对位移引起热交换，在对流传热中流体的流动状况对传热具有密切关系，在对流流动时，亦伴随煤气及冷却水流体质点间的热传导过程。

终冷塔对煤气中萘吸收的过程是一个物理吸收的传质过程。

吸收的操作是溶质从气相转移到液相的过程，其中包括溶质由气相主体向气液界面的传递，及由界面向液相主体传递过程。物质在单一相中的传递是靠扩散作用。

分子扩散是在一相内部有浓度差异的条件下，由于分子的无规则热运动而造成的传递现象。

在终冷塔作用过程中，焦炉煤气由塔底进入，冷却水由塔顶喷下，然后在塔内筛板由内向弓形缺口流动，如此反复折流，煤气穿过筛孔与流体错流接触并产生鼓泡作用，增大流体接触面积，在冷却水与煤气的接触中，煤气在塔内被冷却下来，在煤气冷却的过程中水蒸汽被冷凝下来，煤气中的萘被部分吸收下来。被终冷洗萘后的煤气从塔顶出口排出，进入洗苯塔，冷却煤气后的终冷水排入塔外的大水槽中，由终冷水泵抽出经终冷水冷却器冷却后循环使用。终冷水在大水槽中沉淀，并由捞萘设施捞去漂浮在水面上的萘。

二、洗苯塔

焦化生产中洗苯塔常采用木格填料塔、钢板网填料塔、筛板塔。年产60万吨焦炭的焦化厂常采用三台钢板网填料塔串联使用，其结构如图2-2-13所示，其主要构成有塔体、填料支撑、钢板网填料、木格栅、气液再分布板、喷洒液喷头及斜底组成。

塔体由Q235钢板卷制而成，并配制塔盖，塔体共分四段组成，分别由$\delta=10mm$、$\delta=8mm$、$\delta=6mm$钢板卷制而成的三部分塔筒体和塔底油槽段$\delta=12mm$组成。

为了增加喷洒液与煤气的接触面积，提高洗苯效率，洗苯塔内装有13层钢板网填料，每层填料由12组钢板网填料组成，见图2-2-14。每层高约1.5m，相

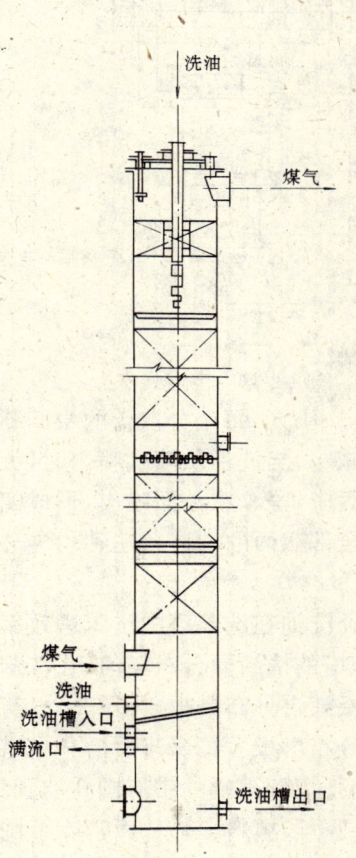

图 2-2-13 钢板网填料塔

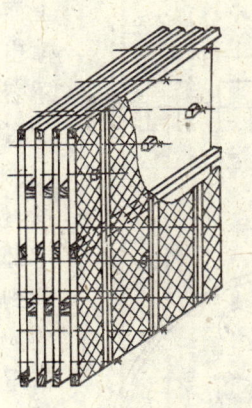 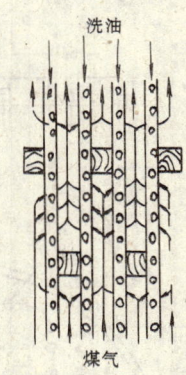

图 2-2-14 钢板网填料及两相作用示意图

邻两层填料按90°排列，木格相错60°。钢板网填料是用0.5mm厚的薄钢板，在剪板机上剪出一排排交错的切口，再将口拉开，形成整齐排列的菱形孔，将钢板网立着一片片叠合起来，相邻板间用厚20mm长短不一、交错排列的木条隔开，用长螺栓固定起来形成的。

在洗苯塔出口前另外安装1组7层的木格栅填料层，见图2-2-15，其主要作用是除去煤气中的洗油雾滴，起到气液分离作用。

木格栅填料由双头螺栓将若干条木板串联而成，板条之间夹有厚20～25mm、100×

100mm 的小木块做成的衬板，使相邻的板条间形成相应空隙，供煤气通过。

为了保证洗苯塔的操作良好，使洗油在洗苯塔的整个截面分布均匀，采用 ϕ45 宝塔式喷头，见图 2-2-16，这种喷头是由铸铁制成的喷嘴及支架 1 和 Q235 钢制成的中间带孔的分散

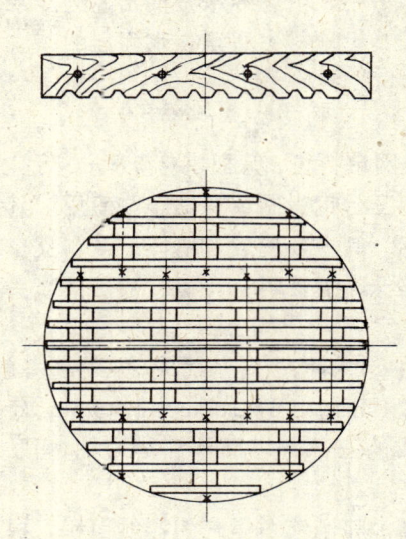

图 2-2-15　木格栅填料

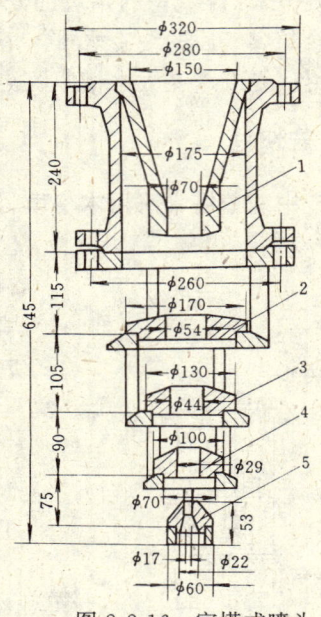

图 2-2-16　宝塔式喷头

盘 2、3、4、5 构成，每个分散盘的中间孔径由上而下逐渐减小。当洗油从喷嘴喷出时，大部分撞击在分散盘中，呈伞状油面喷出，形成四个覆罩着洗苯塔全部截面的油区，达到均匀分布油的目的。

为了保证洗油在洗苯塔中洗苯塔效率的发挥，使洗油在塔的横断面分布均匀，在洗苯塔的中部安装了气液再分布塔板，见图 2-2-17。洗油落到气液再分布塔板上，满流后沿分布塔板上的 ϕ14 管流下，流到下端的带有圆孔的圆板上，借重力喷溅到下段填料上，从而消除了洗油沿塔壁流下或分布不均匀。煤气沿分布板上 ϕ325 孔上升到上一层填料，达到均匀分布的作用。

斜底采用 Q235 钢板及工字钢（或槽钢）焊接而成，其作用是将洗苯塔与塔底贮槽分割开，既是洗苯塔底又是塔底油槽顶盖。

填料支承由 Q235 角钢与圆钢焊接而成，其作用起到支承填料的功用。

洗苯塔的操作是一个利用洗油吸收粗苯蒸气的物理吸收过程。其作用是溶质——煤气中

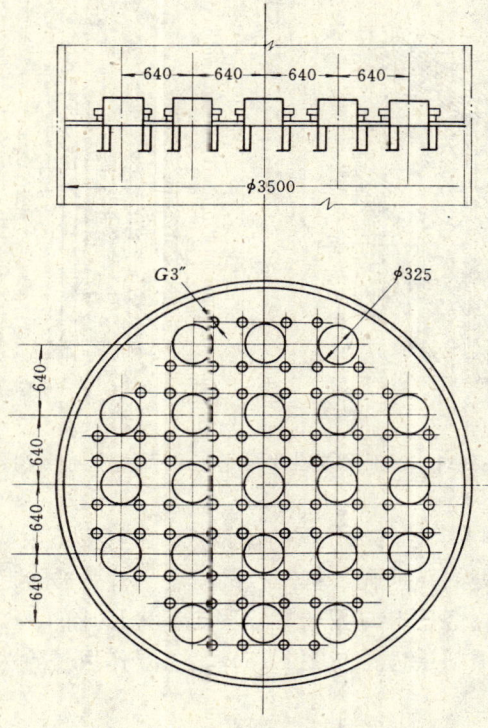

图 2-2-17　气液再分布塔板

所含气相苯向液相溶剂——洗油中移动的过程，这其中包括气相主体向气液界面的传递及由界面向液相主体的传递。

其吸收机理可用简单的例子加以说明：

如图 2-2-18，用一块板将容器隔为左、右两室，两室中分别充入温度及压力相同的 A、B 两种气体。当隔板抽出后，由于气体分子的无规则运动，左侧的 A 分子会窜入右半部，右侧的 B 分子也会窜入左半部。左右两侧交换的分子数虽然相等，但因左侧 A 的浓度高、右侧 A 的浓度低，故在同

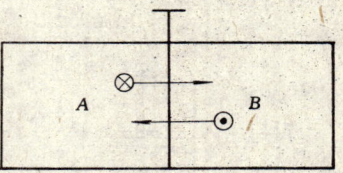

图 2-2-18　分子扩散机理

一时期内 A 分子进入右侧较多而返回较少。同理，B 分子进入左侧多而返回右侧较少。其最后结果必然是 A 由左向右、B 由右向左传递，即两种物质各沿其浓度降低方向发生了传递现象。实现这种传递凭借分子的无规则运动，其动力即为浓度梯度。

从分子扩散机理引伸到液相介质吸收气体溶质的过程中，在恒定的温度和压强下，一定量的吸收剂与混合气体接触，溶质便向液相转移，直至液相中溶质达到饱和，浓度不再增加为止。此时并非没有溶质分子进入液相，只是任何瞬间内进入液相的和从液相中逸出的溶质分子恰好相等，也就是此时混合气体中溶质分子的蒸气分压等于溶剂液面上溶质蒸气压力，当大于溶剂表面溶质蒸气分压时，同混合气体中的溶质将向溶剂中移动，这种溶解的动力就是两种压力的差值，此差值越大，则气体中溶质溶入溶剂的动力越大。

焦化生产中洗苯塔的洗苯过程即基于以上原理。从洗苯塔顶喷淋下来的洗油（贫油）经塔顶宝塔式喷头均匀喷下，被钢板网上木条分配到钢板网上形成液膜向下流动；煤气在网间向上流，当被钢板网的长木条挡住时，便穿过网孔进入邻近的空间。这样网上的液膜就不断的被鼓破，新的液膜又随即形成。在钢板网填料中，气液两相充分接触。由于煤气中的粗苯蒸气的分压大于洗油（贫油）液面上蒸气压，煤气中的粗苯被洗油吸收下来。洗油中的苯含量越低，气、液接触得越充分，洗苯效率越高。在钢板网填料中，气液两相的接触面积远大于填料表面积，并由于较激烈的湍动和吸收表面不断更新而强化操作。

洗苯后的煤气通过塔顶交错排列的木格栅，其中夹带的洗油雾滴被捕集下来。

经过三台串联的钢板网填料洗本塔后煤气含苯由 $30\sim40\text{g/m}^3$ 降至 2g/m^3。

三、脱萘塔

脱萘塔作为煤气终冷前的脱萘设备，对于保证煤气终冷塔的正常合理操作起着至关重要的作用。煤气的终冷前脱萘多采用木格填料洗涤，其结构如图 2-2-19 所示，主要由塔体、木格填料、填料支承、喷头、捕雾装置及气体再分布器组成。

脱萘塔塔体由 Q235 钢板卷制焊接而成，并配以塔顶盖。木格填料一般由松柏或椴木的风干材制作而成，其木格填料由未经刨光的木格栅条用双头螺栓串联而成，如图 2-2-15 栅条之间衬以 $100\times100\times20\text{mm}$ 或 $100\times100\times25\text{mm}$ 的小木块，使相邻的板条间形成了相应空隙 $20\sim25\text{mm}$。在构成木格填料的每块板条的下缘，沿长向每隔 $200\sim250\text{mm}$ 切开一个齿形缺口，且相邻板条的缺口应装成错开 1/2 或 1/4 间距，以使洗液能均匀分布。木格填料在塔内排列呈交错排列。

填料支承是由宽 $50\sim60\text{mm}$ 的扁钢焊制而成的铁格栅，木格填料置于其上。

捕雾装置由 6 组捕雾层组成，每组捕雾层由 40 层（即 80 张）$140\times140\text{mm}$ 型金属丝网

波峰波谷交错排列而成，如图 2-2-20。

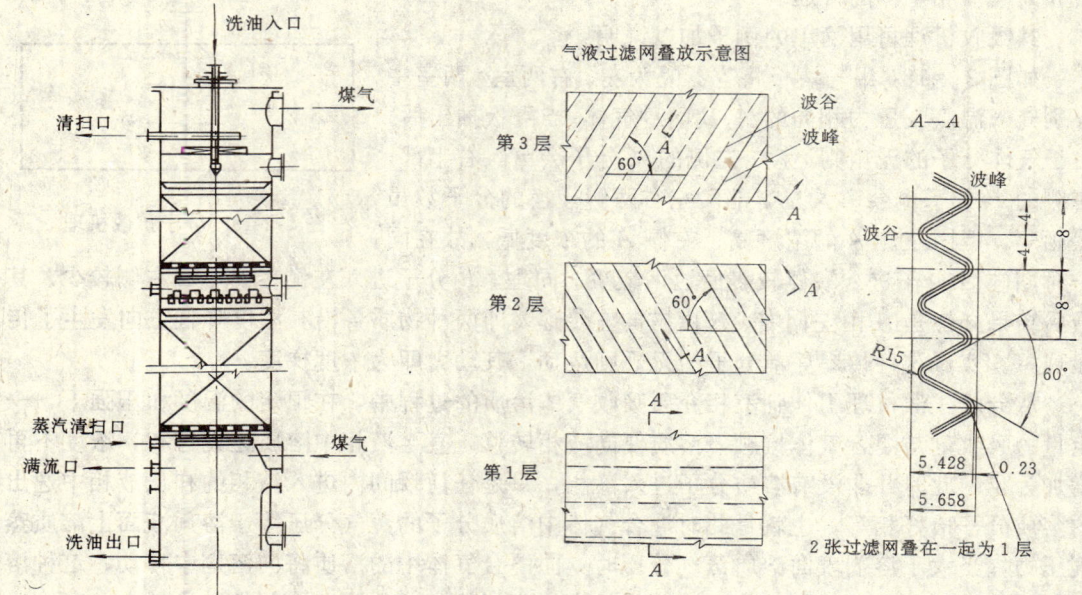

图 2-2-19　脱萘塔　　　　　　图 2-2-20　捕雾装置示意图

塔顶喷头采用 $\phi22$ 三线螺旋喷嘴如图 2-2-21 所示。

螺旋喷嘴由壳体与螺旋芯组成。当液体喷下时，螺旋芯在壳体内转动，使得喷嘴的液体因离心力的作用均匀散开。

气液分布器的作用是使洗油及煤气在脱萘塔内分布均匀，提高洗萘效率。其结构见洗苯塔。

脱萘塔脱萘机理是一个物理吸收过程，符合亨利定律。吸收机理见洗苯塔。

如图 2-2-19 所示，从顶部入口管来的洗苯富油经三线螺旋喷头均匀的喷下，喷淋到木格填料上沿板条缺口均匀分布，形成液膜，与上升的煤气充分接触，吸收煤气中的萘，煤气上升至塔顶，穿过丝网捕雾装置，捕集下煤气中夹带的洗油雾滴，煤气出脱萘塔进入终冷塔冷却。从填料层下来的富油经气液再分布器重新分布呈均匀状态，喷洒到下层木格填料层中与从塔底来的煤气逆向均匀接触，煤气中的萘被初次洗涤吸收，洗萘后的富油由塔底排出。被初次洗萘的煤气经气液再分布器的升气管均匀上升后进入上层填料进行第二次洗涤。

经脱萘塔洗涤后，煤气中含萘由 $2000\sim2500mg/m^3$ 下降至 $500mg/m^3$，以适应终冷塔操作的需要。

四、机械化刮萘槽

在焦化生产中，机械化萘沉淀槽被用来分离终冷废水中所混有的萘，其结构如图 2-2-22 所示。

机械化萘沉淀槽是一个上部为圆柱形，下部为圆锥形的池子，中心底部封闭的小槽 4，由钢板卷制的环形挡板 3，靠池的边部有单独隔开的溶萘槽，溶萘槽内安装有蛇形蒸汽加热

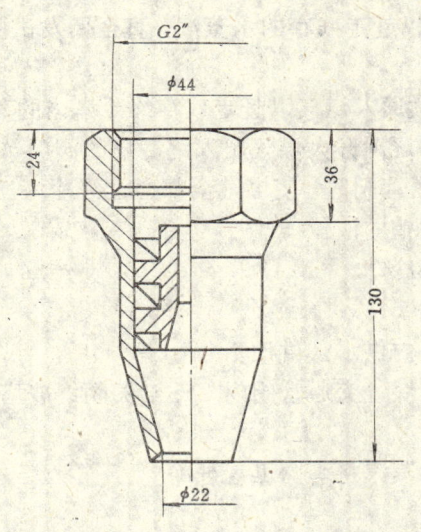

图 2-2-21 φ22 三线螺旋喷嘴

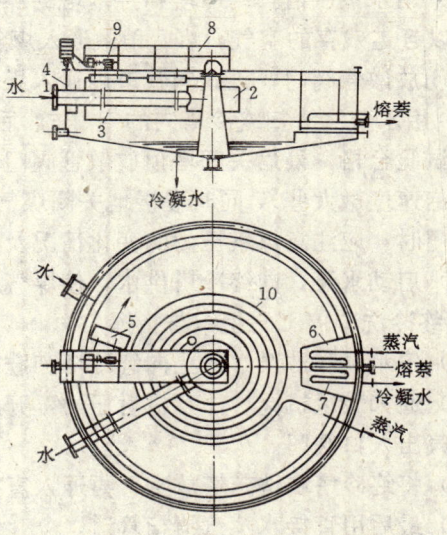

图 2-2-22 机械化萘沉淀槽
1—进水管；2—小槽；3—环形挡板；4—环形槽；
5—刮板；6—封闭式熔萘槽；7—加热蛇管；
8—转动桥架；9—电动机；10—加热蛇管

器，沉淀池底部安装有盘管间接加热器，沉淀池边上装有环形轨道，供池上转动旋转桥架走行所用，转动桥架上安装有传动机械驱动桥架转动，转动桥架上安装有刮萘刮板。

机械化刮萘槽的工作原理是基于沉降原理，不过此处溶质组分比溶剂轻而向上浮起。其基本过程为含萘冷却水沿进水管流入沉淀池中部的封闭小槽内，借此而流向上方。在水达到沉淀池内规定的水面高度后，从沉淀池中心向四周缓慢流动，并逐渐降低流速。水和萘在向沉淀池的四周流动时即行分层，大部分萘浮向水表面，当到达四周时，被浸入水中的约 500mm 的环形隔板挡住；而少部分含有杂质，密度较大的萘沉降至沉淀池底部，水则从环形隔板下流出并溢流入环形槽内，由此沿管道自流至凉水架。浮在水面上的萘用沿沉淀槽水面旋转的刮板刮到熔萘槽内。该槽底部装有蒸汽加热蛇管，定期熔化萘排出。

在沉淀槽底部也设有加热蛇管，定期熔化沉淀于槽底的萘（约 2~3 个月熔化一次）。沉淀槽容积应保证水在其间停留的时间 ≤30min，水在沉淀截面上流速 ≥0.01min/s。

第四课　终冷洗苯开、停工的组织与指挥

一、终冷洗苯开停工的组织与指挥

1. 终冷洗苯开工的组织与指挥

(1) 各岗位操作工考试合格后，全部上岗做好开工前的各项准备工作。

检查煤气终冷系统和洗涤系统的设备和管道，并使他们处于准备开工的状态。抽出终冷系统煤气与洗油管道上的盲板。

(2) 将水注满终冷塔的水封槽。

(3) 用水蒸汽清扫终冷塔和洗苯塔的煤气旁通管道，直至管道上放散管冒出水蒸汽时为止，以赶走残存的空气，然后稍微通入煤气，以赶走残存的水蒸汽，直至爆发试验合格，最后关闭放散管阀门，正式向管道内通入煤气。

(4) 用水蒸汽清扫终冷塔内的空气。然后稍微通入煤气以赶走残存终冷塔内的蒸汽，直至爆发试验合格，最后关闭塔顶放散管阀门，并逐渐开大煤气出入终冷塔的阀门（出口阀门的开启速度微大些），同时慢慢地关闭煤气旁通管阀门，使煤气全部通过终冷塔。在调节煤气阀门时，应注意煤气压力的变化情况及水封槽的液位。

(5) 启动水泵，向终冷塔供水，使煤气最终冷却。

2. 终冷洗苯停工的组织与指挥

(1) 停水泵和油泵，停止向终冷塔和洗苯塔内供水，供油。

(2) 通知鼓风机岗，注意机后压力，开各塔煤气交通管阀门，逐渐关闭终冷塔和洗苯塔的煤气出入口阀门。

(3) 将终冷塔和洗苯塔放空，再通入直接水蒸汽将塔内煤气赶净。

(4) 最后用直接水蒸汽清扫管道。

(5) 如果需停塔检修，打开煤气放散管阀门，将煤气进出口阀门处堵盲板。

(6) 洗苯塔开工前油封封好油，检查管道、阀门处于开工状态。

(7) 抽出洗苯系统煤气出入口及洗油管道盲板。

(8) 打开1#洗苯塔塔顶放散管阀门，由塔底及管道通入蒸汽，放散管冒大量蒸汽时，稍开煤气阀门，然后关闭蒸汽阀门。

(9) 当放散管冒煤气时，做爆发试验，合格后，全开出口阀门，慢开入口煤气阀门，同时关煤气交通管阀门。

(10) 按1#塔开工步骤开启2#、3#塔，使煤气依次串联通过1#、2#、3#洗苯塔。

(11) 洗苯塔煤气置换完成后，开启循环油泵向各塔送油，首先启动油泵向3#洗苯塔送洗油，待3#洗苯塔塔底油槽中达到一定液位后，再启动油泵将洗油依次打入2#洗苯塔、1#洗苯塔，待1#洗苯塔塔底槽中富油达到一定液位后，可以送蒸馏系统进行脱苯和加工。

二、终冷塔单元操作开、停工的指挥

1. 终冷塔单元操作开工的指挥

(1) 打开塔顶放散管及蒸汽清扫管阀门，用蒸汽赶空气。

(2) 见塔顶放散管冒大量蒸汽后，稍开煤气入口阀，稍关蒸汽阀门，用煤气赶蒸汽，见放散管冒大量煤气时，取样做爆发试验，合格后关塔顶放散管及蒸汽清扫管阀门。

(3) 通知鼓风机注意压力，开煤气出口阀门，慢关煤气交通阀门的同时开大煤气入口阀门。

(4) 正常通煤气后，开终冷水泵送水。

(5) 调整终冷水量，使煤气温度符合规定。

2. 终冷塔单元操作停工的指挥

(1) 通知鼓风机注意机后压力，停止送水，开煤气交通管阀门，关死煤气入口阀门，关小煤气出口阀门2~3扣，保持塔内正压。

(2) 将终冷塔水槽水放空。

(3) 如停塔检查，打开塔顶煤气放散管阀门，关死煤气出入阀门，堵盲板。通蒸汽赶净塔内煤气，检修前作空气分析，合格后方可进塔内检修。

三、脱萘塔单元操作开、停工的指挥

1. 脱萘塔单元操作开工的指挥（以洗油洗萘塔为例）

(1) 检查脱萘塔的煤气管线，洗油管线，和冷却水管线的阀门开闭状态，做好置换准备。

(2) 打开塔顶放散阀，通蒸汽，用蒸汽置换塔内空气。

(3) 见塔顶放散管大量冒蒸汽后，稍开煤气入口阀，稍关蒸汽阀门，用煤气置换塔内蒸汽，见放散管冒出大量煤气时，取样做爆发试验，合格后关塔顶放散管和蒸汽阀门。

(4) 通知鼓风机注意压力，开煤气出口阀门，慢开煤气入口阀，同时慢关煤气交通管阀门。

(5) 正常通煤气后，开洗油泵向洗萘塔送油（如果带有水冷的油洗萘塔，向洗萘塔送冷却水）。

(6) 调整各个部位，使各指标符合技术规定。

2. 脱萘塔单元操作停工的指挥

(1) 通知鼓风机注意机后煤气压力，检查设备状态，做好停工准备。

(2) 停止向洗萘塔送水送油，将设备中的油水放净，必要时用油管蒸汽清扫。

(3) 慢开煤气交通管阀门，慢慢全关煤气入口阀门，保持塔内正压。

(4) 如果停塔检修，打开煤气放散管阀门，关死煤气出入口阀门，堵上阀盲板。通蒸汽赶净塔内煤气，检修前作空气分析，合格后方可进塔检修。

四、洗苯塔单元操作开、停工的指挥

1. 洗苯塔单元操作开工的指挥

(1) 开工前油封封好油，检查管道，阀门处于开工状态。

(2) 抽出煤气出入口及洗油管道盲板。

(3) 打开塔顶放散管阀门，由塔底及管道通入蒸汽，放散管冒大量蒸汽时，稍开煤气入口阀门，然后关闭蒸汽阀门。

(4) 当放散管冒煤气时，做爆发试验合格后，全开出口阀门，同时关煤气交通管阀门和塔顶放管散管阀门。

(5) 按1#塔开工步骤开启2#、3#塔。

(6) 1#～3#洗苯塔煤气置换完成后，开启循环油泵，向各塔送油，当富油槽油面达到规定高度时，向粗苯蒸馏工序送油。

(7) 当贫油槽油面达到规定高度时，开启贫油泵向贫油冷却器送油，冷却后贫油回洗苯塔循环使用。

2. 洗苯单元操作停工的指挥

(1) 停止向各洗苯塔送洗油。

(2) 打开煤气交通管阀门。

(3) 临时停用时，关闭煤气入口阀门，且出口留3～6扣保持正压。

（4）如停工检修时，打开煤气交通管阀门，关闭出入口煤气阀门，打开放散阀，通蒸汽赶净塔内煤气，堵好出入口煤气盲板，检修前做空气分析，合格后方可进塔检修。

五、机械化刮萘槽单元操作开、停工的指挥

1. 机械化刮萘槽单元操作开工指挥

（1）检查机械化刮萘槽及所属设备上的各阀门处于开工状态，各部位正常，做好开工准备。

（2）终冷塔正常开工后，终冷循环水自流至刮萘槽中，启动机械化刮萘装置。

（3）终冷水在刮萘槽分离后，自流至凉水架冷却后，再经泵打回至终冷系统循环使用。

（4）待刮萘槽积聚一定量的萘后，定期开蒸汽间接加热器熔化萘后流入萘扬液槽，再用蒸汽压送到焦油槽或氨水分离槽。

2. 机械化刮萘槽单元操作停工指挥

（1）检查机械化刮萘槽及所属设备的运行状态，做好停工准备。

（2）停止向刮萘槽送水。

（3）机械刮萘装置停止运行。

（4）将刮萘槽中的萘熔化后流入萘扬液槽，全部压至鼓冷工段，停止向加热器送蒸汽。

（5）将槽及管线中的水，萘全部放净，用蒸汽吹净萘管。

第五课 终冷洗苯工段设备检修与试车

一、终冷塔

（一）检修周期及内容

1. 中修 36个月

（1）检查、修理或更换塔盘。

（2）检查、修理或更换塔内各构件和塔板支承结构腐蚀、冲蚀、变形情况。

（3）检查、调整塔盘不平度，检查修理塔盘做溢流的角铁情况。

（4）检查、清理筛孔及腐蚀情况。

（5）清理塔壁。检查塔壁的腐蚀、冲蚀、变形及各部焊缝情况，用仪器测量塔体壁厚，做气体强度和气密性试验。

（6）检查塔盘各处连接紧固件是否腐蚀、松动。

（7）检查塔板是否有脏物堵塞并清理之。

2. 大修 72个月

除中修内容外还包括：

（1）塔盘全部拆除、检查、修理或更换。

（2）塔的整体清理、检查、测量壁厚。

（3）检查塔的垂直度是否在允许范围以内，紧固地脚螺栓是否松动。

（4）检查塔基础有无裂纹、下沉。

（5）塔体除锈、刷漆。

(二) 检修质量要求及验收方法

1. 塔盘的质量标准

(1) 塔板所用材料的机械性能应符合设计图纸要求。

(2) 塔板边缘不应有尖锐毛刺。

(3) 塔板应安装水平,其允许水平度偏差≯5mm。

(4) 塔板长度误差为－24～0mm、宽度偏差－22～0mm。

(5) 筛板的相邻筛孔中心距离偏差≯±0.10mm。

2. 塔内结构件质量标准

(1) 支承圈与塔内壁焊接后,上表面的水平度在整个圈上的误差＜5mm。

(2) 相邻两层支承圈间距 S 的误差为±3mm;任意两层支承圈间距误差≯20mm。

(3) 主梁安装后,其上表面与支承圈支承梁的上表面应在同一水平面内,高低相差为梁长的 1/1000(但高差≯3mm)。

3. 塔体质量标准

(1) 塔体安装的垂直度偏差≯15mm。

(2) 塔的直线度偏差≯30mm。

(3) 塔体外壁应按 HGJ1074-79《设备管道的保温油漆规程》的规定刷漆、保温。

4. 验收方法

(1) 检查各附件是否安装齐全。

(2) 必须有完整的检查、鉴定和检修记录。

(3) 人孔封闭前检查内部结构质量是否符合标准。

(4) 以 0.04MPa 表压空气进行整体强度及严密性试验,先升压至 0.04MPa,停留 5min 后将压力降至 0.03MPa,停止给气,试验 1h,换算同温度条件下表压降率不超过 10%。并做好气密性试验记录。

塔的验收由厂设备科组织检修单位和使用单位一起进行全面检查,符合质量要求后试车交验,办理移交手续。

(三) 单元试车

1. 拆除煤气进出口盲板。

2. 打开塔顶放散管及蒸汽清扫管阀门,用蒸汽赶走空气。

3. 见放散管冒大量蒸汽后稍开煤气入口阀,用煤气赶蒸汽,见放散管冒大量煤气时,取样做爆发试验三次,合格后关闭放散阀。

4. 通知鼓风司机注意,开煤气出口阀,慢关煤气交通管阀门的同时开大煤气进口阀门。

5. 正常通煤气后,开终冷水泵送水。

6. 检查终冷塔送水正常后,其系统阻力情况满足工艺要求,塔后含萘达标。

7. 试车无问题后,终冷塔投入系统运行。

二、洗苯塔

(一) 检修周期及内容

1. 中修 36 个月

(1) 检查、修理或更换栅板。

(2) 检查、修理钢板网填料及木格栅层，并更换损坏部分，清理钢板网填料内污物。
(3) 检查、修理栅板的支承圈腐蚀、冲蚀情况，并修理完好。
(4) 检查气液再分布塔板的使用情况，修理损坏部分或全部更换。
(5) 检查、调整、修理 $\phi 45$ 宝塔喷头和清扫洗油喷头的情况。
(6) 清理塔壁、检查塔壁腐蚀情况，用仪器测量塔壁厚度。做空气整体强度及严密性试验。

2. 大修　72个月
(1) 塔内钢板网全部拆除，检查、修理或更换。
(2) 塔体彻底清理，检查、测量壁厚，并修补塔体损坏处。
(3) 检查洗苯塔安装垂直度，紧固地脚螺栓。
(4) 检查塔基础有无裂纹、下沉。
(5) 塔体除锈、刷漆。

(二) 检修质量要求及验收方法

1. 填料层质量标准
(1) 支承栅板所用材料必须满足强度要求，平整无损。
(2) 钢板网组装后，其厚度尺寸须满足图纸尺寸。当发现厚度小（钢板网可能压扁）时，可适当增加一、二层钢板网及木条。装配后双头螺栓伸出长度相等，装配好的分块钢板网填料长度、宽度允许偏差±10mm，但相邻两块尺寸要正负搭配。
(3) 装配好的分块木格栅长、宽允许偏差±10mm，由分块木格栅拼成一层木格栅，外圆直径允许偏差±10mm，分块木格栅上下两层的平行度≯2mm。
(4) 气液再分布塔板安装应水平，最高和最低点之差≯5mm。

2. 塔内结构件质量标准
(1) 支承圈与塔内壁焊接后，上表面的水平度在整个圈上误差＜5mm。
(2) 相邻两层支承圈间距 S 的误差±3mm，任意两层支承圈间距≯±20mm。
(3) 主梁安装后，其上表面与支承圈及支承梁的上表面应在同一水平面内。高低相差≯3mm。
(4) 喷淋喷头应满足图纸要求，喷头零件组装后必须同心，进行喷洒试验后方能装入。

3. 塔体质量标准
(1) 塔件安装的垂直度偏差≯30mm。
(2) 塔体的直线度偏差≯30mm。
(3) 塔外壁应按 HGJ1074-79《设备管道的保温油漆规程》的规定刷漆、保温。

4. 验收方法
(1) 检查各附件是否安装齐全。
(2) 必须有完整的检查、鉴定和检修记录。
(3) 人孔封闭前检查内部结构的检修质量（按前述要求）。

验收由厂设备科组织检修单位和使用单位一起进行全面检查，符合质量要求后试车，交验后，办理移交手续。

(三) 试车

1. 抽出洗苯塔煤气进出口及洗油管道盲板。

2. 打开塔顶放散管阀门，由塔底及管道通入蒸汽，放散管大量冒出蒸汽时，稍开煤气进口阀门，然后关闭蒸汽阀门。

3. 当放散管冒出大量煤气后，做爆发试验检测三次合格后，关闭放散管阀门，开煤气出口阀，慢开入口煤气阀，同时关煤气交通阀。

4. 送入洗苯贫油达正常量，检查煤气系统阻力及洗苯效率是否满足设计工艺要求。

5. 试运行无误后，投运。

三、脱萘塔

（一）检修周期及内容

1. 中修　36个月。

（1）检查、修理或更换填料支承圈栅板。

（2）检查、修理栅板支承圈的腐蚀、冲蚀情况，并修理完好。

（3）检查、修理木格栅板填料，部分更换损坏的部分，并清理木格栅内污物。

（4）检查气液再分布板的使用情况，修理损坏部分或更换之。

（5）检查、调整、修理喷头或更换。

（6）清理塔壁及塔底，检查塔体腐蚀情况，测量塔体壁厚，并做塔体强度和气密性试验。

2. 大修　72个月。

（1）塔内木格填料及栅板，气液分布器，喷头等全部拆除、检查、修理或更换。

（2）塔体彻底清理、检查、测量壁厚，并修补塔体损坏处。

（3）检查塔体安装垂直度，检查、紧固地脚螺栓。

（4）检查塔基础有无裂纹、下沉。

（5）塔体除锈、刷漆、防腐。

（二）检修质量要求及验收方法

1. 填料层质量标准

（1）支承栅板采用材料必须满足设计要求，平整无损，无尖锐毛刺。

（2）木格栅填料采用风干松、柏树材制作，不允许有裂纹、树节。装配好的木格栅长宽允许偏差±10mm；由分块木格栅拼成的木格栅外圆直径允许偏差±10mm；分块木格栅上下两层平行度偏差≯2mm。

（3）气液再分布板的安装应水平，最高点与最低点之差≯5mm。

2. 塔内结构件质量标准

（1）支承圈与塔内壁焊接后，上表面水平度在整个圈上误差≯5mm。

（2）相邻两层支承圈间距S的误差为±3mm，任意两层支承圈间距误差≯20mm。

（3）喷头应满足图纸安装技术要求，各部件组装后保持同心，装入塔内前做好喷淋试验。

3. 塔体质量标准

（1）塔体安装垂直度≯20mm。

（2）塔体的直线度偏差≯20mm。

（3）塔外壁应按HGJ1074-79的规定刷漆。

4．验收方法

(1) 检查脱萘塔各附件是否安装齐全。

(2) 必须做好完整的检查、鉴定和检修记录。

(3) 人孔封闭前，塔内部结构的检修质量满足要求。

(4) 强度及气密性试验按图纸要求进行，并有详细记录。

验收由厂设备科组织检修单位和使用单位一起全面检查，符合质量要求后，试车交验，办理移交手续。

(三) 试车

1．抽出脱萘塔煤气进出口盲板及各工艺盲板。

2．打开塔顶放散管阀门，塔内通入蒸汽，放散管冒出大量蒸汽时，稍开煤气进口阀门，关闭蒸汽阀门。

3．当放散管冒出大量煤气后，取煤气样，做爆发试验检测三次合格后，关闭放散阀，开煤气出口阀。

4．向脱萘塔送入洗油，检查煤气系统阻力及脱萘塔脱萘效率是否满足设计要求。

5．试运转正常无误后投运。

四、机械化刮萘槽

(一) 检修周期及内容

1．中修　24 个月

(1) 检查、修理或更换刮萘刮板。

(2) 检查、修理转动桥构架。

(3) 检查、调整修理环形导轨。

(4) 检查、调整修理环形挡板。

(5) 检查、清洗传动系统。

(6) 检查、修理刮萘槽中间小槽及相应管道。

(7) 熔萘槽及刮萘槽蛇形加热器打压试验。

(8) 刮萘槽内清理杂物。

2．大修　48 个月

(1) 包括所有中修内容。

(2) 转动桥架检查修理或更换损坏部件。

(3) 检查、更换环形挡板及刮萘板。

(4) 彻底检查传动系统，更换损坏部件。

(5) 彻底检查蛇形管加热器打压试漏，修补或更新加热器。

(6) 彻底除锈、刷漆、防腐。

(二) 检修质量标准及验收方法

1．检修标准

(1) 刮萘槽传动系统检修后，必须灵活好使，转动自如，没有犯卡现象。

(2) 环形轨道直径最大偏差≯±10mm。

(3) 环形轨道检修后挡板与池壁间距应均匀，挡板椭圆度偏差≯±20mm。

(4) 检修后蛇形加热器位置应满足图纸设计要求的位置。
(5) 检修后，按 HGJ1074-79 的规定刷漆。
2. 验收方法
(1) 检查刮萘槽各附件安装是否齐全。
(2) 对于刮萘槽检查、鉴定和检修、更换有详细记录。
(3) 工程完工后，彻底清除施工留在刮萘槽的遗留物，检查各部技术参数满足要求。
(4) 对蛇形加热器，打压试验及换管或整体更换有详细记录。
刮萘槽验收由厂设备科组织检修单位和使用单位一起全面检查，符合质量要求后试车交验，办理移交手续。

(三) 单元试车
1. 检查刮萘槽及其附属管道，阀门正常好用。
2. 对刮萘槽的转动部分进行润滑情况检查，保持良好润滑状态。
3. 开启刮萘槽转动部分，检查其在环形导轨中是否运行灵活好使。
4. 空试正常后向机械化刮萘槽导入终冷系统回流液，检查刮萘槽刮萘效果。
5. 刮萘槽刮板灵活好使情况下检查熔萘槽放萘情况正常后，交验投运。

第六课 终冷洗苯系统操作事故的处理

一、常见事故产生的原因、处理方法及预防措施

(一) 终冷塔阻力突然增长
1. 产生的原因
终冷塔至终冷水槽的"U"形管堵塞或阀门未开（一般在停工检修后，由于未检查到而产生），造成塔内液封。
2. 处理方法
(1) 应及时开终冷塔煤气旁通阀门，缓解机后压力，清扫"U"形管。
(2) 迅速打开"U"形管阀门。
3. 预防措施
(1) 经常检查"U"形管是否畅通。
(2) 新开工时，操作工和班长应分别检查阀门开关情况，并确认处于开工状态。

(二) 终冷塔煤气出口管堵塞
1. 产生的原因
初脱萘操作不好或停工，使终冷塔出口煤气夹带大量萘。在冬季气温较低时，煤气在出口管内被冷却，萘凝析在管壁上。
2. 处理方法
用热洗油喷洒煤气出口管，将萘溶化后进入1#洗苯塔底富油槽。
3. 预防措施
稳定初脱萘的操作或定期清扫终冷塔煤气出口管。

(三) 终冷塔后煤气温度过高

1. 产生的原因

(1) 进口煤气温度过高。

(2) 煤气量增大。

(3) 低温水温度过高。

(4) 终冷循环水量偏小。

(5) 终冷循环水冷却器堵塞，降低了换热效率。

2. 处理方法

(1) 及时向值班长汇报，稳定前面各工序的操作。

(2) 提高终冷循环水量和冷却水量。

(3) 及时向厂调度室汇报，稳定制冷站的操作，调节低温水进口温度。

(4) 开大终冷水泵的出口阀门，如果水量仍上不去，需要检查造成水量少的原因，如系终冷水泵的机械原因，则要倒泵处理；如系萘堵塞或结垢造成则需停工检查清理。

3. 预防措施

(1) 经常检查各部温度、压力、流量是否正常。

(2) 经常检查终冷水泵的运行情况。

(3) 补充新水时，必须使用软水。

(四) 终冷水泵出口压力过高

1. 产生的原因

(1) 终冷塔进口煤气含萘量高，终冷循环水中有大量被冷凝下来的萘，堵塞了泵出口或循环水冷却器。

(2) 终冷塔补充的软水量小或不能供应时，被迫使用生产水，加上硫铵操作不好，使煤气含氨高，在碱性的介质中，未软化的生产水更易结垢造成终冷水泵内出口管道和冷却器内大量结垢。

2. 处理方法

检查确认堵塞的位置及堵塞的原因后，向有关部门汇报，请其采取相应的措施解决堵塞的问题。

3. 预防措施

(1) 稳定初脱萘塔的操作，以降低终冷塔煤气进口的含萘量；加大终冷循环水量。

(2) 终冷塔的补充水必须使用软水，同时稳定硫铵的操作。

二、异常现象的判断与排除

(一) 洗油消耗过大　见表 2-2-1

表 2-2-1

异常现象	原　因	处　理　方　法
再生器排渣粘度小	再生器温度低 排渣量大	蒸馏工稳定再生器的操作
冷却水中带油	贫油冷却器因腐蚀或机械冲刷而漏油	1. 将已确认漏的冷却器停用检修 2. 稳定洗苯操作，降低循环洗油含水量 3. 稳定硫铵操作，降低煤气含氨

续表

异常现象	原　因	处　理　方　法
终脱萘塔进口煤气水封带油	洗苯塔后煤气油封槽排液管堵塞，3#洗苯塔捕雾层损坏	及时清扫排液管，贫油改入2#洗苯塔，3#洗苯塔停工检修捕雾层

（二）离心泵异常现象的判断与排除　见表 2-2-2

表 2-2-2

异常现象	原　因	处　理　方　法
泵输不出液体	1. 注入液体不够 2. 泵或吸入管内存气或漏气 3. 吸入高度超过泵的允许范围 4. 管路阻力太大 5. 泵或管路内有杂物堵塞	1. 重新注满液体 2. 排除空气及消除漏气处，重新启动 3. 降低吸入高度 4. 检查、清扫管路 5. 检查清理
流量不足或扬程太低	1. 吸入阀或管路堵塞 2. 叶轮堵塞或严重磨损腐蚀 3. 叶轮密封环磨损严重，间隙过大 4. 泵体或吸入管漏气	1. 检查清扫吸入阀及管路 2. 清扫叶轮或更换 3. 更换密封环 4. 检查消除漏气处
电流过大	1. 填料压得太紧 2. 转动部分与固定部分发生磨擦	1. 拧松填料压盖 2. 检查原因，消除机械磨擦
轴承过热	1. 填料压得太紧 2. 轴承已损伤或损坏 3. 电机轴与泵轴不在同一中心线上	1. 加油或换油并清洗轴承 2. 更换轴承 3. 校正两轴的同轴度
泵振动大有杂音	1. 电机轴与泵轴不在同一中心线上 2. 泵轴弯曲 3. 叶轮腐蚀磨损，轮子不平衡 4. 叶轮与泵体磨擦 5. 基础螺丝松动 6. 泵发生汽蚀	1. 校正两轴的同轴度 2. 校直泵轴 3. 更换叶轮，校正静平衡 4. 检查调整，消除磨擦 5. 紧固基础螺栓 6. 调节出口阀，使之在规定的范围内运转
密封处漏损过大	1. 填料磨损 2. 轴承轴套磨损 3. 泵轴弯曲 4. 动、静密封环端面磨损划伤 5. 静环装配歪斜 6. 弹簧压力不足	1. 更换填料 2. 修复或更换磨损件 3. 校直或更换泵轴 4. 修复或更换坏的动环或静环 5. 重装静环 6. 调整弹簧压缩量或更换弹簧

三、处理停电停煤气停水事故的组织与指挥

终冷洗苯工序的停电、停煤气、停水事故处理应在厂调度室、值班长统一协调与组织下，在班长直接指挥下进行，各岗位工应通力协作。在事故处理的过程中和结束后，都要由操作工和班长分别对每一项操作进行检查和确认，以确保准确无误。

（一）停电

1. 及时向值班长汇报。
2. 令洗涤泵工切断各泵电源，关闭各泵的出口阀门。
3. 令洗涤泵工注意各油槽液位的上涨情况，如液面过高，可放入地下槽。
4. 如电源不能马上恢复，须作如下处理：

（1）关闭各冷却器冷却水进口阀门。
（2）通知鼓风司机注意机后压力，组织人员手动打开各塔的煤气旁通阀门，关闭进口阀门，出口阀门留 2～3 扣保持正压。
（3）做好来电恢复生产的各项准备工作。

（二）停煤气

1. 询问停煤气的时间和停煤气的原因或目的。
2. 待蒸馏温度降低后，令洗涤泵工切断各泵电源，关闭各泵的出口阀门，关闭各冷却器的冷却水。
3. 通知鼓风司机注意机后压力；组织人员手动打开各塔的煤气旁通阀门，关闭进口阀门，出口阀门留 2～3 扣维持塔正压。

（三）停水

1. 停冷却水

此时粗苯蒸馏应作停工处理。

（1）询问停水时间。如停水时间短可作如下处理：
① 令洗涤泵工将终冷水一、二段冷却器走旁通。
② 令洗涤泵工将贫油一、二段冷却器走旁通。
（2）如停水时间长应作停工处理。
（3）作来水恢复生产的各项准备工作。

2. 停生产水

（1）询问停水时间。
（2）如停水时间不超过 1～2h，令泵工随时注意各泵轴封温度是否正常，如过高应作停工处理。
（3）如停水时间较长应作停工处理。

第七课　终冷洗苯工段技术经济指标

一、终冷洗苯综合技术经济指标

1. 直接式煤气终冷工艺流程设计要点

（1）最终冷却水用量，要按煤气入塔温度和煤气中含萘量等因素确定。当煤气温度在55℃以上，萘含量在1500~2000mg/m³，直接终冷水量指标宜在3.5~6.0m³/1000m³煤气。

（2）入塔的最终冷却水温度宜小于25℃，最终冷却水宜循环使用。

（3）选择最终冷却水的冷却降温工艺时，必须采取防止氰化氢等有毒物质污染大气的措施，如将冷水在进入凉水架前先脱除其中的氰化物，制取黄血盐或对终冷循环水进行间接冷却循环使用。

最终冷却水外排前，应经脱酚和脱氰处理。

（4）煤气在直接式最终冷却塔中萘的脱除宜采用水洗法或油洗法。

水洗法有萘沉淀池、焦油洗萘和机械化刮萘槽。直接式最终冷却水中萘分离，宜采用焦油洗萘，并符合下列要求：

①洗萘用焦油量，应按最终冷却水量5%计算。

②焦油洗萘器的容量，宜按1h洗萘用焦油量的6~8倍计算。

（5）焦油洗油洗苯工艺流程设计要点

①洗油循环量取1.6~1.8L/m³煤气，循环洗油中含萘量应小于5%。

②洗苯塔宜采用花环填料或钢板网填料。

③洗苯塔后煤气含苯量，应按2~4g/m³煤气考虑。

2. 综合技术经济指标的制定依据

（1）工艺要求：终冷洗苯工序入口煤气含苯约35~40g/Nm³，出口应达到2g/Nm³。工序各个技术、经济指标的制订，是以洗苯的工艺要求为主要依据。煤气经过终冷，洗萘和洗苯各个工艺处理，最终要达到煤气出口含苯的指标。

（2）经济合理：在设备投资，生产费用，包括各能源、原料、动力消耗以及产出等各个方面，应有明显的经济收益和社会效益。

（3）能源利用：有效地提高能源利用率，进与出系统的温度应符合工艺要求，通过传质，吸收等热量交换过程，达到系统的热量平衡，减小能源消耗，降低成本。

（4）物料平衡：包括系统苯平衡、萘平衡、水平衡、气相、液相各种介质，根据工艺要求，经过一系列的吸收，冷却等物化过程，达到投入产出合理。

（5）便于操作：制定各种技术经济指标也要考虑到实际的操作情况，有严格的要求，同时有一定操作弹性。

二、终冷塔单元技术经济指标

名称	单位	数据	备注
终冷塔前煤气温度	℃	55~65	露点40~50℃
终冷塔后煤气温度	℃	25~27	
终冷塔煤气阻力不大于	Pa	1500	
终冷塔前冷却水温不高于	℃	25	
终冷塔后热水温度	℃	45	
1000Nm³煤气/h需冷却水量	m³	6	隔板式塔

1000Nm³ 煤气/h 需冷却水量	m³	6.5	水冷洗萘流程
1000Nm³ 煤气/h 需冷却水量	m³	2.5～3	水冷流程
煤气在隔板或缺口间平均流速小于	m/s	4.5	

三、脱萘塔单元技术经济指标

1. 焦油洗萘终冷工艺技术经济指标：

洗萘用焦油量与终冷水量	%	5
洗萘器容量（对溶萘用焦油）	h	6～8
水沉淀槽容量	h	1
洗萘器入口焦油温度	℃	90
洗萘器底部焦油温度	℃	80

2. 洗油洗萘终冷工艺技术经济指标：

洗萘塔前煤气温度	℃	55～60
洗萘后富油含萘	%	6～7
洗萘富油比煤气温度高	℃	5～7

3. 水-油-水洗萘终冷工艺技术经济指标：

预冷段煤气出口温度	℃	40～45
油段操作温度	℃	40～45
水洗终冷段煤气出口温度	℃	25

四、洗苯塔单元技术经济指标

指　标	单　位	标　准	备　注
入洗苯塔煤气温度	℃	25～27	
入洗苯塔贫油高度	℃	27～30	
循环洗油量	m³/1000Nm³ 煤气	1.6～1.8	
贫油含苯量	%	0.2～0.4	焦油洗油
富油含苯量	%	1.8～2.5	同上
洗苯塔阻力	Pa	不大于1000	每台木格塔
塔后煤气含苯量	g/Nm³ 煤气	不大于2	

五、指标异常的分析思路与方法

终冷洗涤工序操作中的指标出现异常时，应从以下几个方面进行分析，找出原因，采取措施，及时调整，恢复正常。

（1）根据物理过程及化学反应机理分析。

(2) 根据单元或系统的工艺要求，联系外部的基本条件进行分析，由个别指标的波动看到全局及外部联系，找出原因并及时采取相应措施。

(3) 通过热量平衡和物料平衡进行分析，如某温度变化，就应考虑到局部热平衡被破坏，但会重新建立新的热平衡，相关的温度均会变化，然后通过介质的流量、压力等工艺参数进行调整。

第八课　终冷洗苯的班组管理

一、终冷洗苯工序的班组构成

以天津第二煤气厂为例，该厂终冷洗苯工序对硫铵工段酸洗塔脱氨后的煤气先进入终冷塔降温洗萘，再依次进1#、2#、3#洗苯塔，焦油洗油洗苯，回收煤气中粗苯的一个生产工序。

本工序岗位工设在粗苯工段四班三运转班组中，每班设1名终冷洗苯洗涤工，四班共计4人。

二、终冷洗苯岗生产技术内容

(1) 负责终冷洗苯系统的正常生产，保证在最佳条件下洗涤，使洗苯塔后煤气含萘达到规定指标。

(2) 稳定各泵、终冷塔、洗苯塔的操作，调节压力、温度、流量符合技术要求。

(3) 负责加新洗油，做好计量工作，降低洗油单耗。

三、各班组生产技术管理要点和方法

吸收温度和塔后含苯是终冷和洗苯系统的关键指标，可以衡量终冷操作的洗萘效率以及煤气洗苯操作的洗苯效率和净化效率。

1. 控制吸收温度，符合技术规定

(1) 严格终冷塔的操作，按照煤气量的变化，调节终冷塔循环冷却水量符合技术要求。调整终冷水一段冷却器，二段冷却器正常运行，确保终冷塔入口的循环冷却水温度符合技术规定。

(2) 按照设计要求，终冷循环冷却水要连续外排和连续补充足够量的软水。

(3) 定期清扫终冷循环冷却水系统和循环水槽，保证水质合格稳定。

2. 严格操作，控制塔后煤气含苯合格

(1) 要求脱苯系统操作正常，贫油含苯指标符合技术规定。

(2) 调整贫油系统的操作，保证贫油一段冷却器和贫油二段冷却器正常运行，使贫油入塔温度合格。在洗苯塔的洗苯过程中，保持油与煤气温度有一定温差，使油不带水，确保吸收效率。

(3) 稳定洗苯塔的正常操作，定期检查喷淋状态，根据煤气量，调节循环洗油量，符合技术要求。

四、终冷洗苯洗涤岗位责任

1. 负责终冷洗苯系统的正常操作,保证煤气塔后含苯和富油含苯达标。
2. 稳定终冷塔,洗苯塔及各泵的操作,调节工艺,使各部位技术指标符合技术规定。
3. 负责加新洗油,抽洗苯地下槽洗油和负责接洗油工作,并做好计量工作。
4. 负责操作记录,负责所属设备的维护保养,工具管理。
5. 严格执行各项安全工作规定,保持卫生区整洁。

第三章

粗苯回收中级工

第一课 脱 苯 原 理

一、粗苯回收（脱苯）生产一般原理

从含苯富油中蒸出粗苯是根据洗油和粗苯两种组分沸点的不同，用蒸馏的方法进行分离脱苯的，虽然粗苯和洗油沸点有一定差异，但两者是完全互溶的物质，而且其液体混合物不具有恒沸点，同时洗油又是此混合物中主要的组分，因此混合物的沸点介于粗苯和洗油的沸点之间，并趋近于洗油的沸点，故需将富油加热到 250～300℃ 才能将粗苯蒸出来，而加热到这样高的温度会引起洗油因受热分解而变质，同时动力消耗很大，又不便操作，实际上富油加热到 250～300℃ 进行脱苯是不可行的。

为了降低脱苯蒸馏的温度，可以采用水蒸汽蒸馏法或真空蒸馏法，国内各焦化厂均采用水蒸汽蒸馏法。

当加热互不相溶液体混合物时，若各组分的蒸气分压之和达到塔内总压时，液体即行沸腾。故由洗苯工序送来的含苯富油进行富油脱苯过程中，通入大量直接水蒸汽，当塔内总压为一定时，气相中水蒸汽所占的分压愈高，则粗苯和洗油的蒸气分压愈低。即在较低的脱苯蒸馏温度下，可将粗苯较完全地从洗油中蒸出来。因此，直接蒸汽用量对于脱苯蒸馏操作有重要影响。

但水蒸汽通入量太大时，则塔底压力过高，蒸汽上升时挟带液量增加过多，从而造成液泛现象。

为防止蒸气冷凝进入脱苯塔塔底贫油中，要通入适当的过热的蒸汽，当入塔直接蒸汽温度高于洗油温度时，直接蒸汽用量将随其过热温度的提高而成比例地减少，提高富油预热温度（亦即提高粗苯的分压）或者提高过热蒸汽温度，可减少直接蒸汽用量。

二、脱苯的几种方法

1. 蒸汽加热的富油脱苯

粗苯蒸馏工艺流程，按生产的产品可分生产一种苯和生产出轻，重两种苯的流程，脱苯塔系统通常可分塔顶设分缩器，无回流和塔顶设冷凝冷却器，打回流两种。蒸汽法生产两种苯工艺流程见图 2-3-1。

由洗涤工序来的富油，经粗苯冷凝冷却器与脱苯塔油蒸气换热后，与塔底热贫油换热至 90～100℃，再在富油预热器用间接蒸汽加热至 135～145℃ 后进入脱苯塔内。

富油在脱苯塔内提馏段逐板向下溢流的同时，在由再生器来的水蒸汽和油气蒸吹作用

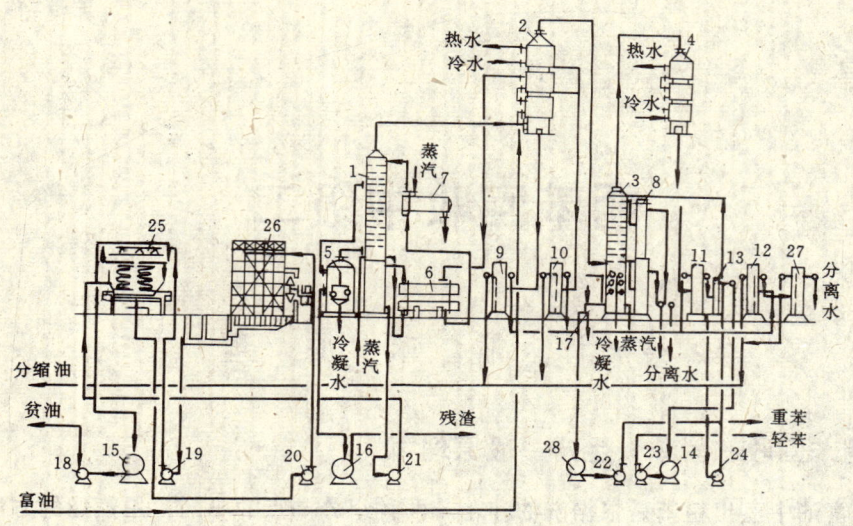

图 2-3-1 生产两种苯的工艺流程（蒸汽加热富油脱苯）
1—脱苯塔；2—分凝器；3—两苯塔；4—冷凝冷却器；5—再生器；6—贫富油换热器；7—预热器；8—油水分离器；9—重分缩油分离器；10—轻分缩油分离器；11—轻苯分离器；12—控制分离器；13—回流槽；14—轻苯槽；15—冷贫油槽；16—残渣槽；17—重苯冷却器；18—贫油泵；19—冷水泵；20—热水泵；21—热贫油泵；22—重苯泵；23—轻苯泵；24—回流泵；25—贫油冷却器；26—凉水架；27—控制分离器；28—重苯槽

下，富油中绝大部分粗苯，洗油中部分轻质馏分由洗油中蒸出来，同水蒸汽一起从塔顶逸出。粗苯蒸气进入冷凝冷却器，冷却至25～30℃，再经过油水分离器分出水后，进入粗苯产品槽。若生产两种苯，粗苯在两苯塔内分馏成轻苯和重苯。

洗油在循环使用过程中质量会变坏，为保持循环洗油的质量，将循环油的1%～1.5%引入洗油再生器，洗油被中压蒸汽间接加热至160～180℃，并用过热蒸汽直接蒸吹，蒸吹出的温度为155～175℃的油蒸气和水蒸汽的混合气，从再生塔顶部逸出后进入脱苯塔底部。留在再生塔底部的高沸点聚合物及油渣称为残渣油，用设备内的蒸汽压力，间歇地或连续地排至残渣油槽。

从再生器排出的残渣油，300℃前的馏出量要求低于40%，如馏出量过高，会将洗油的混合馏份排出，并会增加洗油耗量。

洗油再生操作的好坏，对洗油质量和洗油耗量影响很大，在正常操作情况下，每生产1t180℃前粗苯，洗油耗量为100kg，石油洗油耗量为50～100kg。

2. 管式炉加热的富油脱苯

国内焦化厂所采用的管式炉脱苯工艺流程有多种形式：有只设一座浮阀蒸馏塔的；有设脱苯塔和两苯塔两座塔的；有的设脱水塔和脱萘塔两座塔的；有的设脱水塔和脱萘汽提塔，有的则不设；有的脱苯塔设分缩器，有的则不设。目前以设两座塔的操作比较稳定。管式炉法生产两种苯工艺流程见图2-3-2。

由洗涤工序来的富油，经粗苯冷凝冷却器与脱苯塔来的粗苯蒸气换热到60～70℃后，进入贫富油换热器，加热至130～140℃后，进入脱水塔闪蒸脱水，脱水后温度为120～130℃。从脱水塔底部排出的富油用泵送至管式炉加热至180～200℃后进脱苯塔。

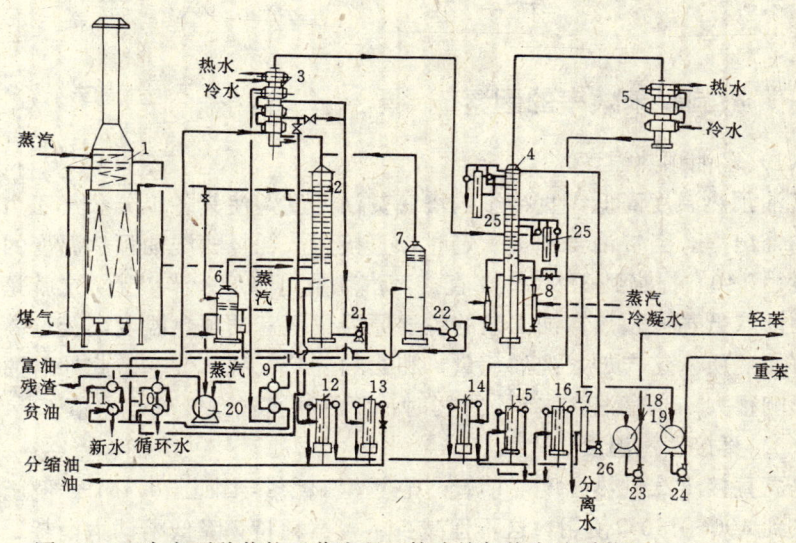

图 2-3-2　生产两种苯的工艺流程（管式炉加热富油脱苯）

1—管式炉；2—脱苯塔；3—分凝器；4—两苯塔；5—轻苯冷凝冷却器；6—再生器；7—脱水塔；8—两苯塔加热器；9—贫富油换热器；10——段贫油冷却器；11—二段贫油冷却器；12—重分缩油分离器；13—轻分缩油分离器；14—轻分分离器；15—轻油控制分离器；16—重油控制分离器；17—轻苯回流槽；18—轻苯槽；19—重苯槽；20—残渣扬液器；21—贫油泵；22—富油泵；23—轻苯泵；24—重苯泵；25—两苯塔油水分离器；26—回流泵

从脱苯塔顶溢出温度为 90～93℃ 的粗苯蒸气经粗苯冷凝冷却器冷却，分离水后流入中间槽。部分粗苯用泵送至脱苯塔顶作回流，回流比为 2～3。塔侧线引出萘油，塔底引出的贫油经与贫富油换热器中富油换热，再经贫油冷却器用循环水冷却，送回洗涤工序循环洗苯。为保证循环洗油的质量，管式炉后引出 1～2% 的富油进行再生。如生产两种苯，粗苯用泵自中间槽送至两苯塔进一步分馏，塔顶出轻苯，塔底出萘溶剂，侧线引出重质苯。

管式炉加热的富油脱苯工艺特点是富油的预热温度高，所以与蒸汽脱苯比较，具有以下优点：

（1）粗苯回收率高。由于富油在管式炉内的加热温度高，约达 180℃ 左右，故脱苯程度高，贫油粗苯含量可达 0.1% 左右，从而使洗苯塔后煤气含苯量降低。粗苯回收率可达 95%～97%。

（2）蒸汽耗量低。每生产 1t180℃ 前粗苯所耗蒸汽量约为 1～1.5t，且不受蒸汽压力波动的影响，操作稳定。

（3）酚水量少。蒸汽法脱苯每 t180℃ 前粗苯，能产生 3～4t 酚水。而管式炉法一般在 1.5t 以下。

（4）由于蒸汽耗量显著降低，可以大大缩小蒸馏和冷凝冷却设备尺寸，从而降低了设备费用。

因此，国内外许多焦化厂采用了管式炉加热富油的脱苯工艺。

第二课　脱　苯　效　率

一、影响脱苯效率的因素

(1) 富油预热温度

富油预热温度高低，直接影响塔底贫油温度，使其各组分蒸气压力变化，进而影响各组分的馏出率。当贫油含苯量一定时，直接蒸汽耗量随洗油预热温度的升高而减少，当富油温度由140℃提高到180℃时，直接蒸汽耗量可降低一半以上，这就是用管式炉加热富油工艺逐渐取低蒸汽预热富油工艺的主要原因。但富油预热温度不能过高，否则洗油会因受热分解而变质，这样加大洗油耗量，和影响洗苯、脱苯效率。此外富油含水量对富油预热温度影响很大。当富油含水超过1%时，不易将富油预热到规定值。

(2) 直接蒸汽温度

提高直接蒸汽过热温度，可降低直接蒸汽耗量，因此，0.4MPa低压蒸汽在管式炉对流段过热到400～450℃使用，这不但减少了蒸汽耗量，降低了动力消耗，而且能改善再生器的操作，提高洗油质量。

(3) 塔内操作压力

塔内操作压力直接影响各组分馏出率，特别是对甲苯以后的组分影响更大。塔内操作压力与蒸汽耗量有密切关系，当其它条件不变时，蒸汽耗量将随着塔内总压的提高而增加，否则要达到脱苯要求，塔内操作温度必须要提高。当富油中粗苯含量较高时，在一定的预热温度下，由于粗苯的蒸气分压较大，对蒸出每t180℃前粗苯可减少直接蒸汽耗量。

(4) 塔器结构

塔板型式与塔板层数的改变，可使各组分的馏出率发生明显变化，特别是对甲苯、二甲苯馏出率影响更大，一般来说，塔板层数增加，各组分的集中度提高，馏出率增加。

此外，洗油质量，富油含苯，洗苯水平，入口煤气含萘，操作技术管理水平等均对脱苯效率有不同程度的影响。

二、提高脱苯效率的方法

(1) 提高富油的预热温度，则塔底贫油温度相应也高，此时贫油中各组分的蒸汽压变大，结果馏出率也增加。在塔板层数为14，压力为0.045MPa的条件下，做不同的贫油温度，对应各组分的馏出率试验表明，富油预热温度对于苯的馏出率影响不大，因为苯的挥发性大，在较低的预热温度下，就几乎全部蒸出，但对于甲苯以后各组分的馏出率影响很大。因此提高富油预热温度，会降低贫油中甲苯含量，使得甲苯的回收率得到提高。

(2) 控制好塔内操作压力。塔内操作压力增大，则各组分馏出率相应减小，反之，则相应增加。通过在一定条件，做不同操作压力，对应各组分馏出率的试验表明，塔内操作压力同样对苯的馏出率影响小，而对甲苯以后的组分影响大，正常生产的脱苯塔底部压力应小于0.03MPa（表压）。

(3) 增加塔板层数。增加脱苯塔精馏段和提馏段塔板层数，会有效地提高各组分，特别是甲苯、二甲苯的馏出率，各组分的集中度会相应提高，60年代设计多采用加料板以下的提馏段层数为12～14层，精馏段塔板层仅为两层，主要用来捕集蒸汽所夹带的油滴。近些年，为提高脱苯效率，出现了设计30～55层的脱苯塔。

（4）提高直接蒸汽量。即洗油与直接蒸汽kg数的比值减小，则各组分的馏出率增加，反之则各组分的馏出率减少。

一般蒸汽加热富油的脱苯工艺直接蒸汽用量对焦油洗油为3.5～4.0t/t180℃前粗苯，对石油洗油为4.0～4.5t/t180℃前粗苯。而管式炉加热富油的脱苯工艺，直接蒸汽用量对焦油洗油为1～1.5t/t180℃前粗苯。

通常在脱苯生产操作中，塔板层数一定，循环油量及塔内操作总压变动不大，因而对各组分馏出率影响最大的是富油预热温度及直接蒸汽用量，也是通常作为调节脱苯蒸馏操作的有效手段。

第三课　脱苯工序主要设备构造与工作原理

一、富油预热器（饱和蒸汽加热）设备构造与工作原理

焦化生产粗苯蒸馏过程中，在一些比较老的焦化厂其入脱苯塔前的富油加热不是采用管式炉加热，而是利用饱和蒸汽通过富油预热器为对含苯富油在入脱苯塔前进行最终加热。

1. 设备结构：富油预热器目前通用的为列管式加热器，其结构如图2-3-3所示，主要构件由筒体、管板、换热管、封头、隔板等组成。

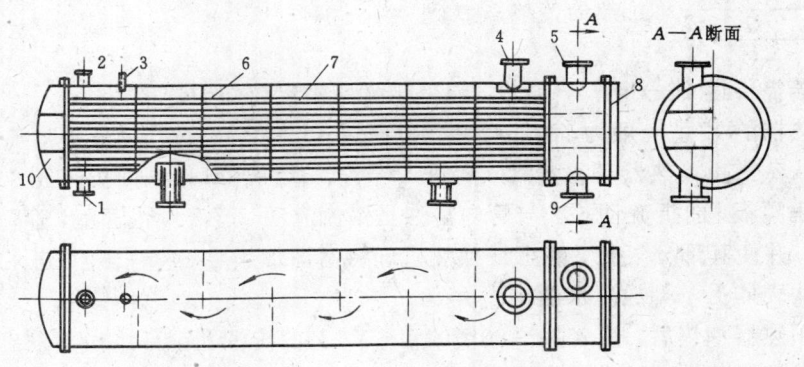

图 2-3-3　富油预热器

1—冷凝水出口；2—放散管；3—测压管；4—蒸汽进口；5—富油出口；
6—隔板；7—管子（$\phi 25\times 2mm$）；8—预热器封头；9—富油进口；10—预热器封头

结构形式采用固定管板式，管程采用8通程。筒体采用16Mn或Q235钢板卷制而成，管板采用16Mn材料制做，换热管采用$\phi 25\times 2$或$\phi 25\times 2.5$的10#钢无缝钢管制做，管长定尺6m±6mm，封头采用16Mn或Q235制造，在其间分隔成流道室，其形状如图2-3-3 A-A断面所示，隔板是将壳程分段装置，在富油预热器中共安装36块，由Q235材料制做。

2. 工作原理：焦化生产中，富油预热器的换热过程是典型的管间壁换热，关于间壁换热器的传热机理，其传热方式一般为热传导和对流传热两种。即热流体（温度t_1）先用对流给热方式将热量Q（kJ/h）传给管壁热侧（温度t_2）再以热传导方式将热量传过管壁冷侧（温度从一侧t_2到另一侧t_3），最后管壁另一侧又将热量以对流方式传给冷流体（温度t_4）。

冷热流体在流动中,温度是要变化的,上述传热方式的说明只是对管子的任一截面而言的,在稳定传热过程,管子任一截面处的冷、热流体和管壁相互关系如上所述,也是稳定不变的,这是实际换热器正常工作的情况。

两物体间温差越大,传递的热量也越大。间壁的面积越大,传递的热量也越大。上述传热过程有如下关系:

热载体对管壁一侧传热:$Q_1 = \alpha_1 F (t_1 - 2t_2)$　　kJ/h

管子热传导的热量:　　$Q_2 = \lambda/\delta F (t_2 - 2t_3)$　　kJ/h

管子另一侧传给冷流体的热量:$Q_3 = \alpha_2 F (t_3 - 2t_4)$　　kJ/h

式中　　F——管壁传热面积（m²）;

t_1、t_2、t_3、t_4——各处温度（℃）;

α_1——热流体给热系数（kJ/m²·h℃）;

α_2——冷流体给热系数（kJ/m²·h·℃）;

λ——管壁导热系数（kJ/m·h·℃）;

δ——管壁厚（mm）。

对于稳定传热,从热流体传给管壁再传给冷流体的热量相等,即 $Q_1 = Q_2 = Q_3 = Q$ 将三式相加则

$$Q = \frac{F(t_1 - t_4)}{\frac{1}{\alpha_1} + \frac{1}{\alpha_2} + \frac{\delta}{\lambda}} = KF(t_1 - t_4) \quad \text{kJ/h}$$

式中 $K = \dfrac{1}{\frac{1}{\alpha_1} + \frac{1}{\alpha_2} + \frac{\delta}{\lambda}}$ 称加热器传热系数。

由此可见,若需传递 Q 一定,K 越大,温差越大所需传热面积越小。

富油预热器的 K 值一般为 1672～2090（kJ/m²·h·℃）,在其操作中富油由管程入口进入流道室,蒸汽由换热器壳程蒸汽入口进入壳程,富油在管程来回折流经 8 个通程,而蒸汽由于壳程隔板曲折流动 6 次与管内富油呈错流流动,蒸汽传热管壁,管壁热传导,管壁传热富油,并使其部分气化。经上述换热机理将富油加热至 140～150℃进入脱苯塔,蒸汽侧冷凝水从壳体另一端经疏水器排出。

富油经预热器加热后,其 25%～30%的粗苯,1%的洗油及全部水份蒸发出来,提高了脱苯效率,减少脱苯塔直接水蒸汽用量。

二、圆筒式管式炉设备构造与工作原理

管式加热炉的炉型有几十种,按结构型式划分有箱式炉,立式炉和圆筒炉。按燃料燃烧的方式可分为有焰炉和无焰炉。

焦化生产脱苯蒸馏用管式加热炉采用的均为有焰燃烧的圆筒式加热炉。

1. 设备结构:255-25-ϕ127/ϕ127/ϕ89 圆筒式加热炉的结构如图 2-3-4 所示,主要结构包括圆筒体的辐射室,长方体的对流室和烟囱三大部分及炉底煤气火嘴组成。辐射室钢结构筒体由 Q235 钢板卷制而成,辐射室钢筒内壁衬石棉硅藻土绝缘材料做衬里,绝缘衬里外砌筑轻质粘土耐火砖。辐射室顶、底各为轻质耐热混凝土。辐射室内竖装排列了 38 根 180°急转弯头联接的 ϕ127 优质无缝管,炉管支架由 1Cr18Ni9Ti/HT200～400 制作。

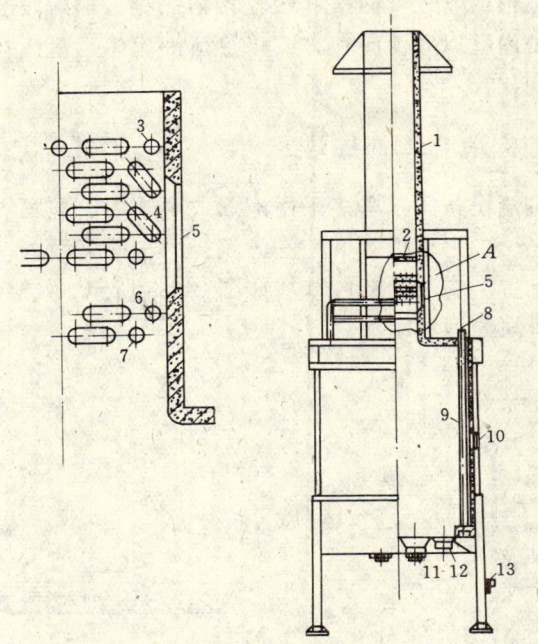

图 2-3-4 圆筒式管式炉
1—烟囱；2—对流室顶盖；3—对流室富油入口；4—对流室炉管；
5—清扫门；6—饱和蒸汽入口；7—过热蒸汽口；8—辐射段富油出口；
9—辐射段炉管；10—看火门；11—火嘴；12—人孔；13—调节闸板的手摇鼓轮

对流室是由 Q235 钢板焊成的长形对流室，对流室内有支对流段管束的管板，内衬轻质耐火混凝土，管板外是内衬混凝土的封盖，对流室管束由两部分组成，一部分由 54 根由 25-180°-ϕ127×10-215 弯头连接的 ϕ127 洗油对流管段管束，一部分是 36 根由急弯头 25-180°-ϕ89-160 连接的 ϕ89 蒸汽对流段管束。对流室上部与烟囱连接。

烟囱是由 Q235 钢板卷制而成 ϕ1080×6 的圆筒形烟囱，烟囱由石棉硅藻土绝热材料外罩轻质耐火混凝土。烟囱下部用不锈钢制作的翻板用来控制烟囱开度。从而控制管式炉炉膛燃烧状况。

煤气燃烧嘴在圆筒管式炉底部共有四组，每组燃烧火嘴均由烧嘴本体，点火孔盖及调节机构组成，每一组燃烧火嘴内各安装了 16 个煤气喷嘴，煤气由喷嘴入管式炉与所需空气混合后燃烧。

2. 工作原理：管式炉内加热蒸汽产生过热蒸汽的过程机理，是在对流段管箱内由炉膛产生的带有热载体的烟气，通过对流传热的基本方式由烟气将热能通过流体的对流传热到对流段蒸汽排管外壁，而蒸汽排管外壁通过热传导的传热方式传到管内壁，管内壁又通过流体的对流传热将热量传给被加热蒸汽。

而管式炉内的含苯富油加热过程机理，在对流段内的热量传递过程与对流段加热蒸汽的机理相似，亦是对流传热-热传导-对流传热。在辐射段内加热富油的过程机理为辐射，对流传热-热传导-对流传热。在管式炉炉膛内燃烧煤气产生的热量，通过热辐射传热的方式和对流传热（热载体）的方式传递热量给辐射段炉管外壁。在热辐射传热的过程中，不仅产生能量的转移，而且还伴随着能量的转换，即在煤气燃烧处热能转为辐射能，以电磁波形式向空间传送，当通过辐射管外壁时被其吸收转为热能。辐射段油管以热传导的方式将热能从外壁传到内壁又由内壁以对流传热方式传给富油流体，富油在接受热能的同时伴有部分流体的气化形态的变化。

三、脱苯塔设备构造与工作原理

作为粗苯生产的主要设备脱苯塔多采用泡罩式脱苯塔。泡罩塔是化工生产气液传质设备中应用最早的塔型之一，它在板式塔中是最流行的一种塔型。

1. 设备构造：焦化生产中常用的脱苯塔如图 2-3-5 所示，主要结构包括塔体、塔盘、溢流调节板、降液管、蒸汽鼓泡器组成。

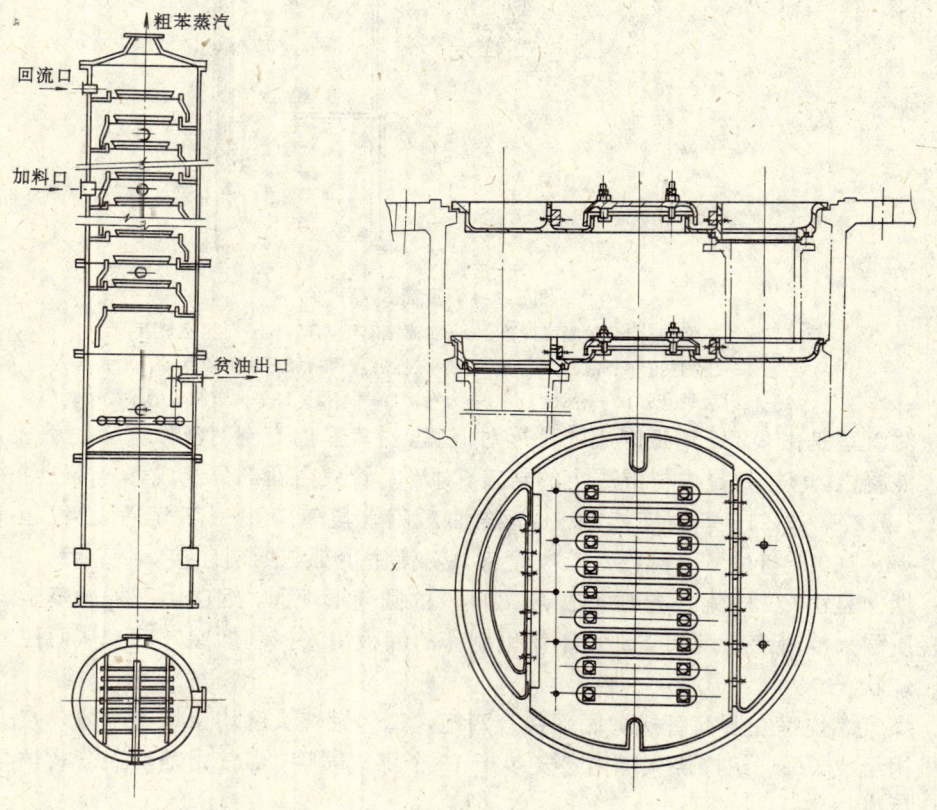

图 2-3-5　脱苯塔　　　　图 2-3-6　条形泡罩盘示意图

塔体是由塔座、塔盖，及各种规格计 19 件塔圈等铸铁件组装而成，其材质为 HT200-400。其塔内共安装 30 层条形泡罩塔盘，其中精馏段 15 层，提馏段 15 层。精馏段板间距 400mm，提馏段板间距 600mm。塔盘是由 HT200-400 铸造而成，见图 2-3-6。其部件包括泡板，条形泡罩及不锈钢固定件组装后由两层塔圈夹于中间起到固定作用。

调节堰板由 HT200-400 铸铁铸造而成，其作用是根据蒸馏情况调节其高低，以控制泡板上液体高度。

降液管由 HT200-400 铸铁铸造而成，由固定螺栓固定在泡板上，其作用将上一层泡板的液体导入下一层泡板并形成液封，防止气相走短路影响蒸馏效率。

蒸馏鼓泡器,由 HT200-400 铸造而成的 $DN100$ 铸铁管制成,其作用是为加热脱苯塔内富油提供蒸馏所需要的热源。

2. 工作原理:焦化生产中脱苯塔的操作是采用水蒸汽蒸馏法的蒸馏过程。众所周知,蒸馏是分离液体混合物的单元操作。这种操作是将液体混合物部分气化,利用其中各组分挥发度不同的特性以实现分离的目的。这种分离操作是通过液相和气相的质量传递来实现的。这个气液传质过程的推动力,就是组分在两相中的浓度(组成)偏离平衡的程度。

我们知道,在一定的温度、压力下,混合液体的气液相之间的平衡压力是一定的,即一定条件下,混合液体在溶液上面的分压与液相中该组分的浓度成比例关系,当混合液体中某一组分的平衡分压小于气相中此组分的分压时,则气相中的组分向液相中转移直到气液平衡。反之当混合液体的某一组分平衡分压大于气相中该组分的分压时,则液相该组分向气相挥发。蒸发操作就是基于各组分挥发度不同的特性,各组分开气液平衡关系的差异来实现分离。进行多次部分气化和部分冷凝过程叫精馏。对于混合液体的不同组分,其沸点各不同,对于混合液体只有组分的蒸气分压达到系统总压时,液体达到沸腾。

脱苯塔的操作过程就是根据洗油和粗苯两者的挥发度不同,进行分离的。其过程就是精馏操作过程。

对于富油脱苯的蒸馏,只有富油加热到 250~300℃,才能达到脱苯的程度,而此温度会引起洗油变质。从前面我们知道的混合液体各组分蒸气分压和达到系统总压,混合液体即沸腾。因此,向脱苯塔内通入直接水蒸汽可使脱苯塔的蒸馏温度降低。即当塔内总压一定时,气相中水蒸汽分压愈高,各组分的分压则越低,且蒸馏温度越低,越有利于粗苯的馏出。

脱苯塔操作中,由管式炉来的富油从下数第 15 层塔板进入,在第 30 层塔板处粗苯打回流操作,第 27、25、23 层塔板引出萘油侧线,26、24、22 层为萘油侧线备用线。在第 29 层塔板设有水油引出口,28 层塔板为水油分离后,油引入脱苯塔内的入口,富油中的苯被上升的蒸汽吹出来,从塔顶引出,并做回流操作。

浸入脱苯塔底的蒸汽鼓泡器鼓入塔内的蒸汽与再生器来的直接蒸汽及油气一起沿塔上升,蒸吹富油中的苯,在脱苯塔内的塔盘上,蒸汽穿过条形泡罩上的细缝与液体一起上升,在这里气、液两相进行了充分的传热与传质,使液相中低沸点馏分部分气化,而蒸汽中高沸点的馏分冷凝,这样经过多层塔板反复部分气化和部分冷凝,结果低沸点的粗苯蒸气,水蒸汽由塔顶逸出,脱苯的贫油由塔底引出。脱苯后的热贫油从塔底引出进入贫富油交换器加热富油,而塔顶逸出的组分通过油汽换热器初步加热富油后经粗苯冷凝冷却器冷凝去苯分离槽。

四、两苯塔设备构造与工作原理

两苯塔的作用,是将脱苯塔精馏产生的粗苯进一步分馏成轻苯和重苯,为进一步加工精制做准备。焦化生产中常用的两苯塔有泡罩塔和浮阀塔两种。

(一)泡罩式两苯塔

1. 设备构造:焦化生产中常采用圆型泡罩塔其结构如图 2-3-7 所示,主要由塔体,塔盘,受液盘,降液管,计调堰板,外加热器等组成。

塔筒体由 Q235 钢板卷制而成,其总高 22m,其筒体分三部分组成,分别由 $\delta=10mm$,

$\delta=8mm$，$\delta=6mm$ Q235 钢板卷制而成。塔内安装了 30 层圆形泡罩塔板，其中精馏段 15 层，提馏段 15 层，精馏段板间距 450mm，提馏段板间距 600mm。塔板分双流程液体走向。塔盘见图 2-3-8 所示；由泡罩板，泡罩，挡液板组成，其材质均为 Q235 钢。其中泡罩为 $DN80$ 规格，采用带条形孔的圆形泡罩，泡罩排列采用三角形排列，泡罩间距 112mm。为了使液体更好的走向并提高接触效率，泡板上焊制了挡液板，另为检修排净泡板上的液体，泡板上钻制了 $\phi10$ 的泪孔。

调节堰板由 Q235 钢板制作而成，通过调节溢流堰板的高低，可以控制泡板上的液体量。

受液盘：受液盘是与泡板一体未开孔部分，其作用是接受上一层泡板溢流下来的液体并通过调节堰板控制一定液面满流到泡板上。

降液盘（管）：由 Q235 钢板焊接而成，其作用是将本层板通过溢液堰控制满流后，流向下一层塔板的，受液的盘并与之形成液封，避免气相走短路。

外加热器：外加热器是由无缝管制成的列管间接加热器。其作用是加热两苯塔所需的原料粗苯，为两

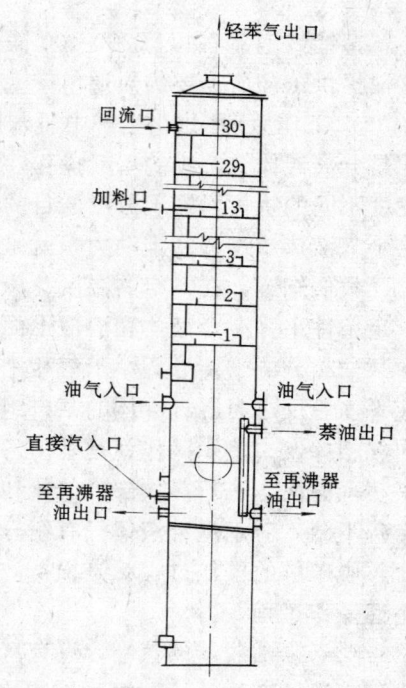

图 2-3-7 泡罩式两苯塔

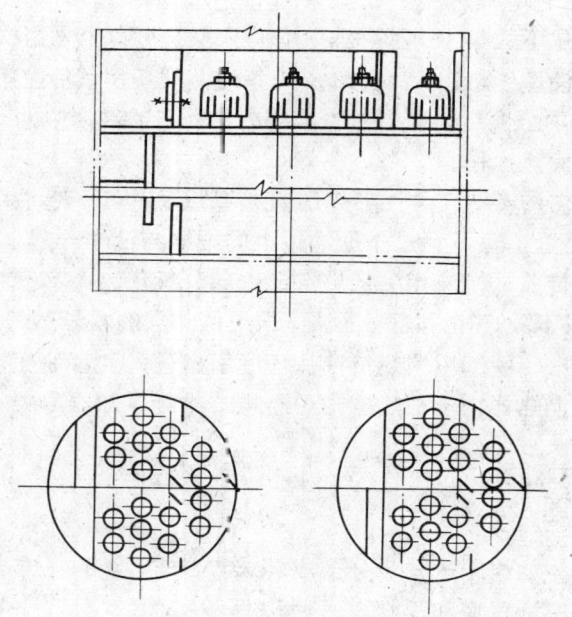

图 2-3-8a 圆形泡罩塔板

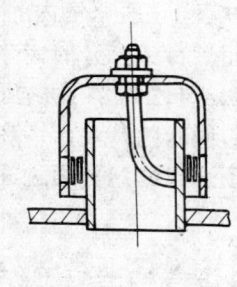

图 2-3-8b 圆形泡罩

苯塔生产轻苯提供所需的热源。

塔底蒸汽鼓泡器由 $\phi57$ 无缝管制成，其作用向两苯塔提供直接蒸汽。

2. 工作原理：两苯塔的操作是一种精馏操作过程，通过精馏操作生产轻苯、重苯、萘

溶剂油。

蒸馏的基本原理在脱萘塔的操作中已做了说明，此处不再说明。

在泡罩式两苯塔的操作中，粗苯原料分别从第13层、15层、17层、19层塔板引入，第30层塔板轻苯打回流，轻苯由塔顶逸出通过轻苯冷凝冷却器后进入油水分离器。重苯由第7层、9层、11层塔板引出。在塔底分别开有油汽入口、出口，供两苯塔操作外加热塔底介质用。塔底有引出萘油口。

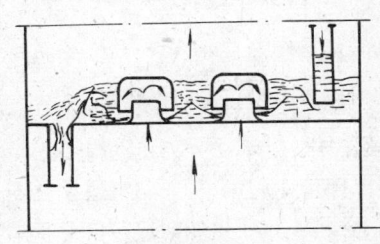

图2-3-9 泡罩塔板气液接触过程示意图

在泡罩式两苯塔内，通过塔底外加热器加热及直接蒸汽的鼓入将粗苯中的轻组分不断蒸吹出来，被蒸吹出来的蒸汽沿塔上升，通过塔盘上的泡罩后鼓泡穿过，与塔板上液体完成传质和传热过程。其接触过程如图2-3-9所示，在每一层塔板上装有若干短管作为升气通道，称为升气管。升气管高出液面，使板上液体不会从中漏下。升气管上附有泡罩，泡罩周边开有许多齿缝。操作状况下，齿缝浸没于泡板上液层之中形成液封。上升气体通过齿缝被分散成细小气泡或小气流股进入液层。泡板上的鼓泡液层或充气的泡沫体为气、液两相提供了大量的传质界面。液体通过降液管流下，并依靠溢流堰保证塔盘上有一定厚度液层。在此接触过程中，气液两相充分接触，使粗苯液体的轻组分部分气化，而蒸汽中的重组分部分冷凝。如此反复多次进行，于塔顶溢出轻苯，重苯组分则从下层第7、9、11层塔板引出，塔底引出萘溶剂油。

两苯塔的操作主要用轻苯回流量，间接蒸汽量及直接蒸汽加热气量来调节，操作中，尽量少用直接汽，以减少塔内冷凝水量。

(二) 浮阀式两苯塔

1. 设备构造：焦化生产中常用的浮阀式两苯塔如图2-3-10所示，主要由塔体，塔盘，调节堰板，外加热器等组成。

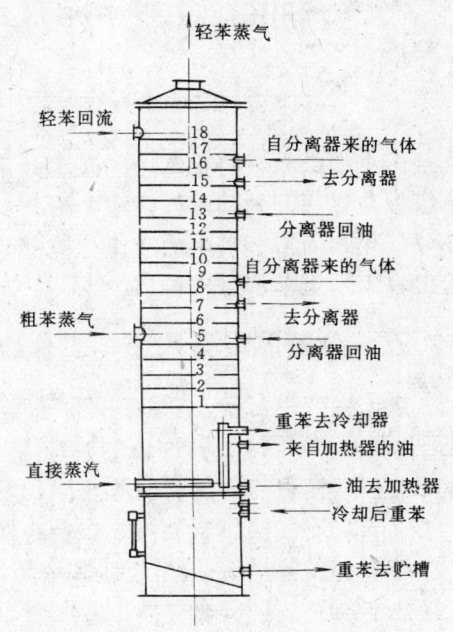

图2-3-10 浮阀式两苯塔

浮阀式两苯塔塔体由Q235钢板卷制焊接而成，塔内共安装有18层浮阀塔板。其中精馏段设有13层塔板，提馏段设有5层塔板。塔板间距440mm。

塔盘如图2-3-11所示，是由开有$\phi39$大孔的塔板，塔板上焊有降液管，受液盘挡板，塔板开孔处安装有F_1浮阀如图2-3-11所示，阀片的位置按三角形排列。

调节堰板由Q235钢板制作，通过调节堰板高低，控制塔板上的液体量。

两苯塔外加热器是由无缝管制成的列管式换热器，其作用是加热两苯塔底部物料，为两苯塔提供生产轻、重苯所需的热量。

塔底装有$\phi57$无缝管制成的蒸汽鼓泡器，向两苯塔提供直接蒸汽。

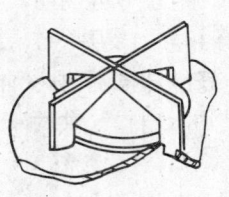
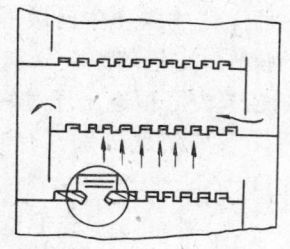

图 2-3-11　塔盘、浮阀示意图

2. 工作原理：浮阀塔的操作原理同泡罩塔的精馏原理。

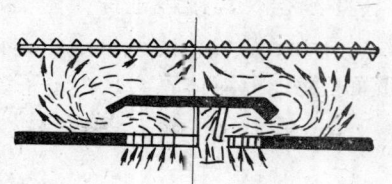

图 2-3-12　浮阀塔盘汽液接触过程示意图

在浮阀式两苯塔操作中，粗苯由第5层塔板进入，塔顶第18层塔板轻苯打回流，从第7层，14层引出分流物进分离器，由第8层，第16层塔板引入自分离器来的气体，第5层，第13层塔板引入自分离器来的回流，塔底开有间接加热器出入口，实现物料间接加热。塔底设有重苯槽，产生的重苯出塔，引入重苯槽。

在浮阀式两苯塔内，通过底部外加热器的加热及直接蒸汽的鼓入，将粗苯中的轻组分不断蒸吹出来，被蒸吹的蒸气沿塔上升，托起浮阀并从塔板与浮阀间的间隙鼓、泡如图 2-3-12 所示，完成传热、传质过程。粗苯液体中轻组分部分气化，而苯蒸气中的重组分被部分冷凝，如此反复多次，完成轻、重苯的分离。塔顶逸出轻苯，重苯从苔底排出。

五、分凝器设备构造与工作原理

焦化生产中对于14层塔板不打回流的脱苯塔，采用分凝器作为脱苯塔出口逸出气体的处理。而对30层塔板打回流的脱苯塔，其蒸馏逸出气体的处理采用油气换热器及粗苯冷凝冷却器，其作用与分凝器基本相似，下面就两种形式分别介绍。

（一）油气换热器及粗苯冷凝冷却器

该两台设备是30层塔板脱苯塔蒸馏系统常用的设备选型，脱苯塔出来的粗苯蒸气经油气换热器与富油进行热交换，将富油加热至70～80℃，使苯蒸气本身被冷却，并被部分冷凝。后由粗苯冷凝冷却器冷却后进入油水分离器。

1. 设备构造：油气换热器及粗苯冷凝冷却器均采用浮头式换热器，其规格 F_B1000-210-10-4、F_L1000-210-10-4，此换热器结构如图 2-3-13 所示，主要由壳体，管束，浮动管板封头，两端之封头等组成。

换热器筒体由钢板卷制的筒体与 16Mn 法兰焊接而成。管束分别由固定管板，浮头管板，换热管及折流板，导流筒等主要部件组成。管板采用 16Mn 材质制做，厚 $\delta=55mm$。换热管采用 $\phi25\times2.5\times6000$ 的 10# 钢无缝管，折流板采用 $\delta=6mm$ 钢板。管板与管子采用焊接结构，管程分4通道，壳程油气换热器板间距 450mm，共计 13 块折流板，而粗苯冷凝冷却器折流板间距 600mm，共计 9 块。导流筒采用 Q235 钢板制成。换热器管束换热管共计 567 根，另有 12 根低管支撑，换热管以正三角形排列。小浮头及两端封头采用 16Mn 材质制造，在小浮头及固定板封头均割成流道室。

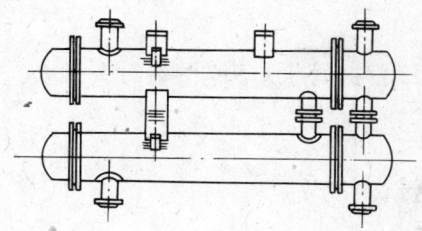

图 2-3-13a 换热器组示意图

注：型号介绍：
$F_B1000-210-10-4$

F-浮头换热器代号，右下角B代表$\phi25$管束（A代表$\phi19$）；F_L-浮头式冷凝器代号；1000-壳体公称直径（mm）；210-传热面积（m^2）；10-公称压力（MPa）；4-管程数。

2. 工作原理：油气换热器及粗苯冷凝冷却器的换热过程，均是冷却器的导热过程，其机理除了上述间壁换热器的特点外，还有粗苯相态变化由气态变成液态。

脱苯塔顶出来的苯蒸气进入油气换热器的管程与壳程，富油进行热交换后被冷却，管程的苯蒸气由入口进入后经过四个流程，其温度降至70～80℃。壳程富油经13次折流与管程的苯蒸气呈错流换热，被加热至70～80℃，进入贫富油热交换器。经前述换热机理，苯蒸

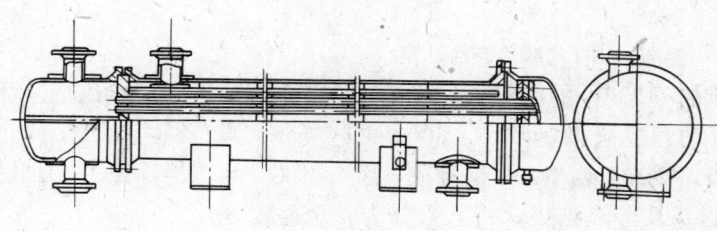

图 2-3-13b 换热器结构图

气在油气换热器中被部分冷凝下来，进入粗苯冷凝冷却器，在冷凝器中经9次折流冷却水与苯气液态混合物换热，将其冷却为苯液体，进入水油分离器分离出水后进入粗苯贮槽。

（二）分凝器的结构原理

分凝器的作用是将自脱苯塔顶部逸出的混合蒸气所含的相当数量的洗油蒸气和水汽冷凝下来，引入富油系统，以保证粗苯质量和稳定洗油质量，同时利用蒸气的冷凝热预热富油。

如图2-3-14所示，分凝器为由4个卧式管室组成的列管式换热器。蒸气从分凝器底部进入，经管外空间与管壁换热后，从顶部逸出。下面三组管室的管内走富油，其自上而下在管内往返12程（每台换热器4程），吸热后从最下层排出。上面一层管室的管内走冷却水，以控制分凝器顶出口温度90～91℃。蒸气通过时，被冷凝下来的洗油，密度比水大的分缩油从分缩器底部排出，称重分缩油，密度比水小的分缩油从分缩器二、三室底部排出，称轻分缩油，进行脱水后返回富油系统。分凝器总传热系数627～125kJ/m^3·h·℃。

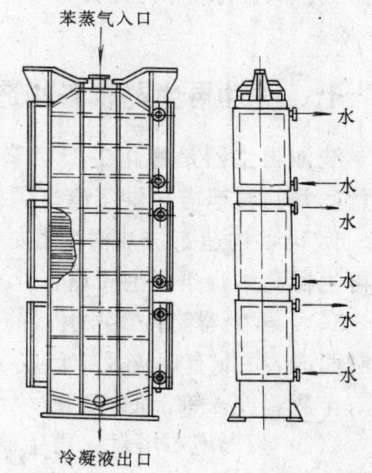

图 2-3-14 分凝器

六、冷凝冷却器设备构造与工作原理

焦化生产中两苯塔的冷凝冷却器根据工艺的不同采用不同的形式。

在60万t/a焦炭的焦化厂采用30层塔板两苯塔，冷凝冷却器采用$F_B800-160-10-4$浮头式换热器，而有的焦化厂采用三个卧式管室组成的管

式换热器。

（一）$F_B800\text{-}160\text{-}10\text{-}4$ 浮头式换热器

1. 设备结构如图 2-3-15 所示，主要结构由筒体、管束、浮头管板封头，两端封头组成。

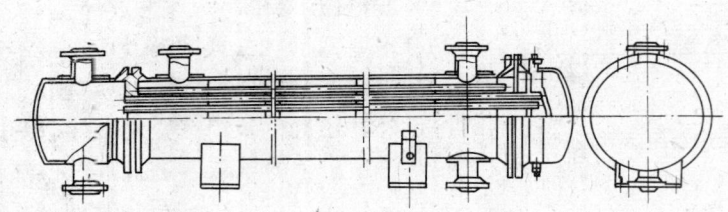

图 2-3-15　轻苯冷凝冷却器

筒体由 Q235 钢板卷制而成的 $DN800$ 的圆筒，两端与由 16Mn 制的法兰焊接组成，管束由 16Mn 制成的固定管板、浮动管板与 $\phi 25\times 2.5\times 6000$ 的 10# 钢无缝管焊接而成，其间装有 Q235 钢制成的 9 块折流板，导流筒由 Q235 钢制成，浮头封头，两端封头由 16Mn 材质制做，浮头封头，固定管板封头及分隔挡板，将管程分为 4 个通程。

2. 工作原理：冷凝冷却器换热机理是一个间壁式换热器，其换热机理与前述粗苯冷凝冷却器相同。

由两苯塔顶逸出的轻苯蒸气进入轻苯冷凝冷却器，经 4 个通程流动，被壳程经 9 次折流的冷却水错流换热冷却后，出冷却器进入轻苯水分离器，分离水后进入轻苯贮槽。

（二）三卧式管室冷却器

轻苯冷凝冷却器亦有采用三个卧式管室的冷却器如图 2-3-16 所示，其中管内冷却水自下而上流动，轻苯蒸气由器顶进入，与管内冷却水错流换热，在管壁上冷凝冷却下来，从器底排入油水分离器。冷却器总传热系数为 $2500\text{kJ/m}^2\cdot h\cdot ℃$。

七、洗油再生器设备构造与工作原理

洗油再生器是焦化生产粗苯蒸馏中用于改善含苯富油质量，并向脱苯塔提供蒸馏气源。

1. 设备构造：洗油再生器如图 2-3-17 所示，主要结构有再生器筒体，条形泡罩塔盘，蒸汽泡沸管，间接加热器。

（1）再生器筒体：再生器筒体是由 $\delta=8\text{mm}$ Q235 钢板卷制而成，并配有顶盖及锥形底装配而成，器体上开有进料孔与排渣管伸入锥形底内。

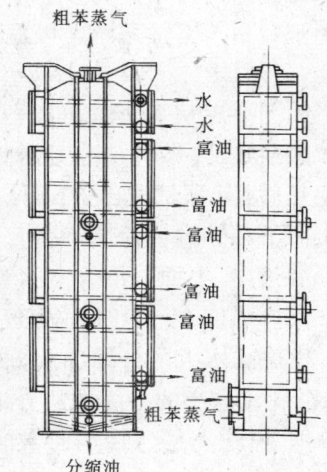

图 2-3-16　冷凝冷却器

（2）条形泡罩塔盘：再生器内共设置了 3 层条形泡罩塔盘，板间距 650mm，每层塔板有 7 个带有条形孔的条形泡罩，安装在塔盘底板上，在塔盘底板支座上装有进出口堰板，出口堰板带有可移动的调节板，调节出口堰高度，控制塔盘液面，在塔盘底板支座上安装有降液管挡板，使上层塔板液体导流入下层塔板。

（3）蒸汽鼓泡器：在再生器底部装有支叉形蒸汽鼓泡器，由 $\phi 133$ 无缝钢管与 $G1/2''$ 的

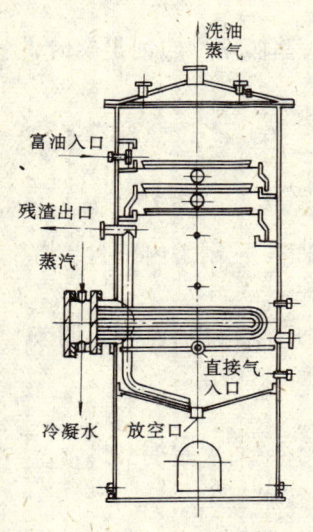

图 2-3-17 再生器

管组成,在管壁上钻有 $\phi 6$ 的均布圆孔作为再生器洗油直接加热用。

(4) 间接加热器:再生器中部装有两个 $Fg16m^2$ 的 U 形管加热器,加热器管内通以 420℃ 管式炉过热蒸汽。双管程结构,管子在管板上呈 △ 形排列,管间距 40mm,U 形管由 $\phi25 \times 2.5$ 无缝管制成,U 形管加热器起到加热再生器洗油的作用。

2. 工作原理:焦化生产中粗苯蒸馏中再生器的操作过程,实际上是只有提馏段的精馏过程,精馏过程机理前已讲过,这里不再重述。

由管式炉来的 180℃ 左右的含苯富油部分连续进入再生器最上一层塔盘,通过满流方式溢流至下一层塔板,塔底通过间接加热器和过热蒸汽直接加热的富油产生蒸气与水蒸汽一齐上升(采用直接汽为了降低洗油的蒸出温度),穿过泡罩的条形缝与塔盘上液体接触,使液相中低沸点组分气化,而气相中高沸点组分冷凝下来。经过三层塔盘的气化、冷凝过程,轻组分由顶部逸出连同加热直接汽及水汽进入脱苯塔,再生器底部重组分(高沸点粘稠物)洗油残渣定期靠再生器内蒸汽压力从残渣排出管排出。

在再生器操作中,洗油加热温度必须很好控制,太高则蒸出的洗油中将夹渣,影响洗油质量,太低则造成洗油损失。

第四课 脱苯工序开、停工的组织与指挥

一、脱苯系统开、停工的指挥

(一) 脱苯系统的开工

(1) 各岗操作人员及指挥人员配备齐全,持证上岗。开工前设备、管道、阀门及仪表进行详细检查,并验证好使。

(2) 关闭各设备放空管,打开各设备出入口阀门和放散管。

(3) 各油水分离器充满水。

(4) 用蒸汽分段清扫各系统。从富油泵出口阀门外侧给蒸汽,经油气换热器、贫富油换热器、脱水塔、脱苯塔、油气换热器、粗苯冷凝冷却器,当冷却器放散管冒出大量蒸汽时,关闭蒸汽和放散管。

(5) 从脱水塔富油泵出口阀门外侧给蒸汽,经管式炉到再生器,当再生器放散管冒蒸汽时,关闭蒸汽和放散管。

(6) 从再生器通蒸汽,经脱苯塔,贫富油换热器,一段贫油冷却器到贫油槽,贫油槽放散管冒蒸汽时,关闭蒸汽和放散管。

(7) 从两苯塔给蒸汽,清扫轻苯冷凝冷却器,当轻苯冷凝冷却器放散管冒蒸汽时,关闭蒸汽和放散管。

(8) 从轻、重苯产品泵入口给蒸汽,当轻、重苯贮槽放散管冒蒸汽后,关闭蒸汽和放

散管。

(9) 开富油泵使富油通过油气换热器，油油换热器进脱水塔，当脱水塔底油足够时，开脱水塔富油泵，经管式炉进脱苯塔。

(10) 当脱苯苔底见油后，开启管式炉加热升温，首次开车时，要严格按照管式炉升温曲线速升温。

(11) 向再生器加油，开启间接加热器，保持油液面稳定。

(12) 当富油温度升至180℃时，通过热蒸汽经再生器进入脱苯塔，控制塔内压力和塔顶升温速度。

(13) 向粗苯冷凝冷却器供低温水，当塔顶温度升到85℃时，开启粗苯回流泵，调节各部温度、压力，使之符合技术规定。

(14) 粗苯质量合格后，开启两苯塔加料泵向两苯塔加料。

(15) 开两苯塔间接蒸汽，当两苯塔顶温度达到75℃时，再开轻苯回流泵调节塔顶温度至正常，待轻苯质量合格后，调节回流比，使各部温度压力符合技术规定。

(二) 脱苯系统的停工

(1) 停工前检查各设备放空管畅通。

(2) 停止再生器、两苯塔直接汽，停止两苯塔间接汽，关煤气阀门，管式炉开始降温。

(3) 停富油泵，脱水富油泵和两苯塔加料泵。

(4) 减少粗苯及轻苯冷凝冷却器的冷却水，当无苯流出时停冷却水。

(5) 放净蒸馏系统所属设备及管道存油，并通蒸汽分段清扫。

(6) 检修塔设备时，必须堵盲板通蒸汽清扫，检验确认无可燃性气体，并用空气赶走蒸汽后方可进行。

二、富油预热器单元操作开、停工的指挥

1. 开工

(1) 检查油侧，汽侧管线、冷凝水管线开关状态，确认蒸汽压力符合要求。

(2) 向预热器通富油。

(3) 向预热器通蒸汽。

(4) 调节蒸汽流量，使富油出口温度符合要求。

2. 停工

(1) 停止向预热器送蒸汽。

(2) 停止向预热器送富油。

(3) 如果需停产检修，应通入蒸汽清扫净管中存油，有关部位上盲板方可进行。

三、圆筒管式炉单元操作开、停工的指挥

(一) 圆筒管式炉的开工

1. 开工前必须检查煤气系统，蒸汽系充，富油系统、各阀门及烟道翻板具备开炉条件。

2. 开工前检查压力表，温度计及自调仪表齐全好使。

3. 炉膛通蒸汽清扫，当烟囱冒大量蒸汽时关闭蒸汽。

4. 通蒸汽清扫泊管，富油槽冒蒸汽后关闭蒸汽。

5. 先引入明火后，再开煤气阀门点火。

6. 当炉膛温度达到 150～200℃时通入富油，炉膛温升 40～50℃/h，直至油温达到技术规定。

7. 自调仪表投入运行。

（二）圆筒管式炉的停工。

1. 关闭煤气喷嘴。停止加热，关闭煤气总阀门，气动调节阀和支管阀门及调节仪表，富油走旁通，必要时煤气堵盲板。

2. 慢开烟道翻板，通风口，使炉膛温度缓慢下降，降温速度保持 10～15℃/h，冷却时间不大于 4h。

3. 停工少于三天时可不放油，超过三天时应将油放回油槽，并用蒸汽清扫油管。

四、脱苯塔、两苯塔单元操作开、停工的指挥

（一）脱苯塔单元操作开工和停工

1. 脱苯塔单元操作开工

（1）开工前检查蒸汽加热系统，油系统，各阀门具备开车条件。压力表、温度计、自调仪表齐全好使。

（2）开加料泵，向脱苯塔送料。

（3）开直接过热蒸汽，经再生器通入脱苯塔，控制塔底压力。

（4）当塔顶升至 90℃时开回流泵。再次调节直接过热蒸汽量严格控制塔顶温度。

2. 脱苯塔单元操作停工

（1）停工前检查各放空管畅通。

（2）停止向脱苯塔送直接过热蒸汽。

（3）停止向脱苯塔送料。

（4）停脱苯塔回流泵。

（5）放净脱苯塔进出口管道存油，并通蒸汽清扫。

（二）两苯塔单元操作开、停工的指挥

1. 两苯塔单元操作开工

（1）开工前检查蒸汽加热系统，油系统，各阀门具备开车条件，压力表、温度计、自调仪表齐全好使。

（2）粗苯系统调节正常，粗苯质量合格后开加料泵，向两苯塔送料。

（3）开两苯塔间接蒸汽，按规定控制塔内压力，将两苯塔顶温度升至 75℃。

（4）开轻苯回流泵，再次调节间接蒸汽量至塔顶温度正常，使各部位温度，压力正常。

2. 两苯塔单元操作的停工

（1）停工前检查各放空管畅通。

（2）停止直接蒸汽，外加热系统开始降温。

（3）停两苯塔加料泵。

（4）停两苯塔回流泵。

（5）放净两苯塔进出口管道存油，并通蒸汽清扫。

五、分凝器、冷凝冷却器单元操作开、停工的指挥

（一）分凝器单元开、停工的操作

1. 开工

（1）检查水侧，富油侧，苯蒸汽管线，轻重馏分管线上的阀门开关状态，冷却水水温，压力符合要求。

（2）向分凝器送低温水。

（3）向分凝器送富油。

（4）脱苯系统基本正常后，向分凝器通苯蒸汽，调节水量，观察轻、重馏分，苯蒸汽冷却等情况直至各指标正常。

2. 停工

（1）脱苯系统降温后停止向分凝器通苯蒸汽。

（2）停止向分凝器供富油。

（3）停止向分凝器供冷却水。

（4）如果停产检修，需通入蒸汽清扫净油管线内的存油，有关部位上盲板，确认设备内无可燃气体后方可进行。

（二）冷凝冷却器单元开、停工操作。

1. 开工

（1）检查水侧，油侧管线阀门开关状态，低温水水温，压力符合要求。

（2）向冷凝冷却器通入低温水。

（3）脱苯系统基本正常后，苯蒸汽经分缩器或油气换热器进入冷凝冷却器，观察苯蒸汽冷凝、冷却情况，直至各项指标正常。

2. 停工

（1）脱苯系统降温后，停止向冷凝冷却器通入苯蒸汽。

（2）停止向冷凝冷却器供冷却水。

（3）如果需停产检修设备，要放净设备与管道存油，并通入蒸汽清扫。

（4）油侧进口管线阀门必须堵上盲板，通蒸汽清扫，检查确认无可燃性气体，并用空气赶走蒸汽后进行检修。

第五课　脱苯工序设备检修与试车

一、分凝器（油气换热器、冷凝冷却器）、富油预热器

无论是固定管板式富油预热器，油气换热器-粗苯冷凝冷却器，还是卧式管室列管换热器检修周期及质量标准类似。

（一）检修周期及内容。

换热器的检修可分为不定期检修和定期检修。不定期检修，是由于某种原因导致的临时性检修。定期检修，是根据生产装置特点，及介质腐蚀情况及运行周期分为大修和中修。

1. 中修　18个月

(1) 清扫管程和壳程积存的污垢。
(2) 管束进行水压试验。
(3) 对管束漏管情况进行堵管或换管。
(4) 更换部分螺栓，螺母和法兰垫片。
(5) 检查，修理或更换部分挡液板。

2. 大修 36～60个月
(1) 包括中修的检修内容。
(2) 整体更换管束。

(二) 检修质量要求及验收方法

1. 检修标准：
(1) 换热器的零、部件的材料机械性能应符合设计图纸要求。
(2) 无缝钢管 $\phi 25\times 2.5$，其壁厚允差 $\pm 0.4mm$。
(3) 管束的管子长度允许公差 $\pm 2mm$，管子两端伸出管板长 1～2mm，管子弯曲度要求 1mm/m，全长 $\not> 3mm$。
(4) 换热器管束无缝管每根最多只有一道焊口，最短短管段为 1m 左右。焊后进行通球试验及水压试验。
(5) 管束更换管子时，管子硬度应低于管板。
(6) 穿管前，管子两端打光，其长度 100～200mm，在打光的管子两端不允许有纵向沟槽存在。
(7) 管束堵管，管堵材料硬度应低于（等于）管子，其锥度在 3°～5°之间。
(8) 管子堵死根数，不超过换热器该管程总数 10%。
(9) 换热器壳体壁厚，每三年至少测一次壁厚。

$$S_{测} > S = \frac{D_n \cdot P}{2.3\,[\delta]\,4-P} \text{ (cm)}$$

式中　S——壳体的计算壁厚（cm）；
　　　D_n——壳体的内径（cm）；
　　　$[\delta]$——壳体材料的许用应力（MPa）；
　　　4——焊缝系数；
　　　P——工作压力（MPa）。

(10) 管束更换组装时，管子应垂直于管板，拉杆应固定牢靠，定距管两端要整齐，两管板应平行，允许误差为 $\pm 1mm$，两管板间距误差 $\not> \pm 2mm$（两管板外表面），穿管时，禁止用铁锤直接打入。

(11) 换热器大修时，换热器水压试验按操作压力 1.5 倍进行。水压试验合格要求：①没有破裂象征；②没有渗漏地方；③试压后没有残余变形。

(12) 清理结垢严重的换热器，可用机械法或化学法。用化学法酸洗后应用清水洗净，注意防止腐蚀设备。

2. 验收方法：
(1) 试压
①换热器检修后要做水压试验，压力按 $P+0.3MPa$ 计算。P 为最大工作压力。

②试压用水的温度比环境的温度应不低于5℃。

③水压试验时，应缓慢升压，降压，升到试验压力后，保压时间不少于5min，以不降压，无泄漏和无肉眼可见的变形为合格。当发现问题时，应将压力降到零后再处理，然后重新试压，直到试验合格为止。

(2) 验收

①设备检修后应有检查试验记录，及设备的结构和零部件材质变更的审批文件。

②设备的各部螺栓紧固、整齐，符合设备完好标准。

③所附属的管道，阀门等灵活好用，保证齐全。

④投入正常运行后，方可办理验收手续，交付使用。

验收由厂设备科组织检修人员，使用人员共同进行全面检查试压合格后，办理移交手续。

(三) 单元试车

1. 油气换热器，粗苯冷凝冷却器投运试车前检查附属管线阀门情况正常。

2. 开启系统换热器组投运。

3. 检查油气换热器，粗苯冷凝冷却器热效率（从富油出入温度，粗苯冷凝温度）。

4. 试车正常后投运。

二、圆筒式管式炉

(一) 检修周期及内容

1. 中修　36个月

(1) 检查并记录辐射管的表面情况，测量管及弯头壁厚，检查腐蚀，冲蚀情况及焊口，有损坏处更换或修补。

(2) 检查和修补炉膛，对流段及烟道的耐热材料，保温层，看火门等。

(3) 检查、清理、调整或更换煤气烧嘴及管道。

(4) 检查排烟管挡板的位置是否正确，转动是否灵活。

(5) 检查或修理炉管支承及吊架。

(6) 检查和处理静密封泄漏点。

(7) 检查和处理热电偶、压力表、流量计等仪表调整系统。

(8) 检查消防蒸汽管线是否正常。

(9) 检查炉外管线阀门及保温。

(10) 辐射管，对流管打压强度试验。

2. 大修　72个月

除中修内容外，还包括

(1) 检查对流段富油管、蒸汽管及弯头腐蚀、冲蚀情况及焊口情况，测量壁厚，更换或修补损坏处。

(2) 检查并记录辐射管情况，必要的话更换出口段排管。

(3) 检查或修复炉体，炉墙及外管线的油漆和保温。

(4) 检查、修理钢架、烟囱、基础、平台梯子等并刷漆防腐。

(5) 检查炉体、烟囱安装垂直度，紧固地脚螺栓。

(二) 检修质量标准及验收方法
1. 钢结构质量标准
(1) 各钢结构部件必须满足设计图纸要求的机械性能（尤其是辐射管、对流管）。
(2) 焊接炉管时必须清理管接口表面 10～15mm 范围内，清理出金属本色。
(3) 管子之间及管子弯头间装配对接，接头处不允许有过大的错口现象，错口≯1mm。
(4) 焊缝向内凸部分≯1mm，且无焊瘤存在。焊口宽度≯10mm。高度≯5mm。焊缝宽度、高度均匀。
(5) 辐射管、对流管焊缝热影响区内无裂纹及隐形裂缝现象。
(6) 焊缝咬边深度<0.5mm。
(7) 焊接后管子弯曲度不得超过管子允许弯曲度，即局部弯曲度≯1.5mm/m；全长总弯曲度≯8mm。
(8) 炉体钢板平面度偏差≯1.5mm/m。
(9) 筒体同一断面最大直径差≯20mm。
(10) 筒体同一断面最大直径、最小直径差≯20mm。
(11) 筒体长度误差≯±10mm；筒体直线度≯15mm。
(12) 安装螺栓偏差≯2mm。
(13) 安装立柱中心线与定位轴线的弦长允许偏差≯5mm。
(14) 立柱顶部垂直度允许偏差≯2mm；且所有立柱偏斜不许倒向一个方向。
(15) 炉子安装总垂直度允许偏差≯15～20mm。
(16) 管架材料采用耐热铸铁件，管架，管钩在圆周上的径向偏差及轴向垂直偏差≯3mm。
(17) 制造后炉管以图纸要求 3.7MPa 作强度试验。
(18) 煤气烧嘴操作灵活好使。
(19) 蒸汽消火系统灵活好用，消火及时。
2. 耐火衬里的检修质量标准：
(1) 辐射段及对流段砖墙的砖的质量必须符合质量要求。
(2) 炉墙砌砖，砖缝宽度≯3mm，用陶瓷纤维填实，填平。每 m² 超过 3mm 宽度的砖缝不得多于 5 处。
(3) 烧嘴砖，炉顶挂砖，托砖架部位砖缝宽度为 1～3mm。
(4) 凡抹灰浆的缝，灰浆应饱满均匀，其饱满度>90%。
(5) 耐火墙面平面度 1m 内≯2mm。
(6) 靠近炉膛面的砖表面不得加工。
(7) 炉内隔热层施工厚度误差在±10mm 以内。隔热面层材料，必须满足技术要求。
(8) 衬里裂纹>3mm，应进行检查，用木锤敲击裂纹处的衬里。如脱离炉隔板，或有脱落的趋势，应打掉重新修补。
(9) 局部修补时，应铲除原衬里面砌物，至少要裸露出三只锚钉范围，接缝剖面不应是一条直线。
(10) 气孔和夹渣面积≯1cm²，深度≯10mm，应按裂纹处理方法处理。
(11) 看火门耐热混凝土周围不允许漏火。

(12) 辐射段炉墙外壁温度≯80℃。
(13) 对流段炉墙外壁温度≯50℃。
(14) 管式炉刷漆必须清除干净后再刷漆。

3. 验收方法：
(1) 检查管式炉各附件齐全，煤气烧嘴及煤气管道的安全状况符合要求。
(2) 必须有完整的检查、鉴定和检修记录，及各部件材料检验单。
(3) 设备封闭前，各内部结构必须对检修质量检查完毕。
(4) 炉管按设计图纸要求做水压试验。
(5) 试火炉膛不漏风，保温良好。

管式炉的验收由厂设备科组织检修单位及使用单位一起进行全面检查，符合质量要求后，经试车后办理移交手续。

(三) 单元试车
(1) 试车前必须检查煤气系统，油系统，蒸汽系统各阀门及烟道翻板具备开炉条件。
(2) 检查压力表，温度计及自调仪表齐全好使。
(3) 炉膛通蒸汽清扫，当烟囱大量冒出蒸汽时关闭蒸汽。
(4) 通蒸汽清扫油管，富油槽冒汽后关闭蒸汽。
(5) 先引入明火后再开煤气阀门点火。
(6) 当炉膛温度达到150～200℃时通入富油，炉膛温升40～50℃/h，直至油温达技术规程。
(7) 检查管式炉各项指标达标后投运。

三、脱苯塔（泡罩塔）

(一) 检修周期及内容

1. 中修 36个月
(1) 检查、清理塔盘。
(2) 检查、清理或更换条形泡罩。
(3) 调整塔盘水平度，泡罩齿根高度，泡罩气缝与塔盘上表面的间距，检查、测定、调整溢流堰高度及做鼓泡试验。
(4) 检查、补充、紧固各部件的螺栓。
(5) 检查、校验、修理各部件及附属管线阀门。
(6) 检查、修理或更换塔内附件。
(7) 清理塔壁，检查壁厚情况。
(8) 按图纸技术要求作气密性试验及水压强度试验。
(9) 修补塔的保温层。

2. 大修 72个月
除包括中修项目外，还包括
(1) 塔盘全部彻底检查、修理或更换。
(2) 塔壁彻底清理、检查，测量壁厚。
(3) 根据塔盘，塔壁检查情况确定是否塔体分节拆除处理。

(4) 塔体分节组装后，检查塔体垂直度，紧固地脚螺栓。
(5) 检查脱苯塔基础框架情况。
(6) 彻底修补塔体保温。

(二) 检修质量标准及验收方法：

1. 塔盘的质量标准：

(1) 泡罩长度公差±3mm；高度偏差±1mm；宽度公差±1mm，不允许有扭曲。

(2) 泡罩齿缝尺寸公差应符合设计要求。把泡帽放在平板上检查时，要求所有齿根均在高度上，其公差±0.5mm，并要求齿顶均与平板接触，凡不与平板接触的，其间隙≯2mm。

(3) 槽形升气管长度公差±3mm，高度公差1mm，不允许扭曲。放在平板上检查，间隙＜2mm。

(4) 泡罩安装后应使所有齿根均在图纸规定高度上，偏差≯±1.5mm。

(5) 调节堰板安装后，顶面应在图纸规定的高度上，偏差≯±1.5mm，并要求调节堰板顶面水平，偏差不超过1mm。

(6) 泡帽顶背螺孔应在中心线上，最大允许偏差应＜1mm，纵向间距偏差±2mm。

(7) 槽形泡槽的端面应垂直于泡槽，垂直度偏差＜2mm。

(8) 塔板不平度＜3mm，水平度允差为3mm。

(9) 塔板整体组装后，不应有尖锐毛刺。

(10) 泡罩塔做鼓泡试验时，鼓泡区域应均匀无振动，无松动，为合格。

2. 塔内件质量标准：

(1) 降液管长度公差要求±2mm，其安装要垂直，距上表面距离误差为±2mm。

(2) 塔内进液管，出料管要安装牢固。

(3) 塔板安装水平度≯5mm。

3. 塔体质量标准：

(1) 各节塔节组装时应互相垂直，总体垂直度偏差≯30mm。

(2) 塔体直线度偏差≯30mm。

(3) 塔体保温符合设计图纸要求。

4. 验收方法：

(1) 检查各附件是否安装齐全。

(2) 人孔封闭前检查内部结构检修质量是否符合要求。

(3) 必须有完整的检查，鉴定和检修记录。

塔的验收由厂设备科组织检修单位和使用单位一起进行全面检查，符合质量要求后，试车办理移交手续。

(三) 单元试车

(1) 脱苯塔试车前对其附属管线阀门进行详细检查并验收好使。

(2) 脱苯塔通入蒸汽预热脱苯塔，预热过程缓慢进行。

(3) 一切就绪后，在蒸馏系统各部正常情况下向脱苯塔通入富油试运行，当其脱苯效率正常后投入使用。

四、两苯塔

1. 检修周期及内容

（一）泡罩塔

(1) 中修　36个月

①检查、清理或更换塔盘。

②检查、清理或更换圆形泡罩。

③调整塔盘水平度，泡罩齿根高度，泡罩气缝与塔盘上表面的间距，检查测定溢流堰高度及作鼓泡试验。

④检查、修理塔盘支承结构，更换密封垫圈。

⑤检查、补充、紧固各部位螺栓。

⑥检查、校验、修理各附件及附属管线和阀门。

⑦清理塔壁，检查塔腐蚀情况，测壁厚。

⑧作气密性试验及水压强度试验。

⑨修补保温层。

⑩检查两苯塔外加热器情况，打压试漏。

(2) 大修　72个月

除中修内容外，还包括

①塔盘全部拆除，检查、修理或更换。

②拆卸全部圆形泡罩，检查、修理或更换。

③彻底清理塔壁，检查、测量壁厚。

④检查，找正塔体垂直度，紧固地脚螺栓。

⑤检查塔基础有无裂纹、下沉。

⑥塔体除锈，刷漆、保温。

⑦彻底拆检外加热器，视情况进行堵管或整体更换。

2. 检修质量标准及验收方法

(1) 塔盘质量标准：

①塔板边缘不应有尖锐毛刺。

②塔板水平度允许偏差≯2mm。其水平度允差≯2mm。

③塔板长度误差－4～0mm；宽度误差－2～0mm。

④每个圆形泡帽应符合 JB1212-73 的规定。

⑤圆形泡罩齿根与塔板间距允许误差为±1mm。齿顶相差≯2mm，顶部丝孔中心与泡罩外圆中心误差为1mm。

⑥塔板上相邻两升气孔中心距偏差≯±1mm，任意两升气管中心距离偏差≯±6mm。

⑦升气管应保证与塔板垂直，升气管顶面与塔板表面距离偏差≯±1mm。

⑧泡罩塔板做鼓泡试验时，鼓泡应均匀，无振动，无松动为合格。

(2) 塔内结构质量标准：

①支承圈与塔内壁焊接后，上表面的水平面应在整个圈上误差＜3mm。

②相邻两层支承圈间距误差±3mm；任意两层支承圈≯20mm。

③受液盘及降液板的不平度在整个板内≯3mm。

④可调溢流堰板顶端与支承段距离误差为±2mm；堰板水平度允差不超过堰板长的1/1000。

⑤塔内各接口安装符合技术要求。

(3) 塔体质量标准：

①塔体同一断面圆度允差≯4mm。

②塔体安装垂直度偏差≯15mm。

③塔体直线度偏差≯20mm。

④塔体外壁应按 HGJ1074-79《设备管道的保温油漆规程》规定刷漆保温。

⑤塔体保温符合设计图纸要求。

(4) 外加热器质量标准：

①外加热器管堵材料应低于或等于管子硬度。

②堵管总数不得超过总管 10%。

③当堵管不能解决时，整体更换。

④外加热器试压符合图纸要求。

(5) 验收方法：

①检查各附件是否安装齐全。

②必须有完整的检查，鉴定和检修记录。

③人孔封闭前检查内部结构的检修质量符合标准。

④水压试验和气密试验应按图纸进行。

两苯塔检修后，塔的验收应由厂设备科组织检修单位和使用单位一起进行全面检查，符合质量要求后，试车办理移交手续。

3. 单元试车

(1) 两苯塔试车前应对其附属管线，阀门进行详细检查，并验证好使。

(2) 检查外加热器的情况正常。

(3) 两苯塔通入蒸汽预热正常，外加热器加热蒸汽通入。

(4) 两苯塔通入物料，检查其满足工艺情况。

(5) 两苯塔试车效率满足后投入运行。

(二) 浮阀塔

1. 检修周期及内容

(1) 包括与泡罩塔共性的部分。

(2) 检查调整或更换塔盘浮阀。

2. 检修质量标准

(1) 包括与泡罩塔共性部分。

(2) 每个浮阀体的尺寸符合 JB1118-68 的规定。

(3) 同一型号的浮阀的重量应相等，最大相差≯1g。

(4) 塔板上相邻阀孔中心距偏差≯±1mm，每个阀孔直径公差为+0.3～0.1mm。

(5) 每个阀孔四周不准有毛刺，以保证阀脚的正常滑动。

五、再生器

(一) 检修周期及内容

1. 中修 36个月

(1) 检查,清理或更换塔盘。

(2) 检查,清理或更换条形泡罩。

(3) 调整塔盘水平度,检查测定溢流堰高度及作鼓泡试验。

(4) 检查,补充,紧固各部分的螺栓。

(5) 检查,校验,修理各附件附属管线阀门。

(6) 再生器U形弯加热器除垢打压。

(7) 鼓泡管除垢修理。

(8) 器壁清理,检查器壁厚。

(9) 再生器总体气密性试验。

(10) 检查处理排查管或更换之。

(11) 修补保温层。

2. 大修 72个月

除包括中修内容外,还包括

(1) 塔盘全部拆除,检查或更换。

(2) 再生器体彻底清理,检查,测量壁厚。

(3) 彻底拆出间接加热器,除垢,打压,堵管或更换。

(4) 蒸汽分布器彻底拆除,清理,检修或更换。

(5) 检查再生器紧固地脚,检查基础。

(6) 器体刷漆保温。

(二) 检修质量及验收方法

1. 塔盘质量要求:

(1) 塔盘,泡罩制造无尖锐毛刺。

(2) 泡罩长度偏差±5mm,宽度偏差±2mm,高度偏差±1mm。

(3) 泡罩齿缝长度偏差±0.5mm,宽度偏差±0.5mm。

(4) 塔板组装后,必须平整,其弯曲度和局部不平度≯2mm。

(5) 溢流堰的高度偏差≯1mm;其边缘水平偏差≯2mm。

(6) 可调溢流堰板顶端与支承端上表面距离偏差为±2mm。

(7) 泡帽顶背螺孔应在中心线上,最大允许偏差应<1mm,纵向间距偏差±2mm。

(8) 槽型泡槽的端面板应垂直于泡槽,垂直度偏差<2mm。焊接处应严密,用煤油试验不漏。

(9) 受液盘及降液板在整个平面内不平度不得超过3mm。

(10) 降液板连接板定位尺寸A、D、K如图2-3-18所示,应符合要求。

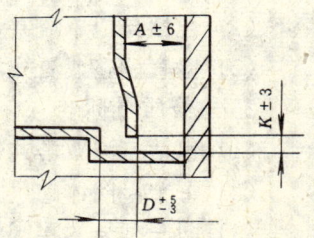

图2-3-18 降液板连接板

2. 器体质量要求：
(1) 器体不圆度≯20mm。
(2) 器体垂直度偏差≯8mm。
(3) 器体直线度偏差≯20mm。
(4) 塔体外壁刷漆符合 HGJ1074-79。
(5) 塔体保温符合设计要求。
3. 加热器质量要求：
(1) 间接加热器检修后，试压符合设计图纸要求。
(2) 蒸汽分布器组装，安装符合设计图纸要求。
(3) 排渣管安装符合设计图纸要求。
4. 验收方法：
(1) 检查各附件是否安装齐全。
(2) 必须有完整的检查，鉴定和检修记录。
(3) 人孔封闭前检查内部结构的检修质量符合标准。
(4) 水压试验和气密试验应按图纸进行。

再生器检修后其塔的验收应由厂设备科组织检修单位和使用单位一起进行全面检查，符合质量要求后，试车办理移交手续。

（三）单元试车：
(1) 对再生器各附属管线及阀门进行详细检查，并验证好使。
(2) 通入直接蒸汽预热再生器。
(3) 间接加热器通入中压过热蒸汽。
(4) 再生器通入富油进行试运行。
(5) 再生器投入试运行，检查其蒸馏效果及蒸馏后排渣情况。
(6) 一切正常后投入运行。

第六课 脱苯系统操作事故的处理

脱苯中级工应熟知洗苯岗位操作事故的处理，以便于指挥整个粗苯工序的生产。

一、脱苯系统常见事故产生的原因、处理与预防

（一）管式炉炉管漏油着火
1. 产生的原因
富油管在高温下长期使用，因气蚀和腐蚀而产生富油管漏油至炉膛内发生火灾。
2. 处理方法
(1) 关闭入管式炉煤气总阀门和温度自控阀。
(2) 打开炉膛下部和对流段的消火蒸汽阀门进行灭火。
(3) 整个系统紧急停车。在停脱水富油泵的同时，打开入管式炉富油管的蒸汽清扫阀门。

（4）使用灭火器将管式炉下地面上的余火扑灭。

3．预防措施

（1）加强巡视检查。

（2）定期检查测定炉管的腐蚀情况，发现问题及时解决。

（3）将炉管易漏的部位即辐射段内的弯头换成耐腐的弯头，可大大提高炉管的使用寿命。

（二）再生器排不出渣

1．产生的原因

（1）间歇排渣操作中，排渣后未能及时清扫，造成排渣管堵塞。

（2）未经常检查再生器底部残渣的粘度而排渣，造成再生器内残渣液粘度过高而排不出渣。

2．处理方法

（1）清扫排渣管。

（2）向再生器内补油，同时适当降低再生器内的温度，经过一段时间浸泡溶解后，残渣即可排出。注意每次排渣要一次排净，然后加油恢复正常操作。

3．预防措施

（1）再生器的操作应严格按操作规程进行。

（2）经常检查再生器底部残渣粘度和温度是否正常。

（三）脱苯塔液泛

1．产生的原因

直接蒸汽量过大，塔顶油水分离器未开或操作不好，使各塔板上大量积液，使整个操作秩序被破坏，使液体被上升汽流带出塔顶，会使粗苯质量恶化。严重时脱苯塔也会产生振动。此乃蒸馏操作之大忌。

2．处理方法

（1）减小直接蒸汽量，严重时可停供汽。

（2）调整塔顶油水分离器至正常。

（3）适当降低洗油循环量和粗苯回流量。

（4）待脱苯塔底压力降下来后，再慢慢调节各部位温度、压力、流量至正常。

3．预防措施

（1）经常检查脱苯塔底压力，粗苯颜色和馏出量是否正常。

（2）经常检查塔顶油水分离器出水是否正常。

（3）经常检查直接蒸汽量是否正常。

（四）油气换热器漏

1．产生的原因

入洗苯塔煤气含氨等腐蚀性介质高，洗苯操作不正常，富油含水高，使大量的腐蚀性介质随富油进入脱苯塔，在塔内气化后进入油气换热器，造成油气换热器的腐蚀窜漏，会影响换热效率，降低粗苯质量并增加洗油消耗。

2. 处理方法

停工检修，修补油气换热器漏管处。

3. 预防措施

(1) 稳定前面工序（尤其硫铵工段）的操作，降低煤气含氨量。

(2) 稳定洗苯的操作，保证循环洗油温度高于煤气温度。

(3) 将油气换热器的材质耐腐蚀性能提高（材质改为不锈钢）。

二、异常现象的判断与排除

(一) 管式炉异常现象的判断与排除 见表 2-3-1。

(二) 粗苯质量不合格原因的判断与排除 见表 2-3-2。

表 2-3-1

异常现象	产生原因	排除方法
富油出口温度过低	火嘴结炭严重 煤气量小 进风量小，燃烧不好	捅火嘴，消除结炭 调大煤气量 适当增加风门和烟囱翻板开度
过热蒸汽温度低	对流段温度低 进管式炉蒸汽量大	增加烟囱翻板开度，以拉长火焰，关小或关闭炉后蒸汽放散阀
过热蒸汽温度高	对流段温度高 进管式炉蒸汽量小	减小烟囱翻板开度，以降低火焰长度，增加炉后蒸汽放散量

表 2-3-2

异常现象的象征	产生的原因	排除方法
塔顶温度高	仪表指示失灵	用现场温度计校正
	自动调节失灵	用手动调节
	自动阀失灵	打开自调阀的旁通阀，关闭其前后截断阀，用旁通阀调节回流量
	粗苯回流泵不上量	倒备用泵
	直接汽量大，温度高	减小直接汽量，增大管式炉后直接汽放散量
粗苯颜色过深，馏出量过大	脱苯塔流液 油气换热器漏	同前面脱苯塔液泛排除方法 同前面的换热器漏排除方法
粗苯初馏点高	冷凝冷却器出口温度过高，造成粗苯中轻馏分的大量损失	1. 与有关部门联系提高低温水压力，降低低温水温度 2. 清理冷却器水管内的积垢

三、处理停电、停汽、停水事故的组织与指挥

停电、停汽、停水事故的处理，应在值班长和调度室统一指挥，由蒸馏工（班长）直接组织和指挥下进行，各岗位工应通力协作。在事故的处理过程中和结束后都要由操作工和班长分别对每一项操作进行检查和确认，以确保准确无误。

（一）停电事故的组织与指挥

1. 及时向值班长汇报。
2. 令管式炉工关闭管式炉煤气总阀和4个火嘴的阀门。向油管内通蒸汽以保护炉管，打开风门降温（速度不能过快），待炉膛温度降至400℃时停对流段的过热蒸汽。炉膛温度降至200℃以下时，停通入油管内的蒸汽。
3. 令蒸馏助手关闭入再生器的富油阀门，将残渣排净后关闭入再生器的蒸汽阀门。
4. 令蒸馏助手切断各泵的电源，关闭其出口阀门。
5. 令蒸馏助手关闭两苯塔外加热器之蒸汽阀门。
6. 令蒸馏助手减少粗苯分缩器及轻苯冷凝冷却器的冷却水，当无苯流出时停冷却水。
7. 做好来电恢复生产的各种准备工作，当停电时间过长时（尤其在冬季）应按停工处理。

（二）停汽事故的组织与指挥

1. 停低压蒸汽

（1）及时向值班长汇报。
（2）蒸馏助手立即关闭入脱苯塔再生器直接汽阀门和富油阀门。
（3）管式炉工立即关小管式炉火嘴以降低炉膛温度，根据脱苯塔顶温度调整回流量至关闭回流泵。
（4）令洗涤泵工控制入洗苯塔贫油温度高于终冷塔后煤气温度。
（5）做好来汽恢复生产的各项准备工作。

2. 停中压汽

（1）及时向值班长汇报。
（2）令蒸馏助手将两苯塔作停工处理。
（3）做好来汽恢复生产的准备工作。

（三）停水

1. 及时向值班长汇报，询问停水时间。
2. 令管式炉工关小火嘴降温。
3. 令蒸馏助手增大脱苯塔的回流量；关闭入再生器的直接汽和富油。必要时将再生器内的残渣排净。
4. 令蒸馏助手将两苯塔按停工处理。
5. 令洗涤泵工控制入洗苯塔煤气温度高于终冷后煤气温度。
6. 做好来水恢复生产的各项准备工作，如冷却水短时间内不能恢复时，应按停工处理。

第七课　脱苯工序技术经济指标

一、脱苯工序技术经济指标

(一) 技术经济指标（管式炉加热富油，生产一种苯为例）

1. 贫富油换热器富油出口温度　　110～130℃
2. 入脱苯塔富油温度　　　　　　180～190℃
3. 脱苯塔顶部油气温度　　　　　90～93℃
4. 脱苯塔底部温度　　　　　　　175～185℃
5. 脱水塔顶部温度　　　　　　　110～120℃
　　塔底温度　　　　　　　　　120～130℃
6. 油气换热器富油出口温度　　　70～80℃
7. 冷凝冷却器后粗苯温度　　　　20～30℃
8. 萘油切取侧线温度　　　　　　125～135℃
9. 再生器底部温度　　　　　　　200℃
10. 再生器顶部温度　　　　　　＞180℃
11. 进再生器直接蒸汽温度　　　400～450℃
12. 管式炉富油出口压力　　　　≤0.16MPa
13. 入工段蒸汽压力　　　　　　≥0.4MPa
14. 再生器顶部压力　　　　　　≤0.05MPa
15. 脱苯塔底部压力　　　　　　≤0.04MPa
16. 出管式炉过热蒸汽主管压力　≥0.25MPa
17. 入管式炉煤气压力　　　　　≥4000 Pa
18. 萘油采出率　　　　　　　　80～100kg/t180℃前粗苯
19. 再生器处理油量占循环洗油量　1%～2%

(二) 粗苯产品和各油品质量

1. 苯类产品质量

(1) 粗苯和轻苯质量：GB3059-82，见表2-3-3。

粗苯和轻苯质量指标　　GB3059-82　　表2-3-3

名　称	指　标		
	加工用粗苯	溶剂用粗苯	轻苯
密度（P20），g/mL	0.871～0.900	≤0.90	0.870～0.880
馏程 75℃前馏出量（容），%不大于 180℃前馏出量（容），%不大于 馏出（容）96%，温度，℃不高于	93	3 91	150
水份	室温 18～25℃下目测无可见的不溶解的水		
外观	黄色透明液体		

注：加工用粗苯，如用石油洗油作吸收剂时，密度允许不低于0.856 g/mL。

（2）重苯产品质量：YB1303-80，见表 2-3-4。

表 2-3-4

指 标 名 称	一 级	二 级
1. 馏程（大气压 1013hPa）		
初馏点,℃ 不小于	150	150
200℃前,%（重）不小于	50	35
2. 水分,% 不大于	0.5	0.5

注：水分只作生产中控制指标，不作质量考核依据。

本标准适用于粗苯经分馏所制得的未提取含萘溶剂油的重苯，供提取古马隆用。

2. 洗油质量

（1）焦油洗油质量：GB3064-82，见表 2-3-5。

表 2-3-5

名 称		指 标
密度 （20℃），g/mL		1.03～1.06
馏程 （大气压 1013hPa）		
230℃前馏出量（容），%	不大于	3
300℃前馏出量（容），%	不小于	90
酚含量（容），%	不大于	0.5
萘含加（重量），%	不大于	15
粘 度，（°E50）	不大于	1.5
水 份，%	不大于	1.0
15℃结晶物		无

（2）石油洗油质量规格：见表 2-3-6。

表 2-3-6

名 称		指 标
密度 （20℃），g/mL	不大于	0.89
粘 度，（°E25）	不大于	1.5
蒸馏试验：		
初馏点,℃	不小于	265
350℃前馏出量,%	不小于	95
凝固点,℃	小于	10
含水量,%	不大于	0.2
固体杂质		无

3. 循环洗油质量

含酚　　　　　　　　　　≤0.5%
含萘　　　　　　　　　　≤7%
水分　　　　　　　　　　≤0.5%
蒸馏实验

230℃前	≤15%
300℃前	≥85%

4. 萘油质量

含萘	≥50%

蒸馏实验

180℃前	≤4%
干点	≤240℃

5. 再生残渣质量

300℃前馏出量	25%～30%
6. 贫油含苯	0.4%～0.6%
7. 富油含苯	2%～3%

(三) 技术经济指标的制定依据

1. 工艺要求：脱苯工序是将来自洗苯工序经洗苯后的含苯富油经蒸馏脱苯成为贫油，再返回洗苯工序循环使用。即将含苯约2.5%富油脱苯至0.6%贫油，塔顶蒸出合格的粗苯产品。这是制订技术经济指标的主要依据。

2. 经济合理：在原料投入，动力消耗，生产费用，设备投资以及产品产出等各个方面，应有明显的经济收益和社会效益。

3. 物料与热量平衡：通过传质传热蒸馏等各个环节的热量交换过程达到系统的热量平衡，各组分达到物料平衡，减少能源消耗，降低成本。

4. 便于操作，制定经济指标应考虑到实际的操作情况，在严格要求的同时，要有一定的操作弹性，在处理规模上也要有一定余地。

二、富油预热器单元技术经济指标

1. 富油进口温度	90～100℃
2. 富油出口温度	135～145℃
3. 蒸汽入口压力	≥0.8MPa
4. 富油在管内流速	0.8～1.3m/s
5. 1m³/h 洗油所需面积	1.7～2.0m²（用焦油洗油）
6. 加热 1m³/h 洗油蒸汽耗量	55～60kg

三、圆筒管式炉单元技术经济指标

1. 进口富油流速	1～1.5m/s
2. 加热面积	
(1) 辐射段	1.4～1.5m²/t·h 洗油
(2) 对流段富油部分（光管）	0.4～0.5m²/t·h 洗油
(3) 对流段过热蒸汽部分（光管）	2.5～3.0m²/t·h 蒸汽
3. 过热蒸汽量	1～1.5t/t180℃前粗苯
4. 过热蒸汽温度	400℃
5. 煤气消耗量（热值 17800kJ/Nm³）	13～15Nm³/t 洗油

6. 管式炉热效率　　　　　　　　　75%

四、脱苯塔、两苯塔单元技术经济指标

1. 脱苯塔（管式炉加热富油法脱苯，无分凝器）
   - (1) 塔板层数　提馏段　　　　　14
   - 　　　　　　　精馏段　　　　　16
   - (2) 空塔速度　　　　　　　　　0.8m/s
   - (3) 回流比　　　　　　　　　　2～3
   - (4) 直接蒸汽用量　　　　　　　1～1.5t/t180℃前粗苯
2. 两苯塔
   - (1) 空塔速度（塔顶部）　　　　0.4～0.8m/s
   - (2) 回流比　　　　　　　　　　2.5～3.5
   - (3) 加热器加热面积　　　　　　25～30m²/t·h180℃前粗苯
   - (4) 加热器加热系数　　　　　　1463kJ/m²·h·℃
   - (5) 间接蒸汽消耗量（蒸汽压力0.8MPa）0.7t/t180℃前粗苯

第八课　脱苯工序段的班组管理

一、脱苯工序的班组构成

以天津第二煤气厂为例：该厂是管式炉加热富油工艺，脱苯塔采用30层塔板，用打回流控制塔顶温度，两苯塔采用液相进料的方式，生产轻苯、重苯。

本工序岗位设在粗苯工段四班三运转，班组中每班设1名粗苯蒸馏工，1名管式炉工，四班共计8人。

二、各岗位生产技术内容

1. 蒸馏工岗
   - (1) 组织粗苯工段当班生产，努力完成产量、质量及各项经济技术指标。
   - (2) 稳定脱苯塔操作，保证粗苯质量，贫油含苯含萘质量符合技术要求。
   - (3) 稳定再生器的操作，保证脱苯的正常进行，保证循环洗油的质量，排渣质量符合技术规定。
   - (4) 稳定两苯塔的技术操作，保证轻苯、重苯的质量符合要求。
2. 管式炉工岗
   - (1) 稳定管式炉操作，调节翻板空气量，煤气量，保证炉内燃烧正常。
   - (2) 管式炉后富油温度符合技术规定。
   - (3) 管式炉后过热蒸汽温度符合技术规定。

三、各岗位生产技术管理要点和方法

1. **管理要点**　脱苯工序关键的两项技术指标是：粗苯质量和贫油含苯含萘。粗苯质量

衡量脱苯蒸馏的质量，贫油含苯衡量脱苯蒸馏效率。这两项指标是反映脱苯蒸馏系统操作的综合水平。

2. 管理方法

（1）管式炉后富油预热温度的控制

①定期清扫管式炉煤气管线和火嘴，保持煤气管线畅通，使煤气流量压力稳定。

②调节管式炉进风口和烟囱的翻板，使助氧空气量符合要求，管式炉内燃烧完全。

③按技术规定控制洗油循环量。

④低压蒸汽流量压力稳定。

（2）脱苯塔顶温度控制

①调节脱苯塔回流比来控制塔顶温度。

②控制过热蒸汽温度不低于技术要求，用调整进塔的蒸汽量来控制塔顶温度，但要注意塔内不要超压。

（3）循环洗油质量

①提高洗苯效率，使富油含苯符合技术要求。

②脱苯塔萘侧线或塔顶将萘赶出，使洗油含萘较低。

③严格控制再生器温度、压力等指标，保证洗油按比例再生，有条件的可排干渣，以降低洗油消耗。

四、各岗位责任

1. 蒸馏工岗位责任

（1）严格控制各部位的技术经济指标，完成粗苯或轻、重苯产量计划指标。

（2）稳定脱苯塔、两苯塔、再生器、脱水塔的操作，保证粗苯、轻苯、重苯、萘油、再生残渣质量合格。

（3）负责操作记录，产品记录和产品输送工作。

（4）负责所属设备的维护保养及工具管理。

（5）严格实行各项安全规定，保持卫生责任区整洁。

2. 管式炉工岗位责任

（1）严格控制各部位技术经济指标，保证管式炉后富油预热温度，过热蒸汽温度符合技术规定。

（2）负责煤气系统的安全操作，定期清扫火嘴和煤气管线，确保管式炉正常运行。

（3）负责操作记录及所属设备的维护保养，工具管理。

（4）严格实行各项安全规定，保持卫生责任区整洁。

第四章

终脱萘中级工

第一课 终脱萘原理

在炼焦的过程中,从焦炉炭化室逸出的煤气中含有大量萘,一般为 $6\sim8g/Nm^3$ 煤气,这些煤气经过初步冷却器能使其中大部分的萘溶解在冷凝液中,当煤气在初步冷却器内被冷却到 35℃时,其中萘的含量应低于 $1.4g/Nm^3$ 煤气,但是萘除了在煤气中呈蒸气状态外,还有的呈固体小颗粒状态而被煤气带走,因此实际上煤气含萘量永远高于它在煤气里相应的饱和量。

在不同温度和压力下,煤气中萘的饱和蒸气含量见表 2-4-1。

在不同温度和压力下煤气中萘的饱和蒸气含量 $(g/100Nm^3)$ 表 2-4-1

压力(kPa) 温度(℃)	−6	−4	−2	0	5	10	15	23	25	30
0	2.18	2.75	2.70	2.64	2.52	2.41	2.31	2.21	2.13	2.05
5	6.10	5.97	5.86	5.74	5.47	5.23	5.01	4.80	4.62	4.44
10	12.46	12.21	11.96	11.73	11.18	10.68	10.23	9.81	9.42	9.07
15	24.19	23.70	23.22	22.77	21.70	20.73	19.84	19.02	18.27	17.58
20	44.83	43.90	43.01	42.16	40.17	38.36	36.71	33.19	33.80	32.51
25	79.82	78.16	76.56	75.03	71.46	68.22	65.26	62.54	60.04	57.73
30	137.20	134.30	131.50	128.9	122.7	117.1	111.9	107.2	102.9	98.92
35	228.50	223.70	219.00	214.4	204.0	194.6	185.9	178.0	170.7	164.1
40	370.7	362.6	354.9	347.7	330.2	314.6	300.4	287.4	275.6	264.6
45	587.8	574.7	562.1	550.1	522.2	497.2	474.1	453.2	434.1	416.5
50	915.1	893.9	873.8	854.5	809.8	769.6	733.1	700.0	669.8	642.0
55	1404	1371	1338	1308	1237	1178	1116	1064	1016	972.7
60	2137	2083	2031	1982	1869	1768	2678	1596	3522	1455

实际上鼓风机后煤气中萘含量为 $1.5\sim2.0g/Nm^3$ 煤气,煤气进入终冷塔最终冷却时其中很大一部分结晶状态的萘又被冷却水冲洗下来,待煤气经过洗苯塔时又有一部分萘被洗油吸收,因此洗苯塔后煤气中萘含量为 $0.4\sim0.5g/Nm^3$ 煤气,最后经过脱硫装置时,又会除去部分萘,但萘含量仍达 $0.2\sim0.3g/Nm^3$ 煤气。这样少量的萘对于一般情况是允许的,但是煤气需要远距离输送或将煤气供给民用,应进一步清除煤气中的萘。

城市用煤气含萘指标要求为:不大于 $0.05\sim0.1g/Nm^3$ 煤气,一般在 4~11 月份小于

$0.1g/Nm^3$，12～3月份应小于$0.05g/Nm^3$煤气。

一、溶剂脱萘原理

如上所述，焦炉煤气经过初冷，最终冷却、洗苯、脱萘，几次脱萘后，煤气含萘量仍较高不能满足城市煤气要求。为此，需要对煤气进行最终脱萘。在我国最终脱萘一般采用溶剂吸收法脱除煤气中的萘。

溶剂脱萘是物理吸收过程，利用气体在液体中溶解度的差异分离出气体混合物。即当含萘的煤气与溶剂油接触时，煤气中的萘被溶解进入溶剂油中，不被溶解的部分则留在气相，于是煤气中的萘被分离出去。

这一过程是物质自身自气相到液相的转移，这是一种传质过程，符合享利定律、道尔顿定律及气体的吸收原理。

煤气中的萘能否进入溶剂油里，取决于煤气中萘的分压，也取决于溶剂油里萘的平衡蒸气压。如果煤气中萘的分压大于溶剂油中萘的平衡蒸气压，萘便可自煤气中转移到溶剂油里，即被吸收。由于转移的结果，溶剂油中萘的浓度便增高，萘的平衡蒸气压也随着增高，到最后可以增高到等于萘在煤气中的平衡蒸气压，这时，气液达到平衡，传质过程停止。

两相的浓度相差愈远，萘的蒸气分压差也愈大。则传质的推动力愈大，传质速率也愈大。

吸收操作中所用的液体（溶剂油）称为溶剂。

溶剂的选择主要考虑以下几点：

1. 溶解度。溶解度大则溶剂用量少，吸收速率也大，设备的尺寸便小。
2. 选择性好。即溶剂对萘的溶解度既要大，对煤气中其它组分的溶解度却要小或基本上不溶。
3. 挥发度要小。即在操作温度下，它的蒸气压要低。经过吸收后的煤气在排出时往往为溶剂蒸气所饱和，溶剂的蒸气压高，其损失量便大。
4. 所选用的溶剂应尽可能无腐蚀性，无毒、不燃、廉价、易得等。

终脱萘的吸收剂通常采用轻柴油。因为它除具有以上溶剂的特点外，还具有在使用过程中不易聚合而生成胶状物质，故可防止堵塞设备及管道。但经洗萘的轻柴油经济价值降低，是设计中需要进一步解决的课题。

终脱萘的吸收剂也可采用煤气厂自产的含萘量小于2%的低萘洗油。它对萘的溶解度比轻柴油高，在厂内可实现自给，运行费用比较经济。

轻柴油脱萘和焦油洗油脱萘相比较，耗量低，与水的密度差大，易于油水分离，稳定性好，长期使用其物理化学性质几乎不变。

二、溶剂脱萘的过程

1. 轻柴油脱萘过程，轻柴油终脱萘工艺流程见图2-4-1。

自洗苯工序洗苯塔来的煤气从洗萘塔下部进入，与塔中部进入的含萘3%～4%的循环轻柴油逆流接触，萘被轻柴油喷淋洗涤吸收后，再经塔上部与新柴油二次逆流接触，自塔顶部侧线逸出，去后工序。

不含萘的新轻柴油由地下油槽液下泵压入新柴油槽，由新柴油槽底部新柴油泵打入计量槽，再经先萘油泵定时定量送入洗萘塔顶部喷洒，使塔内填料表面保持润湿，同时控制塔内中部喷淋的循环轻柴油的含萘量不超过 3‰～4‰，以保证正常的脱萘效果。

由塔中部喷淋下来的循环轻柴油自流进入塔下部贮槽，经循环泵返回塔中部循环使用。当循环轻柴油含萘量超过 4% 时，由循环泵抽送一部分至含萘轻柴油槽贮存，间歇用泵抽送至含萘轻柴油高位槽，以便外售装车。当洗萘工序洗萘塔用轻柴油为吸收剂时，可抽送至洗苯工序补充洗苯的轻柴油损耗。

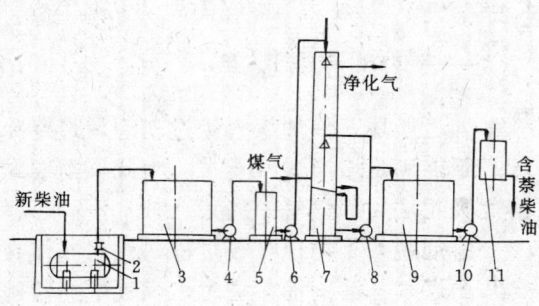

图 2-4-1　轻柴油终脱萘工艺流程
1—地下槽；2—液下泵；3—新柴油槽；
4—新柴油泵；5—计量槽；6—洗萘油泵；
7—洗萘塔；8—循环泵；9—含萘洗油槽；
10—含萘柴油泵；11—含萘柴油高位槽

2. 焦油洗油的脱萘过程

焦油洗萘和轻柴油脱萘的工艺流程一样，只是吸收剂改为含萘小于 2% 的低萘洗油。当循环的焦油洗油含萘量达 4% 时，由循环油泵抽送一部分至含萘洗油槽。当洗苯工序洗苯塔用洗油为吸收剂时，可抽取送至洗苯工序补充洗苯的洗油消耗。

最终脱萘塔可设一个，塔顶定时定量喷洒轻柴油；也可设一个终冷脱萘塔，塔顶定时定量喷洒低萘轻柴油，塔中部循环喷洒新轻柴油；或者可设置两个终冷脱萘塔，串联操作，一个塔定时定量喷洒新轻柴油以起"把关"作用，另一个塔循环喷洒含萘轻柴油。

最终脱萘装置可单独按工段设置，也可与终冷脱萘和洗苯合并设置成一个工段。

操作中应及时将煤气中的冷凝水分离出来，以利于最终脱萘装置的正常操作。

第二课　脱　萘　效　率

一、影响终脱萘效率的因素

通常选用煤气脱萘的溶剂油有两种：即焦油洗油和轻柴油。

1. 溶剂油的溶解度

由图 2-4-2 看出：焦油洗油的溶解度高于轻柴油溶解度。同时还看出：溶解度是和温度成正比关系的。温度升高则溶解度增大，反之亦然。

2. 终脱萘塔的吸收温度

吸收温度是影响终脱萘效率的一个重要因素。

图 2-4-3 为萘在焦油洗油与煤气中的平衡关系，图 2-4-4 为萘在轻柴油与煤气中的平衡关系图。

由图可看出：当循环溶剂油含萘浓度一定时，吸收温

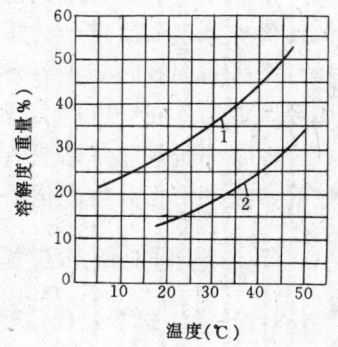

图 2-4-2　萘在油中的溶解度
1—焦油洗油；2—轻柴油

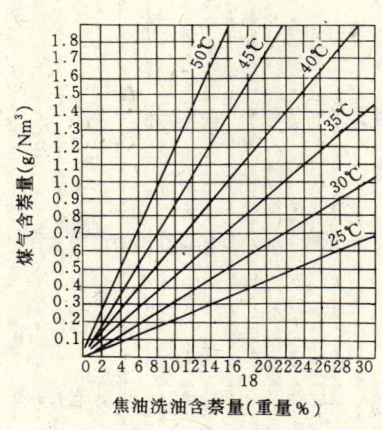
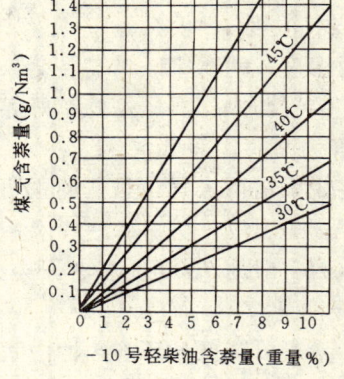

图 2-4-3　萘在焦油洗油与煤气中的平衡关系　　图 2-4-4　萘在-10号轻柴油与煤气中的平衡关系

越低，则与其平衡的煤气含萘量越小。或当煤气中含萘量一定时，吸收温度越低则允许的循环溶剂油含萘浓度越高。

在入塔溶剂油含萘量一定时，溶剂油表面上萘的平衡蒸气分压随吸收温度降低而减少，传质推动力增大，即煤气中萘蒸气分压与溶剂油表面上的萘蒸气分压的压差增大，终脱萘塔后煤气含萘量减少。

3. 煤气温度

为了不使煤气中大量的冷凝水进入溶剂油中，造成溶剂油的乳化，所以溶剂油的温度应略高于煤气温度。如果煤气温度过高，造成溶剂油的吸收温度过高，将使脱萘效率受到影响。一般在设计中考虑对最终脱萘塔采取保温措施，以防止煤气在塔内脱萘过程中降温，析出冷凝水，影响脱萘效率。

4. 溶剂油的含萘量

溶剂油含萘量对脱萘效率影响甚大。溶剂油含萘量的高低，直接影响其表面萘的蒸气分压，煤气与溶剂油的萘蒸气分压差就是吸收萘的传质推动力。

5. 煤气的总压力

增加煤气的总压力时，则单位气体中萘的浓度即相应增高，也就增大了萘在煤气中的分压，从而提高了终脱萘塔的效率。

6. 其它因素的影响

吸收过程的进行还与溶剂油和煤气的物理性质有关，如粘度、重度等。还与吸收过程的条件有关，如终脱萘塔的型式、喷淋方式、煤气流速、喷洒密度和吸收表面积等。

二、提高终脱萘效率的方法

通过上述影响终脱萘效率因素的分析，我们可以找出提高终脱萘效率的方法如下：

1. 选择适宜的吸收温度

吸收温度宜在 30～35℃。若吸收温度增高则终脱萘塔后煤气的含萘量随之增加，终脱萘效率下降；若吸收温度过低，则溶剂油中会析出结晶，溶剂油粘度增大而造成喷洒不匀。

为防止煤气中水蒸汽冷凝,溶剂油温度应高于煤气温度2~4℃。

2．控制好煤气温度

要保证吸收温度,就要保证煤气温度,一般进塔的煤气温度不大于30℃,这就要求前一道工序的工艺装置与操作要严格控制好煤气温度。

3．控制好溶剂油的含萘量

它是决定终脱萘塔后煤气含萘量的主要因素。一般要求循环溶剂油的含萘量低于4%。

4．提高煤气的总压力

入塔煤气压力一般为7000Pa左右。

5．加大循环油量

加大循环油量可以降低循环溶剂油中萘的含量,因而可以提高终脱萘的效率。

第三课　终脱萘主要设备构造与工作原理

一、终脱萘塔

（一）设备构造

焦化生产中煤气终脱萘塔如图2-4-5。主要结构包括塔体、填料层、填料支承、加热器、喷洒液喷头、捕雾装置。

1．塔体：塔体白塔盖及Q235钢板卷制的圆筒体组成,在塔体下部由一个Q235钢板及槽钢焊接而成的斜底将塔体分成两个空间,下部即为柴油贮槽,上部为脱萘塔主体。

2．填料支承：填料支承采用铁格栅如图2-4-6形式,它是由扁钢带立放焊制而成,下部支以工字钢起加强支承之功用。

3．填料层：终脱萘塔填料层共分三层,每层之间有液体分布锥。填料层采用拉西环,以50×50×5填料打底,采用整砌,填料层主要部分以40×40×4.5的拉西环采用乱堆形式填充。拉西环的形状如图2-4-7所示。

4．加热器：煤气终脱萘塔底柴油槽内装有$Fg=8m^2$的加热器,加热器以$\phi59$无缝管弯制而成,用来加热含萘柴油,以保证脱萘效率。

5．捕雾装置：捕雾装置是安装于塔顶,用于除去煤气夹带的柴油雾滴。捕雾层共计6组,每组由40层140×140型气液过滤网组成,2张气液过滤网叠在一起为1层,每层过滤网之间相错60°角排列,其结构示意如图2-2-20所示。

6．喷淋液喷头：终脱萘塔喷淋液喷头采用$\phi45$宝塔式喷头如图2-2-16,捕雾层清扫喷头采用$\phi22$三线螺旋喷嘴如图2-2-21,是由Q235圆钢车制的壳体和螺旋芯组成,使喷淋液体呈螺旋状落下,增大了覆盖面积。

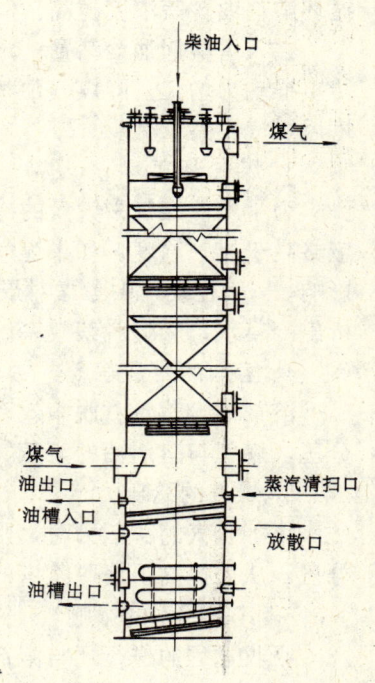

图2-4-5　终脱萘塔

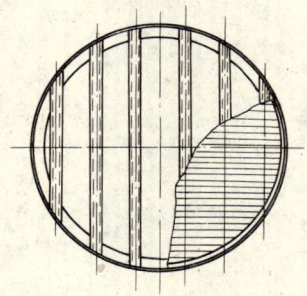
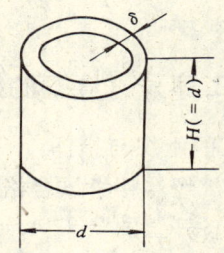

图 2-4-6 支撑栅板　　　图 2-4-7 拉西环

（二）工作原理：焦化生产中煤气终脱萘塔操作实际是一个气液传质的吸收过程，这在洗苯塔中已对吸收过程机理作了介绍，这里不再说明。

作为达到城市煤气标准的煤气净化的最后一道工序，终脱萘塔的操作过程是前工序来的煤气由终脱萘塔底进入，沿塔上升，塔顶喷淋的轻柴油，由于采用了 φ45 宝塔式喷头，使喷淋的柴油较均匀的喷洒于填料层上，沿塔下流，与上升的煤气在填料层内充分接触（此表面面积较大），完成传质过程，煤气中的萘被柴油吸收下来。除萘后的煤气继续上升，通过塔出口前钢丝网除雾装置除雾后，经塔顶煤气出口逸出。喷淋下的柴油积于塔底槽内或循环使用或打入废柴油槽。

终脱萘塔底槽内设置加热器加热柴油，控制柴油洗涤温度，保证高的脱萘效率。

二、旋流板捕雾器

（一）设备构造

焦化生产中所用的终脱萘塔后旋流板捕雾器结构如图 2-4-8 所示，其主要构成是上部为圆筒型，下部为圆锥形筒体，筒体内中上部安装有旋流板装置，筒体顶部为煤气出口，底部为雾滴积液排出口，下部侧面为煤气入口。

（二）工作原理

旋流板捕雾器是基于离心沉降的原理从气体中分离柴油雾滴。

当气体带有雾滴旋转时，如雾滴密度大于气体时，由于离心力的作用，便会使雾滴沿切线方向被甩出，即雾滴与气体相对运动而飞离中心，由于离心力的作用而实现的沉降过程，叫作离心沉降过程。

旋流板捕雾器正是基于这一原理。当终脱萘塔的煤气由下部煤气入口进入捕雾器后，沿筒体上升，经旋流板，煤气产生旋转上升，由于惯性离心力的作用，油雾滴经过旋流板后被甩向器壁与煤气气流分离，再沿壁面流到锥底收集液出口引出。

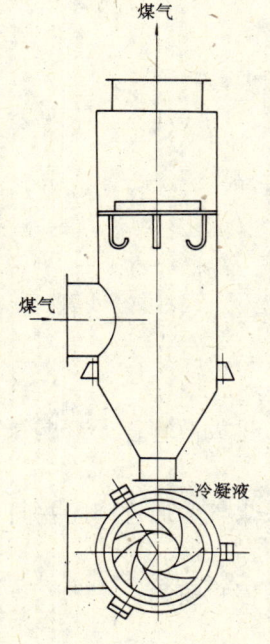

图 2-4-8 旋流板捕雾器

343

经除雾后的煤气继续上升，从煤气出口引出。

第四课　终脱萘工序开、停工的组织与指挥

一、终脱萘工序开、停工的组织与指挥

1. 终脱萘开工的组织与指挥
（1）岗位操作工经严格考试合格后持证上岗，检查煤气终脱萘系统的设备、管道和阀门，并使它们呈准备开工的状态。
（2）将溶剂油注满终脱萘塔的油封槽。
（3）用蒸汽清扫煤气管道，直至管道上放散管冒出水蒸汽时为止，以赶走管道中的空气，然后缓慢通入煤气，直到爆发试验合格，以赶走残存的水蒸汽，最后打开煤气出口阀，再关闭放散管阀门。
（4）用蒸汽清扫终脱萘塔直至塔顶的放散管冒出水蒸汽时为止，以赶走终脱萘塔内的空气，然后缓慢通入煤气，直到爆发试验合格，以赶走残存的水蒸汽，并逐渐开大终脱萘塔煤气出、入阀门（出口阀门的开启速度应略大些），同时关闭放散管阀门，并慢慢关闭煤气旁通管阀门，使煤气全部通过终脱萘塔。在调节煤气阀门时，应注意煤气压力的变化情况及油封槽的液位。
（5）待煤气正常通过塔内之后，对新柴油泵进行盘车，正常后开启油泵向塔喷洒溶剂油，从塔底见到溶剂油流出时，停止喷洒。
（6）调整泵的流量，定时喷洒溶剂油。
（7）通知化验室定期分析煤气含萘量和溶剂油的含萘量。
2. 终脱萘停工的组织与指挥：
（1）打开终脱萘塔旁通阀门，并逐渐关闭终脱萘塔的进出口阀门。
（2）停止向塔内喷洒溶剂油。
（3）打开终脱萘塔顶放散管阀门，再通入水蒸汽，将塔内煤气赶净。
（4）最后打开管道放散管阀，用直接蒸汽清扫煤气管道。

二、终脱萘塔单元操作开、停工的指挥

1. 终脱萘塔单元操作开工的指挥。
（1）打开塔顶放散管阀门，向塔内通蒸汽赶空气。
（2）见放散管冒大量蒸汽后，稍开煤气入口阀，用煤气赶蒸汽，见放散管冒大量煤气时，取样做爆发试验，直至合格后关闭放散管阀门。
（3）通知鼓风机岗位注意机后压力，开塔的煤气出口阀门，慢关煤气旁通管阀门并同时开大煤气入口阀门。
（4）正常通煤气后，向塔喷洒溶剂油从塔底见到溶剂油流出时，停止喷洒。
（5）调整泵的流量，定时喷洒溶剂油。
（6）通知化验室定期分析煤气含萘量和溶剂油的含萘量。
2. 终脱萘塔单元操作停工的指挥

(1) 通知鼓风机岗位注意机后压力，打开塔的煤气旁通管阀门，关死煤气入口管阀门，关小煤气出口阀门剩2~3扣，保持塔内正压。

(2) 停止喷洒溶剂油，并将塔内油槽之溶剂油放空。

(3) 如停塔检修，打开塔顶放散管阀门，关死塔出入口阀门，堵盲板。用蒸汽赶净塔内煤气并取样分析确认合格，待塔温降低至常温，打开人孔通空气赶走蒸汽后方可进行检修。塔温未降至常温前严禁拆卸塔系统法兰，人孔，以防空气进入塔内引起自燃。

三、旋流板捕雾器单元操作开、停工的指挥

1. 旋流板捕雾器单元操作开工的指挥

(1) 打开器顶煤气出口阀门前的放散管阀门，通入蒸汽赶空气。

(2) 见到放散管冒出大量蒸汽后，稍开煤气入口阀，用煤气赶蒸汽，见放散管冒大量煤气时，取样做爆发试验，直至合格后关闭放散管阀门。

(3) 通知鼓风机岗位注意机后压力，开器顶煤气出口阀门，慢关煤气旁通管阀门并同时开大煤气入口管阀门。

(4) 通入煤气后通知化验室分析煤气含萘量，检查旋流板捕雾器捕雾效率。

2. 旋流板捕雾器单元操作停工的指挥

(1) 通知鼓风机岗位注意机后压力，打开捕雾器煤气旁通管阀门，关死煤气入口阀门，关小煤气出口阀门剩2~3扣，保持器内正压。

(2) 打开捕雾器底部放液阀，放净器底冷凝液及沉淀物后，关闭放液阀。

(3) 如停器检查或检修，打开器顶煤气出口阀门前的放散管，关死捕雾器煤气出入口阀门并堵上盲板。通蒸汽赶净煤气，取样分析确认合格，关闭蒸汽清扫管，待捕雾器器温降低至常温，即可打开人孔，安排检修。

第五课 终脱萘工序设备检修与试车

一、终脱萘塔

(一) 检修周期及内容

1. 中修　36个月

(1) 清理塔壁，检查塔壁腐蚀情况，测量塔壁厚。

(2) 检查、修理或更换支撑栅板。

(3) 清理塔内填料，去除破损及污垢难于去除部分，补充部分填料。

(4) 清理整修或更换捕雾装置及支撑板。

(5) 检查、修理宝塔喷淋装置及清扫喷头。

(6) 检查、校验、修理各附件及附属管线阀门。

(7) 检查，补充，紧固各部位的螺栓。

(8) 塔底柴油槽清理。加热器做打压试验。

(9) 脱萘塔做强度及气密试验。

2. 大修　72个月

(1) 包括中修内容。
(2) 塔内件全部拆除、检查、修理或更换。
(3) 塔体及塔底柴油槽彻底清理,测量壁厚。
(4) 检查,找正塔体垂直度,紧固地脚螺栓。
(5) 塔基础检查有无裂纹、下沉。
(6) 塔体除锈、刷漆。

(二) 检修质量标准及验收方法

1．塔内件质量标准:
(1) 支承栅板应符合强度要求,边缘不应有尖锐毛刺。
(2) 栅板支撑圈与塔内壁焊后,上表面水平度误差≯7mm。
(3) 主梁安装后,其上表面与支承圈及支承梁的上表面应在同一水平面内,高低相差≯7mm。
(4) 捕雾层组装,2张过滤网叠一起为1层,共40层,每层波峰、波谷错开60°叠放。组装后不允许有突出飞边的缺陷。
(5) 捕雾层支承板安装水平偏差≯10mm。
(6) 填料严格按设计的要求选用,其特性满足有关产品技术特性规定。
(7) 宝塔式喷头组装后,各零件同轴度<1mm;任意一层中心距偏差≯2mm。喷头装入前做喷水实验合格后方可装入塔内。设备检修完毕后进行整体喷淋试验,要求喷淋均匀。
(8) 塔底加热器以0.6MPa水压做强度试验。

2．塔体质量标准:
(1) 塔体的垂直度偏差要求≯15mm。
(2) 塔体直线度偏差要求≯15mm。
(3) 裙座螺栓孔中心圆直径允差,相邻两孔弦长允差和任意两孔弦长差均≯2mm。
(4) 塔体的保温材料应符合设计图纸要求。
(5) 塔体外壁应按HGJ1074-79的规定刷漆保温。

3．验收方法:
(1) 检查各附件是否安装齐全。
(2) 必须有完整的检查,鉴定和检修记录。
(3) 人孔封闭前检查内部各结构的检修质量及填料堆砌情况。
(4) 检查各附件管线及阀门检修质量。
(5) 水压试验和气密试验记录齐全(按图纸技术要求)。

终脱萘塔的验收由设备科组织检修单位和使用单位一起进行全面检查,符合质量要求后,经验收合格办理移交手续。

(三) 单元试车

1．抽出精脱萘塔煤气出入口盲板及工艺管道盲板。
2．打开塔顶放散管阀门。
3．向塔内通蒸汽,待放散管逸出大量蒸汽后停止通蒸汽。稍开煤气入口阀门,用煤气赶蒸汽,待放散管逸出大量煤气之后,取样做煤气爆发试验三次,直至合格,关闭塔顶放散管。
4．通知鼓风机岗位注意机后压力,全开煤气出口阀门,再开煤气入口阀门并缓慢关闭煤气交通阀。

5. 待通入煤气正常通过塔内之后,向塔内喷淋柴油,并检查精脱萘塔各项工艺指标。从塔底见到柴油流出,停止喷淋柴油。

6. 调整泵流量为每 15min 喷淋 20s 计 153kg 柴油。

7. 在投入定时喷淋条件下,检查操作工艺指标合理后交验。

二、旋流板捕雾器

（一）检修周期及内容

1. 中修　18 个月

(1) 检查、调整、修理旋流板捕雾器旋流板。

(2) 检查旋流板捕雾器壁及进口部分,测量壁厚。测量其有关尺寸。

(3) 检查旋流板支撑腐蚀情况。

2. 大修　36 个月

(1) 包括中修内容。

(2) 检查调整或更换旋流板。

(3) 检查、测量器体壁厚及积垢,修补或制造新捕雾器。

(4) 除锈刷漆。

（二）检修质量标准及验收办法

1. 检修质量标准：

(1) 壳体部分直径及椭圆度误差$\not> \pm 3mm$。

(2) 壳体直线的长度误差$\not> \pm 3mm$。

(3) 旋流板及锥体表面局部凹凸度$\not> 1mm$。

(4) 旋流板按装后与筒体同心度$\not> \pm 20mm$。

(5) 焊缝不应有错口。焊口进行煤油试漏后。应将内部焊缝打平磨光,和金属间的凹凸$\not> 0.5mm$。

(6) 旋流板捕雾器安装后,垂直度偏差$\not> 5mm$。

(7) 捕雾器入口标高误差$\not> \pm 5mm$。

(8) 旋流板捕雾器按 HGJ1074-79 的规定刷漆。

2. 验收办法：

(1) 检查旋流板捕雾器各附件是否安装齐全。

(2) 详细记录捕雾器检查、鉴定及检修更换情况及各部尺寸检查情况。

(3) 捕雾器封盖前,其内部应彻底清扫,检修质量达标。

(4) 捕雾器由厂设备部门组织检修单位和使用单位一起全面检查,符合质量要求后经验收办理移交。

（三）单元试车

(1) 在各项检查正常后,做好试车投运准备。

(2) 抽掉旋流板捕雾器各进出口阀门的盲板,通入蒸汽清扫。

(3) 打开煤气入口阀进行置换,慢开出口阀的同时关闭交通阀门。

(4) 通入煤气后,检查捕雾器捕雾效率,正常后投运交验。

第六课 终脱萘工序操作事故的处理

一、常见事故产生的原因、处理与预防

（一）废柴油含水高
1. 产生原因
(1) 油水分离器堵塞造成大量水进入废油槽。
(2) 废柴油没能定期放水。
(3) 柴油温度过低，使大量冷凝水进入柴油中。
2. 处理方法
油水分离器放空，并用蒸汽清扫至畅通。
3. 预防措施
(1) 应定期检查油水分离器出口水是否畅通。
(2) 废油槽及时放水。
(3) 柴油温度控制得当。

（二）洗萘油泵目调失灵
1. 产生原因
自调电器出现故障
2. 处理方法
(1) 遇到此种情况及时通知调度，令电工到岗处理。
(2) 停止向塔内进料。
3. 预防措施
(1) 自调装置应定期检修。
(2) 操作人员发现异常及时找电工解决。

（三）塔阻力增高
1. 产生原因
(1) 塔内填料层或捕雾层被萘或油垢堵塞。
(2) 塔底排液管堵，排液不畅，造成塔内液位增高。
2. 处理方法
(1) 停塔通蒸汽清扫填料层及排液管。
(2) 打开塔顶捕雾层的清扫喷嘴阀门，用柴油清洗捕雾层。
(3) 必要时停工清理或更换填料。
3. 预防措施
(1) 要求前面工序降低煤气含萘量。
(2) 平时保持正常循环柴油量。
(3) 控制塔内正常操作温度。
(4) 坚持定期清扫制度。

二、处理停电、停汽事故的组织与指挥

（一）停电事故的处理

1. 及时通知厂调度和值班主任，在班长指挥下停电操作。
2. 停止向塔内喷洒柴油。
3. 通知鼓风机司机注意煤气压力，打开终脱萘塔煤气旁通阀门，关死煤气入口阀门，关小煤气出口阀剩2～3扣，保持塔内正压。

（二）停汽事故的处理，其停工步骤同停电处理。

第七课 终脱萘工序技术经济指标

一、终脱萘工序综合技术经济指标

1. 终脱萘塔设计参数：

空塔气速	0.65～0.75m/s
填料面积	＞0.35m²/Nm³
喷淋密度	1.5～2.0m³/m²·h
阻力	1000Pa

2. 轻柴油允许含萘量：

新鲜轻柴油	重量%	0
循环含萘轻柴油	重量%	≯4%

3. 焦油洗油允许含萘量：

新鲜焦油洗油	重量%	＜2%
循环焦油洗油	重量%	≯4%

4. 终脱萘塔生产操作指标：

(1) 出工序煤气含萘量　＜50（冬）mg/Nm³
　　　　　　　　　　　＜100（夏）mg/Nm³
(2) 入工序煤气含萘量　≯600 mg/Nm³
(3) 终脱萘塔操作温度　30～40℃
(4) 入终脱萘塔煤气压力　7000Pa
(5) 入终脱萘塔煤气温度　30℃左右

5. 轻柴油质量：见表2-4-2。

轻柴油质量标准表　　　　表2-4-2

项　目		轻　柴　油				直馏轻柴油
		10号	0号	-10号	-20号	
十六烷值	不小于	50	50	50	45	55
馏程：						
50%馏出温度℃	不高于	300	300	300	300	290
90%馏出温度℃	不高于	355	355	350	350	350

续表

项　　目		轻　柴　油				直馏轻柴油
		10号	0号	−10号	−20号	
9.5%馏出温度℃	不高于	365	365			
粘度（20℃）						
恩氏°E		1.2～1.67	1.2～1.67	1.2～1.67	1.2～1.67	
运动，厘泡		3.0～8.0	3.0～8.0	3.0～8.0	2.5～8.0	3.5～8.0
10%蒸余物残留,%	不大于	0.4	0.4	0.3	0.3	0.3
硫分,%	不大于	0.2	0.2	0.2	0.2	0.2
闪点(闭口),℃	不低于	65	65	65	65	60
腐蚀试验(铜片)		合格	合格	合格	合格	合格
酸度,mgKOH/100mL	不大于	10	10	10	10	3
凝点,℃	不高于	10	0	−10	−20	−10
实际胶质,mg/100mL	不大于	70	70	70	70	
浊点,℃	不高于					−5

二、终脱萘工序综合技术经济指标制定依据

1. 工艺要求

终脱萘工序是煤气最终的脱萘工序，所以必须保证其出口煤气含量达到城市煤气标准。这是经济指标制定的主要依据。

2. 经济合理

因终脱萘工序的生产主要考虑的是社会效益，没有明显的经济效益，所以在动力消耗，原料投入，生产费用及设备投资等方面应尽量兼顾经济效益和社会效益。要求降低成本，降低生产费用，使经济合理。

3. 便于操作

制定经济指标应考虑到实际的操作情况，在严格要求的同时，要有一定的操作弹性，在处理规模上也要有一定余地。

第八课　终脱萘的班组管理

一、终脱萘工序班组构成

以天津市第二煤气厂为例：该厂终脱萘塔为一瓷环填料塔。操作方法为每隔15min喷洒20s轻柴油一次，按照此种操作方法，煤气经一次脱萘后即可达到城市煤气质量标准。轻柴油一次吸收萘后含萘量约为1.9%。轻柴油吸收萘后自流入终脱萘塔底部贮槽，备第二次使用。当塔底液位达到一定时，开始使用塔底贮槽内的含萘轻柴油进行脱萘。含萘轻柴油第二次吸收萘后萘含量约为4%，从塔下部流入废柴油贮槽，定期用废柴油装送泵装汽车送出厂外。

天津第二煤气厂是将终脱萘工序与洗苯、脱苯工序合为一个工段，叫做粗苯工段。终脱

萘工序每班设一名终脱萘工,纳入粗苯工段四班三运转班组中管理。

二、终脱萘工生产技术内容

稳定终脱萘塔操作,控制终脱萘塔吸收温度,确保塔后煤气含萘达到规定指标。

三、终脱萘工岗位技术操作要点和方法

1. 注意终脱萘塔的喷洒时间,如不符合要求应及时与电工联系,调整泵的继电器,延长或缩短喷洒时间。
2. 检查终脱萘塔阻力,如果高于1000Pa,要及时对塔进行吹扫。
3. 按规定及时更换洗萘用柴油。
4. 及时检查调节油水分离器将煤气中的冷凝水分离出来,以便稳定终脱萘塔的操作。
5. 随时检查煤气进塔温度,压力,如不符合规定,及时和车间调度联系进行调整。
6. 随时调节循环轻柴油温度,使其较煤气入口温度高2~4℃。

四、终脱萘工岗位责任

1. 经常检查终脱萘塔内油位高度,不准满流,不准抽空。
2. 按规定及时更换洗萘用柴油。
3. 按规定喷洒柴油,保证煤气含萘符合技术规定。
4. 经常检查泵运转情况,负责本岗位设备维护保养,工具管理及岗位区域内的整洁。
5. 按时填写生产记录,贯彻执行岗位操作规程及有关规章制度。
6. 负责新柴油的卸料和废柴油装车及计量。
7. 做好本岗位生产工作,稳定终脱萘塔操作。

第五章

脱 硫 中 级 工

第一课 脱 硫 原 理

一、干法脱硫原理

(一)氧化铁法

含有硫化氢的粗煤气通过脱硫剂时,硫化氢与活性氧化铁接触,生成硫化铁和亚硫化铁。含有这种铁的硫化物的脱硫剂与空气中的氧接触,在存在水分的条件下,铁的硫化物又转化为氧化铁及单体硫,形成同时进行脱硫和再生的过程,并可循环进行多次,直到氧化铁表面大部分被硫或其它杂质覆盖而失去活性为止。

脱硫主反应式(当碱性时)为

$$Fe_2O_3 \cdot H_2O + 3H_2S \longrightarrow Fe_2S_3 \cdot H_2O + 3H_2O + 62.3kJ$$

再生主反应式为

$$Fe_2S_3 \cdot H_2O + 3/2O_2 \longrightarrow Fe_2O_3 \cdot H_2O + 3S$$

(二)氧化锌(ZnO)脱硫法

以氧化锌(ZnO)为主体的接触法脱硫剂,主要用于天然气和轻油的加氢脱硫,以及保护低温变换触媒和甲烷化触媒。这种脱硫剂能脱除无机硫和有机硫。脱硫原理是:在气体中有水蒸汽或氢气存在的条件下,先将有机硫转化为硫化氢(H_2S),然后硫化氢(H_2S)与氧化锌(ZnO)反应而被脱除。其反应式如下:

$$COS + H_2 = H_2S + CO + 6.69kJ$$

$$COS + H_2O = H_2S + CO_2 + 34.71kJ$$

$$CS_2 + 4H_2 = 2H_2S + CH_4 + 230.41kJ$$

$$CS_2 + 2H_2O = 2H_2S + CO_2 + 65.23kJ$$

$$H_2S + ZnO = ZnS + H_2O + 78.19kJ$$

(三)活性炭脱硫法

活性炭脱硫是一种老工艺,其脱硫化氢(H_2S)的过程一般由以下三个步骤组成:

1. 脱硫:当含有硫化氢(H_2S)和一定比例氧气(O_2)的气体通过活性炭时,在氨的催化作用下,硫化氢(H_2S)在活性炭表面上被氧气(O_2)氧化成单质硫(S)。

2. 再生:当活性炭吸附硫量达到一定程度后,其活性表面被硫覆盖,此时需要再生。再生时,先用水冲洗,然后用硫化铵[$(NH_4)_2S$]溶液多次萃取活性炭表面,使硫(S)与硫化铵

〔$(NH_4)_2S$〕生成多硫化铵,再用冷凝液洗涤,除去残留的硫化铵〔$(NH_4)_2S$〕溶液,最后用蒸汽分解沾在活性炭表面的硫化铵〔$(NH_4)_2S$〕和碳酸铵盐。

3. 硫磺回收:将萃取液用低压蒸汽直接加热,使多硫化物发生分解而放出硫。

(四) 锰矿脱硫法

氧化锰脱硫的机理与氧化锌相似。我国锰矿储量十分丰富,利用天然锰矿脱硫是一条合理的途径。天然锰矿含二氧化锰(MnO_2)90%左右,用于脱硫时,需将四价锰(Mn^{+4})还原成二价锰(Mn^{+2}),才具有脱硫活性。其反应如下:

$$MnO + H_2S \rightleftharpoons MnS + H_2O$$

由于锰矿价格低廉,原料易得,被硫饱和后的脱硫剂一般不再生即丢弃。

二、湿法脱硫原理

(一) 改良 A.D.A 法脱硫

1. 改良 A.D.A 法脱硫和再生过程可分为如下四步:

(1) 稀碱液在 pH=8.5~9.1 范围内吸收硫化氢(H_2S)生成硫氢根离子(HS^-);

$$Na_2CO_3 + H_2S \rightleftharpoons NaHS + NaHCO_3$$

(2) 在硫液中 HS^- 与氧化剂偏钒酸钠($NaVO_3$)反应,生成还原性的焦钒酸钠($Na_2V_4O_9$),并析出硫(S)。

$$2NaHS + 4NaVO_3 + H_2O \rightleftharpoons Na_2V_4O_9 + 4NaOH + 2S\downarrow$$

(3) 还原性的 $Na_2V_4O_9$ 被 A.D.A.(氧化态)氧化成 $NaVO_3$ 而再生:

$$Na_2V_4O_9 + 2A.D.A.(氧化态) + 2NaOH + H_2O \rightleftharpoons 4NaVO_3 + 2A.D.A.(还原态)$$

(4) 还原态的 A.D.A. 被空气氧化而再生:

$$2A.D.A.(还原态) + O_2 \longrightarrow 2A.D.A.(氧化态) + 2H_2O$$

2. 反应过程中伴随下面的副反应:

(1) 碳酸氢钠($NaHCO_3$)与氢氧化钠($NaOH$)反应生成碳酸钠(Na_2CO_3)

$$NaHCO_3 + NaOH \longrightarrow Na_2CO_3 + H_2O$$

(2) 煤气中含有二氧化碳(CO_2)与碱液反应

$$Na_2CO_3 + CO_2 + H_2O \longrightarrow 2NaHCO_3$$

(3) 煤气中的氰化氢(HCN)、O_2 与碱液反应

$$Na_2CO_3 + 2HCN \longrightarrow 2NaCN + H_2O + CO_2\uparrow$$

$$NaCN + S \longrightarrow NaCNS(硫氰酸钠)$$

$$2NaHS + 2O_2 \longrightarrow Na_2S_2O_3(硫代硫酸钠) + H_2O$$

(4) 部分 $Na_2S_2O_3$ 被氧化为 Na_2SO_4(硫酸钠)

$$2Na_2S_2O_3 + O_2 \longrightarrow 2Na_2SO_4 + 2S\downarrow$$

为防止反应过程中形成钒-氧-硫化合物的黑色络合物沉淀,于溶液中添加少量的酒石酸钾钠,以减少钒的消耗。

上述方法由于脱硫效率高,对被净化气体中的 H_2S 含量适应较广,溶液无毒,催化剂用量较少,再生时不耗用蒸汽等优点,因此在煤气、焦化行业被广泛地使用。

（二）氨水催化法

采用氨水催化法脱硫时，吸收剂为氨（NH_3），催化剂为对苯二酚，因此该法也可称为对苯二酚脱硫。其反应如下：

(1) 吸收：$NH_3 + H_2S \rightleftharpoons NH_4HS$

(2) 再生：利用空气中的氧在催化剂的作用下，使其硫化物中的硫以单质硫析出。总反应为：

$$NH_4HS + 1/2 O_2 \underset{}{\overset{催化剂}{\rightleftharpoons}} NH_4OH + S$$

该反应在没有催化剂的情况下，反应极其缓慢。为了加速这一反应，必须加入一种液相催化剂——对苯二酚（HO—C₆H₄—OH）。对苯二酚是一种还原剂而不是氧化剂。它首先在再生塔内被空气中的氧氧化成对苯醌（O=C₆H₄=O）。

$$HO{-}C_6H_4{-}OH + 1/2 O_2 = O{=}C_6H_4{=}O + H_2O$$

其中，对苯醌再将$S^=$氧化成单质硫S。

$$O{=}C_6H_4{=}O + NH_4HS + H_2O = HO{-}C_6H_4{-}OH + NH_4OH + S$$

$$O{=}C_6H_4{=}O + H_2S = HO{-}C_6H_4{-}OH + S$$

在溶液再生的同时，还有如下副反应：

$$2NH_4HS + 2O_2 = (NH_4)_2S_2O_3 (硫代硫酸铵) + H_2O$$

$$NH_4CN + S = NH_4CNS$$

（氰化铵） （硫氰化铵）

该法的优点是脱硫效率高，脱硫剂无毒，操作简便，消耗较低，能脱除含量较高的H_2S。因此在化肥行业广泛采用。

（三）烷基醇胺法

烷基醇胺法属化学吸收法系，以弱碱性溶液乙醇胺为吸收剂，与硫化氢进行化学反应而形成络合盐，其反应式如下：

$$HO-CH_2-CH_2-NH_2(乙醇胺) + H_2S \rightleftharpoons (HO-CH_2-CH_2-NH_3)HS$$

该反应为可逆反应，温度在 20～40℃时，乙醇胺与硫化氢反应生成盐，并放出热量。若将溶液加热，当温度升到 105℃或更高时，反应逆向进行，溶液中的胺盐吸热分解放出硫化氢，溶液即得到再生。该方法由于工艺过程简单可靠，溶剂又低廉易得，因此在天然气脱硫中广泛采用。但是，如果乙醇胺在氧与硫化氢同时存在时，能生成稳定的硫代硫酸胺盐。反应如下：

$$RNH_2 + 2H_2S + 2O_2 \longrightarrow (RNH_2)_2S_2O_3 + H_2O$$

气体中有氰化氢、氧和硫化氢同时存在时，能产生如下反应：

$$2RNH_2 + 2HCN + O_2 + 2H_2S \longrightarrow 2RNH_2HCNS + 2H_2O$$

以上反应说明气体中有氧、氰化氢时，采用乙醇胺溶液脱硫是不利的。

第二课 脱 硫 效 率

一、影响干法脱硫效率的因素

(一) 煤气中其它杂质对脱硫效率的影响

煤气中的焦油、萘等杂质进干箱前如不脱除干净,会使脱硫剂结成硬块,导致箱内阻力升高,脱硫效率下降,脱硫剂使用寿命降低。煤气中的氨量过多或过少时,氨均将使脱硫剂处于酸性状态,引起脱硫效率下降。过多的氨将会产生硫氰化铵(NH_4SCN),此化合物最终与硫化铁(Fe_2S_3)反应生成硫氰化铁$Fe(SCN)_3$、硫氰化亚铁$Fe(SCN)_2$。硫化铁不再氧化成氧化铁,对脱硫不利。过少的氨,将不足以抵消在操作过程中所生成的$FeSO_4$及$Fe_2(SO_4)_3$所造成的酸度。在酸性状态下不仅降低氧化铁与硫化氢的反应速度,并且在40℃时,$Fe_2S_3 \cdot H_2O$将分解成为Fe_8S_9和FeS_2。Fe_8S_9氧化极困难,FeS_2氧化将生成$FeSO_4$,使脱硫效率下降。

(二) 温度对脱硫效率的影响

干箱操作温度对脱硫效率影响很大,温度过高时,将使氧化速度大大加快,相对地降低了硫化氢的反应速度。此外$Fe_2S_3 \cdot H_2O$在较高的温度下(40~50℃)将失去其所携带的水分而成为不带水的Fe_2S_3,在氧化时将产生硫酸盐,而使干箱渐渐呈酸性。温度过低时,将大大降低脱硫剂与硫化氢的反应速度,煤气中的水分也将因温度过低而冷凝下来。使脱硫效率因之下降。

(三) 水分对脱硫效率的影响

为增强脱硫效率,脱硫剂必须含有适量的水分,水分在脱硫中的作用有:

1. 能保持硫化氢与氧化铁的足够接触时间。
2. 水分是免除脱硫剂结块现象的因素之一。
3. 借水分作用能溶解一部分在净化过程中所产生的盐类,这些盐类大部分包裹在氧化铁的表面,影响氧化铁的脱硫效率。

(四) 含氧量对脱硫效率的影响

煤气在进入干箱之前必须含有一定量的氧气,使箱内硫化铁得以再生至一定程度,有利于延长脱硫剂的使用期,减少脱硫剂的更换次数,节约劳动力。氧与硫化氢的作用是依靠硫化铁为触媒而产生的,新的脱硫剂没有这种作用,直至其中硫化铁含量达15%时,才有作用。进入干箱的煤气含氧量一般以1%~1.1%为宜。过高时加速其对铁板的腐蚀和生成煤气胶,过低时可采用从外界加氧或加空气的办法以提高其含氧量。

(五) 煤气在箱内的流向对脱硫效率的影响

煤气在箱内的流向,可分为向上流、向下流和分散流三种。向上流阻力上升得快,煤气经过栅格而进入底层脱硫剂,造成底层析硫严重,所以阻力升高快。如果焦油脱除效果差,则底层脱硫剂迅速被粘住堵塞,操作不正常,影响脱硫效率。向下流阻力上升较慢,且在阻力突然升高后,只需更换上层脱硫剂即能恢复正常。煤气分散流的形式虽然可以降低煤气在箱内的阻力损耗,但困难的是很不易使煤气平均分布于各脱硫剂层。

(六) pH值对脱硫效率的影响

干箱不宜在酸性状态下操作。pH 值宜控制在 8~10 之间为宜,因为碱度对脱硫剂有稳定的作用;在碱性情况下 $Fe_2S_3·H_2O$ 能很好地氧化而成为 $2Fe_2O_3·H_2O$ 优良的脱硫原料;在碱性情况下能加速氧化铁和硫化氢间的反应速度。

二、提高干法脱硫效率的方法

1. 进干箱脱硫前,应尽可能地降低煤气中焦油、萘等杂质,以防止脱硫剂结大块,导致干箱阻力上升,脱硫效率降低。

2. 控制适宜的操作温度,干箱煤气出口温度控制在 28~30℃。除了采取箱外保温措施外,还可以采用在进箱煤气总管上增加适量蒸汽的办法来调节煤气温度和水分。

3. 煤气在箱内的流向采用向下流的方式。

4. 加强对干箱脱硫剂的调换,一般当箱内阻力大于 2000Pa 时应考虑调换脱硫剂,以保证较好的脱硫效率。

5. 适当地控制煤气中的含氧量,有利于延长脱硫剂的使用期。可以采取在箱内加入一定量的空气的措施。

6. 注意脱硫剂的装箱质量,做到脱硫剂分布均匀,防止煤气短路,影响脱硫效率。

三、影响湿法脱硫效率的因素

(一)碱液浓度对脱硫效率的影响

提高溶液中的 Na_2CO_3 含量,对于吸收 H_2S 有利。例如当溶液中 Na_2CO_3 含量控制在 1%~2% 时,吸收 H_2S 效率可达 90% 以上。但是,Na_2CO_3 含量继续增加,吸收效率的增加就变得较为缓慢了;而且 Na_2CO_3 含量过高,会破坏选择性吸收 H_2S 的条件,使得溶液吸收 CO_2 生成 $NaHCO_3$ 的能力增大。在吸收操作时,一般将 $NaHCO_3$ 的含量控制在 4% 左右;在碱液再生时,应控制溶液中的 Na_2CO_3 与 Na_2HCO_3 含量之和不超过 150g/L。

(二)液气比对脱硫吸收过程的影响

在脱硫过程中,脱硫液喷淋量与被处理煤气量之比叫液气比。液气比的选择与煤气中的 H_2S 含量,脱硫液的硫容量和塔型等因素有关,但首先必须根据硫容量来考虑。其计算公式如下:

$$\frac{L}{G}=\frac{C_1-C_2}{S_g}$$

式中　L/G——液气比,L/m^3;
　　　S_g——溶液硫容量,g/L;
　　　C_1、C_2——分别为煤气进、出口 H_2S 含量,g/m^3。

从上式可以看出,当煤气中的 H_2S 含量相同时,硫容量越高,液气比越小。当煤气中 H_2S 含量较高时,相应所需的液气比就应增大。液气比增大,则脱硫效率提高,但两者并非成正比关系。当液气比达到一定值后,对脱硫效率的影响就不显著了。过大的液气比将会引起塔阻力增大或气体带液,同时增加了电耗。

(三)温度对脱硫效率的影响

脱硫是放热反应,温度高不利于吸收反应的进行。加上温度升高时,H_2S 平衡分压增大,降低了吸收推动力,也使吸收速度下降,对脱硫不利。但是,温度太低,吸收 H_2S 的反应速度减慢,脱硫效率也差。所以脱硫液温度一般控制在室温。其次,再生时,温度对溶液反应影响较大,适当提高温度,可使氧化反应速度加快,再生效率提高。但是,温度过高,不利于空气中O_2的扩散,并加速副反应进行,同时增加碱耗。因此脱硫液的温度一般控制在20~25℃。

(四)空气用量和吹风强度对脱硫再生过程的影响

空气用量大,对再生反应是有利的。但空气用量过大,不仅动力消耗增加,而且还会发生不希望有的副反应。理论上每氧化生成1kg硫,需空气量1.67m^3,实际生产中空气量除了满足氧化反应需要外,还要起悬浮硫磺颗粒的浮选作用,故需要一定的吹风强度。吹风强度对再生效果的好坏影响极大。当吹风强度为48$m^3/m^2·h$时,即使延长再生时间到45min也不析硫,操作也不断恶化。当吹风强度提高到120$m^3/m^2·h$时,再生时间仅需22.5min就够了,析硫再生效果良好。当进一步提高吹风强度,再生时间可以进一步缩短。当吸收液硫容量不变时,提高吹风强度,可以缩短再生时间。当再生时间不变时,提高吹风强度,可允许溶液有较高的硫容。反之,溶液硫容较高,须相应增大吹风强度。但是,吹风强度也不可太大,否则硫泡沫易被吹翻,使之重新卷入溶液中,影响塔内浮选分离效果。

(五)硫代硫酸钠含量对脱硫效率影响

实验表明,当采用新配制的脱硫液时,溶液的pH值高,溶液中不含或少含硫代硫酸钠,溶液不析硫,再生情况恶化,脱硫效率低。当脱硫液中有一定量的硫代硫酸钠存在时,在一定的吹风强度下,析硫和再生情况良好,而这时溶液的pH值与不析硫时的pH值相差不大(pH=8.85~9.5)。但是当硫代硫酸钠不断增加,当增加到一定程度后,会使溶解度较小的A.D.A.催化剂很快从溶液中析出,并造成碱耗增加,硫回收率降低,影响脱硫效率。因此,应尽可能使硫代硫酸钠生成量控制在一定范围内。

(六)煤气中焦油杂质对脱硫效率的影响

进入脱硫塔中的煤气含有过多的焦油杂质会降低脱硫液中碱的浓度,被碱液洗涤下来的焦油杂质随溶液进入再生系统,从而影响硫的浮选,造成溶液中悬浮硫增加,影响脱硫效率。

四、提高湿法脱硫效率的方法

1. 降低煤气进塔的焦油杂质,进塔煤气含焦油杂质小于20mg/m^3。
2. 控制适宜的脱硫液各组分的浓度,定期对脱硫液进行分析测定,及时补充各组分,保持脱硫液有较好的脱硫能力。
3. 选择适宜的操作温度、液气比、再生时间和空气量,及时回收硫磺,降低溶液中的悬浮硫。
4. 溶液温度应控制比煤气温度高3~5℃,以维持溶液的水平衡,溶液温度控制在25~40℃之间。
5. 对于煤气含H_2S量较高时,可以采用二级湿法脱硫串联的办法,以保证煤气含H_2S杂质达到指标要求。

第三课 干法脱硫主要设备工作原理

一、干法脱硫箱构造及其工作原理

箱体材质可用铸铁、钢板、钢筋混凝土制作,铸铁箱使用年限最长。采用钢板脱硫箱时,箱体应采取适宜的防腐措施。图 2-5-1 所示为铸铁脱硫箱,箱体为铸铁,箱盖为铜制,箱盖内充填保温材料,箱盖与箱体的密封采用压紧螺栓装置,密封衬垫宜为石棉绳。箱内放木格子三层,木格上堆放脱硫剂。为了更换脱硫剂及吊装箱盖之需要,箱体上空应该设置吊装设备。

粗煤气通过煤气入口管进入脱硫箱,由上而下地移动,煤气中的 H_2S、萘、焦油尘等杂质被脱硫剂化学吸收或物理吸附,沉积在脱硫剂中,煤气达到脱硫、净化的目的。脱硫剂的硫含量和其他杂质含量达到饱和时,脱硫剂需要更换和再生,以保证脱硫效率。

二、干法脱硫箱水封阀构造及其工作原理

图 2-5-2 所示为水封阀的构造,水封阀形式为圆桶形,由钢板制成,主要由煤气进、出口、进水口、溢流水口、放水排污口和夹板组成。当水封阀内充满水,形成了一定的水封高度(一般为 1500)时,起到了阻止煤气通过的作用;当解除水封,煤气就顺利地通过水封阀进出脱硫箱。

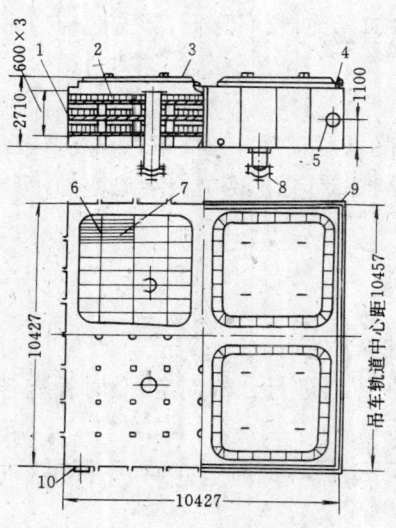

图 2-5-1 铸铁脱硫箱
1—箱;2—脱硫剂;3—箱盖;4—密封装置;
5—煤气出口管;6—支架;7—橇子;8—放
脱硫剂口;9—吊车轨道;10—煤气入口管

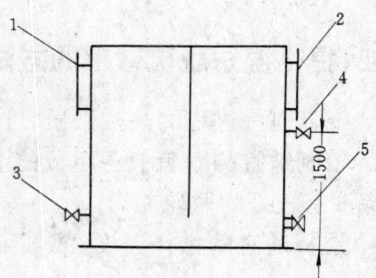

图 2-5-2 水封阀的构造
1—煤气进口;2—煤气出口;3—进水阀;
4—溢流水阀;5—放水排污阀;6—夹板

第四课 湿法脱硫主要设备工作原理

一、木格脱硫塔构造及其工作原理

木格脱硫塔结构见图 2-5-3,它由喷淋装置、塔体、填料等部分组成。煤气由下而上地通过木格填料塔,溶液由上而下地通过木格填料,上述两种介质逆向流动,溶液中的碱液将煤气中的酸性物质(H_2S、HCN 等)吸收并发生化学反应,从而达到煤气中的 H_2S 杂质被除去的目的。

二、自吸式喷射再生槽构造及其工作原理

图 2-5-4 所示的喷射再生槽由喷射器组、浮选槽和液位调节器三部分组成。喷射器由喷嘴、吸引室、扩散管组成。浮选槽是一圆形设备,其工作原理如下:脱硫后富液以高速通过喷嘴后形成射流,在吸引室产生局部负压而吸入空气,气液两相高速分散而处于高度湍流状态,成为泡沫状,空气则呈气泡状分散于液体中。因此气液接触表面大为增加,而且不断更新,使脱硫液吸氧速度大大加快,传质过程得以强化,在较短时间内可以完成再生过程。硫泡沫从槽底进入,从上部流出。上层为硫泡沫层,硫泡沫由沟槽流出;中层为贫液,汇集总管后通过液位调节器送往吸收塔。

三、旋流板脱硫塔构造及其工作原理

旋流板脱硫塔构造见图 2-5-5 所示。吸收过程是:气体从塔下部进入塔内,通过各块塔板螺旋上升(塔板不动),而液体则从塔板流到旋流板板片上形成薄膜层,液体因气体旋转时产生的离心力而洒向塔壁,形成沿塔壁旋转的液环,并因重力作用而沿壁下流,再通过溢流装置流到下一块塔板上。从液体流到板片开始,到形成液环而沿溢流管流下为止,气液有较好的接触,特别是以细滴状穿过气流时,传质、传热效果好。

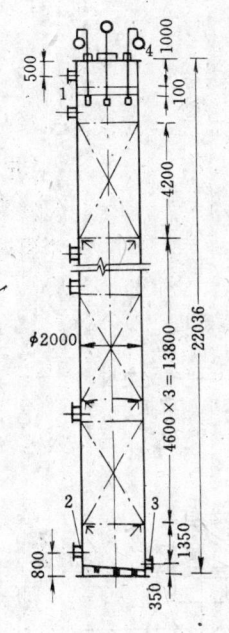

图 2-5-3 木格脱硫塔结构
1—煤气出口;2—煤气入口;
3—溶液出口;4—溶液入口

四、硫泡沫槽构造及其工作原理

硫泡沫槽一般为钢制槽体,内有间接蒸汽加热管,并设有机械搅拌式搅拌装置见图 2-5-6 所示。

硫泡沫槽中的硫泡沫含有大量的脱硫液,为了进一步浓缩硫磺,必须通过蒸汽加热破浮化液,通过机械搅拌装置,使硫泡沫液加热均匀。随后利用硫磺的比重和溶液比重不同,在重力作用下达到固体(硫磺浆)与清液(脱硫液)分离。

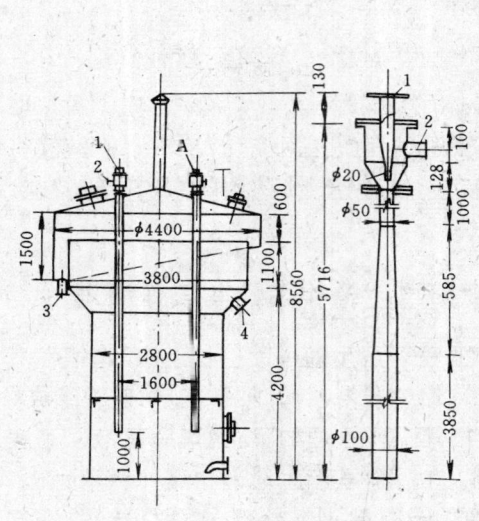

图 2-5-4 喷射再生槽
1—溶液入口；2—空气入口；
3—硫泡沫出口；4—溶液出口

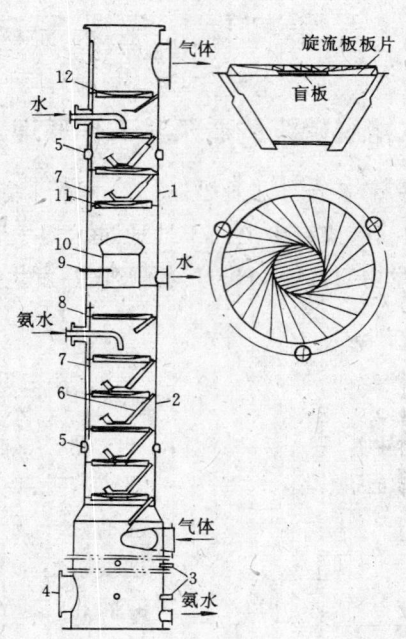

图 2-5-5 旋流板脱硫塔
1—清洗段；2—脱硫段；3—液位计接口；4—人孔；
5—视孔；6—溢流管；7—定距管；8—脱硫旋流板；
9—测压管；10—升气管；11—清洗旋流板；
12—除雾旋流板

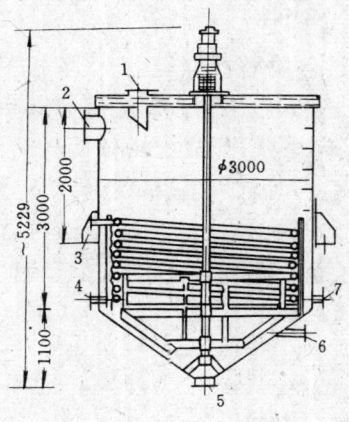

图 2-5-6 硫泡沫槽构造
1—硫泡沫入口；2—溢流口；3—蒸汽入口；
4—冷凝水出口；5—硫泡沫出口；
6—直接蒸汽入口；7—溶液出口

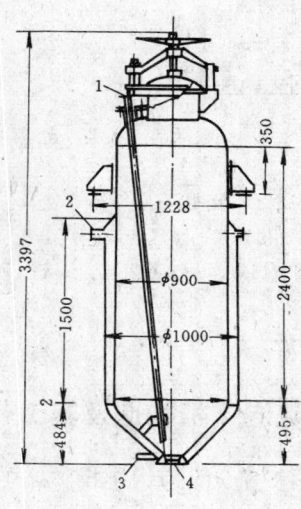

图 2-5-7 熔硫釜结构
1—直接蒸汽入口；2—蒸汽入口；
3—冷凝水出口；4—放硫口

五、熔硫釜结构及其工作原理

熔硫釜结构见图 2-5-7 所示,槽体采用不锈钢,夹套可用碳素钢。其作用为使硫磺浆加热成硫磺膏,最后结晶成硫块产品。

熔硫釜的工作原理是:蒸汽通过夹套将它的显热和潜热传递给硫磺浆,使硫磺浆内的水分受热蒸发,从而达到硫磺进一步浓缩的目的。

第五课　粗制硫代硫酸钠及粗制硫氰酸钠的提取

一、生产工艺

(一)原料和产品

1. 原料来源及要求(见表 2-5-1)

提取粗制 $Na_2S_2O_3$ 及 $NaCNS$ 的原料　　　　表 2-5-1

名　称	提取粗制 $Na_2S_2O_3$ 及 $NaCNS$ 的原料	提取粗制 $NaCNS$ 的原料
来　源	经硫泡沫槽澄清后之脱硫清液	离心 $Na_2S_2O_3$ 的滤液或脱硫清液
要　求	不含硫磺颗粒; $NaCNS$ 含量大于 150g/L; $NaCNS/Na_2S_2O_3 \leqslant 5$	不含硫磺颗粒; $NaCNS$ 含量大于 150g/L; $NaCNS/Na_2S_2O_3 > 5$

2. 产品质量

粗制硫代硫酸钠含量大于 50%。

粗制硫氰酸钠含硫代硫酸钠小于 2.5%;Cl^- 小于 1000ppm。

(二)工艺流程

1. 工艺流程见图 2-5-8。

硫泡沫槽澄清后的清液自流至硫代硫酸钠原料高位槽(也有自再生塔至脱硫塔的清液管接出溶液至高位槽的流程),由此抽入真空蒸发器,用蒸汽加热浓缩,待蒸发结束后,通过可旋转的溜槽将料放至真空过滤器,热过滤除去 Na_2CO_3 等杂质。滤渣在滤渣溶解槽中用脱硫液溶解后予以回收,滤液至结晶槽用夹套冷却水(冷冻水)冷至 5℃左右,加入同质晶种使其结晶,最后在离心机中分离得到粗制硫代硫酸钠,用人工铲出,装袋出厂。

离心 $Na_2S_2O_3$ 之滤液(或 $NaCNS/Na_2S_2O_3 > 5$ 之脱硫清液)经中间槽压入硫氰酸钠($NaCNS$)原料高位槽,由此抽入真空蒸发器用蒸汽加热浓缩,待蒸发结束后,通过旋转溜槽将料液放至真空过滤器,进一步除去碳酸钠等杂质。滤渣同样在溶解槽内溶解后回脱硫反应槽,滤液流入结晶槽冷却结晶,当溶液冷至 25℃左右时加入同质晶种,最后在离心机中分离获得粗制硫氰酸钠用人工铲出,作为精制硫氰酸钠的原料。离心滤液可回蒸发器循环套用。多次套用后,由于杂质逐渐积累,需定期送回脱硫液反应槽。

从蒸发器蒸出之水汽,在冷凝冷却器中冷凝后,以真空抽入滤液收集槽,此废水回脱硫系统用于配制碱液。

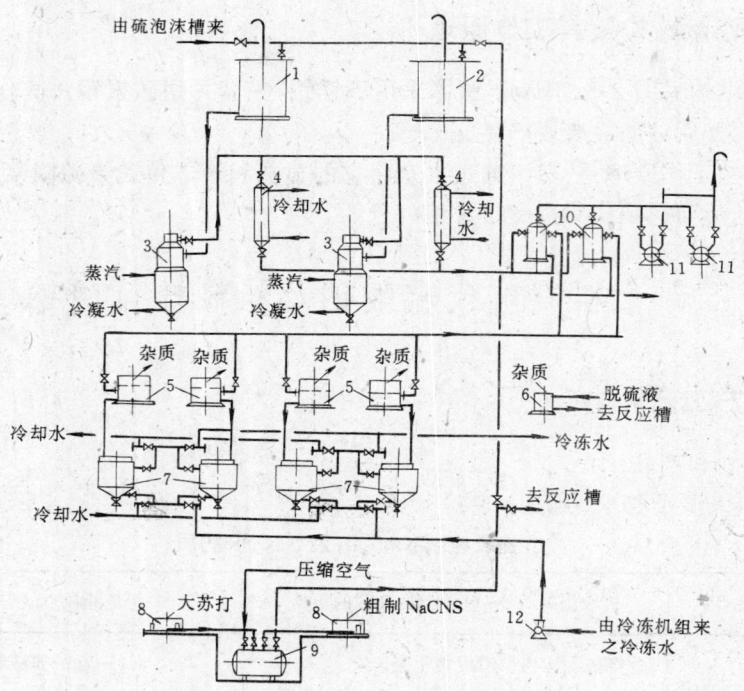

图 2-5-8 大苏打及粗制硫氰酸钠工艺流程
1—硫代硫酸钠原料高位槽;2—硫氰酸钠原料高位槽;3—真空蒸发器;4—冷凝冷却器;5—真空过滤器;
6—滤渣溶解槽;7—结晶槽;8—离心机;9—中间槽;10—滤液收集槽;11—真空泵;12—冷水泵

2. 操作指标:见表 2-5-2。

粗制 $Na_2S_2O_3$ 及粗制 NaCNS 操作制度　　　　　　　　表 2-5-2

项　　目		粗制 $Na_2S_2O_3$ 操作	粗制 NaCNS 操作
蒸发器内真空度,Pa		66650~73315	66650~73315
蒸发器最终温度,℃		90~95	90~95
蒸发器溶液最终相对密度①MPa		138~140	138~142
蒸发器夹套蒸汽压力,MPa	不小于	0.3	0.3
真空抽滤保持真空度,Pa	不小于	40800	40800
结晶槽冷却温度,℃		5	20~25

① 蒸发器溶液最终相对密度随着溶液组分变化稍有出入。

3. 操作要求:

(1)为保证粗制硫氰酸钠(NaCNS)的质量,当溶液中硫氰酸钠/硫代硫酸钠的比值小于5时,必须先行提取硫代硫酸钠($Na_2S_2O_3$),只有当比值大于5时,才可先提取 NaCNS。

(2)真空蒸发器为连续操作,因此进料时需保持一定的液面,防止加料过量。蒸发终点一般根据器内物料密度确定。通过真空取样,取样前需向蒸发器内通入少量空气将溶液翻腾搅匀。

(3)溶液冷却结晶时宜搅拌缓慢,静止结晶时冷却速度应缓慢,控制加晶种时的温度,以保证一定的结晶颗粒度。

二、主要设备

(一)真空蒸发器

结构见图 2-5-9,其加热方式可用蒸汽夹套,也可用蒸汽加热器将蒸发器内溶液在器外循环加热。前者的传热面积受设备外形所限,而后者的传热面积可以设计得较大。蒸发器与物料接触部分的材质以不锈钢为宜。

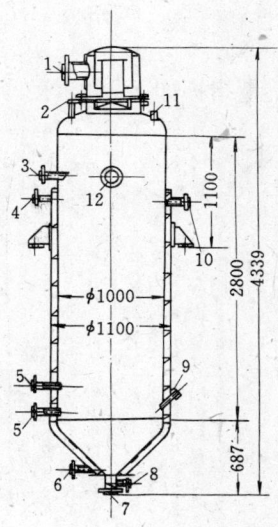

图 2-5-9 真空蒸发器
1—蒸汽出口 $DN150$;2—空气调节器 $DN15$;
3—料液入口 $DN50$;4—夹套放散口 $DN15$;
5—取样口 $DN15$;6—冷凝水出口 $DN32$;
7—料液出口 $DN100$;8—蒸汽吹扫口 $DN32$;
9—温度计口;10—蒸汽入口 $DN50$;
11—真空表接口;12—视镜 $DN125$

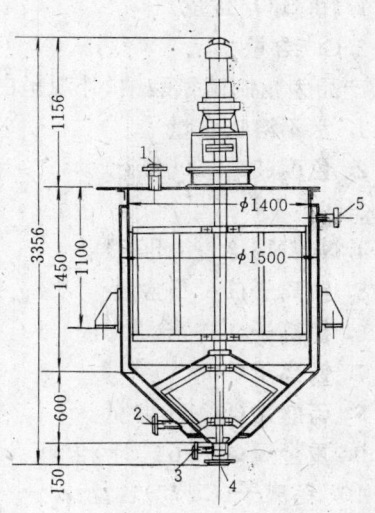

图 2-5-10 结晶槽
1—进料口 $DN50$;2—冷冻水进口 $DN32$;
3—蒸汽吹扫口 $DN15$;4—出料口 $DN100$;
5—冷冻水出口 $DN32$

(二)结晶槽

图 2-5-10 所示为水夹套冷却的结晶槽。结晶槽有带搅拌器或不带搅拌器的,后者直径不宜过大。

(三)真空过滤器

此设备为钢制圆筒,器内有一块带孔的滤板,滤板上铺滤布。过滤时开启真空系统,使滤板下部造成真空。真空过滤器直径一般不宜过大,材质宜采用不锈钢。其结构见图 2-5-11。

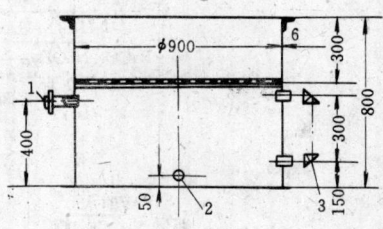

图 2-5-11 真空过滤器
1—真空接口 $DN25$;2—放料口 $DN50$;
3—液面计

第六课 精制硫氰酸钠的提取

一、生产工艺

(一)原料和产品

原料为粗制硫氰酸钠,对其质量要求如下:

1. $Na_2S_2O_3$ 含量   <2.5%
2. Cl^- 含量   <1000ppm

产品为精制硫氰酸钠,外观呈白色,用于化纤时,其质量指标如下:

1. 水不溶物含量   ≤10ppm
2. 色度(50:50溶液)   ≤12
3. pH   6~8
4. NaCNS含量(干基)   ≤98%
5. 铁离子(Fe^{+3})含量   ≤3ppm
6. 氯离子(Cl^-)含量   ≤100ppm
7. 铵离子(NH_4^+)含量   ≤5ppm
8. 硫酸盐($SO_4^=$)含量   ≤500ppm
9. 重金属(以Pb^{++}计)含量   ≤10ppm
10. 钙离子(Ca^{++})含量   ≤5ppm
11. 钡离子(Ba^{++})含量   ≤5ppm
12. 其它硫化物($S^=$)含量   ≤10ppm

(二)浓硫酸法精制硫氰酸钠工艺流程

工艺流程见图2-5-12。

粗制硫氰酸钠放入溶解槽,用蒸馏水溶解后以泵送至反应器。在反应器中先后加入各种

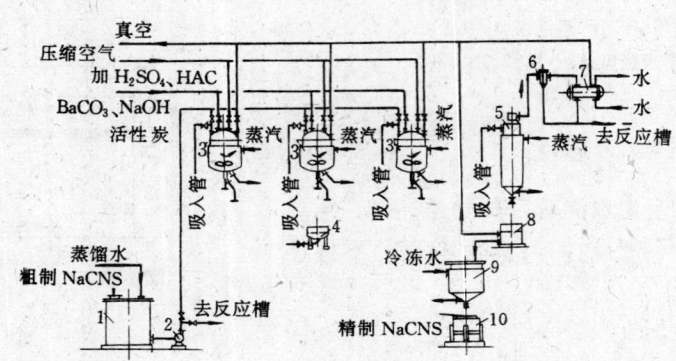

图2-5-12 精制硫氰酸钠工艺流程
1—粗制硫氰酸钠溶解槽;2—泵;3—反应器;4—真空过滤器;5—蒸发器;6—捕液器;7—冷凝冷却器;8—真空过滤器;9—结晶槽;10—离心机

试剂及活性炭,分别脱除粗制品中的杂质。反应生成之沉淀物在真空过滤器中过滤除去。溶液由反应器放至真空过滤器以及将真空过滤后之滤液抽至另一反应器均用橡胶软管临时接通。化学处理后之溶液经真空过滤器用橡胶软管接至真空蒸发器的吸入管以真空吸液流至结晶槽用冷却水冷至20℃左右,并加晶种使其结晶,然后放入离心机分离,获得带两份结晶水的精制硫氰酸钠产品。因产品易潮解,故从离心机铲出后,应立即装入内衬塑料袋的密封的塑料筒内。

(三)浓硫酸法精制硫氰酸钠的操作步骤:

1. 将粗制硫氰酸钠加适量蒸馏水配成浓度为300~400g/L的溶液。

2. 为尽可能地减少浓硫酸的加入量,在浓硫酸破坏前加醋酸中和原料液中的碳酸钠及碳酸氢钠至pH为4。反应式为
$$Na_2CO_3 + HAc \longrightarrow NaHCO_3 + NaAc$$

3. 用93%的浓硫酸破坏粗制品中的硫代硫酸钠及铁的络合物。加酸量为理论用酸量的120%。在常温下搅拌20min,并在搅拌下控制溶液温度为70~90℃,保温1h。反应式为
$$Na_2S_2O_3 + H_2SO_4 \longrightarrow Na_2SO_4 + H_2SO_3 \downarrow$$
$$H_2SO_3 \longrightarrow H_2O + SO_2 \uparrow$$

4. 在醋酸存在的情况下用碳酸钡除去粗制品带入的以及酸破坏时生成的硫酸根。向酸破坏后之溶液中加入少量醋酸,使溶液保持pH值为4,然后渐渐加入碳酸钡直到溶液中无$SO_4^=$或Ba^{++}为止。反应式为
$$BaCO_3 + 2HAc \longrightarrow Ba(Ac)_2 + H_2O + CO_2 \uparrow$$
$$Ba^{++} + SO_4^= \longrightarrow BaSO_4 \downarrow$$

5. 铁的络合物经酸破坏后分解成的铁离子用加入氢氧化钠的办法除去。除钡后之溶液,保持温度为70~80℃,在搅拌情况下,加入氢氧化钠使溶液pH值达到9~10,然后再搅拌保温1h,静置2h。反应式为
$$Fe^{+3} + 3OH^- \longrightarrow Fe(OH)_3 \downarrow$$
$$Fe^{+2} + 2OH^- \longrightarrow Fe(OH)_2 \downarrow$$

6. 碱处理后的溶液用醋酸中和至pH为7,在搅拌情况下加入约为粗制品重量5%的活性炭,进行脱色,然后静置2h。

7. 以上各操作过程中生成之固体渣如S、$BaSO_4$、$Fe(OH)_3$、$Fe(OH)_2$及活性炭等,在每一步骤之后均以真空抽滤予以除去。

8. 将经过上述处理后之溶液或精制分离后的循环套用液,送进蒸发器加热蒸发浓缩。真空蒸发器的操作指标为:

  (1)蒸发器夹套蒸汽压力   >0.25MPa
  (2)蒸发器内真空度   81600pa
  (3)蒸发器内溶液温度   100~105℃
  (4)蒸发后溶液的最终相对密度(d_{100})   1.315
  (5)结晶前溶液相对密度(d_{20})   1.375~1.380

9. 真空蒸发器放出之浓缩液经真空过滤除去杂质。

10. 将除去杂质的溶液用冷却水或冷冻水冷却至15~20℃,并加晶种使之结晶。

11. 将含结晶的溶液放入离心机内,使结晶与母液分离,所得结晶即为产品(NaCNS·$2H_2O$)。离心分离液可送至蒸发器或返回反应器循环套用,但经多次循环后,应将此分离液

送至粗制品系统或脱硫反应槽,以免杂质积累。

(四)浓硫酸法精制硫氰酸钠的操作要求

1. 粗制硫氰酸钠的质量直接影响精制操作过程及精制硫氰酸钠的质量,所以粗制硫氰酸钠的原料液组分需严格控制。

2. 在蒸发浓缩操作中,适当提高蒸发结晶时的溶液密度,不经冷却结晶而直接至离心机进行热分离时,则可得到不带结晶水的无水硫氰酸钠产品。

3. 为使产品的氯离子含量不致过高,必须严格控制蒸馏水及各种试剂的质量,避免氯离子的带入。

4. 在中和操作中醋酸要少量多次加入,以减少挥发损失。

5. 用于硫酸破坏的理论加酸量 Q 可由下式计算确定:

$$Q = V \times \frac{\pi R^2 H \times 49/79}{n}$$

式中 V——溶液中 $Na_2S_2O_3$ 的含量,(g/L);
R——反应器的半径,(m);
H——溶液高度(m);
49——H_2SO_4 的当量;
79——$Na_2S_2O_3$ 的当量;
n——H_2SO_4 浓度(%)。

当硫酸浓度为93%时,

$$Q = 2.1 R^2 HV \quad kg$$

要求酸破坏过程的破坏率在90%~95%以上,经酸破坏后的溶液中的 $Na_2S_2O_3$ 含量小于 10g/L。

6. 钡处理时,HAc 和 $BaCO_3$ 均应少量多次的加入,并保持 pH 为 4,控制适当的反应终点,防止过量加入。

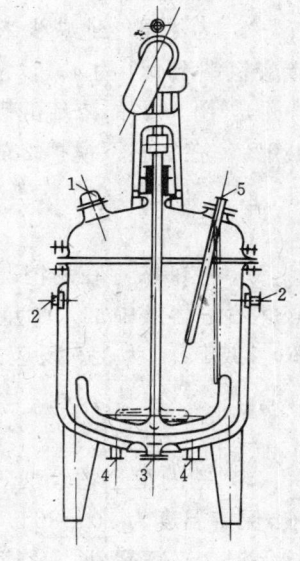

图 2-5-13 搪瓷反应罐
1—手孔;2—蒸汽入口;3—出料口;4—冷凝水出口;5—温度计

7. 碱处理时,所用的碱液宜采用固体碱用蒸馏水溶解配制,加碱时也应少量多次加入。

8. 脱色所用之活性炭应用蒸馏水洗三遍,以防带入杂质。

9. 冷却结晶时,冷却速度不要太快,不得过冷。应控制好晶种时的温度。维持在一定的过饱和情况下加晶种静止结晶,以增大结晶颗粒,减少表面夹带。

10. 酸破坏时,因反应生成二氧化硫气体,故需考虑通风。

二、主要设备

(一)搪瓷反应罐

为防止设备腐蚀而使铁离子带入产品,精制的设备及管道材质应采用不锈钢。又因精制反应过程是在酸、碱以及较高温度下进行的,故选用搪瓷反应罐作为反应器。其结构见图2-5-13。

第七课 脱硫操作故障的处理

一、干法脱硫操作故障的处理

1. 干箱积水
(1)现象:干箱压力高、阻力大或波动不正常。
(2)危害:影响煤气通过干箱脱硫,并且造成干箱处理煤气分布不均匀,影响脱硫效率。
(3)原因:干箱出料孔排水不畅通或阀门没有开启,下水道堵塞。
(4)处理办法:清通或开启阀门。

2. 干箱脱硫剂结块
(1)现象:干箱阻力上升。
(2)危害:影响煤气输送和脱硫效率。
(3)原因:焦油及不饱和碳氢化合物多、硫磺多、水分多。
(4)处理办法:及时调换干箱脱硫剂。

3. 冲水封
(1)现象:干箱水封处出现大量煤气。
(2)危害:易造成煤气中毒或发生火灾,不利于安全生产。
(3)原因:煤气加水过高或水封脱水。
(4)处理办法:减少煤气压力同时水封处加水。

4. 煤气放不光
(1)现象:干箱停下来,调换脱硫剂时,放散处煤气放不光。
(2)危害:影响干箱脱硫剂的调换。
(3)原因:干箱进出口水封没有做好,有泄漏。
(4)处理办法:做水封,切断干箱进、出口煤气的来源。

5. 停电
在进行干箱脱硫剂调换时,如发生突然停电,应马上关闭所有电器开关。待有电后,再逐个打开使用设备的电器开关。

二、湿法脱硫操作故障的处理

1. 停电
(1)某机泵设备的电路故障
启用备用设备,开、停步骤按操作要求进行。
(2)短期停电
关闭溶液循环泵出口阀门。关闭再生塔溶液进口阀门。同时防止溶液溢出设备,根据具体情况,适当采取措施。
(3)较长时间停电(1h以上)
关闭溶液循环泵出口阀门,关闭再生塔溶液进口阀门,与压缩空气部门联系后停空气,煤气走旁路,关闭煤气进口阀门。

2. 停空气

关闭空气进再生塔阀门。煤气走旁路,关闭煤气进口阀门(空气停 4h 以上)。

3. 脱硫塔堵

(1)现象:脱硫塔阻力上升,超过操作指标。
(2)危害:影响煤气输送及影响脱硫效率。
(3)原因:溶液中悬浮硫过多,硫泡沫回收不及时。
(4)处理办法:调换吸收塔,进行清理。

4. 停汽

发生停汽时,应关闭所有用蒸汽加热设备的进口阀,放掉蒸汽冷凝水,为重新使用蒸汽做好准备。

5. 再生塔硫泡沫溢出

(1)现象:再生塔硫泡沫飞溢。
(2)原因:液位调节器调节不正确。
(3)危害:影响四周环境,对设备造成腐蚀,浪费溶液。
(4)处理:合理调整液位调节器,同时加速硫泡沫的回收。

6. 出塔 H_2S 不合格原因和处理

(1)现象:出塔 H_2S 含量偏高,没有达到工艺控制指标。
(2)原因:溶液循环量不足,脱硫塔顶部溶液喷淋不均匀,空气量不足,液位调节器失调。
(3)危害:影响出厂煤气含 H_2S 杂质合格率。
(4)处理:增大溶液循环量,增大空气量,检查再生塔进口空气管是否堵,影响空气分布。调节脱硫塔顶部阀门,使溶液分布均匀。提高液位调节器高度,使再生塔顶泡沫正常溢流。

第八课 脱硫主要设备的技术经济参数

一、干法脱硫

1. 脱硫箱的设计参数

煤气通过脱硫箱的气速	7～11mm/s
煤气与脱硫剂接触时间	130～200s
每层脱硫剂厚度	300～500 mm

2. 脱硫剂量的计算

$$V=\frac{1673\sqrt{S}}{fq}$$

式中 V——每小时处理 $1000Nm^3$ 煤气所需脱硫剂的容积(m^3);
S——煤气中硫化氢含量(体积)(%);
f——新脱硫剂中活性三氧化铁的含量(一般取 15～18)(%);
q——新脱硫剂的密度(一般取 0.8～0.9)(t/m^3)。

二、湿法脱硫

1. 脱硫塔技术参数

空塔气速	0.5～0.7 m/s
脱硫效率	99%
A.D.A.溶液硫容量	0.2～0.25 kgH_2S/m^3
脱硫塔传质系数 K	15～20 kg/m^2·h·atm
脱硫塔液气比	>16 L/m^3
脱硫塔溶液喷淋密度	>27.5 m^3/m^2·h

2. 再生塔技术参数

再生塔溶液停留时间	25～30 min
再生塔空气鼓风强度	100～130 m^3/m^2·h
再生塔空气用量	9～13 m^3 空气/kgS

3. 反应槽技术参数

溶液停留时间	8～10 min

4. 喷射再生槽技术参数

喷射再生槽溶液停留时间	4～7 min
喷射再生槽空气用量	3.5～4 m^3 空气/m^3 溶液
喷射再生槽喷嘴喷射速度	15～20 m/s

三、湿法脱硫(A.D.A.法)原材料耗量

1. Na_2CO_3	纯度按100%计	0.5 kg/kgS
2. $NaVO_3$	纯度按100%计	0.0015 kg/kgS
3. A.D.A.	纯度按100%计	0.003 kg/kgS
4. 酒石酸钾钠	纯度按100%计	0.003×1/5 kg/kgS

第六章

硫铵中级工

第一课 硫铵生产原理

一、硫铵的生产原理及其化学反应

硫铵的制取主要基于氨与硫酸中和的反应,当适量的硫酸和氨进行中和反应时,生成中性盐硫酸铵,其反应式为:

$$2NH_3 + H_2SO_4 \longrightarrow (NH_4)_2SO_4$$

而当过量的硫酸和氨作用时,生成酸式盐硫酸氢铵,其反应式为:

$$NH_3 + H_2SO_4 \longrightarrow NH_4HSO_4$$

酸式硫酸氢铵又可被氨进一步饱和转变为硫酸铵,其反应式为:

$$NH_4HSO_4 + NH_3 \longrightarrow (NH_4)_2SO_4$$

溶液中硫酸铵和硫酸氢铵之比例取决于溶液中游离硫酸的浓度,这种浓度以重量百分数表示,称为酸度。当酸度为 1~2% 时,主要生成中性盐;当溶液的酸度增加,则酸式盐含量也增加。硫酸氢铵比硫酸铵易溶于水或稀硫酸,因此当溶解度达到极限时,在酸度不大的情况下,从溶液中首先析出硫酸铵结晶。

在饱和器里已被硫酸铵和硫酸氢铵所饱和了的硫酸溶液称做母液,因为它能生成硫酸铵盐的结晶。

二、饱和器生产硫铵的物料平衡与热平衡

用物料平衡与热平衡的方法分析饱和器的操作,对制订硫铵工段的正常温度制度具有重要意义。

水平衡是饱和器物料平衡中最主要的一项,它可以决定母液必须的温度。通过热平衡则可以确定饱和器操作过程中是否需要补充热量,从而确定必要的煤气预热温度。

现举例计算如下:

原始数据

每小时焦炉装入干煤量	130t/h
煤气发生量	320m³/t 干煤
水分(配煤水分加化合水)	10%(干基)
氨的产率(对干煤)	0.258%
冷却器后煤气温度	30℃
冷凝氨水中氨含量	8g/L

蒸氨塔废水中氨含量	0.05g/L
蒸氨塔蒸汽消耗量	250kg/m³
分凝器后氨气温度	98℃
饱和器后煤气含氨量	0.03g/m³
硫酸浓度	78%

(一)氨平衡及硫酸用量计算

1. 煤气发生量

$$130 \times 320 = 41600 \text{m}^3/\text{h}$$

2. 氨产量

$$130 \times 0.258\% = 0.335 \text{t/h} \text{ 或 } 335 \text{kg/h}$$

3. 冷凝氨水量

$$130 \times 10\% - \frac{41600 \times 35.2}{1000 \times 1000} = 11.5 \text{t/h}$$

式中 35.2——30℃时,每 Nm³ 煤气被水汽饱和后所含水汽克数。

4. 冷凝氨水中总氨量

$$\frac{11.5 \times 8 \times 1000}{1000} = 92 \text{kg/h}$$

5. 煤气带入饱和器的氨量

$$335 - 92 = 243 \text{kg/h}$$

6. 随煤气带走的氨量

$$\frac{41600 \times 0.03}{1000} = 1.3 \text{kg/h}$$

7. 蒸氨废水带走的氨量

$$11.5 \times 1.25 \times 0.05 = 0.7 \text{kg/h}$$

式中 1.25——1t 氨水由于直接蒸汽冷凝所产生的蒸氨后废水量。

8. 由蒸氨塔氨蒸气带入饱和器的氨量

$$92 - 0.7 = 91.3 \text{kg/h}$$

9. 饱和器内硫酸吸收的氨量

$$243 + 91.3 - 1.3 = 333 \text{kg/h}$$

将上述各项列出氨的物料平衡如表 2-6-1。

氨 的 物 料 平 衡 表　　　　　表 2-6-1

入 方			出 方		
项 目	kg/h	%	项 目	kg/h	%
煤气带入氨	243	72.5	硫酸吸收的氨	333	99.4
冷凝氨水带入氨	92	27.5	煤气带走的氨	1.3	0.39
			废水带走的氨	0.7	0.21
小 计	335	100		335	100

10. 硫铵产量(干重)

$$\frac{333 \times 132}{2 \times 17} = 1293 \text{kg/h}$$

式中　132——硫铵分子量；
　　　17——氨分子量。

11. 硫酸消耗量(78%)

$$333 \times \frac{98}{2 \times 17} \times \frac{1}{0.78} = 1230 \text{kg/h}$$

式中　98——硫酸分子量。

12. 氨的损失率

$$\frac{335-333}{335} \times 100\% = 0.6\%$$

(二)水平衡及母液温度计算

饱和器的水分主要是煤气和氨气带来的，其余为78%的硫酸带入水，以及离心机、饱和器和除酸器的洗涤水等。

为了保持母液的水平衡，防止母液被稀释，甚至破坏正常操作，这些水分应全部呈蒸汽状态被煤气带走。

举例计算如下：

1. 煤气带入饱和器的水量

$$\frac{41600 \times 35.2}{1000} = 1464 \text{kg/h}$$

2. 氨分凝器后氨气带入的水量

$$\frac{91.3}{10\%} \times (1-10\%) = 821.7 \text{kg/h}$$

式中　10%——相当于分凝器后温度为98℃时氨气浓度。

3. 硫酸带入水量

$$1230 \times (1-78\%) = 270.6 \text{kg/h}$$

4. 离心机洗涤水用量，取硫铵重量的8%，被硫铵带出水量相当硫铵量2%的水分，故带入的洗涤水量为：

$$1293 \times \frac{8-2}{100} = 78 \text{kg/h}$$

5. 冲洗饱和器和除酸器的水量，取平均值200kg/h，所以带入饱和器的总水量

$$1464 + 821.7 + 270.6 + 78 + 200 = 2834.3 \text{kg/h}$$

6. 每Nm³煤气应带出水量

$$\frac{2834.3}{41600} = 0.0683 \text{kg/m}^3 \text{ 或 } 68.3 \text{g/m}^3$$

与此水汽含量相应的煤气露点为41.4℃，故饱和器后煤气温度必须大于此值。

7. 每Nm³煤气中水汽体积

$$\frac{68.3 \times 22.4}{18 \times 1000} = 0.085 \text{m}^3$$

混合气中水汽所占的体积百分比为：

$$\frac{0.085}{1+0.085} \times 100\% = 7.84\%$$

8. 饱和器后煤气压力为8000Pa，则其绝对压力为：

$$101300+8000=109.3\text{kPa}$$

则水汽的分压为:

$$109.3\times7.84\%=8.57\text{kPa}$$

为使多余的水份蒸发而被煤气带走,母液面上的蒸汽压应大于煤气中的水汽分压。

母液面上的蒸汽压取决于母液的酸度、硫铵浓度和温度等因素。母液酸度高,硫铵浓度大、温度低,则母液面上的蒸汽压小,反之,蒸汽压升高。图 2-6-1 所示为硫铵含量为 42% 的母液,其酸度、温度与母液面上蒸汽压之间的关系。由图中曲线可以查出,当酸度为 4%,与水汽分压 64.2mmHg(8558Pa) 相应的温度为 45℃;当酸度为 8% 时,则为 50℃。为使进入饱和器的水分全部被煤气带走,母液温度应高于 45℃ 或 50℃。实际生产中,吡啶不生产时,母液温度为 55~60℃。

(三)热量平衡及煤气预热温度的计算

为了确定是否需要给饱和器补充热量和煤气的预热温度,必须对饱和器进行热平衡计算。

举例计算如下:

(假定吡啶未生产)

输入热量

1. 煤气带入饱和器的热量 Q_1

(1)干煤气带入热量(设煤气预热温度为 t℃)

$$41600\times1.47t=61152t\ \text{kJ/h}$$

式中 1.47——干煤气比热[kJ/(m³·K)];
t——煤气预热温度(℃)。

(2)水汽带入热量

$$1464\times(2491+1.834t)=3646824+2685t\ \text{kJ/h}$$

式中 1.834——0~80℃间水汽的平均比热[kJ/(kg·K)];
2491——水在 0℃时的蒸发潜热(kJ/kg)。

(3)氨带入热量

$$243\times2.106t=511.8t\ \text{kJ/h}$$

式中 2.106——氨的比热[kJ/kg·K]。

煤气中所含的苯族烃,硫化氢及其他组分,在饱和器中未被吸收,由煤气进出饱和器时温度不同而引起的热量变化甚小,可忽略不计。吡啶碱类在饱和器中虽被吸收,但数量很少,也不予考虑。

则煤气带入饱和器的总热量为:

$Q_1=61152t+3646824+2685t+511.8t=3646824+63348.8t\ \text{kJ/h}$

2. 由蒸氨塔带来的热量 Q_2

(1)氨带入的热量

$$91.3\times2.127\times98=19031\ \text{kJ/h}$$

式中 2.127——98℃时氨的比热[kJ/(kg·K)]。

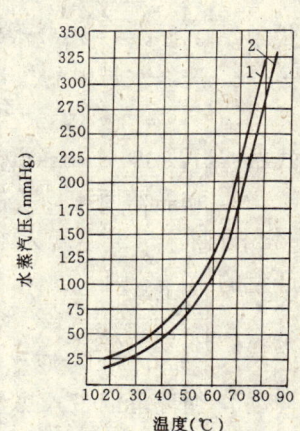

图 2-6-1 硫铵母液酸度温度与母液面上水蒸汽压的关系
1—母液的酸度为 4%;
2—母液的酸度为 8%
注:mmHg=133.3Pa

(2)水汽带入热量
$$821.7\times(2491+1.842\times98)=2195582 \text{ kJ/h}$$
式中 1.842——0~98℃间水汽的平均比热〔kJ/(kg·K)〕。
$$Q_2=19031+2195582=2214613 \text{ kJ/h}$$

3. 硫酸带入的热量 Q_3(假设加入的硫酸温度为20℃)
$$Q_3=1230\times1.884\times20=46348 \text{ kJ/h}$$
式中 1.884——73%浓度的硫酸比热〔kJ/(kg·K)〕。

4. 洗涤水带入的热量 Q_4(包括硫铵结晶洗涤水和冲洗饱和器的水)
$$Q_4=(200+78)\times4.1868\times60=69836 \text{ kJ/h}$$
式中 4.1868——0~60℃间水的平均比热〔kJ/(kg·K)〕。

5. 结晶槽回流母液带入的热量 Q_5

设回流母液温度为45℃,(此温度低于饱和器内母液温度9~10℃),回流母液量为硫铵产量的10倍,则
$$Q_5=1293\times10\times2.680\times45=1559358 \text{ kJ/h}$$
式中 2.680——母液比热〔kJ/(kg·K)〕。

6. 循环母液带入热量 Q_6

设循环母液量为硫铵产量的60倍,母液温度为50℃(可取此温度低于饱和器内温度5~7℃),则
$$Q_6=1293\times60\times2.680\times50=10395720 \text{ kJ/h}$$

7. 化学反应热 Q_7

(1)中和热 $q_1=195524$ kJ/kg 分子
(2)结晶热 $q_2=10886$ kJ/kg 分子
(3)硫酸从78%稀释到6%的稀释热
每 kg 分子硫酸的稀释热可按下式计算
$$q_3=17860\left(\frac{n_1}{1.7983+n_1}-\frac{n_2}{1.7983+n_2}\right)\times4.1868 \text{ kJ/kg 分子 } H_2SO_4$$
式中 n_1——硫酸浓度为6%时,水的 kg 分子数与硫酸 kg 分子数之比
$$n_1=\frac{94}{18}\Big/\frac{6}{98}=85.3$$
n_2——硫酸未稀释前,水的 kg 分子数与硫酸 kg 分子数之比
$$n_2=\frac{22}{18}\Big/\frac{78}{98}=1.54$$
则 $q_3=17860\left(\dfrac{85.3}{1.7893+85.3}-\dfrac{1.54}{1.7893+1.54}\right)\times4.1868$
$$=38937 \text{ kJ/kg 分子 } H_2SO_4$$

∴化学反应热: $q=195524+10886+38937$
$$=245346 \text{ kJ/kg 分子 } H_2SO_4$$
$$Q_7=\frac{245346}{132}\times1293=2403275 \text{ kJ/h}$$

输入热量总计为:
$$Q_入=Q_1+Q_2+Q_3+Q_4+Q_5+Q_6+Q_7=20335974+64348.8t \text{ kJ/h}$$

输出热量

1. 煤气由饱和器带出热量 Q'_1（设饱和器后煤气温度为 55℃）

(1) 干煤气带出热量
$$41600 \times 1.47 \times 55 = 3363360 \text{ kJ/h}$$

(2) 水汽带出热量
$$2840(2491+1.834 \times 55) = 7360911 \text{ kJ/h}$$
$$Q'_1 = 3363360 + 7360911 = 10724271 \text{ kJ/h}$$

2. 结晶母液带出热量 Q'_2（设母液温度为 55℃）
$$Q'_2 = 1293 \times 10 \times 2.680 \times 55 = 1905882 \text{ kJ/h}$$

3. 循环母液带出热量 Q'_3
$$Q'_3 = 1293 \times 60 \times 2.680 \times 55 = 11435292 \text{ kJ/h}$$

4. 饱和器散热损失 Q'_4

设 Q'_4 相当于循环母液热损失的 25%，循环母液在循环过程中温度降低 5℃则：
$$Q'_4 = 1293 \times 60 \times 2.680 \times 5 \times 0.25 = 259893 \text{ kJ/h}$$

输出热量总计
$$Q_{出} = Q'_1 + Q'_2 + Q'_3 + Q'_4$$
$$= 24325338 \text{ kJ/h}$$

根据热平衡原则 $Q_{入} = Q_{出}$ 则
$$20335974 + 64348.8t = 24325338$$
$$t = 62℃$$

实际操作中由于吡啶生产，部分或全部氨气进入吡啶中和器后以冷凝液形态回至饱和器，因此进入饱和器的热量减少，为蒸发这部分液态水分还需要热量，故生产吡啶时，煤气预热温度通常为 70~80℃。

当使用浓度为 92%~93% 的硫酸时，由于稀释热增大，而带入的水份减少，故有时煤气可不经预热，仍能保持饱和器的水平衡。

三、饱和器内硫铵结晶的原理及其影响因素

(一) 硫铵的结晶过程

一种物质从溶液中结晶出来，需经历两个阶段，首先必须有细小的结晶中心——晶核的形成，尔后是晶体的成长。结晶速率是指晶核形成速率和晶体成长速率。通常这两个过程是同时进行的，若晶核形成的速率大于晶体成长的速率，则产品中晶体小而多，反之晶体大而少。改变影响晶核形成速率和晶体成长速率的因素，可控制晶体的大小。

晶核形成和晶体成长取决于过饱和程度，使溶液中结晶物质的浓度维持过饱和状态，以便在溶液和晶体表面之间建立浓度差，使溶液中结晶物质向晶体表面转移。所以溶液的过饱和程度为结晶的推动力，推动力越大，结晶过程速率也越大。

实际上，溶液中晶核的自发形成和溶液的浓度及温度有一定关系。这种关系可以用溶解度曲线表示，如图 2-6-2 所示。图中 AB 为溶解度曲线，CD 为超溶解度曲线，位于饱和区而与 AB 大致平行，AB 与 CD 间的区域称为介稳区，在此区域中不能形成晶核，需待浓度到达不稳区时，始有大量晶核形成。若使原浓度为 E 的溶液冷却到 F，则达到饱和，理

论上可以结晶,但实际上尚缺乏过饱和,由 F 冷却到 G 的一段时间,溶液经介稳区已处于过饱和状态,但在没有晶种的情况下,仍无结晶形成,而当达到 G 点就有大量晶核急骤产生,溶液浓度立即迅速降到饱和点 H,这样形成的晶体很小。为了控制晶体的数量与大小,可以在结晶开始以前,于溶液中加入晶粒作为晶种,以降低形成晶核所需要的过饱和程度。在实际生产中,母液中总是存在着细小结晶和微量杂质的,即存在着所谓的晶种。在介稳区内,主要是晶体的长大。同时也有新晶核形成。所以,为了得到较大颗粒的硫铵结晶,必须使母液处于介稳区和适宜的过饱和程度内。

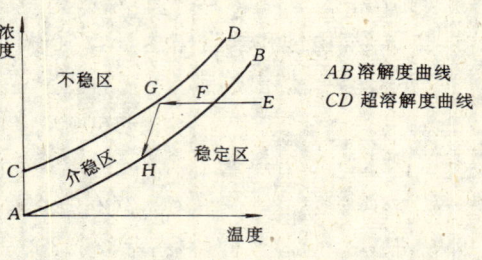

图 2-6-2 溶液的浓度、温度和结晶过程关系

晶体长大的过程,即硫铵分子由液相向固相扩散的过程。硫铵分子由液相向固相晶体扩散的推动力由溶液的过饱和程度所决定。扩散阻力即为晶体表面上的液相阻力。所以增大溶液的过饱和程度和减少扩散阻力,均有利于晶体的长大。在正常操作条件下,硫铵结晶的介稳区是很小的。

(二)影响硫铵结晶的因素

1. 温度对硫铵结晶的影响

饱和器的温度制度是基于保持饱和器的水平衡加以制定的。实际操作过程证明,母液温度过高或过低都不利于晶体成长。温度过高时,虽然由于母液粘度降低和增加了硫铵分子向晶体表面的扩散速度而有利于晶体长大。但同时也容易因温度波动而造成局部过饱和现象,促使大量晶核的形成,这样就不能得到大颗粒结晶。温度过低,虽然能限制大量晶核的形成,但因母液粘度的增加而降低了传质速度,也不能获得大颗粒结晶。饱和器各部位温度不同时,会出现不同的浓度区,其中有些区域可能形成大量新晶核。而另一些区域则可能出现原有晶体的溶解,这样必然导致产品粒度小而不均匀。因此饱和器应在保证母液不被稀释的条件下,采用较低的操作温度,并使其保持稳定和均匀。一般饱和器母液温度保持在 50~55℃ 为宜。

2. 酸度对硫铵结晶的影响

母液酸度对硫铵结晶影响较大,酸度大,难以获得大颗粒结晶;酸度小,使氨和吡啶的吸收不完全而造成损失,还容易使饱和器堵塞,特别是当母液搅拌得不充分或母液酸度波动时,可能在饱和器母液中出现局部的中性区,从而导致母液中铁、铝离子形成 $Fe(OH)_3$、$Al(OH)_3$ 等沉淀,并进一步生成亚铁氰化物,使硫铵污染着色,并阻碍晶体的长大。图 2-6-3 所示为母液酸度对结晶大小的影响。

一般情况下,将母液酸度维持在 4%~6% 是比较合适的。为了便于结晶长大,必须使母液酸度保持在比较稳定的范围内,为此采用饱和器连续加酸制度,保持母液酸度在 4%~6% 范围内。饱和器操作一定时间后,由于结晶的沉积,使其阻力增高,严重时会造成饱和器的堵塞,所以操作中规定定期进行中加酸和大加酸,并用水和蒸汽冲洗,以消除饱和器内沉积的结晶。中加酸将母液酸度提高到 12%~14%,大加酸将酸度提高到 18%~22%。

3. 搅拌对硫铵结晶的影响

为使饱和器内母液的温度、酸度、相对密度在各部位趋向一致,并减少硫铵晶体表面上的液膜阻力,使硫铵分子易于扩散到晶体上去;同时也可以降低结晶的沉降速度,并延长其悬浮于母液中的时间,以利于晶体的成长。因此,母液就必须要进行循环搅拌。

饱和器内同时有两种方式搅拌母液:一是含氨煤气经过中央煤气管穿过分配伞鼓泡窜过母液层,使母液发生旋转而搅拌;二是依靠母液泵的动力使循环母液由喷射器喷出而进行搅拌;通常母液循环量应不小于饱和器内母液容积的3倍。

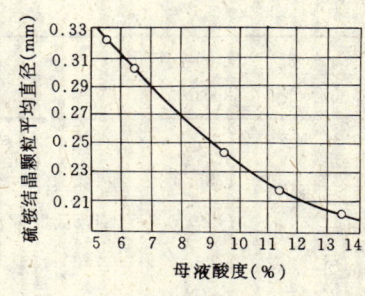

图 2-6-3　母液酸度对硫铵结晶颗粒大小的影响

4. 母液中结晶浓度对硫铵结晶的影响

母液中的结晶浓度一般以晶比来表示。晶比即母液中所含结晶的体积对母液与结晶总体积的百分比,晶比太大,相对地减少了氨与硫酸反应的容积,不利于氨的吸收;反之,晶比太小时则不利于结晶的长大,一般控制晶比在40%～50%为宜。

5. 杂质对硫铵结晶的影响

杂质的存在影响硫铵的结晶,母液中的杂质来自所采用的原料氨气,硫酸及设备腐蚀。主要杂质是铁盐、铝盐、砷化物及由煤气带入的萘、焦油等。

根据实际生产经验证明:三价铁盐起的破坏作用较大,生成铝—砷—铁的黄色络合离子胶体,由于胶体的存在而包围在晶核表面上,这就阻止母液中的硫铵分子往晶核表面上扩散,同时也会增加母液的粘度,妨碍了硫铵晶体的长大。焦油与母液可形成稳定的乳浊液而附着在硫铵结晶表面上,不利于晶体长大并使结晶污染。

第二课　硫酸的接受与储存的重要性

一、硫酸的特性

化学纯的硫酸是一个分子的硫酸酐（SO_3）与一个分子水（H_2O）组成的化合物,其分子式 SO_3H_2O（H_2SO_4）,分子量为 98.082,相对密度为 1.8305。

在大气压下,所有的硫酸溶液均在100℃以上的温度下才能沸腾(发烟硫酸除外)。表 2-6-2 列出了浓度为75%～98%硫酸的密度、沸点、晶点及粘度数据。从表中看出78%的硫酸在190.1℃时沸腾,在-13.6℃时结晶;98%的硫酸在332.4℃时沸腾,在0.1℃时结晶。

硫　酸　的　性　质　　　　　　表 2-6-2

H_2SO_4（%）(重量)	20℃的密度 (kg/m³)	晶点 (℃)	沸点 (℃)	20℃的粘度 (cP)	H_2SO_4（%）(重量)	20℃的密度 (kg/m³)	晶点 (℃)	沸点 (℃)	20℃的粘度 (cP)
75	1669.2	-41.0	179	13.9	87	1795.1	+4.1	239.0	—
76									
77	1692.7	-19.4	186.2	—	89	1808.7	-4.3	255.1	23.3
78	1704.3	-13.6	190.1	—	90	1814.4	-10.2	258.9	23.1
79	1715.8	-8.2	194.1		91	1819.5	-17.3	266.9	23.0

续表

H₂SO₄（%）(重量)	20℃的密度 (kg/m³)	晶点 (℃)	沸点 (℃)	20℃的粘度 (cP)	H₂SO₄（%）(重量)	20℃的密度 (kg/m³)	晶点 (℃)	沸点 (℃)	20℃的粘度 (cP)
80	1727.2	−3.0	200.2	23.2	92	1824.0	−25.0	274.7	23.05
81	1738.3	+1.5	205.2	—	93	1827.9	−35.0	282.6	23.1
82	1749.1	+4.8	210.4	23.6	94	1831.2	−30.8	291.4	23.2
83	1759.4	+7.0	215.7	—	95	1833.7	−21.8	301.3	23.4
84	1769.3	+8.0	221.3	23.7	96	1835.5	−13.6	311.5	23.9
85	1778.5	+7.9	227.1	23.7	97	1336.3	−6.3	322.0	24.8
86	1787.2	+6.6	233.0	23.6	98	1886.5	+0.1	332.4	25.8

纯硫酸是无色油状液体，工业硫酸含有杂质，呈黄、棕等色。硫酸是一种活泼的二元强酸，能与许多金属或金属氧化物作用而生成硫酸盐，浓硫酸有强烈的吸水作用和氧化作用。与水猛烈结合司时放出大量的热，对棉麻织物、木材、纸张等碳水化合物剧烈脱水而使炭化。浓度低于70%的硫酸对钢板有强烈的腐蚀作用。

硫酸应用很广。如制造硫酸铵、过磷酸钙、硫酸铝、二氧化钛、合成药物、合成染料、合成洗涤剂、金属冶炼等。由于硫酸具有上述特性，对硫酸的接受与储存就有特殊的要求。

二、硫酸的来源

焦化厂或煤气厂生产硫铵不用纯硫酸，通常采用浓度为75%～76%的塔式酸，或浓度为90%～93%的接触法硫酸。此外，也可少量使用精苯车间的浓度约为40%的再生酸。目前，国内有些焦化厂和煤气厂所需硫酸一般均采用汽车槽车装运，而大型焦化厂由于硫酸用量大，则需由铁路酸槽车运输。并用钢板焊制的贮槽贮存，而再生酸则需用有耐酸衬层的贮槽。

三、硫酸的接受与贮存

在生产硫铵的过程中，硫酸的损失很小（约0.1%），主要是煤气中带走少量酸滴及产品中带走的游离酸。如果设备及容器有跑、冒、滴、漏，则造成的损失就无法估量，而且对操作人员及设备带来不良影响，硫酸必须妥善接受和贮存。

汽车槽车卸酸的系统，是将槽车内的硫酸放入硫酸地下槽（或半地下槽），用液下泵抽送入硫酸高位槽，由高位槽溢流管流入硫酸贮槽贮存。当地下槽缺酸时，贮槽内硫酸可放入地下槽，再用液下泵打入高位槽。

由铁路酸槽车卸酸的系统通常采用复式真空槽法，如图2-6-4，图2-6-5所示。

由图可见，复式真空槽由两个容积相等的卧式槽组成。下槽与酸槽车及泵吸入管相连，上槽与泵压出管和贮槽相通。在第一次使用时，应先以人工将上槽充满硫酸。在正常操作时，上槽本身成为压出管路的一部分，故经常被酸充满。酸泵启动前，将上槽中的硫酸放入下槽，然后由下槽注入泵室。酸泵启动后，下槽中的硫酸被迅速抽出，使下槽的顶部空间及与其相连的管路中形成真空。于是，槽车中的硫酸在大气压力的作用下，沿槽车吸出管上升。当液面升至吸出管最高点并流向复式真空槽的下槽时，形成虹吸。随着泵流量的

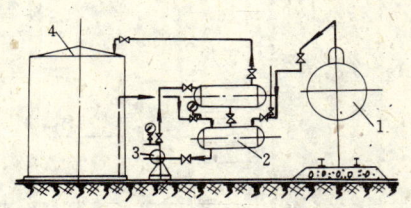
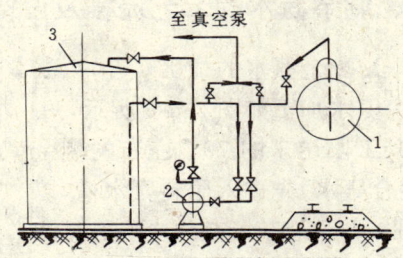

图 2-6-4　复式真空槽法卸酸流程　　　　　　图 2-6-5　真空泵法卸酸系统
1—酸槽车；2—复式真空槽；　　　　　　　　1—酸槽车；2—酸泵；3—硫酸贮槽
3—酸泵；4—硫酸贮槽

增加，复式真空槽下槽顶部空间的真空度也随之提高。从而产生与酸泵相适应的虹吸流量，泵即可连续运转。

为使槽车中硫酸由原来的液面沿吸出管上升至最高点，并形成虹吸，还可采用如图2-6-5所示的真空泵法。先开动真空泵，当酸泵泵室充满硫酸后，停真空泵，并调节流量至规定数值。

由铁路酸槽车运来的硫酸，首先卸入硫酸贮槽，按生产的需要，用酸泵送入硫酸高位槽。

第三课　剩余氨水的加工和轻吡啶的生产原理

一、剩余氨水的组成

煤气与氨水之间含氨量的分配决定于煤气初冷的程度及冷凝氨水的产量。一般在间接初冷的条件下，冷凝氨水中的含氨量约为焦炉煤气中含氨量的30%，当氨水的产量约为配煤量的10%时，冷凝氨水中的总含氨量约为10 g/L左右。

在常温常压下，氨为无色透明，并具有强烈刺激味的气体，其分子量17，结晶点-77.3℃，沸点-33.4℃，易溶于水，溶解时能放出大量热量，其水溶液呈弱碱性。

在氨溶解于水中的同时，还溶有硫化氢、二氧化碳、氯化氢、二氧化硫、硫酸酐和氰化氢等，所以绝大部分氨都以各种盐的形态存在于氨水中。其中一部分铵盐是不稳定的，当其水溶液被加热至沸点时，即分解生成氨及相应的酸。如碳酸铵 $(NH_4)_2CO_3$、硫化铵 $(NH_4)_2S$、硫氢化铵 NH_4HS 及氰酸铵 NH_4CN 等，叫做挥发铵盐，存在于这类盐中的氨叫做挥发氨。另一部分铵盐需在220～250℃的高温下才能分解，如氯化铵 NH_4Cl；硫氰化铵 NH_4CNS 及硫酸铵 $(NH_4)_2SO_4$ 等，称为固定铵盐，其中所含的氨称为固定氨。

冷凝氨水的组成随煤气初冷方式、冷却温度及氨水产量的不同而有相当大的波动。当间接冷却时，其平均组成为（g/L）：

全氨量：8～12；挥发氨 4～6；固定铵 4～8；二氧化碳：2～4；硫化氢 1～3；酚 1.2

~2.5；吡啶盐基：0.2~0.5；以及少量的萘、轻油等。

二、剩余氨水的工艺流程及设备

（一）剩余氨水的加工

剩余氨水加工如图 2-6-6 所示，由鼓风冷凝工段送来的 70℃ 左右的剩余氨水（混合氨水）先进入原料氨水槽，以澄清焦油，再经过充填有焦炭块的过滤器 2，进一步滤除氨水中的焦油（当先脱酚后蒸氨时，则不需进行过滤。有的生产厂氨水经换热器与热废氨水进行换热），然后进入蒸氨塔 3 自上往下数第三层塔板上，由塔底通入直接蒸汽作为热源，使塔底的废氨水温度加热到 105℃ 左右，直接蒸汽并起蒸吹作用，使原料氨水中的氨绝大部分由塔内蒸出。从塔顶逸出的氨、水汽、二氧化碳、硫化氢和氰化氢等的混合气体进入氨气

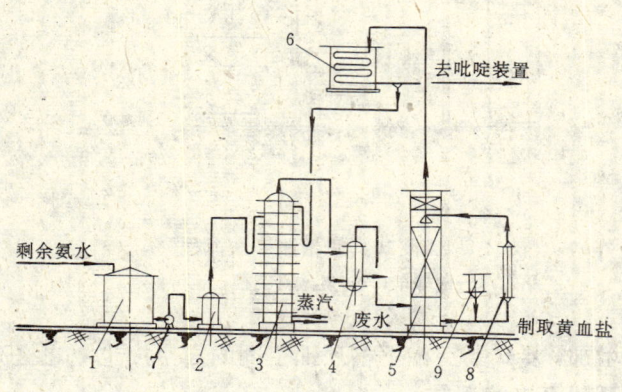

图 2-6-6　剩余氨水加工流程
1—原料氨水槽；2—过滤器；3—蒸氨塔；
4—加热器；5—氰化氢吸收塔；6—氨分缩器；
7—循环泵；8—加热器；9—溶碱槽

分缩器 6，进行部分冷凝，冷凝液作为蒸氨塔的回流液，而浓缩后的氨气则送往吡啶中和装置或饱和器。如果采用回收黄血盐工艺，则从蒸氨塔顶逸出的氨气进入加热器 4，用间接蒸汽加热到 140~150℃，再进入氰化氢吸收塔 5，脱除了氰化氢的氨气从塔顶逸出进入氨气分缩器 6。现在新建的焦化厂将脱硫工段放在硫铵工段之前，就不再进行黄血盐生产。

（二）主要设备

1. 蒸氨塔

我国焦化厂及煤气厂广泛采用的有泡罩式、栅板式或填料式蒸氨塔，泡罩式蒸氨塔构造较为复杂，它是由许多高约 0.5~0.7m 的单个铸铁塔段所组成，塔径依生产能力不同约为 1.5~2.2m。每节塔段装有二层泡沸板，板上设有 12 个长履形泡罩，呈辐射状排列。单数塔板设有中央大溢流管，双数塔板则占周边设有 12 个小溢流管，所以液体在塔板上是依半径向流动，图 2-6-7 所示的塔板层数为 29 层，板间距为 200mm。

蒸氨塔底压力一般保持在 0.03~0.04MPa，当蒸氨塔有轻度堵塞时，塔底压力即增高，废氨水含氨量也将增高。当堵塞严重时，塔压可能超过规定的 0.05MPa，此时，如稍加大汽量，原料氨水便有可能从塔顶窜出，这时就需对塔拆修一次，费时费工，是泡罩蒸氨塔的一个缺点。

目前，在生产浓氨水的焦化厂中，多数采用栅板塔，图 2-6-8 所示为栅板塔的构造。一般塔板数为 32 层，塔板间距为 300~400mm，栅缝宽 6~8mm，缝隙自由截面与全塔截面之比为 18%~20%，蒸汽通过栅缝处的速度约为 4~5m/s。

栅板塔阻力变化较小，塔压较低，生产能力大，适合高负荷下操作，如负荷过低，则效率较差，且稳定性差。

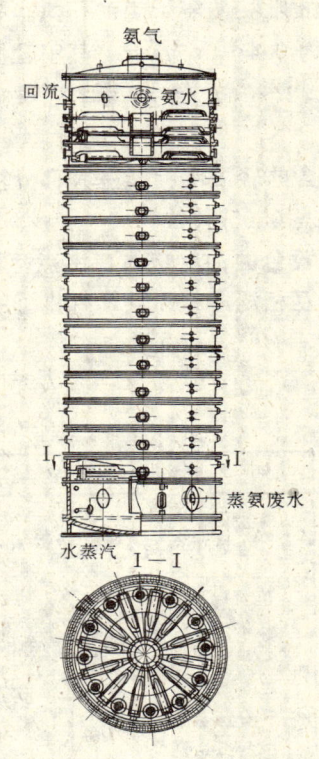
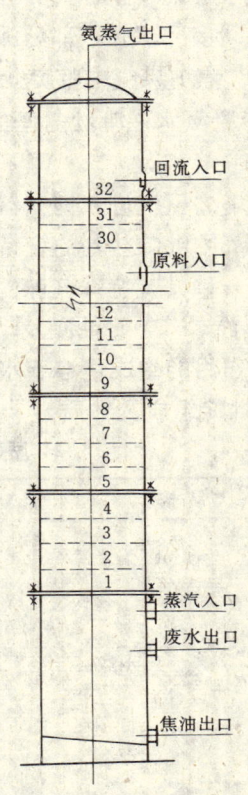

图 2-6-7 挥发氨蒸馏塔　　图 2-6-8 栅板蒸氨塔及塔板简图

近年来,随着科学技术的进步,一些新开发的塔板结构无论在效率、压降、操作弹性及结构简化等方面都不同程度地超出了泡罩塔板和栅板塔板。最近有些工厂将导向浮阀塔板用于蒸氨塔,已见成效。

2. 氨气分缩器

氨气分缩器一般采用铸铁蛇管埋入式分缩器,其构造见图 2-6-9。氨气走管内,分缩器的外壳内充满冷却水,冷却水连续地由外壳的底部进入,从顶部满流出去。氨气与水逆流换热。由于蒸氨塔逸出的蒸汽混合物中所含的硫化氢、氰化氢及硫氰酸铵有强烈的腐蚀作用,所以铸铁蛇管具有较好的耐腐蚀性,使用寿命较长,但较为笨重。

三、轻吡啶盐基的生产

(一)轻质吡啶盐基的性质、组成和用途

轻质吡啶盐基是一系列含氮的芳香族有机化合物,它的化学通式为 $C_nH_{2n-5}N$,其中最简单的是纯吡啶

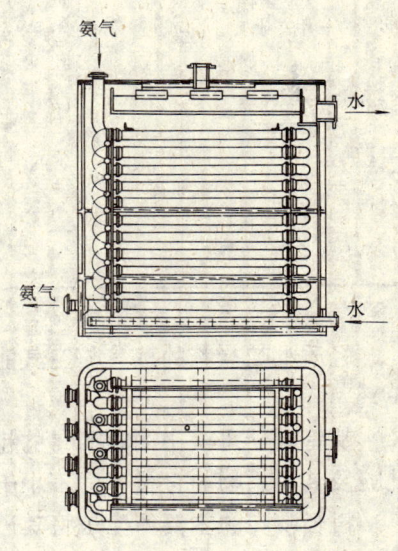

图 2-6-9 埋入式分缩器

C_5H_5N。

在炼焦过程中,炼焦煤所含的氮平均约有1.2%~1.5%转变为吡啶盐基,当焦炉煤气进入初步冷却器进行间接冷却时,部分沸点较高的重质吡啶便溶于焦油和氨水中,其它则完全留在焦炉煤气中。焦炉煤气中吡啶盐基的含量约为$0.4\sim0.6g/m^3$,其中轻质吡啶盐基占75%~85%,而冷凝氨水中吡啶盐基的含量约为$0.2\sim0.5g/m^3$,其中轻质吡啶盐基占25%。

焦炉煤气和蒸氨塔之氨气进入饱和器后,它们所含的轻质吡啶盐基大部分被母液所吸收,出饱和器焦炉煤气中吡啶盐基的含量就降至$0.02\sim0.05g/m^3$。

轻质吡啶盐基是一种具有特殊气味的、无色或微黄色的油状液体,沸点范围为115~160℃,能与乙醇、乙醚、苯、石油醚及动、植物油等互相混溶,并且具有显著的但是不很强的碱性,与无机酸作用能生成可溶于水的盐类。

表2-6-3为轻质吡啶组成及性质。

轻质吡啶的组成 表2-6-3

组 分	结构式	15℃时的相对密度	沸 点(℃)	含 量(%)
纯吡啶		0.979	115.3	40~45
α—甲基吡啶		0.946	129	12~15
β—甲基吡啶		0.958	144	10~15
γ—甲基吡啶		0.947	143	
二甲基吡啶		0.946	156	5~10
残 渣				10~20

轻质吡啶盐基的蒸气与空气能形成爆炸性的混合物,其爆炸极限为1.8%~12.4%(体积)。

从饱和器母液中回收而得的粗轻吡啶质量指标如下:相对密度(20/4℃)不大于1.012 吡啶及其同系物的含量% 不小于60,水分% 不大于15。

粗轻吡啶的主要用途是将其进一步加工精制成各种纯吡啶类产品,用于医药工业生产磺胺类药物,局麻剂,雷米封等。又可作有机溶剂,高级染料的稳定剂,橡胶的促进剂及软化剂和制造变性酒精等。

(二)从饱和器母液中回收粗轻吡啶的原理

1. 从母液中提取硫酸吡啶

吡啶盐基具有弱碱性,与酸作用能生成盐类。因此,进入饱和器的煤气和氨气中所含的吡啶盐基一接触,母液中的游离酸便进行反应,生成了大量的酸式硫酸吡啶和部分中式硫酸吡啶。

$$C_5H_5N + H_2SO_4 \longrightarrow C_5H_5NH \cdot HSO_4$$

吡啶　　　硫酸　　　　酸式硫酸吡啶

$$2C_5H_5N + H_2SO_4 \longrightarrow (C_5H_5NH)_2SO_4$$

中式硫酸吡啶

反应的生成物溶解于母液中,从而使吡啶盐基被母液所吸收。硫酸吡啶是一种很不稳定的化合物,尤其是酸式硫酸吡啶,它在各种因素的影响下极易分解,形成游离态吡啶,在生产过程中,若母液的温度较高或是母液中硫酸吡啶含量增多时,都会促使酸式硫酸吡啶分解或使酸式硫酸吡啶与硫酸铵进行反应,结果均产生游离态的吡啶。

$$C_5H_5NH \cdot HSO_4 \longrightarrow C_5H_5N + H_2SO_4$$

$$C_5H_5NH \cdot HSO_4 + (NH_4)_2SO_4 \longrightarrow 2NH_4HSO_4 + C_5H_5N$$

饱和器内母液液面上方总有相应的吡啶蒸气压力,它会随煤气离开饱和器而损失掉。在生产过程中,只有当饱和器内母液液面上的吡啶蒸气压力小于煤气中的吡啶蒸气分压时,煤气中的吡啶才有可能被母液所吸收,这两个分压之差愈大,吸收过程就进行得愈好,随煤气逸出所损失的吡啶也就愈少。实际上,随着吸收过程的进行,母液中硫酸吡啶的含量亦不断地增加,从而增加了硫酸吡啶分解和还原的机会,又使母液液面上吡啶蒸气压力逐渐增加,最后使之与煤气中的吡啶蒸气分压相等,使吸收过程达到动态平衡,这时母液从煤气中吸收吡啶的数量,等于母液中硫酸吡啶分解和还原所放出吡啶的数量,母液就不能再从煤气中吸收吡啶盐基。为了破坏这动态平衡,使吸收过程不断地进行下去,生产时就从饱和器中引出一定量的含硫酸吡啶的母液,去生产粗轻吡啶,同时又减少了母液中硫酸吡啶的含量。

在实际生产中,为了保证饱和器的主要产品—硫酸铵的生产,饱和器内母液的操作温度为 50~55℃,酸度为 4%~4.5%,在这样的操作条件下,要使吡啶盐基的回收率达 90% 以上,就必须使母液中吡啶的含量不大于 8~10g/L。

2. 硫酸吡啶的中和

从饱和器内引出的含硫酸吡啶的母液,经沉淀除去部分硫酸铵结晶后,便在中和器内与通入的氨气进行反应,首先氨气将母液中残存的硫酸和硫酸氢铵中和成硫酸铵,然后再将母液中的硫酸吡啶中和为吡啶。

$$C_5H_5NH \cdot HSO_4 + 2NH_3 \longrightarrow (NH_4)_2SO_4 + C_5H_5N$$

中和反应时放出大量的热,使母液中被分解出来的吡啶和水所组成的共沸混合物(共沸温度为 92.6℃)被蒸发出来,同时还有部分二氧化碳、硫化物、氨、氰化物、油类及酚逸出,逸出的气体进入冷凝冷却器被水间接冷却成液体。当母液被氨气中和成碱性母液后,且中和反应的温度下降时,说明中和反应完毕。

3. 冷凝液的分离

从中和器逸入冷凝冷却器的气体中含有氨和二氧化碳,故冷凝液(分离水的特性见表

2-6-4)中便含有碳酸氢铵等盐类,使进入油水分离器后的分离水相对密度有所增加,从而使吡啶盐基与分离水的密度差有所增加,产生了吡啶盐基从水中盐析出来的作用,使两者分层以达到分离。

分 离 水 的 特 性　　　　　　表 2-6-4

相对密度 d_4^{20}	NH_3 (g/L)	CO_2 (g/L)	H_2S (g/L)	吡啶盐基 (g/L)
1.025～1.035	100～150	80～120	40～60	5～10

但分离水中尚含有一定量的吡啶,为了减少吡啶的损失,生产中将分离水返回中和器是必要的,这样既可以提高吡啶的回收率,又可以增加分离水中挥发性铵盐的浓度,使之有利于分离操作。

4. 碱性母液的处理

在吡啶的生产过程中,从中和器中逸出的气体中含有的强腐蚀性氰化物与铁反应,生成溶于分离水的氰复盐,它随分离水一起回入中和器而混入了碱性母液,这些铁氰络合物杂质若随母液回入饱和器,那就会使硫酸铵结晶着色,影响质量。

一般采用空气氧化的方法,使铁氰络合物氧化成沉淀状物质,然后用压滤或沉降的方法加以除去,净化后的碱性母液一部分去离心机冲洗硫酸铵结晶表面附着的游离酸,另一部分则经酸化(碱性母液若直接回入饱和器,会使饱和器内母液局部呈碱性,从而使母液中所含的铝离子和铁离子形成氢氧化铝和氢氧化铁棕色胶体,并粘着于硫酸铵结晶表面,使之着色影响质量)使酸度达3％～6％后,送入母液贮槽,以后补充到饱和器中去。

5. 负压生产

在吡啶生产中,有可能从各操作设备中逸出有毒的吡啶蒸气、硫化氢及氰化氢等气体,危害操作人员的身体健康及污染环境,故将冷凝冷却器、油水分离器和计量槽等设备的放散管集中在一起,连接在鼓风机前的煤气管道上,这样便使这些生产设备处于负压状态,既不使气体逸入大气,又回收了放散气体中的吡啶。

(三)生产粗轻吡啶的工艺流程

图 2-6-10 为采用母液中和器从饱和器母液中生产粗轻吡啶的一般工艺流程。母液从结晶槽连续流入母液沉淀槽1,进一步析出硫铵结晶,并除去浮在母液面上的焦油,然后进入母液中和器2,中和器内同时通入从氨气分缩器来的10％～12％的氨气,泡沸穿越母液层与母液中和而分解出吡啶。由于大量的反应热及氨气的冷凝热,使中和器内母液温度高达95～99℃。在此温度下,吡啶蒸气、氨气、硫化氢、氰化氢、二氧化碳、水汽以及少量油气和酚等从中和器逸出,进入冷凝冷却器3,经过冷凝冷却到温度为30℃左右进入吡啶分离器4,经油水分离,上层

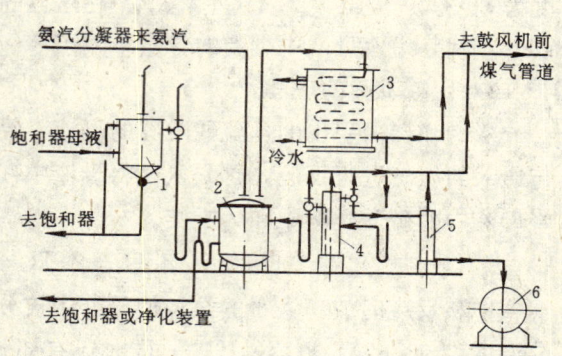

图 2-6-10 用母液中和器生产粗轻吡啶的工艺流程
1—母液沉淀槽;2—母液中和器;3—吡啶冷凝器;
4—吡啶分离器;5—计量槽;6—贮槽

为粗轻吡啶，下层为分离水（返回中和器），吡啶经计量槽 5 后进入贮槽 6。

中和器内脱除吡啶后的碱性母液去饱和器或净化装置（这里不再介绍）。

为防止有毒气体逸入大气，流程中的各操作设备的放散管均集中安装在鼓风机前的煤气管上，使中和器内吸力保持在 500～2000Pa。

（四）回收粗轻吡啶的操作

为了充分回收煤气及氨气中的粗轻吡啶并保证所得粗轻吡啶的质量，同时又尽量避免影响流铵的质量，在生产操作中就必须严格控制下列几点：

1. 中和用的氨气浓度应为 10%～12%

如氨气的浓度过低，为使母液中的硫酸吡啶完全还原，就需要加大氨气加入量，这样使带入中和器的水汽量增多，从而造成出中和器的吡啶蒸气中含有大量水汽，当冷凝冷却后，冷凝液中的冷凝水量便增加，这样使吡啶产品中含水量增加，同时由于分离水量的增加，则因排水带走的吡啶损失量也有所增加，另外分离水量的增加还会冲淡水中铵盐的浓度，使吡啶和水的密度差减小，恶化分离操作。

2. 中和器操作温度应控制在 96～99℃

中和器的反应温度可反映出中和器内化学反应情况的好坏。此温度过低，说明母液量和酸度降低，中和反应减弱，放出的反应热减少。此温度过高，说明母液量和酸度增加，从而使吡啶蒸气中氨的含量减少，分离水中铵盐的浓度便降低，同时，由于中和反应加剧，出中和器的吡啶蒸气温度升高，其水汽含量就有所增加，这样又将分离水中的铵盐大大冲淡，恶化分离操作。

3. 回流母液的碱度应为 0.35～0.8g/L（游离氨）

若碱度过大，可引起母液中形成硫氰化物，使其强烈地腐蚀设备，产生铁氰络合物。若碱度过小，则硫酸吡啶不能完全分解，一般可用母液加入量来调节。

4. 冷凝液温度应为 30℃以下

当温度升高时，分离水的密度就相应降低，使吡啶和分离水的密度差减小，恶化分离操作。

5. 饱和器内母液温度应为 50～55℃

此温度可保证煤气中的氨和吡啶盐基均能正常地被母液所吸收，若温度过高，会使母液中的酸式硫酸吡啶离解并与硫酸铵反应，生成的游离态吡啶便被煤气带出饱和器，造成损失。

（五）主要设备

1. 中和器

中和器如图 2-6-11，为直立的锥底圆槽，中央设氨气引入管和鼓泡伞，使通入的氨气能与槽内的母液充分接触反应。中和器用钢板焊成，内壁衬玻璃钢。氨气管和鼓泡伞均用硬铝。

2. 沉淀槽

沉淀槽如图 2-6-12，是用钢板焊制成的带锥底的直立槽。槽的内壁衬玻璃钢并铺砌耐酸瓷砖。

3. 冷凝冷却器

吡啶冷凝冷却器采用如上述图 2-6-9 氨气分缩器相同结构。它与分缩器不同之处，是通过控制冷却水量，使所有蒸气组分全部冷凝成液体。

4. 油水分离器

油水分离器如图 2-6-13，是用钢板焊制成的直立圆形槽。

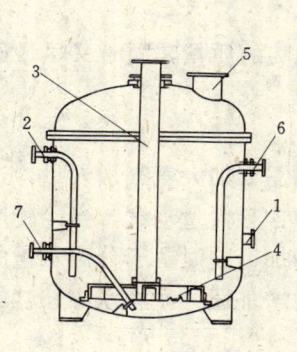
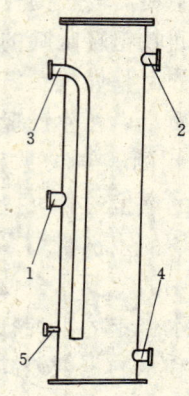

图 2-6-11　中和器
1—满流口；2—母液引入管；
3—氨气引入管；4—鼓泡伞；
5—蒸汽逸出口；6—分离水
回流口；7—放空管

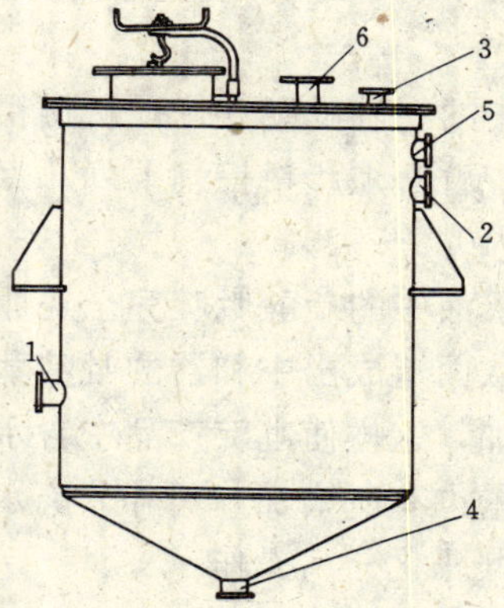

图 2-6-12　沉淀槽
1—母液入口管；2—母液流出管；
3—硫酸进入管；4—被溶解的结
晶放出管；5—满流口；
6—放散口

图 2-6-13　分离器
1—冷凝液进入管；2—轻粗吡啶出口
管；3—排水管；4—放空管；
5—压水管

5. 其它设备

计量槽和吡啶贮槽均为一般的钢制容器。设备之间的母液管道均为铝管，氨气管道为铸铁管。

第四课　硫铵产品的分析与检验

一、脱氨效率的检验及产品分析

（一）煤气中氨含量的测定

1. 原理

用硫酸吸收煤气中的氨

$$H_2SO_4 + 2NH_3 \longrightarrow (NH_4)_2SO_4$$

反应过程之硫酸用氢氧化钠溶液滴定之。

$$H_2SO_4 + 2NaOH \longrightarrow Na_2SO_4 + H_2O$$

2. 仪器和试剂

砂芯洗气瓶　　　　250mL；　　　　锥形具塞碘瓶　　　500mL；

移液管　　　　　　50 及 25mL；　　碱式滴定管　　　　50mL；

湿式气体流量表　　5L/转；

0.2N 硫酸溶液；　　　　　　　　　0.2N 氢氧化钠溶液；

甲基红指示剂。

3. 操作

于 250mL 砂芯洗气瓶中,用移液管准确加入 0.2N 的硫酸溶液,测定饱和器进口煤气加 100mL,测定饱和器出口煤气加 25mL,并加适量的蒸馏水至洗气瓶高度的 1/3 以上,再加甲基红指示剂三滴,密封后按图 2-6-14 装置采样,采样时煤气流速保持在 3~5L/min,饱和器进口煤气采样 30L,饱和器出口煤气采样 150L。采样结束,记下煤气的温度及流量表读数,然后将砂芯洗气瓶中的吸收液全部移入 500mL 锥形具塞碘瓶内,并用少量蒸馏水冲洗砂芯洗气瓶,洗液一并移入 500mL 锥形具塞碘瓶内,最后用 0.2N 氢氧化钠溶液滴定至甲基红指示剂变色,即为终点,记下氢氧化钠溶液耗量。

4. 计算

$$氨含量 \text{ (mg/m}^3 煤气) = \frac{(N_{H_2SO_4} \times V_{H_2SO_4} - N_{NaOH} \times V_{NaOH}) \times 17 \times 100}{\frac{273}{760} \times \frac{P_{大气} - P_{饱和蒸气压}}{273+t} \times \bar{V}}$$

式中　N——试剂的当量浓度;

　　　V——试剂的用量 (mL);

　　　$\bar{V}$——煤气试样的体积 (L);

　　　17——氨的毫克当量;

　　　$P_{大气}$——采样时的大气压力 (换算至 0℃) (mmHg);

　　　$P_{饱和蒸气压}$——在煤气 t℃时的饱和蒸气压力 (mmHg);

　　　t——煤气温度 (℃)。

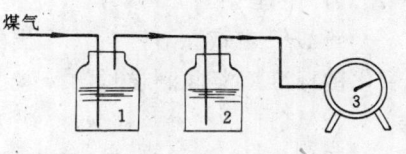

图 2-6-14　氨吸收装置
1—分析饱和器进口煤气时,吸收瓶内置 50mL 0.2N 硫酸;分析饱和器出口煤气时,置空瓶;
2—吸收瓶内为 0.2N 硫酸;
3—湿式气体流量表

(二) 硫酸铵的分析

1. 含氮量的测定

(1) 原理

硫酸铵能与甲醛作用,生成六次甲基四胺和定量硫酸

$$2(NH_4)_2SO_4 + 6CH_2O \longrightarrow (CH_2)_6N_4 + 2H_2SO_4 + 6H_2O$$
　　　硫酸铵　　　甲醛　　　六次甲基四胺

然后用标准氢氧化钠滴定生成之硫酸

$$2NaOH + H_2SO_4 \longrightarrow Na_2SO_4 + 2H_2O$$

以氢氧化钠的耗用量推算出硫酸铵中的氮含量

(2) 试剂

标准氢氧化钠溶液,　　　　　　0.1N 及 0.5N;
25%甲醛溶液;　　　　　　　　1%酚酞乙醇溶液;
0.1%甲基红乙醇溶液。

(3) 仪器

巨型称量瓶　1只;　　　　　　50mL 滴定管　2支;
250mL 三角烧瓶　2只;　　　　50mL 量筒　1只。

(4) 操作

称取 1±0.0002 硫酸铵试样置于 250mL 锥形瓶中,用 100~120mL 水溶解,加 1 滴甲基红指示剂溶液,用 0.1N 氢氧化钠溶液调节至溶液呈橙色。加入 15mL25%甲醛溶液至试液中,再加入 3~4 滴酚酞指示剂溶液,混匀,放置 5min,用 0.5N 氢氧化钠标准溶液滴定至浅红色,经 1min 不消失为终点。

(5)计算

$$氮含量(以干基计)\% = \frac{N \times V \times 0.014}{M \times \frac{100-W}{100}} \times 100\%$$

式中 N——氢氧化钠溶液的当量浓度;

V——氢氧化钠溶液的耗用量(mL);

0.014——氮的毫克当量数;

M——试样的质量(g);

W——试样含水百分数。

硫酸铵氮含量的测定另一方法是用蒸馏后滴定法:

(1)原理

硫酸铵在碱性溶液中蒸馏出的氨,用过量的硫酸标准溶液吸收,在指示剂存在下,用氢氧化钠标准溶液回滴过量的硫酸。

(2)试剂

氢氧化钠   450g/L 溶液;   硫酸标准溶液   0.5N;

氢氧化钠标准溶液   0.5N;

甲基红—亚甲基蓝混合指示剂;

硅脂或其他不含氮的润滑剂。

(3)仪器

用保证定量蒸馏和吸收的任何蒸馏仪器,仪器各部件可用橡皮塞和橡皮管连接,或采用磨砂玻璃接口。

(4)操作

称取 10±0.001g 试样,溶于少量水中,转移至 500mL 容量瓶中,用水稀释至刻度,摇匀,备用。

用移液管从容量瓶中移取 50mL 溶液于蒸馏瓶中,加入约 350mL 水和几粒沸石,用滴定管加入 40mL0.5N 硫酸标准溶液于吸收瓶中,并加入 80mL 水和 4~6 滴混合指示剂溶液,然后将装置各连接处涂以硅脂确保密封。

通过滴液漏斗往蒸馏瓶中注入氢氧化钠 20mL,注意滴液漏斗中至少存留几 mL 溶液。加热蒸馏,直至吸收瓶中的收集量达到 250~300mL 体积时停止加热,然后打开漏斗上活塞,拆下防溅球管,仔细冲洗冷凝管,并将洗涤液收集在吸收瓶中,拆下吸收瓶。将吸收瓶和侧球中的溶液仔细混匀,用 0.5N 氢氧化钠标准溶液回滴过量的 0.5N 硫酸标准溶液,直至溶液呈灰绿色,即为终点。

(5)计算

$$氮含量(以干基计)\% = \frac{N \times V \times 0.014 \times 100}{\frac{50}{500} \times m \times \frac{100-W}{100}}$$

2. 水分含量的测定
(1)原理
试样在 105±5℃ 烘箱中干燥,用称量来测定其失重。
(2)仪器
一般实验室仪器和电热恒温箱,带磨口塞称量瓶,直径 50mm,高 30mm。
(3)操作
在预先干燥并恒重的称量瓶中,称取 5±0.0002g 硫酸铵试样,置于 105±5℃ 电热恒温箱中干燥 0.5h 以上后取出,在干燥器中冷却至室温后称重,重复操作,直到连续两次称量之差不大于 0.0003g。
(4)计算

$$水份含量\% = \frac{M - M_1}{M} \times 100$$

式中　M——干燥前试样的质量(g);
　　　M_1——干燥后试样的质量(g)。

3. 游离酸含量的测定
(1)原理
试样溶液中的游离酸,在指示剂存在下,用氢氧化钠标准溶液滴定。
(2)试剂
氢氧化钠标准溶液　0.1N;
甲基红—亚甲基蓝混合指示剂溶液;
盐酸　0.1N 溶液;　蒸馏水。
(3)仪器
一般实验室仪器和 5mL 微量滴定管。
(4)操作
称取 10±0.01g 试样,置于 100mL 烧杯中,加 50mL 水溶解。加 1~2 滴指示剂溶液于试液中,用氢氧化钠标准溶液滴定至灰绿色为终点。
(5)计算

$$游离酸含量\% = \frac{W \times V \times 0.049}{M\left(\frac{100 - W}{100}\right)} \times 100$$

式中　N——氢氧化钠溶液的当量浓度;
　　　V——氢氧化钠溶液的耗用量(mL);
　　　0.049——硫酸的毫克当量;
　　　M——试样的质量(g);
　　　W——试样的含水百分数。

4. 硫氰酸盐的定性试验
(1)试剂
6N 盐酸溶液;10% 三氯化铁溶液;蒸馏水。
(2)操作
称取 1g 硫酸铵试样溶于少量蒸馏水中,先加入 1mL 6N 盐酸溶液,再加入数滴 10% 三氯化铁溶液,仅允许呈现粉红色。

5. 粒度的测定

(1)仪器

标准筛 小于0.2mm、0.2mm、0.25mm、0.5mm;

感量0.1g的粗天平。

(2)操作

取硫铵试样120g置于105℃的恒温箱中烘干,再称取100±0.1g干样,按次序放在各级筛子中分别筛取各级筛粉,并称取各级重量(大于0.5mm、0.25～0.5mm、0.2～0.25mm及小于0.2mmm四级),再算出各级粒度的百分率。

(三)粗轻吡啶含量的测定

1. 比重测定

(1)仪器

量筒 250mL;比重计 1.000～1.100;

酒精温度计 0～100℃。

(2)操作

将粗轻吡啶倒入250mL量筒内,浸入比重计和温度计并读取读数。

(3)计算

$$d_4^{20}=d'+0.0008(T-20)$$

式中 d——20℃时试样比重;

d'——比重计读数;

T——温度计读数(℃)。

2. 水份的测定

(1)仪器和试剂

水份抽出器 500mL一套;移液管;苯(无水)。

(2)操作

用移液管准确吸取粗轻吡啶试样50mL置于容积为500mL的水份抽出器烧瓶中,再加入100mL无水纯苯,并安装好仪器即加热,利用苯水共沸原理将试样中的水份抽出,直至抽出液上层的苯透明,水层又不再增加为止,读取水层的mL数。

(3)计算

$$水份含量\% = G \times 2$$

式中 G——抽出水量(mL)。

3. 吡啶含量的测定

(1)原理

吡啶与硫酸作用生成可溶性的硫酸吡啶,以硫酸溶液体积的增量可换算为吡啶的重量。

(2)仪器和试剂

双球计量管 刻度50mL; 硫酸 20%。

(3)操作

在50mL的双球计量管中加入浓度为20%的硫酸至刻度,再将上述测定水份后的粗轻吡啶试样全部倒入,塞住后将双球计量管倒置摇动2min,使吡啶与硫酸反应,生成溶于硫酸的硫酸吡啶,然后再倒过来静置分层,记下酸层体积的增量。

(4)计算

$$吡啶含量\% = \frac{(V_2-V_1)\times d\times 0.978}{d_t^{20}\times 50(1-G_1)}\times 100$$

式中 V_1、V_2——双球计量管中加试样前后的两次硫酸体积的读数(mL);

d——硫酸吡啶的校正系数,反应后硫酸的体积增量大于 30mL 时,取 1.16,小于 30mL 时取 1.14;

d_t^{20}——试样比重;

G_1——试样中的水份(%)。

(四)吡啶的分析

1. 纯吡啶

(1)比重的测定

同粗轻吡啶比重的测定

(2)水份的测定

同粗轻吡啶水份的测定,但试样取 100mL,馏出水份的 mL 数即为试样含水的百分数。

(3)蒸馏试验

① 仪器

单球蒸馏管底瓶　150mL; 水冷凝管　800mm;

量筒(尖底)　　　100mL; 牛角管;

温度计(1/10 分度)100~150℃。

② 操作

取纯吡啶试样(不需脱水)100mL 注入单球蒸馏管底瓶中,再装上单球分馏管、水冷凝管和温度计,再加热蒸馏,读取试样的滴点和干点,并将这两个温度校正至标准状况。

2. α—甲基吡啶和 β—甲基吡啶

这两个产品比重和蒸馏试验的测定方法均与纯吡啶的比重和蒸馏试验的方法同。

3. 吡啶溶剂

此产品的水份和蒸馏试验的测定方法均与纯吡啶的水份与蒸馏试验的方法同。

二、实验室安全知识与管理知识

(一)安全知识

1. 安全

(1)实验室中加热排除易挥发及易燃有机溶剂时,必须在水浴锅或在严密的电热板上缓慢地进行,禁止用火焰或电炉直接加热。

(2)可燃性物质如汽油、煤油、酒精等有机溶剂,不可放在煤气灯、电炉或其他火源的附近,易燃性有机溶剂的蒸气大都比空气重,能在地面上或工作台上面流动,而在相当远的地方即可被火焰点着。

(3)当加热、蒸馏及有关用火或电热的工作进行过程中,至少要有一人负责管理,以防意外。

(4)电源总电闸应安装紧固的外罩、开关电闸时,绝不可用湿手或眼睛旁观其他而不集中思想来操作。

(5)电热设备所用电源的导线应经常检查是否完整无损,以及电热器械是否有合适的垫板。

(6)实验室应放置适量泡沫灭火器、四氯化碳灭火器、消火砂和其他灭火器材,以备急用。

2. 实验室部分事故的处理

(1)盐酸、硝酸、磷酸、硫酸以及氯溴灼伤:可用大量水洗涤伤处,然后用5％碳酸氢钠溶液洗涤。

(2)氢氟酸灼伤:可迅速用流水洗涤伤处,并且继续洗涤4～5h,直到苍白的和结疤的伤口表面发红为止。然后用现配制的20％的氧化镁甘油悬浮剂涂抹(准备10％的硫酸镁溶液,保证用开水消毒用具)。

(3)碱灼伤:用大量水洗涤伤处。

(4)苯酚(石炭酸)灼伤:用大量酒精洗涤伤处。

(5)眼睛灼伤:首先用大量的流水洗涤眼睛,在被碱烧伤时,用20％的硼酸溶液洗眼睛,而在被酸灼伤时,用3％的碳酸氢钠溶液洗眼睛。

(6)汞中毒:如果是服入中毒,则引起呕吐,要服缓泻剂,并实行人工呼吸并令吸入氧气,喝咖啡。如果吸入中毒,则把患者抬到空气新鲜地方,让他绝对安静并令吸氧气直至医生到时为止。

(7)氨中毒:令饮大量的含醋或柠檬酸的水,引起呕吐。令饮植物油,若无植物油,则饮牛奶或蛋清亦可。如果吸入中毒,则将患者抬到空气新鲜的地方,保持安静。

(8)氟化钠中毒:令服石灰水或2％氯化钙溶液,如有可能应用消过毒的1％氯化钙溶液作静脉注射,或用葡萄糖酸钙溶液作肌肉注射。

(9)砷或锑中毒:服缓泻剂硫酸镁,然后服砷的解毒药(100mL 水中溶解1.25g 碳酸氢钠,0.1g 氢氧化钠,0.38g 硫酸镁,0.5～0.7g 硫化钠的水溶液)先饮水一杯,然后饮此液一勺,在砷、锑、铋、锌、汞、银、锰、钴、镍以及其他金属中毒时,均可服此解毒剂。

(10)氢氰酸或氰化钾中毒:如果是服入中毒,则令服1％连二亚硫酸钠溶液或用碳酸氢钠碱化了的0.025％高锰酸钾溶液引起呕吐,迅速使患者用沾有亚硝酸戊酯的棉花吸气数分钟(亚硝酸戊酯量0.5mL),施行人工呼吸并吸大量氧气,速请医生作洗胃和输氧工作。

(11)铅化合物中毒:令服大量的硫酸镁。

(12)碘中毒:引起呕吐,给服连二亚硫酸钠溶液。

(13)氯及溴中毒:如果服入中毒,则用3％的碳酸氢钠溶液和氧化镁在水中的悬浮液嗽口,令服牛奶和氧化镁(10g 溶于150mL 水中)的悬浮液。

(14)银化合物中毒:服大量的氯化钠溶液,还可用砷中毒用的解毒剂。

(15)钡盐中毒:引起呕吐,给服缓泻剂硫酸镁或硫酸钠。

(16)酸中毒:如果服入中毒,先用水和5％碳酸钠溶液漱口,令服牛奶和10g 氧化镁(溶于150mL 水)的悬浮液,或者服入石灰水或植物油,或者服稀面粉糊。

(二)管理知识

1. 仪器管理

正确使用和保护仪器是爱护国家财产的具体表现,为此需注意以下几点:

(1)正确了解掌握仪器的性能和使用方法,操作前必须了解仪器规格与要求,检查所用电源电压是否无误。

(2)仪器需经常保持清洁,不容许把仪器堆放在不平稳不牢固的地点。电气仪器应防止振动,不许接近加热火焰。

(3)标准量器(标准砝码、滴定管、容量瓶等)应特别爱护,非特殊需要不能任意挪用。

(4)用以比色的比色管或光电比色计的比色皿,严禁用刷或砂刷洗,以免玻璃变得不透明。

(5)一般仪器(如具塞比色管、锥形瓶、烧杯、吸管等)应当分门别类地安置在专门的橱柜或抽屉内,可避免意外碰破。

(6)腐蚀性物品不能在烘箱内烘烤。

2. 试剂管理

(1)剧毒性药品(如 KCN、As_2O_2 等),必须制订保管使用制度,并严格遵守。此类药品应设专柜并加锁,与普通药品分开存放。

(2)挥发性有机试剂应存放在通风良好的仓库、冰箱或铁柜内,强酸与氨水应分开存放。

(3)过氧化氢及过氧化钠应存放在冰箱或其它阴凉的地方。

(4)取用硝酸、溴水和氢氟酸等必须带上橡皮手套,启开乙醚和氨水等易挥发的试剂瓶时,绝不可使瓶口对着自己或他人的脸部,尤其在夏季,当启开时常有大量气体冲出,如不小心,会引起严重伤害事故。

(5)一些有毒的气体和蒸气,如氮的氧化物、溴、氯、硫化氢、汞、磷和砷等,必须在通风橱内进行操作处理,此类气体和蒸气能引起危害健康的严重事故。

(6)稀释硫酸时必须仔细缓慢地将硫酸加到水中,而不能将水加到硫酸中。

(7)酸、碱和有害性的溶液,绝不可以拿移液管直接用口吸取,必须用洗耳球吸取。

(8)潮解性或易挥发性药品用毕应在防火的情况下用石蜡等封口。

(9)实验室应保持空气流通,环境清洁,安静,反对粗枝大叶和不严格的作风,实验室内应设有供一般创伤的外用药品。

3. 其他管理

(1)如加热试样引起火灾时,应立即关煤气或拔出电炉插头,关闭总电门,并立即用消火砂或四氯化碳灭火器灭火。

(2)消火砂要经常保持干燥,不可有水浸入。

(3)电线着火时须关闭总电门,再用四氯化碳或泡沫灭火器来灭火(注意电门未关闭时,不可用水或泡沫灭火器灭火)。

(4)实验室所有电气设备不得私自拆动及随便修理。

(5)每个工作人员应知道实验室内煤气、水门或电门的开关位置,以便必要时可以控制。

(6)实验室工作结束后,应当进行安全检查。

第五课 硫铵工段主要设备检修和开停操作

一、硫铵工段主要设备检修

由于硫铵工段里的主要设备饱和器长期处于与腐蚀性硫酸、硫铵母液和潮湿的晶粉接触，极易腐蚀、磨损。为了使设备能处于完好状态，并能连续生产，硫铵工段必须备有一套饱和器系统备仵。并应根据本厂具体的生产条件和设备情况规定各设备的运转周期，并根据运转周期编制设备的年、月检修计划，主要是大、中修计划。使设备能得到定期的检查和修理。

大修：大修所要检修的内容较多，此时需要拆卸、更换或修补设备的大部分零、部件。因此设备的检修时间和停止运转时间较长，而检修间隔期也较长，由于硫铵工段设备腐蚀严重，大修间隔期只有半年。

大修更换修补内容：

（一）饱和器顶盖拆除，顶盖处防腐层腐蚀严重必须重新衬填玻璃钢三层。

（二）中央煤气管及下面连接的煤气分配伞如腐蚀严重，应重新涂抹玻璃钢或调换。

（三）结晶管、循环管、喷射器及喷射器底部、加酸管、满流槽水封插入管调换。

（四）饱和器内壁各接缝处用防酸胶泥嵌平使用酚醛树脂涂抹。

（五）检查煤气预热器列管是否有漏，局部或全部调换列管。

（六）检查除酸器内壁防腐层及煤气出口管腐蚀程度，用防酸胶泥嵌平后用酚醛树脂涂抹内壁各接缝处。检查煤气出口管，如有严重腐蚀，必须重新涂抹玻璃钢。

（七）检查结晶槽、沉淀槽内壁腐蚀程度，并给予调换或修补。

（八）检查沸腾干燥系统各设备腐蚀程度，并进行调换或修补。

（九）检查离心分离系统及结晶输送系统各设备情况，并进行调换或修补。

（十）检查氨水蒸馏系统设备情况，并进行调换或修补。

（十一）检查酸泵、各循环泵、结晶泵等泵体及管线系统腐蚀程度，并进行调换或修补。

（十二）检查室内地坪、墙面等处腐蚀程度，并进行修补。

中修：中修的工作内容较大修为少，此时仅需更换或修补设备的一部分零件，因此设备的检修时间和停止运转时间都比大修短，检修间隔期一般在三个月。现在一般生产厂不一定排中修计划，而是根据生产条件安排在节日检修或低峰时修理。

小修：小修的工作内容较大修更少，此时一般只需更换或修补设备的一小部分零件，现在一般工厂将小修作为日常维修，哪个地方坏就检修哪里，不停产修理。

饱和器工段的大修主要是饱和器内部各管道及喷射器的调换。近年来，科技人员一直在探索延长饱和器的检修间隔。而检修质量是关键，如每垫衬一层玻璃钢均须聚合处理。对喷射器和器内循环管、结晶管、加酸管所用的材质不断改用新材质。如用 RS_4 不锈钢制作喷射器代替原磷青铜，用钼二钛材质制成循环管、结晶管、以延长使用寿命。

二、饱和器系统的开、停操作

饱和器系统经过大、中修后或由于事故被迫停车后继续开启，其开、停操作都必须按严格的开、停操作规程执行。

（一）开工前准备工作

1. 检查饱和器系统（包括煤气预热器、除酸器、煤气管道等）有否杂物遗留在内，并清除之。

2. 检查需要开工的饱和器所属的管道阀门是否完好。

3. 检查煤气预热器、除酸器等设备是否封闭，放散阀是否灵活，各器水封内是否加满水。

4. 检查仪表压力管、加酸管是否畅通。

5. 检查满流口液封高度是否已调整到符合要求。

6. 向新饱和器内加水至满流，满流槽内也须加水，试喷射器安装是否正确，并测定循环量，试验达到要求后将器内水放空，将循环管、结晶管堵上盲板。

7. 整个系统用 0.02～0.03MPa 的空气试压：向饱和器内加母液至分配伞下沿，满流槽水封加满水，盖上人孔，关闭放散阀门，向饱和器通入压缩空气，待压力达 0.02 或 0.03MPa 时，停止通气，保持 15min 压力不下降，并用肥皂水检查法兰、顶盖等处是否有漏气现象。

（二）饱和器开工步骤

1. 将母液或硫酸溶液补满至饱和器分配伞下沿，满流槽水封加满，除酸器水封加满水。

2. 开饱和器放散管阀，并向器内通入水蒸汽，使母液被加热至 50～60℃，并赶走器内空气以及使器内维持正压。

3. 拆除煤气和氨气出入口盲板及循环管、结晶管盲板。

4. 与煤气调度室（或上下工段）联系开工，开启煤气旁通阀。

5. 开除酸器放散阀，同时关闭饱和器放散阀。开预热器煤气进口阀门数转，用煤气置换蒸汽和空气，待放散阀有煤气并取样分析，煤气中含氧量≤1.0%时，关放散阀。开循环泵补满流槽母液，待满流由正常溢流后打循环。开除酸器煤气出口阀，开大预热器煤气进口阀。

6. 逐步关闭煤气旁通阀，注意饱和器煤气进出口压差。

7. 开氨气入口阀。

8. 煤气和母液循环量增大后，检查各部分是否符合操作要求，发现异常及时处理。

9. 开启煤气加热器加热蒸汽阀，保持饱和器母液温度符合工艺指标。

10. 当母液比重达到 1.28 时，开结晶泵，将饱和器底部的结晶母液抽到结晶槽进行静止分离。

（三）饱和器停工步骤

1. 将待停饱和器内的结晶尽可能分离掉，将晶比降低，然后进行大加酸至酸度 20%～22%，循环 2～3h，同时用蒸汽清扫分配伞等处。

2. 停结晶泵，关闭煤气预热器和蒸氨塔蒸汽。

3. 逐渐关闭饱和器煤气进出口阀，煤气逐渐全部经过新投入操作的饱和器，这时要注意饱和器前后压力差是否正常，当阻力急剧增大时，需停止更换饱和器，找出故障原因，解决以后再继续更换。

4. 关闭氨气进口阀。停止母液循环泵。

5. 开除酸器放散阀，用蒸汽赶煤气，待放散阀冒出蒸汽后，打开饱和器人孔 24h，经放鸽试验合格，扪尽饱和器内母液，待修。

（四）氨水蒸馏塔开工步骤

1. 检查各设备、管道、阀门、分析取样点及仪表等必须正常完好。
2. 将与饱和器煤气、管道相连接的氨蒸气出口阀打开少许。
3. 送氨水至蒸氨塔。
4. 打开废氨水排出管阀，并同时缓慢开启蒸汽阀，通入直接蒸汽。
5. 送入蒸氨塔内氨水量应先少量，逐渐增加到正常为止。
6. 保持蒸氨塔上部出口温度93～98℃，塔底温度102℃左右。同时将蒸氨塔顶部氨气出口阀逐渐开大。
7. 蒸氨塔内部压力保持在0.035MPa以下。

（五）氨水蒸馏塔的停工步骤

1. 停送氨水入塔，关闭蒸汽阀，关闭氨蒸气出口阀。
2. 打开蒸氨塔底部放焦油阀。
3. 用蒸汽吹扫塔内。

（六）离心机开车步骤

1. 检查筛网是否良好，喷嘴位置是否正确，检查管道畅通和油池油量在油面线以上。
2. 按顺时针方向盘动转鼓及叶片油泵至少一周。
3. 接下料通知后，先启动油泵，将节流阀转到开启位置，再启动离心机主机。
4. 打开油泵冷却水管道及冲洗转鼓后腔的水管道。
5. 在加料前，先通知饱和器工和干燥工，开水洗涤阀门，加料后应布料均匀、保持转鼓平稳，不使其振动。
6. 洗涤水应连续洗涤，加料后严禁溢料，保证产品质量。
7. 离心机启动后，发现不正常现象，应停机处理。

（七）离心机停车步骤

1. 关闭进料阀，停止供料，停止供洗涤水。
2. 停止主电动机。
3. 当离心机完全停止后，将节流阀转到关闭的位置，再停止油泵电机。
4. 用小铲清除鼓内硫铵。
5. 清理转鼓后，重新启动离心机。
6. 打开全部冲洗水管道，进行清洗工作。
7. 洗净转鼓后，按第2、3、项使离心机停车。
8. 停止油冷却器的供水。

（八）泵开车步骤

1. 用手盘动联轴器至少一周，检查泵体内润滑油。
2. 打开泵的进出口阀门。
3. 用水清洗管道。
4. 启动泵后观察运转是否正方向，电流是否符合额定电流，电流过高，则停泵检查原因。

（九）泵停车步骤

1. 打开冲泵的进出口水阀门。
2. 管道清洗后关闭进出口阀门。
3. 停泵。
4. 关闭水阀门及泵出口阀门。
5. 如停结晶泵,则进出口用水冲洗,如停循环泵,则进口管内可放一些水(短时间停泵)。

对于开循环泵要注意满流槽液面。如液面偏低,用母液槽的母液补充满流槽液面至正常。如加水时,要注意酸度变化。停循环泵时,要防止母液从满流槽溢出。

(十) 干燥包装主要设备开车步骤

1. 接离心机要开车的通知后,检查螺旋输送机内有无杂物;检查沸腾干燥器炉膛内的风帽及固定层,清除结块结晶;检查抽风机、鼓风机,盘动联轴器,盘动输送机联轴器。
2. 开抽风机,再开鼓风机。
3. 开蒸汽阀门,关加热器后放水阀门。
4. 开螺旋输送机。
5. 调节鼓风风量,当热风进口温度达 130~140℃时,通知离心机加料。

(十一) 干燥包装主要设备停车步骤

1. 接到离心机停止操作的通知后,停螺旋输送机。
2. 停蒸汽,打开加热器放水阀门。
3. 降低送风量,使炉膛温度逐步下降。
4. 先停鼓风机,后停抽风机。
5. 放空旋风分离器结料,清洗螺旋输送机,清除炉膛内结块,或清洗炉膛。

第六课 硫铵工段的事故处理

一、常见事故的产生原因及处理和预防

在硫铵生产中,若生产上的操作人员和设备检修人员对所使用的硫酸、氨气和蒸汽,以及饱和器内的高温母液、晶浆和运转中的传动设备等不小心或不了解时,则会引起烧伤、中毒、烫伤和撞伤等人身事故,现将硫酸、氨气、蒸汽和晶浆等有关特性及预防叙述如下:

(一) 硫酸

硫酸的预防方法

在使用硫酸的岗位上工作时,操作人员必须戴上护目镜,并穿戴胶皮靴、胶皮手套、工作服和防酸口罩。需在有酸雾的条件下工作时,操作人员必须戴上过滤式防酸面具。

在稀释硫酸时,操作人员必须将硫酸缓缓地注入水中,而不得将水注入硫酸内,因为在后一种情况下,溶液因骤热而膨胀,硫酸将飞溅出来伤人。

当硫酸飞溅在皮肤上时,首先应该小心地用棉纱或清洁的软棉布将它擦去,然后才用大量水冲洗,再用5%碳酸氢钠溶液洗涤,否则会因硫酸与水混合所产生的稀释热而使受伤处痛得更加厉害。

当硫酸溅在衣服上时,应立即小心将衣服脱下,并用大量水冲洗,这样衣服就不至于

被烧坏。

全车间所有的酸管线、酸容器和酸阀门等，均应定期修理，并应经常注意检查。当发现漏酸时，应及时采取措施处理，不要让酸漏出伤人或腐蚀机器和厂房。当修理所有的酸设备时，必须断绝酸的来源，并需关闭硫酸的进口阀，阀门不好用时，必须加上盲板。此后，用大量水洗涤干净。经详细检查后确认所有需要修理的酸设备均无丝毫残酸时，才允许修理人员进行修理。如需要进行酸器内修理时，容器外必须有一人监护。为了更安全地进行修理，应在所有的关闭酸阀上挂上写有"正在修理，禁止开动"字样的牌子。

当硫酸漏在厂房内或地板上时，应立即用相当量的石灰将其覆盖，然后除去此石灰和酸，并用相当量的水冲洗厂房和地板。此时，避免用水直接冲洗，因为这样会使硫酸溶液四处流散而烧坏设备或烧伤现伤的操作人员。

（二）氨气

1. 氨气的特性

在25℃时，氨气的比重为0.5，在常压下冷却至-33.4℃时，它能变成液态氨。氨气在空气中的爆炸极限为16%~27%（18℃时）。

氨气是无色而具有强刺激性的一种有毒气体。当空气中含有0.037mg/L的氨时，会使人感到刺鼻，当达到0.35~0.7mg/L时，就有致死的危险。

2. 氨气中毒的原因和现象

氨气能刺激人体的感觉器官和呼吸器官的粘膜，因而使人中毒，当人因氨气中毒时，会感到喘息、呼吸困难，头晕，呕吐等。

3. 中毒和烧伤后的处理

当发现中毒时，必须迅速将中毒者移到室外通风处，解开衣服，使中毒者能够呼吸新鲜空气。情况严重时，一面应供给氧气和施行温水浴，一面令服大量的含醋或柠檬酸的水或服植物油或牛奶、蛋清，直止送医院治疗。

当被液氨烧伤时，应该用软的棉纱或清洁的软布擦去受伤处的液氨，然后用水洗涤，再用5%的醋酸或酒石酸冲洗。若眼睛受伤时，则需用3%的硼酸液冲洗。并将烧伤者送至医院医治。

4. 预防方法

在工作场所内，氨气的最大允许浓度为0.02mg/L。在操作岗位上，若氨气在空气中的浓度达到0.1mg/L时，必须戴上防氨用的防毒面具，并只许在此种环境内工作0.5h。当空气中氨气的浓度达到0.35mg/L时，应立即停止工作。

硫铵工段内所有的氨气管及其各部位上的阀门应经常检查，并需定期更换和修理，特别是管线上各法兰的衬垫和阀门体上的填料更需定期更换。新更换或新修理的管线阀门应经试压不漏后，才能投入生产。

当检修氨气管和进入饱和器内修理时，应停止供送氨气，并往其中通入惰性气体（如氮气、蒸汽）。分析后，若氨气的浓度为0.3%（容积比），才允许动火焊接。并需在管线上加上盲板。在关闭的阀门和加有盲板的管线上，检修前应挂上写有"正在检修，禁止开动"的牌子。在进入饱和器内检修时，槽外需有一人监护，防止检修人员意外中毒。在有氨气的场所内工作时，一般应戴上口罩。

（三）蒸汽、母液和晶粒的预防

由蒸汽管内喷出的蒸汽能将人烫伤，母液在结晶管或循环管等损坏处喷出或滴漏出来，对人体皮肤和衣服有损坏，夏季由于较高温度的母液对皮肤烫伤。当干的硫铵结晶掉在人体上时，因结晶的溶解使人感到如针刺般的难受。因此，凡能漏结晶的设备均应严格地封闭。操作人员必须穿着工作服、胶皮鞋、戴上口罩和工作帽。

二、停电、停汽、停水事故的处理

现将硫铵工段遇到停电、停汽、停水事故，分饱和器工、离心机工、泵工、干燥包装工、氨水蒸馏工五个岗位的处理办法分述如下：

（一）饱和器工岗位

1. 停电

(1) 停电时间较长，应提高饱和器内母液酸度和温度，以防饱和器内母液成碱性，焦油下沉产生泡沫，或结晶过多造成阻塞。

(2) 停电时间较长，与相关岗位联系，打开煤气旁通阀，各岗位按停工处理。

(3) 结晶泵、循环泵进出口管道停用时应用水清洗，以防结晶阻塞。

2. 停汽

(1) 通知离心机工停止放料。

(2) 把通向饱和器的氨气管阀关闭，以防煤气倒压至氨气管内，并通知停送氨水。

(3) 关闭与煤气相通的蒸汽阀，以防止煤气倒压至蒸汽管内。

(4) 根据时间长短，可适当提高饱和器母液酸度。

3. 停水

一般来说，硫铵工段有工业水、生活水两路，如工业水停，应把工业水总阀关闭，打开生活水阀，可不影响生产。如两路供水都停，或只有一路供水，停水时：

(1) 通知离心机岗位，停止卸料。

(2) 通知蒸氨岗位，关小蒸氨塔蒸汽。

(3) 冬季停水时，设备和管道内积水放空，以防冻裂。

（二）离心机岗位

1. 停电

立即切断电源，离心机节流阀转到关闭位置，清除转鼓内积料。

2. 停汽

接干燥工通知，离心机停止下料。

3. 停水

离心机按停车处理，通知干燥工并与饱和器工联系。

（三）泵岗位

1. 停电

(1) 循环泵、结晶泵停电，立即切断电机电源，关闭满流槽出口阀门，清扫循环泵、结晶泵管道，关闭泵出口阀门，并通知饱和器工及离心机工。

(2) 一般泵停电，立即切断电机电源，关闭泵进出口阀门。

硫酸液下泵停电，则随时注意硫酸高位槽存量。

2. 停汽

停汽前用蒸汽冲扫满流槽溢流管，若突然停汽，则用水冲此溢流管。

（四）干燥包装岗位

1. 停电

通知离心机工停止下料，迅速切断螺旋输送机电源，切断鼓风机、抽风机电源，关闭蒸汽进加热器阀门，并按停车处理。

2. 停汽

通知离心机工停止下料，关闭蒸汽阀门，干燥系统按停车处理。

（五）氨水蒸馏岗位

1. 停电

（1）循环泵停电，接泵工通知，蒸氨按停工处理。

（2）氨水泵、焦油泵停电，先切断电机电源，蒸氨按停工处理，用蒸汽清扫焦油泵及附属管线。

2. 停汽

蒸氨系统按停工处理。

三、安全注意事项

硫铵工段的主要特点是腐蚀性强，所有的设施（包括设备、构筑物和建筑物等）都要采取相应的防腐措施，在操作中也要防止硫酸的跑、冒、滴、漏。

设备上的安全问题内容非常繁多，它们是随工作场所和设备结构的不同而有所不同。因此，各厂应根据自己的具体条件制订出切实可行的安全规则，并应采取必要的安全措施。下面简述一般应采取的安全措施。

（一）硫铵泵房的电气线路应穿管敷设，且应采用塑料管以防腐蚀。

（二）硫酸槽必须密封，防止雨水进入，并有明显标记和完善的收存制度。

（三）整个工段宜设有一个煤气总旁通阀，遇有紧急情况时以便开启，不致影响全厂生产。

（四）在发生火灾事故时，严禁向硫酸槽内浇水，防止硫酸因瞬间发生大量的热而造成硫酸飞溅。

（五）现场应备有急救箱，其中装有一般烫伤、烧伤和撞伤所需的药品、纱布和绷带等。

（六）在现场一定地方的箱内或柜内，存放足够数量的防酸和防氨用的面具，并指定专人负责管理，保证可以随时使用它们。

（七）在现场内一定的地方，存放随时可以使用的安全带等高空作业所必需的安全护具。

（八）严禁带火种进入操作区域，禁止用铁器敲打以防出火花。动火须与安全部门联系，严格执行安全动火审批手续。防火用具要放好，保证安全，不得移作他用。

（九）操作人员操作时应该站在上风，以防中毒，谨防母液、硫酸、液碱灼伤人。

（十）维修拆卸硫酸地下槽、高位槽、酸管道、饱和器、母液管道、母液槽等设备、管道时注意不要被酸灼伤，排空后，先用其他工具撬动，确无液外流时，再进行维修，酸液不得随便乱倒。

（十一）对新入厂的工人必须进行安全教育，新工人经考试合格，获得上岗证书后，才允许独立操作。对新老工人应定期进行安全教育。

（十二）在所有的设备和机器上，都应装有必须的流量计、压力计和温度计等，并应定期检查这些仪器是否失效。

（十三）在转动设备上的转动联轴器、齿轮和皮带轮等，均应套上安全罩。电器设备接地线，必须保持完好，停止转动的设备必须切断电源。

（十四）所有设备的支撑架，厂房的地板和安全栏杆应定期检查和修理。

（十五）严禁从高处向防腐地坪上丢工具等，以防破坏地坪。在吊装孔附近工作要有安全措施。

第七课　班组生产技术管理知识

一、硫铵工段班组的构成

硫铵工段每班由五个岗位构成：饱和器岗位、离心机岗位、泵工（母液工）岗位、干燥包装岗位、氨水除油蒸馏岗位。

二、各班组岗位责任

（一）硫铵工长

1. 受车间主任行政领导及车间技术人员业务指导。
2. 将车间布置的工作任务安排落实到班组成员，并督促他们认真贯彻。
3. 精通本工段各项生产操作，认真检查分析各种原始记录，及时发现和解决生产中存在的问题，并向车间主任或技术人员汇报。
4. 定期召开工段会议，检查总结各项制度执行情况。
5. 负责工段日常生产事务的对外联系和材料工具，备品备件的领用保管。
6. 抓好班组安全教育，技术培训和劳动纪律。
7. 负责安排并指导分派在本工段的实习培训人员。
8. 带领班组人员做好包干区的清洁卫生工作。

（二）饱和器工

1. 负责煤气预热器、饱和器、除酸器、硫酸高位槽、结晶槽等设备及附属管道的安全运行和维护。
2. 负责本岗位设备的开工、停工，对设备要精心维护，及时联系检修项目。检修完毕要负责验收。
3. 根据生产技术规定，保证各系统安全运行，生产出符合质量标准的硫铵。
4. 负责本岗位所属区域的卫生。

（三）离心机工

1. 负责离心机及附属系统的安全运转与维护。
2. 负责离心机和管辖设备的清洁工作及三楼等包干区的环境卫生。

（四）泵工

1. 负责循环泵、结晶泵、液碱液下泵、硫酸液下泵及废水泵的正常运行与维护保养及附属管线的畅通。

2. 负责煤气预热器底部，除酸器底部的焦油、母液的排放及满流槽液面酸焦油的清除，负责母液槽、硫酸地下槽、硫酸贮槽等设备维护保养。

3. 负责各泵体和各泵周围环境清洁，操作室、饱和器系统下的地坪清洁。

（五）干燥包装工

1. 负责螺旋输送机、沸腾干燥器、鼓风机、抽风机、单、双扩散旋风分离器、加热器、料仓等设备及附属管线的正常运行与维护。

2. 负责二楼区域，仓库周围的地坪及楼梯的清洁工作。

（六）氨水除油蒸氨工

1. 负责氨水除油及蒸氨塔系统附属设备及管道安全运行和维护保养。

2. 负责操作室、楼梯平台、蒸氨系统下及氨水除油泵房外的地坪清洁工作。

三、设备维护保养制

（一）熟悉本岗位所属设备的原理、结构、性能、操作规程、事故预防和处理办法。

（二）设备在规定的技术范围内操作，做到不超温、不超压、不超负荷。

（三）负责本岗位所属设备的维护、保养、清洁工作，备用设备处于随时可启动的良好状态。

（四）各班检查各泵、离心机油箱之油位是否符合规定，油位不符合规定的，应及时加油，禁止不合格的油倒入离心机油箱内。

（五）蒸氨塔焦油水封，每周放焦油一次。

（六）干燥系统每逢大加酸进行一次清扫、保养加油工作。

（七）人人动手，搞好设备维护工作，杜绝本岗位设备的跑、冒、滴、漏。

（八）每次停车大加酸，对离心机进行清扫保养工作。

（九）对离心机使用的油，要定期进行分析，应符合质量指标。

（十）工段设备所用润滑油见表2-6-5。

表 2-6-5

序号	设备名称	加油部位	润滑油名称及规格	加油周期	换油周期
1	循环泵、结晶泵	油室	夏天30#机械油；冬天20#机械油	油标尺刻度范围内	3个月
2	液下泵	黄油杯	黄油	每周一次	机修时调换
3	离心机	油箱	20#机械油	视镜刻度	3个月分析后定
4	鼓风机、抽风机	轴承盒	黄油	大加酸加油	3个月
5	螺旋输送机	轴承链条链轮齿轮轴承	20#机械油 夏天30#齿轮油；冬天20#齿轮油	大加酸加油 油标尺刻度范围内	机修更新 6个月
6	焦油泵	油室	夏天30#机械油；冬天20#机械油	油标尺刻度范围内	1个月

四、交接班制度

（一）交班者

1. 交班者向接班者交清本班生产情况和不正常情况及处理方法，如有设备开、停，调用及管道阀门的开关，更动情况，均应详细记载于交班簿上。
2. 交班前所有工具应保持齐全，并放置指定地点，如有借进，借出或损坏要说明。
3. 交班者陪同接班者到现场巡回检查一次，有事当面交待清楚。
4. 交班前做好设备和场地的清理工作。
5. 如接班者因故未及时前来接班，应由交班者坚守岗位，直至妥善安排好，才可离开。

（二）接班者

1. 接班者应提前做好一切准备工作，按时到岗做好接班准备工作。
2. 接班者在接班时，应全面认真检查本岗位设备运转情况和控制点是否符合规定，发现异常情况，应向交班者询问清楚和提出意见，必要时应由交班者处理正常后再接班，否则发生问题应由接班者负责。
3. 接班者经全面认真检查后，认为无异常情况，交班者方可下班。交班时发生故障，由两班共同处理，征得下一班同意，交班者方可离开。

第七章

生物脱酚中级工

第一课 废水生化处理原理

一、活性污泥生化处理的原理

它是利用活性污泥中的好氧菌及其他原生动物对废水中的酚、氰等有机物质进行吸附和分解，以满足其生存的特点，把有机物质最终变成二氧化碳和水。其过程是由物理化学作用和生物化学作用来完成。物理化学作用是指利用活性污泥对废水中的酚、氰等有机物质的吸附能力，使废水得到净化；生物化学作用是在有氧的条件下，好氧菌在其新陈代谢过程中，假其体内、外酶的作用把碳氢化合物氧化分解成二氧化碳和水。其具体反应过程大致如下：

1. 酚类的氧化反应进程

$$\underset{}{\bigcirc}\text{OH} \rightarrow \underset{}{\bigcirc}\overset{\text{OH}}{\underset{\text{OH}}{}} \rightarrow \text{中间产物} \rightarrow \underset{\text{CH}_2\text{—COOH}}{\text{CH}_2\text{—COOH}}$$

$$\rightarrow \text{CH}_2\text{COOH} \xrightarrow{\text{氧化}} CO_2 + H_2O$$

2. 氰化物的氧化反应过程：

$$HCN + H_2O \rightarrow HC\overset{OH}{\underset{}{}}=NH \rightarrow HCONH_2 \xrightarrow{+H_2O}$$

$$HCOOH + NH_3 \xrightarrow{\text{氧化}} CO_2 + H_2O + NH_3$$

上述全部过程都是在好氧菌的体内、外酶作用下完成的。酶是一种具有生物催化作用的活性蛋白质。溶于水中的有机物质通过好氧菌的细胞膜进入微生物内部，不溶于水的有机物质，在细菌体外酶的作用下变成溶解物质，然后渗入细胞内部。细菌即通过自己的生化活动将有机物氧化、分解，并部分合成新细胞，最后在细菌体内酶的作用下，使有机物质分解成二氧化碳和水。

细菌利用分解有机物质所得到的能量和产物合成自己的新细胞，反应过程如下：

$$n(C_xH_yO_z) + nNH_3 + n(x + \frac{1}{4}y - \frac{1}{2}x + 5)O_2$$

$$\xrightarrow{\text{酶}} (C_5H_7NO_2)_n + H_2O$$

随着曝气过程的进行，最后细菌进入代谢期，这时细胞体内本身进行如下氧化分解过程：

$$(C_5H_7NO_2)_n + 5nO_2 \xrightarrow{\text{酶}} 5nCO_2 + 2nH_2O + nNH_3$$

由于好氧细菌的上述新陈代谢活动，酚氰等有机物质被分解时菌体得到增殖，活性污泥不断增长。

二、生物脱酚的几种方法

（一）生物膜处理法

生物膜犹如活性污泥那样，具有吸附、稳定有机物的功能，是生物滤池氧化降解，去除有机物的主要核心部分。在成熟的滤床中，生物膜具有很强的吸附能力，在它的表面总是有一层薄薄的附着水层，见图 2-7-1，这层水中的有机物，在微生物作用下，被氧化降解去除，水质同进水相比，有很大改善，稳定得多。故这层附着水对后续进水还可起着（有机物）浓度扩散和稀释的作用。

如图 2-7-1 所示，当废水通过布水设备连续地、均匀地喷灌到滤床上部表面上后（对滤床表面的每一局部来讲，进水是间歇的，进水时间远短于不进水时间），在重力作用下，废水以水滴形式向下渗漏，或以波状薄膜的形式向下渗流。废水在沿滤料表面向下流动过程中，一方面与附着水混合稀释；一方面有机物扩散移入附着水中。与此同时，有机物又被生物膜所吸附、吸收和氧化分解。而空气中的氧亦同时扩散转移进入生物膜好氧层，供微生物呼吸之需。有机物代谢过程的产物（无机物、二氧化碳、水）则沿着相反方向从生物膜经过附着水层排泄出去。这样，废水通过滤床，与生物膜接触，有机物被微生物氧化分解、稳定，得到去除，使得滤池出水有机物浓度大大降低，达到净化的要求。在下一次进水来临之前，附着水层中的有机物又将回到低水平，重新具有对后续进水起着浓度扩散和稀释的作用。生物膜去除废水有机物的过程，如此循环不已，达到净化废水目的。

生物膜法不同于活性污泥法的最大优点是不存在污泥膨胀问题。生物膜法产生的剩余污泥量也少一些，运转管理较方便、简易。但是该法最大的问题是滤床易发生堵塞，处理负荷较低，占地面积较大，较适宜于废水处理量不大的场合。

（二）生物处理塘

生物处理塘（简称生物塘）是一种利用天然或人工整修的池塘进行废水生物处理的构筑物。在塘中，废水中有机污染物质通过较长时间逗留，被塘中生长的微生物氧化分解和稳定。

在生物塘中，好氧微生物呼吸所需的氧，可由塘内生长的藻类通过光合作用和塘面复氧作用所提供，亦可通过人工曝气提供。废水在塘内利用藻类供氧、塘面复氧的净化过程，犹似水体的自净过程，故人们将这种生物塘处理法归入自然生物处理的范畴。正由于生物塘利用了自然供氧，故运用费用低，加上构筑物简单，可利用天然洼地、池塘，投资省，运行管理较方便，同时还可在塘中养殖水生作物、鱼、鸭等优点，生物塘在处理有机

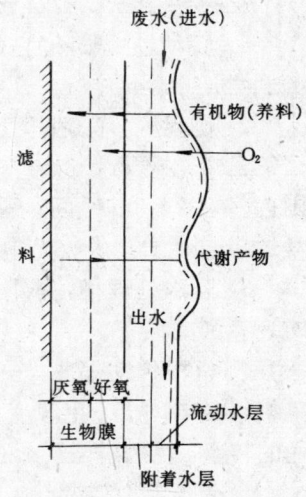

图 2-7-1　生物膜去除有机物过程

废水中正日益受到人们的重视。当然,生物塘亦存在一定的缺点,主要是占地面积大,在使用上可能由于当地土地紧张而受到一定的限制。另外,气温和阳光照射量对生物塘的净化功能的影响亦较大,净化能力由季节所左右,冬季的净化效果将显著下降。因此,在气候温暖和日照较多地区,当土地利用条件许可以及废水量不大的情况下,有机废水的生物处理采用生物塘是值得优先考虑的。

(三)生物转盘处理法:

生物转盘的结构如图2-7-2所示,它是由固定在同一轴上的许多间距很近的等直径转动圆盘所组成,转动轴架设在稍高于废水槽中的水面之上,所有圆盘的轴下部分都浸在废水中,轴以上部分暴露在空气中。随着轴转动,盘上各点不断变换空间位置,轮换浸没于废水中。

生物转盘在装满废水的水槽内缓慢转动时,废水中原有的或接种上去的微生物被吸附在圆盘表面,逐渐生长繁殖,挂上一层生物膜。废水连续不断地流入水槽,圆盘上的生物膜不断地与废水接触,吸附废水中有机物。当圆盘离开废水时,圆盘表面形成的水膜从空中吸氧,在酶的作用下使有机物氧化分解,生物膜得到再生,恢复了吸附、氧化分解有机物的能力。圆盘每转一周,生物

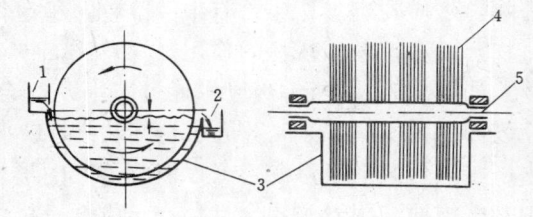

图 2-7-2 生物转盘
1—进水;2—出水;3—废水处理槽;
4—转盘;5—转动轴

膜完成一次吸附——氧化——再生过程。转盘不断转动,上述过程不停地循环进行,使废水得到净化。剥落的生物膜随水从转盘的一侧流入沉淀池,将泥水分离后,出水根据需要可排放或进一步处理。

生物转盘主要由以下几部分组成:

1. 转动轴:轴不宜过长,要防止挠曲,多用圆钢或厚壁钢管制作,轴上开键槽,用键与圆盘连接固定。

2. 圆盘:多采用轻质、多孔、刚度好的塑料或金属板材制成,如泡沫聚苯乙烯、泡沫聚氯乙烯、硬聚氯乙烯、玻璃钢、铝质金属等。圆盘直径大小要根据各种参数决定,目前国内多取2～3m之间;厚度一般在2～13mm之间(视材质而定);盘间净距离16～30mm;盘边缘与废水槽内表面净距离13～19mm;废水液面在轴以下15mm。

3. 废水处理槽:是钢板制、砖砌筑或钢筋混凝土制成的半圆形槽;为防止污泥腐化,有的装有刮泥设备。

4. 机械传动部分:一般由电动机外加减速器带动转动轴及圆盘旋转,较小的转盘可用单相串激电动机,用改变电压来控制转速。圆盘转速根据直径不同有所不同,对2～3m直径的转盘,控制在1～3r/min,以线速度不大于20m/min比较合适。转速大对充氧有利,但过大易造成生物膜过度脱落。

转盘的布置有单轴单级、单轴多级(见图2-7-3)、多轴多级(见图2-7-4)等多种形式。级数选择要根据废水水质和处理深度的要求来决定,国外有用到10级的。轴数选择决定于场地布置和机械传动设备供应情况,轴数多,电动机和减速器套数也相应加多,单轴多级式处理效果优于单轴单级式,而设备又较多轴多级式简单。因此,单轴多级式目前采用较普遍。

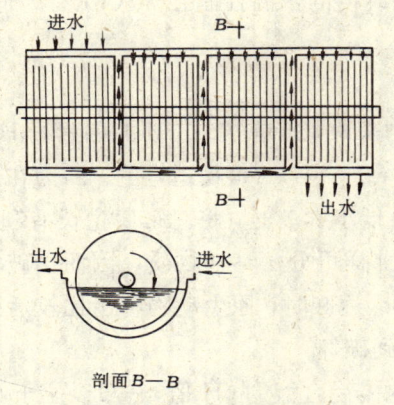
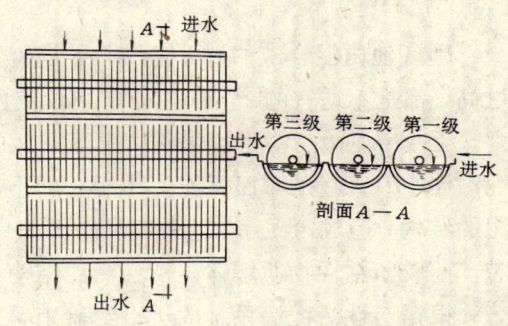

图 2-7-3　单轴 4 级生物转盘　　　　图 2-7-4　多轴多级生物转盘

第二课　废水生化处理的影响因素

一、溶解氧

溶解氧浓度对活性污泥的生理活动关系密切，因此，曝气池中溶解氧的浓度究竟应维持多少，一直是人们十分关心的问题。关于这个问题，很多人曾做了不少的研究。当溶解氧浓度高于 $0.1\sim0.3$ mg/L 时，单个的悬游着的好氧细菌的代谢，不受溶解氧浓度的影响。但是，活性污泥的泥花是千万个个体微生物集结在一起的絮状体，要使其内部的溶解氧浓度达到 $0.1\sim0.3$ mg/L，泥花周围的溶解氧浓度一定要比这高得多，这个浓度的最低限值同泥花的大小和混合液温度有关，因为它们影响氧向泥花内部的扩散。为了获得良好性能的活性污泥，据长期的研究观察经验，认为混合液中的溶解氧浓度应保持不低于 2mg/L，以保证活性污泥法系统的正常运行。

当曝气池中的溶解氧过低时，将有利于活性污泥中丝状菌的大量繁殖。这主要是由于丝状菌的体形长，表面积大，比其他细菌容易夺得氧，故在竞争中可占优势。这将导致活性污泥的恶性膨胀。而且，丝状菌一旦建立优势，其他细菌就更不易取得氧，这就可能使得活性污泥膨胀难于纠正，以致需要更换活性污泥，即排除膨胀污泥，重新培养活性污泥。

二、营养物

活性污泥的主体是好氧微生物，要培养好活性污泥，就必须给微生物提供营养物质。其中以碳营养源为主，此外还需氮、磷营养源和一些微量元素。通常人们取碳、氮、磷三种营养源作为培养活性污泥微生物的主体构成，并提出应满足下述的营养源组成比例，即：

$$BOD_5（碳源）：N（氮源）：P（磷源）=100：5：1$$

上述的营养源组成比例，在一般的工业废水中是能够满足的，但是，对特殊的工业废水可能缺乏某种营养源，往往需要另外加以补充。

三、温度

活性污泥微生物的生理活动和其所处环境的温度有着密切的关系。温度过低微生物受到明显抑制；温度高，污泥松散，因此，曝气池系统内的水温控制在30℃左右为适宜范围。

四、pH值

曝气池内混合液的pH值，对活性污泥微生物来说，亦是一个重要的因素。pH值过低、过高，都是不适宜的。一般应位于中性位置，pH=6.5~7.5是最适宜的。因为在这个范围内，活性污泥微生物生长繁殖情况最好。如pH值低于6.5时，将对霉菌生长有利，如果活性污泥中有大量的霉菌繁殖，由于它们不像细菌那样可分泌粘性物质，因而会破坏活性污泥的结构，造成污泥膨胀。同样，如果pH值过高，达9时，原生动物将由比较活跃转为呆滞，菌胶团粘性物质解体，活性污泥结构亦将遭到破坏。

根据活性污泥法系统的运行经验来看，曝气池内混合液的pH值，一般以位于6.5~8.5范围内较好。为此，pH值过高、过低的工业废水，在进行生化处理之前，均应采取适当措施，予以调整。对完全混合活性污泥法来讲，由于曝气池有一定的混合、稀释能力，故对进水pH值的要求，可放宽些，对进水pH值的突然变化，亦有一定的耐冲击能力。

五、有毒物质

有毒物质是指对活性污泥微生物具有抑制及杀害作用的那些化学物质。毒物对微生物的影响是破坏它们的细胞结构，主要是破坏细胞的细胞质膜和机体内的酶，使酶失去活性，细胞质膜遭到破坏，使机体外界的物质进入细胞体内，而体内的物质也溢出体外。这就破坏了微生物的正常生理活动。

众所周知，许多重金属离子（如砷、铅、镉、铬、铜、锌等）对微生物有毒害作用。这些重金属离子能与细胞内蛋白质结合，而使蛋白质变性，使酶失去活性。在废水活性污泥法生物处理中，对这些重金属离子应加以控制，使其处于允许浓度内。

此外，又如酚、氰、腈、醛、硝基化合物等，一方面对微生物有毒性，另一方面又能被某些微生物分解利用使之无毒。但是能承受的浓度有一定限度。活性污泥微生物对这些毒物的承受（容许）浓度在被驯化前后有很大差异。如未经驯化的菌，对氰和酚的承受浓度分别为1~2mg/L和50mg/L左右，但经驯化后，将分别可达到20~30mg/L和300~500mg/L。因此，针对这种情况，还应按具体的废水进行可生物处理性试验，以确定生物处理对水中毒物的容许浓度。

第三课 废水预处理

一、制气厂废水的来源及组成

制气厂的废水来源主要由以下几个方面组成
1. 制气原料及气化剂（蒸汽）未完全分解，随煤气夹带出来的冷凝废液。
2. 粗煤气的冷却、洗涤需要大量的洗涤水，循环复用须部分用新水更换，而排出一定量的废水。
3. 产品加工过程中所产生的废水，此水来自化产回收和精制各有关工段的分离水，以及各种贮槽、水池、气柜的水封和事故排出的废水。

4. 炼焦制气时,焦炉上升管所喷射的蒸汽所产生的剩余氨水。

上述四种废水中都含有一定数量的酚、氰、硫化物、COD 等污染物质。但是由于来源不同,各路废水还含有其它杂质,如:油煤气冷却、洗涤水中含有大量的油类物质;水煤气的发生炉冷却、洗涤水中含有大量的粉尘;焦炉制汽的,焦化废水中含有大量的氨氮物质。各路废水污染物的含量见表 2-7-1。

制气厂各类废水污染物的组成及含量

单位:(mg/L)　　表 2-7-1

项　目	油煤气废水	水煤气、机械发生炉废水	化产废水	剩余氨水
COD	1000~1200	100~250	2500	—
油	200~600	20~40	750	—
酚	3~10	—	140	300~400
氰	10~20	3~5	8~10	—
硫	5~15	2~3	30~40	—
氨	—	—	300	700~1200

制气厂的废水主要来自于煤气洗涤、冷却废水,由于洗涤水循环复用程度不同,故产生废水量不一样。一般情况下,如果洗涤水采用最大程度的循环复用技术系统,重油裂解制气炉产生的废水量为 20~30t/h·台;水煤气发生炉产生的废水量为 20t/h·台;机械发生炉产生的废水量为 5~10t/h·台。

二、温度、pH、油对生物脱酚的影响

1. 温度:温度是微生物发育、生长的重要因素,曝气池水温一般控制在 20~40℃,温度过高或过低都会使细菌受到抑制,甚至死亡,因为活性污泥处理废水的细菌都是中温细菌,细菌体内的原生质和酶系统多是蛋白质所组成,温度过高蛋白质就会凝固,酶的作用受到破坏,影响处理效果。温度过低细菌活力变低,繁殖停滞同样影响处理效果。

2. pH:微生物的生活需要一定 pH 值,pH 值一般控制在 6~9。偏低、偏高时应加以调节。

3. 油类物质:由于生化处理对除油效果不大,如进曝气池含的量过高,会使出曝气池的排放水含油量超标。此外,大量的油类物质进入曝气池,将影响二次污泥池污泥的分离,从而影响生化处理的效率。

三、废水的预处理方法

由于温度和油类物质对废水的生化处理影响较大,故在生化处理工艺过程中都设置了废水的降温设备和防油设施,主要方法如下:

1. 降温:废水降温可以采用水—水冷却设备进行。冷却设备有列管式冷却设备、蛇管式喷淋冷却设备和螺旋板换热器。上述换热设备中螺旋板换热器传热系数最大,故采用该设备进行废水降温占地面积最小,而蛇管式喷淋冷却设备传热系数最小,采用该设备进行废水降温占地面积最大,但是因为废水中含有大量的焦油等杂质,冷却过程中会堵塞设备,造成传热系数下降,影响降温效果,必须定期清理。上述三种换热设备中,蛇管式喷淋冷却器最易清理恢复使用,所以国内大部份生化处理工艺中,都用蛇管式喷淋冷却器来进行废水温度调节。

2. 除油：废水中含油的比重都小于1，它们常以三种状态存在。浮油：这种油品在废水中分散颗粒较大，易于从水中分离出来，上浮于水面而被撇除。废水中这种状态油品含量60%~80%。

乳化油：这种油品分散的粒径很小，呈乳化状态存在，不易从废水中上浮而除去。

溶解油：石油溶于水中的量很小，一般为5mg/L左右。

以第一种状态存在的油品易于上浮，通过隔油池除去。以第二种状态存在的乳化油比较稳定，不易上浮，用一般的隔油池无法除去，常用浮选方法去除。

(1) 隔油除去浮油的原理是在重力作用下使油与水分离。在隔油池中，比重小于1，粒径较大的油品杂质二浮于水面与水分离；比重大于1的杂质沉于池下部泥底。

(2) 浮选除油的原理为向废水中通入空气，废水中乳化油就能粘附于气泡随之上浮，达到分离目的。国内最常用的工艺方法为加压溶气浮选法，其工艺流程见图2-7-5。操作过程为在加压情况下，将空气溶解在废水中达饱和状态，然后突然减至常压，这时溶解在水中的空气就成了过饱和状态，以极微小的气泡释放出来，乳化油就粘附于气泡周围而上浮。

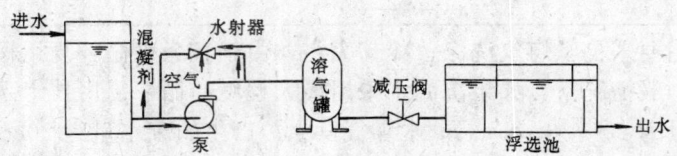

图 2-7-5 全部废水加压溶气浮选

含油废水通过隔油处理后，含油量从400mg/L降至100~150mg/L，经过一级浮选除油后，含油量降至60~80mg/L，再经过二级浮选除油后，废水含油量降至40~50mg/L。

第四课 污泥处理

生物化学处理过程所产生的剩余活性污泥外排能引起二次污染，因污泥渣有恶臭，有的还有毒，必须处理。

一、污泥浓缩

由于污泥含有大量的水分，因此需要在处理前首先将污泥浓缩，去除其中的水分，提高固体含量。活性污泥体积与其含水率有一定的关系，降低含水率，污泥的体积将明显缩小，如将污泥的含水率由99%降低到96%，则它的体积可缩小到原来体积的1/4。

最简单的浓缩方法是重力浓缩法，即利用自然的重力沉降，使污泥中的水分（主要是间隙水）分离出来。重力浓缩一般在污泥浓缩池内进行，污泥中的固体物因自重而下沉，上部比较清的澄清水连续或间歇排出。

污泥浓缩池与一般沉降池类似，一般都做成圆形，竖流式或辐射式，大多采用钢筋混凝土结构。小型的浓缩池可以倒换排泥。规模比较大的浓缩池需要设置浓缩机械，如带搅拌的刮泥器，刮泥器用以收集浓缩污泥，而刮刀上面的栅条在池中缓慢地搅拌，可以造成空穴，使得附着在污泥上的水分易于分离。

二、污泥的调节

经过初步浓缩的污泥,含水量还有百分之九十几,还需进一步脱水。由于污泥是一种凝胶状物质,难以过滤脱水,需要对污泥进行调节(即脱水前预处理),破坏其胶体结构,降低比阻,使污泥易于脱水,以提高脱水设备的生产能力。

调节方法多种多样,一般采用化学调节,就是通过投加化学药品,设法破坏污泥-水体系的稳定,减小污泥固体颗粒与水的亲和力,使微小颗粒凝聚成大颗粒,形成易过滤脱水的多孔结构的物质。投加化学药品的方式有湿式和干式。药剂注入量少时,主要是用湿式注入法,将药品溶解于槽中,再按需要量注入污泥池。药剂注入量多时,多使用干式注入法。为了提高污泥絮凝的效率,要进行搅拌混合。

化学调节用的药品可分为无机调节剂和高分子调节剂两类。

(1) 无机调节剂。无机调节剂主要是多价金属盐类,如氯化铝($AlCl_3$)、三氯化铁($FeCl_3 \cdot 6H_2O$)、氯化绿矾 $\left[Fe{<}{{Cl}\atop{SO_4}} \right]$、硫酸铁[$Fe_2(SO_4)_3 \cdot 9H_2O$]、硫酸亚铁($FeSO_4 \cdot 7H_2O$)、硫酸铝[$Al_2(SO_4)_3 \cdot 18H_2O$]等。悬浮状的污泥粒子往往带有负电荷,互相排斥,这类调节剂投到污泥中能离解出阳离子来中和污泥粒子表面的负电荷,从而使之凝聚。凝聚块逐渐收缩,挤出水分,与水分离。

(2) 高分子调节剂。高分子调节剂除了电荷中和作用外,还由于它们的长分子(约 $0.1\mu m$)可以构成污泥粒子之间的"桥梁",有助于形成牢固的凝聚块。高分子调节剂有显著的优越性,投加量不到污泥固体重量的1%,几乎不增加污泥的重量和体积,焚烧时无残留物,无腐蚀性,而普通无机调节剂三氯化铁如与石灰合用,投加量达10%~20%。

三、污泥脱水

污泥常用机械方法脱水,脱水机械有真空过滤机,离心分离机、压滤机等。

(一)真空过滤机

利用真空吸滤水分是广泛使用的污泥脱水方法,它的特点是连续运转,操作稳定,能处理大量污泥,适应各种污泥脱水需要,过滤后污泥含水率一般为75%~80%。主要缺点是多数污泥要经过调节才能过滤,因而工序较多,运转费较高。目前,普遍采用连续转鼓式真空过滤机,对于各种规模的污泥处理装置都可适用。目前我国生产的这种过滤机最大过滤面积为 $60m^2$。转鼓式真空过滤机的工作原理见图2-7-6所示。

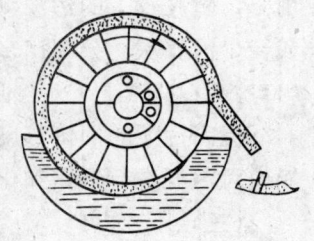

图 2-7-6 真空过滤机

这种过滤机的转鼓是外包过滤介质的回转筒,一部分浸没在污泥槽内,沿着圆筒的水平轴慢慢转动。圆筒内分为若干个扇形小室,圆筒转动时,各过滤小室相继出现吸滤、脱水、吹气、刮泥几个阶段。转鼓内产生的真空使污泥以一薄层粘附在转鼓上,形成连续的滤饼,而将水吸到转鼓里面。滤饼在用刮刀卸下后，转鼓又开始新的循环。滤饼剥离下来的方法有两种，一种是污泥抽吸干燥后转至刮泥段时，用压缩空气将滤饼吹离滤布，然后被刮刀剥离；另一种是通过预埋在污泥中的金属丝在与转筒周边分离时，将污泥从滤布上卸落下来，这样卸料不伤滤布，适用于难脱水的污泥。

过滤介质（滤布）的选用是真空过滤机的一个关键问题，关系到过滤效果、运转费用及维护管理的方便。对滤布的要求是价格便宜，寿命长，不易堵塞，清洗方便，比阻小，滤饼容易剥离，所得滤饼含水率低。以前都是用棉、毛、麻、丝等织成的滤布，近年来大多采用合成纤维滤布。合成纤维滤布的寿命长，一般可达 5000～11000h（棉织物的只有 400～1000h），过滤性能也比较好，而且滤饼易于剥离。

新型的真空过滤机还有绕绳式、转盘式等。(1) 绕绳式真空过滤机的特点是用缠绕于转筒上的两层不锈钢弹性绳索代替了滤布，可以看作是无滤布的过滤机，缠绕的绳索可以自动喷水清洗，克服了转鼓式真空过滤机滤布因堵塞而需要经常清洗或更换的缺点。而且绕绳式真空过滤机转速较高，运行方便，运转费用低，日益为人们所重视。(2) 转盘式真空过滤机与转鼓式真空过滤机不同的地方是，它的过滤部分是由装在水平轴上的转盘所组成，圆盘两面同时进行过滤，盘可以是一个或多个。转盘式真空过滤机的特点是有效过滤面积大，占地少，但构造复杂，特别是滤饼的剥离很麻烦。

（二）离心机

由于污泥中的固体与水分重度不同，离心分离机可利用高速旋转时所产生的离心力使其分离。离心分离机具有操作简单、设备紧凑、效率高等优点，能处理用真空过滤机难以脱水的污泥；同时由于是密闭运行，操作条件较好，污泥含水率可降低到 20%左右。但夹带入滤液的固体物量也比较多，耗电量较高。工业上应用的转筒式离心分离机有圆锥形转筒式、圆筒形转筒式和圆筒圆锥形转筒式三种类型。后一种组合了前两种的特点，适用于污泥脱水，其构造示于图 2-7-7。

这种离心机包括两部分，即呈圆柱圆锥形的外壳和与外壳形状相配的螺旋输送器。螺旋输送器和壳体同向运动，前者比后者稍快。污泥通过空心轴进入转筒后，在离心力的作用下，重度较大的污泥颗粒粘附于转筒壁，而重度较小的液体则集聚在污泥颗粒之外，形成一个液相层。分离出来的液体流向污泥液出口，脱水污泥则由螺旋输送器刮至脱水污泥出口。

提高污泥的固体浓度能提高生产率和脱水污泥的固体含量，因而在离心脱水前应尽可能地对污泥进行浓缩和化学调节。

（三）压滤机

压滤法与真空过滤法的原理基本上是一样的，所不同的是靠形成的压强而使污泥过滤脱水。

目前大多采用板框式压滤机。板框式压滤机具有处理污泥范围广、滤饼固体含量高（可达 50%）、滤液澄清度高等优点。它由一系列成对的滤板（两侧均盖上滤布）和滤框组成，见图 2-7-8，污泥颗粒在滤布上形成过滤层而与通过滤布的污泥液分离。旧的板框式压滤机的主要缺点是间歇操作、拆装频繁、过滤能力低、手工劳动多。近年来，出现了自动

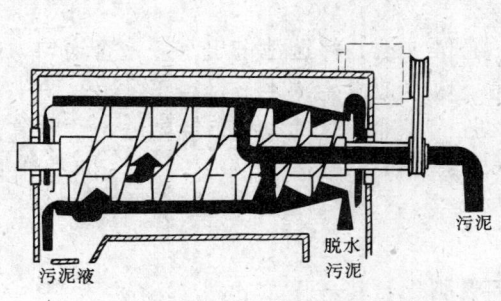
图 2-7-7　圆筒圆锥形转筒式离心分离机

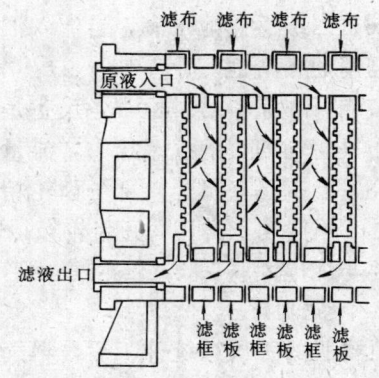
图 2-7-8　板框式压滤机

化的板框式压滤机，经过一定时间加压以后，板框依次自动打开，形成的滤饼靠自重落下，不需要人工拆卸。

第五课　生物脱酚工段的系统开、停车操作

一、系统开车操作

1. 准备开车

（1）开车前各岗位做好对即将运转的设备，各系统污水、冷却水、油渣进出口等阀门、泵机作全面检查，了解设备完好状况及各系统上阀门开闭的情况，应开的开，应关的关。

（2）与油制气车间水泵房及水煤气车间水泵房、环保科、调度室、车间、配电间联系开车时间。

（3）每班在溶液池内加入凝聚剂，加水至池满，均匀加入一、二级溶气集水池。

（4）每班在溶液池内加入 10kg 磷酸氢钠，并加入至池满，均匀加入汇总池。

（5）循环集水池液位＞2/3。

2. 开车工作

（1）打开所需＃1，＃2 喷淋冷却器污水总进口阀门，打开进玻璃钢冷却塔的 2 只阀门和 2 台循环水泵的进出口阀门，打开去冷却器的本厂水进口阀门，待水满关本厂水进口阀门，根据气温条件及冷却器出口的污水温度来决定喷淋冷却器开的次数，使冷却后的污水温度＜40℃。

（2）同时打开 3 台隔油池进口阀门，调整流量，使 3 台进水平衡和正常。

（3）检查一级溶气水泵和润滑系统，盘动泵联轴器，待隔油池水满，且流到一级溶气集水池，待集水池内水量达到 1/2 时，启动一级溶气水泵，用泵的出口阀门来调节控制流量，再经气罐到一级浮选池。

（4）在启动一级溶气水泵的同时，启动空压机，打开一级贮气罐和溶气罐空气进出口阀，调节浮选池气泡正常。

（5）一级浮选池满，自流入二级浮选池集水池，待集水池水量达 1/2 时，启动二级溶

气水泵，污水经溶气罐到二级浮选池，同时打开贮气罐和溶气罐进出口阀门，调节气泡正常。

（6）二级浮选池水满，自流入汇总池，池内水量到 1/2 时启动污水提升泵，将污水送到所需用的曝气池。

（7）开车完毕后，检查各设备是否正常，各隔油池、浮选池进出水量是否均匀，水气泡分布是否均匀，溶气罐压力，流量是否正常，曝气池微生物生长是否正常。

（8）检查曝气机运转部分齿轮箱、轴，并加润滑油，盘动电机，联轴器，待曝气池进水，曝气机启动正常后，开齿轮箱冷却水，然后调节曝气机至所需转速。（注：平时开曝气机前要与配电间联系，征得同意后启动）。

3. 污泥驯化

生物脱酚工段系统开工后，曝气池需要闷曝驯化，其步骤如下：

（1）预先准备好的接种污泥，用泵打进曝气池，使池内污泥浓度为 3% 左右，污泥沉降比（SV）>20%，(2) 补充营养料磷酸氢二钠，让水中 BOD>100mg/L，酚>10mg/L，磷>3mg/L，氮>10mg/L 进行闷曝。(3) 在污泥沉降比提高到 30% 时可进行驯化，在进水中按处理量的 10%、20%、40%、60%、80% 逐步增加污水的比例，最后调整到全部进工业污水，即达到设备要求流量。(4) 驯化工作结束后，可进入正常生产期，每次增加处理量时要稳定操作 1~2d；其间保持一定营养，补充一定量的磷等，并定期观察微生物的增长情况和定时测量溶解氧，污泥性质等。

二、系统停车操作

由于污水中断或本工段某设备发生故障和设备大修等，需有关工段及调度，车间知道。停车时，曝气池需进入闷曝过程，则按如下操作（一般与开车操作相反）：

1. 关闭污水总进口阀门，开旁路阀门，停喷淋循环冷却水。
2. 待#1 集水池液位低 1/3 时，关闭一级泵，停止加凝聚剂，停空压机。二级同样。
3. 汇总池控制液位（水煤气进污水）在三档，确认停车正常后，填写操作记录。

三、空压机的操作

1. 开机前的检查和准备

（1）检查油位指示器油位是否在规定范围。
（2）检查压力表、温度计、仪表、安全阀、空气过滤器是否畅通。
（3）开足冷却水进出阀，并检查冷却水管道是否畅通。
（4）盘车数次，是否灵活自如和无异常响声。
（5）检查各部位螺丝是否紧固。
（6）打开一级、二级放空阀，联系电工送电。

2. 开机

（1）打开压力表阀，气包放空阀。
（2）关闭二级出口阀。
（3）按电机"开吉"电钮，启动空压机（并判断电机转向）。
（4）观察电流、振动、压力、转向及油压。

(5) 待正常运行后，缓慢打开出口阀，关闭二级出口放空阀。
(6) 关闭气包放空阀，并调节一级、二级出口阀，压力不得超过工艺指标。
(7) 根据冷却水出口温度调节冷却水进口阀。

3．停机
(1) 先打开一级、二级放空阀，再关闭气包出口阀（以防溶气罐倒压）。
(2) 按"停车"电钮，停车15min（待缸体冷却后），关闭冷却水进口阀。
(3) 应放尽一级冷却器，油水分离器，二级冷却器及水路系统的残留凝结水，以免冬季冻裂。

4．正常运行检查
(1) 每小时检查一次，并作好详细记录。
(2) 检查电流、压力。
(3) 检查有否振动、杂音、电机温度、进排气阀温度，冷却水流量与温度。
(4) 按时排放气水分离器放空阀（每班不得少于1次）。
(5) 各排气温度不得超过160℃，油温<65℃。
(6) 使排气压一级0.16MPa，不得超0.24MPa，2级≯0.8MPa。
(7) 检查润滑油系统是否正常（油位、油压、油路）。

四、隔油池的开停车操作

1．隔油池的启动
(1) 隔油池启动前的检查和准备
① 检查并清除池内杂物。
② 检查排泥阀与排泥总阀是否灵活好用。
③ 检查配水阀是否灵活好用。
④ 检查集油管及出口阀是否灵活好用。
⑤ 池面水泥盖板盖好。
⑥ 检查进出水阀灵活好用。
⑦ 对刮泥机进行检查。
(2) 启运隔油池
① 打开隔油池出口阀（通往浮选集水井），关闭排放阀。打开集油管出口阀。
② 关闭排泥阀。
③ 打开配水阀，开度应使进水分布比较均匀。收油槽口向上。
④ 与浮选岗位联系，缓慢打开隔油池进口阀，在数小时内逐步开足，至水位上升后，准备收油。

2．隔油池的操作
(1) 收油
① 通知浮选岗位注意一级浮选集水井水位。
② 关闭集油井出口阀和放水阀。
③ 将集油管收油口切入油面收油，收油时切入幅度要小，尽量少带水，停止收油应将集油管收油口向上。

④ 收油时须将集油管两侧的油都要收尽，油层厚度≯30mm。
⑤ 收分离部分的油时，应按起动刮泥机。具体步骤先启动刮泥机，再按收油步骤进行收油。刮泥机运行时，操作人员不得离开隔油池。
⑥ 交接班时隔油池一端应见明水。
⑦ 收油结束，通知浮选岗位注意一级集水井水位。

(2) 排泥

① 每两天的白班排泥一次，为减少对一级浮选集水井水位的影响，每次排泥分两步完成。排泥时先扛开一只排泥阀和排泥总阀。
② 启动污泥泵进行排泥。
③ 每隔约 3min，打开第二只排泥阀，关闭第一只排泥阀，排泥约 3min，依次开关排泥阀，轮流排泥。
④ 待最后一只排泥阀排泥约 3min 后，按停污泥泵步骤停泵。
⑤ 关闭最后一只排泥阀。

(3) 切换

① 切换隔油池时，先通知浮选岗位注意集水井水位。
② 按"隔油池启运前的检查和准备"进行工作。
③ 对停用的隔油池，在停用前，先排泥一次，排泥完毕，关闭池底部排泥阀。同时关闭收油槽出口阀。
④ 对启用的隔油池，启用时同时开启收油槽出口阀。启用操作完毕后排泥一次。

第六课　生物脱酚主要操作指标的调节方法

一、溶解氧（DO）调节法

溶解氧（DO）高于指标的调节方法
(1) 可适当降低曝气机转速（电流 36±2A，线速＞4m/s）。
(2) 适当降低回流窗，提高回流量（但必须保证沉淀区不翻泥）。
(3) 可适当提高处理量。

溶解氧（DO）偏低时的调节方法
(1) 适当提高曝气机转速，但不能超过 5.5m/s 线速度，以防止叶轮脱水。
(2) 提高回流窗，减少回流量，使曝气时间增加。
(3) 适当减少处理量。

二、污泥回流量调节法

根据沉淀区的污泥沉降情况，DO 及回流缝积泥情况，来调节污泥回流量。
(1) 曝气机转速提高，叶轮提升量也增加，反之减少。
(2) 回流窗降低，回流量提高，反之减少。
(3) 注意：在调节时必须选择适当的幅度，回流量过大会造成沉淀区翻泥，过小会造成回流缝积泥堵塞。

三、曝气池排泥操作法

1. 排泥计算公式

根据污泥性质,如污泥浓度,灰份等确定排泥。一般当污泥浓度超过 3~4g/L,灰分在 30% 以上,即可排泥。

$$V_2 = \frac{V_1(MLSS_1 - MLSS_2)}{MLSS_1}$$

式中　V_1——曝气区体积+$\frac{1}{2}$沉淀区体积;

　　　V_2——排泥体积;

　$MLSS_1$——排泥前污泥浓度(根据化验数据);

　$MLSS_2$——污泥浓度指标,3~4g/L。

2. 排泥步骤

(1) 检查污泥池液位是否超高,如超高应进行撇水或将污泥转到干化池,降低污泥池液位。

(2) 曝气机停运使污泥沉降,提高排泥浓度。

(3) 最好是停止进水,有利于污泥沉降,浓度提高。

(4) 打开污泥池进口阀,打开曝气池排泥阀,污泥经量泥井排入污泥池。

(5) 注意污泥池液位,是否到达需排的污泥量。

(6) 关闭污泥池进口阀。

(7) 关闭曝气池排泥阀。

(8) 进水启运曝气机。

3. 污泥池容量计算

污泥池直径 $\emptyset$15m,有效深度 2.3m,容积为 406m³,每 cm 容量为 1.76m³,污泥池排泥高度 H (cm):

$$H = \frac{\text{排泥量}}{1.76 \text{m}^3/\text{cm}}$$

实际排泥量:V

$$V = 1.76 \text{m}^3/\text{cm} \times H \text{ 高度}$$

四、污泥池浓缩撇水操作法

(1) 排泥后沉降 1~2h 即可撇水。

(2) 根据污泥池液位高低调节轴流泵的高度,一般泵体在液面下 30~50cm 为好。

(3) 关闭去干化池的阀门,打开撇水观察井阀门。

(4) 启动轴流泵撇水,撇水时操作人员不得离开现场,随时观察出水。

(5) 操作人员离开现场时必须停泵。

(6) 如果没有清水可撇,可将污泥转往干化池。

第七课　故　障　处　理

常见故障为曝气池生产不正常,轻则飘泥,重者使微生物死亡。出水恶化,停水、停电等。一般处理如下：

一、飘泥的处理方法

1. 飘泥较轻时，减小速度，关小导流窗一段时间，待稳定后恢复正常。
2. 浮选池加药（凝聚剂），引入压缩空气需均匀，以保证曝气池水质量。
3. 表曝回流堵塞或进水严重不均匀，需采取相应措施，进行清通和调整进水。
4. 轻的则减少曝气池进水量，严重的要停止进水，必要时另加工业水稀释。
5. 分建式曝气池进水量与回流量均匀，集泥井污泥畅通确保活性污泥生长，严格控制 #1，#2，#3 沉淀池出水量。

二、污泥上反的处理方法

污泥上反——造成污泥流失，并影响出水水质，主要原因和防止办法如下：
1. 曝气时间过长：处理办法可减少充氧量，增加污泥回流和排出部分污泥。
2. 污泥腐化：曝气量过小，造成回流不畅。处理办法：提高充氧量，增大回流量和疏通回流缝。
3. 大量油产品进入曝气池造成絮凝物变轻不易下沉，处理办法：严格控制进水的含油量。

三、泡沫的处理方法

泡沫——曝气池中产生大量泡沫，主要是由于水中存在较多的表面活性物质，泡沫可给曝气池操作带来困难，例如影响曝气叶轮的充氧能力，带走污泥等，处理办法一般采用曝气池出水面反喷清扫的办法消除泡沫。

四、停水的处理方法

停水由于进水中断或冷却水中断被迫停车，步骤同前"停车工作"二项，只是当冷却水中断时，须和水库及时联系，问清情况向车间汇报，作好记录，以便采取相应措施。

五、停电的处理方法

突然停电，及时切断泵、曝气机、空压机等运转设备的电门开关，及时关闭污水进口和冷却水进口阀门，与油煤气水泵房联系，关闭各泵的进出口阀门。停止加凝聚剂。
与配电间取得联系，向车间汇报，并做好来电恢复的准备工作。

六、水泵常见故障原因及其解决方法

水泵故障原因及解决方法见表 2-7-2。

表 2-7-2

故　障	原　因	解　决　方　法
水泵不吸水，压力表及真空表的指针在剧烈摆动	注入水泵的水不够，水管与仪表漏水	再往水泵内注水或拧紧堵塞漏气处

续表

故　障	原　因	解　决　方　法
水泵不吸水，真空表显示高度真空	底阀没打开，或已淤塞；吸水管阻力太大；吸水管高度太大	校正或换底阀；清洗或更换吸水管；减低吸水高度
压力表上水泵出水处有压，然而水管仍不出水	出水管阻力太大；泵旋转方向不对；叶轮淤塞	检查或缩短水管及检查电机；取下水管接头，清洗叶轮
流量低于预计	水泵淤塞，口环磨损过多	清洗水泵及管子；更换口环
水泵耗费的功率过大	填料函压得太紧，填料函发热；因磨损叶轮坏了；水量、供水量增加	拧松填料函，或将填料取出来打方一些；更换叶轮；增加出水管阻力来降低流量
水泵内部声音反常，水泵不上水	流量太大，吸水管内阻力过小；吸水高度过大；在吸水处有空气渗入；所输送的液体温度过高	增加出水管内的阻力，以减低流量；检查泵吸水管内阻力，检查底阀，减小吸水高度；拧紧堵塞漏气处；降低液体温度
轴承过热	没有油；水泵轴与电机轴不在一条中心线上	注油；把轴中心对准
水泵振动	泵轴与电机轴不在一条中心线上或泵轴斜了	把水泵的轴中心线对准

参 考 文 献

1. 库咸熙主编．炼焦化学产品回收与加工．北京：冶金工业出版社
2. 《焦化设计参考资料》编写组编．焦化设计参考资料．北京：冶金工业出版社
3. 《化学工程手册》编辑委员会编．化学工程手册．北京：化学工业出版社
4. 天津大学化工原理教研室编．化工原理．天津：天津科学技术出版社
5. 《炼油厂设备检修手册》编写组编．炼油厂设备检修手册．北京：石油化工出版社
6. 《冶金工业动力机械技术规程》编写组编．冶金工业动力机械技术规程．北京：冶金工业出版社
7. 《煤气设计手册》编写组编．煤气设计手册（中册）．北京：中国建筑工业出版社，1986
8. 重庆建筑工程学院等合编．燃气生产与净化．北京：中国建筑工业出版社，1984
9. 煤焦油加工工艺．北京：冶金工业出版社
10. 姜圣阶等编著．合成氨工学（第二卷）．北京：石油化学工业出版社，1976
11. 鞍山焦化耐火材料设计研究院编．焦化设计手册（下册）．北京：冶金工业出版社
12. 吴岱明编　小氨肥问答．长沙：湖南科学技术出版社，
13. 王兆熊编．化工环境保护和三废治理技术．北京：化学工业出版社
14. 上海市科学技术交流站主编．废水生化处理．上海：上海人民出版社
15. 秦麟源编．废水生物处理．上海：同济大学出版社

封面设计:张 树 杰

(7860) 定价: 28.00元